TECHNICAL DICTIONARY

english–french • french–english

FRANCIS CUSSET
Mining Engineer

TECHNICAL DICTIONARY

Electricity • Mechanics • Mining
Metallurgy • Sciences

ENGLISH–FRENCH
FRENCH–ENGLISH

Seventh Edition

Revised and Enlarged

CHEMICAL PUBLISHING COMPANY, INC.

New York 10010 1967

Technical Dictionary, English-French, French-English

ISBN: 978-0-8206-0076-5

Chemical Publishing Company:
www.chemical-publishing.com
www.chemicalpublishing.net

First American Edition:

© Chemical Publishing Company, Inc. - New York 1967-2011

Second Impression:

Chemical Publishing Company, Inc. - 2011

Printed in the United States of America

A

abacus : abaque.
abatement : réduction, rabais, abattement de prix.
aberration : aberration ; **chromatic —** : aberration chromatique ; **spherical —** : aberration de sphéricité.
able (*to work*) : apte (*au travail*).
abnormal : anormal.
above : au-dessus ; **— sea level** : au-dessus du niveau de la mer.
abrade (to) : ronger par frottement.
abradability : aptitude à l'abrasion.
abrasion : abrasion ; **— resistance** : résistance à l'abrasion.
abrasive : abrasif (*adj.* ou *subst.*) ; **— powder** : poudre abrasive ; **— wear** : usure par abrasion ; **— wheel** : meule.
abscissa (*plur.* **abscissae)** : abscisse.
absenteeism : absentéisme.
absolute : absolu ; **— pressure** : pression absolue ; **— unit** : unité absolue.
absorb (to) the thrust : absorber la poussée (*butées à billes*).
absorbant material : produit absorbant.
absorber : amortisseur ; **oscillation —** amortisseur d'oscillations, de vibrations.
absorption : absorption ; **— coefficient** : coefficient d'absorption ; **— spectrum** : spectre d'absorption ; **heat of —** : chaleur d'absorption.
abutment : culée.
abyssal (*depth*) : (*profondeur*) abyssale.
accelerate (to) : accélérer ; **—d motion** : mouvement accéléré.
accelerator : accélérateur **— pedal** : pédale d'accélérateur (*autom.*) ; **linear —** : accélérateur linéaire ; **particle —** : accélérateur de particules.
accelerometer : accéléromètre.
accept (to) a bill : accepter un effet.
acceptance : acceptation d'effet ; réception de machine ; **— test** : essai de réception.
accident : accident ; **— insurance** : assurance accidents ; **— prevention** : prévention des accidents ; **fatal —** : accident mortel.
accompanying (*elements*) : (*éléments*) d'accompagnement.
account : compte ; **— book** : registre comptable ; **— made up to...** : compte arrêté au... ; **current —** : compte courant.
accountant : comptable ; **— general** : chef de la comptabilité ; **chartered —** : expert comptable agréé.
accounts : comptabilité ; **to keep —** : tenir les comptes.
accumulation : accumulation.
accumulator : accumulateur ; **— cell** : élément d'accumulateur ; **— container** : bac d'accumulateur ; **— lamp** : lampe d'accumulateur ; **— plate** : plaque d'accumulateur ; **alcaline —** : accumulateur alcalin ; **electric —** : accumulateur électrique ; **iron-nickel —** : accumulateur au fer et nickel ; **lead : —** : accumulateur au plomb ; **steam —** : accumulateur de vapeur.
accuracy : exactitude, précision ; **— of a scale** : précision d'une balance.

accurate : exact, précis; — **adjustment** : réglage précis; —**ly cut** : taillé avec précision (*roue dentée, pignon*).
accurateness : précision, exactitude.
acetate : acétate; — **of lead** : acétate de plomb.
acetone : acétone.
achromatic : achromatique.
achromatism : achromatisme.
acid : acide (*adj.* ou *subst.*); — **addition** : addition acide; — **Bessemer steel** : acier Bessemer; — **furnace** : four acide (*métall.*); — **lining** : revêtement acide, garnissage acide (*métall.*); — **proof** : résistant aux acides; — **resistant** ou **resisting** : résistant aux acides; — **slag practice** : marche en laitier acide; **acetic** — : acide acétique; **antimonious** — : acide antimonieux; **benzoic** — : acide benzoïque; **boric** — : acide borique; **bromic** : acide bromique; **carbonic** — : acide carbonique; **chromic** — : acide chromique; **citric** — : acide citrique; **formic** — : acide formique; **fuming** — : acide fumant; **humic** — : acide humique; **hydrochloric** — : acide hydrochlorique; **lactic** — : acide lactique; **muriatic** — : acide muriatique; **nitric** — : acide nitrique, acide azotique; **oleic** — : acide oléique; **oxalic** — : acide oxalique; **phenic** — : acide phénique; **phosphoric** — : acide phosphorique; **picric** — : acide picrique; **prussic** — : acide prussique; **salicylic** — : acide salicylique; **stearic** — : acide stéarique; **sulfuric** — : acide sulfurique; **tartaric** — : acide tartrique.
acidify (to) : acidifier.
acidity : acidité; — **meter** : pèse-acide.
acidometer : acidimètre.
acidulous waters : eaux acides.
acoustic, acoustical : acoustique (*adj.*).
acoustics : acoustique (*subst.*).
acquittance : reçu, quittance.
act (to) on... : agir sur...; — **on a point** : s'appliquer en un point (*forces*).
acting : agissant; **double** — : à double effet; **quick** — : à action rapide; **single** — : à simple effet.
actinic : actinique.
activated : activé.
activating (particle) : (*particule*) activante.
actuated : actionné; **steam** — : mû par la vapeur.
actuating medium : milieu agissant, milieu actif.
acute angle : angle aigu.
adapter : bague d'ajustage, raccord.
add (to) : ajouter, additionner, faire une addition de (*chimie, métall.*); —**ing device** : totalisateur; —**ing machine** : machine à additionner.
additional extension : rallonge.
address : adresse.
address (to).. (to) : adresser (à..).
addressing machine : machine à adresser.
adhere (to) : adhérer.
adherence : adhérence.
adherent : adhérent.
adhesion : adhésion, pouvoir adhérent. — **to the track** : adhérence à la voie (*chemins de fer*); **force of** — : pouvoir adhérent.
adhesive : collant, adhérent; — **strength** : adhérence, pouvoir adhérent; — **tape** : ruban isolant.
adiabatic : adiabatique; — **curve** : courbe adiabatique; — **efficiency** : rendement adiabatique; — **expansion** : détente adiabatique; —**ally** : adiabatiquement.
adit : fendue (*mines*).
adjustable : réglable, à rattrapage de jeu, qui peut être ajusté; — **for end play** : à rattrapage de jeu latéral; — **for radial wear** : à rattrapage de jeu concentrique; — **for wear** : à rattrapage de jeu; — **speed motor** : moteur à vitesse variable; — **steel**

adjustable : *(continued)*
prop : étancon métallique réglable (*mines*); — **wrench** : clé à molette; **height** — : réglable en hauteur; **self** — : à réglage automatique.
adjuster : dispositif de réglage.
adjusting : de réglage; — **device** : dispositif de réglage; — **nut** : écrou de réglage; — **screw** : vis de réglage.
adjustment : réglage; — **time** : durée de mise au point; — **in working forces** : rajustement d'effectifs; **accurate** — *or* **fine** — : réglage précis; **micrometer** — : réglage micrométrique; **wedge-screw** — : rattrapage de jeu par clavette à vis.
administer (to) (*a business*) : diriger (*une affaire*).
admission : admission; **air** — : admission, entrée d'air.
admix (to) : incorporer, additionner (*un produit à un autre*).
admixture : addition (*métall.*).
adsorption : adsorption (*des gaz*).
adsorptive : adsorbant; — **carbon** : charbon adsorbant.
adulterant : altération.
adulterate (to) : altérer.
advance : avancement, avance (*sur salaires*); — **lever** : manette d'avance (*à l'allumage*); **rate of** — : vitesse d'avancement; **sparking** — : avance à l'allumage.
advertise (to) : annoncer, faire une annonce, une publicité.
advertisement : publicité, annonce.
adviser : conseiller.
adze : herminette.
adze (to) (*the ties*) : saboter (*les traverses*) (*voies ferrées*).
aerial : aérien; — **carrier** : transporteur aérien; — **ropeway** : transporteur aérien par câble, téléférique; — **tramway** *or* **transporter** : transporteur aérien; — **view** : vue aérienne; **receiving** —**s** : antenne réceptrice (*TSF*); **transmitting** —**s** : antenne d'émission.
aerodynamic : aérodynamique (*adj.*).
aerodynamics : aérodynamique (*subst.*).
aeronautics : aéronautique (*subst.*).
affinity (to...) (chemical —) : affinité chimique pour...
after : après, post...; — **hours** : heures supplémentaires; — **runnings** : queue de distillation; — **sight** : à vue (*traites*).
aftercool (to) : refroidir un gaz après compression; —**er** : réfrigérant de sortie.
afterdamp : atmosphère après une explosion (*tir dans les mines*).
age : âge, temps; — **hardening** : durcissement avec le temps.
ageing of steel : vieillissement de l'acier (*métall.*).
agency : agence, service.
agent : agent, représentant d'une société.
agglomerate (to) : agglomérer.
agglomerating plant : installation d'agglomération.
agglomeration : agglomération.
agglutinate (to) : agglutiner.
agglutinating power : pouvoir agglutinant (du charbon).
agglutination (of coal) : agglutination (du charbon).
aggregate (*floor area of a factory*) : (*superficie*) totale (*d'une usine*).
agitator : agitateur; **mechanical** — : agitateur mécanique.
agreement : convention, accord, contrat; — **for service** : contrat de travail.
aid : soin, aide; **first** — : premiers secours.
aim (to) at... : viser (un but), rechercher.
air : air; — **blowing** : soufflage (*métall.*); — **box** : boîte à vent; — **brake** : frein à air comprimé; — **chamber** : chambre à air (*d'un four métallurgique*); cloche à air (*sur une pompe*); — **cleaner** : épurateur d'air; — **compressor** : compresseur d'air; — **con-**

air : *(continued)* **ditioning** : aérage (*mines*); — **control:** commande à l'air comprimé; — **crossing** : crossing d'aérage (*mines*); — **current** : courant d'air (*mines*); — **cylinder** : cylindre à air comprimé; — **dustiness** : empoussiérage de l'air; — **ejector** : éjecteur à air comprimé; — **filter** : filtre à air; — **flow** : courant d'air (*mines*); — **flow meter** : anémomètre; — **furnace** : four à réverbère; — **gap** : entrefer; — **governor** : régulateur pneumatique; — **hardening** : trempe à l'air; — **heater** : réchauffeur d'air; — **hoist** : treuil à air comprimé; — **hole** : soupirail; — **intake** : admission d'air, entrée d'air; — **leg feed** (*pneumatic drill with*) : perforatrice (*à poussoir pneumatique*); — **level** : niveau à huile d'air; — **line** : tuyauterie d'air; — **liquefying plant** : usine de production d'oxygène liquide; — **lock** : sas d'aérage; — **motor** : moteur à air comprimé; — **motor hoist** : palan à air comprimé; — **operated** : commandé à l'air comprimé; — **pipe** : conduite d'air; — **powered** : commandé, mû à l'air comprimé; — **pre-heater** : préchauffeur d'air; — **propeller** : hélice d'avion; — **pump** : pompe à air; — **refining** : affinage par le vent; — **sand coal-cleaning process** : procédé air-sable (*épuration du charbon*); — **shaft** : puits d'aérage (*mines*); — **screw** : hélice d'avion; — **shed** : hangar (d'aviation); — **tool** : outil pneumatique; **foul** — ou **stale** — : air vicié; **liquid** — : air liquide.

airborne : aéroporté, en suspension dans l'air; — **magnetic survey** : prospection magnétique aéroportée; — **mine dust** : poussière de mine en suspension.

aircraft : avion, aéronef; — **alloys** : alliages pour construction aéronautique; — **shed** : hangar d'aviation.

airframe materials : matériaux pour la construction aéronautique.

airplane : avion.

airport : aéroport.

airway : voie aérienne, voie d'aérage (*mines*); — **man** : raucheur en retour d'air (*mines*); **intake —s** : entrée d'air (*mines*); **return —s** : sortie d'air (*mines*).

alabaster : albâtre.

alarm : alarme; — **contact** : crocodile (*chemins de fer*); — **device** : dispositif d'alarme; — **signal** : signal d'alarme; **audible** — : alarme sonore; **to provide** — : donner l'alarme.

alcohol : alcool; — **lamp** : lampe à alcool; **denaturated** — : alcool dénaturé; **rectified** — : alcool rectifié; **synthetic** — : alcool synthétique.

alcoholate : alcoolate.

alcoholize (to) : alcooliser.

alcoholometer : alcoolomètre.

alcoholometry : alcoolométrie.

aldehyde : aldéhyde.

alight (to) : atterrir.

alignment : alignement.

alkali : alcali; base (*chimie*); — **proof** : résistant aux alcalins; —**nization** : alcalinisation; —**nity** : alcalinité.

alkalify (to) : alcaliniser.

alkaline : alcalin; — **detergents** : produits détersifs alcalins; — **earth metals** : métaux alcalino-terreux; — **metals** : métaux alcalins; — **safety lamp** : lampe de sûreté alcaline (*mines*); — **solution** : solution alcaline; — **water** : eau alcaline.

all : tout, totalement; — **overhauled** : entièrement révisé; — **purpose** : pour tous usages; — **service** : universel; — **steel** : tout acier, tout en acier; — **welded structure** : charpente entièrement soudée.

alligator : crocodile; — **crusher** : concasseur à mâchoires; — **shears** : cisaille à levier.

allotment : lotissement.

allotropic : allotropique; — **form** : forme allotropique; — **transition** : transformation allotropique.
allotropism : allotropisme.
allotropy : allotropie.
allottee : souscripteur (*banque*); bénéficiaire d'un lot.
allow (to) (*a discount*) : accorder (*un escompte*).
allowable variation : tolérance.
allowance : remise, réduction, bonification; **to grant an — of...** : accorder une remise de...; **death —s** : allocations au décès.
alloy, ou **alloyage** : alliage; **invar —** : alliage invar; **high (or low) — steel** : acier fortement (ou faiblement) allié; **iron-carbon —** : alliage fer-carbone.
alluvial gold : or alluvionnaire.
alluvium (*plur.* **alluvia)** : terre d'alluvions.
aloe : aloès; — **cable** : câble d'aloès; — **rope** : cordage en aloès.
alter (to) : altérer, modifier, changer.
alteration : altération, modification.
alternate, *or* alternating : alternatif, alterné; — **bending test** : essai de pliages alternés; — **current** : courant alternatif; — **generator** : alternateur; — **stresses** : efforts alternés.
alternation : alternance.
alternator : alternateur.
altimeter : altimètre.
alum : alun; — **earth** : terre d'alumine.
alumina : alumine, terre d'alumine.
aluminium : aluminium; — **acetate** : acétate d'aluminium; — **bronze** : bronze d'aluminium; — **casting** : fonte d'aluminium; — **leaf** : feuille d'aluminium.
aluminothermics : aluminothermie.
aluminous : alumineux; — **cement** : ciment alumineux.
amalgam : amalgame.
amalgamate (to) : amalgamer.
amalgamation : amalgamation (*de l'or*), fusion (*de sociétés*).
amalgamator : amalgamateur.
amber : ambre.
amide : amide.
amine : amine.
ammeter : ampèremètre; — **shunt** : shunt ampèremétrique.
ammonia : gaz ammoniac; — **liquor** : solution ammoniacale; — **refrigerating plant** : machine à glace à ammoniaque; — **water** : eaux ammoniacales; **liquid —** : alcali volatil; **synthetic —** : ammoniaque synthétique.
ammoniac : ammoniac (aque, *adj.*).
ammoniacal : ammoniacal; — **liquor** : liqueur ammoniacale.
ammoniated : ammoniaqué.
ammonite : ammonite.
ammonium : d'ammoniaque; — **chloride** : chlorure d'ammoniaque; — **nitrate safety explosives** : explosifs de sûreté au nitrate d'ammoniaque (*mines*); — **sulphate** : sulfate d'ammoniaque.
amorphous : amorphe.
amortize (to) : amortir.
amortizement : amortissement.
amperage : ampérage.
ampere : ampère; — **hour** : ampèreheure; —**meter** : ampèremètre; — **turn** : ampèretour.
amphibole : amphibole.
amplifier : amplificateur.
amplitude : amplitude; — **of pendulum oscillation (ou swing)** : amplitude des oscillations du pendule.
amyl : amyle; —**aceous** : amylacé; —**acetate** : acétate d'amyle.
analyse (to) : analyser; — **of a force into two jointly equivalent** : décomposition d'une force en deux concourantes constituant un ensemble équivalent.
analyser : analyseur (*appareil*).
analysis : analyse (*chimie, mathématiques*); **arbitration —** : analyse arbitrale.
analyst : chimiste chargé des analyses.
analytical : analytique.

analytics : analyse mathématique.
anchor (to) : ancrer.
anchor : ancre; — **bolt** : boulon d'ancrage; — **pole** : poteau d'ancrage; — **rod** : tige d'ancrage; **—ing place** : quai d'accostage.
ancillary plant : services auxiliaires.
anemograph : anémographe.
anemometer : anémomètre.
aneroid : anéroïde; — **gauge** : manomètre anéroïde.
angle : angle, inclinaison, fer cornière; — **beveler** : machine à biseauter; — **divider** : équerre réglable; — **of friction** : angle de frottement; — **of incidence** : angle d'incidence; — **of inclination** : angle d'inclinaison; — **iron** : fer cornière, cornière; **bulb — iron** : cornière à boudin; — **of lock** : angle de braquage (*autom.*); — **planer** : machine à biseauter; — **plate** : équerre; — **of reflection** : angle de réflexion; — **of refraction** : angle de réfraction; — **of repose** : talus d'éboulement; **acute —** : angle aigu (moins de 90°); **alternate —s** : angles alternés; **alternate interior —s (or exterior)** : angles alternes-internes (ou externes); **cutting —** : angle de coupe; **equal (or unequal) legs —** : cornière à ailes égales (ou inégales); **obtuse —** : angle obtus; **right —** : angle droit; **at right —** : à angle droit; **sharp —** : angle aigu, faible; **solid —** : angle solide; **working —** : angle de travail, d'attaque.
angledozer : angledozer.
angular : angulaire; — **cutter** : fraise d'angle; — **distance** : distance angulaire; — **movement** : déplacement angulaire; — **reciprocating motion** : mouvement alternatif angulaire; — **velocity** : vitesse angulaire.
anhydride : anhydride.
anhydrous : anhydre.
aniline : aniline; — **colours** : couleurs d'aniline.
animal : animal; — **charcoal** : charbon animal; — **grease** : graisse animale; — **oils** : huiles animales.
anion : anion.
anneal (to) : recuire (*sidér.*).
annealed : recuit; **blue —** : recuit au bleu; **bright —** : recuit au blanc.
annealing : recuit; — **pit** : fosse à refroidir lentement des moulages; — **pot** : pot à recuire; — **temperature** : température de recuit; **blue —** : recuit au bleu; **box —** : recuit en vase clos; **bright —** : recuit au blanc; **open —** : recuit à l'air.
annual: annuel (*adj.*); annuaire (*subst.*); — **balance (or statement)** : bilan.
annuity : annuité; **perpetual —** : rente perpétuelle.
annular : annulaire: — **hearth, or kiln** : four circulaire.
anode : anode; — **circuit** : circuit anodique.
anodic : anodique; — **film** : dépôt anodique.
anomalous : anomal.
anomaly : anomalie.
antenna : antenne; **aerial —** : antenne aérienne.
anthracine : anthracène.
anthracite, — coal : anthracite.
anthracitous : anthraciteux.
anthraco-silicosis : anthracosilicose.
anti... : anti..., contre. — **breakage-device** : dispositif anti-bris (*pour le charbon*); — **detonator** : corps antidétonant; — **friction** : antifriction, — — **bearing** : palier antifriction, — — **metal** : métal antifriction; — **froth** : anti-mousse; — **freeze, or — froze mixture** : mélange antigel; — **klockwise** : en sens inverse des aiguilles d'une montre; — **knocking agent** : antidétonant (*subst.*); — **knocking power** : pouvoir antidétonant; — **leak packing ring** : bague de garniture étanche, segment de piston étanche; — **oxidant** : antioxydant; — **skid** : antidérapant.

anticathode : anticathode.
anticlinal : anticlinal (*adj.*); — **fold** : plissement anticlinal.
antigas protection : protection contre les gaz.
antilogarithm : cologarithme.
antimony : antimoine; — **chloride** : chlorure d'antimoine; — **oxide** : oxyde d'antimoine.
antinodal point, *or* antinode : point antinodal, *ou* ventre (*d'une onde*).
antiseptic : antiseptique; — **dressing** : pansement antiseptique.
anvil : enclume; — **block** : chabotte (d'enclume, de marteau pilon); — **cap** : chapeau d'enclume; — **face** : table de l'enclume; — **horn** : bec d'enclume; — **stock** : chabotte.
apatite : apatite.
aperiodic : irrégulier, apériodique.
aperture : ouverture (*d'un instrument d'optique*); **angle of** — : angle d'ouverture; **diaphragm** — : ouverture de diaphragme.
apex : pointe, sommet; — **of a vein** : partie supérieure d'une veine (*mines*).
aphelion : aphélie.
aplanetic lens : lentille aplanétique.
apogee : apogée.
apparatus : appareil.
appliance : remède, moyen, appareil; **haulage** — : appareil de traction; **electrical** —**s** : appareillage électrique.
application : application (*tous sens*); **commercial** — : application commerciale; **point of** — : point d'application (*mathém.*).
applied mathematics : mathématiques appliquées.
appoint (to), appointment : nommer, nomination; — **to an office** : nommer à un emploi.
appraisal : estimation.
appraisement : expertise, évaluation.
apprentice : apprenti; — **training workplace** : chantier d'apprentissage; **to train** —**s** : former des apprentis; **to be** —**d to a trade** : faire l'apprentissage d'un métier; —**ship** : apprentissage.
approach roller table : train de rouleaux d'amenée.
approved : agréé; — **safety lamp** : lampe de sûreté agréée (*mines*).
approximate : approximatif, approché.
approximational methods : méthodes d'approximation.
apron : tablier (*d'une machine-outil*); **hanging** — : tablier suspendu (*contre les blocs, la poussiere*).
aqueduct : aqueduc.
aqueous : aqueux; — **solution** : solution aqueuse; — **vapour** : vapeur d'eau.
aquiferous : aquifère.
arbitration : arbitrage; — **board** : collège arbitral.
arbitrator : arbitre; —**'s award (*or* decision)** : sentence arbitrale.
arbor : arbre (*de pièce tournante*); arbre porte-pièce (*machine-outils*); broche; mandrin; **work mounted on an** — : pièce montée sur mandrin.
arc : arc (*math., électr.*); — **furnace** : four à arc; — **lamp** : lampe à arc; — **welder** : appareil à souder à l'arc; **(arcwelded** : soudé à l'arc); — **welding** : soudure à l'arc; — — **electrode** : électrode de soudure; **breakdown** — : arc de rupture.
arcwall : tête pivotante; **universal** — **coalcutter** : haveuse à tête pivotante (*mines*); — **working** : exploitation par deux fronts chassants inclinés.
arch : arche, voûte, cintre (*soutènement des galeries de mines*); — **girder** : cintre en I (*soutènement*); **mine** — : cintre de mine; **pointed** — : arc(he) en ogive; **round** — : plein cintre; **steel** — : cintre métallique; **yieldable** — : cintre déformable.
archimedean screw : vis d'Archimède.
architect : architecte; —**'s estimate (or statement)** : devis d'architecte.

area : surface, superficie, espace, zone; **faulted —** : zone de failles (*mines*); **high-grade —** : zone à haute teneur; **sterling —** : zone de la Livre sterling.
areometer : aréomètre.
argentan : argentan (*alliage*).
argentiferous galena : galène argentifère.
argil : argile; **—laceous** : argileux.
argon : argon.
arising (own —) : chutes (*sidérurgie*).
arithmetic : arithmétique (*subst.*).
arithmetical : arithmétique (*adj.*); **— mean** : moyenne arithmétique.
arm : bras (*mécanique*).
armature : armature (*d'électro-aimant*); induit (*électr.*); **— banding machine** : machine à fretter les induits; **— coil** : bobine d'induit; **— current** : réaction d'induit; **— field** : champ d'induit; **— leakage** : dispersion d'induit; **— shaft** : arbre d'induit; **— winding** : bobinage d'induit; **closed coil —** : induit à circuit fermé; **open coil —** : induit à circuit ouvert.
armour (or armor) : armature protectrice, plaque protectrice, blindage; **— plate** : plaque de blindage; **— plating** : blindage.
armoured : blindé, armé; **— cable** : câble armé (*électr.*); **— concrete** : béton armé (*voir* ferro-concrete); **— hose** : flexible armé.
armouring (steel —) : armature en acier.
aromatic series : série aromatique.
arrangement : disposition, dispositif. **tandem —** : disposition tandem.
arrears : arrérages.
arrest : arrêt; **thermal —** : point critique.
arrester (lightning —) : parafoudre. **vacuum —** : parafoudre à vide.
arseniate : arséniate.
arsenic : arsenic; **— trioxide** : anhydride arsénieux; **—al** : arsénical; **—al copper** : cuivre arsénical.
arsenious : arsénieux.
art metal work : travail d'art sur métaux.
artesian (well) : (*puits*) artésien.
articulate (to) : articuler.
articulation : articulation.
artificer : artisan (**or : artisan**).
asbestos : amiante; **— cement** : ciment amiante; **— cloth** : toile d'amiante; **— fiber** : fibre d'amiante; **— paper** : papier d'amiante; **— sheet** : feuille d'amiante; **— yarn** : fil d'amiante.
ascend (to) : remonter au jour (*mines*).
ascension : ascension (*astron.*); **right —**: ascension droite (*astron.*).
ascensional : ascensionnel.
ash : cendre; **— box** *or* **— pit,** *or* **— tray** : cendrier (*d'appareil de chauffage*); **— content** : teneur en cendres.
ash or ash-tree : frêne; **white —**: frêne blanc.
ashlar : moellon.
asphalt (or asphaltum) : asphalte; **— macadam road** : route asphaltée; **— paving** : pavage en asphalte; **— (to)** : asphalter; **— varnish** : vernis à l'asphalte.
asphalted cardboard : carton bitumé.
asphaltum paint : peinture à l'asphalte.
asphyx(y) : asphyxie; **—iating gases** : gaz asphyxiants.
assay : essai, analyse; **— (to)** : essayer, éprouver (*une machine*); **— sample** : échantillon d'essai; **run-of-the-mine-ore —** : analyse du tout venant (*mines*).
assemble (to) : assembler, monter (*une machine*).
assembling table : table d'assemblage.
assembly : assemblage, réunion; **— drawing** : dessin d'assemblage; **— hall** : salle de réunion du personnel; **— lines** : chaîne de production.
assess (to) : déterminer, évaluer, affirmer; **—ed taxes** : impôts directs.
assets (*plur.*) : actif (*commerce*); **fixed —**: immobilisations.
assign (to) (somebody as...) : nommer (quelqu'un à l'emploi de...).

assignee : cessionnaire; — **in bankruptcy** : syndic de faillite.
assistant : adjoint.
assurance : voir **insurance.**
astatic system : système (*d'aiguilles aimantées*) astatique.
asteroid : astéroïde.
astigmatism : astigmatisme.
astronautics : astronautique (*subst.*).
astronomer : astronome.
astronomy : astronomie.
astrophysics : astrophysique (*subst.*).
asymmetr(y) : asymétrie; **—ical** : asymétrique.
asymptot(e) : asymptote; **—ic**, *or* **—ical** : asymptotique.
asynchron(ism) : asynchronisme; **—ous** : asynchrone.
atmosphere : atmosphère (*sens général* ou *unité de pression*); **controlled —** : atmosphère contrôlée; **surrounding —** : atmosphère ambiante.
atmospheric : atmosphérique; **— pressure** : pression atmosphérique.
atom : atome; **— bomb** : bombe atomique; **— gram** : atome-gramme; **— transmutation** : transmutation atomique.
atomic, —al : atomique; **— disintegration** : désintégration atomique; **— energy** : énergie atomique; **— fuel** : combustible atomique; **— heat** : chaleur atomique; **— hydrogen welding** : soudure à l'hydrogène atomique; **— lattice** : réseau atomique; **— nucleus** : noyau atomique; **— number** : nombre atomique; **— reactor** : réacteur atomique; **— srtucture** : structure atomique; **— weight** : poids atomique.
atomization : atomisation; **water —** : atomisation (*pulvérisation fine*) d'eau.
atomize (to) : atomiser, pulvériser très finement (*des liquides*); **—r** : atomiseur.
attach (to) the fish-plates : fixer les éclisses.
attachment : accessoire; **— plug** : fiche de prise de courant.
attack : attaque (*sens général* ou *chimie*).
attend (to) to... : assister; être de service à, surveiller (*une machine*).
attendance : service, surveillance (*de machines*); **in —** : de service.
attendant : homme de service, surveillant ou conducteur de machine.
attorney : avoué, fondé de pouvoirs; procureur, mandataire.
attrition : usure par frottement.
auction : adjudication; **— sale** : vente aux enchères.
auditing : vérification des comptes.
auditor : commissaire aux comptes.
auger : tarière, tourniquet (*mines*); **hand —** : tourniquet; **— — work** : perforation au tourniquet; **— bit** : mèche à bois, mèche de tarière.
austempering : trempe bainitique.
austenit(e) : austénite; **—ic steel** : acier austénitique.
authority : autorité, autorisation; **to leave work without —** : quitter le travail sans autorisation.
authorized representative : représentant agréé.
autoclave : autoclave.
auto-feed : avance *ou* avancement automatique.
autogenous (*welding*) : (*soudure*) autogène; **to weld —ly** : souder à l'autogène.
auto-lifter : lève-auto (*USA*).
automatic : automatique; **— adjustment** : réglage automatique; **— counter** : compteur automatique; **— cutout** : interrupteur automatique; **— discharge** : décharge automatique; **— dump car** : wagon à déchargement automatique; **— feed** : alimentation automatique; avance automatique; (*machines-outils*); **— lifting** : relevage automatique; **— proportioning apparatus** : mélangeur automatique; **— remote control** : commande automatique à distance; **— starting** : démarrage automatique; **— stop** : arrêt automatique.

automatically : automatiquement; — **running** : à démarrage automatique.
automaticity : automaticité.
automatism : automatisme.
automatization : automatisation.
automotive : automobile (*adj.*); — **equipment** : fournitures d'automobile.
autotransformer : autotransformateur.
auxiliary : auxiliaire (*adj.*), auxiliaire (*subst.*), aide; quantité auxiliaire (*math.*); — **set** : groupe auxiliaire (*machines*); — **shaft** : puits auxiliaire (*mines*); — **ventilating unit** : ventilateur secondaire (*mines*); — **ventilation** : ventilation secondaire.
available : disponible, utilisable, effectif; — **funds** : fonds disponibles; — **head** : hauteur de chute disponible (*hydraul.*); — **ore surplus** : réserves de minerai (*d'un gisement*).
aventurine : aventurine.
average : moyen (*adj.*); moyenne (*subst.*); — **curve** : courbe moyenne; — **due date** : échéance moyenne; — **speed** : vitesse moyenne; — **value** : moyenne, valeur moyenne; **daily** — : moyenne journalière (production) (*mines*); — **(to)** : prendre la moyenne de.
avoir du poids system : système de mesures appliqué pour les marchandises ordinaires; — **pound** : 453 grammes.
awl : alène.
axe : hache.
axis : axe; — **of abscisses (of ordinates)** : axe des abscisses (des ordonnées); — **of oscillation** : axe d'oscillation; **focal** — : axe focal.
axle : essieu, axe (*mécan.*). — **base** : empattement (*véhic.*); — **box** : boîte d'essieu, boîte à graisse; — **cap** : capuchon de roue (*autom.*); — **fracture** : rupture d'essieu; — **grease** : graisse pour essieux; — **journal** : fusée d'essieu; — **load** : charge de l'essieu; — **spindle** : tourillon d'essieu; — **spring** : ressort d'essieu; — **tree** : essieu; **driven** — : essieu commandé; **flexible** — : axe flexible; **front** — : essieu avant; **rear** — : essieu arrière; **steering** — : essieu directeur.
azimuth : azimut.
azote : azote (voir **nitrogen**).
azotic : azotique.
azotous : azoteux.
azurite : azurite (minerai de cuivre).

B

babbit (to) : réguler; — **faced** *or* **lined** : antifrictionné; — **lining** : antifriction; — **metal** : alliage antifriction, métal blanc.

back : en arrière; **to — out** : sortir en reculant (*autom.*); — **bond** : hypothèque; — **center** : contrepointe (*tours*); — **digger** : pelle rétrocaveuse; — **electromotive force** : force contre-électromotrice (*électricité*); — **filling machine** : machine à remblayer (*mines*); — **fire** : explosion anticipée (*dans le cylindre du moteur à explosion*); — **flash** : retour de flamme; — **gear** : harnais d'engrenage; —**ground** : arrière-plan, fond; — **pressure** : contre-pression; — **steam** : contre-vapeur; — **stroke** : recul; — **water valve** : soupape de vidange.

backing : en marche arrière (*locomotives*).

backlash : bruit provoqué par un excès de jeu.

backwardation : départ (*commerce*).

bacterial : bactérien; — **decomposition** : décomposition bactérienne.

bacteriology : bactériologie.

bacterium (*plur.* : **bacteria**) : bactérie.

baffle : chicane; — **plates** : plaques en chicane.

baffling : dispositif de chicanes.

bag : (*subst.*) sac; **cycle** — : sacoche de bicyclette; **water** — : poche d'eau (*mines*); — **(to)** : mettre en sacs, ensacher; — **(to) in sacks** *or* **put in** —: mettre en sacs.

bail : anse (*de seau*); étrier (*de godet de pelle à vapeur*); caution; —**ee** : dépositaire; —**er** : déposant; —**iff** : huissier; —**ment** : dépôt, caution.

bak(e) (to) : cuire; sécher au four; —**ing oven** : four à sécher, étuve.

bakelite : bakélite.

balance : balance (*pesage, comptabilité*); solde (*comptabilité*); équilibre, équilibrage; — **due** : solde débiteur; — **in hand** : solde créditeur; — **of payments** : balance de paiements; — **of precision** : balance de précision (*voir à* scales); — **rope** : câble d'équilibre (*mines*); — **sheet** : balance des comptes; — **weight** : contrepoids; **carried forward** — : solde à nouveau; **draw (to) up the** — : dresser le bilan; **hydrostatical** — : balance hydrostatique; **spiral** — : peson; **spring** — : balance à ressort; **to strike a** — : arrêter un compte.

balance (to) : équilibrer; compenser; peser; osciller; — **an account** : balancer, solder un compte; — **a circuit** : équilibrer un circuit (*électrique*); —**d load** : charge équilibrée; —**d piston valve** : piston-valve équilibré; —**d stresses** : forces en équilibre.

balata belting : courroie en balata.

bal(e) (to) : mettre en ballot, paqueter; —**ing press** (*scrap*) : (*presse*) à paqueter la mitraille.

ball : balle, bille, boulet; — **bearing** : roulement à billes; **double row** — — : palier à double rangée de billes; — **hardness test** : essai de

ball : *(continued)*
dureté à la bille; — **mill** : broyeur à boulets; **revolving** — — : broyeur rotatif à boulets; — **-peen hammer** : marteau à panne sphérique; — **-race**: cage de roulement à billes; — **and socket bearing** : palier à billes à rotule; — — — **joint** : joint à rotule; — **thrust bearing** : butée à billes; — **tube mill** : broyeur à boulets; — **type throttling governor** : régulateur à boules (*machines à vapeur*); — **valve** : clapet à boulet, clapet à bille.

ballast (*subst.*) : ballast; — **(to)** : ballaster; — **a railway** : ballaster une voie ferrée; — **a road** : ballaster une route, empierrer; **to tamp the** — : damer le ballast.

balling drum : tambour à confectionner les pellets.

ballistics : balistique (*subst.*).

balloon : ballon (*aérostat*); — **-flask** : ballon (*récipient*); **sounding** — : ballon-sonde.

balsam (Canada) : baume du Canada.

baluster : balustre.

band : bande, lien, frette, bandage; ruban, ruban métallique; entre-deux (*mines*); — **-saw** : scie à ruban; **brake** — : ruban de frein, bande de frein; **flexible** — — : frein à ruban; **endless** — : bande sans fin; **loading** — : bande de chargement; **spring** — bande de ressort.

banding machine (armature —) : machine à fretter les induits.

banging vibration : vibration bruyante.

bank : banc, bord, rive; banc de terrain; solive; banque; recette, clichage (*mines*); — **engine** : locomotive de renfort; — **holiday** : fête légale; — **investment** : placement bancaire; — **loan** : emprunt bancaire; — **rate** : taux de l'escompte; **deposit** — : banque de dépôts; **discount** — : banque d'escompte; **private** — : banque privée; **on the** — : sur le carreau (*mines*); —**er** : banquier, terrassier; —**ing account** : compte en banque; **slow** —**ing device** : dispositif de ralentissement à l'arrivée à la recette (*mines*); —**note** : billet de banque; —**rupt** : failli; qui a fait faillite; —**ruptcy** : faillite, banqueroute.

bar : barre; — **bender** : machine à cintrer les barres; — **cutter** : machine à couper les barres; — **iron** : fer en barres; — **mill** : train marchand; — **rolling mill** : laminoir à barres; — **shears (*pl.*)** : cisaille à barres; — **-wound armature** : induit en barres; **round** — : barre ronde; rond; **square** — : barre carrée; carré.

barb wire, barbed wire : fil de fer barbelé.

bargain : affaire; marché.

barge : chaland.

barium : baryum; — **chloride** : chlorure de baryum; — **sulphate** : sulfate de baryum; — **sulphide** : sulfure de baryum.

bark : écorce.

baromet(er): baromètre; —**ric changes**: variations barométriques; —**tric height** : hauteur barométrique; —**ric pressure** : pression barométrique.

barrack (wooden —) : baraquement en bois.

barrel : table (*laminoirs*); barillet; —**length** : longueur de table.

barren : stérile (*adj.*); — **vein** : couche stérile.

barrier (rock-dust —) : arrêt-barrage (*mines*).

barter (to) with...: échanger, troquer contre...

baryta : baryte.

basalt : basalte; **columnar** — : basalte colomnaire; —**ic** : basaltique.

base : (*adj.*) : commun, ordinaire; (*subst.*) base (*tous sens*); partie inférieure, pied, socle (*d'une machine*); embase; base (*géométrie*, *chimie*); —

base : (*continued*)
metals : métaux communs; **broad** — : grande base (*géométrie*); **small** — : petite base (*géométrie*).

basement : soubassement.

basic : basique; — **addition** : addition basique (*métallurgie*); — **Bessemer converter** : convertisseur Thomas (*voir Thomas converter*); — — **process** : procédé Bessemer basique, procédé Thomas; — — **steel** : acier Thomas; — — — **works** (*pl.*) : aciérie Thomas; — **electric furnace** : four électrique basique; — **open hearth furnace** : four Martin basique; — — — **process** : procédé Martin basique; — **principle** : principe de base; — **slag practice** : marche en laitier basique; — **wage** : salaire de base.

basicity : basicité.

basin : bassin (*houiller, de rivière, etc...*); **coal** — : bassin houiller.

basis : base, fondement, principe fondamental.

basket handle : anse de panier (*courbe*).

basset (*subst.*) : affleurement; **to** — affleurer (*géologie*).

bat's wing burner : bec papillon.

batch : charge (*d'un four*); fournée; — **furnace** : four dormant; — **hopper** : trémie de chargement.

bath : bain; — **lubrication** : graissage par barbotage; — **rooms** : bains, bains-douches (*mines*); **galvanizing** — : bain galvanisant; **lead** — : bain de plomb (*pour la trempe*); **oil** — : bain d'huile; **quenching** — : bain de trempe; **spelter** — : bain de zinc; **tempering** — : bain de revenu.

bathymetry : bathymétrie.

battered : en mauvais état, délabré.

battering ram : bélier (*appareil*).

battery : batterie (*tous sens*); **coke-oven** — : batterie de fours à coke; **dry** — : pile sèche (*électricité*); **storage** — : batterie d'accumulateurs.

Baum jig : lavoir Baum.

Baumé scale : échelle Baumé.

bauxite : bauxite.

bay shop (two-) : atelier à deux travées.

bayonet : bayonnette; — **clutch** : fermeture à bayonnette; — **joint** : joint à bayonnette; — **socket** : douille à bayonnette.

beacon : balise; phare; signal.

bead (to) : border (*d'un bourrelet*); *subst* : bourrelet, cordon (*de soudure*).

beam : poutre; poutrelle (*métallurgie en Amérique*); fléau (*de balance*), balancier; — **compasses** : compas à verge; — **engine** : machine à balancier; — **of light** : rayon lumineux; **box** — : poutre en caisson; **broad flange** — : poutrelle à larges ailes; **chief** — : poutre-maîtresse; **equalizing** — : balancier compensateur; **parallel-flanged** — : poutrelle à faces parallèles; **structural** — : poutrelle métallique (*Amérique*); **wide flange** — : poutrelle à larges ailes.

bear (to) : supporter (*un effort, un poids*).

bearer (payable to —) : payable au porteur.

bearing : support; appui (*mécanique*); palier (*mécanique*); gisement (*marine*); direction (*mathématiques*); — **area** : surface d'appui; — **axle** : essieu porteur; — **box** : coussinet; — **cap** : chapeau de palier; — **ring** : bague de palier; — **strength** : force pressante; — **surface** : surface d'appui; **to take the —s of...** : relever...; **ball** — : palier à billes; — **and socket**: palier à billes à rotule; **ball thrust** — : butée à billes; **conical** — : palier conique; **double row ball** — : palier à double rangée de billes; **link** — : support de coulisse; **magnetic** — : direction du Nord magnétique; **main** — : palier principal; **oilless** — : palier sans huile, palier graphité; **pillow-block** —, *or* **plain** — : palier lisse; **ring-oiled** — : palier à bague

bearing : *(continued)* de graissage; **roller** — : palier à rouleaux; **self-lubricating** — : palier graisseur; **taper** — : palier conique; **thrust** — : palier de butée.

beat : battement.

bed : lit, banc (*de terrain*), strate, couche; bâti, socle (*d'une machine*); banc (*machines-outils*); fondation; —**-ways** : glissières (*d'un banc de tour*); **fuel** — : couche de combustible (*chaudières*); **length of** — : longueur de banc (*tours*); **river** — : lit de rivière; — **(to)** : asseoir (*des fondations*); loger, enfoncer (*dans quelque chose*).

bedding : assise; stratification.

bedplate : plaque de fondations.

beech, beech-tree : hêtre.

beetle : demoiselle, hie à pavés.

behaviour : tenue, comportement; — **of metals under deformation** : comportement des métaux à la déformation; **corrosion** — : comportement à la corrosion.

belemnite : bélemnite.

bell : sonnerie (*électrique*); cloche (*fermeture des gueulards*); — **and hopper arrangement** : dispositif coupe et cône (fermeture des gueulards); — **-crank** : renvoi de sonnette; — **shaped insulator** : isolateur à cloche.

Belleville washer : rondelle Belleville.

bellows (pl.) : soufflet de forge, soufflerie.

belly : ventre (*d'un haut fourneau*).

below par : au-dessous du pair.

belt : courroie; organe de transmission; **chain** — : transmission par chaîne; **crossed** — : courroie croisée; — **contact** : adhérence d'une courroie; — **conveyance** : transport par bande; — **conveyor** : transporteur à courroie, convoyeur à bande; **troughing** — — : convoyeur à bande à section en auget; — **-dressing** : enduit pour courroies; — **drive** : commande par courroie; — **fastener** : attache de courroie, agrafe de courroie; — **fork** : fourchette (*de débrayage*) de courroie; — **guard** : protecteur de courroie; — **guide** : guide-courroie; — **hook** : agrafe pour courroie; — **lacer** : agrafeur; — **loss** : perte de puissance par glissement de la courroie; — **shifter** : fourchette de débrayage de courroie; — **slippage** : glissement, manque d'adhérence d'une courroie; — **tightener** : galet tendeur; — **tripper** : dispositif de débrayage de courroie.

belted : commandé par courroie; — **steam engine** : machine à vapeur à volant.

belting : transport par courroie; **duck** — : courroie en toile; **leather** — : courroie en cuir; **rubber** — : courroie en caoutchouc; **rubber conveyor** — : courroie en caoutchouc pour convoyeur.

bench : banc, établi, banquette, banc inférieur (*mines*); — **lathe** : tour d'établi; — **plane** : rabot d'établi.

bend (*subst.*) : coude, courbure; — **proof** : non susceptible de fléchissement; — **test** : essai de pliage (*métallurgie*); — **(to)** : courber, plier, cintrer, fléchir; — **cold** : plier à froid; **hot** — : plier à chaud.

bender : machine à cintrer; **bar** — : machine à cintrer les barres; **rail** — : presse à cintrer les rails.

bending : flexion, courbure; — **fatigue strength** : endurance à la flexion; — **moment** : moment fléchissant; — **strength** : résistance à la flexion; — **stress** : effort de flexion; — **test** : essai de pliage (*métallurgie*); **repeated** — **testing machine** : machine pour essais de résistance aux flexions répétées; **cross** — : pliage en travers; **hand** — **brake** : machine à cintrer à la main; **power** — — : machine à cintrer à commande mécanique.

benefication (of ores) : enrichissement (des minerais).
benefit : avantage, prestation, indemnité; **— fund** : fonds de secours; **— society** : société de secours mutuels; **disability —s** : indemnité d'incapacité, d'accidents; **hospitalisation and retirement —s** : prestations hospitalisation et retraite; **medical —s** : prestations maladie; **sickness —s** : indemnités de maladie.
benzoic acid : acide benzoïque.
better (to) (*the quality*) : améliorer (*la qualité*).
betterment project : projet d'amélioration.
bevel (*subst.*) : biseau; fausse équerre; **— gear** : engrenage conique; engrenage d'angle; **— — cutter** : fraise pour engrenages coniques; **— — wheel** : roue conique; **— shears** (pl.) : cisaille à couper d'angle; **— wheel** : pignon conique; **—er** : machine à biseauter; **— (to)** : biseauter.
biaxial : à deux axes.
bicarbonate of soda : bicarbonate de soude.
bidding (for a job classification) : candidature à un emploi.
bifilar : bifilaire.
bifocal : à double foyer.
big end : tête de bielle.
bill : effet, traite; mémoire; **— of costs** : mémoire (*d'entrepreneur*); **— of credit** : lettre de crédit; **— of entry** : déclaration en douane; **— of exchange** : lettre de change, traite, effet; **— of lading** : connaissement; **—s payable** : effets à payer; **—s receivable** : effets à recevoir; **— of sale** : contrat de vente; **discounted —** : effet escompté; **to draw a —** : tirer une traite.
billet : billette (*métallurgie*); **forging —** : billette pour forge.
bin : coffre, silo.
binary : binaire; **— alloy** : alliage binaire; **— compound** : composé binaire.
bind (to) : lier; **(*v. n.*)** : durcir, se prendre; **—er** : liant, agglomérant; **—ing posts** : bornes (*d'un appareil électrique*); **—ing power** : aptitude à la prise; pouvoir agglutinant.
binocular : binoculaire; *subst.* jumelle; **prism —** : jumelle à prismes.
bi-polar : bipolaire.
biquadratic equation : equation bicarrée.
birch, birch-tree : bouleau.
bird's eye view : vue cavalière, vue de dessus.
birefrangibility : biréfringence.
bisector : bissectrice.
bit : taillant, outil de fleuret, de forage; mèche; **boring —** : trépan, outil de forage; **cross —** : taillant en croix; **tool —** : taillant; **— brace** : vilebrequin; **waterfed — drill** : fleuret à injection d'eau; **— extension** : rallonge de mèche.
bitumen : bitume.
bituminous : bitumineux; **— coal** : charbon bitumineux; **— shale** : schiste bitumineux.
black : noir, **— blend** : pechblende; **— endorsement** : endos en blanc; **— lead** : plombagine, mine de plomb; **— light** : lumière noire; **— plate** : tôle noire, « fer noir »; **— sheet** : tôle noire.
blacksmith : forgeron.
blade : ailette, pale, lame; **saw —** : lame de scie; **two —d** : à deux lames, bilame.
blading : ailettes; aubages (*d'une turbine*).
blank : *substantif* : ébauche, forme, flan; *adj.* : brut, non fini; **—ing** : à ébaucher, à découper; **— — die** : découpoir. **— —tool** : étampe.
blast (to) : souffler; faire sauter, abattre à l'explosif; *subst.* : vent (*métallurgie*); explosion (*d'une mine, de grisou...*); charge, volée (*de coups de mine*); **— box** : boîte à vent; **— cleaning** : soufflage au sable,

blast (to) : *(continued)* décapage au sable; — **furnace** : haut fourneau; — — **cone** : cône de chargement du haut fourneau; — — **frame work** : charpente de haut fourneau; — — **gas** : gaz de haut fourneau; — — **line** : profil de haut fourneau; — — **plant** : installation de hauts fourneaux; — — **shaft** : cuve de haut fourneau; — — **slag** : laitier de haut fourneau; — — — **cement** : ciment de laitier de haut fourneau; — — **top** : gueulard; — **gate** : vanne à air; — **hole** : trou de mine (*mines*); — **main** : conduite de soufflage; —**ed ore** : minerai abattu (*par le tir*); **to dry the** — : sécher le vent (*métallurgie*); **hot** — : vent chaud (*métallurgie*); **4 hole** — : volée de 4 coups.

blaster : boutefeu (*mines*).

blasting : tir (*des mines*); — **cap** : capsule (*tir*); — **machine** : exploseur; — **powder** : poudre; **coal** — : tir au charbon; **submarine** — : tir sous l'eau; **undergrate** — : soufflage sous grille.

bleach (to) : blanchir, décolorer; —**ing liquid** : eau de javel; —**ing powder** : chlorure de chaux; —**ing power** : pouvoir décolorant; —**ing water** : eau de javel.

bleeder valve : soupape de décharge.

blend (to) : mélanger (*suivant des proportions déterminées*); —**er** : mélangeur; —**ing of coals** : mélange de charbons (*en vue de la cokéfaction*).

blende : blende.

blind : store; **Persian** — : persienne; **roller** — : store; **Venetian** — : jalousie; — **coal** : anthracite brûlant sans flamme; — **hole** : trou borgne; —**shaft** : beurtiat (*mines*); *adj.* : — : invisible; sans issue.

blinking light : feu clignotant.

blister : *subst.* : soufflure (*dans une pièce moulée*); — **(to)** : avoir des pailles, des soufflures; —**ed steel** : acier comportant des soufflures; —**ing of iron** : formation de soufflures dans le fer.

block : cale, coin (*boisage*); bloc; obstacle; — **chain** : chaîne articulée; — **-system** : block system (*signalisation sur les voies ferrées*); — **test** : essai de freinage; **bottom** — : mouffle à crochet, mouffle inférieure; **bumper** — : tampon de choc; **elevating** — : cale; **fall** — : mouffle d'accrochage (*d'une grue*); **foot** — : semelle de boisage (*mines*); **lower** — : mouffle de descente; **pulley** — : mouffle.

bloom : bloom; — **shears** (*pl.*) : cisaille à blooms; —**ing mill** : laminoir dégrossisseur, blooming.

blow : *subst.* soufflure (*métallurgie*); — **hole** : soufflure; **free from** — —**s** : sans soufflures; — **-off cock** : robinet de purge; — **off pipe** : tuyau de purge; — **-out arrester (magnetic)** : extincteur d'arc à soufflage magnétique; — **pipe** : chalumeau; — — **analysis** : analyse au chalumeau; — **torch** : chalumeau; — **(to)** : souffler; — **- down** : mettre hors feu (*métallurgie*); — **in a furnace** : mettre à feu un (haut) fourneau; — **up an obstacle** : faire sauter un obstacle; **the fuses have** —**n up** : les plombs ont sauté.

blower : ventilateur soufflant; soufflante; soufflet (*de forge*); souffleur; soufflard (*mines*); **blast-furnace** — : soufflante de haut fourneau; **forge** — : ventilateur de forge; **pressure** — : ventilateur soufflant; **turbo-** — : turbo-soufflante; **undergrate** — : ventilateur soufflant sous grille; **volume** — : ventilateur volumétrique, déplaceur d'air.

blowing : soufflant; *subst.* soufflage; — **engine** : soufflante; **centrifugal** — — : soufflante centrifuge; **air-** — : soufflage (*métallurgie*); **oxygen** — : soufflage à l'oxygène (*métallurgie*).

blowout (magnetic —) : soufflage magnétique.
blue : bleu; — **annealing** : recuit bleu; — **flame** : flamme bleue; — **print** : tirage au bleu; — — **paper** : papier au ferroprussiate; — **printing machine** : machine à tirer les bleus; **prussian** — : bleu de prusse.
blunt-edged : émoussé.
board : planche; plateau (*de bois*); pension; — **of Education** : ministère de l'Éducation nationale; — **of Trade** : ministère du Commerce; — **and pillar working** : méthode d'exploitation par traçage et dépilages, deux séries de galeries délimitant des piliers; — **drop hammer** : marteau-pilon à chute libre; — **meeting** : réunion du Conseil d'administration; — **money** : indemnité pour frais de nourriture; — **partition** : cloison en planches; — **of directors** : conseil de direction; — **of trustee** : conseil d'administration; — **room** : salle du conseil; **toe** — : plaque de bordure, garde-fou; **to** — **with** : prendre pension chez...
boarder : pensionnaire.
bob : objet suspendu (*fil à plomb*).
bobbin : bobine (*à enrouler les fils, ...*).
body : corps, caisse, carrosserie (*d'automobile*); gisement; — **of a pump** : corps de pompe; — **builder** : carrossier (*autom.*); — **building works** : ateliers de carrosserie automobile; — **of a blast furnace** : cuve d'un haut fourneau.
bog : marécage; — **iron ore** : limonite (*minerai de fer*).
bogie : bogie; — **car** : wagon à bogies; — **pin** : pivot de bogie.
boil (to) : bouillir.
boiler : chaudière; — **cleaner** : désincrustant, produit détartrant; — **feed pump** : pompe alimentaire de chaudières; — **furnace** : foyer de chaudière; — **grater** : grille de chaudière; — **house** : chaufferie; bâtiment des chaudières; — **maker** : chaudronnier; — **making** : chaudronnerie; — **plate** : tôle de chaudière; — **room** : chaufferie; bâtiment des chaudières; — **seam** : rivure de chaudière; — **slacks** : fines de chaudières; — **tube** : tube de chaudière; — **water**: eau de chaudières; — — **treatment** : traitement des eaux de chaudières; **fire tube** — : chaudière à tubes de fumées; **heating** — : chaudière de chauffage; **internal** — : chaudière à foyer intérieur; **marine** — : chaudière marine; **multitubular** — : chaudière multitubulaire; **waste heat** — : chaudière à récupération de chaleurs perdues; **water tube** — : chaudières à tubes d'eau.
boiling point : température d'ébullition.
bolometer : bolomètre.
bolt : *subst.* boulon; verrou; — **breaker**: casse-boulons; — **clipper** : coupe-boulons; — **cutter** : coupe-boulons; — **head** : tête de boulon; —**ed joint connection** : assemblage par raccords boulonnés; **anchor** — : boulon d'ancrage; **breaker** — : boulon de rupture; **countersunk** — : boulon noyé; **draw** — : boulon de serrage; **flat-head** — : boulon à tête plate; **holding-down** — : boulon de retenue; **hollow** — : boulon creux; **machine** — : boulon mécanique; **to remove a** — : dévisser un boulon; **round-head** — : boulon à tête ronde; **self-locked** — : boulon à auto-serrage; **through-** — : boulon creux; **turned** — : boulon fini au tour; **to** — : boulonner, verrouiller.
bomb (calorimetric) : bombe calorimétrique.
bonanza : rendement élevé; mine à rendement élevé; mine riche.
bond : *subst.* joint, lien, attache, liant, agglomérant; engagement; bon, obligation (*finances*); — **creditor** : porteur d'obligations; — **stress** : force de cohésion, cohésion, adhé-

bond : *(continued)*
rence; — **test** : essai de cohésion; essai d'adhérence; **active** — : titre au porteur; **copper rail** — : éclisse conductrice en cuivre; **double — hydrocarbon** : hydrocarbure (non saturé) possédant une double liaison; **rail** — : éclisse; **registered** — : obligation nominative; **to** — : lier, agglomérer; entreposer (des marchandises); — **to...** : adhérer à...; prendre avec...

bonded : en dépôt; — **goods** : marchandises en dépôt; — **warehouse** : entrepôt.

bonding material : liant (*subst*).

bone-black : noir animal.

bonnet : capot (*d'automobile*), couvercle, capuchon; **engine** — : capot du moteur.

bonus : prime.

book : *subst.* livre, registre; **—-keeper** : teneur de livres; **—-keeping** : comptabilité; tenue des livres; **double entry** — — : comptabilité en partie double; **single entry** — — : comptabilité en partie simple; — **(to)** : enregistrer, inscrire; — **a seat** : retenir une place; — **luggage** : enregistrer des bagages; — **orders** : inscrire des commandes.

boom : flèche (*d'une pelle à vapeur*); essor commercial, mouvement de hausse brusque; — **head** : tête de flèche; **crane** — : flèche de grue.

boost (to) : augmenter, faire croître; — **(to) efficiency** : augmenter le rendement; **—er** : ventilateur secondaire (*mines*); **—er compressor** : surcompresseur; **—er set** : groupe survolteur; **—ing generator** : survolteur (*électricité*).

booth : baraque, bureau, stand.

border (to) : border, rabattre, limiter.

bore : (*subst.*) : trou de sonde, alésage; — **crown** : couronne de fleuret; **diamond** — — : couronne à diamants; — **hole** : trou de forage, sondage; — — **pump** : pompe de forage; **ventilation** — — : trou d'aérage (*mines*); **orientation of** — — : orientation des trous de forage; **finish —d** : alésé; — **(to)** : creuser; — **a hole** : creuser (*un trou*), percer (*un trou*), forer, aléser; — **true** : aléser au diamètre juste.

borer : perceuse; **wood** — : perceuse à bois.

boride : borure.

boring : alésage; forage (*mines*); — **bar** : barre d'alésage; — **head** : poupée à aléser; — **lathe** : tour à aléser; — **mill** : machine à aléser; — **rod** : tige de sondage; — **spindle** : barre d'alésage; — **tool** : outil de forage; perforatrice; **earth** — — : sondeuse; **deep** — : forage à grande profondeur; **finish** — : alésage de finissage; **rough** — : alésage d'ébauchage; **test** — sondage de recherche.

boron : bore.

borrow (to) : emprunter.

bort : diamant noir.

bosh : étalages (*hauts fourneaux*); — **jacket** : blindage des étalages.

boss : chef d'équipe; contremaître; **shift** — : chef de poste.

botanic, botanical : botanique (*adj.*).

botany : botanique (*subst.*).

bottom : fond, résidu; queue (*de distillation*); — **block** : mouffle inférieure, mouffle à crochet; — **cast** : coulé en source; — **casting** : coulée en source; — **discharging** : déchargement par le fond; — **dump bucket** : benne à renversement; — **hole** : coup de fond (*tir dans les mines*); — **of a mine shaft** : bas d'un puits de mine; accrochage; — **plate** : plaque de source; — **products** : produits résiduels, produits lourds; — **roll** : cylindre inférieur (*laminoirs*); — **of a seam** : mur d'une couche (*mines*); — **self -discharging wagon** : wagon à déchargement automatique par le fond; **—less** : sans fond.

boulder : galet, bloc de minerai.

boundary : limite; limite de concession (*mines*); — **stone** : borne de délimitation.

bounty : prime à l'exportation, prime d'encouragement.

Bourdon aneroid gauge : manomètre anéroïde Bourdon.

box : *subst.* boîte; — **annealing** : recuit en vase clos; — **car** : wagon couvert; — **girder** : poutre en caisson; — **-section type girder** : poutre en caisson; **adjustable** — : coussinet à rattrapage de jeu; **bearing** — : coussinet; **smoke** — : boîte à fumées; — **(to)** : emballer; **—ed for export** : emballé pour l'expédition.

brace : attache, support; entretoise, renfort; poussard, (*boisage*); **bit** — : vilebrequin; **ratchet** — : vilebrequin à cliquet; **St Andrew's cross** — : entretoisement en croix de Saint-André; **to — with ribs** : renforcer par des nervures.

bracket : console; — **jib crane** : **grue** pivotante à console.

braid : tresse; **—ed cord** : corde tressée; **—ed hose** : flexible tressé.

brake : frein (*subst*); **to adjust the —s** : régler les freins; **air** — : frein à air comprimé; **to apply the —s** : régler les freins; **automatic electric** — : frein électrique automatique; **band** —: frein à bande; **continuous train** — : frein continu; **disk** *or* **disc** — : frein à disque; **drum** — : frein à tambour; **electric** — : frein électrique; **foot** — : frein à pédale; **friction** — : frein à friction; **hydraulic** — : frein hydraulique; **mechanical** — : frein mécanique; — **load** — : frein à contrepoids; **Prony** — : frein de Prony; **to release the —s** : desserrer les freins; **solenoid** — : frein à solenoïde; **travelling** — : frein de translation; **vacuum** — : frein à vide; **—-band** : bande de frein; **—-block** : sabot de frein; — **cable** : câble de frein; — **cylinder** : cylindre de frein; **—-drum** : tambour de frein; — **gear** : timonerie de frein (*autom.*); — **horse power** : puissance au frein; — **lever** : levier de frein; — **pedal** : pédale de frein; **—-shoe** : sabot de frein; — **test** : essai au frein; **—-wheel** : tambour de frein; — **(to)** : freiner.

brakesman : conducteur de treuil; freinteur (*mines*).

braking : freinage; — **power** : puissance de freinage; **electric** — : freinage électrique; **mechanical** — : freinage mécanique; **regenerative** —: freinage à récupération.

branch : branche (*tous sens*); tubulure; succursale; ramification; — **circuit** : circuit dérivé; — **line** : embranchement; — **office** : succursale; — **station** : sous-station; — **terminal** : borne de dérivation; **pipe** — : tubulure, T de tuyauterie.

brand : marque de fabrique.

brass : laiton, cuivre jaune; **—-cased** : à revêtement de cuivre; — **cock** : robinet en cuivre; **—-fitted cylinder** : cylindre à garniture de bronze; — **lined** : à revêtement de cuivre; **nickel plated** — : cuivre nickelé.

brattice , brattice cloth : toile d'aérage (*mines*).

braze (to) : braser.

brazing : brasure; — **solder** : soudure au laiton; brasure.

breach of an agreement : rupture de contrat.

break : rupture, cassure (*subst.*); — **down** : rupture (d'une pièce); dérangement, panne; — **switch** : interrupteur, disjoncteur; **air** — — : disjoncteur dans l'air; **automatic** — — : disjoncteur (*électricité*); **compressed gas** — — : disjoncteur à gaz comprimé; **limit** — — : disjoncteur à maxima d'intensité; **oil** — — : disjoncteur à huile; **remote control** — — : disjoncteur à commande à distance; **safety** — : disjoncteur de sûreté (*pour moteurs*);

break : *(continued)*
roof — : cassure du toit (*mines*); **break (to)** : briser, se briser; **to — a circuit** : couper un circuit; **to — crude oil** : fractionner l'huile brute (*distillation*); **to — down** : renverser, rompre, détruire, dégrossir (*au laminoir*); (*v. n.*) dérailler; **to — out** : percer (*le creuset du haut fourneau*).

breakage : rupture, cassage.

breaker : brise-béton; interrupteur (*électricité*); **— points** : vis platinées (de rupteur); **bolt —** : casse-boulons; **chip —** : brise-copeaux.

breaking : rupture; **— elongation** : allongement de rupture; **— load** : charge de rupture; **— plant** : installation de broyage, de concassage; **— point** : charge de rupture (*à la traction*); **— strain** : charge, effort de rupture; **— stress** : charge de rupture;

breast : poitrine; **— derrick** : chèvre (*de levage*); **— drill** : chignole; **— work** : balustrade.

breathing apparatus : appareil respiratoire.

breeder : sur-régénérateur « breeder » (*réacteur à neutrons rapides, produisant plus de combustible atomique, tel le plutonium, qu'il n'en consomme*).

brick : brique (*subst.*); **— kiln** : briqueterie, four à briques; **—-lined** : à revêtement de briques; **—layer** : maçon; **—work** : muraillement de briques; **—works** : briqueterie; **—yard** : briqueterie; **checker —** : brique de ruchage; **dolomite —** : brique de dolomite; **fire —** : brique réfractaire; **hollow —** : brique creuse; **insulation —** : brique isolante; **magnesite —** : brique de magnésie; **red —** : brique rouge; **refractory —** : brique réfractaire; **shaped —** : brique de forme; **silica —** : brique de silice; **slag —** : brique de laitier; **to —** briqueter, agglomérer.

bridge : pont (*tous sens*); **— floor** : tablier d'un pont; **— girder** : poutre de pont; **— wheel** : galet de translation de portique; **boat —** : pont de bateaux; **coal handling —** : portique pour manutention du charbon; **draw- —** : pont-levis; **iron —** : pont métallique; **measuring** : **—** pont de mesure (de Wheatstone, etc.); **raft —** : pont de radeaux; **railway —** : pont de chemin de fer; **toll —** : pont à péage; **trestle —** : pont de chevalets; **Wheatstone —** : pont de Wheaststone.

bright : brillant, qui a de l'éclat. **— annealing** : recuit blanc; **— drawing** : étirage à blanc; **—ness** : éclat (lumineux).

brillant coal : charbon brillant.

brim : bord, rebord, bordure.

brine : saumure.

Brinell hardness : dureté; **— — number** : nombre Brinell; **— — test** : essai de dureté Brinell.

bring (to) down (*the rock*) : abattre (*la roche*).

briny : saumâtre.

briquet (to) : agglomérer.

briquet or briquette : briquette (*aggloméré*); **— fuel** : combustible en briquettes.

britannia metal : métal anglais.

British Imperial Yard : yard anglais.

British Standard Specification : normes britanniques.

brittle : cassant (*acier*); **— fracture** : rupture par fragilité (*acier*); **—ness** : fragilité; **temper —ness** : fragilité de revenu.

broach : broche.

broadcast transmitter : poste émetteur de radio.

broken : brisé; **— piece** : pièce manquée, rebut; **— working** : dépilage (*mines*).

broker : courtier; **stock —** : agent de change.

bromide : bromure.

bromine : brome.

bronze : bronze; **silicium —** : bronze silicieux; **— bushed bearing** : palier à coussinets en bronze; **running in — bushings** : tournant dans des coussinets en bronze; **white —** : bronze blanc.

brown coal : lignite; **— — briquet** : briquette de lignite.

Brownian movement : mouvement brownien.

brush : balai (*électrique*); **— holder** : porte-balais; **— lifting device** : dispositif de relevage des balais; **— shifting** : calage des balais; **—ing machine** : machine à brosser.

bubble : bulle : **—-level** : niveau à bulle.

buck : braisette (*classement granulométrique des charbons*).

bucket : seau, godet; benne (*de pelle à vapeur*); **— chain** : chaîne à godets; **pivoted — conveyor** : convoyeur à godets pivotants; **— full** : plein godet; **— shop** : coulisse (*banque*); **— wheel** : roue à godets.

buckle (to) : flamber, gauchir; **—d wheel** : roue voilée.

buckling : flambage; **— strength** : résistance au flambage; **— stress** : effort de flambage.

buff : brunissoir (*subst.*); **buff (to)** : polir, faire briller; **—ing lathe** : tour de brunissoir; **—ing machine** : machine à faire briller.

buffer : tampon; **— battery** : batterie tampon; **— plate** : plaque de garde; **spring —** : butoir à ressort.

bug duster : évacuateur de havrit, nettoyeur de saignée à vis sans fin (*havage dans les mines*).

building : construction, confection; bâtiment; **— contract** : contrat de travaux; **— contractor** : entrepreneur de maçonnerie; **— enterprise** : entreprise de bâtiment; **— ground** : terrain à bâtir; **— industry** : industrie du bâtiment; **— materials** : matériaux de construction; **— overseer** : surveillant de travaux de construction; **— permission** : permis de construire; **— stone** : pierre à bâtir; **industrial —** : bâtiment industriel; **road —** : construction de routes.

built in : accolé, faisant corps.

builtogether : construit d'une pièce.

bulb : ampoule (*de lampe électrique*); **base of a —** : culot d'ampoule; **electric lamp —** : ampoule électrique; **glass —** : ampoule de verre; **thermometer —** : bulbe de thermomètre.

bulge : renflement (*subst.*); **— (to)** : bomber, faire saillie.

bulk : saillie; dimension, volume; **— head** : cloison protectrice (*à l'intérieur d'un navire*); **—-tariff** : tarif à forfait; **in —** : en vrac.

bulky : volumineux; en gros morceaux.

bull-dozer : bull-dozer.

bull's eye window : œil-de-bœuf.

bulletin-board : panneau d'affichage (*au personnel*).

bullion : lingot d'or ou d'argent.

bump : choc, coup de charge (*mines*); **— joint** : joint à emboîtement.

bumper : tampon (*Amérique*); butoir, pare-choc; **— bar** : barre de choc; pare-chocs (*automobile*); **— block** : tampon de choc.

bumping post : butoir.

bunch discharge : décharge (*électrique*) en aigrette.

bundle : faisceau, paquet; **—d sheet** : tôle en paquet.

bung (*of a cask*) : bonde (*d'un tonneau*).

bunk house : dortoir pour ouvriers célibataires.

bunker : accumulateur; soutes; **coal —** : trémie à charbon; **storage —** : accumulateur (*de charbon, de minerai*).

buoyancy : perte de poids par immersion; flottabilité; **— ore dressing method** : méthode de préparation des minerais par flottation.

buoyant : capable de flotter sur l'eau.

bur : bavure, ciseau (*subst.*); **to —** : débavurer (voir *to burr*).
burden : charge; lit de fusion; **preparation of —** : préparation de la charge (*métallurgie*).
burette : burette.
burn (to) : brûler; **— cut** : bouchon canadien (*tir dans les mines*); **— off** : perte de feu.
burner : brûleur, bec; **bat's wing —** : bec papillon; **gas —** : brûleur à gaz; **oil —** : brûleur à huile; **pulverised fuel —** : brûleur à charbon pulvérisé; **ring —** : brûleur à couronne.
burning : combustion; **— kiln** : four à calciner; **— point** : point d'inflammation; **— of steel** : brûlure de l'acier; **rapid —** : combustion vive; **rate of —** : vitesse de combustion; **slow —** : combustion lente.
burnish : poli, brillant (*subst.*); **to —** : polir (*par frottement*).
burr : bavure produite par la coupe; ciseau (*subst.*); **scraping —** : outil à gratter; **to —** : débavurer.
burrow (to) : faire des fouilles.
bus bars : barres omnibus.
bush : garniture métallique; douille; coussinet; **— metal** : bronze à coussinets; **bronze —ed** : muni d'une douille de bronze.
bushel : faisceau; **—ling bars** : fers en paquet.
bushing : douille; chemise.
business : occupation; affaires, commerce, métier, marche des affaires; **man of —** : homme d'affaires; **— English** : Anglais commercial; **— hours** : heures de travail; heures d'ouverture (*des magasins*); **— law** : droit commercial; **— school** : école de commerce; **— traffic** : trafic commercial.
buster (rivet...) : coupe-rivets.
butane : butane; **— gas** : gaz butane.
butt : bout, gros bout, about (*charpente*); **— strap** : couvre-joint; **— welded** : soudé par rapprochement.
butterfly valve : valve papillon.
buttress : contrefort.
buzzer : vibrateur, trembleur; **— coil** : bobine à trembleur.
by-pass : déviation.
by-product : sous-produit; **— — coke** : coke de sous-produit.

C

cab : cabine (*de grue...*).

cabin : cabine (*de commande*).

cable : (*subst.*) câble (*d'acier, de textile, électrique*); — **care** : surveillance des câbles; — **drum** : tambour d'enroulement de câble; — **fault location** : localisation des défauts d'un câble; —**gram** : câblogramme; — **railway** : téléférique, transporteur à câble; — **reel** . dévidoir de câble; — **shoe** : cosse; — **tape** : ruban isolant pour câbles; — **way** : téléférique, transporteur à câble; **armoured** — : câble armé; **bare** — : câble nu; **feeder** — : câble d'alimentation; **flexible** — : câble souple; **hoisting** — : câble d'extraction (*mines*), voir : **hoisting rope; lead-covered** — : câble sous plomb; **multi-conductor** — : câble électrique à plusieurs conducteurs; **power** — : câble de transport de force; **return** — : câble de retour; **round** — : câble rond; **rubber covered** — : câble sous caoutchouc; **underground** — : câble en caniveau; **winding** — : câble d'extraction (*mines*) voir : **winding rope; wire** — : câble d'acier; — **(to)** : câbler.

cabling : cablage.

cadaster : cadastre.

cage : cage; cage de puits de mine; cabine (*d'un pont roulant, d'un portique*); — **tender** : moulineur (*mines*); **pit**— : cage de mine.

cager : encageur (*mines*).

caisson (steel —) : caisson en acier (*pour fondations sous l'eau*).

cake : gâteau (*de matière comprimée*) (*subst.*); — **(to)** : se prendre (*en pain, en gâteau*); s'agglutiner.

caking : agglutination; — **coal** : charbon gras, agglutinant; — **power** : pouvoir agglomérant (*du charbon*); **weakly** — : faiblement agglutinant (*charbon*).

calamine : calamine (*minerai de zinc*).

calaverite : calavérite (*minerai d'or*).

calc-tuff : tuf calcaire.

calcareous : calcareux.

calcination : calcination.

calcin(e) (to) : calciner; griller (*les minerais*); —**ing kiln** : four de grillage.

calcite : calcite.

calculate (to) : calculer.

calculating machine : machine à calculer.

calculation : calcul.

calculator : machine à calculer; **electronic** — : calculateur électronique.

calculus : méthode de calcul; **differential** — : calcul différentiel; **integral** — : calcul intégral.

calefaction : caléfaction.

calendar day : jour calendaire.

caliber, calibre : calibre.

calibrate (to) : calibrer, étalonner.

calk (to) : mater; — **a rivet** : mater un rivet; —**ing hammer** : marteau à mater; —**ing tool** : matoir.

call button : bouton d'appel.

calliper rule (slide —) : pied à coulisse.
callipers : compas d'épaisseur; compas de calibre (maître à danser); **inside —** : compas d'intérieur; **micrometer —** : calibre micrométrique.
calorie : calorie (voir **calory**).
calorific : calorifique; **— balance** : bilan thermique; **— value** : pouvoir calorifique.
calorimeter : calorimètre.
calorimetric : calorimétrique; **— bomb** : bombe calorimétrique.
calorimetry : calorimétrie.
calory : calorie.
cam : came; **— shaft** : arbre à cames; **heart —** : came en cœur; **inlet —** : came d'admission; **outlet —** : came d'échappement; **retarding —** : came retardatrice (*machines d'extraction*).
camber : cambrure, courbure.
cambrian : cambrien (*géologie*).
cambric : batiste (*tissu*).
camel's hair : poil de chameau; **— — belting** : courroie en poil de chameau; **— — brush** : pinceau en poil de chameau.
camphor oil : huile camphrée.
can : boîte en fer blanc; bidon; **oil —** : burette à huile.
canal : canal (*voie navigable*); **diversion —** : canal de dérivation; **junction —** : canal de jonction; **side —** : canal latéral.
cancel (to) : résilier, annuler; **—ling** : résiliation.
candle : bougie (*photométrie*; *éclairage*); **— power** : pouvoir éclairant.
cant (to) : basculer.
cantilever : poutre en porte-à-faux.
canvas : toile; **— belt** : courroie tressée; **— sack** : sac de toile (*de chanvre*).
cap : chapeau, calotte, couvercle; banc supérieur (*terrains*); chapeau de cadre (*boisage dans les mines*); terrains surplombants, terrains de recouvrement; **—-lamp** : lampe de chapeau (*mines*); **—-screw** : vis à tête; **— -stone** : terrain de recouvrement (*géologie*); **drift —** : chapeau de galerie (*mines*); **radiator —** : bouchon de radiateur (*automobile*).
capacitor (U. S. A.) : condensateur.
capacity : capacité (*sens général*); débit (*d'un compresseur*); **— of a chuck** : ouverture d'un mandrin; **— of drilling** : capacité de perçage; **— of hoist** : puissance de levage; **— per stroke** : débit par coup de piston; **bucket —** : capacité de godet; **change of —** : variation de débit; **hauling —** : effort au crochet; **installed —** : capacité installée (*d'une centrale*); **loading —** : capacité de chargement; **rated —**: capacité nominale; **working —** : capacité de travail.
capillarity : capillarité; **— tube** : tube capillaire.
capillary : capillaire; **— attraction** : attraction capillaire.
capital : capital; **— costs** : frais d'installation; **—ism** : capitalisme; **—ist** : capitaliste; **—ize (to)** : capitaliser; **—ization** : capitalisation; **circulating —** : capital circulant; **fixed —** : capital fixe; **floating —** : capital flottant.
capping : amarrage (*d'un câble*); terrain de recouvrement; **shallow —s** : terrains de recouvrement superficiels.
capsize (to) : culbuter, retourner.
capstan : cabestan.
capsule : capsule.
captain : chef-mineur, chef d'exploitation (*dans certains bassins anglais*).
car : chariot; wagon; wagonnet, berline (*mines*), cabine mobile; **— body**: carrosserie (*de voiture automobile*); **— coupler** : attelage de wagon; **enclosed — —** : carrosserie fermée; **— dumper** : appareil à décharger les wagons; **— exhibition** : exposition de voitures automobiles; **— frame** : châssis (*de voiture*); **— hood** : capote (*de voiture*); **— lifter** : lève-auto; **— pusher** : pousse-wagons;

car : *(continued)*
— **type furnace** : four du type à chariot; **charging** — : chariot de chargement (*procédé Greenawalt*); **dump** — : wagon basculant; **automatic** — — : wagon à déchargement automatique; **empty** — : berline vide (*mines*); **flat** — : wagon plat; **folding top** : — voiture décapotable; **freight**—: wagon à marchandises; **loaded** — : berline chargée; **mine** — : wagonnet de mine, berline; **open-top** — : wagon découvert; **open touring** — : torpédo; **operator's** — : cabine de commande (*d'une pelle à vapeur, d'un portique*); **passenger** — : wagon de voyageurs, voiture de chemin de fer; **platform** — : wagon plateforme; **racing** — : voiture de course; **railroad** — : wagon de chemin de fer; **saloon** — : conduite intérieure; **self-discharging** — : wagon à déchargement automatique; **side-dump** — : wagon basculant de côté; **sliding roof** — : voiture à toit ouvrant; **touring** — : voiture de tourisme; **transfer** — : chariot transbordeur.

caravan : caravane (roulotte).

carbide : carbure; — **of calcium** : carbure de calcium; — **generator** : générateur d'acétylène; — **percussive detachable bits** : taillants amovibles à pointe de carbure rapportée; — **tipped tool** : outil à pointe de carbure rapportée; **iron** — : carbure de fer.

carbolic acid : phénol.

carbon : carbone; —**aceous** : carboné; — **-shale** : schiste carbonifère; —**copy** : copie au carbone; — **dioxide** : gaz carbonique; — **disulphide** : sulfure de carbone; — **holder** : porte-charbon (*électricité*); — **monoxide** : oxyde de carbone; — **paper** : papier de carbone; — **steel** : acier au carbone; **high** — — : acier à haute teneur en carbone; **low** — — : acier à faible teneur en carbone; **activated** — : charbon actif; **graphitic** — : charbon graphitique.

carbonate : carbonate; — **of lime** : carbonate de chaux; **sodium** — : carbonate de soude.

carbonic acid : acide carbonique; — **-gas** : gaz carbonique.

carboniferous : carbonifère, du carbonifère, carbonifère (*subst.*); — **period** : époque carbonifère; — **sandstone** : grès carbonifère; — **shale** : schiste carbonifère; **upper** — : du carbonifère supérieur.

carbonitriding (of case hardening steel) : cémentation et nitruration simultanée (*des aciers*).

carbonization : carbonisation; **high** (*or* **low**, *or* **medium**) **temperature** — : carbonisation à haute (*ou* basse, *ou* moyenne) température.

carboniz(e) (to) : carboniser; —**ing time** : durée de carbonisation.

carborundum : carborundum; — **fire sand** : sable de carborundum.

carboy : bonbonne; tourie.

carburation : carburation.

carburettor : carburateur; **duplex** — : double carburateur; **multi-jet** — : carburateur à plusieurs gicleurs; **adjust (to) the** — : régler le carburateur.

carburiz(e) (to) : cémenter; —**ation** (*of iron*) : carburation (*du fer*); cémentation, —**ing compound** : cément; —**ing paste** : pâte de cémentation.

card : carte, diagramme; **indicator** — : diagramme de l'indicateur.

cardan : cardan; — **shaft** : arbre à cardan; — **suspension** : suspension à la cardan.

cardboard : carton; **asphalted** — : carton bitumé.

cardioid : cardioïde (*mathématiques*).

cardox : cardox.

cargo (-boat) : cargo.

carpenter : charpentier.

carpet : tapis.

carriage : transport, chariot (*de machine-outil*), wagon ; — **-forward** : en port dû ; — **free,** — **paid** : port payé.

carrier : support ; commissionnaire, transporteur (*appareil*) ; **common** — : entrepreneur de transports.

carry (to) : porter ; supporter ; — **away** : évacuer (*des matériaux*) ; — **in stock** : tenir en stock ; — **out a test** : effectuer un essai ; —**ing area** : surface portante ; —**ing axle** : essieu porteur ; —**ing capacity** : force portante ; —**ing trade** : commerce de transport.

carscoop (Butler —) : pelle Butler.

cart : chariot ; — **note** : lettre de voiture ; —**age** : camionnage.

cartel : cartel.

cartridge : cartouche (*d'explosif*) ; — **works** : cartoucherie ; **coal-mining** — : cartouche au charbon ; **detonate (to) a** — : faire partir une cartouche ; **priming** — : cartouche-amorce ; **rock** — : cartouche au rocher ; **safety** — : cartouche de sûreté.

cartwright : charron.

case : boîtier, cage, caisse, coffre, carter ; — **depth** : profondeur de trempe (*cémentation*) ; — **hardening** : cémentation, trempe superficielle par cémentation ; — — **compound** : cément ; — — **furnace** : four à cémenter ; — **hardness** : dureté de cémentation ; **packing** — : caisse d'emballage ; **tight** — : carter étanche.

cash : caisse ; argent comptant ; — **account** : compte de caisse ; — **book** : livre de caisse ; — **in order** : comptant à la commande ; — **on delivery** : contre remboursement ; — **order** : billet à vue ; —**-payment** : paiement comptant ; — **price** : prix comptant ; — **register** : caisse enregistreuse ; — **sale** : vente au comptant ; **for** —, **for net** —, **in** — : au comptant.

cashier : caissier ; —**'s office** : caisse (*bureau*).

casing : enveloppe, carter, corps, revêtement ; **hearth** — : cerclage de l'ouvrage (*hauts fourneaux*) ; **pump** — : corps de pompe ; **split** — : corps de machine en deux pièces ; **well** — : revêtement de puits.

cask : tonneau, baril ; — **head** : fond de tonneau.

cassiterite : cassitérite.

cast (to) : fondre, couler ; — **aluminium** : fonte d'aluminium ; — **cement** : ciment fondu (*alumineux*) ; — **crankshaft** : vilebrequin coudé ; — **in cast-iron molds** : coulé dans des moules en fonte ; — **in one piece** : coulé d'une pièce ; — — **in one with** : venu de fonte ; — **in open sand** : coulé en découvert ; —**-in-place** : moulé sur place ; — **in sand molds** : coulé dans le sable ; — **iron** : fonte (*démoulage*) ; **grey** — — : fonte grise ; **hard** — — : fonte dure ; **malleable** — — : fonte malléable ; **nodular** — — : fonte nodulaire ; **remelted** — — : fonte de deuxième fusion ; **white heart malleable** — — : fonte blanche ; — — **mould** : moule en fonte ; — — **pipe** : tuyau de fonte ; — **metals** : métaux fondus ; —**-on** : venu de fonte ; — **plate** : plaque coulée ; — **steel** : acier fondu (*au creuset*) ; **to be — together with** : faire corps avec... ; **as** — : brut de coulée.

castable : moulable, apte au moulage.

castellated nut : écrou crénelé.

caster : roulette pivotante (voir : *castor*).

casting : coulée ; moulage ; pièce coulée ; pièce de fonte ; — **bed** : lit de coulée ; — **car** : chariot porte-poche ; — **in green sand** : moulage en sable vert ; — **ladle** : poche de coulée ; — **metals** : métaux fondus ; — **pit** : fosse de coulée ; — **plate** : plaque de coulée ; — **table** : table de coulée ; **blistered** — : fonte boursouflée ; **bottom** — : coulée en source ; **centrifugal** — : coulée centrifuge ;

casting : *(continued)*
cored — : pièce moulée à noyau; **direct** — : moulage de première coulée; **down-hill** — : coulée en chute directe, en source; **hollow** — : pièce moulée creuse; fonte en boîte à noyau; **solid** — : pièce moulée pleine; **spinning** — : coulée centrifuge; **top** — : coulée en chute directe; **unmachined** — : moulage non usiné.

castle nut : écrou crénelé.

castor : « castor », galet pivotant, roulette pivotante; — **oil** : huile de ricin.

casual : occasionnel, accidentel; — **expenses** : frais imprévus; — **labourer** : ouvrier travaillant de façon intermittente; —**ty** : accident.

catalogue : catalogue.

catalysis : catalyse.

catalyst : catalyseur (*subst.*).

catalystic : catalytique.

catch : logement, cliquet.

catenary : chaînette (*courbe géométrique*).

caterpillar : chenille; — **mounted** : sur chenilles; — **mounting** : montage sur chenilles; — **traction** : traction sur chenilles; — **tractor** : tracteur à chenilles.

cathod(e) : cathode; —**e-ray** : rayonnement cathodique; —**ic bombardment** : bombardement cathodique.

cation : cation.

caulk (to) : calfater, mater (voir *to calk*); —**ing tool** : matoir.

caustic : caustique; — **curve** : caustique (*mathématiques*); — **potash** : potasse caustique; — **soda** : soude caustique.

caving : creusement par-dessous; **block** — : foudroyage du minerai (*abatage par le tir après sous-cavage, aux États-Unis*); **total** — : foudroyage intégral (*mines*); **undercut** — : foudroyage après sous-cavage.

cavitation : cavitation (*pompes*).

cavity : cavité.

ceiling : plafond; — **of a vault** : plafond d'une voûte.

celestral sphere : sphère céleste.

cell : cellule; cellule de four; élément (*d'une batterie électrique*); **dry** — : pile sèche.

cellophan : cellophane.

cellular : cellulaire.

celluloid : celluloïd.

celo : celo (*unité d'accélération, valant 1 pied par sec²*).

cement : ciment (*subst.*); — **(to)** : cémenter (*métallurgie*); cimenter; — **gun** : guniteuse, canon à cimenter; — **mill** : broyeur à ciment; — **plant** : cimenterie; — **stone** : pierre en ciment; — **work** : cimenterie; —**ation** : cimentation (*d'un puits de mine*), cémentation (*métallurgie*); —**ite** : cémentite (*métallurgie*); **aluminous** — : ciment alumineux; **artificial** — : ciment artificiel; **blast-furnace slag** — : ciment de laitier de haut fourneau; **cast** — : ciment fondu; **high-early-strength** — : ciment à prise très rapide; **hydraulic** — : ciment hydraulique; **quick-setting** — : (*or* **rapid-hardening** —) : ciment à prise rapide; **slag** — : ciment de laitier; **slow-hardening** — : ciment à prise lente; **water** — : ciment hydraulique; **waterproof** — : ciment hydrofuge.

center : centre; âme (*d'un câble*) (*subst.*); — **(to)** : centrer (voir : *to* **centre**); — **driving** : commande centrale; — **rest** : lunette fixe (*tours*); **supported in the** — — : supporté par la lunette fixe; —**ing attachment** *or* —**ing device**: dispositif de centrage; —**ing mechanism** : mécanisme de centrage; **distance between** —**s** : distance entre pointes (*tours*); **height of** —**s** : hauteur de pointes.

centesimal : centésimal; — **minute** : minute centésimale;

centigrade : centigrade.

centigram (*or* **centigramme**) : centigramme.

centiliter (*or* **centilitre**) : centilitre.

centimeter (*or* **centimetre**) : centimètre.
centipoise : centipoise (*viscosité*).
central : central; — **lubrication** : graissage central; — **station** : station centrale; —**ize (to)** : centraliser; —**ized control** : commande centrale.
centre : centre; — **bit** : mèche anglaise; — **drive** : commande centrale; — **of curvature** : centre de courbure; — **of gravity** : centre de gravité; — **of inertia** : centre d'inertie; — **of oscillation** : centre d'oscillation (*d'un pendule composé*); — **of rotation** : centre de rotation; — **punch** : pointeau; **industrial** — : centre industriel.
centrifugal : centrifuge; — **blowing engine** : soufflante centrifuge; — **(or —ly) cast** : préparé par coulée centrifuge; — **casting** : coulée centrifuge; — **deduster** : dépoussiéreur centrifuge; — **dryer** : sécheur centrifuge; — **governor** : régulateur centrifuge.
centrifuge : centrifugeuse.
centripetal : centripète.
ceramic products : produits céramiques.
ceramics : céramique.
cerium : cerium.
certificate : certificat; — **of proficiency** : certificat de valeur professionnelle; **medical** — : certificat médical; —**d engineer** : ingénieur certifié.
certified : garanti.
ceruse : céruse.
chafing fatigue strength : résistance à la fatigue avec compression latérale.
chain : chaîne; mesure de longueur en arpentage (66 pieds); — **and flight conveyor** : convoyeur à chaîne et à palettes; — **belt** : transmission par chaîne; — **coal cutter** (*or* — **coal cutting machine**) : haveuse à chaîne (*mines*); — **conveyor** : transporteur à chaîne; — **drive** : commande par chaîne; — **driven** : commandé par chaîne; — **grate** : grille à chaîne; — — **stoker** : stoker à grille mécanique; — **hoist** : palan; —**man** : chaîneur; — **reel** : tambour à chaîne; — **work** : travail à la chaîne; **assembly** — : chaîne d'assemblage; **bucket** — : chaîne à godets; **coupling** — : chaîne d'attelage; **detachable link** — : chaîne à maillons détachables; **endless** — : chaîne sans fin; **lashing** — : chaîne d'amarrage; **link** — : chaîne articulée; **measuring** — : chaîne d'arpenteur; **safety** — : chaîne de sûreté; **scraper** — : chaîne à raclettes; **sling** — : chaîne de suspension; **surveyor's** — : chaîne d'arpenteur; **weldless wire** — : chaîne sans soudure.
chairman : président (*d'une société, d'une assemblée, d'une commission*).
chalcedony : chalcédoine.
chalcocite : chalcocite.
chalcopyrite : chalcopyrite.
chalk : craie.
chamber : chambre; — **of commerce** : chambre de commerce; **air** — : chambre à air (*d'un four*); **combustion** — : chambre de combustion; **explosion** — : chambre d'explosion; **gas** — : chambre à gaz (*d'un four*); **heating** — : chambre de chauffe; **ignition** — : chambre de combustion; **mixing** — : chambre de mélange; **regenerator** — : chambre de régénérateur.
chamfer : chanfrein (*subst.*); — **(to)** : chanfreiner.
chamois-leather : peau de chamois.
chamotte : terre réfractaire, chamotte.
change : changement; — **in form** : changement de forme; — **of shift** : changement de poste; **speed** — : changement de vitesse; — **(to)** : changer, modifier; — **the cars** : tourner les wagons (*derrière une chargeuse de mine*); — **over** : intervenir, renverser, changer (*la marche*).
channel : fer U; — **(to)** : canneler; —**ed plate** : tôle striée.

char (to) : carboniser.

characteristic : caractéristique (*adj.*); **—s** : caractéristiques (*subst.*); **— curve** : courbe caractéristique; **no load —** : caractéristique à vide.

charcoal : charbon de bois; **— burner** : charbonnier (*exploitant une charbonnière*); **— for drawing** : fusain; **— gas** : gaz de charbon de bois; **animal —** : charbon animal, noir animal.

charge : charge (*subst.*); **— of explosive** : charge d'explosif; **additional —** : charge additionnelle (*métallurgie*); **hollow —** : charge creuse (*tir dans les mines*); **— (to)** : charger, (*sens général*); facturer; **— a battery** : charger une batterie (*électrique*); **— a furnace** : charger un four; **— a hole** : charger un trou de mine (*tir dans les mines*).

charger : chargeur (*électricité*); **battery —** : chargeur de batterie.

charging : chargement; **automatic — of blast furnaces** : **—** : chargement automatique des hauts fourneaux; **— bucket** : skip de chargement (*des hauts fourneaux*); **— car** : chariot de chargement (*procédé Greenawalt*); **— cone** : trémie de chargement (*d'accumulateurs*); **— crane** : pont de chargement; **— device** : appareil de chargement; **— door** : porte de chargement; **— frame** (*for miners lamps*) : banc de chargement (*pour lampes de mineurs*); **— machine** : enfourneuse (*fours industriels*); **— outfit** : poste de recharge (*d'accumulateurs*); **— pressure** : pression de charge (*des bouteilles de gaz comprimé*); **— rack** : banc de chargement (*lampisteries électriques de mines*); **— rheostat** : rhéostat de charge; **— set** : groupe de recharge (*d'accumulateurs*); **— time** : durée de chargement.

chart : graphique, diagramme; **— of correction** : table de correction; **index —** : plateau diviseur; **spiral —** : plateau diviseur pour divisions hélicoïdales.

charter : charte-partie, droit concédé, **— (to) a ship** : affréter un navire; **—ed accountant** : expert-comptable agréé; **—ing** : affrètement (*d'un bateau*).

chase : rainure; encoche des dents d'une vis (*subst.*); **— (to)** : fileter; **—r** : peigne (*filetage*); ciseleur.

chasing dial : plateau gradué pour filetage, indicateur de filetage.

chassis : châssis (*d'automobile, etc.*).

chatter (to) : brouter (*machines*).

check : essai; mesure; contrôle; frein; soupape de retenue; fente de retrait (*métallurgie*); chèque (voir **cheque)** (*subst.*); **—ing** : vérification (*d'une pièce fabriquée*); **—-nut** : contre-écrou; **—-off** : retenue (sur le salaire); **— pipe** : tuyau de retenue; **— rail** : contre-rail; **— sample** : échantillon-témoin; **— test** : essai de contrôle, contre-épreuve, échantillon; **— valve** : clapet de retenue; **general —** : vérification générale, contrôle complet; **hydraulic —** : frein hydraulique; **— (to)** : contrôler, vérifier, freiner; **— a motion** : freiner un mouvement, ralentir.

checker : contrôleur, vérificateur; **— brick** : brique de ruchage (*métallurgie*); **—ed plate** : tôle striée; **—work** : empilage; **car —** : contrôleur de berlines (*mines*).

chemical : chimique; **— compound** : composé chimique; **— engineer** : ingénieur chimiste; **— extinguisher** : extincteur chimique; **— laboratory** : laboratoire de chimie; **— manure** : engrais chimique; **— plant** : usine chimique; **— reagent** : réactif chimique; **—s** : les produits chimiques.

chemist : chimiste; **—ry** : chimie; **inorganic —ry** : chimie minérale; **organic —ry** : chimie organique.

cheque : chèque; — **book** : carnet de chèques; **bearer** — : chèque au porteur; **crossed** — : chèque barré.
chequered : en damier, strié en damier.
cherry red : rouge cerise; **forged to a** — — : forgé au rouge cerise; **heated to a** — — : chauffé au rouge cerise.
chest : coffre, caisson; chapelle (*de soupape*).
chill : trempe en coquille de la fonte (*subst.*); — **(to)** : refroidir brusquement; tremper en coquille; **—ed cast iron; —ed iron** : fonte en coquille; **—ed iron castings** : pièces de fonte trempées ou moulées en coquille; **—ed roll** : cylindre trempé; **—ed steel shot** : grenaille d'acier.
chimney : cheminée (*bâtiment géologie*); **—-cap, —-cowl** : mitre; — **stalk** : tuyau de cheminée; cheminée d'usine.
chink : tapure, fissure.
chinon clay : kaolin.
chip : copeau (*subst.*); **—-breaker** : brise-copeaux; — **pan** : auge à copeaux; **—per** : marteau-burineur; décriqueur; **—ping** : burinage; ébarbage; **—ping hammer** : marteau-burineur; — **(to)** : tailler, ébarber.
chisel : ciseau; burin; **hand** — : ciseau; burin; **pneumatic** — : burin pneumatique.
chlorate : chlorate.
chloride : chlorure.
chloridize (to) : chlorurer.
chloridizing mill : usine de chloruration.
chlorinate (to) : chlorurer; javelliser (*l'eau*).
chlorination mill : usine de chloruration.
chlorine : chlore; — **gas** : chlore.
chloroform : chloroforme.
chock : cale, coin; **—-releaser** : effondreur, appareil pour effondrer les piles de bois dans le foudroyage (*mines*).
choke : étranglement; — **coil** : bobine de choc (*électricité*); — **damp** : gaz irrespirable, « puteux » (*mines*).
chord : corde (*géométrie*).
chromate : chromate.
chrome-nickel steel : acier au chrome-nickel; **—-plated** : chrome.
chromic acid : acide chromique.
chromite : chromite.
chromium : chrome; — **plated** : chromé; — **plating** : placage en chrome.
chromizing (of steel) : chromisation (de l'acier).
chronograph : chronographe.
chronometer : chronomètre.
chrysocolla : chrysocolle.
chrysolite : chrysolithe.
chuck : mandrin (*subst.*); — **capacity** : ouverture du mandrin; — **work** ; **—ing work** : travail sur mandrin; **drawback** — : mandrin à rappel; **drill** — : mandrin à forets; **expanding** — : mandrin extensible; **held in a** — : monté sur mandrin; **key —, key-operated** — : mandrin à clavette; **lathe** — : mandrin de tour; **screw** — : mandrin à vis; **spring-collet** — : mandrin à ressort; **step** — : mandrin à gradins; **universal** — : mandrin universel; — **(to) (the work)** : fixer (la pièce) au moyen d'un mandrin.
chute : goulotte, décharge, couloir incliné d'évacuation; **feed** — : goulotte d'alimentation.
cinder : cendre; scorie; — **grinder** : moulin à scories; — **notch** : trou de coulée du laitier.
cinnabar : cinabre.
cipher : zéro; chiffre zéro.
circle : cercle; **circumscribed** — : cercle circonscrit; **inscribed** — : cercle inscrit.
circuit : circuit (*sens général*); circuit électrique; — **breaker** : coupe-circuit (*électricité*); **—-closer** : conjoncteur; **to break a** — : ouvrir un circuit, couper un circuit; **to close a** — : fermer un circuit; **in closed** — : en circuit fermé; **to make a** — :

circuit : *(continued)*
fermer un circuit; **to open a —** : ouvrir un circuit; **oscillating —** : circuit oscillant.

circular : circulaire; imprimé; **— lines** : fonctions circulaires (*mathématiques*); **— mil** : mil circulaire (*unité de section, pour les fils : cercle d'un millième de pouce*); **— saw** : scie circulaire.

circulating : circulant, de circulation; **— pump** : pompe de circulation; **— waters** : eaux courantes.

circulation : circulation; **— oiling** : graissage par circulation; **forced —** : circulation forcée.

circumference : circonférence.

circumferential : circonférentiel; **— feed** : avance circonférentielle.

citrate of magnesia : citrate de magnésie; **ammonium —** : citrate d'ammoniaque.

citrid acid : acide citrique.

civil engineer : ingénieur civil; **— —ing**: génie civil.

clack-valve, clacker : clapet (à volet).

claim : demande de concession (*dans les pays neufs*); portion de terrain revendiquée par un mineur.

clamp : crampon, crapaud de serrage; serre-joint, bride de serrage (*subst.*); **—bracket** : bride de serrage; **— collar** : collier de serrage; **—ing** : serrage; **—ing chuck** : mandrin de serrage; **—ing plate** : plaque de serrage; serrage; **—ing strap** : étrier de serrage; **automatic —ing** : serrage automatique; **rope —** : serre-câble; **— (to)** : fixer, attacher, maintenir par des brides; **— tight** (*with a nut*) : bloquer (*par un écrou*).

clamshell : coquille de benne preneuse; **— bucket** : benne preneuse.

clarain : clarain (*un des éléments pétrographiques du charbon*).

clarification of washery water : clarification des eaux de lavage.

clarify (to) : clarifier.

clasp : agrafe.

classification : classification, classement; **size —** : classement volumétrique.

classifier : appareil classeur (*à minerai ou à charbon*); **washing —** : laveur-classeur.

classify (to) : classer; **—ing screen** : crible classeur.

claw : grille.

clay : argile; **—-digger** : marteau-bêche pour argile; **— -gun** : machine à boucher le trou de coulée; **— -slate** : schiste argileux.

clean (to) : épurer (*le charbon, le gaz...*); **—er** : épurateur; **air —er** : épurateur d'air, filtre à air.

cleaning : épuration, purification; **— of coal** : épuration du charbon; **— mine-car machine —** : machine à nettoyer les berlines; **dry —** : épuration à sec; **gas —** : épuration des gaz; **hand —** : triage à la main; **hole —** : curage du trou de mine; **mechanical —** : préparation mécanique; **pneumatic —** : épuration pneumatique; **wet —** : épuration par voie humide.

cleans(e) (to) : nettoyer, curer, décrasser; **—ing agent** : dégraissant; **—ing-hammer** : marteau à ébarber.

clear (to) : clarifier; **— out** : déboucher (*un tuyau*) débarrasser (*un local*); **— pond** : bassin de décantation; **— well** : puits de décantation; **—ance** : distance libre; jeu; dégagement (*machines-outils*); **— sale** : liquidation (vente en solde); **railroad —ances** : gabarits des chemins de fer; **—ing House** : Chambre de compensation.

cleat : clivage (*mines*); tasseau (*menuiserie*); **direction of —** : direction de clivage, direction des limets; fil de mine.

cleav(e) (to) : fendre, se fendre, se cliver (*mines*); **—able** : clivable, à plans de clivage.

cleavage : clivage; — **fracture** : cassure fibreuse; — **plane** : plan de clivage.
clench (to) *or* **to clinch a nail** : river un clou.
clerical workers : personnel de bureau.
clerk : employé; **filing** — : employé au classement; **mail** — : employé au courrier.
clinical hospital : clinique.
clinker : clinker; mâchefer; laitier vitrifié; brique recuite.
clinometer : clinomètre.
clip : pince de serrage, crapaud de serrage (*subst.*); **fuse** — : lame fusible; **bolt —per** : coupe-boulons; **—pings** : rognures; **clip (to)** : rogner.
clock : horloge; — **movement** : mouvement d'horlogerie; **—work** : minuterie; **driving** — — : mouvement d'horlogerie commandant un déclic; **—wise** : dans le sens des aiguilles d'une montre; **anti-—wise** : en sens contraire de celui des aiguilles d'une montre; **per** — **hour** : à l'heure.
clog (to) : obstruer, colmater; — **(to) the tip** : obstruer le gicleur.
close (to) : fermer; — **the books** : arrêter les comptes (*comptabilité*); — **down a mine** : fermer, arrêter une mine; — **-annealing furnace** : four à recuire en caisse; — **-grain iron, —grained iron** : fonte à grain serré; **—d chamber experiment** : essai en vase clos; **in —d circuit** : en circuit fermé; **—d-circuit operation** : marche en circuit fermé; **—ing time** : heures de fermeture; **—ing-device** : dispositif de fermeture; **—ing valve** : soupape de fermeture.
cloth : tissu; **filtering** — : tissu filtrant; **wire** — : toile métallique; **protective —ing** : vêtements de protection.
clover leaf neck : tourillon tréflé.
cluster bottom mould : mère de source.
clutch : (*subst.*) embrayage; accouplement; — **lining** : garniture d'embrayage; — **pedal** : pédale de débrayage; **automatic throw out** — : débrayage automatique; **cone** — : embrayage par cônes; **disc** — : embrayage à plateaux; **to disengage the** — : débrayer; **to engage the** — : embrayer; **friction** — : embrayage à friction; **multi-pin** — : accouplement à broches multiples; — **(to)** : embrayer.
coagulate (to) : coaguler.
coagulation : coagulation.
coal : charbon, houille; — **basin** : bassin houiller; — **bed** : couche de houille; — **—blasting** : tir au charbon (*mines*); — **brass** : pyrite de fer dans la houille; — **briquette** : briquette de charbon; — **carbonization** : carbonisation de la houille; — **cleaning** : épuration du charbon; — — **plant** : installation d'épuration des charbons; — **cracker** : broyeur à charbon; — **cutter** : haveuse; — — **chain** : chaîne de haveuse; — **cutting** : havage; — **dust** : poussière de charbon, poussier de charbon pulvérisé; — — **burner** : charbon brûleur à charbon pulvérisé; **to lay** — — : abattre les poussières (*de charbon*); — **egg** : œuf de charbon; — **face** : front de taille; — — **lightning** : éclairage à front, éclairage en taille (*mines*); — **field** : gisement houiller; — **gas** : gaz de houille; — **gasification** : gazéification de la houille; — **getting** : abatage du charbon; — **hydrogenation** : hydrogénation de la houille; — **industry** : industrie houillère; — **leveler** : machine à tasser le charbon; — **measure strata**, — **measures** : couches de houille; — **merchant** : marchand de charbon; — **mine** : houillère, mine de charbon; — **mining** : abatage du charbon; — — **explosive** : explosif au charbon; — - — **industry** : industrie extractive; — **-oil mixture** : mélange charbon et huile; — **owner** :

coal : *(continued)* propriétaire de charbonnage; — **pillar** : pilier de charbon; — **pit** : puits de mine dans une houillère; — **plough** : rabot à charbon (*mines*); — **seam** : couche de charbon, veine de charbon; — **seller** : vendeur de charbon; — **slack** : menu; — **tar** : goudron de houille; — — **chemicals** : dérivés du goudron; — **tub** : berline à charbon; — **washery** : lavoir à charbon; — **washing plant** : lavoir à charbon; — **winning** : abatage du charbon; **adsorptive** — : charbon activé; **banded** — : charbon barré; **bituminous** — : charbon bitumineux; **blind** — : anthracite brûlant sans flamme; **boiler** — : charbon de chaudière; **bright** — : charbon brillant; (*composé de clarain et de vitrain*); **bunker** — : charbon de soute; **clean** — : charbon épuré; **coking** — : charbon à coke; **dressed** — : charbon préparé pour la vente; **expanding** — : charbon gonflant; **fat** — : charbon gras; **fine** — : menu, fines de charbon; **flame** —, **flaming** — : charbon flambant; **forge** — : charbon de forge; **gas** — : charbon à gaz; **hard** — : charbon dur (*composé surtout de durain*), charbon maigre; **household** — : charbon domestique; **lean** — : charbon maigre; **open-burning** — : charbon maigre à longue flamme; **pea** — : charbon en grains; **pit** — : houille, charbon de terre; **powdered** — *or* **pulverized** — : charbon pulvérisé; **pure** — : charbon pur; **raw** — : charbon brut, non lavé; **run-of-mine** — : charbon tout venant; **screened** — : charbon criblé; **small** — : menu, fines de charbon; **steam** — : charbon de chaudières; **stone** — : anthracite; **washed** — : charbon lavé; **white** — : houille blanche; **dry** — **cleaning** : épuration du charbon par voie sèche; **pneumatic** — — : épuration pneumatique du charbon; **wet** — — : épuration du charbon par voie humide; **arm** — **cutter** : haveuse à barre; **chain** — — : haveuse à chaîne; **compressed air** — — : haveuse à air comprimé; **electric** — — : haveuse électrique; **pneumatic** — — : haveuse à air comprimé; **universal arcwall** — — : haveuse universelle à tête pivotante.

coalburster (hydraulic —) : coin hydraulique.

coalescence : union, fusion.

coalification : carbonisation.

coaling : alimentation en charbon, approvisionnement en charbon; — **station** : dépôt de charbon.

coalite : coalite (*explosif anti-grisouteux*).

coarse : rugueux, à gros grains; — **crushing** : broyage préalable, préconcassage; — **feed** : forte passe (*machines-outils*); — **grain** : gros grain; — **grained** : à gros grains; — **reduction** : broyage primaire, préconcassage; — **sand** : gros sable.

coast (to) : descendre en roue libre.

coat (to) : recouvrir, enduire; **coat of paint** : couche de peinture; **—ed electrode** : électrode enrobée; **asphaltum —ed** : enduit d'asphalte.

coating : couche, revêtement, dépôt, enduit; **electro-deposited** — : revêtement électrolytique; **protective** — : couche protectrice; **tin** — : étamage.

cob : torchis, morceau, champignon d'isolateur.

cobalt : cobalt; **—-blue** : bleu de cobalt.

cobbles : gaillettes, grosses noix; **washed** — : grosses noix lavées.

cock : robinet; **blow-off** — : robinet de purge; **brass** — : robinet de cuivre; **pet** — : robinet de purge; **stop** — : robinet de fermeture; **three-way** — : robinet à trois voies; **waste** — : robinet de vidange.

code word : mot de code.

coefficient : coefficient; — **of friction** : coefficient de frottement; — **of lineal expansion** : coefficient de dilatation linéaire; — **of mutual induction** : coefficient d'induction mutuelle; — **of resistance** : coefficient de résistance (*des matériaux*); — **of thermal expansion** : coefficient de dilatation thermique; **heat transmission** — : coefficient de conductibilité thermique (*d'une paroi*); **strength** — : coefficient de résistance.

coffer-dam : bâtardeau.

cog : dent (*d'une roue dentée*), pilier de bois (*mines*) (*subst.*); —**-wheel** : roue dentée; — **(to)** : dégrossir, (*laminoirs, forge*); —**ging mill** : laminoir dégrossisseur, blooming; —**ging train** : train blooming.

coherence : cohésion.

coherer : cohéreur.

cohesion : cohésion.

coil (*subst.*); enroulement; bobine, (*électricité*): serpentin; — **spring** : ressort en spirale; — **winding** : bobinage (*électricité*); — — **machine** : machine à bobiner; **cooling** — : serpentin refroidisseur; **field** — : bobine d'inducteur, bobine de champ; **heating** — : serpentin de chauffage; **magnet** — : bobine d'électro-aimant, **resistance** — : bobine de résistance (*électricité*); **transformer** — : bobine de transformateur; **torsional** — **spring** : ressort à boudin; — **(to)** : enrouler; —**ing machine** : bobineuse.

coiler : bobineuse.

coke : coke; — **breeze** : poussier de coke; — **cutter** : broyeur à coke (*à cylindres dentés*); — **dust** : poussier de coke; — **oven** : four à coke; — — **battery** : batterie de fours à coke; — — **gas** : gaz de cokerie; — — **plant** : cokerie; — **pusher** : défourneuse de coke; **oven** — : coke de four; **domestic** — : coke domestique; **foundry** — : coke de fonderie; **furnace** — : coke de haut fourneau; **gas** — : coke de gaz; **heating** — : coke combustible industriel; **household** — : coke domestique; **low temperature** — : coke de basse carbonisation; **petroleum** — : coke de pétrole; **semi-** — : semi-coke; **small** — : petit coke, **small-mesh** — : petit coke.

cokery : cokerie.

coking : cokéfaction; — **capacity** : pouvoir cokéfiant; — **coal** : charbon à coke; **non** — — : charbon non cokéfiant; — **performance** : pouvoir cokéfiant (*des charbons*); — **plant** : cokerie; — **small** : fines à coke; — **time** : durée de cuisson (*du coke*), durée de carbonisation; **over-** — : cuisson prolongée; **under-** — : cuisson incomplète du coke.

cold : froid; —**-bend (to)** : plier à froid; —**-blast sliding valve** : registre de vent froid; — **drawn** : étiré à froid; — **forged** : forgé à froid; —**-hammer (to)** : écrouir; —**-rolled strip** : feuillard laminé à froid; — **rolling mill** : laminoir à froid; laminoir à dresser; — **saw** : scie à froid; — **straining** : déformation à froid; écrouissage; —**-worked** : écroui.

collapsed : affaissé, effondré, replié.

collapsible : télescopique; se repliant.

collar : collier; — **of a mine shaft** : orifice d'un puits de mine; — **step bearing** : crapaudine; **safety set** — : bague d'arrêt.

collection charges : frais d'encaissement, de recouvrement.

collective : collectif; — **agreement**, — **bargaining agreement** : convention collective, accord collectif; — **bargaining** : discussion d'un accord collectif; — **flotation** : flottation « collective » ou « simultanée ».

collector : collecteur (*tous sens*); collecteur (*électricité*); — **bar** : lame de collecteur; — **ring** : bague collectrice (*électricité*).

collet : pince de tour; mandrin de serrage; — **sleeve** : douille de serrage.

collier : mineur de charbon, bateau de charbon, charbonnier; **—y** : houillère, charbonnage; **—y winder** : treuil de mine.

collimator : collimateur; — **telescope** : jumelle à collimateur.

colloid : colloïde (*subst.*); — **body** : colloïde; **—al** : colloïdal; **—al fuel** : combustible colloïdal.

colorimeter : colorimètre.

colorimetric : colorimétrique; — **analysis** : analyse colorimétrique; — **determination** : détermination colorimétrique.

colouring substance : matière colorante.

column : colonne; montant (*de machine*); — **drill** : perforatrice à colonne; — — **hoist** : treuil à colonne; — **jib crane** : grue pivotante à colonne; — **mounting** : montage par colonne; **bearing** — : colonne support; porte-outil à colonne; **—ar basalt** : orgues d'Espaly; **—ar section** : coupe verticale.

combination : combinaison (*mathématiques*); — **lever** : levier d'avance; — **pliers** : pince universelle; **chemical** — : combinaison chimique; **3-jaw chuck** — : mandrin à 3 mors combinés.

combine (to) with : se combiner à (*chimie*).

combustibility : combustibilité.

combustible : combustible (*adj. ou subst.*).

combustion : combustion; — **chamber** : chambre de combustion; — **engine** : moteur à combustion; — **heat** : chaleur de combustion; **imperfect** — : combustion incomplète; **perfect** — : combustion parfaite; **rapid** — : combustion vive.

commensurable : commensurable.

commercial : commercial; — **bronze** : bronze marchand; — **failure** : faillite commerciale; — **traveller** : voyageur de commerce; — **varieties** : variétés commerciales.

comminute (to) : pulvériser.

comminution : pulvérisation.

commission : commission (*commerce*); — **agent** : commissionnaire; **—er of public works** : entrepreneur de travaux publics.

committee : comité; **sub-** — : sous-comité.

commodit(ies) : marchandises; **—y prices** : cours des denrées; **basic —y** : produit de base.

common : commun, ordinaire; — **labourer** : ouvrier non spécialisé, manœuvre; — **metals** : métaux communs; — **stock share** : action ordinaire.

commutating pole : pôle de commutation.

commutator : collecteur-commutateur; **—-rectifier** : permutatrice.

compact : compact; **—ness** : compacité.

company : compagnie, société; **joint stock** — : société anonyme; **limited liability** — : société à responsabilité limitée.

comparator : comparateur.

compartment : compartiment; **shaft** — : goyau de puits de mine.

compass : boussole, étendue; **—ses** (*pl.*) : compas; **inclination** — : boussole d'inclinaison; **pair of —ses** : compas; **surveyor's—** : boussole d'arpenteur.

compensate (to) : compenser; **—d instrument** : instrument compensé.

compensating jet : gicleur compensateur.

compensation : compensation; **temperature** — : compensation de la température; **to pay a** — : verser une indemnité compensatrice.

compensator : compensateur; **line drop** — : compensateur de perte en ligne.

compete (to) : concurrencer.

competition : concurrence (*commerciale*).

complement (of an angle) : complément (d'un angle); **—ary angles** : angles complémentaires.

complex number : nombre complexe.

comply (to) with specifications : être conforme aux spécifications.

component : élément, constituant, composante (*d'une force*); **— colours** : couleurs composantes (*de la lumière blanche*); **— parts** : pièces détachées; **— ratio** : proportions dans un mélange; **—s** *(pl.)* : pièces constitutives; parties constitutives; **horizontal —** : composante horizontale; **radial —** : composante radiale; **tangential —** : composante selon la tangente; **vertical —** : composante verticale.

composite : mixte (*tous sens*).

composition : composition; **— of forces** : composition des forces (*mécanique*); **— of velocities** : composition des vitesses; **ashes —** : composition des cendres (*analyse du charbon*).

compound : composé (*adj. et subst.*); corps composé (*chimie*); composition, mélange, préparation; **— engine** : machine compound ;**— interest** : intérêt composé; **— number** : nombre complexe; **— steel** : acier composé; **— winding** : enroulement compound; **— wound motor** : moteur compound; **chemical —** : corps composé (*chimie*); **iron —** : composés ferreux; **organic —** : composés organiques; **protecting —** : composition isolante (*électricité*); **welding —** : préparation pour soudure.

compress (to) : comprimer; **— a spring** : comprimer un ressort; **—ed air** : air comprimé; **— — hammer** : marteau pneumatique; **—ed gas** : gaz comprimé; **—ed gas filling station** : station de distribution de gaz comprimé.

compressib(ility) : compressibilité; **—le** : compressible; **—le steel prop** : étançon compressible (*mines*).

compression : compression; **— ratio** : taux de compression; **— spring** : ressort de compression; **— strain** : effort de compression; **— strength** : résistance à la compression; **high —** : compression élevée; **strength in —** : résistance à la compression; **two-stage —** : compression bi-étage.

compressor : compresseur; **— house** : salle des compresseurs; **— oil** : huile pour compresseurs; **air —** : compresseur d'air; **feather-valve —** : compresseur d'air à clapets sensibles; **ammonia —** : compresseur à ammoniaque; **centrifugal —** : compresseur centrifuge; **gas —** : compresseur à gaz; **piston —** : compresseur à piston; **turbo- —** : turbo-compresseur.

compromise : compromis.

compute (to) : calculer.

concav(e) : (*subst.*) voûte, ligne ou surface creuse, concave (*adj.*); **—ity** : concavité; **—o-concave** : biconcave; **—o-convex** : concave-convexe.

concentrat(e) : concentré (*subst.*), produit de la concentration; **—e (to)** : concentrer (*sens général*); **—ed load** : charge concentrée; **—ing table** : table de concentration (*pour le minerai*).

concentration : concentration (*sens général*); **— plant** : installation de concentration; **— process** : procédé d'enrichissement (*des minerais*); **ore —** : concentration du minerai.

concentrator : concentrateur (*de minerai*).

concentric : concentrique; **—ity** : concentricité.

concern : firme, établissement; affaire.

concession : concession; **— 's boundary** : limite de concession (*mines*); **— grant** : concession accordée; **extension of —** : extension de conces-

concession : *(continued)* sion minière; **to grant a mine —** : accorder une concession de mine; **—ary** : concessionnaire.

conchoid : conchoïde.

concrete : (*subst.*) béton; **— bar** : barre pour béton armé; **— block** : aggloméré de béton; **— construction** : construction en béton; **— lining** : revêtement de béton; **— mixer** : bétonnière; **— pile** : pilier de béton; **— piling** : construction en béton; **— reinforcing bar** : barre de renforcement pour béton armé; **— sand** : sable pour béton; **air-entrainment —**: béton à incorporation d'air; **highway —** : béton de route; **meagre —** : béton maigre; **porous —** : béton poreux; **rammed —** : béton damé; **reinforced —** : béton armé; **slag —** : béton de laitier; **structural —** : béton de construction; **— (to)** : bétonner.

concretion : concrétion; **spheroidal —** : rognon (*dans le minerai*).

condensate : vapeur condensée; produit de la condensation; **— pump** : pompe de condensation; **— (to)** : condenser.

condensation : condensation.

condens(e) (to) : condenser; **—ing tower** : taux de condensation; **—ing water** : eau de condensation.

condenser : condenseur; condensateur électrique; **— battery** : batterie de condensateurs; **— capacity** : capacité de condensateur; **barometer —** : condenseur barométrique; **counter-current barometric —** : condenseur barométrique à contre-courant; **ejector-jet barometric —** : condenseur barométrique à éjecteur; **jet —** : condenseur à jet; **spray —** : condenseur à ruissellement; **static —** : condensateur statique; **steam —** : condenseur de vapeur; **surface —** : condenseur à surface; **water-jet —** : condenseur à jet d'eau.

condition : (*subst.*) état; **—s of acceptance** : conditions de réception; **gaseous —** : état gazeux; **liquid —** : état liquide; **solid —** : état solide; **— (to)** : traiter; **— drill steels in an oil furnace** : traiter les aciers de perforation au four à huile; **—ing** : conditionnement.

conductance : conductance.

conductibility : conductibilité.

conductible, conducting : conducteur (*adj.*).

conduction : conduction.

conductive (electrically —) : conducteur de l'électricité.

conductor : conducteur (*subst.*); corps conducteur (*de la chaleur, de l'électricité...*); **— of heat** : conducteur de la chaleur; **electrical —** : conducteur électrique; **solid —** : conducteur solide (*non toronné*); **stranded —** : conducteur toronné.

conduit : conduit, tuyau, canal, caniveau; **forced —** : conduite forcée.

cone : cône; **— belt drive** : commande par cône à gradins et courroie; **— clutch** : embrayage par cônes; **— head machine** : machine à commande par cône; **— -pulley** : poulie-cône; **— -shaped** : conique.

confined space : espace restreint.

confirm (to) : confirmer (*un ordre*).

conformance with requirements (to be in ...) : répondre aux conditions imposées (*matériel*).

congeal (to) : congeler; se congeler.

congelation : congélation.

conglomerate : conglomérat.

congress participant : congressiste.

congruence of nombers : congruence de nombres.

conic : conique; **— sections** : sections coniques; **—s** : sections coniques.

conical : conique; **— bearing** : palier conique; **— breaker** : broyeur à cônes; **— frustum** : tronc de cône; **—ness** : conicité.

conjugate foci : foyers conjugués.

connect (to) : relier, assembler, connecter, raccorder; **— an union** : monter un raccord de tuyauterie; **—ed** : relié, connecté; **—ing rod** : bielle; **— ing bushing** : coussinet de tête de bielle.

connection : assemblage, raccord, accouplement, connexion (*électricité*); **— nut** : écrou de raccord; **bolted joint —** : assemblage par raccords boulonnés; **direct —** : accouplement direct; **electrical —s** : connexions électriques; **pipe —s** : raccords de tuyauterie; **threaded —** : assemblage par filetage.

conoid : conoïde; **—al** : conoïdal.

conservation of energy : conservation de l'énergie.

consignee : consignataire (*commerce*).

consignment : consignation, expédition, envoi.

consistence : consistance.

consistency : consistance.

console : console.

consolidation : fusion (de sociétés).

constancy : constance.

constant : constante (*subst.*), constant (*adj.*); **elastic —** : constante élastique.

constituents : constituants.

constitution : constitution; **— of steel** : constitution de l'acier.

constraints (subject to —) : soumis à des contraintes.

constriction : rétrécissement.

construct (to) : construire.

construction : construction; **— contract** : contrat de construction; **— lines** : profil (*du haut fourneau*); **under —** : en construction; **—al** : de construction, de structure; **—al iron** : fer de construction; **—al steel** : acier de construction.

constructor : constructeur.

consulting engineer : ingénieur-conseil.

consume (to) : consommer; **—r** : consommateur; **—r country** : pays destinataire, pays consommateur.

consuming works : usine consommatrice.

consumption : consommation; **local — of coal** : consommation locale de charbon; **— of current** : consommation de courant; **— test** : essai de consommation; **household —** : consommation domestique.

contact : contact (*sens général*); contact (*électrique*); **— breaker** : rupteur; **— pole** : perche de contact; **to come into — with** : venir au contact de...; **to break the —** : couper le courant; ouvrir le contact; **to make the —** : mettre le courant; fermer le contact; **moving —** : contact mobile; **platinum —** : contact platiné; **point of —** : point de contact; **—or** : contacteur (*électricité*).

container : récipient; **liquid oxygen —** : bidon à oxygène liquide.

contaminant : contaminent.

contango : report (*commerce*).

content : capacité, volume; **—s** : contenu; **ash —** : teneur en cendres; **carbon —** : teneur en carbone; **moisture —** : teneur en eau; **phosphorus —** : teneur en phosphore.

contingent : contingent.

continuation rate : taux de report.

continuous : continu; **— casting (*of steel*)** : coulée continue (*de l'acier*); **— cold strip mill** : laminoir à bandes continu (*à froid*); **— flow** : à flux continu; **— hot strip mill** : laminoir à bandes continu (*à chaud*); **— mining** : abatage et chargement continus (*mines*); **— production** : production continue; **— pusher type furnace** : four poussant continu; **— reading apparatus** : appareil à lecture automatique; **— rolling mill** : laminoir continu; **— running** : service continu; **— train-brake** : frein continu.

contract : contrat (*subst.*); **— (to)** : contracter, traiter, s'engager par contrat, se contracter; **to work on a — basis** : travailler à la

contract : *(continued)* tâche; — **labour** : travail au contrat; — **of employment** : contrat de travail; — **rate** : prix de tâche; — **specifications** : cahier des charges; — **work** : entreprise de travaux publics; **losing** — : contrat désavantageux; **profitable** — : contrat avantageux; —**ing firm** : entreprise de travaux publics.

contractor : entrepreneur; fournisseur (*lié par un contrat de fourniture*); chef d'équipe d'abatage qui rémunère son équipe.

contraction : contraction; retrait.

contrive (to) : inventer; —**r** : (*subst.*) inventeur.

control (*subst.*) : commande, contrôle; — **instruments** : instruments de contrôle; — **knob** : bouton de commande; — **lever** : levier de commande; — **platform** : passerelle de manœuvre; — **rod** : barre de contrôle (*énergie atomique*); **automatic** — : contrôle automatique; **centralized** — : commande centrale; **distant** — : commande à distance, télécommande; **instant** — : contrôle instantané; **one-lever** — : commande à levier unique; **remote** — : commande à distance, télécommande; **roof** — : contrôle du toit (*mines*); **two-lever** — : commande à deux leviers; **watchman** — **clock** : avertisseur de ronde; — **(to)** : commander, guider (*mécanique*); contrôler, diriger une société.

controlled : commandé, gouverné; — **economy** : économie contrôlée; **governor** — : commandé par régulateur; **remotely** — : commandé à distance.

controller : contrôleur (*appareil de manœuvre*).

convection : convection.

convenience of operation : facilité de conduite (*d'une machine*).

converge (to) : converger; —**nce** : convergence; —**nce recorder** : appareil enregistrant l'affaissement du toit (*mines*); —**nt lens** : lentille convergente; —**nt series** : série convergente.

conversion : transformation, conversion en or (*des monnaies*); — **heat** : chaleur de transformation; **current** — : redressement du courant électrique; **thermal** — : transformation thermique.

convert (to) : convertir; faire passer d'un état physique à un autre; transformer (*le courant*).

converter : convertisseur (*métallurgie*); groupe convertisseur (*électricité*); convertisseur (*de combustible atomique produisant du plutonium à partir d'hélium*); — **bottom** : fond de convertisseur (*métallurgie*); — **lining** : revêtement de convertisseur; **copper** — : convertisseur pour métallurgie du cuivre; **frequency** — : transformateur de fréquence; **rotary** — : commutatrice; **single-armature** — : commutatrice.

convertible : transformable.

convex : convexe; — **mirror** : miroir convexe; —**ity** : convexité; —**o-concave** : convexe-concave; —**o-convex** : biconvexe; —**o-plane** : plan convexe.

conveyance : transport; — **of men underground** : transport du personnel au fond (*mines*).

conveying : de transport; — **bridge** : pont transporteur; — **plant** : convoyeur, transporteur (*objet*).

conveyor : convoyeur, transporteur; **rubber** — **belting** : bande transporteuse en caoutchouc; **steel** — **belting** : bande transporteuse en acier; — **engine** : moteur de convoyeur, tête motrice de convoyeur; — **gantry** : charpente de convoyeur; — **trough** : auget de convoyeur; **articulated** — : convoyeur articulé; **belt** — : convoyeur à bande; **bucket chain** — :

convoyeur à chaîne, à godets; **continuous** — : convoyeur continu; **flat** — : convoyeur plat; **jigger** — : convoyeur à secousses, couloir oscillant; **scraper chain** — : convoyeur à raclettes; **screw** — : transporteur à vis sans fin; **shaker** — : convoyeur à secousses, couloir oscillant; **trough** — : convoyeur à augets; **—ized furnace** : four à grille mobile.

cool (to) : refroidir, rafraîchir, ventiler, réfrigérer; **—ant system** : système de refroidissement; **fan —ed** : refroidi par ventilation; **—er** : refroidisseur, réfrigérant; **intermediate** — : refroidisseur intermédiaire.

cooling : refroidissement; — **agent** : agent réfrigérant; — **box** : bac de refroidissement; — **coil** : serpentin refroidisseur; — **rate** : vitesse de refroidissement; — **surface** : surface de refroidissement; — **table** : table à refroidir; **water — tower** : réfrigérant; **air** — : refroidissement par air; **mine** — : rafraîchissement d'une mine; **water** — : refroidissement par eau.

cooper : tonnelier.

cooperative society : société coopérative; — **stores (or « coop »)** : coopérative (*magasin*).

co-ordinates : coordonnées (*mathématiques*); **cartesian** — : coordonnées cartésiennes; **right-angled** — : coordonnées rectangulaires.

co-partnership : association en nom collectif.

cope (to) : découper.

coping : qui couronne, qui surmonte, *subst.* : chaperon (*de mur*); — **and notching machine** : machine à découper et à entailler.

coplanar forces : forces situées dans un même plan.

copper : cuivre; — **brazed** : brasé; — **converter** : convertisseur pour la métallurgie du cuivre; — **ore** : minerai de cuivre; — **sheet** : tôle de cuivre; **electrolytic** — : cuivre électrolytique.

coppersmith : chaudronnier.

copying : copiant, à copier; — **apparatus** : appareil à copier; **—-device milling machine** : fraiseuse à copier.

coral : corail.

cord : corde, fil électrique; — **with plug** : fil souple avec fiche de prise de courant; **braided** — : corde tressée; **flexible —,** *or* **portable** — : fil électrique souple; **wire center** — : corde à âme en fil métallique.

corduroy : épais tissu de coton côtelé (*traitement de l'or*).

core : (*subst.*) cœur, noyau, âme (*d'un câble*), carotte (*de sondage*); — **(to)** : carotter (*sondages*); **diamond — drilling** : carottage au diamant; **shot — —** : carottage à la grenaille; — **losses** : pertes dans le noyau; — **oven** : séchoir de fonderie; — **recovery** : récupération des carottes; — **sand** : sable à noyau; — **work** : noyautage (*atelier de moulage*); **—d castings** : pièces moulées à noyau; **—d sample** : carotte-échantillon (*sondages*); **—less induction furnace** : four à induction sans noyau; **armature** — : noyau d'induit; **removable** — : noyau amovible.

corner : coin, angle; — **ghost** : ségrégation des bords (*dans les lingots*); **—-stone** : pierre angulaire; **hairpin** — : virage en épingle à cheveux; **sharp** — : virage brusque.

cornice : corniche.

corollary — corollaire.

corona discharge : effet couronne.

corporate bond issue : émission d'obligations industrielles.

corporation : corporation; société.

corpuscular : corpuscule.

correction : correction; — **to reading** : correction de lecture; **chart of** — : table de correction.

correlation : corrélation.

correspondence : correspondance.

corridor carriage : wagon à couloir.
corrode (to) : corroder.
corrodibility : aptitude à la corrosion.
corrodible : apte à la corrosion.
corroding steel (non) : acier inoxydable.
corrosion : corrosion; — **behaviour** : comportement à la corrosion; —**-fatigue test** : essai de résistance à la corrosion; —**-resisting** : résistant à la corrosion; **stress** — : corrosion sans tension.
corrosive : corrosif; — **sublimate** : sublimé corrosif.
corrugated : ondulé; — **card-board** : carton ondulé; — **paper** : papier ondulé; — **sheet** : tôle ondulée.
corundum : corindon; — **wheel** : meule en corindon.
cosecant : cosécante.
cosine : cosinus.
cosmic rays : rayons cosmiques.
cosmography : cosmographie.
cost : coût, dépense; — **accounting** : établissement des frais; — **analysis** : analyse de prix de revient; — **estimating** : estimation de prix, devis; — **of installation** : coût d'installation; — **of operation** : coût de fonctionnement; — **price** : prix d'achat; — **savings** : économies; **fixed —s** : frais fixes; **initial —s** : frais d'achat, frais d'installation; **maintenance —s** : frais d'entretien; **operating —s** : frais de fonctionnement; **overhead —s** : frais généraux; **power** — : consommation d'énergie; **prime** — : prix de revient; **repair —s** : frais de réparations; **upkeep —s** : frais d'entretien; **—ing** : établissement des frais.
cotangent : contangente.
cotter : clavette.
cotton : coton; — **cord** : fil de coton; — **wool** : ouate.
coulomb : coulomb.
counter : compteur; (*préf.*) : contre; **revolution** — : compteur de tours; **set-back** — : compteur avec remise à zéro; **speed** — : compteur de vitesse; — **balance (to)** : équilibrer (*par un contrepoids*), compenser; **—bore (to)** : aléser borgne, réaléser un trou à un plus grand diamètre sur une certaine longueur; **—bore (to) holes to size** : fraiser des trous à dimension; **—bore** : outil à aléser; **—clockwise** : en sens inverse de celui des aiguilles d'une montre; — **-current condenser** : condenseur à contre-courant; **—flow** : contre-courant; —**-offer** : contre-proposition; **—poise (to)** : équilibrer, contre-balancer; **—poise**, **—poise weight**, **—weight** : contrepoids; **—shaft** : arbre intermédiaire (*transmettant le mouvement*), arbre de renvoi, renvoi; **—sink (to)** : noyer (*la tête d'une vis*), fraiser un trou conique pour logement d'une tête de vis; **—sink** : trou chanfreiné, trou fraisé; **—sunk flat head rivet** : rivet à tête plate noyée; **—sunk hole** : trou fraisé; **—sunk nail** : pointe à tête noyée; —**-steam** : contre-vapeur.
counting tube : compteur Geiger.
couple : (*subst.*) couple (*mécanique*); — **(to)** : accoupler, accrocher (*des wagons*); **four —d locomotive** : locomotive à deux essieux couplés; **automatic —r** : attelage automatique; **car —r** : accrocheur (*mines*), attelage de wagon.
coupling : accouplement, attelage, assemblage, raccord; — **box** : manchon d'accouplement; — **gasket** : rondelle de joint; — **nut** : écrou d'accouplement; **clutch** — : manchon à griffes; **compression** — : manchon à frettes; **flanged** — : raccord à brides; **flexible** — : raccord flexible, joint flexible; **muff** — : accouplement par manchons; **plate** — : manchon à plateaux; **rigid** — : raccord rigide, joint rigide; **trough** — : assemblage de couloirs (*mines*).

covenant : accord, convention.
course : cours (*d'une rivière*); direction; assise (*de pierres*); — **of exchange** : cours du change; — **of instruction by mail** : cours d'enseignement par correspondance.
court : cour, tribunal; — **of inquiry** : commission d'enquête; **commercial** — : tribunal de commerce.
cover : (*subst.*) couvercle, carter, capot, couverture (*banque*); — **plate** : couvre-joint; **steel —age** : revêtement d'acier; **—ed electrode** : electrode enrobée; **—ed wire** : fil (*électrique*); **—ing** : recouvrement, revêtement; — **(to)** : couvrir, recouvrir, protéger.
co-worker : collaborateur.
cowper apparatus : appareil Cooper (*sidérurgie*).
crab : petit treuil à main; **travelling** — : chariot (de pont-roulant).
crack : fissure, fente; crique (*métallurgie*).
cracker (coal) : broyeur à charbon.
cracking : fissuration, criquage, cracking; **catalytic** — : cracking catalytique; **corner** — : fissuration aux arêtes; **underhead** — : criquage sans soudure.
cradle : crible laveur (*pour l'or*); — **car** : — **dump car** : wagon basculant.
craftsman : artisan.
cramp, —-iron : crampon.
crane : grue, appareil de levage; — **locomotive** : locomotive-grue; — **man,** — **operator** : conducteur de grue ou de pont roulant, grutier; **bucket handling** — : grue à benne; **coaling** — : grue pour le chargement du charbon; **floating** — : grue flottante; **gantry** — : grue, portique; **hand-pushed** — : pont-roulant manœuvré à la main; **ingot** — : pont-roulant à lingots; **charging** — — : pont-roulant à enfourner les lingots; **drawing** — — : pont-roulant à défourner les lingots; **magnet** — : pont-roulant à électro-aimant; **pillar** — : grue à potence; **pontoon** — grue à ponton; **portal** — : grue à portique; **revolving** — : grue pivotante; **steam** — : grue à vapeur; **transfer** — : grue de transbordement; **travelling** — : pont-roulant; **wall** — : grue à potence.
crank : manivelle; — **arm** : bras de levier; — **case** : carter de moteur; **to drain the** — — : faire la vidange du moteur (*autom.*); — **driven** : commandé par manivelle; **—-gear** : (*cycle*) pédalier de bicyclette; — **handle** : manivelle; **—-pin** : bouton de manivelle; — — **head** : tête de bielle; — — **hole** : trou du bouton de manivelle; **—-plate** : plateau-manivelle; **—-shaft** : arbre coudé, vilebrequin; — — **fracture** : rupture du vilebrequin (*autom.*); **—-wrist** : maneton; **eccentric** — : contre-manivelle; **—ed axle** : essieu coudé.
crash : débâcle financière.
crate : claire-voie; **skeleton** — : caisse à clairevoie- **—d** : mis dans des caisses à clairevoie.
crater : cratère.
crawler, — **chain** : chenille; **—-crane** : grue sur chenilles; **—-mounted** : monté sur chenilles; — **wagon** : voiture sur chenilles; **sprung —s** : chenilles suspendues sur ressorts.
crawling traction : traction par chenilles.
cream of lime : lait de chaux.
creasing press : presse à plier.
credentials : accréditif.
credit : (*subst.*) crédit; — **and indebtness** : crédit et débit; — **on lands** : crédit foncier; **letter of** — : lettre de crédit; — **(to)** : créditer.
creep : (*subst.*) allongement visqueux (*métallurgie*), fluage; — **limit** : limite de viscosité, limite de fluage; — **resistance** : résistance au fluage; — **test** : essai de fluage, essai de viscosité; **limiting** — **stress** : limite de fluage;

creep : *(continued)*
—er : chaîne releveuse, chaîne en dessous; **— (to)** : subir une déformation visqueuse.
creosote : créosote; **— impregnation** : créosotage; **— oil** : huile de créosote.
crest (*of a dam*) : crête (*d'un barrage*); **— load** : charge de pointe.
cretaceous, — formation : crétacé.
crew : équipe; **— leader** : chef d'équipe; **fresh —** : équipe qui commence le travail, poste descendant (*mines*); **rolling-mill —** : équipe de laminage.
crib : pilier de bois (*mines*).
crimp (to) : onduler, gaufrer.
crippled : avarié, en mauvais état.
critical : critique; **— mass (of nuclear fuel)** : masse critique (de combustible atomique); **— point** : point critique; **— speed** : vitesse critique; **— temperature** : température critique; **— vibration** : vibration critique.
crop (to) out : affleurer (*mines, géologie*).
crop shears : *(pl.)* cisaille à ébouter.
cross : en travers, transversale; **— arm** : traverse; **—-bar** : croisillon; **—-beam** : traverse; **— bit** : taillant en X (*perforation*); **—-cut** : coupe transversale, travers-bancs (*mines*); **— — saw** : scie à tronçonner; **— feed** : avance transversale (*machines-outils*); **—-head** : crosse (de piston); **— — guide** : glissière de crosse; **— — pin** : axe de crosse; **— — shoe** : semelle de crosse; **—-line** : réticule (*optique*); **—-measure heading** : avancement en travers-bancs (*mines*); **— motion** : mouvement transversal; **—-over** : passage en dessus (*chemin de fer*); **—-piece** : croisement; traverse (*pièce transversale*); **— rail** : glissière transversale (*machines-outils*); **— road** : voie transversale; **— rolling mill** : laminoir à cylindres obliques; **— seam** : joint transversal (*tuyauteries*); **— section** : section transversale; **—-split** : sectionné; **—-staff**: équerre d'arpenteur; **—-tie** : traverse (*de chemin de fer*); **— travel** : course transversale; **—-tube boiler** : chaudière à bouilleurs transversaux; **—-winding (of the rope on the drum)** : enroulement de travers (*du câble sur le tambour*); **—ing** : croisement (*voies ferrées*); crossing (*mines*); **diamond —ing** : traversée oblique; **level —ing** : passage à niveau; **line —ing** : croisement de voies (*chemins de fer*); **road —ing** : croisement de routes.
crowbar : pince (*levier*).
crowd (to) machines to their upmost : surcharger des machines au maximum.
crown-bar : tirant (*locomotives*).
crucible : creuset; **— furnace** : four à creusets; **— steel** : acier au creuset; **graphite —** : creuset en graphite; **platinum —** : creuset de platine.
cruciform steel : acier en X pour fleurets.
crude : cru; brut; **— fuel** : huile brute; **— oil** : huile lourde, naphte; **— — engine** : moteur à huile lourde.
crush (to) : écraser, broyer, concasser; **—ed stone** : pierre concassée.
crusher : broyeur; **giratory —** : concasseur giratoire; **jaw —** : concasseur à mâchoires; **ore —** : concasseur à minerai; **pre-—** : broyeur primaire, broyeur de préparation; **re-—** : broyeur secondaire, broyeur de finissage; **roll —, rolling —** : broyeur à cylindres; **stone —** : concasseur de pierres.
crushing : broyage, concassage; **— plant** : installation de concassage; **coarse —** : broyage préliminaire; **fine —** : broyage fin; **corrugated — roll** : cylindre de broyeur strié; **smooth — roll** : cylindre de broyeur lisse.
cryolite : cryolite.

crystal : cristal; **—line structure** : structure cristalline; **—lization** : cristallisation; **—lization rate** : vitesse de cristallisation; **—lizer** : cristallisateur; **—lography** : cristallographie; **—loid** : cristalloïde; **—lize (to)** : cristalliser.

cubature : cubage;

cube : cube; **— of a number** : cube d'un nombre; **— (to) a number** : élever un nombre au cube; **— -root** : racine cubique.

cubic : cubique; **— metre** : mètre cube; **—al** : cubique; **—al content** : volume, capacité, contenance.

culm : anthracite, poussière d'anthracite; **— breeze** : poussier d'anthracite.

culvert : caniveau, conduit souterrain.

cumbersome : encombrant.

cup : coupe; **— and ball joint** : joint à rotule; **— and cone arrangement** : dispositif coupe-et-cône (*gueulard de haut fourneau*); **— grease** : graisse pour Stauffer; **— leather** : cuir embouti; **— wheel** : meule en cuvette (*affûteuses*); **grease —, oil —** : graisseur (*objet*); **screw-feed grease —** : graisseur Stauffer.

cupel : coupelle; **—lation** : coupellation;

cupola, — furnace : cubilot.

cupping test : essai d'emboutissage.

cuprite : oxyde rouge de cuivre.

cupro-nickel : cupro-nickel.

cuprous : cuivreux.

cupric : cuivrique.

cuprum : cuivre.

curb : rouet (*foncage des puits de mine*), bordure d'un trottoir (voir **kerb**); **— of a well** : margelle d'un puits; **— roof** : comble brisé; **concrete —ing** : bordure en béton.

curie : curie (*unité*).

curl : curl (*mathématiques*).

currencies (hard —) : devises fortes.

current : courant (*d'air, d'eau...*); courant électrique; **— account** : compte courant (*banque*); **— carrying** : sous tension (*électricité*); **— of excitation** : courant d'excitation; **— ratings** : courant admissible; **— supply** : fourniture de courant; **— tube** : tube de courant; **air —** : courant d'air; **alternating —** : courant alternatif; **to break the —** : couper le courant; **break-off —** : courant de rupture; **direct —** : courant continu; **double phase —** : courant diphasé; **earth —** : courant tellurique; **excess —** : surintensité; **idle —** : courant déwatté; **induced —** : courant induit; **to lead the — to** : amener le courant à...; **leakage —** : courant de fuite; **modulated —** : courant modulé; **to pick up the — from** : prendre le courant à...; **pulsatory —** : courant pulsatoire; **rectified —** : courant redressé; **short-circuit —** : courant de court-circuit; **single phase —** : courant monophasé; **starting —** : courant de démarrage; **strong —** : courant à haute intensité; **thermionic —** : courant thermionique; **triple phase** : — courant triphasé; **wattless —** : courant déwatté; **week —** : courant à faible intensité.

curtain : rideau, revêtement; **— wall** : mur de revêtement; **— of water** : rideau d'eau, brouillard protecteur.

curvature : courbure; **center of —** : centre de courbure.

curve : courbe, tournant, virage; **—s** : pistolet (*dessin*); **sharp —** : courbe accentuée.

curvilineal (...near) motion : mouvement curviligne.

cushion : (*subst.*) amortisseur; **— (to)** : amortir; **— (or —ing) effect** : effet amortisseur; **— seat** : siège rembourré, capitonné; **— spring** : ressort amortisseur; **oil —** : amortisseur à huile; **rubber —** : amortisseur en caoutchouc; **—ing** : amortissement, atténuation, réduction; **—ing device** : dispositif amortisseur.

cusp : sommet d'un angle curviligne; point de rebroussement.

custom(s) : douane; — **duties** : droits de douane; —**-house** : douane (*bâtiment*); —**s agent** : agent en douane; —**s officer** : douanier; — **nomenclature** : nomenclature douanière; —**s tariff** : tarif douanier.

customer : acheteur, client.

cut : (*subst.*) coupe; tranchée (*de chemin de fer*); passe (*machines-outils*); havée, saignée (*mines*); travers-bancs (*mines*); — **off** : dispositif de tronçonnage; — — **machine** : machine à tronconner; — **from the solid, the solid stock, steel, the solid metal** : taillé dans la masse; **cross** — : coupe transversale, section transversale; travers-bancs (*mines*); **depth of** — : profondeur de saignée; profondeur de havée (*mines*); **heavy** — : forte passe; **to take** — —**s** : prendre de fortes passes (*machines-outils*); **machine** — : taillé à la machine; **main** — : travers-bancs principal; **roughing** — : passe de dégrossissage; **side** — : passe latérale; **straight** — : passe droite; **taper** — : passe conique; — **(to)** : couper, tailler; — **costs** : réduire les frais; — **in the feed** : embrayer l'avance; — **out the feed** : débrayer l'avance; — **handling time** : réduire la durée de manutention; — **a tooth** : tailler une dent (*d'engrenage*); — **to length** : couper à longueur; — **off** : couper à la cisaille; tronçonner; couper (*une conduite*); couper (*la vapeur*).

cutter : couteau; fraise (voir *milling cutter*); haveuse (voir *coal cutter*); — **arbor** : mandrin porte-fraise; — **carriage** : porte-outil (*de fraise*); — **head** : porte-lame, porte-outil (*outils coupants*); —**-loader** : haveuse-chargeuse (*mines*); — **spindle** : arbre porte-fraise; **angular** — : fraise d'angle; **bevel gear** — : fraise à tailler les engrenages coniques; **coke** — : broyeur à coke (*à cylindres dentés*); **corner rounding** — : fraise pour congets; **form** —, *or* **formed** — : fraise de forme; **high-speed** — : fraise à coupe rapide; **keyseat** — : fraise à tailler les rainures de clavette; **pipe** — : coupe-tubes; **screw slotting** — : fraise à rainer les têtes de vis; **side milling** — : fraise de côté; **T-slot** — : fraise à tailler les rainures en T; **tooth** — : fraise à tailler les engrenages; **wire** — : coupe-fils.

cutting : taille; havage (*mines*); section, coupe (*dessin*); —**-across** : percement (*d'une galerie de mine dans une autre*); — **angle** : angle de coupe; angle d'attaque; — **blow-pipe** : chalumeau coupeur; —**-compounds** : produits de coupe; — **die** : découpoir; — **down** : réduction (*des frais, des salaires*); — **edge** : tranchant; — **fluid** : huile de coupe; — **of gears** : taille des engrenages; — **lubricant** : huile de coupe; — **machine (level-gear)** : machine à tailler les engrenages coniques; — **-off** : tronçonnage; **automatic** — **-machine** : machine automatique à débiter; — **pliers** : pince coupante; — **speed** : vitesse de coupe; — **stroke** : passe (*machines-outils*); — **temperature** : température de coupe; — **torch** : chalumeau coupeur; **acetylene** — : découpage à l'acétylène; **autogenous** — : découpage à l'autogène; **spiral** — : taille en hélice.

cyanic acid : acide cyanique.

cyanidation : cyanuration (*de l'or*).

cyanide : cyanure; — **mill** : installation de cyanuration; — **plant** *or* — **process** : installation de cyanuration; — **solution** : solution cyanurée.

cyanogen : cyanogène.

cycle : cycle; période; **frequency of 50 —s** : fréquence de 50 périodes (*électricité*).

cyclic : cyclique.
cycloid : cycloïde; **curtate** — : épicycloïde; **protate** — : hypocycloïde; **—al** : cycloïdal.
cyclone : cyclone (*épuration des fines de charbon, lavage des gaz*).
cylinder : cylindre; — **capacity** : volume de la cylindrée; — **casting** : bloc cylindre (*autom.*); — **cover** : couvercle de cylindre, haut de cylindre; — **detachable head** : culasse amovible; — **head** : culasse (*autom.*); — — **gasket** : joint de culasse; — **liner** : chemise de cylindre; — **oil** : huile cylindres; — **walls** : parois de cylindre; **four** — : à quatre cylindres.
cylindric, —al : cylindrique;
cylindroconical : cylindroconique; — **drum** : tambour cylindroconique; (*machines d'extraction*).
cyma : cimaises (*architecture*).

D

dado : moulure; **— -machine** : machine à moulurer.
daily advance : avancement journalier (*mines*).
dam : barrage; **partition —** : serrement (*mines*).
damage (to) : endommager.
damp : (*subst.*) humidité, mofette (*mines*) (voir **firedamp**); **— -proof** : à l'abri de l'humidité, étanche à l'humidité; — (*adj*) : humide; **— (to)** : mouiller, humidifier; ralentir; amortir; **— down a blast-furnace** : mettre un haut fourneau en veilleuse; **—ed wave** : onde amortie.
dampen (to) : humidifier; (*v. n.*) : devenir humide.
damper : registre de tirage (*de cheminée, de forge*); amortisseur (*électricité*); **— regulator** : régulateur de tirage.
damping : amortissement; **— apparatus** : appareil amortisseur; **— capacity** : capacité d'amortissement; **— coil** : bobine d'amortissement; **— down** : mise en veilleuse (*d'un haut fourneau*); **air —** : amortissement pneumatique.
danger of (one's) life : danger de mort.
dash : tiret; **— board** : tableau de bord; **— -pot** : amortisseur (*machines*).
data : données; **analytical —** : résultats d'analyse; **numerical —** : données numériques.
date of invoice : date de facturation.
dating machine : machine à dater.
day : jour, journée; **— -labourer** : journalier; **— rates** : salaire à la journée; **— shift** : équipe de jour; poste de jour; **—light** : lumière solaire, lumière naturelle (par opposition à : **artificial light**); **X —s after acceptance** : à X jours d'acceptation; **X —s after sight** : à X jours de vue; **calendar —** : jour calendaire; **sidereal —** : jour sidéral; **solar —** : jour solaire.
dead : mort; **— burning** : grillage à mort; **— corner** : angle mort; **— load**: poids statique, charge statique; **— — moment** : moment statique; **— point** : point mort; **— steel** : acier calmé; **— weight** : poids mort; **lower — center** : point mort bas; **upper — center** : point mort haut; **—en (to)** : étouffer, amortir; **—en sound** : étouffer le son.
deal : (*planche de*) bois blanc, sapin.
dealer : négociant.
death grip : serrage à mort.
debenture : obligation; **— holder** : obligataire.
debit : (*subst.*) débit; **—or** : débiteur; **— (to)** : débiter (*comptabilité*).
debris : décombres, gravats, gravois.
debt : dette.
decagon : décagone.
decant (to) : décanter; **—ation** : décantation.
decarburiz(e) (to) : décarburer; **—ation** : décarburation (*des aciers*); **surface —ation** : décarburation superficielle.

decay : déclin, diminution; **— of waves** : amortissement des ondes; **— resistance (*of a building*)** : résistance au délabrement (*d'un immeuble*); **radioactive —** : décroissance radioactive; **to —** : se désintégrer (*noyaux radioactifs*).
deceleration : ralentissement.
decimal : décimal; (*subst.*) : décimale; **— candle** : bougie décimale; **— fraction** : fraction décimale; **— system** : système décimal; **recurring —** : fraction périodique.
deck : pont; plateau; **double — screen** : crible à deux plateaux; **single — —** : crible à un plateau; **three — —** : crible à trois plateaux; **—ing** : plancher, couverture; **timber —ing** : plancher en bois.
declination : déclinaison; **— circle** : cercle de déclinaison; **magnetic —** : déclinaison magnétique.
declinometer : déclinomètre.
declivity : déclivité, pente.
declutch (to) : débrayer (*autom.*).
decoloriz(e) (to) : décolorer; **—ation** : décoloration; **—er** : décolorant.
decompos(e) (to) : décomposer; se décomposer; **—able** : décomposable; **acid —able** : décomposable à l'acide; **—ition** : décomposition (*tous sens*); **bacterial —ition** : décomposition bactérienne.
decrement : décrément.
deduction : rabais.
dedust (to) : dépoussiérer; **—er** : dépoussiéreur (appareil); **—ing** : dépoussiérage; **—ing of coal** : dépoussiérage du charbon; **—ing system** : système de dépoussiérage; **pneumatic —ing** : dépoussiérage pneumatique.
deepen (to) : approfondir; **—ing** : approfondissement, raval (*d'un puits de mine*); **—ing of workings** : approfondissement des travaux (*mines*).
deepwell turbine pomping : exhaure par pompe de forage immergée.
defect : défaut; **injurious —** : défaut (*d'une pièce*); détérioration; **—ive** : défectueux; en mauvais état; détérioré; en panne; **—ive good** : pièce ratée; **—ive insulation** : isolement défectueux; **—ive piece** : pièce ratée.
deficiency, deficit : déficit.
definition : définition, netteté (*de l'image*).
deflagrate (to) : déflagrer.
deflagration : déflagration.
deflated : dégonflé (*pneu*).
deflect (to) : dévier; **— — the magnetic needle** : dévier l'aiguille aimantée; **—ing plate** : déflecteur de surchauffe (*locomotive*).
deflect(ion) : déviation; flexion, fléchissement; **—or** : déflecteur.
deform(able) body : corps déformable; **—ation** : déformation; **permanent —ation** : déformation permanente; **plastic —ation** : déformation plastique; **— (to)** : déformer.
defray (to) : défrayer, couvrir les dépenses de...
defroster : dégivreur.
degasify (to) : dégazer.
degrading : détérioration, dégradation (*de matériel*).
degreasing : dégraissage.
degree : degré (*tous sens*).
dehumidified air : air séché.
dehydrat(e) (to) : déshydrater; **—ion** : déshydratation; **—ion plant** : installation de déshydratation.
dehydrogenize (to) : déshydrogéner.
de-icing salt : sel contre le givre.
delay : délai; retard; **—-action exploder** : exploseur à retardement; **short-interval — blasting** : tir avec faibles retards échelonnés.
delivery : distribution, livraison; débit, décharge; **— apparatus** : appareil distributeur; **— capacity of a pipe** : capacité de débit d'un tuyau; **— head** : hauteur de refoulement; **— order** : bulletin de livraison; **— valve** : soupape de décharge; **date of —** :

delivery : *(continued)*
date de livraison; **immediate —** : livraison immédiate; **truck —** : livraison par camion.
delta connection : montage en triangle (*électricité*).
demagnetization : démagnétisation.
demagnetize (to) : démagnétiser.
demolish (to) : démolir.
demolition : démolition.
demonstrate (to) : démontrer.
demountable : démontable, amovible.
demulsify (to) : désémulsionner.
demulsifier : désémulsionnant.
denounce (to) a contract, a covenant : dénoncer un contrat, une convention.
dense : épais, dense; **— medium** (*pl.* **media)** : milieu dense, liquide dense (*épuration du charbon*).
densimeter : densimètre.
density : densité; **— hydrometer** : hydromètre; **apparent —** *or* **bulk —** : densité apparente; **relative —** : densité relative.
deoxidation : désoxydation.
deoxidiz(e) (to) : désoxyder; **—er** : désoxydant; **—ing agent** : désoxydant (*subst.*).
department : département, section, service; branche industrielle; **— head** : chef de service; **— of Labor** : ministère du Travail; **engineering —** : service des machines.
dependability : sécurité de marche, fonctionnement sûr.
dependable : de fonctionnement sûr.
dephosphoriz(e) (to) : déphosphorer; **—ation** : déphosphoration; **—ing agent** : déphosphorant (*subst.*).
depolariz(e) (to) : dépolariser; **—ation** : dépolarisation; **—er** : dépolarisant.
deposit : dépôt, gisement; **potash —** : gisement de potasse; **replacement —** : dépôt de substitution; **saline —** : dépôts salins; **—ed metal** : métal d'apport (*soudure*); **electrolytic —ion** : dépôt électrolytique.
depot : dépôt (*magasin*); **storage —** : entrepôt, dépôt.
depreciation charges : amortissement.
depth : profondeur; **— gage, — gauge** : calibre de profondeur; **— of case** : profondeur de cémentation; **— of chill** : profondeur de trempe; **— of cut** : profondeur de coupe: **— of round** : avancement par cycle de travail; **— of tooth** : profondeur de dent (*engrenages*); **at moderate —** : à profondeur moyenne; **at shallow —** : à faible profondeur.
derail (to) : dérailler (*v. a.*); dérallier (*v. n.*); **—ment** : déraillement.
derivative : dérivée (*mathématiques*); **second —** : dérivée seconde.
derived : dérivé; **— circuit** : circuit dérivé; **— function** : fonction dérivée; **— unit** : unité dérivée.
derrick : derrick, tour de sondage, grue de chevalement; **— crane** : grue à flèche relevable; **tower —** : grue à pylone.
desalting : extraction du (ou des) sel(s).
descal(e) (to) : décalaminer.
descaling : décalaminage, détartrage.
design : dessin, plan; projet; conception, genre de construction; **—ing engineer** : ingénieur dessinateur (*de bureau d'études*); **— paper** : papier à calquer; **structural —er** : dessinateur en charpente.
desintegrator : désintégrateur.
deslag (to) : décrasser.
despatch (to) (***the ore***) : expédier (*le minerai*); **—er** : expéditeur.
destocking : déstockage.
desulphuriz(e) (to) : désulfurer.
desulphurization : désulfuration.
detachable : détachable, amovible; **— bit** : taillant amovible; **— link** : maillon amovible.
de-tarring (***of coke-oven gas***) : dégoudronnage (*du gaz de cokerie*).
detect (to) : déceler; **—ing device** : dispositif détecteur.

detection : détection.
detector : détecteur; **firedamp** — : détecteur de grisou; **ground** — : indicateur de terre (*électricité*); **indicating methane** — : mesureur de grisou, grisoumètre.
detent : détente (*horlogerie*).
detergent : détersif; **alkaline —s** : détersifs alcalins.
deteriorat(e) (to) : détériorer, se détériorer; **—ion** : détérioration (du matériel).
detersive : détersif.
detonat(ing) fuse (cordeau Bickford...) : cordeau détonant Bickford; **—ion** : détonation; **—or** : détonateur; **electric —or** : détonateur électrique; **—e (to)** : détoner; faire détoner, faire exploser.
detrital deposits : dépôts détritiques.
deuterium (*or* heavy hydrogen) : deutérium (*ou* hydrogène lourd).
deuteron : deuton (*noyau de l'atome de deutérium*).
devaporized : déshydraté (air, gaz...); **— compressed air** : air comprimé déshydraté.
develop (to) : développer (*tous sens*); tracer (*un gisement en vue de l'exploitation*); **— into a series** : développer en série (*mathématiques*);
development : extension (*d'une société*); **— work** : travaux préparatoires (*mines*).
deviate (to) (*from*) : dévier (*de*...).
deviation : déviation.
device : dispositif, appareillage; procédé, invention; **safety** — : dispositif de sécurité.
devonian : dévonien (*géologie*).
dew-point : point de rosée; **— potentiometer** : potentiomètre à point de rosée.
dewatering : égouttage; épuisement; dénoyage (*mines*); **— bucket elevator** : noria d'égouttage; **— screen** : tamis d'égouttage (*lavoirs à charbon*); **slurry** — : déshydratation des schlamms; **— sump** : bassin de décantation.
dextro-gyratory : dextrogyre (*subst.*).
dextrogyrous : dextrogyre (*adj.*).
diagonal : diagonal (*adj.*); diagonale (*subst.*); **—ly** : diagonalement.
diagram : diagramme, représentation graphique; **—matic** : schématique, graphique.
dial : (*subst.*) cadran, plateau gradué; **— indicator** : indicateur de cadran; **— thermometer** : thermomètre à cadran; **chasing** — : indicateur de filetage, plateau gradué pour filetage; **graduated** — : cercle gradué; **— (to)** : faire le levé (*d'un plan de mine*).
diamagnetic : diamagnétique.
diameter : diamètre; **inside — *or* internal** — : diamètre intérieur; **outside — *or* external** — : diamètre extérieur.
diametral : diamétral; **— pitch** : pas diamétral (*engrenages*); **—ly** : diamétralement.
diametrical : diamétral; **—ly** : diamétralement.
diamond : diamant; **— boring machine** : sondeuse à couronne de diamants; **— drill** : outil de forage à couronne de diamants; **— mesh** : maille en forme de losange; **— tool holder** : porte-diamant; **black** — : diamant noir.
diaphragm : diaphragme; **— pump** : pompe à diaphragme.
diatom : diatomée; **—aceous earth** : terre à diatomées.
dichromate : bichromate; **— cell** : élément (*de pile*) au bichromate de potasse.
die : matrice; étampe; filière; estampe; **— grinder** : meule à rectifier les matrices; **— plate** : filière; **— steel** : **acier pour matrices**; **— stock** : filière; **blanking** — : découpoir; **cutting** — : découpoir; **forging** — : étampe; **forming** — : matrice de forme; **punching** — : matrice pour

die : *(continued)* poinconnage; **ring** — : matrice annulaire; **stamping** — : matrice à estamper; **swaging** — : matrice de forme; **threading** — : filière; **trimming** — : matrice à façonner.

dielectric : diélectrique (*adj.* ou *subst.*); — **constant** : constante diélectrique; — **strength** : résistance diélectrique.

diesel (engine) : (moteur) Diesel; **air injection** — — : moteur Diesel à injection d'air comprimé; — **drive** : commande par moteur Diesel.

difference : différence; — **of level** : différence de niveau; — **of potential** : différence de potentiel.

different : différent.

differential : (*subst.*) différentiel (*d'automobile*); différentielle (*mathématiques*); — **case** : boîte de différentiel; — : (*adj.*) différentiel; — **calculus** : calcul différentiel; — **concentration** : concentration différentielle; — **flotation** : flottation différentielle, flottation sélective; — **gear** : engrenage différentiel; — **housing** : boîte de différentiel; — **tariff** : tarif différentiel.

differentiate (to) : différencier.

diffract (to) : diffracter; **—ion grating** : réseau de diffraction; **—ion line** : ligne de diffraction.

diffus(e) (to) : diffuser; **—ed illumination** : éclairage diffus; **—er** : diffuseur (*éclairage*).

diffusion of gases : diffusion des gaz; — **of pump** : pompe de diffusion.

dig (to) : creuser; fouiller; extraire; — **a well for water** : forer un puits d'eau; **—ger** : excavateur; marteau-bêche; mineur (*spécialement : mineur d'or*); **—ging and grappling bucket** : godet excavateur et preneur; **—ging depth** : profondeur de fouille.

dihedron (ou diedron) : dièdre.

dike : digue.

dilatation : dilatation; — **-joint** : joint de dilatation.

dilate (to) : dilater; se dilater.

dilatometer : dilatomètre; **differential** — : dilatomètre différentiel.

dilute (to) : diluer.

dim (to) the lights : baisser les phares.

dimension : dimension; — **drawing** : dessin coté; **—al changes** : variations de dimensions; **—al stability** : stabilité dimensionnelle; **overall —s** : dimensions hors-tout; — **(to)** : dimensionner; — **a sketch** : coter un dessin.

dinghy : youyou.

diopter : dioptre.

dioptric : dioptre; — : (*adj.*) dioptrique; **—s** : (*subst.*) dioptrique.

dioxide : bioxyde; — **of lead** : bioxyde de plomb; — **of manganese** : bioxyde de manganèse.

dip : (*subst.*) pente; inclinaison (*de l'aiguille aimantée*); pendage (*mines*); immersion; — **of the magnetic needle** : inclinaison de l'aiguille aimantée; **—per** : godet fouilleur, godet à dents de pelle mécanique; cuiller à dents d'excavateur; **full** — : ligne de plus grande pente; pendage (*mines*); **to** — : plonger, tremper, immerger.

dipolar : bipolaire.

dipping : immersion; inclinaison; — **needle** : aiguille aimantée; — **vessel** : récipient de trempage (*d'oxygène liquide*); **hot** — : immersion à chaud.

direct : direct; — **acting** : à action directe; — **connected compressor** : compresseur commandé directement; — **connected motor** : moteur à attaque directe; — **current** : courant continu (*électricité*); — — **(D. C.) motor** : moteur continu; — **drive** : entraînement direct; — **reading apparatus** : appareil à lecture directe; — **process** : procédé direct (*de réduction du minerai de fer*); — **tax** : impôt direct; **—ion of rotation** : sens de rotation.

director : directeur; **commercial —y** : annuaire de commerce; **post-office —y** : bottin; **telephone —y** : annuaire du téléphone.

dirt : stérile terreux (*mines*); **— hill** : crassier, terril.

disability : incapacité (*due à un accident*); **— leave** : congé pour incapacité physique; **permanent —** : incapacité permanente.

disabled worker : ouvrier invalide.

disaggregat(e) (to) : désagréger; **—ation** : désagrégation.

disarticulat(e) (to) : désarticuler; **—ion** : désarticuler.

disassemble (to) a machine : démonter une machine.

disaster (*mine-fire*): catastrophe (*minière*).

disc : disque; rondelle (voir ***disk***); **— clutch** : embrayage à plateaux; **— fan** : ventilateur à aubes; **— feeder** : plateau distributeur; **— filter** : filtre à disques; **— valve** : clapet à disques; **friction —** : roue de friction.

discard (to) a machine : mettre une machine au rebut.

discharge : (*subst.*) congédiement; décharge, écoulement, déchargement, déversement, vidange, dégagement (*de gaz*); **— air** : air à la sortie (*d'un compresseur*); **— current** : courant de décharge; **— of firedamp** : dégagement de grisou; **— gate** : trappe de décharge, trappe de déversement; **— height** : hauteur de déversement, hauteur de déchargement; **— pipe** : tuyau de décharge; **— pressure** : pression à la sortie (*d'un compresseur*); **— spout** : trémie d'évacuation, goulotte d'évacuation; **— valve** : clapet de refoulement (*d'un compresseur, d'une pompe*); **bottom —** : déchargement par le fond; **end —** : déchargement en bout; **side —** : déchargement latéral; **spark —** : décharge électrique; allumage (*autom.*); **— to** : décharger; se décharger; congédier.

discipline (to be subject to...) : être passible d'une sanction.

disclose (to) an orebody : découvrir un gisement de minerai.

disconnect (to) : désaccoupler, déconnecter; débrayer; couper (*une tuyauterie*); **—ion** : séparation; déconnexion; démontage.

discontinuity : discontinuité.

discontinuous : discontinu.

discount : (*subst.*) : escompte; **rate of —** : taux d'escompte; **— (to)** : escompter; faire un escompte de...

discoverer right : droit de découverte.

discriminant : discriminant (*mathématiques*).

disengag(e) (to) the clutch : débrayer; **—ing** : débrayage; **automatic — — of the feed** : débrayage automatique de l'avance (*machines-outils*).

dishing press : presse à emboutir.

disinfect (to) : désinfecter; **—ant** : désinfectant.

disinfection : désinfection.

disintegrat(e) (to) : se désintégrer, se désagréger.

disintegration : désintégration; **— of the atom** : désintégration de l'atome; **—or** : désintégrateur.

disk : disque; rondelle.

dismantl(e) (to) : démonter; **—ing** : démontage.

dismiss (to) : congédier.

dismissal : congédiement; **— without notice** : congédiement sans préavis.

dismounting : démontage.

dispatch (to) : expédier, diriger (*sur...*); **— sheet** : feuille d'expédition (*dans le dispatching system*); **—er** : employé réglant la circulation (*dans le dispatching system*); **—ing system** : dispatching.

dispersion : dispersion; **— of light** : dispersion de la lumière.

displace (to) : déplacer; **—able** : déplaçable, mobile; **—ment** : dépla-

displace (to) : *(continued)* cement; volume déplacé par minute (*compresseurs*); débit (*pompes*); désajustement; décalage (de phases); **—ment factor** : coefficient de déphasage.

display : réclame (*commerce*).

disposable : disponible.

disposal : disposition; **at the — of...** : à la disposition de...

disruptive spark : étincelle de rupture.

dissociat(e) (to) : dissocier; **—ion** : dissociation.

dissoluble : soluble.

dissolution : dissolution.

dissolvable : soluble.

dissolve (to) : dissoudre; **—r** : dissolvant, solvant.

dissymmetrical : dissymétrique.

dissymmetry : dissymétrie.

distance : distance; écartement; **angular —** : distance angulaire.

distant : distant, à distance; **— control** : commande à distance; **— indication** : indication à distance.

distil (to) : distiller; **—late** : produit de la distillation; distillat; **—late fuel** : huile raffinée; **—lation** : distillation; **fractional —lation** : distillation fractionnée; **primary —lation** : distillation primaire; **vacuum —lation** : distillation dans le vide; **—led water** : eau distillée; **—ling column** : colonne de distillation.

distinguishing traits : traits caractéristiques.

distorsion : distorsion, déformation par torsion.

distort (to) : distordre, déformer par torsion; se distordre; **—ing strains** : efforts de torsion.

distribut(e) (to) : distribuer, répartir, transmettre; **—ing chute** : appareil de versage.

distribution : distribution, répartition; **— of light (*from a lamp*)** : répartition de la lumière (*d'une lampe*); **— of products** : distribution des produits (*économie politique*); **gas —** : distribution du gaz; **long distance —** : distribution à grande distance; **temperature —** : distribution des températures.

distributor : distributeur (*appareil*); agent distributeur, commerçant en gros; **coal** — distributeur à charbon; **ignition —** : distributeur d'allumage.

district (mine —) : quartier de mine.

disturbance : perturbation; accident, faille (*mines*).

disulphate : bisulfate.

ditch : fossé, rigole des eaux (*mines*); **— digging machine** : excavateur de caniveaux; **to dig the —** : creuser la rigole (*mines*); **—er** : excavateur; pelle fouilleuse; ouvrier à l'entretien des rigoles (*mines*); **—er on pontoon** : pelle fouilleuse sur ponton.

divalent : divalent (*chimie*).

div(e) (to) : plonger; **—er** : plongeur, scaphandrier; **—ing apparatus** : scaphandre; **—ing bell** : cloche de plongée; **—ing suit** : scaphandre.

diverge (to) : diverger; **—nce** : divergence; **—nt** : divergent.

divid(e) (to) : diviser; **finely —ed** : finement divisé; **—ers** : compas à pointes sèches; **—ing apparatus** : appareil à diviser; **—ing head** : plateau diviseur; **universal — — index** : diviseur universel d'engrenages; **—ing spindle** : poupée à diviser.

dividend : dividende (*mathématiques, finances*); **surplus —** : superdividende.

division : division; **— of labor** : division du travail; **— plate** : cloison, séparation.

divisor : diviseur.

dock : bassin; **—yard** : arsenal maritime; chantier de constructions navales; **dry —** : cale sèche.

doctor (to) : remettre en état de marche (*une machine*).

dodecagon : dodécagone.

dodecahedron : dodécaèdre.

dog : butée; toc; cliquet; **—ging crane** : pont roulant à tenailles; **driving —** : toc d'entraînement; **ingot —** : tenaille à lingots.

dolly bar : bouterolle de butée.

dolomit(e) : dolomie; **—ic** : chaux dolomitique.

dome : dôme (*de locomotive*); dôme (*sens général*) : **— base** : embase du dôme; **— cap** : calotte du dôme.

domestic coke : coke domestique.

donkey-engine : petit cheval; moteur auxiliaire.

door : porte; **— extractor** : machine à ouvrir les portes (*métallurgie*); **— lock** : serrure; **sliding —** : porte coulissante.

dope : produit absorbant (*les liquides, les explosifs*).

dose-meter : dosimètre.

dot : point; **— and dash** : trait mixte (*dessin*); **—ted line** : pointillé.

double : double; **— acting** : à double effet; **two-stroke — — motor** : moteur à deux temps à double effet; **— bottom** : double fond; **— concave** : biconcave (*lentilles*); **— convex** : biconvexe; **— current dynamo** : dynamo à double enroulement; **—-drum winding gear** : treuil à deux tambours; **—-entry book-keeping** : comptabilité en partie double; **— helical gear** : engrenage à chevrons; **— pole switch** : interruption bi-polaire; **— reduction speed reducer** : réducteur de vitesse à double réduction; **— roll...** : ...à deux cylindres; **— row ball bearing** : palier à double rangée de billes; **—-shelled** : à double paroi; **—-sided** : à double face; **— switch** : changement double (*voies ferrées*); **— T-iron** : fer à T; **—-thread...** : à double filet; **to pay at — time** : payer (*un salaire*) avec 100 % de majoration; **—-track line** : ligne (*de chemin de fer*) à double voie; **— two-high rolling train** : train double duo (*laminoirs*); **— unit system** : exploitation par deux tailles situées de part et d'autre de la voie de desserte (*mines*); **—-walled tank** : réservoir à double paroi.

dove tail : queue d'aronde (*assemblage*).

dowel : prisonnier; goujon d'emboîtement; **—-pin** : prisonnier; goujon d'emboîtement; **taper —** : prisonnier conique; **—ling machine** : machine à forer les trous de goujons.

down : en bas, vers le bas; **—-cast shaft** : puits d'entrée d'air (*mines*); **—-hill** : en descendant; **to teem — —** : couler par le haut, couler en chute directe (*métallurgie*); **—spout** : gargouille; **—stream face, —stream side** : côté aval (*d'un barrage*); **—- stroke** : course descendante (*du piston*); **—throw** : affaissement des strates, des couches de terrain, rejet vers le bas (*d'une faille*); **—ward current** : courant descendant (*aérage*).

draft : esquisse; tirage (*d'une cheminée*); traite, lettre de change; carneau; courant d'air (voir : **draught**); **—-gauge** : indicateur de tirage; **against sight —** *ou* **at sight —** : traite à vue; **forced —** : tirage forcé; **natural —** : tirage naturel; **rough —** : esquisse; **mechanical —ing** : dessin de machines; **—sman** : dessinateur industriel (voir : **draughtsman**).

drag : (*subst.*) drague; chaîne ou carotte à enrayer les roues; **— -line** : pelle à benne traînante, dragline; **walking — —** : drague traînante; **— — bucket** : benne de dragline; **— roll** : cylindre entraîné; **— (to)** : tirer, traîner, draguer.

drain (*subst.*) : décharge, purge, canal d'écoulement, rigole; **—-cock** : robinet de purge; **—er** : objet ou appareil servant à assécher, à faire égoutter, à vider; trou d'égouttage (*lavoirs à charbons*); **— hole** : trou d'écoulement, trou de trop-plein;

drain : *(continued)*
— **pipe** : tuyau de décharge, tuyau de drainage, tuyau de descente; —**plug** : bouchon de vidange; — **tunnel** : tunnel d'évacuation des eaux; — **valve** : robinet de purge; — **way** : galerie de drainage; galerie d'évacuation des eaux, albraque (*mines*); — **well** : puits perdu, puits absorbant (*construction*); — **(to)** : drainer, épuiser, faire égoutter; — **a mine** : épuiser une mine, faire l'exhaure.

drainage : drainage, épuisement; — **screen** : crible d'égouttage; **methane** — : captage du grisou; **mine** — : épuisement (*mines*); exhaure.

draining : asséchement, drainage, épuisement; —**-engine** : machine d'épuisement (*mines*); — **plant** : installation d'épuisement; — **well** : puits absorbant.

draught : esquisse; tirage d'une cheminée; carneau; courant d'air (voir : **draft**); — **of a ship** : tirant d'eau d'un navire; **forced** — : tirage forcé; —**sman** : dessinateur industriel.

draw (to) : tirer; étirer; extraire; entraîner, dessiner, tracer, tirer (*une traite*); défourner (*métallurgie*); démouler; adoucir l'acier; le faire revenir; — **a plan** : faire, lever un plan (*dessin*); — **off** : soutirer.

draw-bar : barre d'attelage; — — **horse power** : puissance au crochet; — — **pull** : effort au crochet; — **bench** : banc d'étirage; — **bolt** : boulon de serrage; —**-bridge** : pont tournant ou rabattant; — **hole** : cheminée, bure d'évacuation des produits (*mines*); — **hook** : crochet d'attelage; —**-in attachment** : disposition de serrage; — — **chuck** : mandrin à serrage rapide; — **machine** : machine à démouler; — **plate** : filière.

drawback : remise (*sur droits de douane, etc...*); — **chuck** : mandrin à rappel.

drawgear : mécanisme d'entraînement.

drawing : dessin; étirage; — **of steel** : adoucissement de l'acier; — **of wire** : étirage d'un fil; — **bench** : banc d'étirage; —**-board** : planche à dessin; — **device** : défourneuse; mécanisme de démoulage; —**-off screw** : bouchon de vidange (*automobiles*); — **-paper** : papier à dessin; — **-pen** : plume à dessin; — **-plate** : planche à dessin; — **press** : presse à étirer; **assembly** — : dessin d'assemblage; **clean** — : épure; **dimension** — : dessin coté; **wire** — **machine** : machine à étirer les fils; **working** — : dessin d'exécution.

drawn : étiré; — **steel** : acier étiré; **seamless** — **tube** : tube étiré sans soudure; **cold** — : étiré à froid.

dredge (*subst.*) : drague; **bucket** — : drague à godet; **grab** —**r** : drague à grappin; **shovel** —**r** : drague à cuillers; **steam** —**r** : drague à vapeur.

dredging : dragage; — **for gold** : dragage de l'or; — **machine** : drague; — **pump** : pompe de dragage.

dress (to) : dresser, ajuster; redresser; préparer, instruire, former, habiller.

dressing : préparation (*des charbons, des minerais*); ajustage, dressage; instruction; **coal** — **plant** : installation de préparation des charbons; — **shop** : atelier d'ajustage, de dressage; **ore** — : préparation des minerais; **tin** — : extraction de l'étain.

drier : sécheur.

drift : (*subst.*) galerie d'avancement (*mines*); galerie de niveau; fendue (*mines*); force chassante; —**-bolt** : chasse-boulons; repoussoir; — **cap** : chapeau de galerie (*boisage dans les mines*); — **post** : montant de cadre (*boisage des galeries de mines*); — **-way** : galerie de mine; **elastic** — : force élastique (*d'un ressort*); **fan** — : galerie du ventilateur (*mines*); —**er** : perforatrice d'avancement (*mines*); mineur à l'avancement; —**er drill** : perforatrice d'avancement;

drift : *(continued)*
stone —er : mineur en avancement au rocher; **—ing** : percement des galeries (*mines*); **to —** : pousser une galerie.

drill (*subst.*) : foret, mèche, perceuse; fleuret de mine; marteau-perforateur, perforatrice; **— bit** : outil de forage; **— chuck** : mandrin à foret; **— core** : carotte de sondage; **— grinder** : machine à affûter les fleurets; **— hole** : trou de mine, trou foré pour le tir des mines; **— operator** : foreur; **— pad** : tampon à foret; **— post** : colonne-support de perforatrice; **— rod** : tige de fleuret; **— runner** : foreur (*mines*); **— spindle** : broche de perceuse; **— steel** : acier à fleurets; **— — sharpener** : machine à affûter les fleurets; **— templet** : gabarit de perçage; **— test** : sondage de recherche; **bond —** : perceuse pour trous d'éclisses; **breast —** : chignole; **electric —** : perceuse, perforatrice électrique; **hammer —** : marteau-perforateur; **percussion —** : perforatrice à percussion; **pneumatic —** : perceuse à air comprimé; marteau pneumatique; **radial —** : perceuse radiale; **rock —** : marteau-perforateur au rocher; **rotary —** : perforatrice rotative; **twist —** : fleuret hélicoïdal; **— (to)** : forer, percer; **— a depth of...** : forer à une profondeur de...

driller : perceuse; foreur (*mines*); **—-helper** : aide-foreur; **exploration's —** : foreur de recherches (*mines*); **multiple-spindle —** : perceuse à broches multiples.

drilling : perforation, perçage; forage (*des trous de mine*); **— cable** : câble de sondage; **— capacity** : capacité de perçage; **— contractor** : entrepreneur de forage; **— of a flange** : perçage d'une bride; **— machine** : perceuse, foreuse; **radial — —** : perceuse radiale; **spiral — —** : foreuse rotative; **universal radial — —** : perceuse radiale universelle; **— speed** : vitesse de forage; **— time** : temps de forage, durée de forage; **electric rotary —** : perforation, rotation électrique.

drinking water : eau potable.

drip (*subst.*) : chute en gouttes; larmier (*construction*); **— cock** : purgeur d'eau (*cylindre à vapeur*); **— (to)** : tomber goutte à goutte.

drive : (*subst.*) : commande, impulsion, entraînement; **— chain** : chaîne de commande; **— mechanism** : dispositif d'entraînement; **— pipe** : tuyau de captation; **— sprocket** : roue à chaîne; **air —** : commande à l'air comprimé; **back-wheel —** : traction arrière; **belt —** : commande par courroie; **crank —** : commande par manivelle; **Diesel —** : commande par moteur Diesel; **electric —** : commande électrique; **foot-power —** : commande par pédale, commande au pied; **front-wheel —** : traction avant; **gear box —** : commande par engrenages; **oil —** : commande par moteur à huile lourde; **parallel —** : commande parallèle; **right-angle —** : commande à angle droit; **side —** : commande latérale; **single-motor —** : commande par moteur unique; **steam —** : commande à la vapeur; **worm —** : commande par vis sans fin; **—n axle** : essieu commandé; **— (to)** : conduire (*autom.*), actionner, pousser, creuser (*une galerie de mine*); **— a heading** : pousser un avancement; **— in a nail** : enfoncer un clou; **— a tunnel** : creuser un tunnel; **— a wedge** : chasser un coin.

driver : conducteur, mécanicien, roue motrice, organe moteur; **— losses** : pertes par transmission; **—'s cage** : cabine du conducteur; **—'s seat** : siège du conducteur; **—s** : transmissions, appareil moteur.

driving : commande; impulsion; — **agent** : agent moteur; — **box** : boîte d'essieu moteur; — **dog** : toc d'entraînement; — **engine** : machine motrice; — **gear** : mouvement (engrenage moteur); tête motrice; — **head** : poupée (*de tour*); — **motor** : moteur de commande; — **parts** : organes de transmission; —**-pulley** : poulie de commande; poulie Koepe (*mines*); poulie motrice; —**-shaft** : arbre moteur; — **trough** : couloir d'attaque (*mines*); — **-wheel** : roue motrice; — — **base** : empattement des roues motrices (*d'une locomotive*); **back-wheel** — : traction arrière; **center** — : commande centrale; **end** — : commande en bout; **front-wheel** — : traction avant.

drop : goutte; chute; —**-bottom bucket** : benne à fond ouvrant; — **door** : porte rabattante; — — **dump car** : wagon basculant à porte (ou rebord) rabattant; — **-forge die** : matrice de forge; — — **plant** : atelier de matriçage; — —**d** : forgé en matrice, matricé; — **forging** : matriçage; pièce forgée au pilon; — — **hammer** : marteau d'estampage; — **hammer** : marteau-pilon (à chute libre); — **in grade** : baisse de teneur; — **oiler** : graisseur compte-gouttes; **magnetic** — **signal** : volet d'appel magnétique (*téléphone*); — **test** : essai de résilience (*métallurgie*); **pressure** — : perte de charge; —**let** : gouttelette; —**ping of speed** : perte de vitesse; —**ping bottle or** —**ping tube** : flacon compte-goutte; —**ping depth** : hauteur de chute; — **(to)** : s'écouler; fournir goutte à goutte; laisser tomber; tomber.

dross : laitier, scorie.

drum : tambour; — **armature** : induit en tambour; — **brake** : frein à tambour; — **filter** : filtre rotatif, tambour filtrant; — **keyed to the shaft** : tambour claveté sur l'arbre; **two** — **scraper hoist** : treuil de raclage à deux tambours; — **type furnace** : four rotatif du type tambour, four trommel; — **winding** : enroulement en tambour; **conical** — : tambour conique; **cylindrical** — : tambour cylindrique; **cylindroconical** — : tambour cylindroconique; **hauling** —, *or* **hoist** — : tambour d'extraction (*mines*); **loose** — : tambour fou; **tight** — : tambour fixe; **two-**— : à deux tambours.

dry : (*adj.*) sec; — **battery** : pile sèche; — **cleaning of coal** : préparation à sec du charbon; — **packed masonry** : maçonnerie en pierres sèches; — **pile** : pile sèche; — **point** : pointe sèche; — **process** : procédé à sec; — **separation of coal** : préparation à sec du charbon; — **wall** : mur de pierres sèches; **on** — : sur sec (*analyses*); — **(to)** : sécher; — **up** : (se) dessécher complètement; — **the blast** : sécher le vent (*métallurgie*); —**ing oven** : four à sécher, étuve.

dryer : sécheur; **pneumatic coal** — : sécheur pneumatique à charbon; **rotary** — : sécheur rotatif (*lavoirs à charbon*); **tunnel** — : sécheur à tunnel; **vacuum drum** — : tambour sécheur à vide.

duck : coutil; — **belting** : courroie en toile; — **-bill** : bec de canard (*appareil de chargement dans les mines*).

duct : conduit, canal; **ventilating** — : canal d'aérage.

ductile : ductile.

ductility : ductilité.

due : dû; — **bill** : bulletin de paie; —**s** : taxe, redevance, cotisation; **falling** — : échéance.

duff : poussier; **anthracite** — : poussier d'anthracite.

duffer : gisement sans valeur (*mines*).

dull (to) : émousser, ternir; **to become** — : s'émousser; — **tool** : outil émoussé, usé, non affûté.

dummy : fictif, postiche, simulé; **— roll** : cylindre à vide.

dump (*subst.*) : tas de déchets; crassier; **— car** : wagon basculant; **automatic — —** : wagon à déchargement automatique; **bottom — —** : wagon se déversant par le fond; **rear — —** : wagon basculant par l'arrière; **side — —** : wagon basculant de côté; **— man** : culbuteur, homme au déchargement; **car —er** : appareil à décharger les wagons; **—ing**: déversement; **—ing angle** : angle de déversement; **self —ing skip** : skip à déversement automatique; **to —** : décharger, culbuter; **— into the storage bunkers** : vider aux accumulateurs.

duo mill : laminoir duo.

duplex reciprocating engine : machine alternative duplex (*à deux cylindres*);

duplex-tandem machine : machine tandem à cylindres jumelés.

duplicate : double, duplicata; **— fabrication** : fabrication en série; **— standard** : étalon de mesure; **—d control** : commande double.

duplicating apparatus : appareil duplicateur.

duplicator : duplicateur.

durability : durabilité, solidité.

durain : durain (*un des constituants pétrographiques du charbon*).

duralumin : duralumin.

dust (*subst.*) : poussière, poussier; **— cap** : capuchon anti-poussières; **— catcher** : collecteur de poussières; capteur de poussières; **— collecting plant** : installation pour capter les poussières; **— collector** : aspirateur de poussières; appareil pour capter les poussières de forage (*mines*); **— exhausting** : aspiration des poussières; **coal — explosion** : coup de poussières (*mines*); **— filter** : filtre à poussières; **— from blasting** : poussière résultant du tir; **— gallery** : galerie d'essai des poussières; **— guard** : protecteur de poussière, bourrage anti-poussières des boîtes à graisse; **— laying** : abattage des poussières; **— mask** : masque contre les poussières; **— prevention** : lutte contre les poussières (*mines*); **— proof** : protégé contre la poussière, étanche à la poussière; **— recovery** : récupération des poussières; **— setting** : abattage de la poussière en suspension; **— tight** : étanche aux poussières; **— trap** : collecteur de poussières, capteur de poussières (*mines*); **air born —** : poussières folles; **rock barrier —** : arrêt-barrage (*mines*); **shale —ing** : schistification; **stone —ing** : schistification; **—less dry drill** : marteau-perforateur à captage de poussières; **— (to)** : schistifier (*mines*).

duties : droits, impôts; **toll —** : droits, impôts, droits d'octroi.

duty : service, travail utile (*d'une machine*); rendement demandé, somme de travail demandée; extraction imposée (*mines*); **— free** : en franchise; **heavy-— engine** : machine de grande puissance, pour gros travaux; **hoisting —** : charge d'extraction (*mines*); **off —** : qui n'est pas de service; **on —** : de service.

dye (to) : teindre; **—stuffs** : matières colorantes.

dyke : (*géologie*) remplissage de faille.

dynamic : dynamique (*adj.*); **—s** : dynamique (*subst.*).

dynamite : dynamite; **nitroglycerine —** : dynamite.

dynamo : dynamo; **— armature** : induit de dynamo; **— oil** : huile pour dynamos; **— sheet** : tôle dynamo; **— steel** : acier pour dynamo, tôle dynamos; **brake —** : dynamo frein; **compound —** : dynamo compound; **hypercompound —** : dynamo hypercompound; **series —** : dynamo série; **shunt —** : dynamo shunt.

dynamometer : dynamomètre.

dyne : dyne (*physique*).

E

earning (*per month*) : salaire (*mensuel*).
earphone : écouteur individuel.
earth : terre; **— auger** : tourniquet (*mines*); **— boring** : sondage; **— — tool** : sondeuse; perforatrice; **— — machine** : sondeuse; **—'s crust** : croûte terrestre; **—-current** : courant de terre; **— dam** : digue, barrage de terre; **— fall** : glissement de terrain; **—ing wire** : fil de terre, fil de masse; **—ing terminal** : borne de terre (*électricité*); **— leakage** : perte à la terre (*électricité*); **—moving equipment** : matériel de terrassement; **— plate** : plaque de terre; **— pressure** : poussée des terres; **— resistance** : résistance de la terre; **— return circuit** : circuit de retour par le sol; **— tester** : essayeur de terre, telluromètre; **— thrust** : poussée des terres; **rare —s** : terres rares; **—work** : terrassement; **—y** : terreux.
ease (to) : réduire l'effort, soulager (*une machine*).
easel : chevalet.
eat (to) away : ronger, corroder.
eaves (*pl*) : larmier (*construction*); **—lead** : larmier.
ebb-tide : marée descendante; **ebb-and-flow** : flux et reflux.
ebony : ébène.
ebullient : en ébullition.
ebullition : ébullition.
eccentric : excentrique (*adj.* et *subst.*); **— crank** : contre-manivelle; **— rod** : tige d'excentrique; **— shaft** : arbre à excentrique; **— strap** : collier d'excentrique; **— wheel** : roue à excentrique; **—ity** : excentricité.
eclipse : éclipse.
economic : économique; **— well-being** : bien-être économique; **—al** : économique; **—s** : économie (*d'un procédé*).
economizer : économiseur.
eddy : remous; tourbillon; **— currents** : courants de Foucauld.
edge : bord, arête (*géométrie*); tranchant (*d'un outil*); **— mill** : broyeur à meules; **— tool** : outil tranchant; **— (to)** : aiguiser.
education : éducation; **additional —** : formation complémentaire; **—al center** : centre de formation professionnelle.
effect : effet; **single —** : simple effet; **—ive** : efficace, effectif; **—iveness** : efficacité.
effervesce (to) : effervescer; bouillir (*avec dégagement de gaz*).
effervescent : effervescent.
efficiency : efficacité, rendement, effet utile, efficience, compétence; **industrial —** : rendement industriel; **mechanical —** : rendement mécanique; **operating —** : rendement (*d'une machine*); **overall —** : rendement global; **total —** : rendement total; **useful —** : rendement utile; **volumetric —** : rendement volumétrique.
efficient : efficient, efficace, de rendement élevé; compétent.

effluent : effluent, qui émane; (*subst.*) : produit de sortie.

efflux : flux sortant (*hydraulique*).

egg : œuf (*de charbon*).

eject (to) : rejeter, chasser (*un liquide*); — **water** : refouler l'eau, projeter un jet d'eau.

ejector : éjecteur (*aérage des mines, pompage*); injecteur; —**-jet condenser** : condenseur à jet; — **for priming** : éjecteur pour l'amorçage; — **ventilation** : ventilation par éjecteur; **steam-jet** — : injecteur de vapeur.

elastic : élastique; — **constant** : constante élastique; — **drift of a spring** : force élastique d'un ressort; — **limit** : limite élastique; — **stress** : limite élastique; —**ally** : élastiquement; —**ity** : élasticité; **coefficient of —ity** : coefficient d'élasticité, module de Young.

elbow : coude (*de tuyauterie*); — **-lever** : levier coudé; — **wrench** : clé d'équerre; **discharge** — : coude de refoulement (*d'une pompe*); **suction** — : coude d'aspiration (*d'une pompe*).

electric : électrique; — **arc** : arc électrique; — - —**furnace** : four à arc; — — **light** : lumière à l'arc; — — **welding** : soudure à l'arc électrique; — **battery** : batterie électrique; — **bond** : éclisse électrique; — **charge** : charge électrique; — **drill** : perceuse électrique; perforatrice électrique; — **drive** : commande électrique; — **eye** : œil électrique; — **furnace** : four électrique; — **generator** : génératrice électrique; — **heating** : chauffage électrique; — **hoisting** : extraction électrique (*mines*); — — **engine** : machine d'extraction électrique (*mines*); — **jar** : bouteille de Leyde; — **lamp** : lampe électrique; — —**bulb** : ampoule électrique; — **lift** : monte-charge électrique, ascenseur électrique; — **locomotive** : locomotive électrique; — **magnet** : électro-aimant; — **motor** : moteur électrique; — **network** : réseau électrique; — **phial** : bouteille de Leyde; — **power** : énergie électrique; — — **house** : centrale électrique; — **sign** : enseigne lumineuse; — **spark** : étincelle électrique; — **steel plant** : aciérie électrique; — **supplies** : fournitures pour l'électricité; — **traction** : traction électrique; — **wire** : fil électrique.

electrical : électrique; — **engineer** : ingénieur électricien; — **frequency** : fréquence électrique; — **meter** : compteur électrique; — **precipitater** : dépoussiéreur électrique (*épuration du gaz*); — **sheet** : tôle dynamo; — **ly** : électriquement.

electrician : électricien.

electricity : électricité; **statical** — : électricité statique.

electrification : électrification, électrisation;

electrify (to) : électrifier, électriser.

electrization : électrisation.

electrize (to) : électriser.

electro-chemical : électro-chimique (*adj.*).

electro-chemistry : électro-chimie.

electro-deposit : dépôt électrolytique; — —**ed coating** : dépôt électrolytique.

electro-dynamics : électro-dynamique.

electrocution : électrocution.

electrode : électrode; — **holder** : porte-électrode; **carbon** — : électrode de carbone; **coated** —, *or* **sheated** — : électrode enrobée; **welding** — : électrode de soudure.

electrofilter : électrofiltre.

electro-gilding : dorure galvanoplastique.

electrolysis : électrolyse.

electrolyte : électrolyte.

electrolytic : électrolytique; — **copper** : cuivre électrolytique; — **deposition** : dépôt électrolytique.

electrolyze (to) : électrolyser; —**r** : électrolyseur.

electromagnet : électro-aimant; **—ic** : électromagnétique; **—ism** : électromagnétisme.
electrometer : électromètre.
electromotive force (E. M. F.) : force électromotrice.
electron : électron; **— bombardment** : bombardement électronique; **— emission** : émission d'électrons; **—ic brain** : cerveau électronique; **— ic computer** : calculatrice électronique; **— tube** : tube électronique; **— volt** : électron-volt.
electrophoresis : électrophorèse.
electrophorus : électrophore.
electroplating : placage électrique, galvanoplastie.
electrostatic : électrostatique (*adj.*); **— capacity** : capacité électrostatique; **—s** : électrostatique (*subst.*).
electrothermancy : électrothermie.
electrothermic : électrothermique.
elevated tank, — water-storage tank : château d'eau.
elevating : éleveur, releveur; **— charger** : élévateur chargeur; **— conveyor** : convoyeur élévateur; **shuttle-car with — discharge**: camion-navette muni (*ou suivi*) d'un élévateur.
elevation : élévation (*tous sens*), cote, altitude, coupe verticale (*dessin*); **front —** : élévation frontale (*vue de face*); **side —** : élévation latérale (*vue de côté*).
elevator : ascenseur, monte-charge; **— pump** : pompe élévatrice; **blast furnace —** : monte-charge de haut fourneau; **bucket —** : noria; **charging —** : élévateur de chargement; **delivery —** : élévateur de chargement; **freight —** : monte-charge.
eliquation : liquation (*métallurgie*). Voir **liquation.**
elliptic *or* **elliptical** : elliptique; **— spring** : ressort elliptique (*double ressort à lames*); **— spur gearing** : engrenage droit à pignons elliptiques.
elongate (to) : allonger, s'allonger.
elongation : allongement, élongation; **— of fracture** : allongement de rupture; **average —** : allongement moyen.
embankment : digue, remblai (*de route*).
embed (to) : enfouir, incruster, sceller (voir : **to imbed**).
embers : braise.
emboss (to) : bosseler, marteler en bosses; **—ing press** : presse à empreindre.
embrittlement (*of steel*) : tendance à la fragilité, fragilité (*de l'acier*).
embrittling (*of steel*) : fragilité (*de l'acier*).
emerald : émeraude.
emergency : nécessité, cas d'urgence; **— breaking** : freinage de sécurité (*machines d'extraction*); **— danger signal** : signal d'arrêt; **— exit** : sortie de secours; **— repair** : réparation de fortune; **— stop** : dispositif d'arrêt d'urgence; **— works** : travaux urgents; **in —** : en cas de nécessité pressante, en cas d'urgence.
emery : émeri; **— cloth** : toile émeri; **— grinding machine, — wheel** : meule à émeri; **— paper** : papier émeri.
emission : émission (*de gaz, de vapeurs*), émission de valeurs.
emit (to) : émettre.
empiric : empirique; **—al** : empirique; **—al rule** : règle empirique.
empirism : empirisme.
employ (to) : employer; **—ee** : salarié, ouvrier, employé; **—er** : employeur; **—er of labour** : entrepreneur de travaux; **—ment agency** : bureau de placement; **—ment office** : bureau d'embauche.
emporium : entrepôt.
empties : vides (*subst pl.*).
empty : vide; **— car** : wagon vide.
emulsif(y) (to) : émulsionner; **—ier** : émulsionnant.
emulsion : émulsion; **—ize (to)** : émulsionner.

enamel : émail; — **frit** : composition pour émail; — **insulated wire** : fil émaillé; — **paint** : peinture émail; —**ling** : émaillage; —**ling oven** : four à émailler; **spray** —**ling** : émaillage au pistolet; — **(to)** : émailler.
encaustic : encaustique.
enclosed : enfermé, ci-joint; — **type** : ... du type fermé.
enclosure : clôture, enceinte; carter; inclusion.
encounter (to) a seam : recouper une couche (*mines*).
end : extrémité; —-**bearing** : palier d'extrémité; — **cap** : chapeau d'extrémité (*de palier à billes*); — **driving** : commande en bout; — **mill** : fraise en bout; — **milling machine** : machine à dresser les bouts; — **play** : jeu axial; — **product** : produit final; — **of stroke** : fin de course; — **thrust** : poussée axiale; — — **bearing** : palier de butée; **take (to) up the** — — : recevoir la poussée axiale; — **truck** : chariot de translation.
endless : sans fin; — **belt** : courroie sans fin; — **rope** : câble sans fin; — — **haulage** : traînage par câble sans fin; — **screw** : vis sans fin.
endorse (to) : endosser; —**ment** : endossement; —**r** : endosseur.
endurance : résistance à la fatigue, endurance (*du matériel*); — **fracture** : rupture de fatigue; — **limit,** *or* — **strength** : résistance aux efforts prolongés (ou répétés); — **test** : essai d'endurance.
energy : énergie; — **expended** : énergie dépensée; — **of motion** : énergie de mouvement; — **output** : dépense d'énergie; **binding** — : énergie atomique de cohésion (*des éléments du noyau*); **conservation of** — : conservation de l'énergie; **kinetic** — : énergie cinétique; **latent** — : énergie latente; **loss of** — : perte d'énergie; **potential** — : énergie potentielle; **thermal** — : énergie thermique;
engage (to) : embaucher; engager (*tous sens*); — **the clutch** : embrayer; —**ment** : engagement (*tous sens*).
engaging : mise en prise.
engine : machine; moteur; instrument; — **driver** : mécanicien de locomotive conducteur de machine, machiniste; — **house** : salle des machines; — **oil** : huile de moteur; — **part** : pièce de machine; — **shaft** : arbre du moteur; — **torque** : couple moteur, couple mécanique; **conveyor** — : tête de bande, moteur de convoyeur; **crude oil** — : moteur à huile lourde; **Diesel** — : moteur Diesel; **four-cycle** — : moteur à quatre temps; **heat** — : machine thermique; **heavy oil** — : moteur à huile lourde; **internal-combustion** — : moteur à combustion interne; **oil** — : moteur à huile lourde; **poney** — : locomotive de manœuvre; **steam** — : machine à vapeur; **two-cycle** — : moteur à deux temps.
engineer : ingénieur; mécanicien; machiniste; ingénieur-constructeur; —-**director** : ingénieur-directeur; **assistant** — : ingénieur adjoint; **blast-furnace** — : ingénieur de haut fourneau; **chemical** — : ingénieur chimiste; **chief** — : ingénieur en chef, ingénieur principal; **civil** — : ingénieur civil; **consulting** — : ingénieur conseil; **electrical** — : ingénieur électricien; **hoisting** — : machiniste d'extraction; **hydraulic** — : ingénieur hydraulicien; **maintenance** — : ingénieur d'entretien; **mechanical** — : ingénieur mécanicien; **mine** — *or* **mining** — : ingénieur des mines; **naval** — : ingénieur des constructions navales; **principal** — : ingénieur principal; **railroad** — : ingénieur des chemins de fer (U. S. A.); **railway** — : ingénieur des chemins de fer.

engineering : art de l'ingénieur; art de la construction des machines; — **contractor** : ingénieur constructeur; — **industries** : construction mécanique; — **service** : bureau d'études; — **shop** : atelier de construction (*de machines*); **civil** — : génie civil.

engraver : graveur.

engraving : gravure.

enlarged : agrandi, de grand modèle.

enlargement : agrandissement; — **apparatus** : appareil d'agrandissement.

enlarger : appareil d'agrandissement.

ennoble (to) : ennoblir, enrichir.

enrich (to) (*ores*) : enrichir (*les minerais*); **ore —ment** : enrichissement des minerais.

enterprise : entreprisc; affaire industrielle ou commerciale; **industrial** — : entreprise industrielle; **private** — : entreprise privée; **small and medium-sized —s** : petites et moyennes entreprises.

entombed miner : mineur enseveli sous un éboulement.

entraining agent : agent d'entraînement.

entropic : entropique.

entropy : entropie.

eocene : éocène (*géologie*).

epicycle : épicycle.

epicyclic : épicyclique.

epicycloid : épicycloïde; **—al train** : train d'engrenages épicycloïdal.

equal : égal; pair (*nombre*); — **angle** : cornière à ailes égales; — **leg angle** : cornière à ailes égales; **—ity** : égalité (*mathématiques*).

equalize (to) : égaliser, équilibrer; **—r** : compensateur; **level —r** : égaliseur de niveau.

equalizing beam : balancier compensateur.

equation : équation (*mathématiques*); **algebrical** — : équation algébrique; **differential** — : équation différentielle; **linear** — : équation du premier degré; **system of linear simultaneous —s** : système d'équations du premier degré.

equatorial : équatorial (*appareil*).

equilibrate (to) : équilibrer.

equilibrium : équilibre (*chimique, mécanique...*); — **diagram** : diagramme d'équilibre; — **valve** : soupape d'équilibre; **chemical** — : équilibre chimique; **in** — : en équilibre; **indifferent** — : équilibre indifférent; **labile** — : équilibre instable, équilibre labile; **position of** — : position d'équilibre; **stable** — : équilibre stable; **state of** — : état d'équilibre; **unstable** — : équilibre instable.

equip (to) : équiper.

equipment : équipement; installation; appareillage; outillage; — **plan** : plan d''équipement; **electrical** — : équipement électrique; **laboratory** — : appareillage de laboratoire.

equipoise : équilibre; **to be in** — : être en équilibre; **state of** — : état d'équilibre; — **(to)** : équilibrer.

equivalent : équivalent; — **expression** : expression équivalente (*arithmétique*); — **orifice** : orifice équivalent (*mines*).

era : ère (*géologique*).

erbium : erbium.

erect (to) : élever, monter; **—ing plan** : plan de montage; **—ing shop** : atelier de montage; **—ion** : montage; construction (*d'un bâtiment*); assemblage; **—ion crew** : équipe de montage (*d'une machine, d'une installation*).

erg : erg.

erode (to) : éroder; corroder.

erratic block : bloc erratique.

error : erreur (*de mesure, de lecture*); **observational —s** : erreurs d'observation.

erosion : érosion; corrosion.

eruptive rock : roche éruptive.

escalator : escalier roulant.

escape : échappement, refuge; **—-period** : période d'essai, de pré-

escape : (*continued*) embauchage; — **-shaft** : puits de secours; — **-valve** : soupape d'échappement; **—ment** : échappement (*horlogerie*); **to —** : échapper.

establishment charges : frais d'établissement.

ester : ester, éther-sel.

estimate : devis; **to make an — on the cost** : établir un devis; **— (to)** : estimer, évaluer.

etch (to) : attaquer à l'acide; corroder; **—ed glass** : verre dépoli à l'acide; **—ing medium** : réactif d'attaque, corrosif; **acid —ing** : décapage à l'acide.

ethane : éthane.

ether : éther; **methylic —** : éther méthylique; **sulfuric —** : éther sulfurique.

ethyl : éthyle; **— acetate** : acétate d'éthyle; **— alcohol** : alcool éthylique; **— bromide** : bromure d'éthyle; **— chloride** : chlorure d'éthyle; **—ene** : éthylène.

European Atomic Energy Community : Communauté européenne de l'énergie atomique (Euratom).

European Coal and Steel Community : Communauté européenne du charbon et de l'acier (C. E. C. A.).

European Economic Community : Communauté économique européenne (C. E. E.).

europium : europium.

eutectic : eutectique (*subst.* et *adj.*).

evaporat(e) (to) : évaporer; s'évaporer; **—ing or —ion** : évaporation; **vacuum —ing** : évaporation par le vide; **—ion loss** : perte par évaporation; **—or** : évaporateur.

even : uni, uniforme; pair; **—full** : chargé (ou plein) à ras bord ; **— number** : nombre pair; **—ly** : uniformément.

evolute : développée (*mathématiques*).

evolution : dégagement; développement (*mathématiques*); **gas —** : dégagement de gaz.

evolvent : développante (*mathématiques*).

exact, *or* **— ing sciences** : sciences exactes.

examination : examen, étude; **physical medical —** : examen médical et d'aptitude physique.

excavat(e) (to) : creuser; **—ing bucket** : benne piocheuse; **—ing machine** : excavatrice; **—ion** : excavation; **—or** : excavateur.

excess : excès; **— gas burner** : torchère (*métallurgie*); **— profits** : superbénéfices; **— of sulfur** : excès de soufre; **— — taxes** : taxe sur les superbénéfices.

exchange : échange, change; **heat —r** : échangeur de température.

excise : impôts indirects.

excitation : excitation; **compound —** : excitation compound; **independent —** : excitation indépendante; **residual —** : excitation rémanente; **shunt —** : excitation shunt.

excite (to) : exciter (*électricité*); **—r** : excitatrice (*électricité*); **—r set** : excitatrice.

exciting : ...d'excitation; **— current** : courant d'excitation; **— field** : champ d'excitation.

executive personal : personnel dirigeant (*d'une entreprise*).

exemplar : exemplaire (*adj.*).

exercise : exercice.

exert (to) : exercer; **— a force** : exercer un effort, une force (*mécanique*); **— a stress** : exercer un effort.

exhaust : échappement; **— box** : pot d'échappement; **— fan** : ventilateur aspirant; **— fumes** : fumées d'échappement; **— gases** : gaz d'échappement, gaz brûlés; **— heat** : chaleur d'échappement; **— pipe** : tuyau d'échappement; **— steam** : vapeur d'échappement; **— — turbine** : turbine à vapeur d'échappement; **— valve** : soupape d'échappement; **air —** : sortie d'air; **open —** : échappement libre; **—er** : ventilateur aspirant, exhausteur, extrac-

exhaust : *(continued)* teur; **—ion** : épuisement; **—ion of an ore body** : épuisement d'un gisement de minerai; **— (to)** : (*v. a.*) épuiser, aspirer; (*v. n.*) : échapper, s'échapper; **— into the atmosphere** : échapper à l'air libre.

exhibition (industrial) : exposition (industrielle).

exit : sortie; issue; **— gas** : gaz évacués; **— pipe** : tuyau d'échappement, tuyau d'écoulement; **gas —** : sortie des gaz.

expand (to) : détendre, développer; se détendre, se dilater (*gaz, air*); gonfler, croître (*fonte*); développer, développer en série (*mathématiques*); **— a tube** : mandriner un tube; **— into a series** : développer en série; **—ed metal** : métal déployé; **—ing chuck** : mandrin extensible; **—ing coal** : charbon gonflant; **—ing stem** : lame dilatable (*du thermostat*); **non-—ing stem** : lame fixe (*du thermostat*).

expansion : détente, développement, dilatation, gonflement, croissance (*de la fonte*); développement en série (*mathématiques*); **— bend** : arc compensateur; **— curve** : courbe de détente; **— joint** : joint de dilatation, joint compensateur; **— tank** : réservoir d'expansion; **adiabatic —** : détente adiabatique; **isothermal —** : détente isothermique; **thermal —** : dilatation thermique; **triple —** : triple expansion.

expansive force : force d'expansion.

expenditure : dépense; **receipts and —** : recettes et dépenses.

expense : dépense; **living —s** : coût de la vie.

experience : expérience; **—d workman** : ouvrier expérimenté, ouvrier spécialiste.

experiment : expérience, essai; **—al** : expérimental; **—al determination** : détermination expérimentale; **—al device** : dispositif d'essai; **—al errors** : erreurs expérimentales; **—al inquiry into...** : recherche expérimentale sur...; **—al work** : travaux d'expérimentation; **—ation** : expérimentation.

expert : expert; **— mechanic** : mécanicien spécialiste; **— workman** : ouvrier spécialiste.

explode (to) : exploser; **—r** : exploseur; **delay-action —r** : exploseur à retardement; **electric —r** : exploseur électrique.

exploit (to) : exploiter (*mines*); exploiter (*sens général*); **— a vein intensively** : exploiter une veine intensivement.

exploration : exploration; **— methods** : méthodes de reconnaissance (*d'un gisement minier*); **geological —** : exploration géologique.

exploratory : exploratoire, de recherche; **— boring** : sondage de recherche; **— drift** : galerie de recherche; **— hole** : sondage de recherche; **— work underground** : travail de recherches au fond (*mines*).

explore (to) : explorer; **— a mine for gas** : contrôler le grisou dans une mine.

explosibility : explosibilité.

explosible : explosible, détonant; **— mixture** : mélange détonant.

explosion : explosion; **— proof** : antidéflagrant (*mines*); **— wave** : onde explosive; **coal dust —** : coup de poussières; **colliery —** : explosion de mine; **gob fire —** : explosion de mine, explosion de grisou; **firedamp —** : explosion de grisou.

explosive : (*subst* et *adj.*) explosif; **— limits** : limites explosives (*d'un mélange de gaz et d'air*); **ammonium nitrate safety —** : explosif de sûreté au nitrate d'ammoniaque; **chlorate —** : explosif chloraté; **coalmining —** : explosif antigrisouteux; explosif au charbon; **fast-action —** : explosif brisant; **high strength —** : explosif

explosive : *(continued)* puissant; **liquid oxygen —** : explosif à l'oxygène liquide; **low strength —** : explosif faible; **lump-producer —** : explosif produisant une forte proportion de blocs; **perchlorate —** : explosif perchloraté; **permissible —** *or* **permitted —** : explosif agréé; **rock —** : explosif roche; **safety —** : explosif de sûreté; **slow-action —** : explosif lent; **wet-work —** : explosif pour le tir dans l'eau, pour le tir à l'humidité.

exponent : exposant (*mathématiques*); **—ial** : exponentiel; **—ial equation** : équation exponentielle; **—ial function** : fonction exponentielle.

export : exportation; **— duties** : droits à l'exportation; **— merchant** : négociant exportateur; **— price** : prix à l'exportation; **—ation** : exportation; **permit of —ation** : autorisation d'exporter; **—er** : exportateur; **— (to)** : exporter.

exposure : exposition (*photographie*); **—meter** : posemètre; **time of —** : temps de pose.

ex-ship : franco à quai.

extend (to) : étendre, allonger; s'étendre.

extensible : extensible.

extension : extension, allongement; rallonge; **— bar** : rallonge; **— bed lathe** : tour à rallonge; **— slide** : glissière d'extension (*machines-outils*); **— type mill** : tour à extension (*machines-outils*); **additional —** : rallonge; **bit —** : rallonge de mèche.

extensometer : extensomètre; **recording —** : extensomètre enregistreur.

extent : étendue, amplitude.

external : extérieur, externe; **— diameter** : diamètre extérieur; **— surface** : surface externe.

extinguisher : extincteur; **hand chemical —** : extincteur chimique à main.

extraboard : personnel de remplacement (*pour les vacances, en cas de maladie*).

extract : extrait; **—ion of a coal pillar** : abatage d'un pilier de charbon (*mines*); **—ive industry** : industrie extractive; **— (to)** : extraire; retirer; **— coal, ore** : extraire le charbon, le minerai; **— by distallation** : extraire par distillation; **— ore from the gangue** : extraire le minerai de sa gangue; **— the square root, the cube root, the fourth root of...** : extraire la racine carrée, la racine cubique, la racine quatrième de...

extrados : extrados.

extrapolat(e) (to) : extrapoler; **—ion** : extrapolation.

extreme position : position extrême.

extrud(e) (to) : extruder, filer; **—ing machine** : machine à expulser, machine à refouler; **—ing press** : presse à refouler.

extrusion : extrusion, refoulement; **— machine** : machine à expulser; **— press** : presse à refouler; **cold —** : refoulement à froid.

eye-bolt : boulon à œillère.

eyepiece : oculaire.

F

fabric : construction; mode de construction, mode de fabrication, texture; **—ant** : fabricant; **—ation** : fabrication; construction; **—ator** : fabriquant; usinier; **articicial —s** : tissus artificiels; **—ate (to)** : fabriquer; construire; **—ated steel** : acier marchand.

face : (*subst.*) front de taille, front d'avancement (*mines*); **— mill** : fraise cylindrique; **— milling** : dressage par fraises cylindriques; **— plate** : plateau (*de tour*); **held on a — —** : monté sur plateau (*tours*); **— prop** : étai posé à front (*mines*); **— work** : travail sur plateau (par opposition avec **chuck work** : travail sur mandrin); **at the —** : à front; **coal- —** : front de taille (*houillères*); **rate of — advance** : vitesse d'avancement du front de taille (*mines*); **working —** : front d'attaque, front d'abattage (*mines en général*); **to — : dresser; — with...** : revêtir de...; **— off the end** : dresser le bout.

facing : revêtement; dressage; **— adjustment** : réglage pour planer; **— head** : plateau à dresser; **— sand** : sable de surface; **bevel —** : dressage conique; **cylinder —** : revêtement de cylindre; **leather —** : joint en cuir; **rubber —** : joint en caoutchouc; **straight —** : dressage cylindrique.

factor : facteur; **— of safety** : coefficient de sécurité; **power —** : facteur de puissance (*électricité*); **—ial** : factorielle (*mathématiques*).

factory : fabrique; manufacture; **— price** : prix de fabrique; **— test** : essai en usine; **automobile —** : fabrique d'automobiles.

fag-end (*of a tube*) : bride d'extrémité, collet (*d'un tube*).

faggot (to) : paqueter; **—ing scrap** : ferraille à paqueter.

fail (to) : ne pas fonctionner; se mettre en panne.

failure : non-fonctionnement, panne; faillite; **— of a girder** : rupture d'une poutrelle métallique; **commercial —** : faillite commerciale.

fair (international) : foire (internationale).

fall : chute; éboulement (*mines*); pente; automne; **— of ground** : éboulement; **— of roof** : éboulement du toit (*mines*); **— of side** : éboulement de parement (*mines*); **— rope** : câble de retour (*d'un transporteur aérien*); **—en-in** : éboulé, écroulé; **— — shaft** : puits éboulé (*mines*); **—ing due** : échéance; **—ing velocity** : vitesse de chute; **—ing weight test** : essai de résilience; **— (to)** : tomber; **— due** : échoir (commerce).

falsework : travail d'approche, travail préparatoire.

family allowances : prestations familiales.

fan : ventilateur; **— belt** : courroie de ventilateur; **— cooled** : refroidi par

fan : *(continued)* ventilation, ventilé, à refroidissement par l'air; — **heating installation** : installation de chauffage à l'air chaud; **auxiliary** — : ventilateur secondaire (*mines*); **screw** — : ventilateur hélicoïde; **suction** — : ventilateur aspirant; — **(to)** : ventiler, aviver par soufflage (*une flamme*).

fancy plane : rabot à moulurer.

fang : griffe.

far-sighted plan : plan à longue échéance.

fast speed : grande vitesse.

fasten (to) : attacher, lier, fixer; sceller; —**ing** : attache, dispositif de fixation, de fermeture; **automatic —ing device** : dispositif d'accrochage (ou : de retenue) automatique; **safety —ing** : fermeture de sûreté.

fastener : attache, agrafe; **belt** — : attache pour courroie; — **for belt conveyor** : attache pour bande transporteuse (*mines*).

fatal accident : accident mortel; —**ity** : accident mortel.

fathom : brasse anglaise (deux yards, soit 1,8288 m).

fatigue : fatigue (*du matériel*); — **failure** : rupture de fatigue; — **impact** : essai d'endurance aux chocs; — **resistance** : résistance à la fatigue, résistance aux efforts répétés; — **strength** : résistance à la fatigue, résistance aux efforts répétés; — **test** : essai d'endurance; **hot** — : fatigue à chaud.

faucet : robinet.

fault, —ing : faille (*géologie, mines*), défaut; — **localisation** : localisation des défauts; —**ed** : en faille; —**ed area** : zone de failles; —**ed ground** : terrain en faille; —**ed segment of vein** : partie de couche rejetée par une faille; —**y** : imparfait; déficient; insuffisant; —**y lubrication** : mauvais graissage.

fauna : faune.

feasibility (commercial) : possibilités commerciales, possibilités du marché.

feather valve air compressor : compresseur d'air à clapets sensibles.

feature : trait, forme; —**s** : caractéristiques; **fundamental or marked —s** : caractéristiques.

fee : salaire; émoluments; — **-schedule** : tableau des salaires.

feed : alimentation; avance de l'outil (*dans les machines-outils*); — **change gear lever** : levier de changement d'avance (*machines-outils*); — **chute** : goulotte d'alimentation; — **hopper** : trémie d'alimentation; — **pipe** : tuyau d'alimentation; — **pressure** : pression d'alimentation; — **pump** : pompe alimentaire (*de chaudières*); — **rack** : crémaillère d'avance; — **reverse** : changement d'avance; — **snout** : bec de chargement; — **water** : eau d'alimentation; — — **heater** : réchauffeur d'eau d'alimentation; — **work** : mécanisme d'avance; **circumferential** — : avance circonférentielle; **coal** — : alimentation en charbon; **coarse** — : forte passe; **cross** — : avance transversale; **fast** — : avance rapide; grande vitesse; **fine** — : avance de précision; **gravity** — : alimentation par gravité; **hand** — : avance à la main; **heavy** — : avance poussée; **longitudinal** — : avance longitudinale; **power** — : avance automatique; **slow** — : petite avance; — **(to)** : alimenter; faire avancer, donner de l'avance à... (*machines-outils*).

feeder : conduite d'alimentation; feeder (*électricité*); embranchement (*de chemin de fer*); filon nourricier; — **cable** : câble distributeur; — **head** : masselotte; **disc** — : plateau distributeur.

feeding : alimentation; — **of the work** : avance de la pièce; — **pump** : pompe alimentaire; — **roller table** : file de rouleaux d'amenée; — **time** : durée de l'avance.

feldspar, felspar : feldspath.
felt : feutre; — **collar** : rondelle de feutre; — **filtre** : filtre de feutre; — **packing** : joint de feutre.
fence : clôture.
fender : pare-étincelles; garde-boue.
ferment : ferment; —**ation** : fermentation; — **(to)** : fermenter.
ferric : ferrique; — **oxide** : oxyde ferrique; — **sulphate** : sulfate ferrique.
ferriferous : ferrifère.
ferrite : ferrite.
ferro... : (*préfixe*) contenant du fer, allié au fer; —**alloy** : ferro-alliage; —**-concrete** : béton armé (voir : **reinforced concrete**); — **cyanide** : ferrocyanure; —**magnetic substances**, *or* —**magnetics** : substances ferromagnétiques; —**magnetism** : ferromagnétisme; —**manganese** : ferromanganèse; —**-molybdenum** : ferro-molybdène; —**nickel** : ferro-nickel; —**-silicon** : ferro-silicium; —**-titanium** : ferro-titanium; —**-tungsten** : ferro-tungstène; —**-vanadium** : ferro-vanadium; **non —us metallurgy** : métallurgie des métaux autres que le fer; —**us metals** : métaux ferreux; **non —us metals** : métaux non ferreux.
ferruginous : ferrugineux.
ferrule : virole.
ferry-boat : bac, ferry-boat.
fertilizer : engrais.
fibr(e) : fibre; **glass —e** : fibre de verre; —**iform** : fibriforme; —**o-cement** : fibro-ciment; —**ous** : fibreux.
field : champ (*sens général*); champ (*optique, magnétisme, électricité*); champ d'exploitation, gisement (*mines*); champ d'action, domaine d'emploi; — **coil** : enroulement de champ, bobinage d'inducteur; — **density** : densité de champ; — **direction** : direction de champ; — **glass** : jumelle de campagne; — **magnet** : électro de champ; — **of force** : champ de force; — **of service** : domaine d'emploi, champ d'action; — **of view** : champ (*d'un instrument d'optique*); — **of vision** : champ visuel; — **rheostat** : rhéostat de champ; **in the —** : sur place; **coal —** : gisement de charbon; **electric —** : champ électrique; **external —** : champ extérieur; **magnetic —** : champ magnétique; **mining —** : gisement minier; **oil —** : champ de pétrole.
fiery mine : mine à feux.
fight (to) a mine fire : lutter contre (combattre) un feu de mine.
figure : figure (*en général*); figure géométrique; chiffre; **in round —s** : en chiffres ronds.
filament : filament; **carbon —** : filament de carbone; **platinum —** : filament de platine; **tungsten —** : filament de tungstène.
file : lime, dossier; **coarse —** : lime à grosse taille; — **cupboard** : armoire à dossiers; **flat —** : lime plate; **rasping —** : râpe (grosse lime); **round —** : lime ronde; **smooth —** : lime douce; **taper —** : lime pointue, lime conique; — **(to)** : limer; classer; — **off** : enlever à la lime.
filing : classement (*des dossiers*); limage; — **box** : fichier de bureau; — **head** : poupée limeuse (*pour finissage et polissage*); — **machine** : machine à limer; —**s** (*pl.*) : limaille.
fill (to) : remplir; — **the tank** : faire le plein (*autom.*); — **up** : faire le plein.
filler : matière de remplissage, produit de remplissage; chargeur (*mines*); maillet.
filling : matière de remplissage; chargement; — **cap** : bouchon de remplissage; — **hole** : ouverture de chargement; — **piece** : fourrure; **hand —** : chargement à main.
fillet : filet, baguette (*moulure*); congé; — **weld** *or* — **welding** : soudure à angle.
fillister : guillaume, rabot à rainurer.

film : pellicule, film; — **of water** : pellicule d'eau; **oil** — : film d'huile; **protective** — : pellicule protectrice.
filter : filtre; — **bed** : lit filtrant; — **-cloth** : tissu filtrant; — **-paper** : papier filtre; — **-press** : filtre-presse; **drum** — : filtre rotatif, tambour filtrant; **felt** — : filtre en feutre; **self-cleaning** — : filtre à nettoyage automatique; **vacuum** — : filtre à vide; **yellow** — : filtre jaune; —**ing cloth** : tissu filtrant.
filtrate : filtrat, produit filtré.
filtration : filtrage, filtration; — **plant** : installation de filtrage; **vacuum** — : filtrage par le vide.
fin : nervure; arête; bavure.
finance (to) : financer.
financial : financier (*adj.*); — **broker** : courtier en bourse; — **charges** : charges financières; — **statement** : rapport financier.
financing : financement.
find : découverte; —**er** : chercheur (*de lunettes*); —**ing** : découverte; —**ings** : outillage (*appartenant en propre à l'ouvrier*).
fine : amende (*subst.*); fin (*adj.*); — **cleaning** : épuration des fines; — **coal** : menu, fines (*de charbon*); — **grade** : de qualité fine; — **setting** : réglage précis de la position (*de l'outil dans les machines-outils*); —**ly divided** : finement divisé; —**ness of dust** : finesse des poussières; —**s** (*pl.*) : fines (*de charbon*); limites (*de concession, de gisement...*). —**s content** : teneur en fines; — **(to)** : clarifier; purifier; raffiner.
finger-tip control : commande digitale.
finish : fini; — **bored** : alésé; — **products** : produits finis; —**ed iron foundry products** : moulages de fonte parachevés; —**ed products** : produits finis, produits définitifs; —**ing** : finissage; —**ing departement** : atelier de finissage, de dressage; —**ing machine** : machine finisseuse; —**ing mill** : laminoir finisseur; —**ing train** : train finisseur (*laminoirs*).
fir (fir-tree) : sapin.
fire : feu; — **(to)** : allumer, tirer; faire exploser; enflammer; — **alarm apparatus** : avertisseur d'incendie; — **box** : foyer (*de chaudière*); — **brick** : brique réfractaire; — **-bridge** : autel (*d'un four*); — **-brigade** : équipe d'incendie; —**clay** : argile réfractaire, chamotte; — **cone** : tuyère de foyer; — **dam** : barrage contre les feux (*mines*); —**damp** : grisou; — **detector** : détecteur de grisou; — **recorder** : enregistreur de grisou; — **door** : porte du foyer; porte de sécurité contre l'incendie (*mines*); — **engine** : pompe à incendie; — **extinguisher** : extincteur; — **fighting equipment** : équipement d'incendie; — **grate** : grille de foyer; — **hose** : tuyau flexible pour pompe à incendie; — **hydrant** : prise d'incendie; — **insurance** : assurance contre l'incendie; — — **company** : compagnie d'assurances contre l'incendie; —**less locomotive** : locomotive sans foyer; —**man** : chauffeur (*de locomotive, de chaudières*); pompier (*de pompe à incendie*); chercheur de grisou (*mines*); — **-pan** : foyer; — **plug** : bouche d'incendie; — **-proof** : incombustible, réfractaire, ignifuge; —**proof timber** : bois ignifugé; —**- resisting** : incombustible; réfractaire; — **risk** : risque d'incendie; —**screen** : pare-flammes; — **tube** : tube-foyer; — **wood** : bois de chauffage; **gas-** —**ed** : chauffé au gaz; **mine** — : feu de mine; **underground** — : feu de mine, feu souterrain.
firing : tir (*des coups de mine*); chauffe; allumage; mise à feu (*métallurgie*); — **order** : ordre d'allumage (*coups de mines; autom.*); — **pattern** : plan de tir (*à l'explosif*); — **sequence** ordre d'allumage; **coal-dust** — :

firing : *(continued)* chauffage au charbon pulvérisé; **coke-dust** — : chauffage au poussier de coke; **hand** — : alimentation en charbon à la main (*chaudières*); **method of** — : méthode de chauffe; **shot-** — : tir, allumage (*des coups de mine*); **stoker** — : alimentation mécanique par stoker (*chaudières*).

firm : firme; entreprise; **mercantile** : — : maison de commerce.

first-aid appliances : secours de première urgence; premiers secours.

first-class condition (machine in —) : (machine en) excellent état.

first cost : prix de revient.

fish (to) : éclisser des rails; pêcher; — **oil** : huile de poisson; —**-plate** : éclisse; **to attach the — —s** : fixer les traverses; —**-tail burner** : bec papillon.

fission : fission; **atom's nucleus** — : fission du noyau atomique; —**able** : fissible; — **(to)** : fissionner, se fissionner (*énergie atomique*);

fissure : cassure; fente; crique (*métallurgie*).

fissuring : fissuration; criquage.

fit (to) (to...) : ajuster (à...); *v. n.* : s'ajuster à, s'adapter à; — **in** : s'emboîter dans, s'adapter à; — **together** : s'adapter (*deux pièces l'une à l'autre*); — **up** : installer, monter (*une machine*); **precision of** — : précision d'ajustement; —**ted-through bolt** : boulon ajusté.

fitter : ajusteur.

fitting shop : atelier d'ajustage.

fittings : pièces détachées; garnitures; raccords de tuyauterie; **flange** — : raccords à brides; **pipe** — : raccords de tuyauterie; **screw** — : raccords filetés.

fix (to) : fixer, assujettir; arranger; —**ed** : fixe, stationnaire, durable, inaltérable, non volatil; — **ed charges** : prix fixes; —**ed point** : point fixe; —**ed wages** : salaire fixe.

fixture : accessoire, dispositif; **holding** — : dispositif de fixation; **plumbing** — : raccords de plomberie.

flake : flocon (*de l'acier*); — **crack** : tapure de tension (*dans l'acier*); **graphite** — : flocon de graphite.

flame : flamme; — **cutting** : coupage au chalumeau; — **hardening** : durcissement superficiel à la flamme; — **protecting clothing** : vêtement ignifuge; — **safety lamp** : lampe à flamme de sûreté; —**proof** : antidéflagrant (*mines*); — **welding** : soudage au chalumeau; **luminous** — : flamme éclairante; **reducing** — : flamme réductrice.

flammability (lower *or* upper limit of —): limite inférieure (ou supérieure) d'inflammabilité (*d'un mélange gaz-air*).

flange : (*subst.*) bride, aile (*d'une poutrelle*); boudin (*d'une roue*); rebord; — **coupling** : accouplement à brides; — **joint** : joint à brides; **blind** — : joint plein; **connecting** — : bride de raccord; **grooved** — : bride à rainure; **loose** — : bride mobile; contre-bride (*tuyauteries*); **top** — : bride supérieure (*chaudières*); — **(to)** : border; emboutir; —**d -joint line** : tuyauterie à raccords par brides; —**d pipe** : tuyau à brides; —**d work** : pièce bordée; **parallel-** —**d beam** : poutrelle à faces parallèles; **wide-** —**d beam** : poutrelle à larges ailes.

flanging : emboutissage; — **press** : presse à emboutir.

flap : battant, trappe tombante; — **valve** : clapet à bascule, clapet rabattant.

flare : torchère (*métallurgie, raffineries de pétrole*); — **(to)** : donner une lumière vive, mais irrégulière.

flash : bavure, éclair, flash (*électricité*); — **point**, —**ing point** : point d'inflammation; point éclair; — **- roasting of pyrites** : grillage superficiel de la pyrite; — **trimmer** : machine à ébarber.

flat : (*subst.*) méplat (*sur une roue*); fer plat; (*adj*) : plat; — **bottom boat** : bateau à fond plat; — **car** : wagon plat; —**-head bolt** : boulon à tête plate; — **-rivet** : rivet à tête plate; — **rolled steel** : acier plat; — **spots** : méplats (*formés sur une roue par usure*).

flatten (to) : aplatir, aplanir, planer; —**er** : machine à aplatir.

flatter : marteau plat.

flatting mill : laminoir de planage.

flaw : amorce de crique; défaut; félure; **hardening** — : crique de trempe; **internal** — : défaut interne.

flax : lin.

flex point : point d'inflexion.

flexibility : souplesse d'emploi.

flexible : (*subst.*) flexible, tuyau souple; (*adj.*) souple, flexible; de fonctionnement sûr; — **band brake** : frein à ruban; — **coupling** : raccord flexible; accouplement élastique; — **drive** : commande élastique; — **gear coupling** : accouplement élastique; — **shaft** : arbre flexible; transmission flexible; — **wire** : fil souple.

flexion : flexion, courbure, fléchissement.

flexural : de flexion, de courbure.

flexure : flexion, courbure; fléchissement; pliage; — **test** : essai de pliage (*métallurgie*).

flicker (to) : clignoter.

flint : silex; — **glass** : flint-glass (*optique*).

float :

— **and sink testing** : essai de séparation par liquide de densité intermédiaire; — **gear** : flotteur; — **material** : flottants (lavage); — **switch** : interrupteur à flotteur; **automatic** — — **starter** : dispositif de démarrage automatique à flotteur; — **tank** : bac à flotteur; — **valve** : soupape à flotteur; **carburettor** — : flotteur de carburateur; —**ability** : flottabilité, aptitude à la flottation; —**ing** : flottant, souple; —**ing capital** : capital flottant; —**ing dock** : dock flottant.

flocculation : floculation.

flood : flux; — **gate** : vanne de décharge; —**light** : projecteur; —**lighting** : éclairage intensif (par projecteurs); — **(to)** : inonder; — **a mine** : noyer une mine; —**ed lubrication** : graissage continu; **to be —ed with oil** : baigner dans l'huile; —**ing** : noyage (*d'une mine*).

floor : plancher, plateforme; palier; étage; mur d'une couche (*mines*); tablier (*d'un pont*); — **plate** : plaque de plancher, plaque de base; — **space** : superficie couverte (*par une installation, une usine*); encombrement en surface (*d'une machine*); — **tile** : carreau de parquet; **mosaic** — — : carreau de parquet en mosaïque; —**beam** : poutre de plancher; **boarded** — : plancher; —**ing** : plancher; plateforme; tablier (*d'un pont*).

flotation : flottation, flottage; — **machine** : appareil de flottation; — **plant** : installation de flottation; — **of wash-ore tailings** : flottation des résidus de lavage des minerais; **bulk** — *or* **collective** — : flottation intégrale, flottation collective; **differential** *or* **selective** — : flottation sélective, flottation différentielle; **froth** — : flottation par la mousse.

flow : flux, débit, écoulement; — **-meter** : mesureur de débit; **air** — — : anémomètre; — **regulation** : réglage du débit; — **-tide** : marée montante; **air** — : courant d'air (*aérage des mines*); **disturbed** — : écoulement troublé; **downward** — : débit descendant; **uniform** — : écoulement uniforme; **upward** — : débit ascendant; —**ing** : écoulement; — **(to)** : couler, s'écouler; — **out** : s'écouler.

fluctuations (voltage —) : variations de voltage.

flue : carneau (*de four*); conduit de fumée, tube de fumée; — **cleaning machine** : machine à nettoyer les conduits de fumées; — **damper** : registre de tirage, clapet de tirage; — **dust** : cendres de carneaux, cendres folles; — **gases** : gaz brûlés, gaz de cheminée; —**-shop** : chaudronnerie.

fluent, fluid : fluide (*adj*,).

fluid : (*subst.*) fluide; — **coupling** : embrayage hydraulique, accouplement à fluide; — **flow** : écoulement des fluides; **heavy — separation** : séparation par liquides denses; —**ify (to)** : fluidifier; —**ity** : fluidité; —**ization** : fluidisation; —**ize (to)** : fluidiser; —**ized reduction process** : procédé de réduction par fluidisation.

flume : bâche (*de turbine*).

fluor : fluor; —**-spar** : spath-fluor; —**ate** : fluorate; —**escein** : fluorescine; —**escence** : fluorescence; —**escent screen** : écran fluorescent; —**escent lighting** : éclairage par fluorescence; —**hydric** : fluorhydrique; —**idation** : fluoruration; —**ide** : fluorure; —**ine** : gaz fluor; —**ite** : fluorine; —**oscop** : fluoroscope; —**oscopic inspection (*of metals*)**: examen fluoroscopique (*des métaux*).

flush (to) : niveler; — **with** : niveler à fleur de, au ras de...; — **nut** : écrou noyé; **to trim — rivets** : affleurer des têtes de rivets.

flut (e) : (*subst.*) : cannelure semi-circulaire; **to — e** : canneler, rainurer; —**ing cutter** : fraise à rainurer.

flux : (*subst.*) : flux; fondant (*métallurgie*); — **stone** : castine employée comme fondant; **luminous —** : flux lumineux; **magnetic —** : flux magnétique; —**ing agent** : fondant (*métallurgie*); — **(to)** : additionner de fondant (*métallurgie*).

fly-wheel : volant.

foam : écume, mousse; — **protection** : protection par mousse (*contre les poussières de forage, dans les mines*); —**ed slag** : laitier mousseux (*hauts fourneaux*).

focal : focal; — **distance** : distance focale; — **plane** : plan focal.

focus : foyer (*géométrie, optique*); **real —**: foyer réel; **virtual —** : foyer virtuel; — **(to)** : mettre au point (*une lunette*).

fog : brouillard; — **gun** : canon à brouillard (*contre les poussières dans les mines*); — **light** : phare brouillard (*autom.*); **artificial —** : brouillard artificiel.

foil : feuille (*de métal, de mica,...*); — **electroscope** : électroscope à feuille d'or; **mica —** : feuille de mica; **silver —** : feuille d'argent; **tin —** feuille d'étain.

fold : pli; battant; fois (*arithmétique*); plissement (*géologie*); **four-—** : quadruple, plié en quatre.

folding : (*subst.*) plissement (*géologie*); (*adj.*) repliable, rabattable; — **machine** : machine à plier; — **plate** : plancher rabattant; — **seat** : strapontin (*autom.*); — **of sedimentary beds** : plissement des couches sédimentaires; — **test** : essai de pliage (*métallurgie*).

follower rest : lunette à suivre.

foot (*pl.* : feet) : pied (*mesure*); pied (*sens général*); **feet (*of a motor*)** : pattes (*d'un moteur*); — **board** : marchepied; — **brake** : frein au pied, frein à pédale; —**-bridge** : passerelle; —**-pound** : livre-pied (unité de travail = 0,128 kilogrammètre); travail exécuté par une force égale au poids d'une livre se déplaçant d'un pied; —**-poundal** : unité absolue de travail; travail exécuté par un poundal déplaçant son point d'application d'un pied; —**-power drive** : commande à pédale; — **press** : presse à pédale; — **starter** : pédale de mise en marche; — **step *or* — stool** : tabouret; —

foot : *(continued)*
-valve : clapet de pied; **—age** : avancement (*du travail*) en pieds; **—age per round** : avancement par cycle de travail (*galeries de mines*); **—breadth (*of a rail*)** : largeur de patin (*d'un rail*); **—ing** : empattement (*construction*); **—walk** : passerelle.

forage : fourrage.

forge : force; effort (*mécanique*); **— of adhesion** : force adhérente; **— -pump** : pompe refoulante; **electromotive —** : force électromotrice; **line of —** : ligne de force; **retarding —** : force retardatrice; **composition of —s** : composition des forces; **decrease of —s** : diminution de l'effectif; **increase of —s** : augmentation de l'effectif; **resolution of —s** : décomposition des forces; **— (to)** : forcer; **— bolts out of holes** : faire sauter des boulons; **—d circulation** : circulation forcée; **—d conduit** : conduite forcée; **—d draft, draught** : tirage forcé; **—d -feed lubrication** : graissage central sous pression; **—d -feed lubricator** : appareil de graissage sous pression; **—d lubrication** : graissage central sous pression.

forcing press : presse à forcer (*une pièce dans son logement*); presse à caler et décaler.

forecast (*of production*) : prévisions (*de production*).

forepoling : boisage provisoire, étayage provisoire (*mines*).

forehearth : avant-creuset.

foreign matter : matière étrangère, impureté.

foreman : contremaître; porion (*mines*); **rolling-mill —** : chef lamineur.

forge : forge; **— blower** : ventilateur de forge; **— coal** : charbon de forge; **— shop** : forge; **portable —** : forge portative; **—ability** : forgeabilité, aptitude au forgeage; **—able** : forgeable, apte au forgeage; **—r** : forgeron; **— (to)** : forger; **—d at a cherry red** : forgé au rouge-cerise; **—d at a lemon heat** : forgé au jaune; **—d at a light lemon heat** : forgé au jaune clair; **—d out of the solid** : forgé dans la masse; venu de forge; **—d steel** : acier forgé; **drop —d** : forgé en matrice; **hammer —d** : forgé au marteau.

forging : forgeage, pièce de forge; **— billet** : bilette pour forge; **— die** : étampe; **heavy — —** : grosse matrice; **— lingot** : lingot pour forge; **— press** : presse à forger; **hammer —** : forgeage au marteau.

fork : fourche.

form : forme, formule; **— cutter** : fraise de forme; **— removal** : démoulage (*du béton...*); **— turning** : profilage; **printed —** : formule imprimée; **—ed cutter** : fraise de forme; **— wheel grinding** : rectification à la meule de forme.

formation : formation; **— of coal** : formation du charbon; **— temperature** : température de formation; **coke —** : formation du coke.

formic : formique; **— acid** : acide formique; **— aldehyde** : aldéhyde formique.

forming : façonnage; profilage; **— die** : matrice de forme; **— property** : aptitude à la déformation, au façonnage; **— tool** : outil de finissage; **hot —** : façonnage à chaud.

formula (*pl.* : formulae) : formule.

forsterit : forstérite.

forward (to) : expédier; **— speed** : vitesse avant; **—ing** : expédition; **—ing agent** : agent expéditeur.

fossil : fossile (*subst. ou adj.*); **— floor** : farine fossile (*pour charger le caoutchouc*); **— meal** : kieselguhr; **—iferous** : fossilifère; **—ization** : fossilisation.

fother (to) a leak : aveugler une voie d'eau.

fouling : encrassage, accumulation de dépôts.

found (to) : fonder; **—ation** : fondation; fondement, base, socle (*d'une machine*); **—er** : fondateur; fondeur; **—er's share** : part de fondateur.

foundry : fonderie; **— -cupola** : cubilot de fonderie; **—-foreman** : chef fondeur; **—-pattern** : modèle de fonderie; **— pig-iron** : fonte de moulage; **—man** : fondeur.

four-cycle engine : moteur à quatre temps.

four-pole... : ...tétrapolaire.

four-wheel front truck : boggie avant (*chemins de fer*).

foyer : creuset (*d'un four de fusion*).

fraction : fraction (*mathématiques*); **irrational —** : fraction irrationnelle; **rational —** : fraction rationnelle; **—al distillation** : distillation fractionnée; **—al horsepower motor** : moteur de moins d'un cheval; **—ating tower** : tour de fractionnement, tour de distillation fractionnée; **—ation** : fractionnement, distillation fractionnée; **—ation of gasoline** : fractionnement du pétrole.

fracture : cassure; **— characteristics** : caractéristiques de rupture.

frame : cadre, châssis, bâti (*d'une machine*); monture; **— work** : charpente; bâti; carcasse (*de voiture, de fuselage d'avion*); **cycle —** : cadre de bicyclette; **gallery —** : cadre de boisage (*galeries de mines*); **locomotive —** : châssis de locomotive; **main —** : bâti (*d'une machine*); **side —** : longeron (*de wagon, de locomotive*); **wood —** : châssis (*ou cadre*) en bois; **—d structure** : charpente.

framing (*of a door*) : encadrement (*d'une porte*); **— for concrete** : coffrage pour béton; **— timber** : bois de charpente.

free : libre; franco; gratuit; **— -cutting** : décolletage; **— — steel** : acier de décolletage; **— exhaust** : échappement libre; **— fall** : chute libre; **— gold** : or libre, or natif; **— market** : marché libre; **— on board** : franco à bord; **— overside** : franco hors navire; **— port** : port franc; **— speed** : vitesse à vide; **in the — state** : à l'état libre (*chimie*); **— swinging** : oscillant librement; **— trade** : libre-échange; **— trial offer** : offre d'essai gratuit; **— -wheel** : roue libre.

freeze (to) : geler, se congeler.

freezing : congélation; **— mixture** : mélange réfrigérant; **— point** : point de congélation; **— — of water** : température de la glace fondante; **shaft sinking — process** : procédé de fonçage par congélation (*mines*).

freight : fret, prix de transport; chargement, charge (*d'un wagon*); **— (to) (a ship)** : affréter (ou : fréter) (*un navire*); **— car** : wagon de marchandises; **— charges** : coût de fret; **— -free** : franc de fret; **maritime — rates** : taux des frets maritimes; **— shipment** : expédition par mer; **through- —** : fret de transit; **—er** : 1- cargo, 2- expéditeur par mer, affréteur; **—ing** : transport (*de marchandises*); **railroad —ing** : transport par chemin de fer.

frequency : fréquence; **— changer** : changeur de fréquence; **— converter:** transformateur de fréquence; **— indicator** : indicateur de fréquence; **— recorder** : enregistreur de fréquence; **— transformer** : transformateur de fréquence; **electrical —** : fréquence électrique; **high —** : haute fréquence.

fresh water supply : alimentation en eau potable.

fret (to) : ronger, user par frottement; **—ting corrosion** : corrosion par frottement.

friability : friabilité; **— of coal** : friabilité du charbon; **— curve** : courbe de friabilité.

friable : friable.

friction : frottement; — **clutch** : embrayage à friction; — **disc** : roue de friction; — **drive** : commande à friction; — **gear** : engrenage à friction; — **ring** : anneau de friction; — **surface** : surface de frottement; **coefficient of** — : coefficient de frottement; **rolling** — : frottement de roulement; **sliding** — : frottement de glissement; **—al force** : force de frottement; **—al losses** : pertes par frottement; **—al resistance** : résistance de frottement; **—al resistance of a car per ton** : coefficient de frottement d'un wagon; **— al spark** : étincelle de frottement; **—less** : sans frottement.

frieze : frise (*architecture*).

fringe : frange (*optique*).

frit : fritte (*fabrication du verre*); **enamel** — : composition pour émail.

frog : cœur (*de croisement de voies*); — **point** : pointe de cœur (*croisements de voies ferrées*); **double** — : croisement double.

front : front; de devant; **—age** : façade (*d'une maison*); — **axle** : essieu avant; **—-mounted** : monté à l'avant; — **section** : paroi avant; — **view** : vue de face; — **wheel** : roue avant; — — **drive** : traction avant (*véhicules*); **—on** : fronton *architecture*).

frost-proof : incongelable.

frosted glass : verre dépoli.

froth flotation : flottation par la mousse.

frustrum : tronc (*de cône, de pyramide*); **conical** — : tronc de cône

fuel : combustible; carburant; — **briquets or briquettes** : briquettes, agglomérés (*de charbon*); — **gas** : gaz de chauffage; — **injection** : injection de combustible (*dans les moteurs Diesel*); — **oil** : huile lourde; — **Research Board** : Bureau de Recherche des Combustibles; **bunker** — : fuel pour navires; **colloidal** — : combustible colloïdal; **crude** — : huile brute; **distillate** — : huile raffinée; **motor** — : carburant; **pulverized** — combustible pulvérisé; **liquid —s** : combustibles liquides; **low grade —s** : combustibles (ou carburants) de faible valeur; **solid** — : combustibles solides.

fulcrum : point d'appui (*d'un levier*); support (*boisage*); — **point** : point fixe, point d'appui (*d'un levier*).

full : plein; — **hard temper** : trempe dure; — **hardening** : trempe à cœur; — **load** : pleine charge; — **power** : pleine puissance; puissance entière (*d'une machine*); — **revolving** : à rotation complète; — **speed** : pleine vitesse; **to bring up to** — — : amener à la pleine vitesse; **even** — : chargé à ras bord, plein à ras bord.

fullers' earth : terre à foulons.

fulminant : fulminant (*subst.* et *adj.*).

fulminat(e) (to) : fulminer; **—e of mercury** : fulminate de mercure; **—ing** : fulminant (*adj.*).

fume : vapeur, fumée; — **exhauster** : aspirateur de fumée; **—s after shot-firing** : fumées du tir (*mines*); **acid —s** : vapeurs acides; **alkali —s** : vapeurs alcalines; **exhaust —s** : fumées d'échappement.

fuming sulfuric acid : acide sulfurique fumant, oléum.

function : (*subst.*) fonction (*mathématiques*); fonction (*emploi*); **to perform a** — : remplir une fonction; **homogeneous** — : fonction homogène; — **(to)** : fonctionner; faire fonctionner; actionner; — **the clutch** : actionner l'embrayage, embrayer.

fundamental principles : principes fondamentaux.

fundamental unit : unité fondamentale.

funicular railway : funiculaire.

funnel : cheminée (*de machine à vapeur*), cheminée (*d'aérage*); entonnoir; **ventilation** — : cheminée d'aérage.

fur (to) a boiler : détartrer une chaudière.

furnace : four; foyer; — **bottom** : sole de four; — **chamber** : laboratoire de four; — **flux** : fondant de four; — **for drawing** : four à réchauffer; — **for hardening** : four à tremper; — **for pulverized fuel** : four à charbon pulvérisé; — **top** : gueulard de haut fourneau; — — **bell** : cloche de fermeture du gueulard; **acid open-hearth** — : four Martin acide; **air** — : four à réverbère; — **drawing** — : four à soufflerie sous pression; **annealing** — : four à recuire; **basic open hearth** — : four Martin basique; **batch** — : four à chargement par paquets; **car-bottom** — *or* **car-type** —: four du type à chariot; **case-hardening** — : four à cémenter; **chamber** — : four à compartiments; **continuous** — — : four continu; **coreless induction** — : four à induction sans noyau; **crucible** — : four à creusets; **drum type** — : four rotatif, four trommel; **electric** — : four électrique; — **arc** — : four à arc; **gas burning** — : four au gaz; **hand-fired** — : foyer alimenté à la main; **heat-treating** — *or* **heat-treatment** — : four à traitement thermique; **heating** — : four à réchauffer; **hood type** — : four à cloche; **induced-draught** — : foyer à tirage par aspiration; **induction** — : four à induction; **industrial** — : four industriel; **melting** — : four de fusion; **metallurgical** — : four métallurgique; **moving hearth** — : four à sole mobile; **muffle type** — : four à moufle; **oilburning** — : four à huile; **open-flame** — : four à flamme; **open-hearth** — : four Martin; **pusher-type continuous** — : four continu du type à pousseur; **refining** — : four à affiner; **reverberatory** — : four à réverbère; **roasting** — : four de grillage; **rotary** — : four tournant; **rotary-tube** — : four à tube tournant; **salt-bath** — : four à bain de sel; **shaft** — : four à cuve; **slag-tap** — : four à décrassage automatique; **smelting** — : four de fusion; **soaking pit** — : four pit; **tilting Talbot** — : four Talbot basculant; **tilting type** — : four basculant; **tunnel type** — : four-tunnel; **welding** — : four à souder.

fusain : fusain (*un des éléments pétrographiques du charbon*).

fuse : (*subst.*) fusible (*électricité*); mèche; (*tir des mines*); — **block** : bloc fusible, cartouche fusible; — **box** : boîte de fusible; — **clip** : lame fusible; **detonating** — : cordeau détonant; **to ignite the** — : allumer la mèche (*tir des mines*); **to light the** — : allumer la mèche; **safety** — : mèche de sûreté pour le tir; fusible électrique; **strip** — : fusible en lame.

fusibility — fusibilité.

fusible : fusible (*adj.*); — **cut-out** : coupe-circuit à fusible; — **plug circuit breaker** : coupe-circuit à bouchon fusible.

fusing-point : point de fusion.

fusion : fusion; — **of two nuclei** : fusion de deux noyaux atomiques; — **burner** : brûleur à décaper; — **heat** : chaleur de fusion; — **point** : point de fusion; — **temperature** : température de fusion; — **welding** : soudure par fusion, soudure autogène.

G

gable : pignon (*construction*).
gad : coin de mineur (*en fer*).
gage : jauge, calibre (*subst.*); — **(to)** : mesurer, jauger (voir **to gauge**).
galalith : galalithe.
galena : galène; — **detector** : détecteur à galène.
gallery : galerie (*de mine*); — **widening-out** : élargissement de galerie (*mines*); **water —** : galerie des eaux (*remblayage hydraulique*).
gallium : gallium.
gallon : gallon (*mesure de capacité*; imperial gallon = 4,54 l).
galvanic : galvanique.
galvanization : galvanisation.
galvaniz(e) (to) : galvaniser; **—ed iron** : fer galvanisé; **—ed pipe** : tuyau galvanisé; **—ed sheet** : tôle galvanisée; **hot —ed coating** : revêtement galvanisant fait à chaud; **—ing bath** : bain de galvanisation; **—ing plant** : atelier de galvanisation; **hot-dip —ing** : galvanisation par immersion à chaud.
galvanometer : galvanomètre; **mirror —** : galvanomètre à miroir; **moving coil —** : galvanomètre à cadre mobile; **moving iron —** : galvanomètre à fer tournant; **torsion —** : galvanomètre à torsion.
galvanoplasty : galvanoplastie.
gambodge : gomme-gutte.
gang : gangue (*de minerai*); équipe; poste; série; — **of cutters** : série de fraises; **—ue** : gangue (*de minerai*); **—way** : voie de circulation (*mines*); voie principale; **rock —way** : galerie au rocher (*mines*).
ganister : mélange de quartz pilé et d'argile réfractaire (*pour le revêtement des convertisseurs Bessemer*).
gantry crane : grue-portique.
gap : intervalle (brèche); — **bed design** : disposition à banc rompu (*tours*); — **grinding machine** : machine à rectifier à banc rompu; — **type bed** : banc rompu; **electrode —** : écartement des électrodes; **joint —** : jeu d'un joint; **safety-spark —** : parafoudre.
garage (to) a car : garer une voiture (*au garage*).
garbage : rebus, refus; — **removal** : enlèvement des ordures.
garnet : grenat.
garret : mansarde, pièce sous les combles.
gas : gaz; — **bubble** : soufflure gazeuse; — **burning furnace** : four à gaz; — **carburizing** : cémentation gazeuse; — **chamber** : chambre à gaz (*d'un four*); — **-cleaning** : épuration du gaz; — — **plant** : installation d'épuration du gaz; — **coal** : charbon à gaz; — **coke** : coke d'usine à gaz; — **cutting** : découpage au gaz; — **detecting device** : détecteur de gaz; — **engine** : moteur à gaz; — — **oil** : huile pour moteur à gaz; — **-filled** : rempli de gaz; — **-fired** : chauffé au gaz; — **flue** : carneau à gaz; — **furnace** : four à gaz; — **generator** : gazogène; — **holder** : gazo-

gas : (*continued*) mètre; — **jet** : bec de gaz; — **lighting** : éclairage au gaz; — **line** : conduite de gaz; — **main** : conduite de gaz (*principale*); — **mantle** : manchon à incandescence; — **meter** : compteur à gaz; — **mixture** : mélange gazeux; — **outburst** : dégagement instantané de gaz (*mines*); — **producer** : gazogène; **revolving grate — —, *or* rotary — —** : gazogène à grille tournante; — **screw** : pas du gaz; — **scrubbing** : épuration des gaz par voie humide (*hauts fourneaux*); — **tight** : étanche au gaz; — **turbine** : turbine à gaz; **asphyxiating** — : gaz asphyxiant; **blast furnace** — : gaz de haut fourneau; **cleaned** — : gaz épuré; **coke oven** — : gaz de cokerie; **combustion** — : gaz de combustion; **exhaust** — : gaz d'échappement; **generator** — : gaz de gazogène; **gicht** — : gaz de gueulard; **illuminating** — : gaz d'éclairage; **laughing** — : gaz hilarant; **lean** — : gaz pauvre; **liquefied** — : gaz liquéfié; **marsh** — : gaz des marais; **mixed** — : gaz mixte; **natural** — : gaz naturel; **noxious —es** : gaz nocifs; **perfect** — : gaz parfait; **producer** — : gaz de gazogène; **rare —es** : gaz rares; **reducing** — : gaz réducteur; **rich** — *or* **strong** — : gaz riche; **stack** — : gaz des fumées; **town** — : gaz de ville; **uncleaned** — : gaz non épuré; **water** — : gaz à l'eau.

gaseous : gaezux; — **condition** *or* — **state** : état gazeux; — **mine** : mine grisouteuse.

gasfilled lamp : lampe à atmosphère gazeuse.

gasfilter : filtre à gaz.

gasification : gazéification; **underground** — : gazéification souterraine, exploitation par gazéification (*houillères*).

gasify (to) : gazéifier.

gasket : garniture (*d'étanchéité*); rondelle de joint; **coupling** — : rondelle de joint; **rubber** — : joint de caoutchouc; —**ed joint** : joint garni d'une rondelle d'étanchéité.

gaslighter (automatic) : allumeur à gaz (automatique).

gasoline : essence (*Etats-Unis*); — **can** : bidon d'essence; — **consumption** : consommation d'essence; — **engine**: moteur à essence; — **filter** : filtre à essence; — **gauge** : indicateur (*de niveau*) d'essence; — **pump** : pompe à essence; **roadside** — — : station d'essence sur route; — **station** : station d'essence; — **tank** : réservoir d'essence; **aviation** — : essence d'avion; **premium grade** — : supercarburant.

gasometer : gazomètre.

gassing : formation de gaz.

gassy : gazeux; — **mine** : mine grisouteuse.

gasworks : usine à gaz; — **coke** : coke d'usine à gaz.

gate : barrière; trappe; vanne; voie de mine; — **conveyor** : chargeuse de pied de taille (*mines*); —**-end loader** : chargeuse de bas de taille; — **shears** : cisaille à guillotine; — **valve** : robinet-vanne, vanne à obturateur; **solid wedge** — — : vanne à obturateur conique; — **way** : porte cochère; **back** — : voie de retour (*mines*); **cylinder** — : vanne à tiroir cylindrique; **discharge** — : trappe de déversement, trappe de décharge; **mother** — : maîtresse voie, voie principale (*mines*); **shear** — : vanne à guillotine; **sluice** — : vanne d'écluse; **wicket** — : trappe (*de porte*) coulissante.

gather (to) : recueillir; —**ing arms** : bras de ramassage (*de la chargeuse Joy*); —**ing head** : tête de ramassage.

gauge : jauge, calibre, indicateur, écartement (*de voie*), calibre (*instrument*); — **clock** : robinet indicateur de niveau d'eau; — **glass** : tube en

gauge : *(continued)* verre pour niveau d'eau; — **of track** : écartement de voie; — **tester (pressure)** : manomètre étalon; **American Wire** — : jauge américaine pour les fils (A. W. G.); **Brown and Sharpe's** — : jauge américaine pour les fils (A. B. S.); **Birmingham Wire** — : jauge Birmingham pour les fils (B. W. G.); **Birmingham** — : jauge Birmingham (B. G.); **Carcasse** — : jauge Carcasse pour les fils; **Paris** — : jauge de Paris pour les fils; **depth** — : calibre de profondeur; **glass water** — : tube de niveau d'eau; **limit** — : gabarit; **machinists'** — : calibre de mécanicien; **made to accurate** — : fait au gabarit exact; **narrow** — : voie étroite; **screw pitch** — : calibre de filetage; **standard** — : calibre normal; **steam** — : manomètre de pression de vapeur; **thickness** — : calibre d'épaisseur; **true to** — : calibré ; **water** — : tube de niveau d'eau; — **(to)** : jauger, calibrer.

gauss : gauss.

gauze (wire —) : toile métallique.

gear : appareil, appareillage, mécanisme; engrenage; — **arrangement** : mécanisme; — **blank** : ébauche d'engrenage; — **box** *or* — **case** : boîte à mouvements; — **cutter** : fraise pour engrenages; — **cutting** : taille des engrenages; — — **machine** : machine à tailler les engrenages; — **drive** : commande par engrenages; — **head machine** : machine à commande par engrenages; — **hobbing machine** : machine à tailler les engrenages par fraise génératrice; — **guard** : protecteur d'engrenages; — **pump** : pompe à engrenages; — **ratio** : rapport de démultiplication des engrenages; — **roughing machine** : machine à ébaucher les engrenages; —**-type pump** : pompe à engrenages; — **wheel** : roue dentée; **bevel** — : engrenage conique, engrenage d'angle; **cut mitre** — : engrenage d'angle d'équerre; **double helical** — : engrenage à chevrons; **double reduction** — : engrenage à double réduction; **float** — : flotteur; **herringbone** — : engrenage à chevrons; **hypoid** — : engrenage hypoïde; **master** — : engrenage de commande; **mitre** — : engrenage d'angle d'équerre; **running** — : mouvements; **solid** — : roue dentée pleine; **split** — : engrenage en deux pièces; **spur** — : engrenage droit; **transmission** — : mécanisme de transmission; **transporting** — : appareil de transport.

geared rim : couronne dentée.

gearing : mécanisme; engrenage; — **oil** : huile à mouvements; **bevel** — : engrenage d'angle; **spur** — : engrenage par pignons droits; **worm** — : engrenage par vis sans fin.

Geiger counter : compteur Geiger.

Geissler tube : tube de Geissler.

gel (silica —) : gel de silice.

gelatine : gélatine; — **dynamite** : dynamite gélatine.

gem : gemme; —**-stone** : gemme.

general : général, à usage général; — **expenses** : frais généraux; — **labourer** : manœuvre ordinaire; — **purpose machine** : machine d'usage général; — **underground labourer** : manœuvre du fond (*mines*).

generat(e) (to) : engendrer (*sens général*) (*mathématiques*); — **a solid** : engendrer un solide (*géométrie*); —**ing set** : groupe générateur; groupe électrogène; —**ing station** : station génératrice, centrale.

generation : production; — **of power** : production de l'énergie.

generator : générateur; chaudière; génératrice (*électricité*); dynamo; gazogène; — **set** : groupe générateur; **alternating current** — : alternateur; **electric** — : générateur élec-

generator : *(continued)* trique; **gas —** : gazogène; **gear —** : machine à tailler les engrenages; **hydrogen —** : générateur d'hydrogène; **permanent magnet —** : magnéto.
geochemical exploration : exploration (ou prospection) géochimique.
geodesic instrument : instrument de géodésie.
geodesy : géodésie.
geoid : géoïde.
geological : géologique; **— map** : carte géologique; **— mapping** : confection de la carte géologique.
geologist : géologue.
geology : géologie.
geomagnetic field : champ magnétique terrestre.
geometer : géomètre.
geometrical : géométrique; **— drawing** : dessin géométrique; **— mean** : moyenne géométrique; **— progression** : progression géométrique.
geometry : géométrie; **analytic —** : géométrie analytique; **plane —** : géométrie plane; **solid —** : géométrie dans l'espace.
geophysical : géophysique (*adj.*); **— surveying** : recherche géophysique, prospection géophysique.
geophysics : géophysique (*subst.*).
geothermal : géothermal.
german silver : maillechort.
germanium : germanium.
get (to) : obtenir; **— coal** : abattre le charbon; **— (*men and supplies*) down the shaft** : descendre (*hommes et matériel*) au fond (*mines*); **— up** : faire remonter (*du fond*) : **— up voltage** : mettre sous tension; **coal-—ing** : abatage du charbon (*mines*).
geyser : geyser.
ghost : veines sombres de ségrégation (*dans les lingots*); **— lines** : bandes de ségrégation.
gib : lardon; cale; clavette; **— ring** : bague de calage; **adjustable —** : clavette de réglage; **taper —** : cale à rattrapage de jeu.
gibbet : flèche (*de grue*).
gilbert : gilbert.
gild (to) : dorer.
gill : lamelle; ailette.
gimbals : suspension à la Cardan.
gimlet : vrille.
gin : sonnette, treuil transportable.
girder : poutrelle en I, fer à I, poutrelle métallique, poutre métallique; **— rolling mill** : laminoir à poutrelles; **box —** : poutre en caisson; **bridge —** : poutre de pont; **latticed —** : poutre (*métallique*) en treillis; **longitudinal —** : longeron; **main —** : poutre maîtresse; **truss —** : poutre à croisillons.
girth : tour (*circonférence*).
glacial period : période glaciaire (*géologie*).
gland : presse-garniture.
glass : verre; **— blower** : souffleur de verre; **— cutter** : diamant de vitrier; **— fibre** : fibre de verre; **— furnace** : four de verrerie; **— jar** : bocal de verre; **— manufacture** : verrerie; **— paper** : papier de verre; **— plant** : verrerie; **— sand** : sable de verrerie; **— textile** : textile (ou tissu) de verre; **— thread** : fil de verre; **— tube** : tube de verre; **— water gauge** : tube de niveau d'eau; **— wool** : laine de verre; **cut —** : cristal taillé; **miners lamp —** : verre de lampe de mineur; **optical —** : verre d'optique; **silvered —** : verre argenté; **spun —** : verre filé; **wired —** : verre armé; **—like silica slag** : laitier siliceux vitreux; **—y -smooth** : poli comme le verre.
glaz(e) : verni, brillant, lustre; **—ed** : verni, poli; **—ier** : vitrier.
globe : globe; globe de lampe; **— valve**: soupape d'arrêt à boulet.
glory holes method : exploitation par entonnoirs souterrains (*mines*).

gloves : gants; **protective —** : gants de protection.
glued : serré, attaché fortement.
gneiss : gneiss; **—ic basement** : soubassement gneissique; **porphyroid —** : gneiss prophyroïde.
go (to) : aller; **— below** : descendre au fond (*de la mine*); **— down** (*into the mine*) : descendre (*dans la mine*); **— over** : vérifier (*un compte, une machine*).
goaf : vieux travaux (*mines*); **— stowage** : remblayage (*mines*); **— stower** : machine à remblayer; **— stowing** : remblayage.
gob : remblai; vieux travaux; **— fire** : feu dans les vieux travaux (*mines*); **— heating** : échauffement dans les vieux travaux; **— stower** : remblayeuse mécanique; **—bing machine** : remblayeuse mécanique.
goggles : lunettes de travail; **safety —** : lunettes de sécurité.
gold : or; **— -bearing quartz** : quartz aurifère; **— bearing region** : région aurifère; **— dust** : poudre d'or; **— fields** : gisements aurifères; **— leaf electroscope** : électroscope à feuilles d'or; **— ore** : minerai d'or; **— placer** : placer; **— -plated** : plaqué or; **— quartz** : quartz aurifère; **— seeker** : chercheur d'or; **— standard** : étalon or; **alluvial —** : or alluvionnaire; **free —** : or libre, or natif.
gondola car : wagon tombereau.
gong (mechanical warning —) : gong avertisseur mécanique.
goniometer : goniomètre.
goods : marchandises; articles (*commerce*).
goose neck.. : ... à col de cygne; **— — extension** : rallonge à col de cygne.
gouge : gouge.
govern (to) : diriger, conduire; **—ment controlled monopoly** : monopole sous contrôle de l'État.
governor : régulateur; **— -controlled** : commandé par régulateur; **air —** : régulateur pneumatique; **ball type throttling —** : régulateur à boules; **centrifugal —** : régulateur centrifuge; **fly-wheel —** : régulateur-volant; **throttling —** : régulateur à étranglement de l'admission.
grab : benne preneuse, grappin; **— bucket** : godet de préhension, benne preneuse; **— crane** : grue à benne preneuse; **— dredge** : drague à benne preneuse; **— on pontoon** : benne preneuse sur ponton.
gradation : gradation.
grade : degré (*de valeur*); teneur; rampe; pente; **average —** : pente moyenne; **down- —** : pente descendante; **drop in —** : baisse de teneur; **easy —** : pente douce; **high- —** : à forte teneur, à haute teneur; **low —** : à faible teneur; **maximum —** : pente maximum; **minimum —** : pente minimum; **steep —** : pente forte; **up- —** : pente montante; **— (to)** : classer (*par valeur*); niveler.
grader : appareil de classement; crible classeur (*mines*); niveleuse.
gradient : rampe, degré d'inclinaison, pente; plan incliné; gradient (*math.*).
grading : classement (*des charbons, des minerais*); **— plant** : installation de triage; **— screen** : crible classeur.
graduate (to) : graduer; **— engineer** : ingénieur diplômé; **— from engineering colleges** : diplômé des écoles d'ingénieurs; **—d dial** : cercle gradué; **—d scale** : échelle graduée; **—d screw** : vis graduée, vis micrométrique.
graduation : graduation.
grain : grain (*de l'acier, du bois, de la pierre*); **— of sand** : grain de sable; **— size** : dimension de grain; **close —ed** : à grain serré; **coarse —ed** : à gros grain; **fine —ed** : à grain fin; **—s -boundary phenomena** : phénomènes aux joints des grains.

gram or gramme : gramme; — **-atom** : atome-gramme; — **-molecule** : molécule gramme.
granite : granit; — **quarry** : carrière de granit.
granular or granulous : granulaire; — **plant** : installation granulaire.
granulate (to) : granuler; **—d slag** : laitier granulé.
granulation : granulation; **coarse** — : granulation grossière; **fine** — : granulation fine; **furnace-slag** — : granulation de laitier de haut fourneau.
granulator : granulateur.
graph : graphique (*subst.*).
graphic or graphical : graphique (*adj.*); — **recorder or — recording instrument** : enregistreur graphique; **—al method** : méthode graphique.
graphite : graphite; — **crucible** : creuset en graphite; — **electrode** : électrode en graphite; — **grease** : graisse graphitée; **colloidal** — : graphite colloïdal; **—d lubricants** : lubrifiants graphités.
graphitization : graphitisation.
graphitize (to) : graphiter.
grappl(e) (to) : prendre au grappin; **—er** : griffe; grappin (bennes à grappin); **—ing bucket** : benne à grappin, godet preneur.
grate : grille (*sens général*); — **area** : surface de grille (*chaudières*); — **bar** : barreau de grille; — **surface** : surface de grille (*chaudières*); **chain** — : grille à chaîne; **fire** — : grille de foyer de chaudière; **in the open** — : sur grille ouverte; **inclined** — : grille inclinée; **plane** — : grille plane; **step** — : grille à gradins; **travelling** — : grille mécanique.
grating : grillage.
grave (to) : graver; **—r point** : pointe à graver.
gravel : gravier; **coarse** — : gros gravier.
gravimetric sampling : échantillonnage gravimétrique.
gravitation : gravitation.
gravity : pesanteur, gravité; — **actuated** : actionné par gravité; — **conveyor** : descenseur; — **feed** : alimentation par gravité; — **haulage** : traînage par gravité; — **methods** : méthodes gravimétriques; — **milling** : broyage par gravité; — **oiling system** : système de graissage par gravité; — **separation** : séparation (*triage*) par gravité; — **spiral conveyor** : descenseur hélicoïdal; **attraction of** — : attraction de la pesanteur; **centre of** — : centre de gravité; **specific** — : poids spécifique.
grease : graisse (*lubrifiant*); — **cup** : graisseur à godet; **screw feed** — — : graisseur Stauffer; **—r** : graisseur (*ouvrier*); **animal** — : graisse animale; **axle** — : graisse d'essieux; **ball bearing** — : graisse pour paliers à billes; **cup** — : graisse pour godets graisseurs, graisse pour Stauffer; **graphite** — : graisse graphitée; **lubricating** — : graisse (lubrifiant); **mine car** — : graisse à berlines; **Stauffer** — : graisse pour Stauffer; **transmission** — : graisse pour transmissions, graisse consistante.
green sand : sable vert; **castings in** — — : moulages en sable vert.
Greenawalt sintering apparatus : appareil Greenawalt pour frittage du minerai.
grey iron : fonte grise; — **cast** — : fonte grise, fonte de moulage.
greywacke : grauwacke (*grès silurien*).
grid : grille; tamis (*mines*); grille de résistance (*électricité*).
grievance : réclamation (*du personnel*, par exemple); **to adjust a** — : régler, arranger une réclamation; **to file a** — : enregistrer une réclamation; **to settle a** — régler une réclamation; **—man** : membre du comité des réclamations.
grill work : grillage.

grind (to) : moudre, pulvériser; meuler, affûter; rectifier à la meule; — **true** : rectifier; — **valves** : roder des soupapes; —**ability** : aptitude au broyage, à la pulvérisation.

grinder : machine à meuler; meule à rectifier; noix (*de broyeur*); meuleur (*métier*); **air** — : meuleuse à air comprimé; **die** — : meule à rectifier les matrices; **internal** — : meule à rectifier les intérieurs; **tool** — : machine à affûter, à meuler; meule d'affûtage.

grinding : affûtage, meulage, rectification; — **burn** : *(in steel)* brûlure de meulage (*dans l'acier*); — **cone** : noix (*de broyeur*); — **machine** : machine à affûter, à meuler, à rectifier; **internal** — — : machine à rectifier les intérieurs; **planer type** — — : machine à rectifier les surfaces planes; **tool** — — : machine à affûter les outils; — **powder** : poudre abrasive; — **ring** : anneau de concassage; — **wheel** : roue de meule.

grindstone : pierre meulière.

grip : adhérence, serrage; **death** — : serrage à mort; **firm** — : serrage énergique; **a firm —ping** : un bon serrage; — **(to)** *ou* **—e (to)** : saisir; serrer, étreindre; — **tightly** : maintenir solidement; **—ing force** : force de serrage (*d'une pince, de tenailles*); **—ing tongs** (*pl.*) : tenaille (*à saisir les tôles*).

grit : grains à arêtes vives; poussière d'émeri venant de la meule; — **catcher** : collecteur de poussières (*de meule*); — **-stone** : grès dur.

grizzly : crible à barreaux, crible à grille; **—man** : casseur de blocs sur grille.

groove : rainure; cannelure (*laminoirs*); encoche, fente; — **(to)** : rainurer, rainer; faire une saignée; **—d** : rainuré, à gorge, à ornière; **—d flange** : bride à rainure; **—d rail** : rail à ornière; **—d roll** : cylindre cannelé (*laminoirs*).

grooving : cannelures, gorges (*sur un tambour de machine d'extraction*); — **attachment** : dispositif à rainurer.

gross receipts (*pl.*) : recette brute.

gross weight : poids brut.

ground basic slag : farine Thomas.

ground : sol; — **connexion** : prise de terre; — **detector** : indicateur de terre (*électricité*); — **floor** : rez-de-chaussée; — **glass** : verre dépoli à l'émeri; — **leak** : fuite à la terre, perte tellurique; — **level** : niveau du sol; — **movements** : mouvements de terrain (*mines*); — **rent** : rente foncière; — **water** : eaux souterraines; — **wire** : fil de terre; **above** — : au jour (*mines*); **under** — : au fond (*mines*); — **(to)** : mettre à la terre (*électricité*).

grout : coulis, mortier pour jointoiement; — **(to) (with cement)** : colmater (*avec du ciment*).

Grover washer : rondelle Grover.

grow *or* **growth** : gonflement, croissance (*de la fonte*).

grub (to) : creuser, déterrer, extraire.

guaiacol : gaïacol.

guarantee : garantie; — **fund** : fonds de garantie, fonds de réserve; — **(to)** : garantir.

guard : dispositif de protection; — **bar** : barre de protection; — **rail** : contre-rail; **belt** — : protecteur de courroie; **dust** — : protecteur de poussière; **gear** — : carter d'engrenage; **wheel** — : protecteur de meule; **—ing flanges** (*of a cable drum*) : joues (*d'un tambour d'enroulement*).

guess-work : réglage (*d'une machine*), tâtonnements dans ce réglage.

guide : guide (*sens général*); — **-bars** : glissières (*machine à vapeur*); — **blade** : aube directrice, aube de la couronne des turbines; — **-pulley** : poulie-guide; **—-rail** : contre-rail (*de guidage*); **—-roller** : galet de

guide : *(continued)* guidage, rouleau guide; **—-rope** : guiderope (*de ballon*); **— sheave** : poulie guide; **—s** : guidage, guides (*d'un puits de mine*); **wire —s** : guidage par câbles (*puits de mine*); **— (to)** : guider.

guild : corporation.

guillotine shears (*pl.*) : cisaille à guillotine.

gully hole : bouche d'égoût.

gum : gomme; **— arabic** : gomme arabique; **— boot** : chaussure en caoutchouc; **— dynamite** : dynamite gomme; **— lac** : gomme-laque; **— resin** : gomme-résine; **— wader** : botte en caoutchouc.

gun : canon; **—-cotton** : coton-poudre; **cement —** : guniteuse (*mines*).

gunite : gunite; **— coating** : revêtement de gunite, gunitage; **— (to)** : guniter.

guniting : gunitage.

gush : jet violent et subit (*de liquide*); **—er or —ing well** : puits de pétrole jaillissant.

gusset : gousset (*charpente métallique*); **— plate** : gousset; **— -plated joints** : joints munis de goussets (*charpente métallique*).

gutta-percha : gutta-percha.

gutter : rigole; gouttière.

guy : hauban; **— clamp** : attache de hauban; **— rope** : hauban; **— (to)** : haubanner.

gypsum : gypse.

gyrating : giratoire.

gyration : giration; **radius of —** : rayon de giration.

gyratory : giratoire; **— crusher** : concasseur giratoire.

gyrocompass or gyroscopic compass : compas gyroscope.

H

hade : inclinaison d'une couche sur la verticale (*mines*).
haft : poignée.
hair crack : fissure capillaire, crique capillaire (*métallurgie*).
half-cylindrical trough : couloir semi-cylindrique (*mines*).
half-hard : demi-dur.
half-load : demi-charge.
half-round : demi-rond.
halogen : halogène (*chimie*).
hammer : marteau; **— crusher** : broyeur à marteau; **— drill** : marteau-perforateur; **— forged** : forgé au marteau, forgé sur enclume; **— forging** : forgeage au marteau; **air —** : marteau pneumatique; **ball-peen —** : marteau à panne sphérique; **board drop —** : marteau-pilon à chute libre; **calking —** : marteau à mater; **chipping —** : marteau à buriner; **guided ram —** : marteau à coulisseau; **nail —** : marteau arrache-clous; **prospecting —** : marteau de prospecteur; **riveting —** : marteau rivoir; **scaling —** : marteau détartreur; **steam —** : marteau-pilon à vapeur; **—man** : frappeur (*forge*); **—smith** : forgeron; **— (to)** : marteler, battre au marteau; **—ed steel** : acier forgé au pilon; **— -even** : aplatir au marteau; **—ing** : martelage.
hand : main; travailleur; **— auger work** : perforation au tourniquet, perforation au fleuret à main (*mines*); **— barrow** : civière; **— book** : manuel; **— crank** : manivelle à main; **— feed** : avance à la main; **— generator** : magnéto à main; **— got** : abattu à la main (*mines*); **— hole** : trou de poing, tampon de visite; **— lamp** : lampe portative; **— lever** : levier à main; **— mucking** : chargement à main (*mines*); **— operated** : commandé à la main; **— pick** : pic à main (*mines*); **— picking** : piquage à la main, triage à la main (*mines*); **— powered** : actionné à la main; **— press** : presse à main; **— rail** : main courante; **— screw** : cric à manivelle; **— shoveling** : pelletage à la main; **— starting crank** : manivelle de mise en marche; **— steel** : tourniquet (*pour forage à main*); **— tramming** : roulage à bras (*mines*); **— winch** : treuil à main; **by —** : à la main, manuellement; **factory —** : ouvrier d'usine; **riveted by —** : rivé à la main.
handicraft : métier manuel; **—sman** : artisan.
handle : poignée, manette; **cycle-— bar** : guidon de bicyclette; **controlling —** : manette de commande; **holding —** : manette; **— (to)** : manier, manutentionner.
handling : manipulation.
handy : maniable.
hang (to) : pendre, suspendre; **— heavy** : peser (*en parlant du toit dans les mines*); **— up (the phone)** : raccrocher (*le téléphone*); **—ing** : accrochage (*hauts fourneaux*), toit, plafond (*mines*); **—ing stage** : pont-volant; **to hold up —ing** : soutenir le toit (*mines*).

hangar : hangar.
hanger : suspension; tige de suspension (*d'un ressort à lame*); chaîne de suspension.
harbour : port; — **basin** : bassin portuaire; — **channel** : chenal du port; — **dues** : droits de port; — **pilot** : pilote de port; **to clear the —** : quitter le port.
hard : dur; — **coal** : charbon dur; — **fibre** : fibre dure; — **rubber** : ébonite; **moulded — —** : ébonite moulée; **—-soldering** : brasure; — **steel** : acier dur; **half- — —** : acier mi-dur; **quarter-— —** : acier demi-doux; — **to work** : dur à manier; — **water** : eau dure.
harden (to), *v. a.* : durcir, tremper (*l'acier*); ***v. n.*** : durcir, prendre la trempe, prendre (*ciment*); **—ability** : aptitude à la trempe; — **able steel** : acier trempant; **air- —ed** : trempé à l'air; **oil-—ed** : trempé à l'huile.
hardening : trempe; **rapid- — cement** : ciment à prise rapide; **slow- — —** : ciment à prise lente; **air —** : trempe à l'air; **case-—** : cémentation; **full —** : trempe à cœur; **oil —** : trempe à l'huile; **salt-bath case-—** : trempe au bain de sel; **skin — or surface —** : trempe superficielle; **temper —** : durcissement par revenu; **torch —** : trempe au chalumeau.
hardness : dureté; — **penetration** : profondeur de trempe; **Brinell — tester** : appareil pour essai de dureté Brinell; **Rockwell — —** : appareil pour essai de dureté Rockwell.
hardware : quincaillerie; — **dealer** : quincailler.
hardwood : bois dur.
harmonic : harmonique (*subst.* ou *adj.*); — **progression** : progression harmonique; — **tones** : harmoniques (*acoustique*); **—al** : harmonique (*adj.*); — **mean** : moyenne harmonique.
harp : support de chariot.
hatch : panneau; écoutille; vanne d'écluse; **—et** : hachette; **—ing** : hachure (*dessin*); — **(to)** : hachurer.
haul : traction; — **(to)** : tirer, haler; — **taut** : raidir (*un cordage*).
haulage : traction, halage, roulage (*mines*); — **level** : niveau de roulage (*mines*); — **plane** : plan incliné de roulage (*mines*); — **road** : voie de roulage (*mines*); — **rope** : câble de traînage, câble de halage; **animal —** : traction animale; **chain —** : traction par chaîne; **endless-rope —** : traction par câble sans fin; **horse —** : traction hippomobile; **locomotive —** : traction par locomotives; **main and tail —** : traînage par câble, tête et câble queue; **mechanical —** : traction mécanique; **non stop face —** : déblocage continu à front (*mines*); **slope —** : extraction par fendue (*mines*); **steam —** : traction à vapeur; **track —** : traction sur rails.
hauler : rouleur (*mines*).
hauling : action de haler, de tirer; — **capacity** : effort au crochet, force de traction; — **engine** : machine d'extraction (*mines*); — **way** : voie de roulage (*mines*).
haulway : voie de roulage, voie de desserte.
hawser : haussière.
hazard : danger, risque; **—ous situations** : emplacements dangereux (*mines*).
head : tête; avant; chef; hauteur d'élévation (*pompes*); hauteur de refoulement (*pompes*); hauteur de chute (*hydraulique*); chariot, porte-outil (*machines-outils*); (***of a hammer***) : tête (*d'un marteau*); — **and nut sunk into timber** : tête et écrou noyés dans le bois; — **block** : cale de boisage (*mines*); poupée fixe (*tours*); — **clerk** : chef de bureau; — **-frame** : chevalement (*de mine*); — **lampman** : chef lampiste; **—light** : phare (*d'auto, de locomotive*); **fog — —** : phare brouillard; **regulation — —** :

head : *(continued)*
phare code; **cone — machine** : machine à commande par cônes; **gear — machine** : machine à commande par engrenages; **—man** : chef (*d'un groupe, d'équipe*); **—-pulley** : poulie de tête; **—room** : hauteur de voûte, hauteur de plafond (*mines*); **— — requirement** : hauteur nécessaire; **— sheave** : molette (*puits de mine*); **—stone** : pierre angulaire; **— water-power plant** : usine hydroélectrique à grande hauteur de chute; **—way** : galerie principale (*mines*); **—-workman** : premier ouvrier; **—breadth of a rail** : largeur de boudin d'un rail; **available —** : hauteur de chute disponible (*turbines hydrauliques*); **discharge —** : hauteur de refoulement (*pompes*); **manometric —** : hauteur manométrique; **sink —** : hausse, rehausse; **suction —** : hauteur d'aspiration (*pompes*); **tool-carrying —** : chariot porte-outil (*machines-outils*); **—er** : machine à faire les têtes; **—ing** : galerie d'avancement (*mines*); produit de tête (*chimie*); **to — screw blanks** : faire les tête de vis.

headstock : poupée (*de tour*); **movable —** : poupée mobile.

heap : tas; **—ed** : en tas, amoncelé; **—ed up** : entassé, amoncelé; **waste —** : terril.

heart cam : came en cœur.

hearth : foyer (*d'un four*); sole (*d'un four métallurgique*); creuset (*d'un haut fourneau*); **— capacity** : capacité de sole; **moving-— furnace** : four à sole mobile; **open-— —** : four Martin; **— jacket** : cerclage de l'ouvrage (*hauts fourneaux*); **— room** : laboratoire (d'un four); **—-stone** : foyer; pierre ponce; **— type furnace** : four à sole.

heat : chaleur; bain (*de fusion*), coulée; « chaude »; **— accumulator** : accumulateur de chaleur; **— balance** : bilan thermique; **— capacity** : capacité calorifique; **— conduction** : conductibilité thermique; **— consumption** : consommation de chaleur; **— crack** : crique due à la chaleur; **— engine** : machine thermique; **— exchanger** : échangeur de température; **— of absorption** : chaleur d'absorption; **— of hydratation** : chaleur d'hydratation; **— insulation** : isolation thermique; **— losses** : pertes thermiques; **— resisting** : résistant à la chaleur; **— transmission** : transmission de chaleur; **—-treated** : traité thermiquement; **—-treatment** : traitement thermique; **— — (or — treating) furnace** : four à traitement thermique; **— unit** : unité de chaleur; calorie; **blood-red —** : chaude rouge sombre; **bright red —** : chaude rouge vif; **capacity per —** : capacité par coulée; **cherry red —** : chaude rouge cerise; **combustion —** : chaleur de combustion; **conversion —** : chaleur de transformation; **dark red —** : chaude rouge sombre; **dissociation —** : chaleur de dissociation; **formation —** : chaleur de formation; **fusion —** : chaleur de fusion; **latent —** : chaleur latente; **to recover the waste —** : récupérer les chaleurs perdues; **sensible —** : chaleur sensible; **specific —** : chaleur spécifique; **vaporization —** : chaleur de vaporisation; **waste —** : chaleurs perdues; **to — up a boiler** : chauffer une chaudière (*avant de la mettre en service*); mettre une chaudière en pression; **—ed bearing** : coussinet échauffé; **gas —ed** : chauffé au gaz.

heater : réchauffeur (*chaudières; calorifère, radiateur*); **air —** : réchauffeur d'air; **feed-water —** : réchauffeur d'eau d'alimentation (*chaudières*); **immersion- —** : élément de chauffage par immersion; **steam —** : radiateur à vapeur; **water —** : chauffe-eau.

heating : chauffage, chauffe; échauffement, feu (*mines*); — **apparatus** : calorifère; — **boiler** : chaudière de chauffage; — **chamber** : chambre de chauffe; — **element** : élément de chauffe; — **forge** : forge à réchauffer; — **furnace** : four à réchauffer (*les lingots*); — **surface** : surface de chauffe (*chaudières*); **cherry red** — : chauffe au rouge-cerise; **dark red** — : chauffe au rouge sombre; **domestic** — : chauffage domestique; **hot water** — : chauffage à l'eau chaude; **permanent** — : chauffage continu; **spontaneous** — : échauffement spontané (*du charbon en tas*); **waste gas** — : chauffage par les gaz perdus.

heavily pitching seam : couche en dressant (*mines*).

heav(e) (to) : soulever, se soulever; haler (*l'ancre*); —**ing action** : puissance de déplacement, puissance de projection (*d'un explosif*).

heavy : lourd; dur (*travail*); —**-duty machine** : machine de grande puissance pour gros travaux; — **hydrogen** : hydrogène lourd, ou deutérium; — **industries** : industrie lourde; — **medium washer** : lavoir à liquide dense; — **oil** : huile lourde; — — **engine** : moteur à huile lourde; — **water** : eau lourde.

hectowatt : hectowatt; —**-hour** : hectowatt-heure.

height : hauteur; — **above sea** : altitude au-dessus du niveau de la mer; — **from ground** : hauteur au-dessus du sol; — **of centers** : hauteur de pointes (*tours*); — **of fall** : hauteur de chute; — **of suction** : hauteur d'aspiration (*d'une pompe*).

helical, or helicoid or helicoidal : hélicoïdal, hélicoïde; — **cutter** : fraise hélicoïdale; — **drive** : commande hélicoïdale.

helicopter : hélicoptère.

helix : hélice.

helmet : casque de protection (*des mineurs*).

helper : aide, auxiliaire; —**-apprentice** : apprenti d'aide-ouvrier qualifié.

helve : manche (*subst.*); **to** — **(*a tool*)** : emmancher (*un outil*).

hematite : hématite (oxyde de fer); — **pig iron** : fonte hématite; **specular** — : hématite spéculaire.

hemisphere : hémisphère.

hemispheric *or* —al : hémisphérique.

hemp : chanvre; — **packing** : étoupe de chanvre, bourrage; — **rope** : cordage en chanvre.

herringbone ... : ... en arêtes de poisson; — **gear** : engrenage à chevrons; **single reduction** — **gearing** : réducteur à chevrons à simple réduction; **double reduction** — **gearing** : réducteur à chevrons à double réduction; — **shaped** : en forme de chevrons.

heterogene : hétérogène; —**ity** : hétérogénéité; —**ous** : hétérogène.

hewer : piqueur (*houillères*); abatteur (*mines*).

hexagon : hexagone; —**al** : hexagonal.

high : haut; — **-acid** : fortement acide; — **alloy steel** : acier fortement allié; — **Authority of E. C. S. C.** : Haute Autorité de la C. E. C. A.; —**-carbon steel** : acier à haute teneur en carbone; —**-chromium steel** : acier à haute teneur en chrome; —**-class** : de haute classe, de valeur, soigné (*travail*); — **frequency induction furnace** : four à induction haute fréquence; —**-grade instrument** : instrument de haute précision; —**-grade steel** : acier de qualité; — **level alarm system** : système d'alarme par niveau haut; —**-lustre finish** : fini glacé; —**-manganese steel** : acier à haute teneur en manganèse; — **pressure** : haute pression; —**-purity iron** : fer très pur; —**-speed...** : ultra rapide, à grande vitesse; — — **cutter** : fraise à coupe rapide; — — **steel** : acier à coupe rapide; —**-temperature**

high : *(continued)*
strength : résistance (*mécanique*) aux températures élevées; — **tension** : haute tension; —**-vacuum** : vide élevé, vide fin; — — **pump** : pompe à vide fin; — **way** : route principale, grande route; —**ly-inclined seam** : couche en dressant (*mines*).
hinge : fond; charnière; —**-bolt** : axe de charnière; —**-spin** : pivot; — **(to)** : articuler; —**d** : à charnières.
hip : arrêtier (*construction*).
hire (to) : embaucher.
hiring : embauchage.
hitch (to) : attacher, amarrer; **ground** — : poulie de renvoi amarrée au sol.
hob : fraise de forme; fraise génératrice; — **spindle** : arbre porte-fraise; — **swivel** : pivot porte-fraise; **gear** — : fraise génératrice pour tailler les engrenages; **worm wheel** — : fraise génératrice pour tailler les pignons de vis sans fin; **gear —bing machine** : machine à tailler les engrenages par fraise génératrice.
hodograph : hodographe (*ou* odographe).
hodometer : hodomètre (*ou* odomètre).
hogshead : barrique de 245 litres.
hoist : appareil de levage, élévateur, monte-charge; palan; — **frame** : chevalement d'extraction (*mines*); — **man** : machiniste d'extraction; — **room** : bâtiment de la machine d'extraction (*mines*); **capacity of** — : capacité de levage, puissance de levage; **chain** — : palan; **column** — : treuil à colonne; **differential** — : palan différentiel; **furnace** — : monte-charge de haut fourneau; **screw** — : palan à vis sans fin; **shaft** — : treuil de puits de mine, machine d'extraction; **to** — : lever (des charges); — **ore** : remonter le minerai, extraire le minerai.
hoisting : levage, extraction (*mines*); — **department** : service de l'extraction (*mines*); — **device** : engin de levage; — **duty** : charge d'extraction; — **engine** : machine de levage; machine d'extraction (*mines*); **electric** — — : machine d'extraction électrique, **steam** — — : machine d'extraction à vapeur; — **engineer** : machiniste d'extraction; — **machine** : machine de levage, élévateur; machine d'extraction; — **rope** : câble d'extraction, câble de levage; — **shaft** : puits d'extraction; — **speed** : vitesse de levage, vitesse d'extraction; — **wheel** : roue élévatrice; — **winch** : treuil de levage; treuil d'extraction; **cage** — : extraction par cages; **shaft** — : extraction par puits; **skip** — : extraction par skips.
hold (to) : tenir, contenir; — **in suspension** : tenir en suspension; —**ing capacity** : contenance, capacité; —**ing device** : porte-pièce; —**ing-down bolt** : boulon de retenue; —**ing fixture** : dispositif de fixation; —**ing furnace** : four à réchauffer (*à maintenir la température*); —**ing handle** : poignée; —**ing power** : force portante (*d'un électro-aimant*); —**ing time** : temps de séjour.
hold-down : cale (*d'un navire*).
holder : poignée; —**-on** : contre-bouterolle; **tool-**— : porte-outil; **universal** — : mandrin universel;
holdfast : patte de serrage.
hole : (*subst.*) : trou, trou de mine, forage, sondage; **blind** — : trou borgne; **to bore a** — : forer un coup de mine; **bottom** — : coup de fond (*tir des mines*); **diameter of** — : alésage; **elongated** — : trou ovalisé; **exploratory** — : sondage de recherche; **to fire**, *or* **to shoot a** — : tirer un coup de mine; **to load a** — : charger un coup de mine; **peep** — : regard; **starting** — : trou de première mèche (*forage des coups de mine*); **to stem a** — : bourrer un coup de mine; **top** — : coup de couronne

hole : *(continued)* (*tir des mines*); **to —** : creuser, haver, sous-caver (*mines*).

holiday : vacances; **— colonies** : colonies de vacances; **public —** : jour férié.

holing : perforation; **machine —** : perforation mécanique.

hollow : creux; **— brick** : brique creuse; **— punch** : emporte-pièce; **— shaft** : arbre creux; **— tile** : brique creuse (*de récupérateur*).

holometer : holomètre.

home : foyer; **— price** : prix intérieur; **— produced** : national, produit dans le pays; **— worker** : travailleur à domicile.

homogeneity : homogénéité.

homogeneous : homogène.

homologous : homologue (*adj.*).

homologue : homologue (*chimie, géométrie*).

hone (to) (*a cutting tool*) : aiguiser, affûter, repasser (*un outil tranchant*); **vertical —** : affûteuse verticale.

honey comb : trou de soufflure (*aciers*).

hood : capuchon protecteur, chapeau; hotte; capote (*de véhicule*); **— type furnace** : four à hotte; **to raise the —** : relever la capote (*autom.*).

hook : crochet; **detaching safety —** : crochet de sûreté; **to — on** : accrocher à.

hoop : cercle de tonneau; frette.

hoot (to) : corner, klaxonner; **—er** : corne, trompe, klaxon.

hopper : trémie; wagon-trémie, girafe; **coal —** : trémie à charbon.

horizon mining : exploitation par étages (*mines*).

horizontal : horizontal (*subst.* ou *adj.*); **— split pump** : pompe à joint horizontal; **—ity** : horizontalité; **—ly** : horizontalement.

horn : corne, cor; **car —** : trompe d'auto; **to blow the —** : corner; **—beam** : charme (*bois*); **—blende** : hornblende.

horse : cheval; éboulement obstruant une galerie (*mines*); **—-drawn** : tiré par chevaux; **—-power (H. P.)** : cheval-vapeur; **— — developed on test** : puissance développée aux essais; **— —-hour (HPhr)** : cheval-heure; **brake — —** : puissance au frein; **indicated — —** : puissance indiquée; **nominal — —** : puissance nominale; **rating — —** : puissance fiscale; **shaft — —** : puissance sur l'arbre; **—-shoe magnet** : aimant en fer à cheval.

hose : tuyau souple, flexible; **— wagon** : dévidoir (*de pompe à incendie*); **fire —** : tuyau pour pompe à incendie; **suction —** : tuyau d'aspiration.

hot : chaud; **— band ammeter** : ampèremètre thermique; **— bearing** : palier échauffé; **—-bent** : plié à chaud; **— blast stove** : réchauffeur d'air, appareil à soufflage d'air chaud; **—-dip galvanizing** : galvanisation par immersion à chaud; **— forming** : façonnage à chaud; **— -metal mixer** : mélangeur de fonte liquide; **— pressing** : matriçage à chaud; **— rolling** : laminage à chaud; **— zone linings** : revêtement de la zone des hautes températures (*fours*).

hour of labour : heure de travail.

hourly : horaire, à l'heure; **— capacity** : capacité horaire.

household equipment : équipement ménager.

housing : enveloppe, carter, cage; logement; **— shortage** : pénurie, *ou* crise du logement.

hub : moyeu; gâche (*de verrou*).

hull : coque (*de navire*).

humic acid : acide humique.

humid : humide; **—ify (to)** : humidifier; **—ity** : humidité.

hummer-screen : tamis à vibration magnétique.

humming : bourdonnement (*électricité en particulier*).

humus : humus.

hundredweight : quintal anglais (50,802 kg).
hurdle : clôture, palissade; claie; — **tower** : tour d'égouttage à claies (*lavoirs*).
hurry : précipité, hâtif; — **hours** : heures d'affluence; —**-up repair** : réparation urgente.
hutch : berline (*mines*).
hyaline : hyalin, vitreux.
hydrant : prise d'eau, bouche d'incendie.
hydratation : hydratation; **heat of** — : chaleur d'hydratation (*des ciments*).
hydrate : hydrate; —**d** : hydraté.
hydration : hydratation; **heat of** — : chaleur d'hydratation.
hydraulic : hydraulique (*adj.*); — **accumulator** : accumulateur hydraulique; — **brake** : frein hydraulique; — **cement** : ciment hydraulique; — **check** : frein hydraulique; — **coal-burster** : coin hydraulique (*mines*); — **-cylinder** : servo-moteur hydraulique; — **engineer** : ingénieur hydraulicien; — **fluid** : liquide de frein (*autom.*); — **jack** : vérin hydraulique; — **lift** : ascenseur hydraulique; — **lime** : chaux hydraulique; — **mining** : abatage à la lance; — **packing** : joint hydraulique; — **press** : presse hydraulique; — **ram** : bélier hydraulique; — **stowage** : remblayage hydraulique; — **turbine** : turbine hydraulique; —**ally steered** : à commande hydraulique; —**s** : (*subst.*) hydraulique.
hydride : hydrure.
hydrocarbide : hydrocarbure.
hydrocarbon : hydrocarbure; — **gases** : hydrocarbures gazeux; **aromatic —s**: hydrocarbures aromatiques; **naphtenic —s** : hydrocarbures naphténiques; **olefinic —s** : hydrocarbures oléfiniques; **paraffinic —s** : hydrocarbures paraffiniques.
hydrochloric acid : acide chlorhydrique.
hydrodynamics : hydrodynamique (*subst.*).
hydroelectric : hydroélectrique; — **power plant** : centrale hydroélectrique; — **station** : centrale hydroélectrique.
hydrogen : hydrogène; — **generator** : générateur d'hydrogène; — **peroxide** : eau oxygénée; — **sulphide** *or* **sulphuretted** — : hydrogène sulfuré.
hydrogenation *(of coal)* : hydrogénation (*de la houille*); — **plant** : usine d'hydrogénation.
hydrogenize (to) : hydrogéner.
hydrology : hydrologie; **ground-water** — : hydrologie des eaux souterraines.
hydrolysis : hydrolyse.
hydrometer, or density — : hydromètre.
hydrometry : hydrométrie.
hydrostatic(s) : hydrostatique (*subst.*); — **balance** : balance hydrostatique; — **pressure** : pression hydrostatique.
hydrotator : hydrotateur (*épuration des fines de charbon*).
hydrous : hydraté; — **carbonate** : carbonate hydraté; — **silicate** : silicate hydraté.
hydroxide : hydroxyde.
hygromet(er) : hygromètre; —**ric** : hygrométrique; —**ry** : hygrométrie.
hygroscop(e) : hygroscope; —**ic** : hygroscopique; —**ical** : hygroscopique; —**icity** : hygroscopicité.
hyperbol(a) : hyperbole; **equilateral** — : hyperbole équilatère; —**ic** : hyperbolique; —**ic function** : fonction hyperbolique; —**oid** : hyperboloïde.
hypoid gear : engrenage hypoïde.

I

ice : glace; — **machine oil** : huile pour machine à glace.
identification mark (*manufacturer's*) : marque de référence (*du fabricant*).
identity : identité (*mathématiques*).
idle : oisif, qui ne travaille pas; non moteur; — **drum** : tambour entraîné; — **power** : puissance déwattée; — **roll** : cylindre à vide; — **running** : marche à vide; — — **losses** : pertes à vide; — **stroke** : courant à vide; — **time** : temps perdu; — **tool time** : temps de fonctionnement à vide de l'outil; —**r** : partie non motrice (*poulie guide* ou *intermédiaire*); —**r wheel** : roue non commandée, roue non motrice.
idling losses : pertes par marche à vide.
igneous : igné.
ignescent : ignescent, qui s'enflamme.
ignite (to) : enflammer, allumer; — **the fuse** : allumer la mèche (*tir des explosifs*); — **firedamp** : enflammer le grisou.
ignition : ignition, inflammation, allumage; — **chamber** : chambre de combustion; — **of firedamp** : inflammation du grisou; — **magneto** : magnéto d'allumage; — **spark** : étincelle d'allumage; — **temperature** : température d'inflammation; — **timing** : réglage de l'allumage; **to adjust** — : régler l'allumage; **jump-spark** — : allumage par étincelle de rupture; **late** — : retard à l'allumage.
Ilgner type set : groupe Ilgner.
illuminating gas : gaz d'éclairage.
illumination : éclairage; — **of the coal-face** : éclairage du front de taille (*mines*).
image : image (*optique*); **erect** — : image droite; **inverted** — : image renversée; **real** — : image réelle; **virtual** — : image virtuelle.
imaginary number : nombre imaginaire.
imbed (to) : enfouir; incruster; sceller (Voir **to embed**).
immerse (to) : immerger; —**d in oil** : noyé dans l'huile; —**d pump** : pompe immergée.
immersion : immersion; —**-heater** : élément de chauffage par immersion; — **thermo-couple** : thermocouple à immersion.
immiscible : non miscible.
immune to corrosion : insensible à la corrosion.
impact : choc; — **breaker** : broyeur par chocs; — **hardness test** : essai de dureté au choc; — **strength** : résilience; **notched bar** — — : résilience déterminée sur éprouvette entaillée; **repeated** — **stresses** : sollicitation par les chocs répétés; — **test** : essai de résilience; **to prevent** —**s** : empêcher les chocs
impedance : impédance.
impeller : dispositif moteur, dispositif d'entraînement; aube (*de pompe*); — **blade** : aubage de roue mobile (*pompes*); — **wheel** : roue directrice (*de turbine*).

impervious (*or* impermeable) : imperméable; **— to moisture** : imperméable à l'humidité; **— to water** : imperméable à l'eau; hydrofuge.
impingement : choc, heurt.
impinger : appareil de prélèvement et comptage des poussières (*par choc de l'air contre une paroi*); **midget —** : petit « impinger ».
implant (to) : implanter.
implement : instrument.
import (to) : importer; **—ation** : importation; **—er** : importateur.
impost : taxe; imposte (*architecture*).
impregnate (to) a cartridge with liquid oxygen : tremper une cartouche dans l'oxygène liquide (*tir des mines*).
impregnating *or* impregnation : imprégnation; **— of armature coils** : trempage des induits; **— of timber** : imprégnation du bois.
improve (to) : améliorer, perfectionner.
improvement : amélioration, perfectionnement.
impulse : impulsion; **— turbine** : turbine à action.
impurity : impureté (*corps étranger*).
incalescence : chaleur naissante.
incalescent : qui devient chaud.
incandescence : incandescence.
incandescent gas burner : bec de gaz à incandescence.
incase (to) : mettre sous carter.
incendivity : risque d'inflammation.
incentive... : ... d'encouragement, stimulant; **— bonus** : prime de productivité; **— system** : système d'encouragement au rendement.
inch : pouce (*mesure*).
incidence : incidence; **angle of —** : angle d'incidence.
incident ray : rayon incident.
incipient crack : amorce de crique (*métallurgie*).
inclination : inclinaison.
incline : descenderie, galerie inclinée (*mines*); rampe; puits incliné (*mines*); **— shaft** : puits incliné (*mines*); **—d plane** : plan incliné; **—d seam** : couche inclinée; **—d tube boiler** : chaudière à tubes inclinés.
income : revenu; **— from investments** : revenu des capitaux; **— tax** : impôt sur le revenu.
incorporate(d) : constitué en société; associés.
increase (*of wages*) : augmentation (*des salaires*).
increment (indefinitely small) : accroissement (infiniment petit) (*mathématiques*).
incumbent : titulaire (*d'un poste*).
incur (to) liabilities : contracter des engagements (*commerce*).
incurve (to) : incurver.
indebtness : débit.
indefinite : indéfini (*mathématiques*); infini.
indentation : empreinte, entaille, dentelure, bosselure (défaut); **— hardness** : dureté à la bille, dureté Brinell; **ball — test** : essai à la bille.
indenture : engagement, contrat; contrat d'apprentissage; **— (to)** : obliger par contrat; mettre en apprentissage.
indeterminate : quantité indéterminée (*mathématiques*).
index : indice (*mathématiques, physique*); exposant (*mathématiques*); signe indicateur; aiguille (*de cadran*); caractéristique (*d'un logarithme*); **— -chart** : disque de diviseur; **— -hand** : aiguille indicatrice; **— of a logarithm** : caractéristique d'un logarithme; **— -number** : chiffre indice; **— of a power** : exposant d'une puissance; **— of refraction** : indice de réfraction; **— of a root** : indice d'une racine; **absolute —** : indice absolu; **relative —** : indice relatif.
india rubber : caoutchouc; gomme; **— — canvas** : toile caoutchoutée.
indicated H. P. : puissance indiquée.
indicating : indicateur; **— instrument** : appareil indicateur; **— pointer** :

indicating : *(continued)* aiguille indicatrice; — **pyrometer** : pyromètre indicateur.

indicator : indicateur (*appareil*); — **diagram** : diagramme de l'indicateur; **distant** — : indicateur à distance; **frequency** — : indicateur de fréquence, fréquencemètre; **ground** — : indicateur de terre (*électricité*); **position** — : indicateur de position; **speed** — : indicateur de vitesse; **steam engine** — : indicateur de machine à vapeur; **water-level** — : indicateur de niveau d'eau.

indirect taxes : impôts indirects.

indissolvable : indissoluble.

indium : indium.

individual drive : commande individuelle.

indorse (to) : endosser (Voir : **endorse (to)**).

induce (to) : induire; —**d current** : courant induit.

inductance coil : bobine de self.

induction : induction (*électricité*); — **coil** : bobine d'induction; — **furnace** : four à induction; — **heating** : chauffage par induction; — **melting furnace** : four de fusion à induction; — **motor** : moteur asynchrone; **electromagnetic** — : induction électromagnétique; **electrostatic** — : induction électrostatique; **magnetic** — : induction magnétique; **mutual** — : induction mutuelle; **self-** — : self-induction.

industrial : industriel (*adj.*); — **building**: bâtiment industriel; —**-center** : centre industriel; — **establishment** : établissement industriel; —**ist** : (*subst.*) industriel; —**ized region** : région industrielle.

industry : industrie.

inequality : inégalité (*mathématiques*).

inert : inerte; — **dusts** : poussières inertes, non combustibles (*mines*); — **gas** : gaz inerte.

inertia : inertie; — **forces** : forces d'inertie; **having low** — : de faible inertie.

inexpensive : économique, bon marché.

inexplosive : non explosible, non détonant.

infinite : infini (*subst.* ou *adj.*); —**ness** : infini (*subst.*); —**ly great** : infiniment grand.

inflammable gases : gaz inflammables.

inflate (to) *(a tyre)* : gonfler (*un pneu*).

inflexion point : point d'inflexion.

inflow (water —) : venue d'eau.

influence : influence (*électricité*).

infra-red : infra-rouge.

infusibility : infusibilité.

infusible : infusible.

infusorial earth : terre d'infusoires.

ingot : lingot; — **cast steel** : acier fondu; — **dog** : tenaille à lingots; — **mould** : lingotière; — **tongs** (*pl*) : tenaille à lingots; — **top end** : tête de lingot; **forging** — : lingot pour forge.

inherent ash (*in coal*) : cendres constitutives (*du charbon*).

initial cost : frais d'installation.

inject (to) : injecter; —**ion** : injection; **cement** —**ion** : injection de ciment; —**or** : injecteur.

injured : blessé; endommagé; **transport of the** — : transport des blessés.

injurious defect : détérioration (*du matériel*).

ink : encre; **coloured** — : encre de couleur; **indian** — : encre de Chine; —**ing ribbon** : ruban encreur.

inlet : admission, entrée, canal, passage; — **air** : air aspiré (*compresseurs*); — **port** : orifice d'admission; — **valve** : clapet d'aspiration; soupape d'admission.

inner tube : chambre à air (*véhicules*).

innumerable : innombrable.

inorganic chemistry : chimie minérale.

input : consommation; **electrical** — : consommation de courant; **energy** —: puissance absorbée; consommation d'énergie.

inrush of water : coup d'eau (*mines*).

insaturation : non-saturation.

insert (to) : insérer; **— a spark plug** : mettre une bougie en place; **—ed blade** : lame rapportée; **—ed tooth cutter** : fraise à dents rapportées; **—ion** : insertion.
inside : intérieur (*subst.* et *adj.*); **— diameter** : diamètre intérieur.
insolvable : insoluble.
insolvent : insolvable.
inspection-door : regard.
inspector : inspecteur, surveillant, contrôleur.
install (to) : installer; **—ed capacity (in Kw)** : capacité installée (en kW).
installation : installation.
instalment : acompte; versement partiel; **to pay by —s** : payer à tempérament.
instruction book : livre d'instructions.
instruction by mail : enseignement par correspondance.
instrument : instrument; appareil; **— board** : planche (*d'appareils*) de bord; **— transformer** : transformateur pour appareils de mesure (*électricité*); **automatic —** : appareil automatique; **control —** : appareil de contrôle; **graduated —** : appareil gradué; **indicating —** : appareil indicateur; **measure —** : appareil de mesure; **receiver —** : appareil récepteur; **recording —** : instrument enregistreur; **signaling —** : appareil de signalisation; **testing —** : instrument d'essai.
insulate (to) : isoler (*électricité, chaleur...*); **—d wire** : fil isolé (*électricité*); **paper —d** : isolé au papier (*électricité*); **rubber —d** : isolé au caoutchouc; **silk —d** : isolé à la soie.
insulating : (*subst.*) isolation (*thermique, électrique, ...*); (*adj.*) : isolant; **— mat** : tapis isolant; **— material** : matériel isolant; **— oil** : huile isolante; **— power** : pouvoir isolant; **— product** : matière isolante; **— refractories** : matériaux réfractaires isolants; **— stuff** : matière isolante; **— tape** : ruban de toile isolante.
insulation : isolement, isolation; **— resistance** : résistance d'isolement (*électricité*); **— tester** : vérificateur d'isolement; **— testing set** : essayeur d'isolement; **electric —** : isolation électrique; **heat —** : isolation thermique; **thermal —** : isolation thermique.
insulator : isolant; isolateur (*électricité*); **bell-shaped —** : isolateur en cloche; **egg —** : isolateur à œuf.
insurance : assurance; **— broker** : courtier d'assurances; **— company** : compagnie d'assurances; **mutual — —** : compagnie d'assurances mutuelles, mutuelle; **— policy** : police d'assurance; **— premium** : prime d'assurance; **accident —** : assurance contre les accidents; **all-risk —** : assurance tous risques; **civil-liability —** : assurance responsabilité civile; **fire —** : assurance contre l'incendie; **freight —** : assurance sur le fret; **life —** : assurance sur la vie.
insure (to) : assurer; **—d** : assuré.
intake : admission; entrée; **— air** : air aspiré; **— -gate valve** : vanne d'entrée (*écluses*); **— shaft** : puits d'entrée (*mines*); **air- —** : ouverture d'admission d'air.
integer : nombre entier.
integral : (*subst.*) : intégrale; intégral; **— calculus** : calcul intégral; **— with...** : faisant corps avec ...; **multiple —** : intégrale multiple.
integrat(e) (to) : intégrer; **—ion between limits** : intégration entre des limites; **—or** : intégrateur, totaliseur.
intensity : intensité (*de champ, de courant*); **— of field** : intensité du champ; **luminous —** : intensité lumineuse.
intensive mining : abatage intensif (*mines*); exploitation intensive.
interaction : action réciproque.
intercalation : intercalation (*mines*).
inter-connection : inter-connexion.

intercooler : réfrigérant intermédiaire.
intercooling : réfrigération.
interest : intérêt; **compound —** : intérêt composé; **simple —** : intérêt simple.
interfere (to) : interférer.
interference : interférence.
interferometer : interféromètre.
intergranular susceptibility : susceptibilité à l'attaque intergranulaire.
interior : intérieur (*subst.*).
interlock : verrouillage; dispositif de verrouillage; **safety —** : verrouillage de sécurité; **—ing** : verrouillage; dispositif de verrouillage.
intermediate shaft : arbre intermédiaire.
intermediates : produits intermédiaires.
intermingling : mélange.
internal : interne; **— combustion engine** : moteur à combustion interne; **— defects** : défauts internes; **— grinder** *or* **— grinding machine** : machine à rectifier les intérieurs; **— stress** : tension interne.
interpolat(e) (to) : interpoler; **—ion** : interpolation.
interpreter : interprète.
interrupter : rupteur.
intersect (to) : intersecter (*géométrie*); **—ion** : intersection.
interstitial alloys : alliages en solutions solides interstitielles.
interstitial diffusion : diffusion interstitielle.
interval : intervalle.
intricate shape : forme compliquée.
intrusion : intrusion (*géologie*); **igneous —** : intrusion ignée.
intrusive body : intrusion.
inundate (to) : inonder; **—d mine** : mine noyée.
inundation ***(mine —)*** : noyade (*d'une mine*).
invalid : invalide; **—ity** : invalidité.
invar alloy : alliage invar.
invent (to) : inventer; **—ion** : invention; **—or** : inventeur; **—ory** : inventaire; **make (to) an —ory of ...** : faire l'inventaire de ...; **permanent —ory** : inventaire permanent.
inverse : inverse; **in the — ratio of ...** : en raison inverse de ... (*mathématiques*).
inversion : interversion.
invert (to) : intervertir; **—ed taper work arbor** : mandrin à cône renversé.
invest (to) ***(a sum)*** : investir (*une somme*); **—ment** : investissement; **—ment expenditure** : dépense d'investissements; **—ment of money** : placement d'argent; **initial —** : capital engagé; **original —** : capital engagé.
investigation : recherche scientifique.
invoice : (*subst.*) facture; facturation; **date of —** : date de facturation; **— (to)** : facturer; **—d weight** : poids facturé.
involute : développante (*mathématiques*); **— gear** : engrenage à profil en développante de cercle; **— — tooth cutter** : fraise à tailler les engrenages en développante.
involution : enveloppement; élévation à une puissance (*mathématiques*).
involve (to) : envelopper; élever à une puissance.
inwall : muraillement, revêtement (*d'un puits de mine*).
iodate : iodate.
iodic : iodique.
iodide : iodure; **— of silver** : iodure d'argent.
iodin : iode.
iodize (to) : iodurer.
iodoform : iodoforme.
ion : ion; **—ic** : ionique; **—ization** : ionization; **—ize (to)** : ioniser; **—ometer** : ionomètre; **—osphere** : ionosphère.
iron : fer; fonte; **— angle** : équerre en fer; **— cask** : fût métallique; **— -clad** : à gaine métallique; **— -core** : noyau de fer; **— founder** : fondeur (*de fonte*); **— -master** : maître de forge;

iron : *(continued)*
— **mill** : usine sidérurgique ; — **mine** : mine de fer ; — **mining** : exploitation du minerai de fer ; — **ore** : minerai de fer ; **clay** — — : argile ferrugineuse ; **specular** — — : fer spéculaire ; — **oxide** : oxyde ferrique ; — **refining** : affinage de la fonte ; — **smelting** : fusion de la fonte ; — **and steel industry** : industrie sidérurgique ; — **spar** : fer spathique ; — **sponge** : éponge de fer ; — **-stone** : minerai de fer ; — **sulphate** : sulfate de fer ; — **works** : usine sidérurgique ; **cast** — : fonte de moulage ; **chilled-cast** — : fonte trempée en coquille ; **close-grain** — : fonte à grain serré ; **foundry pig** — : fonte en gueuses, pour fonderie ; **galvanized** — : fer galvanisé ; **grey** — : fonte grise ; **grey cast** — : fonte moulée ; **hard cast** — : fonte dure ; **hematite pig** — : fonte hématite ; **in chilled** — : fonte coulée en coquille ; **in sand** — : fonte coulée au sable ; **malleable** — *or* **malleable cast** — : fonte malléable ; **open hearth pig** — : fonte d'affinage pour four Martin ; **pig** — : fonte en gueuses, fonte de première fusion ; **refined** — : fonte affinée ; **remelted cast** — : fonte de deuxième fusion ; **scrap** — : ferraille ; **specular pig** — : fonte spiegel, fonte spéculaire ; **sponge** — : fer spongieux ; **spotted** — : fonte truitée ; **square** — : fer carré ; **white heart malleable** — : fonte malléable à cœur blanc.

irradiate (to) : irradier.

irreducible : irréductible (*mathématiques*).

isobar : isobare (*subst.*) ; isobare, isobarique (*adj.*).

isochron(ic) : isochronique ; **—ism** : isochronisme ; **—ous** : isochronique.

isoclinal *or* **isoclinic** : isoclinal.

isogonal : isogone.

isogonic lines : lignes isogoniques.

isomeric : isomère (*chimie*).

isomerous : isomère.

isometric crystal : cristal isométrique.

isomorph(ic) : isomorphe (*cristallographie, mathématiques*) ; **—ous** : isomorphe.

isophotic : isophote.

isosceles : isocèle ; — **triangle** : triangle isocèle.

isotherm : isotherme (*subst.*) ; **—al** : isotherme (*adj.*).

isotope : isotope (*subst.*).

isotrop(ic) : isotrope (*adj.*) ; **—ous** : isotrope (*adj*)..

issue : émission ; — **of debentures** : émission d'obligations ; — **of shares** : émission d'actions.

J

jack : cric, coin en bois (*mines*); — **shaft** : arbre intermédiaire, arbre de renvoi; **geared** — : cric à engrenage; **hand** — : cric à main; **hydraulic** — : vérin hydraulique; **lifting** — : cric; **railroad** — : cric relève-rail; **ratchet** — : cric à rochet; **screw** — : vérin à vis.

jacket : enveloppe, chemise; enveloppe calorifuge; **bosh** — : blindage des étalages (*haut fourneau*); **hearth** — : blindage de l'ouvrage (*haut fourneau*); **steel** — : blindage; **—ted** : chemisé, gainé.

jag : entaille, encoche; dent (*de scie*).

jam : coin, bloc; — **riveter** : marteau riveur à butée; **—med thread** : filet de vis abîmé; **—ming of a screw** : bloquage d'une vis (*défaut*); — **(to)** : coincer, bloquer, se coincer.

jamb (door —) : pied-droit (*d'une porte de four métallurgique*).

japanned : laqué, vernis.

jar : vibration; **—-ram moulding machine** : machine à mouler à secousses; **electric —,** *or* **Leyden —** : bouteille de Leyde; **—ring** : trépidations; **to —** : vibrer, secouer, faire vibrer.

jasper : jaspe; **ribbon** — : jaspe zébré.

jaw : mâchoire; — **crusher** : concasseur à mâchoires; — **faces** : mâchoires d'étau; **three — chuck** : mandrin à trois mors; **vise** — : mâchoires d'étau; **—s** : mors (*sing.*).

jerked loose from the connections : arraché des bornes (*câble électrique*).

jet : jet (*de liquide, de gaz, de flamme*); buse, busette; jet (*fonderie*); — **bore hole cleaner** : souffleur pour trou de mire; — **cleaning** : nettoyage au jet; — **condenser** : condenseur à jet; — **fuel** : carburant pour réacteurs; — **of compressed air** : jet d'air comprimé; — **of steam** : jet de vapeur; — **plane** : avion à réaction; — **propulsion** : propulsion par réaction; **auxiliary** — : gicleur auxiliaire; **equalizing** — : gicleur compensateur; **main** — : gicleur principal; **slow running** — : gicleur de ralenti.

jewelled movements : mouvements sur rubis.

jib : bras, flèche (*d'une grue, d'une pelle à vapeur*); — **crane** : grue pivotante; **—-head sheave** : partie de tête de flèche; **angle** — : bras coudé, flèche brisée; **bracket — crane** : grue pivotante à console; **column — crane** : grue pivotante à colonne; **lattice** — : flèche en charpente.

jig : lavoir à secousses (*mines*); **—-type washer** : lavoir à secousses; **—ger** : crible à secousses à mouvement vertical et fonctionnant dans l'eau; **—ger conveyor** : convoyeur à secousses; couloir oscillant (*mines*); **—ging** : lavage sur cribles à secousses; **—ging machine** : crible laveur à secousses; **—ging screen** : crible à secousses.

job : travail (*particulièrement travail à la tâche*); — **evaluation** : évaluation du travail à fournir; **—bing foundry** : petite fonderie; **—bing plate** *or* —

job : (*continued*)
bing sheet : tôle moyenne; **— -work** : travail à la tâche; **by the —** : à la pièce; **on the —** : au chantier.

joggle : embrèvement (*charpente*); assemblage à pénétration prismatique.

joiner : menuisier; **—y** : menuiserie (*travail*); **—'s shop** : atelier de menuiserie.

joint : joint, charnière, articulation, raccord, éclisse; **— owner** : co-propriétaire; **— plate** : plaque de jonction; **—-stock** : capital, actions; **— -stock company** : société anonyme; **angle bar —** : éclisse cornière; **ball —** : joint à rotule; **bolted —** : raccord boulonné; **bump —** : joint à emboîtement; **covering —** : joint de recouvrement; **expansion —** : joint de dilatation; **flat —** : éclisse plate; **to flush a —** : niveler un joint; **gasketed —** : joint garni d'une rondelle d'étanchéité; **lap —** : joint à emboîtement; **lead — pipes** : tuyaux à joints de plomb; **leather —** : joint en cuir; **oil —** : joint à huile; **pipe —** : joint de tuyauterie; **universal —** : joint de cardan.

jointer : varlope.

jointing : assemblage; **— of steel arches** : assemblage de cintres métalliques.

joist : solive; poutrelle.

jolt (to) : secouer, faire vibrer (*voir* : **to jar**).

joule : joule; **— effect** : effet Joule; **—'s law** : loi de Joule.

journal : tourillon; fusée (*d'essieu*); journal (*comptabilité*); **— bearing** : coussinet; **— box** : boîte à huile (*de palier*); **— neck** : fusée d'essieu; **axle —** : fusée d'essieu; **—ize (to)** : journaliser (*comptabilité*).

journeyman : ouvrier qualifié; **— carpenter** : charpentier qualifié; **— machinist** : machiniste qualifié; **— mechanic** : mécanicien qualifié; **—'s helper** : aide d'ouvrier qualifié.

jumbo : jumbo (*châssis mobile supportant des marteaux perforateurs, dans les mines*).

jump : saut; **—-spark** : étincelle de rupture; **—— ignition** : allumage par étincelle de rupture; **—er** : barre à mine de carrière.

junction : jonction; **— box** : boîte de jonction (*électricité*); **— line** : ligne de jonction (*chemins de fer*); **— station** : gare de bifurcation.

Jura limestone : calcaire jurassique.

jurassic : jurassique; **lower —** : jurassique inférieur.

jute : jute.

K

kaolin : kaolin.
kaleidoscope : kaléidoscope.
keen : affilé.
keep (to) taut : maintenir tendu (*un cordage*).
keg : tonnelet.
Kelvin effect : effet Kelvin; — **scale** : échelle Kelvin.
kerf : trait de scie (voir **sawkerf**).
kerosene : pétrole lampant; kérosène.
kettle : chaudron; **heating** — : chaudron (*à goudron*); **melting** — : poche à fonderie.
ketone : cétone.
key : clé; clavette; cale; touche (*de machine à écrire*); — **-bolt** : boulon à clavette; — **chuck** : mandrin à clavette; — **groove** : rainure de clavette; —**-operated chuck** : mandrin à clavette; —**-seat** : rainure de clavette; —-— **cutter** : fraise à tailler les rainures de clavette; —**-slot** : rainure de clavette; —**-stone** : clé de voûte; — **-way** : rainure de clavette; **drum —ed to the shaft** : tambour claveté sur l'arbre; **spring** — : clavette fendue à ressort; — **(to)** : fixer à ..., claveter à ...
keyseat (to) a shaft : faire la rainure de clavette d'un arbre.
kibble : cuffat.
kickback : dispositif de rappel automatique; aiguillage automatique.
kicking coil : bobine de choc (*électricité*).
kidney ore : minerai en rognons.
kidney of limonite : rognon de limonite.
kieselguhr : kieselguhr.
killed steel : acier calmé.
kiln : four (*à sécher, à calciner*); **brick** — : briqueterie; **charcoal** — : four à charbon de bois; **lime** — : four à chaux; **rotary** — : four rotatif à sécher.
kiln-dry (to) : sécher au four.
kilocurie : kilocurie.
kilo electron volt : kiloélectron volt.
kilogram *or* **kilogramme** : kilogramme; —**metre** : kilogrammètre.
kilometer (kilometre) : kilomètre.
kilo-volt-ampere : kilovolt-ampère.
kilowatt : kilowatt; —**-hour (KWH)** : kilowatt-heure.
kind of drive : mode d'attaque.
kinetic energy : énergie cinétique.
king pin : pivot central; pivot de train de roues avant; **king** — : pivot principal; — **bolt** : cheville ouvrière; — **post** : support principal, poinçon (*de ferme*).
kink resistance *(of a wirerope)* : résistance à la contorsion (*d'un câble métallique*).
kit : nécessaire, boîte à outils; **tool** — : boîte à outils, trousse à outils.
kite : traite en l'air (*banque*).
knead (to) : pétrir.
knee : coude (*de tuyauterie*); équerre, pièce de jonction coudée.
knife : couteau, lame; — **edge** : couteau de balance; tranchant, fil du couteau; — **switch** : interrupteur à couteau; **circular** — : lame circulaire (*de scie*); **shear** — : lame de cisaille.

knob : petit morceau; morceau (*de charbon*); bouton (*de porte*).
knock (to) : cogner (*moteurs*); **— (to) down** : démonter (*une machine*); **— rating** : indice d'octane; **automatic — off** : débrayage automatique.
knot : nœud (*subst.*); **— (to)** : nouer.
know-how : compétence.
knuckle : articulation, charnière; **draw bar —** : mâchoire de barre d'attelage.
knurl : molette; nœud (*dans le bois*); **—ed screw** : vis moletée; **—ing tool** : molette (*outil*).
Koepe pulley : poulie Koepe
Koepe winding plant : installation d'extraction à poulie Koepe.
krypton : crypton.

L

label : étiquette (*subst.*); — **(to)** : étiqueter; —**ling** : étiquetage (*des wagons*).

laboratory : laboratoire, laboratoire de four métallurgique; — **assistant** : assistant de laboratoire; — **equipment** : appareillage de laboratoire; — **man** : ouvrier au laboratoire; — **study** : étude de laboratoire; — **test** : expérience de laboratoire, essai au laboratoire.

labour : travail (*subst.*); — **accident** : accident du travail; — **bureau** : office du travail; — **charges** : frais de main-d'œuvre; — **contractor** : entrepreneur de travaux publics; — **disputes** : conflits du travail; — **Exchange** : Bourse du travail; — **force** : main-d'œuvre, effectifs; —**-saving tool** : outil économisant du travail; —**er** : travailleur, ouvrier non spécialisé; **common —er** *or* **unskilled —er** : manœuvre, ouvrier non spécialisé; — **(to)** : travailler; — **under trying conditions** : travailler dans des conditions pénibles.

lac : laque.

lacquer : gomme (*sur les cylindres*); laque (*subst.*); — **deposit** : dépôt de gomme (*sur les pistons*); — **(to)** : laquer.

lactose : lactose.

ladder : échelle; — **rung** : échelon; **fire** — : échelle à incendie.

lade (to) : charger; effectuer le chargement de ...

lading : chargement; **bill of** — : connaissement.

ladle : poche de coulée (*métallurgie*); — **car** : chariot porte-poche; — **scull** : loup de poche (*métallurgie*); **casting** — : poche de coulée.

lag : latte; retard; décalage (*subst.*); — **bolt** : tirefond; — **of brushes** : décalage des balais; — **screw** : tirefond; —**ging** : garnissage (*boisage dans les mines*); revêtement (*calorifuge*); — **(to)** : garnir de lattes, revêtir.

lamella : lamelle; —**r** : lamellaire; —**ted** : lamellaire.

lamina : plaque mince; écaille; couche mince de terrain (*géologie*); —**r flow** : écoulement laminaire; —**tion** : feuilletage, schistage; —**te (to)** : découper, fendre en plaques minces; laminer en plaques minces.

lamp : lampe; — **black** : noir de fumée; — **bulb** : ampoule (*de lampe électrique*); — **glass** : verre de lampe; — **room** : lampisterie; — **shade** : abat-jour; — **socket** : douille de lampe; **alkaline safety** — : lampe de sûreté alcaline; **approved safety** — : lampe de sûreté agréée (*par le contrôle des mines*); **arc** — : lampe à arc; **carbon filament** — : lampe à filament de carbone; **tungsten filament** — : lampe à filament de tungstène; **electric** — : lampe électrique; **frosted bulb** — : lampe à ampoule dépolie; **gas testing** — : lampe de contrôle (*du grisou*); **gas-filled** — : lampe à atmosphère gazeuse; **glow** — : lampe à incandescence; **hurricane** — : lampe

lamp : (*continued*)
tempête; **incandescent —** : lampe à incandescence; **lead acid —** : lampe (*de mine*) à accumulateur au plomb; **mercury vapour —** : lampe à vapeur de mercure; **miners' —** : lampe de mineur; **—'s cap miner** : lampe de chapeau (*mines*); **miner's electric —** : lampe électrique de mineur; **miner's flame safety —** : lampe à flamme de sûreté; **—'s hand** : lampe à main (*mines*); **natrium vapour —** : lampe à vapeur de sodium; **oil-burning —** : lampe à pétrole; **pilot —** : lampe pilote; **pneumatic electric —** : lampe électropneumatique (*mines*); **relighter safety —** : lampe de sûreté à rallumeur (*mines*); **signalling —** : lampe de signalisation; **tail —** : lampe de queue de train, lampe arrière; **test —** : lampe témoin.

lampist, —an : lampiste.

land : terre (*subst.*); **— chain** : chaîne d'arpenteur; **— surveying** : arpentage; **— surveyor** : arpenteur; **— tax** : impôt foncier; **—er** : rigole de coulée, receveur, moulineur (*mines*); **—ing** : palier (*d'escalier, de puits de mine...*); **—ing of the cage** : arrivée de la cage aux recettes (*mines*); **—ing gear** : train d'atterrissage; **—ing ground** : terrain d'atterrissage; **—ing stage** : débarcadère, embarcadère (*flottant*); **— (to)** : atterrir; **— at top (*of a shaft*)** : arriver à la recette supérieure (*d'un puits de mine*); **— at bottom (*of a shaft*)** : arriver à la recette inférieure (*d'un puits de mine*).

landmark : borne (*limite de terrains*).

Land design rope : câble à torsion Lang.

lantern : lanterne.

lanthanum : lanthane.

lap : recouvrement; repliure (*de laminage*); rodoir (*subst.*); **— joint** : joint à emboîtement; **—ping machine** : machine à roder (à polir); **— welded** : soudé à recouvrement; **— welding** : soudure à recouvrement; **— (to)** : juxtaposer; plier; se replier; roder.

larboard : babord.

larch : mélèze.

large bore tunnel : tunnel à large section.

large car : grande berline (*mines*).

larry : voir : **lorry.**

lash (to) : amarrer; **—ing** : amarrage; **—ing chain** : chaîne d'amarrage.

latch : loquet; verrou; **self-locking —** : verrouillage automatique.

latent : latent; **— energy** : énergie latente; **— heat** : chaleur latente; **— — of fusion** : chaleur latente de fusion.

lateral : branchement (*de tuyauterie*); latéral (*adj.*); **— forces** : efforts latéraux; **— strain** : effort latéral.

laterite : latérite; **— ore** : minerai latéritique.

lath : latte; **metal —** : lattis métallique, latte métallique; **wood —** : latte de bois (*construction*).

lathe : tour (*machine-outil*); **—-bed** : banc de tour; **—-chuck** : mandrin de tour; **— dog** : toc de tour; **— frame** : banc de tour; **— headstock** : poupée de tour; **—-quadram** : tête de cheval; **—-spindle** : broche de tour; **automatic turret —** : tour-revolver automatique; **bench —** : tour d'établi; **boring —** : tour à aléser; **copying —** : tour à reproduire; **extension bed —** : tour à base prolongée; **face —** : tour en l'air; **face plate —** : tour à plateau, tour à dresser; **forming —** : tour à façonner; **free-cutting —** : tour à décolleter; **gap type bed —** : tour à banc rompu; **high speed turret —** : tour-revolver rapide; **ingot slicing —** : tour à débiter les lingots; **plain turning —** : tour à charioter; **precision —** : tour de précision; **screw-cutting —** : tour à fileter; **slicing —** : tour à tronçonner; **tool-room —** : tour d'outillage; **turning —** : tour; **turret —** : tour-revolver.

lather : mousse de savon.
lathing : lattis.
latitude : latitude.
lattice : lattis, treillis métallique, réseau (*cristallographie*); — **beam or girder** : poutre en treillis (*charpente métallique*); — **gate** : porte à claire-voie; — **mast** : pylone en charpente métallique; —**-work** : treillis métallique; charpente en treillis; **cubic** — : réseau cubique (*cristallographie*).
laughing gas : gaz hilarant.
launch : chaloupe (*subst.*); — **(to)** : ***(a programme, a plan)*** : lancer (*un programme, un plan*).
launder : lavoir; laverie, rigole de coulée (*métallurgie*).
launder (*overflow*—) : goulotte (*de trop-plein*).
lava flow : coulée de lave.
law : loi (*physique, chimique*, etc...); — **of large numbers** : loi des grands nombres; **physical** —**s** : lois de la physique; —**yer** : juriste, homme de loi (avoué).
lax : lâche, desserré, relâché; non compact.
lay (to) : poser; — **bare a vein** : découvrir une veine (*mines*); — **coal dust** : abattre les poussières de charbon (*houillères*); — **out** : tracer (dessiner); — **out a hole to templet** : tracer un trou au gabarit; — **rails** — **the track** : poser la voie.
lay-off : congédiement; **permanent** — : congédiement définitif.
layer : couche; couche de terrain; — **of paint** : couche de peinture; **rust** — : couche de rouille; **scale** — : couche de calamine, couche d'oxyde.
laying : pose; — **of a pipeline** : pose d'une tuyauterie; **dust** - — : abattage des poussières.
leach : lessive; **to** — : lessiver; —**ing (*of ores*)** : lavage (*des minerais*).
lead : plomb; filon (*mines, géologie*); pas (*de filetage*); conducteur (*de fil électrique*); — **acid lamp** : lampe de mine à accumulateur au plomb; — **arseniate** : arséniate de plomb; — **bath** : bain de plomb (*pour trempe*); —**-coated sheet** : tôle plombée; — **covered cable** : câble sous plomb; — **joint pipes** : tuyaux à joints de plomb : — **monoxide** : protoxyde de plomb; — **peroxide** : peroxyde de plomb; — **poisoning** : saturnisme; — **protoxide** : protoxyde de plomb; —**-screw** : vis-mère (*tours*); **metric** — : vis-mère au pas métrique; — **sheath** : gaine de plomb (*câbles électriques*); — **sheathing** : gaine de plomb; —**-sheave** : poulie motrice; — **sulphate** : sulfate de plomb; **to** — **the current to** : amener le courant à; — **wire *or*** —**ing wire** : fil conducteur; —**ed wire** : fil sous plomb (*électricité*); —**ing through** : traversée (*installations électriques*); **earth** — : conducteur de terre (*électricité*); **main** — : conducteur principal (*électricité*); **metric** — : pas métrique; **silver** — : plomb argentifère; **Whitworth** — : pas Whitworth; **yellow** — : massicot.
leaf : feuille (*de métal*); lame (*de ressort*); brin (*de courroie*); — **spring** : ressort à lames; **lower** — : brin inférieur (*d'une courroie*); **silver** — : feuille d'argent; **upper** — : brin supérieur (*d'une courroie*).
leak : fuite; — **detector** : détecteur de fuites; — **of power** : perte de puissance, perte d'énergie; —**-proof valve** : clapet étanche; —**age** : fuite; perte (*d'eau, d'air, de courant*); perte, coulage (*commerce*); —**age current** : courant de fuite, perte de courant; —**ing** : non étanche; —**proof connection** : assemblage étanche; **magnetic** — : dispersion magnétique; **pipeline** —**s** : fuites de tuyauterie; **air** —**age** : fuite d'air, laminage de l'air; **to seal a** —**age** : colmater une fissure, boucher une fuite; **water** —**age** : fuite d'eau; **to** — : fuir.

lean : mince, maigre; — **coal** : charbon maigre; — **gas** : gaz pauvre; — **-to** : appentis; — **-roof** : toit à une pente.

lease : bail (*commerce*).

leather : cuir; — **belting** : courroie en cuir; — **cloth** : vêtement de cuir; — **facing** : joint en cuir; — **packing** : garniture de cuir; — **washer** : rondelle de cuir; **artificial** — : cuir imitation.

leave : permission (*de s'absenter*); — **of absence** : permission; **to grant a** — : accorder une permission; — **(to)** : quitter; — **the job** : quitter son ouvrage; — **off work** : quitter le travail, faire grève.

ledge : rebord, banc de terrain, couche métallifère (*mines*); **protecting —s** : rebords de protection.

ledger : grand-livre (*comptabilité*).

left-hand cutter : fraise à gauche.

left-hand thread : filet à gauche.

leg : jambe; aile (*de cornière*); — **vice** : étau à pied; **equal — angle** : cornière à ailes égales; **unequal — angle** : cornière à ailes inégales.

lemon : citron, jaune; **forged at a light** — : forgé au jaune clair; **forged at a** — : forgé au jaune.

lend-lease : prêt-bail.

length : longueur; — **of pipe** : longueur de tuyau; — **of stroke** : longueur de course (*du piston*); **—ening** : allongement; **—wise** : dans le sens de la longueur.

lens : lentille.

Leonard-Ward system : système Ward-Léonard.

lessor : bailleur (*commerce*).

letter-book : copie de lettres (*comptabilité*).

letter of credit : lettre de crédit.

levee : digue.

level : niveau (*appareil*); voie de niveau (*mines*); niveau, étage (*mines*) (*subst.*) horizontal, plat, de niveau (*adj.*); — **(to)** : niveler, aplanir; planer (*les tôles*); **high — alarm** : avertisseur de niveau maximum; **low — —** : avertisseur de niveau minimum; — **course** : direction des lignes de niveau; — **-crossing** : passage à niveau (*chemins de fer*); — **gallery** : galerie de niveau; — **glass** : niveau d'eau; — **indicator** : indicateur de niveau, indicateur de profondeur; — **of output** : niveau de la production; — **run** : palier (*partie horizontale d'un parcours*); — **seam** : couche en plateure (*mines*); — **-transit** : niveau (*appareil de mesure d'angle*); **at sea** — : au niveau de la mer; **bottom** — : voie de l'étage inférieur; voie de fond; **ground** — : niveau du sol; **lower** — : niveau inférieur; — — **of a sluice** : bief inférieur d'une écluse; **main** — : voie de niveau principale, voie d'étage (*mines*); **on a** — : en palier; **sub-** — : voie de sous-étage; **upper** — : niveau supérieur; **water** — : niveau d'eau.

levelling : nivellement; — **machine** : machine à planer; **tacheometrical** — : levé au tachéomètre.

lever : levier; — **arrangement,** *or* — **system** : timonerie; **one — control** : commande par levier unique (*machines d'extraction*); **two — —** : commande à deux leviers; **—age** : effet de levier; dispositif de levier, démultiplication du levier; **brake** — : levier de frein; **controlling** — : levier de commande; **elbow** — : levier coudé; **elevator** : levier de relevage; **equalizing** — : levier d'équilibrage; **feed change gear** — : levier de changement d'avance (*machines-outils*); **first kind —,** *or* **first oder** — : levier du premier genre; **hand** — : levier à main; **joint** — : levier coudé; **reverse** — : levier de changement de marche; **second kind** — : levier du deuxième genre; **start** — : levier de mise en marche; **swing** — : levier de rotation.

levigation : lévigation.

levogyrous *or* **levo-gyratory** : lévogyre.
leyden jar : bouteille de Leyde.
liabilities : passif (*commerce*); engagements (*financiers*); **civil —** : responsabilité civile.
lias : lias; **—sic** : liasique.
librate (to) : balancer; tenir en équilibre; *v. n.* : être en équilibre; osciller.
licence *or* **license** : brevet (*d'invention*); patente, permis; **prospecting —** : permis de recherche (*mines*); **—d** : breveté.
lid : couvercle (*de boîte à graisse*, etc...); cale de bois, cougnet (*mines*).
life : vie; **—-assurance** : assurance sur la vie; **— boat** : bateau de sauvetage; **—-deferred annuity** : rente viagère; **—-insurance** : assurance sur la vie; **engine —**, *or* **— of a machine** : durée de vie, vie utile d'une machine.
lift : hauteur d'élévation; hauteur d'extraction (*mines*); élévateur; ascenseur; **— and force-pump** : pompe aspirante et foulante; **— per minute** : hauteur de levage par minute; **— pump** : pompe aspirante; **—-track** : chariot élévateur; **inclined —** : monte-charge incliné; **link —er** : bielle de relevage; **—ing capacity** : capacité de levage; **—ing device** : installation de levage; **—ing jack** : vérin, cric; **—ing magnet** : électro-aimant de levage; **—ing power** : force portante; **—ing speed** : vitesse de levage (*d'une grue*); **—ing table** : table releveuse; **— (to)** : soulever; **— the casting** : démouler la fonte.
light : (*subst.*) lumière; (*adj.*) léger; **blinking —** : feu clignotant; **brake —** : lampe de frein; **fog —** : phare antibrouillard; **green —** : feu vert; **occulting —** : phare à éclipses; **rear —** : lampe arrière; **red —** : feu rouge; **revolving —** : feu tournant; **side —** : feu de côté; **standing —** : feu de position; **yellow —** : feu jaune; **— alloy** : alliage léger; **— current**, *or* **—ing current** : courant d'éclairage; **— duty machine** : machine pour petits travaux; **— house** : phare; **— lorry** : camionnette; **— metals** : métaux légers; **— plate** : tôle moyenne; **—-reflecting** : réfléchissant la lumière; **—'s speed** : vitesse de la lumière; **— wiring** : ligne d'éclairage; **velocity of —** : vitesse de la lumière; **— (to)** : allumer, éclairer; **— up** : allumer; **— the fuse** : allumer la mèche (*tir des explosifs*).
lighting : éclairage; **code —** : éclairage code (*autom.*); **domestic —** : éclairage domestique; **flood —** : éclairage par projecteurs; **indirect —** : éclairage indirect; **mine —** : éclairage au fond (*mines*).
lightning : éclair; foudre; **—-arrester** : parafoudre (*électricité*); **—-conductor** : paratonnerre; **—-flash** : éclair; **— protector** : parafoudre (*subst.*); **—-rod** : tige de paratonnerre.
lignite : lignite; **— mine** : mine de lignite; **— pit** : carrière de lignite.
limb : limbe (*cercle gradué*).
lime : chaux; **—-burner** : chaufournier; **—-burning kiln** : four à cuire la chaux; **—-kiln** : four à chaux; **— wash** : blanc de chaux; **— water** : eau de chaux; **—stone** : calcaire; pierre à chaux; castine (*métallurgie*); **— stone quarry** : carrière de pierre à chaux; **shelly — stone** : calcaire coquillier; **carbonate of —** : carbonate de chaux; **cream of —** : lait de chaux; **hydraulic —** : chaux hydraulique; **quick —** : chaux vive; **slaked —** : chaux éteinte.
limit : limite; **— gauge** : gabarit, encombrement maximum; **— stop** : limiteur de fin de course; **— switch** : interrupteur à maxima; interrupteur de fin de course; **upward travel — —** : limiteur de course verticale; **—ed company**, *or* **—ed liability company** : so-

limit : (*continued*)
ciété à responsabilité limitée; **—er** : limiteur; **—ing creep stress** : limite de fluage (*métallurgie*).

limonite : limonite (*oxyde de fer*).

limousine : limousine (*autom.*).

limy : calcaire; collant, gluant.

line : ligne (*sens général*); voie (*chemin de fer*); canalisation; ligne continue, trait plein; série (*de machines identiques*); **—-drop** : perte en ligne (*électricité*); **—-— compensator** : compensateur de perte en ligne; **— of force** : ligne de force; **— of least resistance** : ligne de moindre résistance; **— losses** : pertes en ligne; perte de pression (*air comprimé*); **— of machines** : série de machines; **—-space** : interligne; **air —** : tuyauterie d'air; **dotted —** : ligne en pointillé; **full—** : trait plein; **gas —** : tuyauterie de gaz; **main —** : voie principale; **overhead** : ligne aérienne; **pipe —** : canalisation; **railway —** : ligne de chemin de fer; **solid —** : ligne continue, trait continu; **straight —** : ligne droite; **telegraph —** : ligne télégraphique; **telephone —** : ligne téléphonique; **transmission —** : ligne de transport courant: **underground —** : ligne souterraine; **water —** : tuyauterie d'eau; **— — of a ship** : ligne de flottaison d'un navire; **— (to)** : revêtir, recouvrir, garnir (*intérieurement*); coffrer (*mines*); **— up** : se ranger (*en voiture*).

lineal : linéal.

linear equation : équation du premier degré.

linear expansion (coefficient of —) : coefficient de dilatation linéaire.

lined : garni; **babbit —** : antifrictionné; **brick —** : garni intérieurement de briques.

lineman : ouvrier à l'entretien des lignes.

linen : toile; en toile.

liner : paquebot, garniture; chemise (*de cylindre*); **movable cylinder —** : chemise de cylindre amovible; **steel —** : garniture d'acier.

lining : addition (*métallurgie*); garniture; garnissage, revêtement (*intérieur*); **— plate** : plaque de garniture; **blast -furnace —** : revêtement de haut fourneau; **brake —** : garniture de frein; **concrete —** : revêtement de béton; **converter —** : garnissage de convertisseur; **shaft —** : revêtement de puits (*mines*); **tunnel —** : revêtement de tunnel.

link : anneau, chaînon; maille; coulisse (*machine à vapeur*); **— bearing** : support de coulisse; **— belt** : courroie articulée; **— lifter** : bielle de relevage; **— motion** : coulisse (*machines*); **reverse —** : coulisse (*locomotives*); **—age** : coulisse; **—ing cable** : câble de connexion; **chain —** : anneau de chaîne; **detachable — —** : chaîne à maillons amovibles; **to —** : réunir, assembler; connecter.

linseed oil : huile de lin.

lintel : linteau.

lip : bec (*de coulée*); rebord; **— ring** : ceinture.

liquate (to) : liquater, ségréger.

liquation : liquation, ségrégation.

liquefaction : liquéfaction.

liquef(y) (to) : liquéfier; **—iedcarbon dioxide** : gaz carbonique liquéfié.

liquid : liquide (*adj.* ou *subst.*); **— air** : air liquide; **— condition** : état liquide; **— fuel** : combustible liquide; **— level indicator** : indicateur à niveau de liquide; **— — instrument** : appareil indicateur de niveau d'un liquide; **— oxygen** : oxygène liquide; **— — container** : bidon de transport d'oxygène liquide; **— — explosive** : explosif à l'oxygène liquide; **— — soaking pot** : bidon de trempage pour tir à l'oxygène liquide; **— state** : état liquide; **heavy —s** : liquides denses; **coal cleaning by — —s** : épuration du charbon par les liquides denses.

liquor : liqueur; **ammonia** — *or* **ammoniacal** — : liqueur ammoniacale; **strong** — : liqueur forte; **weak** — : liqueur faible, liqueur diluée.

litmus paper : papier tournesol.

live : vivant; en activité; — **load** : charge dynamique; — **pit** : four pit chauffé (*métallurgie*); — **spindle** : broche mobile; — **steam** : vapeur vive; — **electric wire** : fil électrique en charge.

load : charge; sollicitation; effort; — **capacity** *or* —**-carrying capacity** : capacité de chargement; — **diagram** : diagramme des charges; — **factor** : facteur de charge; — **shedding** : perte de charge; — **test** : essai de charge; **balanced**— : charge équilibrée; **breaking** — : charge de rupture; **dead** — : poids mort; charge statique; **at full** — : à pleine charge; **gross** — : charge brute; **live** — : charge dynamique; **maximum** — : charge maximum; **normal** — : charge normale; **at part** —*or* **at partial** — : à charge partielle; **safe** — : charge de sécurité, charge admise; **to start against a** — : démarrer en charge (*moteurs*); **stipulated** — : charge fixée; **test** — : charge d'épreuve; **unbalanced** — : charge non équilibrée; — **(to)** : charger (*tous les sens*); — **a hole** : charger un coup de mine (*tir des mines*); — **a ship** : charger un bateau; —**ed car** : wagon plein (*mines*); **fully** —**ed** : à pleine charge.

loader : chargeur (*ouvrier*); chargeuse (*mécanique*); —**-conveyor** : chargeuse-convoyeur (*mines*); **bucket** — : chargeuse à godet; **mechanical** —, *or* **power** — : chargeuse mécanique (*mines*); **mine car** — : chargeuse de mine; **scraper** — : chargeuse à racloir; — **chain** — : chargeuse à chaîne à raclettes.

loading : chargement; — **bridge** : pont de chargement; — **capacity** : capacité de chargement (*d'une pelle, d'une chargeuse*); — **dig**: pelle excavatrice; — **machine** : chargeuse mécanique; — — **helper** : aide-machiniste de chargeuse; — — **operator** : conducteur de chargeuse; — **pocket** : poche de chargement; — **point** : point de chargement; — **rate** : vitesse de chargement; **hand** — : chargement à main; **mechanical** — : chargement mécanique; **scraper** — : chargement par raclage.

loadstone : pierre d'aimant, aimant naturel.

loam : glaise, terre glaise, terre plastique; — **casting** : moulage en terre.

locate (to) a fault : localiser un dérangement (*pannes*).

location : situation, emplacement, position; mise en place.

lock : serrure; dispositif de blocage, d'éclusage; — **bolt** : boulon de serrage; pêne (*serrure*); — **gate** : porte d'écluse; — **and block system** : block-système; — **washer** : rondelle de sûreté; **air** — : sas d'aérage (*mines*); **safety** — : serrure de sécurité; — **of a sluice** : sas d'une écluse; —**ing** : verrouillage; —**ing contact** : contact de fermeture ,contact de verrouillage; —**ing device** : dispositif de verrouillage; **self** —**ing** : à fermeture automatique; — **(to)** : fermer, verrouiller; — **a wheel** : enrayer une roue; — **the car** : fermer la voiture à clef.

locksmith : serrurier.

locomobile : locomobile.

locomotion : déplacement.

locomotive : locomotive; — **engineer** : machiniste de locomotive, conducteur de locomotive; wattman (*mines*); **battery** — : locomotive à accumulateurs; **compound** : locomotive compound; **compressed air** — : locomotive à air comprimé; **electric** — : locomotive électrique; **gasoline** — : locomotive à essence; **gathering** — : locomotive de quartier (*rassemblant les berlines pour la formation des*

locomotive : (*continued*) *trains*) (*mines*); **oil** — : locomotive Diesel; — **electric** — : locomotive Diesel électrique; **pit** — : locomotive de mine; **pneumatic** — : locomotive à air comprimé; **superheated-steam** — : locomotive à vapeur surchauffée; **tank** — *or* **tender** — : locomotive-tender; **trolley** — : locomotive à trolley.

locus : lieu (*mathématiques*).

lode : filon; **tin and zinc** — **mine** : mine à filons d'étain et de zinc; — **star** : étoile polaire; — **stone** : pierre d'aimant.

loess : loess (*géologie*).

log : tronc d'arbre; pièce de bois non équarrie; **to square a** — : équarrir une pièce de bois.

logarithm : logarithme; —**ic** : logarithmique; —**ic scale** : échelle logarithmique; —**ic functions** : fonctions logarithmiques; **common** —**s** : logarithmes ordinaires; **Napier's** —**s** : logarithmes népériens.

logging : exploitation forestière.

long distance gas supply : fourniture du gaz à longue distance.

long-lived material : matériel durable.

long-range... : ... à longue portée; — **planning** : plan de travail à longue échéance; — **program** : programme de travail à longue échéance; — **time contract** : contrat à longue échéance.

longitude : longitude.

longitudinal : longitudinal; — **motion** : mouvement longitudinal; — **section** : coupe longitudinale; — **travel** : course longitudinale; —**ly** : longitudinalement.

longwall : grand front aligné (*mines*); — **face** : grande taille (*mines*); — **retreating** : longues tailles rabattantes (*mines*); — **working** : exploitation par longwall.

look (to) over a machine : contrôler l'état d'une machine.

loop : boucle; loupe (*métallurgie*); — **of a wave** : nœud d'une onde.

loose : lâche, desserré, libre, « fou »; — **pulley** : poulie folle; — **wheel** : roue folle; **to work** — : avoir du jeu.

loosen (to) : desserrer; se desserrer; — **a knot** : défaire un nœud; — **a screw** : dévisser une vis; — **the wedges (*of yield pillars*)** : desserrer les coins (*effondreurs des piliers de foudroyage*) (*mines*); — **up (*with a pick*)** : détacher (*au pic*).

lorry : camion; wagon plat; lorry.

losing contract : contrat désavantageux.

loss : perte; — **by burning** : perte au feu; — **of head,** *or* — **of pressure** : perte de charge; — **of speed** : perte de vitesse; — **upon ignition** : perte au feu; **belt** — : perte de puissance par glissement de la courroie; **to sustain a** — : supporter une perte; **driver** —**es** : pertes par transmission; **frictional** —**es** : pertes par frottement; **heat** —**es** : pertes thermiques.

lost shift : poste perdu.

loud-speaker : haut-parleur .

low : bas; — **-alloy tool steel** : acier à outils faiblement allié; — **-carbon steel** : acier à faible teneur en carbone; — **-cost fuel** : combustible économique; — **-grade ore** : minerai à faible teneur; — **-level alarm system** : système d'alarme par niveau bas; — **pressure** : basse pression; — **shaft closed smelting furnace** : bas fourneau à vase clos; — **-temperature carbonization** : carbonisation à basse température.

lozenge : losange.

lubricant : lubrifiant; **hard-working** — : lubrifiant pour travail dur.

lubricat(e) (to) : lubrifier, graisser; —**ing compound** : graisse consistante; —**ing grease** : graisse lubrifiante; —**ing oil** : huile de graissage; **central** —**ion** : graissage central; **constant flow system of** —**ion** : graissage continu; **drop —ion** : graissage par compte-goutte; **faulty —ion** : graissage insuffisant; **forced...** *or* **forced-feed —ion** : graissage sous pression; **gravity —ion** : graissage par gravité; **plashing type —ion** : graissage par barbotage; **—or** : graisseur mécanique; produits de graissage.

lubrification *or* **lubrifaction** : lubrification.

luffing crane : grue à portée réglable.

lug : ergot (*sur les roues de tracteurs*).

luggage : bagage; **— insurance** : assurance bagages; **— van** : fourgon (*chemin de fer*).

lukewarm : tiède.

lumber : bois de charpente scié (USA); **— mill** : scierie.

luminous : lumineux.

lump : bloc, morceau; gaillette (*de charbon*); **— ore** : minerai en blocs; **— producer explosive** : explosif donnant une forte proportion de blocs; **in the — price** : prix forfaitaire; **— sum** : somme globale; **—er** : débardeur; **—y** : en morceaux.

lunch period : le temps du casse-croûte; du « briquet » (*mines*).

lune : lune (*géométrie*).

lunette : lunette (*architecture*).

lute : lut (*chimie*); **— (to)** : luter (*chimie*).

lux : lux (*unité d'éclairement*); **—meter** : luxmètre.

lye (caustic —) : lessive caustique.

M

macadam (paving) : macadam; **—ize (to)** : macadamiser.
machinability : usinabilité; **— rate** : vitesse d'usinage.
machine : machine; **— attendant** : aide-machiniste; **— bolt** : boulon mécanique; **— cut** : taillé à la machine; **— made** : fait à la machine; **— man** : machiniste; **— mining** : travail mécanique; **light — oil** : huile légère pour machines; **— parts** : pièces de machines; **— room** : salle des machines; **— screw** : vis à métaux; **— shop** : atelier de mécanique; **—-tool** : machine-outil; **electrostatic —** : machine électrostatique; **rebuilt —-—** : machine-outil remise à neuf; **rough —d** : dégrossi; **— (to) a piece** : usiner une pièce.
machinery : mécanisme (*d'une machine*); machines; **— steel** : acier doux; **mining —** : matériel de mine; **piece of —** : pièce mécanique.
machining : usinage; **— steel** : acier de décolletage; **hot —** : usinage à chaud.
machinist : mécanicien; machiniste; **—s' gauge** : calibre de mécanicien; **—s' vice** : étau de mécanicien.
macrostructure : macrostructure.
mad from bar stock : pris dans les barres.
magic : magique; **— eye** : œil magique; **— lantern** : lanterne magique.
magma : magma.
magnesia : magnésie; **— brick** : brique de magnésie; **— slab** : brique (*plaque de magnésie*).
magnesite : magnésite.
magnesium : magnesium; **— aluminate**: aluminate de magnésium; **— carbonate** : carbonate de magnésie; **— chloride** : chlorure de magnésium; **— peroxyde** : peroxyde de magnésie; **— phosphate** : phosphate de magnésie; **— ribbon** : ruban de magnésium; **— silicate** : silicate de magnésium; **— sulphate** : sulfate de magnésie.
magnet : aimant; **— coil** : bobine d'électro-aimant; **— core** : noyau d'aimant; **— crane** : pont-roulant à l'électro-aimant; **— pull** : attraction magnétique; **permanent — steel** : acier magnétique; **— yoke** : culasse d'aimant; **horse-shoe *or* U—** : aimant en fer à cheval; **lifting —** : électro-aimant porteur, électro-aimant de levage;
magnetic : magnétique; **— blowout** : soufflage magnétique; **— chuck** : mandrin magnétique; **— drum separator** : tambour de séparation magnétique; **— field** : champ magnétique; **— flux** : flux magnétique; **— induction** : induction magnétique; **— inspection** : examen magnétique; **— iron** : fer magnétique; **— meridian** : méridien magnétique; **— needle** : aiguille aimantée; **— north** : nord magnétique; **— powder** : poudre magnétique; **— — testing method** : étude par les poudres magnétiques; **— reluctance** : réluctance magnétique; **— separation** : triage magnétique; **— separator** : séparateur magnétique; **— susceptibility** : susceptibilité magnétique.

magnetism : magnétisme; **residual —** : magnétisme rémanent; **terrestrial —** : magnétisme terrestre.
magnetite : magnétite.
magnetization : magnétisation, aimantation.
magnetiz(e) (to) : magnétiser, aimanter; **—ing current** : courant d'aimantation; **—ing roasting** : grillage magnétisant.
magneto : magnéto; **— generator** : génératrice à magnéto; **— housing** : carcasse de magnéto; **— ignition** : allumage par magnéto; **— telephone** : téléphone à magnéto; **—graph** : magnétographe; **—meter** : magnétomètre; **—metric surveying** : prospection magnétométrique; **—motive force** : force magnétomotrice.
magnif(y) (to) : agrandir; **—ication** : grossissement (*optique*); **—ied scale** : échelle agrandie; **—ier** : instrument grossissant, loupe; **pocket —ier** : loupe de poche; **—ying glass** : loupe (*optique*).
magnitude : grandeur (*mathématiques*); **— of a force** : grandeur d'une force (*mécanique*).
mahogany : acajou.
main : principal (*adj.*); grosse canalisation, grosse tuyauterie; câble principal (*électricité*); **— and tail haulage** : traînage par câble tête et câble queue; **— fan** : ventilateur principal (*mines*); **— frame** : bâti (*d'une machine*); **— leaf** : lame maîtresse (*de ressort*); **— line** : voie principale, galerie principale (*mines*); ligne principale; **— Office** : Grands Bureaux; **— road** : voie principale, galerie principale (*mines*); **gas —** : canalisation de gaz; **water —** : canalisation d'eau.
maintenance : entretien (*du matériel*); frais d'entretien; **— cost** *or* **— expense** : frais d'entretien; **— engineer** : ingénieur d'entretien; **— mechanic** : mécanicien d'entretien; **— standards** : règles d'entretien; **high —** : frais d'entretien élevés; **roadway —** : entretien des voies (*mines*).
make (to) good (*a damage*) : réparer (*une avarie, un dommage*).
make (to) up (*lost time*) : récupérer (*les heures de travail perdues*).
makeshift (*adj.*) : de fortune; (*subst.*) expédient; outillage de fortune.
malachite : malachite (*minerai de cuivre*).
maladjusted worker : ouvrier mal adapté à son emploi.
malleability : malléabilité.
malleable : malléable; **— iron** *or* **— cast iron** : fonte malléable.
mallet : maillet.
man : homme; (*plur.* **men**); **—car** : wagon à personnel (*mines*); **— deck** : plateforme à personnel (*skips de mines*); **—hole** : trou d'homme; **— hour of labour** : heure d'ouvrier; **save (to) —-—s** : économiser de la main-d'œuvre; **—-power** : main-d'œuvre; **lack of —-—** : manque de main-d'œuvre; **—-riding haulage (men handle)** : transport du personnel (*au fond de la mine*); **—-riding vehicle** : wagon de voyageurs (*mines*); wagon de transport du personnel au fond; **—-trolley** : cabine du mécanicien; **—way** : galerie de circulation de personnel (*mines*); passage pour la circulation du personnel.
manage (to) : conduire, diriger; gérer, administrer; **—able** : facile à conduire; **—ment** : conduite, gestion (*d'une affaire*); conduite (*d'un appareil*); organisation; **scientific —ment** : organisation scientifique; **—ment of gas producers** : conduite des gazogènes; **—r** : directeur; gérant, régisseur, chef d'exploitation, chef de fosse (*mines*); **general —** : directeur général; **works —** : directeur de travaux.
managing director : directeur technique.

mandrel : mandrin; **work —** : mandrin porte-pièce.
maneuver (to) : manœuvrer; **—ability** : facilité de manœuvre.
manganate : manganate.
manganese : manganèse; **— carbide** : carbure de manganèse. **— dioxide** : bioxyde de manganèse; **— sesquioxide** : sesquioxyde de manganèse; **— steel** : acier au manganèse.
manganiferous : manganésifère.
manganous oxide : oxyde manganeux.
manifold : (*adj.*) multiple; *subst.* : conduite multitubulaire; **—ing carbon paper** : papier carbone à reproduire.
Manila hemp : chanvre de Manille, aloès; **— rope** : câble en chanvre de Manille, câble en aloès.
manipulat(e) (to) : manipuler; **—ion** : manipulation; conduite (*d'une machine*); **—or** : chariot transporteur (*manutention des lingots*, etc...); manipulateur (*télégraphe*).
manometer : manomètre; **aneroid —** : manomètre anéroïde; **mercury —** : manomètre à mercure; **recording —** : manomètre enregistreur.
manometric : manométrique; **— head** : hauteur manométrique.
mansard roof : comble en mansarde.
mantissa : mantisse (*d'un logarithme*).
mantle : manchon (*d'un bec de gaz*); couverture; **gas —** : manchon à incandescence.
manual : manuel; **— drive** : commande manuelle; **— labour** : travail manuel; **— resetting** : remise en position à la main; **—ly operated** : commandé à la main.
manufactur(e) : (*subst.*) fabrication; **—ed gem** : pierre artificielle; **—er** : fabricant; **—es federation** : syndicat patronal; **—es** : produits fabriqués; **—e (to)** : fabriquer, produire; **—ing engine lathe** : tour pour usinage de pièces en série; **—ing plant** : usine; manufacture.
many-chambered shell : coquille multicloisonnée (*fossiles*).
maple : érable.
marble : marbre; **— quarry** : carrière de marbre; **— slab** : plaque de marbre; **artificial —** : marbre artificiel; **veined —** : marbre veiné.
margin : marge; jeu; **— of strength** : marge de puissance (*d'une machine*).
marine boiler : chaudière marine.
mark : (*subst.*) marque; empreinte; signe; **—er** : marque, objet servant à marquer; **identification —er** : marque d'identification; **trade —** : marque de fabrique; **— (to)** : marquer, désigner; **—ed features** : caractéristiques.
market : marché; débouché; **— potentials** : possibilités du marché; **export —** : marché à l'exportation; **home —** : marché intérieur; **—able** : marchand (*adj.*); **—ing** : écoulement sur le marché; débit; **—ing research** : recherche des débouchés; **to — (*a product*)** : vendre un produit sur le marché; **to put on the —** : mettre sur le marché.
marking : marquage (*d'une pièce*); **— gauge** : trusquin à tracer; **— tool** : pointe à tracer.
marl : marne; **—y** : marneux.
marsh-gas : gaz des marais.
martempering : trempe interrompue, trempe étagée.
martensit(e) : martensite (*sidérurgie*); **—ic steel** : acier martensitique; **tetragonal —** : martensite tétragonale.
mash : mélange gâché.
mask : masque, écran.
mason : maçon; **—ry** : maçonnerie; **—ry structure** : construction en maçonnerie; **dry packed —ry** : maçonnerie en pierres sèches.
masout : mazout.
mass : masse (*sens général*); masse (*physique*); **— production** : production en masse, production en grande série; **—ive deposit** : gisement en amas.

master : maître; qui commande; — **-cam** : came maîtresse (*pour reproduction des cames*); — **-carpenter** : maître-charpentier; — **-gear** : engrenage de commande; — **-key** : passe-partout; — **-mason** : maître-maçon; — **-mechanic** : chef mécanicien; — **-tool** : outil original.
mastic : mastic (*suc de lentisque*).
matched (perfectly —) : s'adaptant bien, s'ajustant bien.
material : matière; matériaux; — **supply** : approvisionnement en matériel; **raw —** : matière brute; **refractory —** : matériaux réfractaires.
mathematic(s) : mathématiques; **—al** : mathématique (*adj.*); **—ally** : mathématiquement; **—ian** : mathématicien.
matrass : matras (*chimie*).
matrix : matrice.
matte (copper —) : matte de cuivre.
matter : matière; objet; **volatile —** : matières volatiles.
mattock : pioche.
mature (to) : échoir.
maturity : échéance.
maul : maillet lourd.
maximum : maximum (*adj.*); — **thermometer** : thermomètre à maxima.
mean : moyen (*adj.*); moyenne (*subst.*); **—s of conveyance** : moyens de transport.
measure : mesure (*subst.*); **—ment** : mesure (*action*); mesurage; **—ment of air flow** : mesure du courant d'air (*mines*); **—s** : série de couches géologiques; **coal —s** : couches de charbon; **steep —s** : strates inclinés.
measur(e) (to) : mesurer; **—ing chain** : chaîne d'arpenteur; **—ing chute** : trémie doseuse; **—ing instrument** : instrument de mesure; **—ing pocket** : poche doseuse; **—ing wire** : fil calibre.
mechanical : mécanique (*adj.*); — **brake** : frein mécanique; — **cleaning of coal** : épuration mécanique du charbon; — **department** : service mécanique; — **device** : dispositif mécanique; — **drafting** : dessin de machines; — **drive** : commande mécanique; — **engineer** : ingénieur mécanicien; — **engineering** : construction mécanique; — **equivalent of heat** : équivalent mécanique de la calorie; — **force feed lubricator** : graisseur mécanique pour graissage sous pression; — **load brake** : frein à contrepoids; — **loading** : chargement mécanique; — **mixer** : agitateur mécanique; — **properties** : propriétés mécaniques (*de résistance mécanique*); — **separation** : triage mécanique; — **shovel** : pelle mécanique; — **stoker** : appareil d'alimentation automatique (*des chaudières*); — **treatment** : traitement mécanique; **—ly** : mécaniquement; **—ly actuated valve** : soupape commandée mécaniquement.
mechanician : mécanicien.
mechanics : mécanique (*subst.*).
mechanism : mécanisme; **reversing —** : mécanisme de renversement de marche.
mechanist : mécanicien.
mechanization : mécanisation.
mechanize (to) : mécaniser; **—d winning** : abatage mécanique (*mines*).
medical : médical; — **care** : soins médicaux; — **control** : contrôle médical.
medicine chest : boîte à pharmacie.
medium (*pl.* **media**) : milieu, agent intermédiaire; moyenne proportionnelle (*subst.*); **in liquid media** : en milieu liquide; (*adj.*) moyen; intermédiaire; — **fines** : fines moyennes (*charbon*); — **plates** : tôles moyennes; — **rock** : roche de dureté moyenne; **dense —** : milieu dense.
meet (to) a requirement : répondre à une condition.
megaphone : mégaphone.
melt : bain; coulée (*subst.*); **—er** : fondeur; **to —** : fondre, faire fondre, se fondre, se dissoudre.

melting : fusion; — **bath** : bain de fusion; — **cone** : cône pyrométrique; — **furnace** : four de fusion; **graphite electrode** — — : four de fusion à électrode en graphite; — **kettle** : poche de fonderie; — **point** : point de fusion; **point of** — **ice** : température de la glace fondante; — **pot** : creuset; — **shop** : fonderie; **low** — : à bas point de fusion.
member : pièce (*d'un assemblage*); — **of structure** : pièce de charpente; **steel** — — : pièce de charpente métallique; **structural** — : pièce de charpente.
membrane : membrane; — **pump** : pompe à membrane.
memorandum -block : bloc-notes; — **book** : carnet de poche, agenda.
meniscus : ménisque.
mercantile : commercial; — **navy** : marine marchande; — **warehouse** : magasin de commerce.
mercaptan : mercaptan (*composé* de la forme R—SH).
merchandise : marchandise.
merchandising : organisation du marché.
merchant : marchand; négociant; — **bar** : acier marchand; — **mill** : laminoir pour fers marchands; — **ore** : minerai marchand; — **rolling train** : train de laminoirs pour fers marchands.
mercuric chloride : chlorure mercurique *(sublimé corrosif)*.
mercurious chloride : chlorure mercureux, calomel.
mercury : mercure; — **column** : colonne de mercure; — **cyanide** : cyanure de mercure; — **switch** : interrupteur à mercure; — **vapour lamp** : lampe à vapeur de mercure.
meridian : méridien; **prime** — : méridien origine.
mesh : maille (*d'un tamis*); prise (*engrenages*); — **connection** : couplage en triangle; **100— -in...** : de 100 mailles au pouce carré; **close —ed** : à mailles serrées; **diamond** — : maille en forme de losange; **in** — : en prise (*engrenages*); **standard** — : maille de dimensions standard; — **(to) (with...)**: prendre, engrener (avec...).
meson : meson.
mess room : réfectoire.
metal : métal; — **cutting saw** : scie à métaux; — **mine** : mine métallique; — **mixer** : mélangeur (*métallurgie*); — **scrap** : ferraille, déchets de métaux; — **vapour lamp** : lampe à vapeurs métalliques; — **work** : tôlerie; **antifriction** — : métal antifriction; **britannia** — : métal anglais; **deposited** — : métal d'apport (*soudure*); **expanded** — : métal déployé; **Monel** — : métal Monel; **ribbon** — : métal en feuillards; **sheet** — : métal en feuilles; **white** — : métal antifriction, métal blanc; **alkaline —s** : métaux alcalins; **base —s** : métaux communs; **cast —s ou casting —s** : métaux coulés; **common —s** : métaux communs; **ferrous —s** : métaux ferreux; **light —s** : métaux légers; **noble —s** : métaux nobles; **non-ferrous —s** : métaux non ferreux; **precious —s** : métaux précieux; **rare —s** : métaux rares.
metalclad : blindé.
metallic : métallique; — **cloth** : toile métallique; — **pressure gauge** : manomètre métallique.
metalliferous : métallifère; — **mine** : mine métallique.
metallized : métallisé.
metallizing : métallisation.
metallography : métallographie.
metalloid : métalloïde.
metallurg(y) : métallurgie; **—ic furnace** : four métallurgique; **—ical industry** : industrie métallurgique; **—ical plant** : usine métallurgique; **—ical treatment** : traitement métallurgique; **—ist** : métallurgiste.

metamorphic rock : roche métamorphique.
metamorphism : métamorphisme.
metamorphosis : métamorphose.
meteorology : météorologie.
meter : mètre; compteur, appareil de mesure, mesureur; — **ton** : tonne-mètre; **water** — : compteur d'eau; —**ing** : mesure (*action de mesurer*).
methane : méthane; — **detector** : indicateur de grisou (*mines*); **indicating** — — : mesureur de grisou, grisoumètre (*mines*); — **recorder** : enregistreur de grisou (voir : ***firedamp recorder***).
methanol : méthanol.
method : méthode; — **of working** : méthode, procédé de travail.
methyl alcohol : alcool méthylique; — **blue** : bleu de méthylène; —**ene** : méthylène; — — **chloride** : chlorure de méthylène.
metric : métrique; — **ton** : tonne métrique.
metronome : métronome.
mezzanine-floor : entresol.
mica : mica; —-**schist** : micaschiste; —**spangle** : paillette de mica; —**ceous** : micacé; —**foil** : feuille de mica; —**nite** : micanite.
micro-ammeter : microampèremètre.
microbalance : microbalance.
microfarad : microfarad.
micrography : micrographie.
micrometer : micromètre; — **adjustment** : réglage micrométrique; — **dial** : vis micrométrique; — **drum** : tambour micrométrique; — **screw** : vis micrométrique; **micrometric** *or* **micrometrical** : micrométrique.
micron : micron; —**isation** : micronisation (*pulvérisation extrêmement fine*).
microorganism : microorganisme.
microphone : microphone.
micro-precision : micro-précision.
micro-radiography : microradiographie.
microscope : microscope; **immersion** — : microscope à immersion; **polarizing** — : microscope polarisant.
microscopic *or* **microscopical** : microscopique; — **crack** : fissure microscopique (*dans le béton...*); — **examination** : examen microscopique; — **appearance** : allure microscopique; — **preparation** : préparation microscopique; — **structure** : structure microscopique, microstructure.
microspore : microspore.
microstructure : microstructure.
microwave : micro-onde.
mid : moitié, milieu; — **course** : mi-course; —**dle** : central; moyen; — — **roll** : cylindre médian (*laminoirs*); — — **man** : intermédiaire (*commerce*); —**dlings** : mixtes (*lavoirs*); **heavier** — — : mixtes lourds.
midget... : ... nain; — **blower** : petit ventilateur secondaire.
mil : millième de pouce anglais.
mild steel : acier doux.
mile : mille anglais (1 639 m); **nautical** — : mille marin; —**age** : nombre de miles parcourus.
mill : moulin; broyeur; malaxeur; laminoir; fraise; usine; **ball** — *or* **ball tube** : broyeur à boulets; **bar** — : laminoirs à barres; **billet** — : laminoir à billettes; **blooming** — : laminoir à blooms, blooming; **cement** — : broyeur à ciment; **cold** — : laminoir à froid; laminoir à dresser; **continuous** — : laminoir continu; **edge** — : broyeur à meules; **end** — : fraise en bout; **face** — : fraise cylindrique; **flatting** — : laminoir de planage; **fair-roll** — : laminoir à quatre cylindres; **hot** — : laminoir à chaud; **merchant bar** — : laminoir à aciers marchands; **mixing** — : malaxeur; **pilger** — : laminoir à pas de pélerin; **plate** — : laminoir à grosses tôles; **pug** — : broyeur à argile (*pour briquetterie*); **rail** — : laminoir à rails; **to remodel a** — : moderniser une usine; **reversing** — : laminoir réver-

mill : (*continued*)
sible; **revolving ball** — : broyeur rotatif à boulets; **rod rolling** — : laminoir à fil machine; **roller** — : moulin à cylindres; **section** — : laminoir à profilés; **sheet bar** — : laminoir à largets; **side** — : fraise de côté; **small** — : laminoir à petits fers; **strip** — : laminoir à feuillards; **structural steel** — : laminoir à profilés; **up-to-date** — : usine moderne; — **(to)** : moudre; broyer; fraiser.

milliammeter : milliampèremètre.

milliampere : milliampère; —**meter** : milliampèremètre.

milling : broyage, fraisage; — **carriage** : chariot porte-fraise; — **cutter** : fraise (voir : **cutter**); **face** — — : fraise cylindrique; **formed** — — : fraise de forme; **side** — — : fraise de côté; **slot** — — : fraise à rainurer; **stocking** — — : fraise ébaucheuse; — **machine** : machine à fraiser, fraiseuse; — — **with copying device** : fraise avec dispositif à reproduire; **end** — **machine** : machine à dresser les bouts; **scarf** — — : machine à chanfreiner, à écarver; — **spindle** : porte-fraise.

millisecond delay : retard milliseconde.

millstone : meule (*de moulin*).

mine : mine; minerai; — **arch** : cintre de mine (*soutènement*); — **cooling** : rafraîchissement d'une mine; — **damage** : dégâts de surface (*mines*); — **district** : quartier de mine; — **drainage** : épuisement, exhaure (*mines*); — **dues** : redevance minière; — **engineer** : ingénieur des mines; — **fan** : ventilateur de mine; — **fire** : feu de mine; — **foreman** : maître-mineur, porion; — **hoist** : treuil d'extraction (*mines*); **double drum** — — : treuil d'extraction à deux tambours; — **loader** : chargeuse mécanique de mine; — **manager** : chef d'exploitation (*mines*); — **officer** : ingénieur du service des mines; — **plan** : plan de mine; — **railway** : chemin de fer minier; — **refuse** : stériles de mine; — **resistance** : résistance d'une mine (*au courant d'air*); — **road** : galerie de mine; — **run** : tout venant; — **safety code** : règlement de sécurité dans les mines; — **section** : quartier de mine; — **structure stress analysis** : analyse des contraintes dans les mines; — **survey** : levé de mine; — **timber** : bois de mine; — — **preservation** : préservation des bois de mine; — **water** : eaux de mine; — **worker** : mineur; **coal** — : mine de charbon; **to close down a** — : fermer une mine, cesser l'exploitation; **deep** — : mine profonde; **inundated** — : mine noyée; **iron** — : mine de fer; **metal** —, *or* **metalliferous** — : mine métallique; **to open up a** — : ouvrir une mine; **to** — : creuser, extraire.

miner : mineur; —**'s code of law** : code minier; —**'s lamp** : lampe de mineur; **flame safety** — — : lampe à flamme de sûreté; —**'s nystagmus** : nystagmus des mineurs; —**'s welfare fund** : « fonds de bien être » des mineurs; **continuous** — : machine pour abattage et chargement continus (*mines*); **entombed** — : mineur pris sous un éboulement.

mineral : minéral; — **coal** : houille; — **oil** : huile; — **salts** : sels minéraux; — **spring** : source minérale; — **wool** : laine minérale; —**ization** : minéralisation; —**ize (to)** : minéraliser; —**ogist** : minéralogiste; —**ogy** : minéralogie.

mining : exploitation d'une mine; — **catastrophe** : catastrophe minière; — **company** : société minière; — **department** : service de l'exploitation (*minière*); — **education** : formation professionnelle du mineur; — **engineer** : ingénieur des mines; — **field** : gisement minier; — **industry** : industrie minière; — **legislation** :

mining : (*continued*)
législation minière; — **school** : école des mines; **coal** — : exploitation de la houille; **deep** — : exploitation en profondeur (*mines*); **hydraulic** — : abattage à la lance; **methode of** — : méthode d'exploitation; **open cast** — *or* **open cut** — : exploitation à ciel ouvert; **pillar** — : exploitation par piliers abandonnés (Voir à : **working**); **surface** — : exploitation à ciel ouvert; **underground** — : exploitation souterraine.

minium : minium.

minor metals : petits métaux.

minor repairs : petites réparations.

minus : moins (*signe arithmétique*).

minute : minute (*de temps, d'angle*); —**s of meetings** : notes de réunions; — **quantity** : quantité minime; **centesimal** — : minute centésimale; **sexagesimal** — : minute sexagésimale.

mirror : miroir; **concave** — : miroir concave; **convex** — : miroir convexe; **plane** — : miroir plan; **spherical concave** — : miroir sphérique concave; **to give a** — **finish** : donner une surface parfaitement polie.

misalignment of shafts : mauvais alignement des arbres (*dans un groupe de machines*).

miscible : miscible.

mispickel : mispickel.

miss-fire : raté (*tir des explosifs*) (*subst.*); — **(to)** : rater (*coups de mines*).

mist : vapeur, brouillard, — **projector** : pulvérisateur d'eau (*mines*).

mistering : assemblage à onglet.

mitre (or miter) : onglet (*assemblage*); mitre de cheminée; **to cut in** — : couper à 45°; **45 degree** — **angle** : cornière à 45°; — **gear** : engrenage conique d'équerre; — **joint** : assemblage à onglets.

mix (to) : mélanger; — **-proportioning** : fixation des proportions d'un mélange.

mixer : mélangeur (*sens général*); malaxeur; mélangeur (*métallurgie*); **concrete** — : malaxeur à béton; bétonnière; **dry** — : malaxeur à sec; **hot metal** — : mélangeur de fonte; **metal** — : mélangeur de fonte; **sand** — : malaxeur de sable (*fonderie*).

mixing : action de mélanger; — **chamber** : chambre de mélange; — **mill** : malaxeur; **intimate** — : mélange intime.

mixture : mélange; — **of gases** : mélange gazeux.

mobile : mobile.

model : modèle; maquette; —**ler** : modeleur; —**ling** : modelage; — **(to)** : former, modeler.

moderator : modérateur (*ralentisseur de neutrons*).

modulate (to) : moduler.

modulus : module; — **of elasticity** (*Young's modulus : module de Young*).

moisture : humidité; — **content** : teneur en eau; — **proof electric motor** : moteur électrique protégé contre l'humidité.

molasse : molasse (*géologie*).

mold : moule (voir : **mould**); —**er** : mouleur (Voir : **moulder**).

mole : mole, jetée; (*chimie*): molécule-gramme.

molecular : moléculaire; — **attraction** : attraction moléculaire; — **physics** : physique moléculaire; — **structure** : structure moléculaire; — **weight** : poids moléculaire.

molecule : molécule.

molten steel : acier fondu.

molybdenum : molybdène; — **steel** : acier au molybdène.

moment : moment; — **of a force** : moment d'une force; — **of inertia** : moment d'inertie; — **of resistance** : moment résistant; **bending** — : moment fléchissant; —**um** : quantité de mouvement.

Monel metal : métal Monel.

money-back guarantee : garantie avec obligation de remboursement.
money order : mandat-poste.
monitor : appareil d'avertissement, de détection (*subst.*); — **(to)** : contrôler, surveiller.
monkey-wrench : clé à molette.
monolithe : monolithe.
monolithic : d'un seul tenant, sans joints.
monomial : monôme (*algèbre*).
monopolize (to) : monopoliser.
monopoly : monopole.
monorail : monorail; —**way** : monorail.
month : mois; —**ly** : mensuel; —**ly membership dues** : cotisation mensuelle (*à une associaton*); —**ly wage** : salaire mensuel.
moraine : moraine; **front** — : moraine frontale; **lateral** — : moraine latérale.
Morse taper : cône Morse; — — **shank** : queue à cône Morse; — — **socket N° ...** : cône Morse N° ...
mortar : mortier (*construction*), mortier (*pour broyer*); **hydraulic** — : mortier hydraulique; **lime and sand** — : mortier de chaux et sable.
mortgages : hypothèques.
mortise : mortaise; — **end** : extrémité mortaisée; **blind** — : mortaise borgne; **through** — : mortaise traversante; — **(to)** : mortaiser.
mortising machine : machine à mortaiser.
mosaic floor tile : carreau de mosaïque.
motion : mouvement; — **study** : étude des mouvements; **accelerated** — : mouvement accéléré; **angular** — : mouvement angulaire; **in** — : en mouvement; **longitudinal** — : mouvement longitudinal; **oscillatory** — : mouvement oscillatoire; **pendulous** — : mouvement pendulaire; **quick return** — : mouvement de retour rapide (*machines-outils*); **reciprocating** — : mouvement alternatif; **rectilineal** — *or* **rectilinear** — : mouvement rectiligne; **rotary** — : mouvement circulaire; **traversing** — : mouvement transversal; **uniform** — : mouvement uniforme; **uniformly accelerated** — : mouvement uniformément accéléré; — **retarded** — : mouvement uniformément retardé; — **variable** — : mouvement uniformément varié; **variably accelerated** — : mouvement varié, mouvement à accélération variable.
motive : moteur, motrice (*adj.*); — **energy** : énergie motrice; — **power** : force motrice.
motor : moteur; — **bicycle** : bicyclette à moteur; — **bus** : autobus; — **car** : automobile; **electric** — — : voiture automobile électrique; — — **industry** : industrie automobile; — **coach** : autocar; — **compressor** *or* — — **set** : groupe moteur-compresseur; — **cycle** : motocyclette; —**-driven** : à moteur, mû par un moteur; — **fire apparatus** : moto-pompe d'incendie; — **fuel** : carburant; —**-generator set** : groupe moteur générateur; —**-lorry** : camion automobile; — **oil** : huile pour moteurs d'automobile; — **operated** : à commande mécanique; — **spirit** : essence pour moteurs; — **torque** : couple moteur; — **transport** : transport automobile; — **truck** : camion automobile; — **unit** : bloc-moteur; —**-way** : autoroute; — **winding** : enroulement de moteur électrique, bobinage de moteur électrique; **adjustable speed** — : moteur à vitesse variable; **air** — : moteur à air comprimé; **compound-wound** — : moteur compound; **constant speed** — : moteur à vitesse constante; **direct connected** — : moteur à attaque directe; **direct current** — : moteur à courant continu; **electric** — : moteur électrique; **enclosed** — : moteur blindé; **four cycle** — : moteur à quatre temps (*voir* : **two-cycle, four-cycle**

motor : (*continued*)
engine); **four cylinder —** : moteur à quatre cylindres; **herringbone gear —** : moteur à engrenage à chevrons, moteur turbinaire; **induction —** : moteur asynchrone; **in line —** : moteur en ligne; **moisture-proof —** : moteur protégé contre l'humidité; **open —** : moteur ouvert; **repulsion —** : moteur à répulsion; **reversing —**: moteur réversible; **series-wound —** : moteur shunt; **single phase —** : moteur monophasé; **slip-ring —** : moteur à bagues; **squirrel cage —** : moteur à cage d'écureuil; **starting —**: moteur de démarrage; **synchronous —** : moteur synchrone; **three phase —** : moteur triphasé; **twin-flat —** : moteur plat à deux cylindres jumelés; **two cycle —** : moteur à deux temps; **universal type —** : moteur universel; **V-—** : moteur en V; **valveless —** : moteur sans soupapes; **variable speed —** : moteur à vitesse variable; **vertical shaft —** : moteur à axe vertical; **weather-proof —** : moteur à l'épreuve de la pluie.

motorization : motorisation.

motorman : wattman, conducteur de locomotive; **main line —** : wattman de ligne principale (*mines*).

motorpump *or* **— set** : groupe motopompe.

mottled iron : fonte truitée.

mould : moule; **— for castings** : moule de fonderie; **—er** : mouleur, machine à moulurer; **—ing machine** : machine à moulurer, machine à mouler; **—ing shop** : atelier de moulage; **brick —** : moule à briques; **cast in cast-iron —s** : coulé dans des moules en fonte; **cast in sand —** : coulé au sable; **— (to)** : mouler, modeler, moulurer.

mount (to) : monter, installer; **back-—ed** : monté à l'arrière; **front-—ed** : monté à l'avant; **wagon-—ed** : monté sur un wagon, installé sur wagon; **—er** : monteur; **—ing** : monture, montage; **metal —ing** : monture métallique.

mouth-piece : embout, embouchure (*pièce buccale*).

movable : mobile (*adj.*); **— head** : tête mobile (*machines-outils*); **— hearth** : sole mobile (*fours métallurgiques*).

move (to) : mouvoir, se mouvoir.

movement : mouvement (*sens général*), mouvement d'horlogerie; **clock —** : mouvement d'horlogerie; **ground —** : mouvement de terrain.

mover : moteur, force motrice; **prime —** : appareil d'entraînement, appareil moteur.

moving : mobile; **— coil instrument** : appareil à cadre mobile (*électricité*); **— contact** : contact mobile; **— iron instrument** : appareil à fer tournant (*électricité*).

muck : minerai à charger, minerai abattu; **— pile** : tas à charger (*mines*); **—er** : chargeuse; **coarse —** : blocs à charger; **fine sticky —** : fines collantes à charger; **to — a mine car** : charger une berline de mine.

mucking : chargement; **— machine** : chargeuse mécanique (*mines*); **Conway — —** : chargeuse Conway; **hand —** : chargement à la main; **mechanical —** : chargement mécanique.

mud : boue, schlamms; **— guard** : garde-boue; **— thickener** : épaississeur de schlamms.

muffle (furnace) : **(four à)** moufle; **—-type furnace** : four à moufle; **—r** : silencieux; **— (to) noise** : étouffer le bruit.

muller : meule (*de moulin, de malaxeur, de broyeur*).

mullion : meneau (*montant*).

multibucket chain : chaîne à godets.

multicellular : multicellulaire.

multi-pen recorder : appareil enregistreur à plusieurs plumes.

multiphase : polyphasé.

multi-pin clutch : accouplement à broches multiples.

multiple : multiple (*adj. et subst.*); — **production** : production en série; — **reciprocating engine** : machine alternative multiple (*à plus de deux cylindres*); — **spindle driller** : perceuse à broches multiples; **common** — : multiple commun.

multiplicand : multiplicande.

multiplicator or multiplier : multiplicateur.

multiply (to) : multiplier.

multirange instrument : appareil à plusieurs sensibilités.

multirope winding : extraction multicâble (*mines*).

multispeed : à vitesses multiples.

multistage : à plusieurs étages, polyétagé; — **centrifugal pump** : pompe centrifuge à plusieurs étages; — **compression** : compression polyétagée.

municipal waterworks : service municipal des eaux.

muriatic acid : acide muriatique.

muscovite : muscovite.

mushroom : champignon (*tous sens*).

mutual induction : induction mutuelle.

N

nail : clou ; **—er** : cloutier ; **— hammer** : marteau arrache-clous ; **flat head —** : clou à tête plate ; **— (to)** : clouer.
name plate : plaque (*d'une machine*).
nahpta : naphte ; **—lene** : naphtalène ; **—line** : naphtaline.
naphtenes : naphtènes.
naphtenic acids : acides naphténiques.
naphtol : naphtol.
narrow-gage (*or* -gauge) track : voie étroite (*chemins de fer*).
nascent state (in the) : à l'état naissant.
nation-wide program of expansion : programme d'expansion national ; **National Coal Association (N.C.A.)** : Comité patronal des houillères (U.S.A.) ; **—alization** : nationalisation ; **—alize (to)** : nationaliser.
native : natif, à l'état libre (*métal*) ; **— gold** : or natif.
natrium : sodium.
natron : nitre, salpêtre.
natural : naturel ; **— gases** : gaz naturels ; **— resources** : ressources naturelles ; **— ventilation** : ventilation naturelle (*mines*).
nature : nature.
nautical mile : mille marin anglais (1 853 m).
nave : moyeu (*d'une roue*).
navigation : navigation ; **inland —** : navigation intérieure ; **sea —** : navigation maritime.
navvy : terrassier.
neat's leather : cuir de vache.
neck : col (*de ballon*), goulot (*de récipient*) ; **two-—ed** : à deux tubulures.
needle (*of the compass*) : aiguille (*aimantée*) ; **— reading** : lecture à l'aiguille ; **— roller bearing** : roulement à aiguilles ; **— valve** : robinet à pointeau.
negative : négatif (*mathématiques*) ; **— acceleration** : accélération négative, retardement, décélération ; **—ly charged** : chargé négativement.
negatron : négatron.
negociable instruments : effets négociables.
negociate (to) : négocier.
neocomian : néocomien (*géologie*).
neon : néon ; **— tube** : tube au néon.
nest (tube ...) : faisceau tubulaire (*chaudières*).
net *or* —work : réseau ; **—ting wire** : fil métallique pour réseau ; **—work of distributing mains** : réseau de canalisations de distribution ; **— *or* —t weight** : poids net ; **— profit** : profit net, bénéfice net.
neutral : neutre (*subst.* ou *adj.*) ; **— axis** : axe neutre, fibre neutre (*résistance des matériaux*) ; **— line** : ligne neutre ; **— point** : point neutre ; **— wire** : fil neutre (*électricité*) ; **—ization** : neutralisation ; **—izer** : neutraliseur ; **rotary —izer** : neutraliseur rotatif ; **—ize (to)** : neutraliser
neutron : neutron.
new untested : neuf, sans réception.
nib : pointe (*d'outil*).
nick : encoche ; **— bend test** : essai de pliage sur barreau entaillé (*métallurgie*) ; **—ed tooth** : dent à encoche (*fraises*) ; **— (to)** : entailler, encocher.

nickel : nickel; **—-chromium steel** : acier au nickel-chrome; **—-plated brass** : cuivre nickelé; **— plater** : nickeleur; **— plating** : nickelage; **— steel** : acier au nickel.

nipper : mousse, jeune ouvrier, galibot; **—s** : pince coupante.

nipple : nipple, raccord fileté.

nitr(e) : salpêtre, nitrate de potasse; **—ate** : nitrate; **—ic** : nitrique, azotique; **—ic acid** : acide azotique; **—ide** : nitrure (*subst.*); **—ided steel** : acier nitruré; **—iding hardened** : durci par nitruration; **—iding of steel** : nitruration de l'acier; **—ification** : nitrification; **—ite** : nitrite; **—obenzene** : nitrobenzine; **—ocellulose** : nitrocellulose; **—ogen** : azote; **—ogen case-hardening** : cémentation de l'azote; **—ogen-hardened cast iron** : fonte de moulage cémentée à l'azote; **—ogenous** : azoté; **—oglycerine** : nitroglycérine; **—oglycerine dynamite** : dynamite; **—ous** : azoteux; **—ous oxide** : oxyde azoteux; **—ous protoxide** : oxyde azoteux; **sodium —ite** : nitrite de sodium; **—ide (to)** : nitrurer.

nod(e) : nœud (*tous sens*), nœud (*physique, mathématiques*); **—al point** : nœud (*cordes vibrantes*); **—ular cast iron** : fonte nodulaire; **—ular graphite** : graphite nodulaire; **—ular grey iron** : fonte grise nodulaire; **—ular iron ore** : minerai de fer en rognons; **—ule** : nodule; **ore —ule** : nodule de minerai; **—ulize (to) ores** : noduliser les minerais.

nois(e) : bruit; **—e-reducing** : insonorisant, antiparasite (*radio*); **—eless-running motor** : moteur à marche silencieuse; **—ily-running motor** : moteur bruyant.

no-load ... : ... à vide; **—-losses** : pertes à vide.

nomenclature : nomenclature; **tarif —** : nomenclature tarifaire.

nominee : candidat désigné, représentant élu.

nomograph : abaque; **— chart** : abaque.

non-discrimination : traitement égal pour tous.

non-inflammable gas : gaz non inflammable.

non-skid : antidérapant.

non-symmetrical : dissymétrique.

nonflammable : ininflammable.

nonrotating rope : câble antigiratoire.

noose : nœud coulant.

normal : normale (*subst.*), normal (*adj.*); **— couple** : couple normal; **—ization, or —izing** : normalisation; **—ize (to)** : normaliser.

north : nord; **—ern light** : aurore boréale; **magnetic —** : nord magnétique; **true —** : vrai nord.

nose : bec (*d'une broche de tour, d'une tuyère...*).

notation : notation; **standard —** : notation standard, notation normalisée.

notch : entaille, encoche, cran; **— value:** résilience sur éprouvette entaillée (*métallurgie*); **—ed bar** : éprouvette entaillée; **— — test** : essai de résilience sur éprouvette entaillée; **—ing machine** : machine à entailler; **—tensile characteristics** : caractéristiques de traction sur éprouvettes entaillées; **— (to)** : entailler, échancrer.

notekeeper : marqueur.

notice of dismissal : avis de congédiement.

notice (to give —) : donner congé.

no-voltage contactor : contacteur à manque de tension.

noxious : nuisible; **— gases** : gaz nocifs; **— space** : espace nuisible.

nozzle : bec, nez (*de tuyère, de gicleur*), buse, injecteur; **— of a carburettor** : gicleur de carburateur; **the — is choked up** : le gicleur est bouché; **the — is cleared out** : le gicleur est

nozzle : (*continued*)
débouché; **blow-pipe** — : bec de chalumeau; **spray** — : pulvérisateur; **steam** — : injecteur de vapeur; **tuyere** — : nez de tuyère.

nuclear : nucléaire; — **bombardment** : bombardement nucléaire; — **charge** : charge nucléaire; — **disintegration** : désintégration nucléaire; — **energy** : énergie nucléaire; — **reaction** : réaction nucléaire; — **reactor** : réacteur nucléaire.

nucleus : noyau (*de l'atome*).

nugget : pépite.

null : nul, égal à zéro (*mathématiques*).

number : nombre; — **of revolutions** : nombre de tours; **broken** — : nombre fractionnaire; **prime** — : nombre premier; — **(to)** : numéroter.

numerator : numérateur.

numerical : numérique; — **value** : valeur numérique.

nut : écrou, noix (*mécanique*), noix (*charbon*); — **coal** : noix (*charbon*); — **oil** : huile de noix; — **tapper,** *or* — **tapping machine** : machine à tarauder les écrous; — **wrench** : clé anglaise; **adjusting** — : écrou de réglage; **castellated** — : écrou crénelé; **coupling** — : écrou de raccord; **to run off a** — : dévisser un écrou; **thumb** — : écrou à oreilles; **to tighten a** — : serrer un écrou; **to unscrew a** — : dévisser un écrou; **washed** —**s** : noix lavées; **wing** — : écrou à oreilles.

nystagmus (miners'...) : nystagmus des mineurs.

O

oak : chêne.
oakum : étoupe.
object-glass : objectif (*optique*).
object-lens : objectif.
objective : objectif (*adj.*) ; **immersion —** : objectif à immersion.
oblate : aplati à ses pôles (*solides de révolution*).
oblique : oblique ; **— line** : ligne oblique ; **—ly** : obliquement.
obliquity : obliquité.
observation (to make an —) : faire une observation (*topographie*).
observatory : observatoire.
obsidian : obsidienne.
obsolescence (*by machines*) : désuétude (*des machines*).
obsolescent *or* **obsolete** : désuet, démodé.
obstruction : obstruction.
obtuse : obtus ; **— angle** : angle obtus.
occluded gas : gaz occlus.
occlusion of gases : occlusion de gaz.
occupational disease : maladie professionnelle.
ochre : ocre ; **red —** : ocre rouge ; **yellow iron —** : ocre jaune ; **—ous** : ocreux.
octagon : octogone ; **— chisel** : burin octogonal ; **— steel** : acier octogonal ; **—al** : octogonal.
octahedron : octaèdre.
octane hydrocarbon (high ...) : hydrocarbure à indice d'octane élevé.
octane number : indice d'octane.
ocular : oculaire.
odometer : odomètre (*ou* : *hodomètre*).
oersted : oersted (*unité de réluctance magnétique*).
off center : décentré.
off-size : tolérance.
offer : offre (*commerce*).
office : bureau ; **— furniture** : mobilier de bureau ; **— hours** : heures de bureau ; **— supplies** : fournitures de bureau ; **head —s** : bureaux centraux ; **sales —** : bureau de vente.
official : fonctionnaire, employé ; **underground —s** : agents de maîtrise du fond (*mines*).
offset : décalage, retrait (*construction*) ; **— from center** : décentré ; **— plate** : contre-plaque ; **— wrench** : clé coudée.
ogive : ogive.
ohm : ohm ; **Ohm's law** : loi d'Ohm ; **—meter** : ohmmètre ; **—ic resistance** : résistance ohmique.
oil : huile (*subst.*) ; **— bath** : bain d'huile ; **to run in — —** : tourner dans l'huile ; **— bearing sand** : sable pétrolifère ; **— box** : carter à huile ; **— break-switch** : interrupteur à huile, disjoncteur à huile ; **— brush** : balai graisseur ; **— burner** : brûleur à huile ; **— cake** : tourteau ; **—-can** : burette à huile ; **— capacity** : réservoir d'huile ; **— cloth** : toile cirée ; **— consumption** : consommation d'huile ; **— cup** : graisseur à godet ; **— cushion** : amortisseur à huile ; **— dryer** : sécheur d'huile ; **—-electric locomotive** : locomotive Diesel électrique ; **— engine** : moteur à huile

oil : (*continued*)
lourde; — **field** : champ de pétrole; — **filter** : filtre d'huile; — **gage** : jauge d'huile; — **groove** : patte d'araignée; —**-hardened** : trempé à l'huile; — **hole** : trou de graissage; —**-immersed** : immergé dans l'huile; — **paint** : peinture à l'huile; — **paper** : papier huilé; — **pipe-line** : canalisation d'adduction de pétrole; — **pump** : pompe à huile; — **recesses** : pattes d'araignée; — **ring** : bague de graissage; — **safety-lamp** : lampe de sûreté à huile (*mines*); — **separation** : déshuilage; — **separator** : déshuileur; — **shale** : schiste bitumineux; —**-soluble** : soluble dans l'huile; —**-tempered** : trempé à l'huile; — **testing set** : appareil d'essai des huiles; — **tighting** : joint d'huile; — **well** : puits de pétrole, boîte à huile (*d'un palier*); **animal —s** : huiles animales; **camphor** — : huile camphrée; **compounded** — : huile compound; **compressor** — : huile pour compresseurs; **crank-case — cock** : robinet de vidange d'huile du carter; **creosote** — : huile de créosote; **crude** — : huile brute, huile lourde; **cutting** — : huile de coupe; **cylinder** — : huile à cylindres; **Diesel engine** — : huile pour Diesel; **distillate** — : huile raffinée; **domestic** — : fuel domestique; **drying** — : huile siccative; **dynamo** — : huile dynamo; **engine** — : huile moteurs; **extreme high-speed** — : huile pour très grandes vitesses; **fish** — : huile de poisson; **flooded with** — : baignant dans l'huile; **gear** — : huile pour engrenages; **heavy —s** : huiles lourdes; **ice machine** — : huile pour machines frigorifiques; **immersed in** — : noyé dans l'huile; **insulating** — : huile isolante; **light —s** : huiles légères; **light machine** — : huile légère pour machines; **linseed** — : huile de lin; **lubricating** — : huile de graissage; **machine** — : huile machines; **medium —s** : huiles moyennes; **mineral —s** : huiles minérales; **miscellaneous** — : huile d'entretien général; **motor** — : huile pour moteurs électriques; **neat's foot** — : huile de pied de bœuf; **nut** — : huile de noix; **paint** — : huile de peinture; **palm** — : huile de palme; **paraffin** — : huile de paraffine; **petroleum** — : huile de pétrole; **quench** — : huile usée; **rape seed** — : huile de colza; **resin** — : huile de résine; **running in** — : tournant dans l'huile; **shale** — : huile de schistes; **slushing** — : huile épaisse, huile consistante; **spindle** — : huile pour broches, huile légère; **stainless** — : huile épurée; **tempering** — : huile de trempe; **transformer** — : huile pour transformateurs; **turbine** — : huile pour turbines; **turpentine** — : huile de térébenthine; **used** — : huile usée; **valve** — : huile à soupapes; **vaseline** — : huile de vaseline; **vegetable —s** : huiles végétales; **volatile —s** : huiles légères.

oiler : graisseur (*objet*), graisseur (*fonction*); **drop** — : graisseur compte-gouttes; **sight feed** — — : graisseur compte-gouttes à débit visible; **spring** — : graisseur à ressort.

oiliness : onctuosité (*d'un lubrifiant*).

oiling : huilage; **bath** — : graissage par barbotage; **circulation** — : graissage par circulation; **forced-feed** — : graissage central sous pression; **gravity — system** : système de graissage par gravité.

oilless bearing : paliers sans huile, palier graphité.

oilstone : pierre à huile (*pour affûtage*).

oily : huileux.

old age benefit : secours de vieillesse.

old age pension : pension de retraite.

old iron : ferraille.

oleometer : oléomètre.
oligist iron ore : oligiste.
oleum : oleum, acide sulfurique fumant.
once-through process : procédé continu, sans recyclage.
ondulatory : ondulatoire.
one-man operation : commande par un homme.
oolit(e) : oolithe, calcaire oolithique; **—ic limestone** : calcaire oolithique.
ooze (to) : suinter.
opacify (to) : opacifier.
opacity : opacité.
opaque : opaque; **— body** : corps opaque.
open : ouvert; **— annealing** : recuit à l'air; **—-cast method of mining** : exploitation à ciel ouvert (*mines*); **—-cut method of mining** : exploitation à ciel ouvert; **— die** : filière fendue; **— flame furnace** : four à flamme; **—-hearth furnace** : four Martin; **— — pig iron** : fonte d'affinage pour four Martin; **— — steel** : acier Martin; **— — — plant** : aciérie Martin; **acid — — —** : acier Martin acide; **basic — — —** : acier Martin basique; **— pit mining** : exploitation en découverte (*mines*); **— steel** : acier non calmé; **— stopes method** : exploitation par piliers abandonnés (*mines*); **opening** : ouverture; **— (to) up a mine** : ouvrir une mine.
operate (to) : manier, desservir, conduire, opérer; **— an engine** : conduire une machine; **—d by remote control** : commandé à distance; **air —d** : commandé à l'air comprimé; **one-man —d** : commandé par un seul homme; **power —d** : à commande mécanique; **difficult to —** : de conduite difficile.
operating ... : ... en marche de *ou* en fonctionnement; **— cost** : dépenses de fonctionnement; **— economy** : économie de marche; **— efficiency** : rendement (*d'une machine*); **— lever** : levier de commande; **— prime cost** : frais d'exploitation; **— results** : résultats d'exploitation; **— speed** : vitesse de marche normale, régime normal; **in good — condition** : en bon état de marche.
operation : opération; marche, fonctionnement; conduite, manœuvre, maniement; **in —** : en service, en action; **to put into —** : mettre en marche.
operative : travailleur, ouvrier.
operator : opérateur, conducteur; **—'s car** : cabine de commande (*d'un portique, d'une pelle*); **cutter —** : machiniste de haveuse; **drill —** : foreur; **loading-machine —** : conducteur de chargeuse; **shuttle-car —** : conducteur de camion-navette.
optic : optique (*adj.*); relatif à l'œil; **—al** : optique (*adj.*); **—al methods** : méthodes optiques; **—al pyrometer** : pyromètre optique; **—s** : optique (*subst.*).
order : commande (*de matériel*); **— of magnitude** : ordre de grandeur; **—s on hand** : commandes en carnet.
ordinate : ordonnée (*mathématiques*).
Ordovician : Ordovicien.
ore : minerai; **— body** : gisement de minerai; **exhaustion of an — —** : épuisement d'un gisement de minerai; **— concentrate** : concentré de minerai; **— crusher** : concasseur de minerai; **—-dressing equipment** : matériel de préparation des minerais; **— — plant** : installation de préparation des minerais; **— enrichment** : enrichissement des minerais; **— magnetic separation plant** : installation de préparation magnétique des minerais; **— pulp** : fines (*de minerai*); **— roasting** : grillage des minerais; **— sintering** : agglomération des minerais par frittage; **— — plant** : installation d'agglomération des minerais par frittage; **—-sorting** : triage du minerai; **—-stamper** : bocard (*à minerai*); **— treatment** :

ore : (*continued*)
traitement des minerais; **— washing** : lavage des minerais; **— — equipment** : installation de lavage des minerais; **— — plant** : lavoir à minerai; **— yard** : emplacement de stockage des minerais; **copper bearing —** : minerai cuprifère; **crude —** : minerai brut; **fine —** : minerai fin; **gold —** : minerai aurifère; **high-grade —** : minerai à haute teneur; **iron —** : minerai de fer; **low-grade —** : minerai à faible teneur; **lumpy —** : minerai en morceaux; **oxidized —** : minerai oxydé; **phosphorous —** : minerai phosphoreux; **non — —** : minerai non phosphoreux; **rock —** : minerai en roche; **run of the mine —** : minerai tout venant; **sulphide —** : minerai sulfuré.

organ : organe; **—ic chemistry** : chimie organique; **—ic compounds** : composés organiques; **—ic matter** : matières organiques; **—ism** : organisme; **—ization** : organisation; **—ized worker** : travailleur syndiqué; **—ize (to)** : organiser.

orient(ation) : orientation; **professional —ation** : orientation professionnelle; **— (to)** *or* **—ate (to)** : orienter.

orifice : orifice; **equivalent —** : orifice équivalent (*mines*).

origin : origine; **— of coordinates** : origine des coordonnées; **—al cost** : prix de revient, frais de fabrication; **—al investment** : capital engagé.

orpiment : orpiment.

orthogonal : orthogonal.

orthographic projection : projection orthographique.

orthorhombic : orthorhombique (*cristallographie*).

oscillat(ion) : oscillation; **—ory** : oscillatoire; **quartz —or** : oscillateur à quartz; **torsional —ion** : oscillation du pendule de torsion; **—e (to)** : osciller.

oscillograph : oscillographe; **cathode-ray —** : oscillographe cathodique; **magnetic —** : oscillographe magnétique.

osmium : osmium.

osmose : osmose.

ounce : once.

out-perform (to) (*another machine*) : surpasser en valeur (*une autre machine*).

outboard : extérieur; **— bearing** : palier extérieur.

outbreak *or* **outbreaking** : explosion.

outburst : explosion, dégagement instantané (*mines*); **— of gas** : dégagement instantané de gaz; **— — — and coal** : dégagement instantané de gaz avec projection de charbon; **sudden —** : dégagement instantané (*mines*).

outcrop (*of a coal fied*) : affleurement (*d'un gisement minier*); **surface —pings** : affleurements.

outfit : équipement, outillage, appareillage; **charging —** : poste de recharge (*d'accumulateurs*); **welding —** : appareillage pour soudure.

outlet : sortie, décharge; **— port** : orifice de sortie, orifice d'évacuation; **—-valve** : clapet de refoulement.

outline : esquisse, contour.

output : rendement, production, extraction (*mines*), dépense; **— per worker** : production par ouvrier, rendement individuel; **— ratio** : rendement; **energy —** : dépense d'énergie; **monthly —** : production mensuelle; **power —** : dépense d'énergie.

outrigger : console.

outside : extérieur; **— diameter** : diamètre extérieur.

ovalization of the cylinder : ovalisation du cylindre (*autom.*).

ovalized cylinder : cylindre ovalisé.

oven : four (*à cuire, à sécher, à traiter*); **bake —** : four à sécher; **coke —** : four à coke; **core —** : séchoir de fonderie; **drying —** : four à dessécher, étuve; **enamelling —** : four à émailler.

over-coking : cuisson prolongée du coke.
overcompound (to) : hypercompounder.
overcurrent : surintensité.
overhand stoping : abatage par gradins renversés (*mines*).
over-pressure : surpression.
over-production : surproduction.
overall : vêtement de protection; hors-tout; — **dimensions** : dimensions hors-tout; — **height** : hauteur hors-tout; — **length** : longueur hors-tout; — **width** : largeur hors-tout.
overburden : surcharge, morts-terrains, terrains susjacents (*mines*); — **removal** : enlèvement du recouvrement, en découverte; — **(to)** : surcharger; **to do —** : travailler dans de la découverte (*pelles à vapeur*).
overcharge (to) : surcharger.
overdraft : découvert (*banque*).
overfeed stoker : dispositif d'alimentation (*en charbon*) par-dessus la grille (*chaudières*).
overflow : trop-plein, débordement (*subst.*); — **dam** : déversoir; — **(to)** déborder.
overgrinding : broyage excessif (*d'une partie des matières passant au concasseur*).
overhang : porte-à-faux (*subst.*); **—ing bank** : banc (*de terrain*) en porte-à-faux; — **(to)** : surplomber, être en porte-à-faux.
overhaul(ing) : révision (*d'une machine*); **—ing machine** : machine à reprendre, machine à enlever les battitures; **all —ed** : entièrement révisé; **completely —ed** : complètement révisé; **to —** : examiner en détail, inspecter, réviser (*une machine*).
overhead : global, général; en l'air, à la partie supérieure; — **cable** : câble aérien; **—-cavity** : cloche au toit (*mines*); **—-costs** : frais généraux; — **transmission line** : ligne de transport aérien (*électricité*); — **wire** : fil aérien; fil de trolley; — **wiring** : ligne aérienne.
overheating : surchauffe, chauffe excessive; — **of steel** : surchauffe de l'acier.
overhoisting : dépassement de fin de course; mise aux molettes (*mines*).
overhung : en porte-à-faux; — **motor** : moteur calé sur l'arbre, moteur en porte-à-faux.
overlap — (to) : recouvrir, être à recouvrement; **—ping** : recouvrement.
overlaying rock : roche susjacente.
overload : surcharge; — **capacity** : capacité de surcharge; — **protection** : protection contre les surcharges; — **relay** : relais limiteur d'intensité, relais à maximum d'intensité; — **(to)** : surcharger.
overman : chef d'équipe.
overnight service : service de nuit.
overpass : passage en dessus.
overseer : surveillant, inspecteur, contremaître (*d'atelier*).
overshot water wheel : roue hydraulique en-dessus.
oversight : surveillance.
oversize (*from a screen*) : refus (*d'un crible*).
overspeed : survitesse; — **gear** : modérateur de vitesse, limiteur de vitesse; — **preventer** : modérateur de vitesse, limiteur de vitesse; — **prevention** : limitation de vitesse; — — **gear** : modérateur de vitesse, limiteur de vitesse.
overstrain (to) : surmener, surcharger; **—ing** : surcharge.
overstressing : surmenage (*du matériel*), surcharge.
overtime : heures supplémentaires.
overtone : harmonique supérieure (*acoustique*).
overtravel (to) : dépasser la fin de course; dépasser la recette (*mines*); mettre aux molettes.
overturn : capotage; **—ing skip** : skip basculant; — **(to)** : renverser, culbuter, basculer.

overvoltage : surtension.

overweight : surpoids, excédent de poids.

overwind gear : évite-molettes (*mines*); **—ing** : mise aux molettes (*mines*); **—ing preventer,** *or* **—ing prevention gear** : évite-molettes; **— (to)** : dépasser la fin de course avec un treuil, une machine d'extraction aller aux molettes (*mines*).

overwork : surmenage; **—ed** : épuisé par le travail; **— (to)** : surmener, se surmener.

owner (surface —) : propriétaire de la surface.

oxalate : oxalate.

oxalic acid : acide oxalique.

oxidant : oxydant (*adj.*).

oxidation : oxydation; **moderate — during storage of coal** : oxydation lente du charbon au stockage; combustion lente du charbon.

oxide : oxyde; **— film** : pellicule d'oxyde; **— scales** : plaques d'oxyde, écailles d'oxyde; **cupric —** : oxyde de cuivre; **ferric —** : oxyde ferrique; **nitric —** : oxyde azotique; **nitrous —** : oxyde azoteux.

oxidiz(ability) : aptitude à l'oxydation ; **—ation** : oxydation; **—ed ore** : minerai oxydé; **—ing** : oxydation; **—e (to)** : oxyder.

oxy-hydrogen... : ... oxhydrique; **— — cutting and welding torch** : chalumeau oxhydrique à couper et souder; **— — pipe** : chalumeau oxhydrique; **— — torch** : chalumeau oxhydrique.

oxyacetylen ... : ... oxyacétylénique; **— cutting** : découpage au chalumeau; **— flame** : flamme oxyacétylénique; **— pipe,** *or* **— torch** : chalumeau oxyacétylénique; **— welding** : soudure autogène.

oxygen : oxygène; **— enrichment of the blast** : enrichissement à l'oxygène du vent soufflé; **— generator** : générateur d'oxygène; **— liquefying machinery** : installation de liquéfaction de l'oxygène; **— producing plant** : usine de production d'oxygène; **—ation** : oxygénation; **liquid —** : oxygène liquide; **—ate (to)** : oxygéner.

ozon(e) : ozone; **—ator** : ozonateur; **—izer** : ozoniseur; **—ize (to)** : ozoniser.

P

pace (to) (*a machine*) : régler l'allure (*d'une machine*).

pack : paquet, bourrage, garniture; **— cloth** : toile d'emballage; **—-paper** : papier d'emballage; **— wall** : mur de remblai, arête de remblai, dame de remblai (*mines*); **good —** : bon remblai; **poor —** : mauvais remblai; **supporting —** : pilier destiné à supporter le toit (*mines*); **— (to)** : emballer, mettre en paquet; bourrer, garnir (*d'étoupe*), remplir; recouvrir (*de calorifuge*); **bearing —ed in lubricant** : palier noyé dans la graisse; **— up** : emballer.

packing : emballage; garniture d'étanchéité; garniture de presse-étoupe; remblai (*mines*); **—-case** : caisse d'emballage; dame de remblai (*mines*); **—-gland** : rondelle de presse-étoupe; **— included** : emballage compris; **—-paper** : papier d'emballage; **—-plan** : plan d'assemblage; **hydraulic —** : joint hydraulique; **pipe joint —** : garniture de joint de tuyauterie; **piston —** : garniture de piston; **piston — ring** : segment de piston; **power —** : remblayage mécanique (*mines*); **rubber —** : garniture de caoutchouc; **strip —** : remblayage partiel par arêtes de remblai.

paddle : pale; **—s of a water wheel** : palettes, aubes d'une roue hydraulique; **— wheel** : roue à aubes, roue à palettes.

padlock : cadenas; **— (to)** : cadenasser.

paid holiday privileges : congés payés.

pail : seau.

paint : peinture; **— brush** : pinceau (*de peintre*); **— oil** : huile de peinture; **— remover** : décapant de peinture; **— sprayer** : pistolet (*de peintre*); **fresh —** : peinture fraîche.

pair furnace : four à réchauffer les largets.

palaeobotany : paléobotanique.

pallet : palette.

palm-oil : huile de palme.

pan : cuve, réservoir, auge, bassin; battée (*pour lavage de l'or*); **chip —** : auge à copeaux; **— (to)** : laver (*de la terre aurifère*) à la battée.

pane : carreau; **— of glass** : vitre; **— of a hammer** : panne d'un marteau.

panel : panneau (*de tableau électrique*); panneau d'exploitation (*mines*); **control —** : panneau de contrôle (*tableaux électriques*); **instrument —** : tableau d'appareils de contrôle.

panning : lavage de l'or à la battée; batte de l'or.

paper : papier; **— board** : carton; **— insulated** : isolé au papier (*électricité*); **— mill** : papeterie (*usine*); **— money** : papier-monnaie, billet de banque; **blue-print —** : papier au ferro-prussiate; **corrugated —** : carton ondulé; **heliographic —** : papier héliographique; **pack — or packing —** : papier d'emballage.

par : pair (*commerce, banque*); **above —** : au-dessus du pair; **at —** : au pair; **below —** : au-dessous du pair; **on a — with** : au pair avec.
parabol(a) : parabole; **—ic** : parabolique; **—ic reflector** : réflecteur parabolique; **—oid** : paraboloïde.
paraffin : paraffine; **— oil** : huile de paraffine.
parallax : parallaxe.
parallel : parallèle (*subst.* et *adj.*); **— circuits** : enroulements en parallèle; **— coupling** : couplage en parallèle; **— drive** : commande parallèle; **— operation of alternors** : mise en parallèle des alternateurs; **— to...** : parallèle à; **— vice** : étau parallèle; **— working** : travail en parallèle; **—epiped** *or* **—epipedon** : parallélépipède; **—ism** : parallélisme; **—ogram** : parallélogramme; **—ogram of forces** : parallélogramme des forces; **—ogram law** : loi du parallélogramme des forces; **coupled in —** : couplés en parallèle; **— (to)** : aller parallèlement à.
paramagnetic : paramagnétique.
paramagnetism : paramagnétisme.
parameter : paramètre.
parget (to) : crépir, recouvrir de plâtre; **—ing** : crépi.
parity : parité.
park (to) a car : garer une voiture (*au parking*); **—ing place** : emplacement de parking.
parkerisation : parkérisation.
part load : charge partielle; **— — regulation** : réglage (*d'un compresseur*) à charges partielles.
particle : particule.
partition : cloison; **— wall** : cloison, mur de séparation.
partner : associé; **—ship** : association; **active —** : commandité; **sleeping —** : commanditaire.
parts : pièces de rechange; **replacement —** , *or* **spare —** : pièces de rechange.
pass (to) the current : laisser passer le courant.
pass-key : passe-partout.
passage : ouverture de passage; **—way** : orifice de passage (*d'admission, d'échappement*).
passenger-car : voiture de voyageurs (*chemins de fer*).
pasteboard : carton; **perforated —** : carton perforé.
patch : pièce (*réparation*); **—work** : rapiécetage; **— (to)** : rapiécer, réparer des déchirures à...
patent : brevet d'invention; **— rights** : droits garantis par brevet; **—ed** : breveté; trempé au plomb; **—ed steel wire** : fil d'acier trempé au plomb; **—ee** : détenteur d'un brevet; **to take a —** : prendre un brevet; **— (to)** : breveter, faire breveter; tremper au plomb.
path : chemin; **— described** : chemin décrit, courbe décrite; **— of travel (*of gases in the coke oven*)** : chemin parcouru (*par les gaz dans le four à coke*).
patina : patine (*des vieux bronzes*); **—tion** : patinage; **—te (to)** : patiner.
pattern : modèle, type; **— shop** : atelier de confection de modèles; **foundry — plate** : plaque de démoulage pour fonderie; **split —** : modèle en deux pièces.
pave (to) : paver; **—ment** : pavé, dallage; **granite-block —ment** : pavage en granit; **wood-block —ment** : pavage en bois.
paving : pavage, pavé; **— breaker** : brise-béton; **—stone** : pavé; **—tile** : carreau (*de carrelage*).
pawl : cliquet; linguet.
pay : paie, paiement; **—ability** : rentabilité; **—able** : payable, qui paie, rentable; **—able to bearer** : payable au porteur; **—able to order** : payable à ordre; **—ment** : paiement; **—ment by-draft, by check, in cash** : paiement par traite, par chèque, au comptant;

pay *(continued)*
—roll : fiche de paie; **terms of —ment** : termes de paiement; **pay (to)** : payer; **— at double time** : payer avec 100 % de majoration (*salaires*); **— on the basis of time and one-half** : payer avec 50 % de majoration; **—-out a cable** : laisser filer un câble.

pea : petite noix, noisette (*classement des charbons*).

peak : pointe; **— load** : charge de pointe, pointe, effort de pointe; **— voltage** : tension de pointe; **power —** : pointe de puissance.

pearlite : perlite.

peat : tourbe; **—-bog** : tourbière; **to dig —** : extraire la tourbe.

pebble-mill : broyeur à galets.

pedal : pédale.

pedesta : piédestal; support.

pediment : tympan (*architecture*).

peen : panne (*d'un marteau*).

peep hole : regard.

peg : cheville.

pegmatite : pegmatite.

pellet(s) : boulettes, petits grains, grenaille; **— furnace** : four à pellets; **—ization** : pelletisation; **steel —s** : grenaille d'acier; **—ize (to)** : pelletiser.

penalty : pénalité, amende; **delay —** : pénalité de retard.

pendulum : pendule.

pension : retraite (*des ouvriers*); **—er** : retraité; **—ing** : retraite, mise à la retraite.

penstock : canal d'amenée de l'eau (*à une machine hydraulique*).

pentatron : pentatron.

penumbra : pénombre.

perform (to) : accomplir, réaliser.

per hour : à l'heure, horaire.

percentage : pourcentage.

perchlorate : perchlorate; **— explosive** : explosif au perchlorate.

percolat(e) (to) : filtrer; **—ion** : filtration; **—ion of water** : filtration de l'eau.

percussion-cap : capsule, amorce (*tir*).

percussive drilling : forage par percussion.

perfect gas : gaz parfait.

perforat(e) (to) : perforer; **—ed metal** : métal perforé; **—ed plate** : tôle perforée; **—ion** : perforation.

perform (to) : accomplir; **— a function** : remplir une fonction; **—ance** : rendement (*d'une machine, d'un homme*); résultat obtenu (*avec une machine*); **coking —ance** : pouvoir cokéfiant (*du charbon*).

peridot : péridot.

perihelion : périhélie.

perimeter : périmètre.

period : period; **—ic** *or* **—ical** : périodique; **—icity** : périodicité; **vibration —** : période de vibration.

peripherical : périphérique; **— speed** : vitesse périphérique.

periphery : périphérie; **— cutting speed** : vitesse périphérique de coupe.

periscope : périscope.

perlite : perlite.

permanent : permanent; **— deformation** : déformation permanente; **— elongation load** : charge d'allongement permanent; **— load** : charge permanente; **— magnet** : aimant permanent.

permanganic acid : acide permanganique.

permeability : perméabilité (*sens général*); perméabilité (*magnétisme*).

permeable to ... : perméable à ...

permian : permien (*géologie*).

permissible : autorisé, agréé; **— for use in gaseous mines** : agréé pour les mines grisouteuses.

permitted explosives : explosifs agréés (*mines*).

permutation : permutation (*mathématiques*).

peroxide of iron : peroxyde de fer.

perpendicular : perpendiculaire (*subst.*); **— to** : perpendiculaire à (*adj.*).

personal : personnel (*adj.*); qui concerne le personnel; — **manager** : chef du personnel; — **risk** : risque d'accident (*du personnel*); — **taxes** : cote personnelle.

personnel : personnel (*subst.*); **directing** — *or* **executive** — : personnel de direction (*d'une entreprise*).

perspective : perspective; **aerial** — : perspective cavalière; **linear** — : perspective linéaire.

pervious (to) : perméable (à).

pestle : pilon (*pour mortier*).

pet-cock : robinet de purge.

petrochemi(cal) : pétrochimique; **—stry** : pétrochimie.

petrographic *or* **petrographical** : pétrographique.

petrography : pétrographie.

petrol : essence (*Angleterre*), *voir* : **gasoline (U. S. A.)**; — **can** : bidon d'essence; — **station** : station d'essence; **—ene** : résidu du pétrole; **—eum** : pétrole; **—eum coke** : coke de pétrole; **—eum oil** : huile de pétrole; **—eum pitch** : brai de pétrole; **—ogic** *or* **—ogical** : pétrologique; **—ogy** : pétrologie; **crude —eum** : pétrole brut.

pewter : étain; alliage d'étain et de plomb.

phantom : fantôme (*magnétisme*; *électricité*).

pharmaceuticals : produits pharmaceutiques.

phase : phase (*physique, électricité*); — **adjuster** : ajusteur de phase; — **change** : changement de phase; — **compensator** : compensateur de phase; — **retardation** : retard de phase; **one—..., two—..., three— current** : courant monophasé, diphasé, triphasé; **single—..., double—..., triple—... — —** : courant monophasé, diphasé, triphasé; **out of —** : déphasé.

phenol : phénol.

phenomenon (*pl.* : **phenomena**) : phénomène.

phial : fiole; **electric** — : bouteille de Leyde.

phone (to) : téléphoner.

phonolite : phonolithe.

phosgene : phosgène.

phosphate : phosphate; — **of calcium** : phosphate de chaux; **—d fertilizer** : engrais phosphaté.

phosphide : phosphure.

phosphite : phosphite.

phosphor(us) : phosphore; **— -bronze** : bronze phosphoreux; — **tin** : étain phosphoreux; **—escence** : phosphorescence; **—ic acid** : acide phosphorique; **—ic anhydride** : anhydride phosphorique; **—ite** : phosphorite; **—ous** : phosphoreux.

photocopy : photocopie.

photo-electric cell : cellule photoélectrique.

photo-electric relay : relais photoélectrique.

photographic film : pellicule photographique.

photo-micrographical test : essai micrographique.

photoelasticity : photoélasticité.

photography : photographie.

photomet(er) : photomètre; **—ric** : photométrique; **—ric test** : mesure photométrique; **—ry** : photométrie.

photo-micrography : micro-photographie.

photon : photon.

phototype : phototype.

phyllite : phyllite.

physical : physique (*adj.*); — **properties** : propriétés physiques; **—ly handicapped** : déficient (*ouvrier*).

physicist : physicien.

physics : physique (*science*).

pick : pic; **— -axe** : pioche, pic; — **and shovel brigade** : équipe de terrassiers; — **up** : prélèvement; **—hammer** : marteau-piqueur; **—ing belt** : courroie de tirage (*mines*); **double —** :

pick *(continued)*
pic à deux pointes; **pneumatic —** : marteau pneumatique; **to have a good —ing up** : avoir de bonnes reprises (*moteurs*); **— (to)** : enlever; trier, piquer; **— up** : prélever (*voir* **pike**).

pickle : décapant (*subst.*); **— (to)** : décaper.

pickling : décapage; **— bath** *or* **— solution** : bain décapant; **— powder** : poudre décapante.

picrate : picrate.

piece : pièce; **— of machinery** : pièce de machine; **— rate wages** : salaire aux pièces; **—-work** : travail aux pièces; **to machine a —** : usiner une pièce; **one-—** : d'une seule pièce.

pier : pile (*de pont*); quai maritime.

piercing machine : machine à évider.

piezo-electricity : piézoélectricité.

piezometer : piézomètre.

pig : gueuse; **— breaker** : casse-gueuses.

pig-iron : fonte brute, fonte de première fusion, fonte en gueuses; **basic — —** : fonte phosphoreuse; **charcoal — —** : fonte au charbon de bois; **coke — —** : fonte au coke; **electric — —** : fonte électrique; **foundry — —** : fonte brute pour fonderie; **— hematite — —** : fonte hématite de moulage; **hematite — —** : fonte hématite; **open hearth — —** : fonte d'affinage pour four Martin; **specular — —** : fonte spiegel, fonte spéculaire; **steel-making — —** : fonte d'affinage.

pike : pic.

pikeman : piqueur (*mines*).

pilaster : pilastre.

pile : pieu, pilotis; pile, tas, amas; pile (*électrique*); **— driving** : pilotage (*enfoncement de pilotis*); **— foundation** : fondation sur pilotis; **— of refuse** : tas de vieux rebuts; **—driver** : sonnette; mouton à sonnette, marteau à pilotis; **atomic —** : pile atomique; **bichromate —** : pile au bichromate; **— (to)** : empiler, entasser; paqueter.

pilger mill : laminoir à tubes à pas de pèlerin.

pilgrim's step process : procédé du pas de pèlerin.

piling : action d'empiler, de mettre en paquets; pilotage; **— furnace** : four à réchauffer en paquets.

pillar : pilier; **— of coal** : pilier de charbon (*mines*); **— crane** : grue à potence; **— extraction** : reprise des piliers; **— mining** : exploitation par piliers abandonnés; **— recovery** : récupération des piliers, reprise des piliers (*mines*); **— and stall work** : méthode par chambres et piliers (*mines*); **foundation —** : pilier de fondation; **yield —** : pilier affaissable.

pillow : coussinet; **—-block bearing** : palier ordinaire, palier lisse.

pilot lamp : lampe pilote.

pilot wire : fil pilote.

pin : goujon; goupille; axe (*d'un maillon de chaine*); épingle; **—-driver**: chasse-goupilles; **check-—** : goupille d'arrêt; **pivot —** : ave de pivot; **shearing —** : goupille de cisaillement; **suspension —** : axe de suspension.

pincers (*pl.*) : pince.

pine (pine-tree) : pin.

pinion : pignon; **—s with double helical gearing** : pignons à chevrons.

pintle : pivot, axe de rotation.

pipe : tuyau; conduite; retassure (*de lingot*); **— bend** : tube coudé; **— branch** : T de tuyauterie; **— connections** : raccords de tuyauterie; **—-cutter** : coupe-tubes; **— fittings** : raccords de tuyauterie; **— joint** : joint de tuyauterie, assemblage de tuyauterie; **— — compound** : garniture pour joints de tuyauterie; **— line** : canalisation, tuyauterie; colonne de tuyaux; réseau de tuyauterie; **— man** : tuyauteur, poseur de

pipe *(continued)* tuyauterie (*mines*); **— rolling mill** : laminoir à tubes; **— scale** : écailles d'oxydation sur les tuyauteries; **— sediment** : dépôt sur les tuyauteries; **— union** : raccord de tuyauterie; **— vice** : étau à tubes; **— wrench** : clé à tubes; **air —** : conduite d'air; **blow-—** : chalumeau; **cement —** : tuyau en ciment; **check-—** tuyau de retenue; **discharge —** : tuyau de décharge; **drain —** : tuyau de descente, tuyau de drainage; **drive —** : tube de captation; **exhaust —** : tuyau d'échappement; **exit —** : tuyau d'évacuation; **feed —** : tuyau d'alimentation; **filler —** : tuyau de remplissage; **flange —** : tuyau à brides; **galvanized —** : tuyau galvanisé; **lead joint —** : tuyau à joints de plomb; **a length of —** : une longueur de tuyau; **quick-fitting — union** : raccord de tuyauterie rapide; **rain-water —** : tuyau de descente d'eau; **ribbed —** : tuyau à ailettes; **sewer —** : tuyau d'égout; **stand —** : tuyau de refoulemen ; **steam —** : tuyau de vapeur; **suction —** : tuyau d'aspiration; **ventilation —** : canal d'aérage (*mines*); **water —** : tuyauterie d'eau; **— (to)** : transporter par tuyauterie.

pipefitter : tuyauteur.

pipette : pipette (*chimie*); **graduated —** : pipette graduée.

piping : tuyauterie.

pisé : pisé.

piston : piston; **— cover** : dessus de piston; **— displacement** : cylindrée; **— head** : tête de piston; **— pump** : pompe à piston; **— ring** : segment de piston; **— — groove** : alvéole de segment (*de piston*); **— rod** : tige de piston; **— seizing** : grippage de piston; **— stroke** : course du piston; **— valve** : piston valve.

pit : puits, fosse; puits de mine; **— bottom** : accrochage (*mines*); **— head** : recette supérieure (*mines*); **— — frame** : chevalement (*mines*); **— locomotive** : locomotive de mine; **— man** : mineur; **— mouth** : orifice du puits (*mines*); **— saw** : scie de scieurs de long; **— timber** : bois de mine; **— type furnace** : four pit; **coal —** : puits de charbon; **dead —** : four pit non chauffé; **live —** : four pit chauffé; **sand —** : sablière; **soaking —** : four pit (*métallurgie*); **— (to)** : creuser.

pitch : degré; pente; élévation; intensité; plus haut point; pas (*d'une hélice, d'une roue dentée*); poix; **—-blende** : pechblende; **— circle** : cercle primitif; **— diameter** : diamètre primitif; **—-pine wood** : pitchpin; **circular —** : pas circonférentiel; **diametral —** : pas diamétral; **english —** : pas anglais; **heavily —ing** : très incliné; **tar —** : brai; **thread —** : pas de vis; **— (to)** : goudronner; empierrer (*une route*).

pivot : pivot; **—-pin** : axe de pivot; **—ed** : articulé; **—ed bucket conveyor:** convoyeur à godets pivotants; **—ed pen-arm** : plume pivotante (*appareils de mesure*); **— (to)** : pivoter.

place (to) : placer, procurer un emploi à...; **—r** : distributeur; placer (*gisement*).

plain : plan, simple (*adj.*); **— bearing** : palier lisse; **— carbon steel** : acier au carbone non allié; **— turning machine** : tour à charioter.

plan : plan; projet; dessin; vue en plan; **— view** : vue en plan; **to draw a —** : lever un plan; **erecting —** : plan de montage; **packing —** : plan d'assemblage; **working —** : plan d'exécution; **— (to)** : faire un plan; projeter.

plane : plan (*sens général*), plan (*géométrie*), plan incliné (*mines*), avion; rabot; plan (*adj.*); **— of cleavage** : plan de clivage (*mines*); **— Geometry** : géométrie plane; **— table** : planchette

plane *(continued)* (*arpentage*); — — **surveying** : levé (de plan) à la planchette; — **of weakness** : plan de moindre résistance; —**d from the solid** : taillé dans la masse; —**r** : raboteuse; **bench** — : rabot d'établi; **fancy** — : rabot à moulurer; **freight** — : cargo aérien; **grooving** — : bouvet (*à rainurer*); **haulage** — : plan de roulage (*mines*); **horizontal** — : plan horizontal; **inclined** — : plan incliné (*mécanique*); **jet-propelled** — : avion à réaction; **plate** —**r** : raboteuse plane (*pour plaques*); — **edge** —**r** : machine à dresser les bords; **rabbet** — : guillaume; **scraper** — : plane à gratter; **vertical** — : plan vertical; — **(to)** : dresser, raboter; — **a board** : raboter une planche.

planet : planète; —**-gearing** : engrenage planétaire; —**-wheel** : planétaire (*pignon*); —**ary** : planétaire; —**ary gearing** : engrenage planétaire.

planimet(er) : planimètre; —**ric** *ou* —**rical** : planimétrique; —**ry** : planimétrie.

planing(s) : rabotures, copeaux de rabot; — **machine** : raboteuse; — **mill** : machine à raboter, atelier de rabotage; **cross cutting** — **machine** : raboteuse inversée; **open side** — — : raboteuse ouverte.

planish (to) : planer (*une tôle*); —**ed sheet iron** : tôles planées; —**ing rolling mill** : laminoir polisseur.

planisphere : planisphère.

plank : planche (*épaisse*), plateau (*de bois*), madrier (*subst.*); — **(to)** : planchéier; coffrer (*mines*).

planning : prévisions de travail; prévisions de répartition des postes et du matériel.

plano-concave lens : lentille plan-concave.

plano-convex lens : lentille plan-convexe.

plant : installation; **cement** — : cimenterie; **chemical** — : usine chimique; **coking** — : cokerie; **crushing** — : installation de broyage; **electric** — : installation électrique; **glass** — : verrerie; **hydroelectric power** — : centrale électrique; **manufacturing** — : manufacture, usine; **pumping** — : station de pompage; **refining** — : raffinerie; **smelting** — : fonderie; **steam** — : centrale thermique; **surface** — : installations du jour, carreau (*mines*); **washing** — : laverie, lavoir.

plaster : plâtre; —**-stone** : pierre à plâtre, gypse; —**er** : plâtrier; —**ing** : plâtrage; — **(to)** : plâtrer.

plastic : plastique, pâteux; — **composition** : composition plastique; — **deformation** : déformation plastique; — **flow** : écoulement plastique; — **materials** : matières plastiques; — **pattern** : modèle en matière plastique; —**ity** : plasticité.

plastification : plastification.

plate : plaque, tôle (*forte ou moyenne*) — **circuit** : circuit de plaque; — **mill** : laminoir à grosses tôles; — **planer** : raboteuse plane (*pour plaques*); — **rail** : rail plat; — **rolling mill** : laminoir à grosses tôles; — **shears** (*pl.*) : cisaille à tôles; — **spring** : rondelle Belleville; **black** — : tôle noire; **cast** — : plaque coulée; **diaphragm** — : plaque diaphragme; **floor** — : plaque de base; **heavy** — : tôle forte; **medium** — : tôle moyenne; **name** — : plaque signalétique (*d'une machine*); **negative** — : plaque négative (*des accumulateurs*); **positive** — : plaque positive; **pressed** — : tôle emboutie; **sheared** — : tôle cisaillée; **spring** — : lame de ressort; **thin** — : plaque mince; **tube** — : plaque tubulaire (*chaudières*); **wearing** — : tôle d'usure; — **(to)** : doubler, plaquer, recouvrir (*de métal*); blinder.

platform : plateforme; — *(railway station)* : quai (*de gare*); — **car** : wagon plat; — **roof** : toiture en terrasse; **loading** — : appontement de chargement (*des navires*).
plating : placage, revêtement métallique, blindage; **electro** — : revêtement électrolytique.
platinum : platine; — **asbestos** : amiante de platine; — **chloride** : chlorure de platine; — **contact** : contact platiné; — **cupel** : coupelle de platine; — **filament** : filament de platine; — **sponge** : mousse de platine; — **wire** : fil de platine.
pleistocene : pléistocène (*géologie*).
pliable : flexible.
pliers (*pl.*) : pince à plier les fils; **flat** — : pince plate.
plinth : plinthe.
pliocene : pliocène (*géologie*).
plot (to) ... : faire le plan de ...
ploughability : aptitude au rabotage.
plow : palette (*de malaxeur*).
plug : fiche, tampon; fiche de prise de courant; obturateur (*de vanne*); — **gauge** : calibre mâle; — **ignition** : allumage par bougies; — **mill** : laminoir à mandrin; **attachment** — : fiche de prise de courant; **safety** — : bouchon fusible; **spark** — : bougie (*de moteur à explosion*).
plumb : plomb (*du fil à plomb*), fil à plomb; — **bob** : fil à plomb; —**ago** : plombagine; —**er** : plombier; —**ing** : plomberie; —**line** : fil du fil à plomb, verticalité du fil à plomb; —**wire** : fil à plomb; **foundry —ago** : plombagine de fonderie; **out of** — : pas d'aplomb; — **(to)** : prendre l'aplomb de ..., mettre d'aplomb, sonder.
plummet : plomb du fil à plomb, de la sonde.
plunger : piston-plongeur; — **pump** : pompe à piston plongeur.
plus : plus (*signe arithmétique*).
plutonium : plutonium.
ply : pli; —**wood** : contreplaqué; **two-— belt** : courroie à deux plis.
pneumatic : pneumatique, à air comprimé; — **conveyor** : transporteur à air comprimé; — **dedusting** : dépoussiérage pneumatique (*du charbon*); — **drill** : marteau-perforateur; — **locomotive** : locomotive à air comprimé; — **pick** : marteau-piqueur; — **riveter** *or* — — **hammer** : marteau riveur pneumatique; — **rock drill** : marteau-perforateur au rocher; — **separating** *or* — **separation plant** : installation de préparation à sec (*des charbons*); — **separation** : préparation à sec; — **separator** : séparateur pneumatique; — **tool** : outil pneumatique; —**-tyre mounted** : monté sur pneus.
pneumoconiosis : pneumoconiose.
pocket : poche; amas (*de minerai en place*); — **of ore** : amas de minerai (*géologie*).
point : point; pointe (*extrémité pointue*); aiguille (*chemins de fer*); — **of application of a force** : point d'application d'une force; — **of contact** : point de contact; — **of failure** : endroit détérioré, lieu de la détérioration; — **of intersection** : point d'intersection; — **of suspension** : point de suspension; **switch** — : aiguille, pointe d'aiguille (*chemins de fer*); —**er** : aiguille indicatrice; —**ing** : affûtage, apointage; —**ing machine** : machine à affûter; **indicating —er** : aiguille indicatrice; — **(to)** : affûter, faire le point de ...; aiguiller (*chemins de fer*); indiquer; jointoyer (*maçonnerie*); — **(to) screws** : faire les têtes de vis; —**ed** : taillé en pointe.
poise : poise (*viscosité*); — **(to)** : balancer, tenir en équilibre.
poison : poison (*pour les catalyseurs, etc.*); —**ous gases** : gaz nocifs.
poke (to) : attiser, tisonner; —**r** : tisonnier; **water cooled —r** : tisonnier à refroidissement par eau.

polar : polaire (*subst.* ou *adj.*) ; — **coordinates** : coordonnées polaires; — **curve** : courbe polaire ; —**imeter** : polarimètre; —**iscope** : microscope polarisant ; —**ity** : polarité ; —**ization** : polarisation ; —**ized light** : lumière polarisée; —**izing angle** : angle de polarisation ; —**izing microscope** : microscope polarisant; **induced —ization** : polarisation induite.
pole : perche, mât, étai, pôle ; — **pieces** : pièces polaires ; — **shoes** : cornes polaires ; —**s of a magnet** : pôles d'un aimant; **contact —** : perche de contact pour trolley; **minus —** : pôle négatif; **plus —** : pôle positif; **scaffolding —** : mât d'échafaudage ; **telegraph —** : poteau télégraphique ; **trolley —** : perche de trolley ; — **(to)** : étayer.
policy : police d'assurance; **insurance —** : police d'assurance.
polish : vernis, poli ; —**er** : polissoir ; — **(to)** : polir ; —**ing** : polissage ; —**ing iron** : polissoir ; —**ing machine** : machine à polir; **highly —ed** : finement poli.
polluted water : eau polluée.
polygon : polygone ; —**al** : polygonal.
polyhedron : polyèdre.
polymer : polymère (*subst.*) ; —**ic** : polymère (*adj.*) ; —**ize (to)** : polymériser.
polymorphic : polymorphe (*adj.*).
polymorphism : polymorphisme.
polynomial : polynôme (*algèbre*).
polyvinyl-chloride belting : convoyeur en chlorure de polyvinyle.
pond (to) back : barrer (*les eaux*).
pontoon : ponton ; — **crane** : grue à ponton.
pony-locomotive : petite locomotive de parcours.
pony-truck : bissel.
Pool (Coal and Steel ...) : Communauté (Haute Autorité) du Charbon et de l'Acier.
poplar : peuplier.
poppet : chevalement (*mines*) ; **head-—** : poupée de tour.
porcelain : porcelaine.
por(e) : pore ; —**ose** : poreux ; —**osity** : porosité ; —**ous** : poreux ; —**ous pot** : vase poreux ; —**ousness** : porosité.
porphyry : porphyre.
port : orifice ; ouverture pour le passage de l'air, du gaz, de l'eau ; lumière ; bâbord ; **air —** : orifice d'entrée d'air ; terrain d'aviation ; **inlet —** : orifice d'entrée, orifice d'admission ; **outlet —** : orifice de sortie, d'évacuation, d'écoulement.
portable : portatif, transportable, mobile, démontable ; — **chemical fire engine** : extincteur chimique ; — **cord** : fil électrique souple ; — **position** : position de transport ; — **track** : voie portative, voie transportable par éléments (*voie Decauville*).
portage : port, frais de port.
portfolio : serviette, carton à dessin.
Portland cement : ciment Portland.
position : position ; — **of equilibrium** : position d'équilibre ; —**s vacant** : offres d'emploi ; —**s wanted** : demandes d'emploi ; —**er** : positionneur, régleur de position ; — **(to)** : mettre en place, installer.
positive : positif, sûr ; positif (*mathématiques*) ; — **in action** : de fonctionnement sûr ; — **acting** : de fonctionnement sûr ; —**ly charged** : chargé positivement.
positron : positron.
post : montant, poteau, pilier ; poinçon (*toitures*) ; —**-drill** : perforatrice sur affût ; **bumping —** : butoir ; **drift —** : montant de cadre de galerie (*mines*) ; **tension —** : poteau d'amarrage ; — **(to) (*on the bulletin boards*)** : afficher (*sur les panneaux d'avis du personnel*).
postage : port (*par la poste*) ; coût de l'affranchissement.
post-office directory : annuaire des postes et télégraphes.

poster-board : panneau d'affichage.
poster (picture—) : affiche en couleurs
pot : poche, pot, creuset; — **chuck** : mandrin évidé; — **valve pressure pump** : pompe à boîtes à clapets indépendantes; **annealing** — : pot à recuire; **slag** — : poche à laitier.
potash : potasse.
potassic : potassique.
potassium : potassium, potasse; — **chloride** : chlorure de potassium; — **cyanide** : cyanure de potassium; — **ferro-cyanide** : ferrocyanure de potassium; — **iodide** : iodure de potassium.
potential : potentiel (*subst.* et *adj*); — **energy** : énergie potentielle; — **project** : projet à l'étude; — **transformer** : transformateur de potentiel.
potentiomet(er) : potentiomètre; **—ric measurements** : mesures potentiométriques; **dew-point —er** : potentiomètre à point de rosée.
pound : livre (*unité de masse, égale à 0,454 kg*), livre sterling (*monnaie*); **—-mass** : livre-masse; **—-weight** : livre-poids; **—al** : unité absolue de force, déplaçant une masse d'une livre en lui communiquant une accélération de un pied par seconde; **—ing** : choc; **—ing test** : essai de résilience (*métallurgie*); — **(to)** : broyer, pulvériser, brocarder; battre, frapper.
pour (point) : point d'écoulement (*subst.*); **—ing device** : appareil à verser (*la fonte*); **—ing hall** : halle de coulée; **—ing ladle** : poche de coulée; **—ing temperature** : température de coulée; — **(to)** : verser, déverser, répandre; couler (*métallurgie*).
powder : poudre (*tous sens*); — **grain** : grain de poudre; **—-magazine** : poudrière; — **metallurgy** : métallurgie des poudres; — **store** : poudrière, magasin à poudre; **—man** : poudrier (*mines*); **—ed catalyst** : catalyseur en poudre; **—ed coal or —ed fuel** : charbon pulvérisé; **—ed — firing** : chauffe au charbon pulvérisé; **black** — : poudre noire; **blasting** — : poudre (*pour tir des mines*); **pyroxile** — : poudre pyroxilée; **smokeless** — : poudre sans fumée.
power : énergie; puissance (*mathématiques, optique*); — **cable** : câble de transport de force; — **condenser** : condensateur de puissance; — **cost** : dépense de force motrice; — **current** : courant de force; — **factor** : facteur de puissance; — **feed** : avance automatique (*machines-outils*); — **house** : centrale; — **line** : ligne de transport de force; — — **restrictions** : limitation du courant de force; **—-loading** : chargement mécanique; — **loss** : perte de puissance; — **operated** : à commande mécanique; — **output** : consommation d'énergie, dépense d'énergie; — **peak** : pointe de puissance, — **plant** : centrale; — **production** : production d'énergie; — **station** : centrale; — **tamper** : dameuse mécanique; — **wiring** : ligne de transport de force; **—ed air** : commandé à l'air comprimé; **attractive** — : force d'attraction : **braking** — : puissance de freinage; **electrical** — : énergie électrique; — — **consumption** : consommation d'énergie électrique; **foot — drive** : commande au pied; **generation of** — : production de l'énergie; **hoisting** — : puissance de levage, effort de levage; **hydroelectric — plant** : centrale hydroélectrique; **motive** — : force motrice; **no-load** — : puissance à vide; **transmission of** — : transmission de l'énergie; **to correct the — factor** : corriger le facteur de puissance; **to give a** — : donner un pouvoir; **to give full —s** : donner pleins pouvoirs; **to improve the — factor** :

power *(continued)*
améliorer le facteur de puissance; **to raise to the third —** : élever à la puissance trois.

pozzolanic cement : ciment pouzzolanique.

pozzuolana : pouzzolane.

practical : pratique; **— experiment** : expérience pratique; **— results** : résultats pratiques.

practice : pratique, expérience; **coking —** : pratique de la cokéfaction.

practise (to) : pratiquer; **— a method** : pratiquer une méthode.

praxis : pratique (*subst.*)

pre-assembling : préassemblage.

precious metals : métaux précieux.

precipitate : précipité (*subst.*); **— (to)** : précipiter; faire précipiter (*chimie*).

precipitation : précipitation (*chimie*); **electrical —** : précipitation électrique (*du goudron dans les cokeries*); **electrostatic —** : précipitation électrostatique.

precipitator (electrical) : dépoussiéreur électrique du gaz (*procédé Cotrel*).

precision : précision; **— lathe** : tour de précision; **— of measurement** : précision de mesure; **— work** : travail de précision.

pre-classifying screen : crible pour classement préliminaire.

pre-combustion chamber : chambre de précombustion (*moteurs Diesel*).

pre-concentration : pré-enrichissement (*des minerais*).

pre-crusher : broyeur primaire; broyeur de préparation.

predeterminated rate : vitesse prédéterminée (*machines d'extraction de mines*).

prefabricated : préfabriqué; **— track** : éléments de voie préfabriqués; coupons.

preferential reduction : réduction préférentielle.

prefinishing : préfinissage.

preformed rope : câble préformé.

pre-fractionation : préfractionnement.

pre-fractionator : appareil de préfractionnement (*distillation fractionnée*).

preheat : (*subst.*) préchauffage; réchauffage préalable (*de l'air*); **— air** : air préchauffé; **—er** : réchauffeur (*d'air, d'eau*); **— (to)** : préchauffer; **—ing** : préchauffage.

pre-ignition : auto-allumage; allumage prématuré.

preliminary : préliminaire; **— classification** : classement préalable (*du charbon*); **— crushing** : broyage préalable; **— dedusting** : dépoussiérage préalable; **— vacuum pump** : pompe à vide préliminaire; **— working** : lavage préalable.

premium : prime; **insurance —** : prime d'assurance; **annual —** : gratification annuelle.

preparation : préparation; **— of coal for the market** : préparation des charbons pour la vente; **— plant** : installation de préparation; **coal —** : préparation des charbons; **dry —** : préparation à sec; **wet —** : préparation par voie humide.

preparatory course : cours préparatoire.

prepare (to) : préparer.

prepay (to) a letter : affranchir; **—ment** : paiement anticipé.

president of a concern : président d'une société.

press : presse; **cold —** : presse à froid; **— metal powder** : poudre métallique comprimée; **creasing —** : presse à plier; **dishing —** *or* **flanging —** : presse à emboutir; **extruding —** : presse à refouler; **foot —** : presse à pédale; **forcing —** : presse à forcer; à caler et à décaler; **forging —** : presse à forger; **hand —** : presse à main; **hydraulic —** : presse hydraulique; **scrap baling —** : presse à paqueter la mitraille; **stamping —** : presse à étamper; **staightening —** : presse à redresser; **trimming —** :

press : (*continued*)
presse à débavurer; presse de finissage; **upsetting —** : presse à couder; **warm —** : presse à chaud; **— (to)** : presser; **—ed on (wheel)** : (roue) calée sur l'arbre à la presse; **—ed steel** : acier embouti.

presspahn : presspahn.

pressure : pression; **— blower** : ventilateur soufflant; **— burst** : coup de charge (*mines*); **— drop** : perte de charge; chute de pression; **— gage** *or* **— gauge** : manomètre; **— losses** : pertes de pression; pertes de charge; **— pump** : pompe pour pression hydraulique; **— reducing valve** : manodétendeur; **— release valve** : soupape de sûreté; soupape contre les surpressions; **— treated** : traité sous pression; **— wave** : onde de pression; **absolute —** : pression absolue; **barometric —** : pression barométrique; **capillary —** : tension capillaire; **charging —** : pression de charge (*d'une bouteille de gaz comprimé*); **high —** : haute pression; pression élevée; **initial —** : pression initiale; **low —** : basse pression; **relative —** : pression relative; **steam —** : pression de vapeur; **terminal —** : pression finale; **test —** *or* **testing —** : pression d'épreuve; **working —** : pression de travail; pression de marche.

pre-stressed concrete : béton précontraint.

pre-stressing : précontrainte.

pre-treatment : traitement préliminaire; préparation.

prevent (to) : prévenir; **—er** : appareil protecteur; **overspeed —er** *or* **— —ion gear** : limiteur, modérateur de vitesse; **overwind —er** *or* **—ing —ion gear** : évite-molettes (*machines d'extraction*); **—ion of accidents** : prévention des accidents.

previous notice (*of dismissal*) : préavis (*de licenciement*).

price : prix; **— sheet** : feuille des prix; tarifs; **basic —** : prix de base; **delivered —** : prix rendu; **export —** : prix à l'exportation; **full —** *or* **gross —** : prix fort; **home —s** : prix intérieurs; **list —s** : prix de barème, catalogue.

pricing : fixation des prix.

primage : prime.

primary : primaire (*d'un transformateur*); **— winding** : enroulement primaire.

prime : (*adj.*) premier, initial; **— cost** : prix de revient, prix d'achat; **— mover** : appareil moteur; appareil d'entraînement; **— number** : nombre premier; **—r** : amorçeur (*d'une pompe*); épinglette (*tir des mines*); **—man** : boutefeu; **— (to)** : amorcer (*une pompe*).

priming : amorce (*armes à feu*); **— device** : dispositif d'amorçage (*de pompe*); **— of a pump** : amorçage d'une pompe.

principal engineer : ingénieur principal.

principle : principe; **fundamental —** : principe fondamental.

print (blue —) : bleu (*dessin*); **— paper** : papier au ferroprussiate.

printomatic device : dispositif d'impression automatique (*des poids et des dates*).

prism : prisme; **—atic** *or* **—atical** : prismatique.

« private » : « personnelle » (*mention portée sur une lettre*); **— company** : société privée.

probable error : erreur probable.

probation : essai; **— employee** : agent à l'essai; **to be on —** : être à l'essai; faire un stage.

problem : problème.

proceedings : compte rendu (*d'assemblée*).

process : procédé; **dry —** : procédé par voie sèche; **wet —** : procédé par voie humide.

produce (to) : produire.

producer : générateur; gazogène; producteur; **big —** : gros producteur; **gas —** : gazogène; **— gas** : gaz de gazogène.

product : produit (*mathématiques; chimie; métallurgie*); **finished —** : produit fini; **distribution of —s** : distribution des produits (*économie politique*).

production : production; **— Bonus Plan** : système de primes à la production; **— capacity** : pouvoir productif; capacité de production (*d'un ouvrier, d'une machine*); **— of duplicate parts** : production en série; **— incentive** : prime à la production; **— potential** : potentiel de production; **— work** : usinage en série; **mass —** : production en masse; **mineral —** : production minérale; **power —** : production d'énergie; **quantity —** : production en série.

profile : profil; **— attachment** : dispositif à profiler; **— of road** : profil de la voie; **— of slope** : profil de la pente.

profiling device : dispositif à reproduction (*machines à fraiser*).

profit : profit; bénéfice; **— and loss** : profits et pertes; **— — — account** : compte de profits et pertes; **—-sharing** : participation aux bénéfices; **— — association** : association à partage de bénéfices; **gross —** : bénéfice brut; **net — or nett —** : bénéfice net; **—able contract** : contrat avantageux; **—able ore** : minerai exploitable économiquement.

program or programme : programme; **public works —** : programme de travaux publics; **rolling —** : programme de laminage; **to carry out a —** : exécuter un programme.

progress : progrès; **arithmetical —ion** : progression arithmétique; **geometrical —ion** : progression géométrique; **—ive company** : société industrielle qui suit le progrès.

project : projet; **to implement a —** : exécuter un projet; **to initiate a —** : commencer l'exécution d'un projet.

projection : projection; **orthographic —** : projection orthographique; **side —** : projection latérale; **upright —** : projection verticale.

projector : projecteur.

promissory note : billet à ordre.

promote (to) : promouvoir; **— industry** : favoriser l'industrie; **— somebody** : donner de l'avancement à quelqu'un.

promotion : promotion; avancement.

prong : dent; pointe; instrument pointu.

Prony brake : frein de Prony.

proof : étanche à...; à l'abri de...; **flame-proof** : étanche à la flamme; à l'abri de l'incendie.

prop : étai; étançon; **— drawing** : déboisage (*mines*); **face —** : étai posé à front (*mines*); **heavy-section —** : étançon lourd (*soutènement dans les mines*); **light section —** : étançon léger; **metall —** : étançon métallique (*mines*); **pit —** : étai de mine; étançon de mine; **quick-release —** : étançon métallique à effondrement rapide; **steel —** : étançon métallique; **timber —** : étai en bois; **wooden —** : étai en bois; **— (to)** : étayer; soutenir; **— the roof** : soutenir le toit (*mines*).

propagat(e) (to) : propager; **—ion of an explosion** : propagation d'une explosion; **— of flame** : propagation de la flamme; **— of a wave** : propagation d'une onde.

propane : propane.

propel (to) : propulser; actionner; **—ler** : propulseur; hélice; **—ler fan** : ventilateur à hélice; **—ler shaft** : arbre d'hélice; **screw —** : hélice; **self —ling** : automoteur; automotrice.

properties : propriétés; **private —** : propriété privée.

proportion : proportion; **—al** : proportionnel; **—al elongation limit** : limite

proportion *(continued)* d'allongement proportionnel; **inversely —al** : inversement proportionnel; **—ality** : proportionnalité.
propulsion : propulsion.
prospect *(hole)* : (*trou*) de recherche; (*trou*) de sonde; **—ing** : prospection; **electrical —ing** : prospection électrique; **electromagnetic —ing** : prospection électro-magnétique; **—ing hammer** : marteau prospecteur; **—ion** : prospection; **—or** : prospecteur; **— (to)** : prospecter; **to do a lot of — ing** : faire une campagne de sondages.
protect (to) : protéger; **—ing compound**: composition isolante (*électricité*); **—ing hub cap** : capuchon protecteur de moyeu; **—ion goggles** : lunettes de protection; **fire —ion** : protection contre le feu; **—ionism** : protectionnisme; **—ive clothing** : vêtements de protection; **—ive coating** : revêtement protecteur; couche protectrice; **—ive film** : pellicule protectrice; **—ive surface film** : pellicule protectrice.
protein : protéine.
protest : protêt; **— (to)** : protester; **— a bill** : protester une traite.
protocol of agreement : protocole d'accord.
proton : proton.
protractor : rapporteur (*mesure des angles*); parafoudre.
provide (to) with : pourvoir de...; munir de...; équiper avec...
proximate analysis : analyse immédiate.
proxy : procuration; fondé de pouvoirs; **by —** : par procuration.
prussian blue : bleu de Prusse.
prussiate blue : prussiate.
prussic acid : acide prussique.
psilomelan : psilomélane.
public utilities : services publics.
public works : travaux publics.
puddle (mill) : laminoir à fer puddlé; **—d iron** : fer puddlé; **—r** : puddleur; **— (to)** : puddler.
puddling furnace : four à puddler.
pug mill : broyeur à argile (*pour la fabrication des briques*).
pull : traction; tension; attraction; **— of a belt** : tension d'une courroie; **chain —** : tension de la chaîne; **magnet —** : attraction magnétique; **side —** : poussée latérale; **— (to)** : tirer.
pulley : poulie; **steeped speed —** : poulies étagées; cônes de poulies étagées; **driving —** : poulie motrice; poulie Koepe (*mines*); **fast —** : poulie fixe; **guide —** : poulie-guide; **head —** : poulie de tête; **loose —** : poulie folle; **cone —s** : poulies-cônes; **tail —** : poulie de queue; **three-step —** : cône à trois gradins; **tight —** : poulie fixe; **tackle —** : palan.
pulling power : effort au crochet.
pulling test : essai de traction (*métallurgie*).
pulmotor revival device : appareil de réanimation Pulmotor.
pulp : pulpe; **wood —** : pulpe de bois.
pulsating jig : bac de lavage à pulsation.
pulsating tension fatigue strength : résistance aux efforts pulsatoires.
pulsation : pulsation; **pipe line —s** : pulsations dans les tuyauteries.
pulverization : pulvérisation.
pulverize (to) : pulvériser; **—d coal** : charbon pulvérisé; **— — firing** : chauffe au charbon pulvérisé; **— — plant** : centrale à charbon pulvérisé; **in — form** : sous forme pulvérisé; **— fuel** : combustible pulvérisé; **— — burner** : brûleur à charbon pulvérisé; **— — fired** : chauffé au charbon pulvérisé; **— -slag mill** : moulin à scories; **—r** : pulvérisateur.
pulverizing : pulvérisation.
pulverulent : pulvérulent.

pumice *or* **pumice-stone** : pierre ponce; **— slag** *or* **— -stone slag** : laitier ponce (*hauts fourneaux*).

pump (*subst.*) : pompe; **— barrel** *or* **casing or cylinder** : corps de pompe; **— house** : salle des pompes; **— impeller** : roue mobile (*d'une pompe*); **— man** : pompier (*mines*); **— shell** : corps de pompe; **— valve** : clapet de pompe; **air —** : pompe à air; **boiler-feed —** : pompe alimentaire de chaudières; **borehole —** : pompe de forage; **centrifugal —** : pompe centrifuge; **circulating —** : pompe de circulation; **condensate —** : pompe de condensation; **—** : pomper; **— — a tyre** : regonfler un pneu; **diaphragm —** : pompe à diaphragme; **double section volute —** : pompe à aspiration double; **dredging —** : pompe de dragage; **elevator —** : pompe élévatrice; **feed—** : pompe alimentaire; **fire —** : pompe d'incendie; **force —** : pompe foulante; **fuel —** : pompe à essence; pompe à carburant; **gasoline —** : pompe à essence; **gecr-type —** : pompe à engrenages; **injection —** : pompe d'injection; **lever —** : pompe à levier; **lift —** : pompe aspirante; **— and force —** : pompe aspirante et foulante; **marine —** : pompe marine; **mud —** : pompe à boues; **multistage —** : pompe à plusieurs étages; pompe multicellulaire; **oil —** : pompe à huile; **piston —** : pompe à piston; **plunger —** : pompe à piston plongeur; **pot valve pressure —** : pompe à boîtes à clapets indépendantes; **pressure —** : pompe pour pression hydraulique; **reciprocating —** : pompe alternative; **rotary —** : pompe rotative; **slurry —** : pompe à schlamms; **steam —** : pompe à vapeur; **submerged type —** : pompe immergée; **suction —** : pompe aspirante; **turbine —** : pompe commandée par turbine; **tyre —** : pompe à gonfler les pneus; **vacuum —** : pompe à vide; **vertical plunger sinking —** : pompe de fonçage à plongeurs verticaux; **water —** : pompe à eau (*autom.*); **wing —** : pompe à ailettes; **—er** : pompier (*mines*); **—ing** : pompage; **— capacity** : capacité de pompage; **— head** : hauteur d'élévation (*pompes*); **— plant** *or* **— station** : station de pompage; **— unit** : groupe moto-pompe.

punch : emporte-pièce; poinçon; poinçonneuse; **— and shears** : poinçonneuse-cisaille; **multiple —** : poinçonneuse multiple; **— (to)** : estamper; **— a hole** : faire un trou à l'emporte-pièce; **—ed** : repoussé.

punching : poinçonnage; estampage; **— machine** : poinçonneuse; **— and shearing machine** : poinçonneuse-cisaille; **— die** : matrice pour poinçonnage; **hot —** : poinçonneuse à chaud; **steel —** : rognures d'acier.

puncture : crevaison (*de pneu*).

purchas(e) : achat; **—ing power** : pouvoir d'achat; **—ing department** : services des achats; **—ing power** : pouvoir d'achat.

pure coal : charbon pur.

pure water : eau pure.

purification : purification; **dry — of coke oven gas** : épuration à sec du gaz de cokerie; **wet — — — — —** : épuration humide du gaz de cokerie.

purifier : épurateur.

purify (to) : purifier; **—ing mass** : masse épurante; **—ing material** : matière épurante.

purity : pureté; **of high —** : d'une grande pureté.

purlin : panne (*charpente*); **— -cleat** : échantignole.

push (to) : pousser; **— -and-pull device** : va-et-vient; **— -button** : bouton-pressoir; **— — control** : commande par pression de bouton; **— — starting** : démarrage par bouton-poussoir; **— rod** : poussoir (*de soupape*).

pusher : pousseur; — **-type continuous furnace** : four continu du type à pousseur; — — **furnace** : four poussant; **car** — : pousse-wagons; **coke** — : défourneuse (*cokeries*).
pushing frame : banc poussant.
pushing machine : défourneuse.
put (to) : mettre; — **in blast again** : remettre à feu (*un haut fourneau*); — **into service** : mettre en service; — **on** : monter sur; installer sur ...; — **out a mine fire** : éteindre un feu de mine.
putty : mastic.
puzzolana : puzzolane.
pylon : pylône.
pyramid : pyramide; **truncated** — : tronc de pyramide; —**al** : pyramidal; —**al frustum** : tronc de pyramide; —**ical** : pyramidal.
pyrex glass : verre pyrex.
pyrites : pyrite; **residue** — : cendres de pyrites; **copper** — : pyrite de cuivre; **iron** — : pyrite de fer.
pyritic oxidation (*of coal*) : oxydation pyritique (*du charbon*).
pyritous : pyriteux.
pyrolusite : pyrolusite.
pyrolysis : pyrolyse.
pyrometer : pyromètre; **indicating** — : pyromètre indicateur; **radiation** — : pyromètre optique; **recording** — : pyromètre enregistreur; **thermo-electric** — : pyromètre thermo-électrique.
pyrometric : pyrométrique.
pyrometry : pyrométrie; **resistance** — : pyrométrie par résistance; **thermo-electric** — : pyrométrie thermo-électrique.

Q

quadrangle : quadrilatère.
quadrangular : quadrangulaire.
quadrant : quadrant; quart de cercle.
quadrat(e) : carré; élevé à la puissance deux (*arithmétique*); **—ic equation** : équation du deuxième degré; **—ure** : quadrature.
quadravalent : tétravalent.
quadrilateral : quadrilatéral (*adj.* et *subst.*).
quadruple : quadruple; **— (to)** : quadrupler.
qualitative : qualitatif; **—ly** : qualitativement.
quality : qualité; **high — goods** : produits de qualité supérieure; **top —** : qualité supérieure.
quantitative : quantitatif; **—ly** : quantitativement.
quantity : quantité; **— production** : production en série.
quarry : carrière; **—man** : carrier; **— owner** : maître-carrier; **—ing** : exploitation des carrières; **mining and —ing** : les industries extractives; **—ing industry** : industrie des carrières; **granite —** : carrière de granit; **slate —** : carrière d'ardoise; **stone —** : carrière de pierre.
quarter curve : coude (*de tuyauterie*) à 90°.
quarter-turn flat belt : courroie plate croisée.
quarters for unmarried personnel : cantines pour ouvriers célibataires.
quartz : quartz; **— -glass** : verre quartzeux; **— thread** : filaments de quartz; **gold —** : quartz aurifère; **— bearing —** : quartz aurifère; **micaceous —** : quartz micacé; **—ite** : quartzite; **—itic sand** : sable quartzeux; **—itic sandstone** : grès quartzeux.
quaternary : quaternaire.
quay : quai.
quench : trempe; **— controller** : contrôleur de trempe; **— cracking** : tapure de trempe; **—ed steel** : acier trempé à l'eau; **interrupted —** : trempe interrompue; trempe étagée; **water —** : trempe à l'eau.
quenching : extinction (*du coke*); trempe (*à l'eau*); **— bath** : bain de trempe; **— power** : pouvoir trempant; **— of steel after tempering** : refroidissement de l'acier après revenu; **— tower** : tour d'extinction.
quick : rapide; **— -break fuse** : fusible instantané; **— -break switch** : interrupteur à rupture brusque (*électricité*); **— -change gear** : dispositif de changement de vitesse rapide (*machines-outils*); **— -fitting pipe union** : raccord rapide pour tuyauterie; **— -lime** : chaux vive; **— -operating** : à commande rapide; **— -return motion** : mouvement de retour rapide (*de l'outil*); **— sand** : sable mouvant; **— silver ore** : minerai de mercure; **— silver plant** :

quick *(continued)*
installation de traitement des minerais de mercure.
quiet (*adj.*) : calme; **— in operation** : de fonctionnement doux; **— operation** : manœuvre silencieuse; **— (to)** : calmer.

quinquivalent : pentavalent (*chimie*).
quota : proportion; quote-part; **fixing of —** : contingentement; fixation de quotas; **—tion** : cours (*banque*); cote commerciale; **current —tion** : prix courant.
quotient : quotient.

R

rabbet : rainure (*le long d'une planche*); **— -plane** : guillaume; **— (to)** : faire une rainure.

race (to) : s'emballer (*machines*).

rack : chevalet; tableau d'accrochage; crémaillère; **— and pinion** : pignon et crémaillère; **— gear** : engrenage à crémaillère; **— railway** : chemin de fer à crémaillère; **charging —** : banc de chargement (*lampisteries de mines électriques*); **feed- —** : crémaillère d'avance (*machines-outils*); **— (to)** : soutirer.

radar : radar.

radial : radial; **— drill** : perceuse radiale; **— drilling machine** : perceuse radiale; **—ly** : radialement, suivant le rayon.

radian : radian.

radiance : radiance.

radiant : radiant.

radiate (to) (heat, light...) : rayonner (*de la chaleur, de la lumière*); émettre.

radiation : rayonnement (*physique*); **— detection instrument** : instrument de détection des radiations; **— detector** : détecteur de radiations; **— losses** : pertes par rayonnement; **— pyrometer** : pyromètre optique; **cosmic —** : radiation cosmique, rayonnement cosmique; **infra-red —** : radiation infra-rouge; **invisible —s** : radiations invisibles; **ultra-violet —** : radiation ultra-violette.

radiator : radiateur; **— cap** : bouchon de radiateur; **— draw-off plug** : bouchon de vidange du radiateur; **— tank** : réservoir du radiateur (*autom.*); **electric —** : radiateur électrique; **honeycomb —** : radiateur à nid d'abeilles; **ribbed —** : radiateur à ailettes.

radical : radical (*mathématiques, chimie*).

radio... : radio ...; **—active transformation** : transformation radioactive; **induced —activity** : radioactivité induite; **natural —activity** : radioactivité naturelle; **— bearing** : relèvement radiogoniométrique; **— -chemistry** : radio-chimie; **—diagnosis** : radio-diagnostic; **—goniometer** : radiogoniomètre; **—gram** : radiogramme; **—graph** : radiographie (*cliché*); **—graphic** : radiographique; **—graphy** : radiographie; **—isotopes** : radio-isotopes; **—receiver** : récepteur de radio; **—scopy** : radioscopie; **— set** : poste de radio; **—telegraphy** : radiotélégraphie, télégraphie sans fil; **— telephony** : téléphonie sans fil; **— -transmitter** : poste émetteur de radio.

radium : radium.

radius (pl. : radii) : rayon; **— of curvature** : rayon de courbure; **— of gyration** : rayon de giration; **— rod** : bielle radiale; **— of sharpest curve** : rayon de courbure minimum (*d'une voie ferrée*); **— vector** : rayon vecteur; **turning —** : rayon de conversion.

radix : racine (*mathématiques*); base d'un système (*mathématiques*).

raffinate : raffinat, produit raffiné.
rafter : chevron; **chief —** : arbalétrier (*charpente*).
rag : chiffon, lambeau, loque.
rail : rail; **— bond** : éclisse; **—car** : automotrice; **driving —car** : automotrice; **— chair** : coussinet (*support de rail*); **— gang** : équipe de pose; **— guard** : chasse-pierres (*locomotives*); **— head** : boudin de rail; **— material** : matériel de voie; **— mill** : laminoir à rails; **— motor-car** : automotrice (*chemin de fer*); **— rolling mill** : laminoir à rails; **— shoe** : sabot frotteur; **— steel** : acier à rail; **— straightener** : machine à dresser les rails; **— sweep** : recourbement du rail; **— web** : âme du rail; **double-headed —** : rail à double champignon; **girder —** : rail vignole; **guard —** : contre-rail; **grooved —** : rail à ornière; **guide —** : rail de guidage; **hand —** : main courante; **light —** : rail de petit profil; **plate —** : rail plat; **runway —** : rail de chemin de roulement.
railing : parapet; rampe (*d'escalier*).
railroad : chemin de fer (*particulièrement en Amérique*); **— -jack** : cric relève-rail; **— -tie** : traverse de chemin de fer; **— -yard** : voies de chemin de fer.
railway : chemin de fer; **— bridge** : pont de chemin de fer; **— car** *or* **— carriage** : voiture de chemin de fer; **— fastening** : éclisse de rail; **— signals** : signaux de chemins de fer; **— sleeper** : traverse de chemin de fer; **— wagon** : wagon de chemin de fer; **cable —** : transporteur par câble; **chain —** : transporteur à chaîne; **cogwheel —** : chemin de fer à crémaillère.
rain water : eau de pluie; **— — pipe** : tuyau de descente d'eau.
raise : montage (*mines*); **— (to)** : monter; construire; élever (*pompes*); **— higher** : exhausser; **— the wages** : relever les salaires; **— the scale of wages** : relever l'échelle des salaires; **— steam** : produire la vapeur; **— water** : élever l'eau (*pompes*).
rake : râteau; ringard; **— stirring** : brossage par ringards.
ram : bélier, mouton (*mécanique*); coulisseau porte-outil (*machines-outils*); **— -feeder** : refouleur (*de wagonnets*); **—med down** : battu, comprimé sur place (*comme le pisé*); **—mer** : bourroir; demoiselle (*pour sable, béton*); **wooden —mer** : bourroir en bois (*tir des mines*); **hydraulic —** : bélier hydraulique; **steam —** : sonnette à vapeur; **water —** : bélier hydraulique.
range : échelle; portée, champ d'action; champ (*d'un appareil de mesure*); série, assortiment; grille (*de fourneau*), fourneau; plaque chauffante; **— of sizes** : assortiment; **electric —** : fourneau électrique; **two — instrument** : instrument à deux sensibilités.
ranging device : appareil de visée.
rape seed oil : huile de colza.
rapid machining steel : acier à coupe rapide.
rapid running... : ...à grande vitesse.
rare : rare; **— earths** : terres rares; **— metals** : métaux rares; **—fied gases** : gaz raréfiés.
Raschig ring : anneau de Raschig.
ratchet : rochet, roue à rochet; **— feed gear** : mécanisme d'avance à rochet; **— jack** : cric à rochet; **— press** : presse à rochet; **— wheel** : roue à rochet; **— wrench** : clé à rochet.
rate : vitesse, allure; classe, valeur; taux, cours, prix moyen; **— of advance** : vitesse d'avancement; **— of a machine** : vitesse d'une machine; **— of burning** : vitesse de combustion; **— of cooling** : vitesse de refroidissement; **— of discount** : taux d'escompte; **— of exchange** : cours du change; **— of growth** : rythme d'expansion; **— of pay** : taux de salaire; **— per cent** : taux

rate *(continued)* pour cent; **— of travel** : vitesse de déplacement; **loading —** : vitesse de chargement; **power —** : prix de l'énergie, prix du KWH.

rating of a machine : allure d'une machine.

ratio : rapport; relation; raison (*mathématiques*); rapport de démultiplication (*engrenages*); **— adjustment** : réglage de la tension (*des transformateurs*); **gear —** : rapport de démultiplication des engrenages; **in the inverse — of...** : en raison inverse de ... (*mathématiques*).

rational(e) : étude raisonnée; **—ization** : rationalisation; **—ize (to)** : rationaliser.

rationing : rationnement, contingentement.

ravelly formation : formation (*géologique*) troublée.

raw : brut; **— -cast** : brut de coulée; **— coal** : charbon brut, non lavé; **—hide** : cuir vert; **— material** : matières premières.

ray : rayon; **incident —** : rayon incident; **reflected —** : rayon réfléchi; **refracted —** : rayon réfracté; **cathode —s** : rayons cathodiques; **gamma —s** : rayons gamma; **Röentgen —s** : rayons Roentgen, rayons X; **X —s** : rayons X.

rayon : rayonne.

react (to) (upon...) : réagir (sur...); **—ance** : réactance, bobine de réactance.

reaction : réaction (*mécanique, chimie...*); **— in firing** : réaction au feu, à la cuisson; **— steam turbine** : turbine à vapeur à réaction; **— turbine** : turbine à réaction; **breeding —** *or* **chain —** : réaction en chaîne; **chemical —** : réaction chimique; **nuclear —** : réaction nucléaire.

reactive : réactif; **— coke** : coke réactif; **— indicator** : indicateur de réactif (*électricité*).

reactivity : réactivité.

reading : lecture; **— apparatus** : appareil de lecture; **— error** : erreur de lecture; **direct —** : à lecture directe (*instrument*).

ready reckoner : barême (*pour le calcul*).

reagent (chemical...) : réactif chimique.

real focus : foyer réel (*optique*).

real root : racine réelle (*algèbre*).

ream (to) : aléser (*un trou*); élargir; **—ed hole** : trou alésé; **—er** : alésoir; **expansion —er** : alésoir extensible; **fluted chucking —er** : alésoir pour mandrin; **hand —er** : alésoir à main; **—ing machine** : machine à aléser.

re-anneal (to) : faire subir un deuxième recuit à ...

rear : arrière; **— axle** : essieu arrière; **— -view mirror** : rétroviseur; **— wheel** : roue arrière.

reassemble (to) a machine : remonter une machine.

reassembly : remontage.

Reaumur scale : échelle Réaumur.

rebabbit (to) : regarnir d'antrifiction.

rebate : rabais.

reboring : réalésage.

rebound : rebondissement; **— hardness** : dureté de rebondissement, dureté au scléroscope.

rebuild (to) : rebâtir, remettre à neuf.

rebuilt machine-tool : machine-outil remise à neuf.

recall (to) : révoquer (*une personne, une décision*).

recarburiz(e) (to) : recarburer; **—ation** : recarburation.

recast (to) : refondre.

receding die head : tête de filière extensible.

receipt : recette; reçu; **gross —** : recette brute; **net —** : recette nette; **—s** : arrivages (*en usine*); **—s and expenditure** : recettes et dépenses.

receiver : récepteur (*appareil*); écouteur (*téléphonique*); récipient; **air —** : récipient à air comprimé.

receiving hopper : trémie de réception.
receptacle : prise de courant.
reception : réception de matériel; — **test** : essai de réception.
recess : encoche, niche, logement; **blasting** — : niche de tir (*mines*); —**ing** : décolletage; —**ion** : récession (*économique*).
recharge : recharge; — **(to) a gas cylinder** : recharger une bouteille de gaz; — **a storage battery** : recharger une batterie d'accumulateurs.
recipe : recette, formule.
reciprocal : inverse (*subst.* ou *adj.*); interchangeable; — **ratio** : raison inverse (*mathématiques*).
reciprocat(e) (to) : alterner, être animé d'un mouvement alternatif; **to be —ed** : être animé d'un mouvement alternatif; —**ing engine** : machine alternative; —**ing motion** : mouvement alternatif; —**ing pump** : pompe alternative.
recirculation : recirculation, retour (*ou* : remise) dans le circuit.
reckon (to) : calculer.
reclaim (to) : récupérer, rendre de nouveau valable.
reclamation : récupération (*remise en forme*).
recleaning : relavage.
recoil : rebondissement; — **(to)** : rebondir.
recommend (to) : recommander (*quelqu'un*); **letter of —ation** : lettre de recommandation.
recondition (to) : remettre en état.
reconstruction : reconstruction.
record : enregistrement; registre; rapport; — **(to)** : enregistrer.
recorder : appareil enregistreur; **convergence** — : appareil enregistrant l'affaissement du toit (*mines*); **mileage** — : compteur kilométrique; **multi-pen** — : appareil enregistreur à plusieurs plumes; **single-pen** — : appareil enregistreur à une plume; **speed** — : enregistreur de vitesse.
recording... : ...enregistreur; — **anemometer** : anémomètre enregistreur; — **extensometer** : extensomètre enregistreur; — **instrument** : appareil enregistreur; **graphic** — — : enregistreur graphique; — **manometer or — pressure-gauge** : manomètre enregistreur; — **pyrometer** : pyromètre enregistreur; — **thermometer** : thermomètre enregistreur; — **voltmeter** : voltmètre enregistreur.
recover (to) : récupérer; — **the waste heat** : récupérer les chaleurs perdues; —**able** : récupérable; —**ing** : récupération.
recovery : récupération; — **per cent** : taux de récupération; **waste heat** — : récupération des chaleurs perdues.
recruitment : embauchage, recrutement.
recrush (to) : rebroyer; —**er** : broyeur secondaire, broyeur de finissage; —**ing** : broyage secondaire.
recrystallisation : recristallisation.
rectifier : redresseur (*électricité*).
rectify (to) : rectifier (*chimie*); redresser (*le courant électrique*).
rectilineal or rectilinear : rectiligne; — **motion** : mouvement rectiligne.
recuperation scrap : déchets récupérés.
recurring decimal : fraction décimale périodique.
recurring series : série récurrente.
recycl(e) (to) : recycler; —**ing** : recyclage.
red : rouge; — **brass** : laiton; — **brick** : brique rouge; — **lead** : minium.
redemption of shares : rachat d'actions.
rediscount (to) : réescompter.
reduc(e) (to) : réduire (*sens général*); réduire (*chimie*); —**er** : réduction (*tuyauteries*); —**ible** : reductible; —**ing agent** : agent réducteur; —**ing roasting** : grillage réducteur; —**ing union** : raccord de réduction (*tuyauteries*); —**ing valve** : soupape de réduction.

reduction : réduction; diminution; réduction chimique; — **compasses** : compas de réduction; — **factor** : facteur de réduction; — **gear** : réducteur de vitesse; **worm — gear** : réducteur à vis sans fin; **single — herringbone gearing** : réducteur à chevrons à réduction simple; — **of area** : réduction de section; — **of forces** : réduction d'effectifs; **direct — of ores** : réduction directe des minerais; — **ratio** : taux de réduction; — **square** : compas de réduction; — **unit** : réducteur de vitesse.

reef : filon aurifère.

reel : dévidoir; **cable —** : dévidoir de câble; — **(to)** : bobiner; enrouler sur un tambour; **—ing** : bobinage.

reeve (to) a tackle : garnir un palan (*de ses cordes*).

re-export : réexportation.

refacing : dressage.

referee : arbitre; **board of —s** : collège arbitral.

re-filling : nouveau remplissage.

refin(e) (to) : purifier, affiner, raffiner; **—er** : raffineur; **—ery** : raffinerie; **—ery cinders** : scories d'affinage; **—ing** : raffinage, purification; affinage (*métallurgie*); **—ing of petroleum** : raffinage du pétrole; **—ing slag** : scories d'affinage.

refit (to) : réparer.

reflect (to) : réfléchir (*la lumière, le son*); **—ed light** : lumière réfléchie; **—ed ray** : rayon réfléchi; **—ion** : réflexion (*optique*); **angle of —** : angle de réflexion; **—or** : réflecteur (*de lampe*); **headlamp —or** : réflecteur de phare (*autom.*); **silvered-glass —or** : réflecteur en verre argenté.

re-forger (*of scrap*) : reforgeuse (*de ferraille*).

refract (to) : réfracter; **—ed ray** : rayon réfracté; **—ing power** : pouvoir réfringent; **—ion** : réfraction; **—ometer** : réfractomètre.

refractories : produits réfractaires.

refractory : (*adj.*) réfractaire; — **brick** : brique réfractaire; — **earth** : terre réfractaire; — **materials** : matériaux réfractaires; — **mortar** : mortier réfractaire; **super- —** : très réfractaire.

refresher : aide-mémoire.

refrigerat(e) (to) : refroidir, réfrigérer; **—ing compressor** : machine à glace; **—ing machine** : machine frigorifique; **—ing plant** : installation de réfrigération.

refuse : refus (*d'un tamis, d'un crible*); chutes, déchets, rebut; — **dump** : terril (*mines*), crassier; **pile of —** : tas de rebuts, tas de déchets.

regenerat(e) (to) : régénérer; **—ion** : régénération; **—ive** : à régénération, à récupération; **—ive braking** : freinage avec récupération; **—ive furnace** : four à récupération; **—or** : récupérateur; chambre de récupération (*métallurgie*); **—or brick** : brique de ruchage, brique de récupérateur; **—or chamber** : récupérateur, chambre de récupération.

register : registre, registre de tirage; **ventilation —** : registre de ventilation; — **(to)** : enregistrer, recommander (*une lettre*); **—ed bond** : obligation nominative.

registration : enregistrement (*par un compteur et sens général*).

regrind (to) : roder; affûter; **— a valve** : roder une soupape; **—ing** : rodage.

regulat(e) (to) : régler; **—ing resistance** : résistance de réglage; **—ing shutter** : volet de réglage; **—ing valve** : soupape de réglage; **self- —ing** : à réglage automatique.

regulation : régulation, réglage; **part load —ion** : régulation (*d'un compresseur*) à charges fractionnées; **—s** (*pl.*) : réglementation; **coal mines general —** : règlement général des mines de combustibles.

regulator : régulateur; **pendulum —** : régulateur du pendule; **pressure —** :

regulator *(continued)* régulateur de pression; **temperature —** : régulateur de température; **voltage —** : régulateur de tension.

rehandling : reprise; **— bucket** : godet de reprise.

reheat (to) : réchauffer; **—ing** : réchauffage; **—ing furnace** : four à réchauffer.

reinforc(e) (to) : renforcer; **—ed concrete** : béton armé; **—ed — structure** : construction en béton armé; **—ing strap** : plat de renforcement; **—ing web** : nervure de renforcement.

reinstate (to) (*a discharged employee*) : réintégrer (*un employé congédié*).

rejection : rejet, refus (*au contrôle des essais*).

rejoint (to) : refaire le joint.

rejuvenate (to) : rajeunir, moderniser (*une installation*).

relation : relation; **public —s** : relations publiques.

relative : relatif; **— density** : densité relative; **— weight** : densité relative.

relativity of all motion : relativité du mouvement.

relax (to) : desserrer.

relay : relais (*sens général*), relais (*électricité*); **— (of workmen)** : changement de poste (*des ouvriers*); **impedance —** : relais d'impédence; **no-voltage —** : relais à manque de tension; **overload —** : relais à maximum de courant (*électricité*); **photo-electric —** : relais photo-électrique; **protecting —** , *or* **protection —** : relais de protection; **thermal —** : relais thermique; **—er** : rail d'occasion; **—ing rail** : rail d'occasion.

release : (*subst.*) dégagement (*de l'outil*); mécanisme de détente; **— device** : système de dégagement; **— of energy** : libération d'énergie; **— valve** : soupape de décharge, soupape contre les surpressions; **— (to)** : détendre, décharger, relâcher, dégager; **— the brake** : desserrer le frein; **— the clutch** : débrayer; **— a spring** : détendre un ressort.

reliability : état de ce qui est digne de confiance (*matériel*).

reliable : digne de confiance, sûr, de fonctionnement sûr.

relief : soulagement, aide, assistance; **— lever** : levier de secours; **— valve** : soupape de décharge, soupape de trop-plein; **automatic —** : dégagement automatique.

relieve (to) : soulager, relayer; **— (—) at the face** : relayer à front (*mines*).

relighter : rallumeur (*de lampe de mineur*); **— safety lamp** : lampe de sûreté à rallumeur.

relocation : déplacement (*d'une machine*).

reluctance (magnetic) : réluctance (*magnétique*).

remainder : reste (*arithmétique*).

remanence : rémanence.

remanent magnetism : magnétisme rémanent.

remelt (to) : refondre; **—ed cast iron** : fonte de deuxième fusion; **—ing** : refonte.

remittance : remise de fonds (*commerce*).

remodel (to) (*a mill*) : moderniser (*une usine*).

remote control : commande à distance, télécommande.

remotely controlled : commandé à distance.

removable : amovible; **— core** : noyau amovible.

removal : élimination; mutation, déplacement; **— expenses** : frais de déménagement; **— of smoke** : élimination des fumées.

remove (to) : muter (*un ouvrier*); **— a nut, a bolt** : dévisser un écrou, un boulon; **—r** : produit détachant ou décapant.

rend (to) : fendre, déchirer; se fendre, se fissurer, se déchirer.

renewable : remplaçable (*pièce*).

renewal : remplacement, renouvellement.
rent : loyer; fente, fissure, déchirure; **— -day** : terme (du loyer); **— tax** : taxe locative; **—al value** : valeur locative; **—er** : locataire.
repack (to) : changer l'étoupe.
repair : réparation; **— costs** : frais de réparation; **— outfit** : boîte à outils, nécessaire de réparations; **— parts** : pièces de rechange; **— shop** : atelier de réparation; **emergency —** : réparation de fortune; **—man** : ouvrier d'entretien; **minor —s** : petites réparations; **to be in need of —** : avoir besoin de réparations; **— (to)** : réparer (le matériel).
repeated : répété; **— impact strength** : endurance aux chocs répétés; **— impact test** : essai de fatigue aux chocs répétés; **— stress failure** : rupture de fatigue.
replace (to) : remplacer; **—able liner** : garniture remplaçable, amovible; **—ment cost** : valeur de remplacement; **—ment deposits** : dépôts de substitution (*géologie*); **—ment parts** : pièces de rechange.
repliable : repliable, escamotable.
repoint (to) : rejointoyer (*maçonnerie*).
report : rapport, compte-rendu; **— (to) (for work)** : se présenter (*au travail*).
repose (angle of —) : talus d'éboulement.
requirement : condition imposée, condition nécessaire; **to meet a —** : répondre à une condition.
rerail (to) : remettre sur rails; **—ing plate** : enrailleur.
reroll (to) : relaminer; **—er** : relamineur.
rescue : sauvetage; **— apparatus** : appareil de sauvetage; **— brigade *or* — corps** : équipe de sauvetage; **—man** : sauveteur; homme de l'équipe de sauvetage.
research : recherche (*scientifique*); investigation; **— Board** : Bureau de recherches; **— laboratory** : laboratoire de recherche; **— station** : station d'essais; **— work** : travaux de recherches.
reseat (to) : remettre en place; remettre sur son siège.
reserve funds : fonds de réserve; **— pillar** : stot (*mines*).
reservoir : réservoir (*de liquide*).
reset (to) : remettre en position; **manual —ting** : remise en position à la main.
residual : résidu, résiduel; **— induction** : induction résiduelle; **— magnetization** : aimantation résiduelle; **— stress** : tension interne; **solid —s** : résidus solides.
residue *ou* residuum : résidu (*chimie*); reste (*mathématiques*).
resin : résine; **— oil** : huile de résine.
resistance : résistance; **— box** : boîte de résistance; **— coil** : résistance, bobine de résistance; **— to repeated strains** : résistance aux efforts répétés; **— unit** : boîte de résistances; **— welding** : soudure par résistance; **abrasion —** : résistance à l'usure; **mine —** : résistance d'une mine (*au courant d'air*); **ohmic —** : résistance ohmique; **regulating —** : résistance de réglage; **series —** : résistance additionnelle, résistance en série.
resisting : résistant; **acid- —** : résistant aux acides; **heat- —** : résistant à la chaleur, réfractaire; **wear- —** : résistant à l'usure.
resistivity : résistivité; **— surveying** : prospection par mesure de la résistivité.
resistor (electrical —) : résistance électrique.
resolution : résolution; **— of a force** : décomposition d'une force (*mécanique*); **— of a problem** : résolution d'un problème.
resolve (to) : décomposer, résoudre, analyser, dissoudre.
resonance : résonance.

respiratory apparatus : appareil respiratoire.
respite : sursis.
rest : appui; support; chariot, lunette (*machines-outils*); repos; **back —** : lunette à suivre; **center —** : lunette fixe; **follower —** : lunette à suivre; **hand —** : support à main; **steady —** : lunette fixe.
restart (to) a blast-furnace : remettre à feu un haut fourneau; **—ing of — — —** : remise à feu d'un haut fourneau.
restoration : remise en état, rétablissement (*d'un service*).
restore (to) : restaurer, remettre en état, rétablir le fonctionnement de...
restricted space : espace limité.
resultant : résultante (*des forces*) (*mécanique*).
resumption of production : reprise de la production.
re-surface (to) : surfacer, dresser.
resuscitation : réanimation, rappel à la vie; **— apparatus** : appareil à respiration artificielle.
retail : détail, vente au détail; **— dealer** : détaillant; **—er** : détaillant; **— (to)** : vendre au détail.
retaining wall : mur de soutènement.
retarder conveyor : convoyeur-retardateur.
retarding cam : came retardatrice (*machines d'extraction*).
retarding force : force retardatrice.
retention basin : bassin de retenue.
retentiveness : hystérésis.
reticul(e) : réticule; **—ated** : réticulé, disposé en réseau.
re-tighten (to) a bolt : resserrer un boulon.
retire (to) : prendre sa retraite; **—d** : retraité; **—ment** : entrée en pension.
retort : cornue.
retractable : escamotable, repliable.
retread (to) : rechaper (*un pneu*).
retreating panel : panneau rabattant (*mines*).
retrograde (to) : rétrograder (*astronomie*).
retrogression : rétrogradation.
retubed boiler : chaudière retubée.
return : retour, rappel; retour d'air (*mines*); rentrée de fonds; rapport, compte rendu; **— crank** : contre-manivelle; **— freight** : fret de retour; **— material** : refus; **— movement** : mouvement de retour; **— speed** : vitesse de retour (*machines-outils*); **— spring** : ressort de rappel; **— stroke** : course de retour; marche arrière; recul; **— tubular boiler** : chaudière tubulaire à retour de fumées; **—s** : refus; **main —** : retour d'air principal.
re-usable material : matériel réutilisable.
revenue : revenu.
reverberatory furnace : four à réverbère.
reversal : renversement (*de marche*); **— of mine ventilation** : renversement d'aérage (*mines*); **spectral line — system** : méthode par disparition de la raie du sodium.
reverse : (*adj.*) arrière, vers l'arrière; **— bending** : flexions alternées; **— lever** : levier de changement de marche; **— link** : coulisse (*locomotives*); **— motion** : marche arrière; **— shaft** : arbre de relevage; **— speed**: vitesse arrière, vitesse de retour (*machines-outils*); **feed —** : changement d'avance (*machines-outils*); **steam —** : renversement de vapeur; **—r** : commutateur-inverseur.
reverse (to) : renverser; retourner; **— the air current** : renverser le courant d'air (*mines*); **— the motion** : renverser le mouvement; **— steam** : renverser la vapeur.
reversibility : réversibilité.
reversible : réversible.
reversing : réversible, à renversement; **— door** : volet de répartition (*entre deux trémies*); **— gear** : inverseur

reversing *(continued)* de marche; — **mechanism** : mécanisme de renversement de marche; — **motor** : moteur réversible; — **rolling mill** : laminoir réversible; — **speed** *or* — **switch** : vitesse de retour (*machines-outils*); — **valve** : vanne à renversement (*de direction de gaz*).

revetment : revêtement (*de maçonnerie*).

revision : révision (*des prix...*).

revitalize (to) an industry : rajeunir une industrie.

revival : ranimation, remise en marche; remise en exploitation (*d'une mine*); — **device** : appareil de ranimation.

revive (to) : ranimer, rappeler à la vie, remettre en marche (*une société*).

revolution : révolution, tour, rotation; — **counter** : compte-tours; — **ellipsoid**, *or* — **hyperboloid** *or* — **paraboloid** : ellipsoïde *ou* hyperboloïde *ou* paraboloïde de révolution; **—s per minute (r.p.m.)** : tours par minute; **speed of** — : vitesse de rotation.

revolve (to) : tourner, faire tourner.

revolving : tournant, pivotant; — **crane** : grue pivotante; — **cylindrical furnace** : four trommel; — **screen** : crible rotatif, trommel; — **work table** : table de travail rotative; **full-** — : à rotation complète.

rewind (to) : rebobiner (*électricité*).

rheolaveur : rhéolaveur; — **coal-washing plant** : lavoir à rhéolaveurs.

rheostat : rhéostat; **charging** — : rhéostat de charge; **field** — : rhéostat de champ; **liquid** — : rhéostat à résistance liquide; **starting** — : rhéostat de démarrage; **—ic** : rhéostatique; **—ic braking** : freinage rhéostatique.

rhodium : rhodium.

rhomb *or* **—us** : rhombe, losange; **—ohedral** : rhomboédrique; **—ohedron** : rhomboèdre; **—oid** : rhomboïdal.

rib : nervure; support; pilier long, pilier de galerie (*mines*); **to brace with —s** : renforcer par des nervures; **—bed** : nervuré, renforcé par des nervures; **—bed pipe** : tuyau à ailettes; **—bing** : nervures (*de renfort*).

ribbon metal : métal en feuillards.

rich gas : gaz riche.

riddle : crible-laveur (*pour l'or*, etc.).

ridge : arête; — **-beam** : faîtage (*construction*); — **of a roof** : faîte d'un toit; — **-tile** : tuile faîtière.

rig (to) a machine : installer une machine, monter une machine.

right angle : angle droit; — — **drive** : commande à angle droit, renvoi d'équerre; — **—d triangle** : triangle rectangle.

right-hand : vers la droite; — — **cutter** : fraise à droite; — — **drill** : foret à droite; — — **thread** : filetage à droite.

rights (*of third parties*) : droits (*des tiers*).

rigid : rigide; **—ity** : rigidité; **—ly** : rigidement.

rill stope raise : cheminée d'évacuation des produits, en dressants (*mines*).

rim : jante (*de roue*); — **wrench** : clé à jante; **—med steel** : acier non calmé (*métallurgie*).

ring : anneau, bague, rondelle; — **die** : matrice annulaire; — **oiled bearing** : palier à bague de graissage; — **oiling** : graissage par bague; — **winding** : enroulement en annexe (*électricité*); **benzene** — : chaîne benzénique; **chain** — : anneau de chaîne; **collecting** — : bague collectrice; **conical** — : bague conique; **oil** — : bague de graissage; **scraper** — : segment racleur; **unsaturated** — : chaîne non saturée (*chimie*).

ringer : sonnerie (*de téléphone*).

rinse (to) : rincer.

rinsing screen : tamis d'arrosage.

rip : déchirure; — **plate** : agrafe pour réparer les déchirures de courroie; — **saw** : scie à refendre; — **(to)** : fendre, se fendre; **coal-face —ping** : cassure à front.

riprap stone paving : pavage en pierres juxtaposées (*sans liant*).

rise : montée, hausse; — **in prices** : montée des prix; **—r** : masselotte (*métallurgie*); **—rs from castings** : masselottes de pièces coulées; — **(to)** : lever, se lever.

rising : ascension, élévation; lever (*d'un astre*).

risk : risque, danger; **explosion** — : danger d'explosion; **fire** — : risque d'incendie; **personal** — : risque d'accident de personnes.

rivet : rivet; — **buster** : coupe-rivets; — **hole** : trou de rivet; — **set** : bouterolle; — **snap** : bouterolle; **flat head** — : rivet à tête plate; — — **countersunk** — : rivet à tête plate noyé; **round head** — : rivet à tête ronde; **—er** : marteau-rivoir; (*ouvrier*) riveur; **jam —er** : marteau-rivoir à butée; **—er hammer or —ing** — : marteau-rivoir; **—ing burr** : contre-rivure; **—ing machine** : machine à riveter; **hot —ing** : rivetage à chaud; **—less** : sans rivet; — **(to)** : river; **—ed seam** : rivure.

road : route; — **-building** : construction de routes, traçage de routes; — **material** : matériaux de viabilité; — **-paving (concrete ..)** : pavage (*en béton*); **—stone** : pierre à paver; **—way** : chaussée (*d'une route*); **longwall —way** : voie de taille (*mines*); **branch haulage** — : voie secondaire de desserte (*mines*); **double-track** — : route à double file; **high** — : route principale; **local** — : route vicinale; **main** — : galerie principale, route principale; — **haulage** — : voie principale de desserte (*mines*); **mine** — : galerie de mine; **paved** — : route pavée; **secundary** —: route secondaire; **tarred** — : route goudronnée.

roast (to) : griller (*les minerais*); **—able** : apte à la calcination; **—ing** : grillage; **—ing drum** : tambour de grillage; **—ing furnace** : four de grillage; **—ing residue** : résidu de grillage; **ore —ing** : grillage des minerais.

robbing : exploitation gaspillant le gisement (*mines*).

robot : machine automatique.

rock : roc, roche; — **burst** : coup de toit (*mines*); — **crusher** : concasseur de cailloux; — **-crystal** : cristal de roche; — **drill** : marteau-perforateur au rocher; — **dust** : poussière de stériles, poussière de roche (*mines*); — — **barrier** : arrêt-barrage (*mines*); — **dusting** : schistification (*mines*); — **failure** : rupture du toit (*mines*); **to predict** — — : prévoir les ruptures du toit; — **gangway** : galerie au rocher (*mines*); — **-ore** : minerai en roche; **eruptive** — : roche éruptive; **hard** — : roche dure; **medium** — : roche de dureté moyenne; **overlaying** — : roches susjacentes, terrains du toit (*mines*); **sedimentary** — : roche sédimentaire; **soft** — : roche tendre; **—er** : oscillateur (*locomotives*); ergot basculeur; **—er arm** : bras basculant; **valve —er** : culbuteur (*soupapes*); **—er gear valve** : soupape à culbuteur; **—et** : fusée; **—et -propelled plane** : avion-fusée; **—ing grate** : grille à bascule; **—y** : rocheux; **to** — : balancer, osciller.

rod : tringle; tige; bielle; fil machine; — **end** : tête de bielle; — **rolling mill** : laminoir à fil machine; **anchor** — : tige d'ancrage; **connecting** — : bielle; **drill** — : tige de fleuret; **extension** — : tige de rallonge; **pendulum** — : tige du pendule; **piston** — : tige de piston; **valve** — : tige de commande du tiroir; **straightened —s** : fil machine redressé; **wire —s** : fil machine.

roentgen : roentgen (*électricité*).

roll : rouleau, cylindre de laminoir; **— -film** : pellicule en bobine; **— housing** : montant de laminoir; **— -over type heating furnace** : four roulant à réchauffer les lingots; **— -pressure** : pression de laminage; **— stand** : cage de laminoir; **backing-up —** : cylindre de soutien; **bottom —** : cylindre inférieur; **dummy —** : cylindre à vide; **idle —** : cylindre entraîné; **middle —** : cylindre médian; **mill —** : cylindre de laminoir; **sand —** : tambour ponceur; **top —** : cylindre supérieur; **working —** : cylindre de travail; **finishing —s** : cylindres finisseurs; **reducing —s** : cylindres réducteurs; **roughing —s** : cylindres dégrossisseurs; **— (to)** : rouler, enrouler, laminer; **— cold** : laminer à froid; **— hot** : laminer à chaud; **—ed products** : produits laminés; **—ed steel** : acier laminé; **cold —ed** : laminé à froid; **hot —ed** : laminé à chaud; **solid —ed** : embouti d'une seule pièce.

roller : rouleau, cylindre; **— bearing** : palier à rouleaux; **— blind** : jalousie (*volet*); **— path** : chemin de roulement; **— table** : train de rouleaux (*laminoirs*); **approach — —** : train de rouleaux d'amenée; **run out — —** : train de rouleaux de sortie; **planing — *or* road —** : rouleau compresseur, « cylindre »; **steam —** : rouleau à vapeur.

rolling : laminage; roulement (*action*); **— crusher** : broyeur à cylindres; **— door** : rideau de fer; **— friction** : frottement de roulement; **continuous —** : laminage continu; **— programme** : programme de laminage; **— resistance** : résistance au roulement; **— scale** : battitures de laminage; **— stock** : matériel roulant, parc de wagons; **— train** : train de laminoirs.

rolling mill : laminoir; **— foreman** : chef-lamineur; **— plant** : installation de laminoirs; **bar —** : laminoir à barres; **billet —** : laminoir à billettes; **bloom —** : laminoir à blooms; **cold —** : laminoir à froid; **continuous —** : laminoir continu; **cross —** : laminoir à cylindres obliques; **finishing —** : laminoir finisseur; **flatting —** : laminoir de planage; **girder —** : laminoir à poutrelles; **merchant bar —** : laminoir à fers marchands; **non reversing —** : laminoir non réversible; **planishing —** : laminoir polisseur, laminoir égaliseur; **plate —** : laminoir à grosses tôles; **pilger —** : laminoir à pas de pèlerin; **rail —** : laminoir à rails; **reversing —** : laminoir réversible; **rod —** : laminoir à fil machine; **section — *or* shape —** : laminoir à profilés; **sheet —** : laminoir à tôles fines; **slab —** : laminoir à brames; **slant —** : laminoir oblique; **small iron —** : laminoir à petits fers; **strip —** : laminoir à feuillards; **three-high —** : laminoir trio; **tube —** : laminoir à tubes; **two-high —** : laminoir duo; **universal —** : laminoir universel.

Röntgen rays : rayons X.

roof : toit, plafond (*mines*); voûte (*fours*); ciel (*de boite à feu*); **— bar** : poutrelle pour soutènement du toit (*mines*); **— bolt load** : charge des boulons de soutènement du toit; **— bolting** : boulonnage du toit (*mines*); **— -control** : contrôle du toit (*mines*); **— fall** : chute du toit, éboulement du toit (*mines*); **— fracturing** : rupture du toit; **— movement** : mouvement du toit; **— rocks stresses** : tensions du massif, au toit; **— studies**: étude du toit; **— truss** : ferme (*toiture*); **flat —** : toiture plate; **lean-to —** : toiture à une seule poutre; **ridged —** : toiture à double pente; **—ing paper** : carton bitumé pour toiture; **—ing slate** : ardoise de couverture; **—ing tile** : tuile de couverture.

room-and-pillar working : exploitation par chambres et piliers (*États-Unis*).
root : racine (*mathématiques*) ; **cube —** : racine cubique ; **fourth —** : racine quatrième ; **square —** : racine carrée.
rope : câble, grosse corde ; **— drive** : commande par câble ; **— drum** : tambour d'enroulement (*d'un câble*) ; **— pull** : force de traction d'un câble ; **— speed** : vitesse d'extraction (*mines*) ; **— tester** : contrôleur de câble ; **— -testing service** : service de contrôle des câbles ; **aerial —way** : téléphérique ; **— yard** : corderie ; **aloe —** : câble d'aloès, cordage d'aloès ; **balance —** : câble d'équilibre (*mines*) ; **bearing —** : câble porteur ; **closed —** : câble clos ; **endless —** : câble sans fin ; **fall —** : câble de retour ; **guide —** : câble guide ; **haulage —** : câble de traînage, câble de halage ; **hemp —** : câble de chanvre ; **hoisting —** : câble d'extraction ; **Lang design —** : câble à torsion Lang ; **main —** : câble tête ; **manila —** : câble en aloès, cordage en aloès ; **non-rotating —** : câble antigiratoire ; **preformed —** : câble préformé ; **pulling —** : câble tracteur ; **sisal —** : câble en aloès (U. S.) ; **tail —** : câble queue ; **trailing —** : câble traînant ; **winding —** : câble d'extraction ; **wire —** : câble métallique.
rose-diamond : diamant taillé en croix.
rosette : rosace (*électricité*).
rotary : rotatif, pivotant ; **— converter** : commutatrice ; **— -crusher** : concasseur giratoire ; **— drilling** : forage par rotation ; **— furnace** : four rotatif ; **— kiln** : four à sécher rotatif ; **— motion** : mouvement de translation ; **— planer** : raboteuse rotative ; **— pump** : pompe rotative ; **— table** : table tournante.
rotat(e) (to) : tourner, faire tourner ; **to be —ed** : être animé d'un mouvement de rotation ; **—ing field** : champ tournant (*électricité*) ; **—ion** : rotation ; **—ory** : rotatif.
rotor : rotor ; **— air motor** : moteur à engrenages à chevrons.
rotundity : forme ronde.
rough : raboteux, rugueux, brut ; **— -cast** : brut de coulée ; **— -forged** : brut de forge ; **— - machined** : dégrossi ; **— -wrought** : mi-ouvré ; **—er** : laminoir dégrossisseur ; **—ing** : ébauchage ; **—ing down** : dégrossissage (*par étirage*) ; **—ing mill** : laminoir dégrossisseur ; **—ing out** : dégrossissage ; **—ness** : rugosité.
round : (*subst.* ou *adj.*) rond ; cycle (*d'opérations*) ; **— bar steel** : acier rond ; **drill —** : cycle de forage ; **—ed -off** : arrondi ; **—house** : rotonde (*chemins de fer*) ; **—ing machine (*gear tooth*...)** : machine à arrondir (*les dents d'engrenages*).
router : rabot à moulurer.
routine : routine.
routing-machine : machine à moulurer.
row (*brick* —) : assise (*de briques*).
royalties : droits, droits de tréfonds (*mines*) ; droits de brevet, droits d'auteur.
rub (to) : frotter ; **— away** : enlever par frottement.
rubber : caoutchouc ; **— belt conveyor** : convoyeur à bande en caoutchouc ; **— belting** : courroie en caoutchouc ; **— boot** : chaussure en caoutchouc ; **— covered cable** : câble sous caoutchouc (*électricité*) ; **— facing** : joint en caoutchouc ; **— hose** : tuyau en caoutchouc, flexible en caoutchouc ; **— packing** : garniture en caoutchouc ; **— sole** : semelle en caoutchouc ; **— tire *or* tyre** : bandage en caoutchouc ; **— — mounted** : montée sur pneus (*machine*) ; **cushion — —** : bandage en caoutchouc rembourré ; **pneumatic — —** : pneumatique (*de véhicule*) ; **solid — —** : bandage en caoutchouc plein ; **— wader** : botte

rubber *(continued)*
en caoutchouc; **india —** : caoutchouc; **hard —** : ébonite; **natural —** : caoutchouc naturel; **synthetic —** : caoutchouc synthétique.

rubbing : frottement.

rubble : blocage (*maçonnerie*); **— wall** : mur en pierre naturelle.

rubidium : rubidium.

ruby : rubis.

rudder : gouvernail.

Ruhmkorff coil : bobine de Ruhmkorff.

rule : règle (*mathématiques*); règle (*sens général*); **— of three** : règle de trois; **pliable — or pliant —** : mètre pliant.

ruling pan : tire-ligne.

run : trajet (*d'une locomotive*); série, succession, rythme, durée; course; **— down** : déchargée (*batterie*); **— -of-mine coal** : charbon tout-venant; **— -of-the mine ore** : minerai brut; **— out table** : train de rouleaux de sortie; **— — roller —** : train de rouleaux de sortie; **— (to)** : courir, tourner (*moteurs*); couler (*liquides*); **— a big head** : couler une bielle; **— hot** : s'échauffer, chauffer (*machines*); **— idle or — light** : marcher à vide; **— a machine** : conduire une machine; **— past a red light** : brûler un feu rouge; **— off** : sauter (*câbles*); **— — a nut** : dévisser un écrou; **— — the rails** : sortir des rails; **— a warehouse** : diriger un magasin.

rung : échelon (voir : **ladder rung**).

runner : galet de roulement; rigole de coulée; nœud coulant; **— vane** : aube de rotor; aube mobile (*turbines*); **mill —** : meule courante (*de moulin*).

running : marche; allure (*d'une machine*); **— -costs** : frais d'exploitation; **— knot** : nœud coulant; **— in oil** : tournant dans l'huile; **— parts** : pièces en mouvement (*machines*); **— resistance** : résistance au déplacement; **— surface** : surface de roulement; **— time** : temps de marche; **— waters** : eaux courantes; **first —** : tête de distillation; **forward —** : marche avant; **last —** : queue de distillation; **quiet —** : marche silencieuse; **reverse —** : marche arrière; **smooth —** : roulement doux.

runway : chemin de roulement, glissière; **V- —** : glissière en V.

rupture : rupture; **— strength** : résistance à la traction (*effort de rupture*); **— test** : essai de rupture.

rust : rouille; **— layer** : couche de rouille; **— prevention** : lutte contre la rouille; **— preventive** : antirouille; **— proof** : inoxydable; **— removing** : dérouillage; **— -resisting** : inoxydable; **—less steel** : acier inoxydable; **—y** : rouillé.

ruthenium : ruthénium.

S

sack : sac; — **cloth** : toile de sac; —**ing** : mise à sac.

saddle : chariot; porte-outil, porte-tourelle (*machines-outils*); — **travel** : course du porte-outil.

safe : sûr, de fonctionnement sûr (*matériel*); de sûreté; — **load** : charge de sécurité, charge admise; — **point** : limite de sécurité; — **use of explosives** : emploi sans danger des explosifs; —**guard** : protection, dispositif de protection, dispositif de sécurité; **additional —guard** : sécurité additionnelle; —**guarding equipment** : équipement de protection; appareils antigrisouteux (*mines*).

safety : sécurité, sûreté; — **appliances** : dispositifs de sécurité; — **belt** : ceinture de sûreté; — **branches** : services de sécurité; — **-catches** : parachutes (*mines*); — **chain** : chaîne de sûreté; — **conference** : conférence de sécurité; — **detaching hook** : crochet de sûreté; — **device** : appareillage de sécurité; dispositif de sécurité; — **dog** : béquille de sécurité (*roulage dans les mines*); — **engineer** : ingénieur de la sécurité; — **explosive** : explosif de sûreté (*tir des mines*); — **factor** : coefficient de sécurité; — **flange** : disque de protection (*pour meule*); — **from falls** : protection contre les éboulements (*mines*); — **fuse** : mèche de sûreté (*pour le tir des mines*); — **glass** : verre de sécurité; sécurité; — **interlock** : dispositif de verrouillage; — **lamp** : lampe de sûreté (*mines*); **Davy's — —** : lampe Davy; **flamme — —** : lampe de sûreté à flamme; — **measures** : mesures de sécurité; — **pillar** : pilier de sécurité; — **plug** : bouchon-fusible; — **regulations** : règlement sur la sécurité; — **set collar** : bague d'arrêt; — **spark gap** : parafoudre; — **stop** : arrêt de sûreté; — **torch** : lampe de sûreté (*mines*).

sag : flexion, flèche (*d'un fil, d'un câble suspendus*); — **(to)** : fléchir; —**ging** : affaissement.

sal ammoniac : sel ammoniac.

salaried : salarié.

salary : appointements.

sale : vente; —**s manager** : chef du service des ventes; —**s to the trade** : vente au commerce (*en gros*).

saline deposits : dépôts salins.

salt : sel (*sens général*); sel (*chimie*); — **bath** : bain de sel (*pour la trempe*); — — **case hardening** : trempe au bain de sel; — — **furnace** : four à bain de sel; — **marsh** : marais salant; — **mine** : saline; **rock —** : sel gemme; **sea —** : sel marin.

saltpeter : salpêtre.

salvage : sauvetage.

sample : échantillon; — **package** : échantillon; — **at random** : échantillon pris au hasard; **average —** : échantillon moyen; **face —** : échantillon pris à front (*mines*); —**r** : échantillonneur.

sampling : échantillonnage; **randomly —** : échantillonnage au hasard.

sand : sable; **—blast** : jet de sable; **— -blasted** : décapé au sable; **— blasting** : décapage au sable; **— -box** : sablière (*d'une locomotive*); **— -cast** : moulé au sable; **— -flotation** : flottage au sable; **— hole** : trou de sable; **— mill** : moulin à sable (*ateliers de moulage*); **— mixer** : malaxeur de sable (*de fonderie*); **— paper** : papier de verre; **— -pit** : sablière; **— -roll** : tambour ponceur; **coarse —** : gros sable; **concrete —** : sable à béton; **core —** : sable à noyau; **facing —** : sable de surface; **glass —** : sable de verrerie; **green —** : sable vert; **grinding —** : sable à polir; **moulding —** : sable de moulage; **oil-bearing —** : sable pétrolifère; **quick —** *or* **shifting —** : sable mouvant; **refractory —** : sable réfractaire; **silica —** : sable siliceux; **slag —** : sable de laitier; **— (to)** : poncer; **—er** : sablière (*de locomotive*); **—ing drum** : tambour à poncer; **—stone** : grès; **variegated —stone** : grès bigarré (*géologie*); **—y** : sablonneux.

sapphire : saphir.

satellite : satellite.

saturat(e) (to) : saturer; **—ion** : saturation; **—ed steam** : vapeur saturée.

save (to) man hours : économiser de la main-d'œuvre.

saving : économie; **— in cost** : économie; réduction du prix de revient; **— in power** : économie d'énergie; **— in time** : économie de temps.

saw : scie; **— blade** : lame de scie; **— -dust** : sciure de bois; **band —** : scie à ruban; **circular —** : scie circulaire; **compass type —** : scie à guichet; **cross-cut —** : scie à tronçonner; **friction —** : scie à friction; **gang —** : scie verticale alternative (*à tronçonner*); **hand —** : scie à main; **jig —** : scie alternative à découper; **key-hole —** : scie à guichet; **lock- —** : scie à guichet; **metal-cutting —** : scie à métaux; **pit —** : scie de long; **power —** : scie mécanique; **slitting —** : scie à refendre; **two-handed —** : scie passe-partout; **—kerf** : trait de scie; **—yer** : scieur; **— (to)** : scier.

scab : écaille; « jaune », non gréviste.

scaffold : échafaud (*construction*); **—ing** : accrochage (*dans le haut fourneau*).

scale : échelle graduée; écaille, battiture; tartre (*des chaudières*); calamine; balance, plateau de balance; **— -beam** : fléau de balance; **— line** : trait de graduation; **— of wages** : échelle de salaires; **— -remover** : désincrustant; **—s** : balance; **spiral —s** : peson; **enlarged —s** : échelle agrandie; **full —** : grandeur naturelle; **graduated —** : échelle graduée; **magnified —** : échelle agrandie; **mill —** : scories de laminoir; **oxide —** : calamine; **reduced —** : échelle réduite; **— (to)** : rogner, écailler, décalaminer, détartrer, ébarber, s'écailler; **— a boiler** : détartrer une chaudière.

scalene : scalène; **— triangle** : triangle scalène.

scaling hammer : marteau détartreur, marteau à ébarber.

scalloped blades : lames courbes.

scanning beam : faisceau explorateur.

scantling : échantillon; volige (*menuiserie*).

scape wheel : roue d'échappement (*horlogerie*).

scar : marque laissée (*par une clé anglaise...*); **to —** : détériorer la surface (*d'un objet*), faire une marque sur...

scarf (to) : assembler.

scavenge (to) : nettoyer.

schedule : inventaire; liste, catalogue, programme (*de travail*), barème, emploi du temps; **working-time —** : horaire de travail; **regularly —d** : régulièrement inscrit à l'effectif; **to be —d to work** : être de service.

scheduling : établissement du programme de marche, du programme de fabrication.
scheelite : scheelite.
scheme : système, plan; projet.
schist : schiste; **—ose** *or* **—ous** : schisteux.
scholarship : connaissances; bourse d'étude.
school : école; **preparatory —** : école préparatoire; **technical —** : école technique.
science : science; **exacting —s** : sciences exactes.
scientific management : organisme scientifique.
scientist : savant.
scintillating counter : compteur à scintillations (*mesure des rayonnements nucléaires*).
scleroscope hardness : dureté au scléroscope.
scoop : écope, pelle creuse; auget, aube; cuiller; **— conveyor** : transporteur à augets; **— drill** : sonde à cuiller (*sondages*); **— -wheel** : tympan (*roue à aube*).
scope : portée; rayon d'action; perspective; **— of usefulness** : champ d'emploi; **working —** : rayon d'action.
score : entaille, marque; **— (to)** : entailler; marquer; tracer; **— a circle** : tracer un cercle.
scori(a) : scorie; **—fication** : scorification; **—fy (to)** : scorifier.
scotch : carotte (*à enrayer*); **to — a wheel** : enrayer, caler (*une roue*).
scrap : déchets, mitraille, ferraille; bout, morceau; **— bundling press** : presse à paqueter la ferraille; **— iron** : ferraille, mitraille, rognures d'acier; **— for open-hearth furnace** : riblons pour four Martin; **— yard** : parc à ferraille; **circulating —** : chutes de fonderies, d'aciérie, pour propre consommation; **purchased —** : ferrailles achetées; **steel —** : mitraille d'acier; **— (to) a ship** : ferrailler un bateau.
scrape (to) : gratter; dresser; racler.
scraper : racloir; scraper; **— chain** : chaîne à raclettes; **— conveyor** : convoyeur à palettes; **— loader** : chargeuse à racloir; **— loading** : chargement par scraper; **— plane** : plane à gratter; **— slide** : estacade à racloir.
scraping : raclage; grattage; **— burr** : outil à gratter.
scratch : rayure; éraflure; **— hardness** : dureté à la rayure; **— (to)** : rayer.
screen : crible, tamis; cloison (*construction*); écran; **conical —** : crible conique; **dewatering —** : tamis d'égouttage (*lavoirs*); **fine wire —** : tamis à fil fin; **hummer —** : tamis à vibration magnétique; **jigging —** : crible à secousses; **pulsating —** : tamis pulsatoire; **revolving —** : trommel; **rotary —** : crible rotatif, trommel; **shaking —** : crible à secousses; **sizing —** : crible classeur; **vibrating —**, *or* **vibratory —** : tamis vibreur; **— (to)** : cribler, tamiser; voiler; **—ing plant** : installation de criblage; **—ings** : fines séparées par criblage.
screw : vis; hélice; **— -cap** : bouchon à vis; culot (*de lampe*); **Edison — —** : culot Edison; **— -chasing** : filetage; **— — attachment** : dispositif pour filetage (*tours*); **— -chuck** : mandrin à vis; **— conveyor** : transporteur à vis; **— -cutting** : filetage; **— — lathe** : tour à fileter; **— -die** : filière; **— -extractor** : extracteur de vis; **— eye** : piston à vis; **— -feed grease cup** : graisseur Stauffer; **— head** : tête de vis; **— hoist** : palan à vis sans fin; **— -machine** : tour à fileter; **— neck** : collet de vis; **— -pitch** : pas de vis; **— — gauge** : calibre de filetage; **— -socket** : douille à vis; **— -steamer** : vapeur à hélice;

screw *(continued)*
— -stem : tige de vis; **— -thread** : filet de vis; **— wrench** : clé anglaise; **adjusting —** : vis de réglage; **endless —** : vis sans fin; **feed —** : vis d'avance du chariot; **flat cap —** : vis à tête plate; **hexagon cap —** : vis à tête hexagonale; **hydraulic —** : vis hydraulique; **lead- —** : vis-mère (*de tour*); **machine —** : vis à métaux; **micrometer —** : vis micrométrique; **round head cap —** : vis à tête ronde; **set —** : vis d'arrêt; **wood —** : vis à bois; **—driver** : tournevis; **—driver bit** : lame de tournevis; **—ed ends** : extrémités filetées; **to be —ed** : être muni d'un filetage; **— jack** : vérin à vis; **to —** : visser; **to — off** : dévisser.

scrib(e) (to) : tracer, trusquiner; **—ing block** : trusquin.

scroll : spirale; volute.

scrub (to) : nettoyer par frottement et lavage; **—ber** : séparateur (*par lavage*); **benzol —ber** : séparateur de benzol; **—bing** : lavage, épuration par voie humide (*du gaz de haut fourneau*); **sheet- —bing machine** : machine à brosser les tôles.

scum : écume; crasse.

seal : scellement (*construction*); fermeture étanche; barrage (*contre un feu de mine*); **— -ring** : bague d'étanchéité; **to provide an effective —** : procurer une parfaite étanchéité; **— (to)** : sceller; fermer de façon étanche; **— a leakage** : boucher une fissure, colmater une fissure; **— a rift** : combler une fente, une fissure (*avec du ciment*); **— off a district** : barrer un quartier (*mines*); **—ed from muck** : étanche à la boue, étanche aux poussières.

seam : couche, veine (*mines*); couture; fissure, plissure de laminage; **— of coal** : couche de charbon; **— interval** : entredeux (*mines*); **— welding** : soudure en filet; **cross- —** : joint transversal (*tuyauteries*); **flat —** : couche plate, couche en plateure; **heavily-pitching —** : couche en dressant; **highly-inclined —** : couche en dressant; **inclined —** : couche inclinée; **level —** : couche horizontale, couche plate; **longitudinal —** : joint longitudinal (*tuyauteries*); **pitching —** : couche inclinée; **riveted —** : rivure; **steep —** *or* **steeply-inclined —** : couche en dressant; **thick —** : couche puissante; **thin —** : couche mince; **—less drawn tube** : tube étiré sans soudure; **—less tube** : tube sans soudure; **—s in proximity** : couches voisines.

search for... : recherche de...; **— — oil** : prospection du pétrole.

searchlight : projecteur; phare.

seasonal worker : travailleur saisonnier.

seasure : saisie (*commerce*).

seat : siège, portée; **back —s** : sièges arrière; **front —s** : sièges avant; **tip- —** : (siège à) strapontin; **valve —** : siège de soupape; **four- —er** : voiture à quatre places.

secant : sécante.

second : seconde (*de temps, d'angle...*); (*adj.*) : deuxième; **— -hand material** : matériel d'occasion; **— -hand goods** : marchandises d'occasion; **— operation work** : travail de finissage; **—ary** : (*subst.*) : secondaire de transformateur; (*adj.*) : secondaire; **—ary formation** : secondaire (*formation géologique*); **—ary winding** : enroulement secondaire.

secretariat : secrétariat.

secretary : secrétaire; **—'s office** : secrétariat.

section : section; coupe (*dessin*), profil, profilé (*sidérurgie*); **— rolling mill** : laminoir à profilés; **— shearing machine** : cisaille à profilés; **— switch** : sectionneur (*électricité*); **conic —** : section conique; **cross —** : section transversale; **heavy —s** :

section *(continued)* profilés lourds; **light —s** : profilés légers; **longitudinal —** : coupe longitudinale; **thin —** : plaque mince; **—alization** : sectionnement, division en sections.

sector : secteur, secteur de cercle; **— of a sphere** : secteur sphérique; **toothed —** : secteur denté.

securities : valeurs (*bourse*).

security department : service des titres (*banques*).

sedan : conduite intérieure (*autom.*).

sediment : sédiment; dépôt; **—ary** : sédimentaire; **—ary bed** : strate, couche sédimentaire; **—ary rock** : roche sédimentaire; **—ation** : sédimentation.

seep (to) : suinter, filtrer (voir **to sipe**).

seethe (to) : effervescer, bouillonner.

segment : segment (*géométrie*).

segregat(e) (to) : ségréger; **—ion** : ségrégation.

seize (to) : gripper; **to be —d up** : être grippé.

selection : sélection, choix; **— of coals** : triage des charbons.

selectiv(e) : sélectif; **—e flotation** : flottation sélective; **—ity curve** : courbe de sélectivité.

selector tube mill : tube mill classeur.

selenium : sélénium; **—erz** : minerai de sélénium; **—ide** : séléniure; **—tetrachloride** : tétrachlorure de sélénium.

self : soi-même; **— -acting** : automatique; **— -adjustable** : à réglage automatique; **— -adjustment** : réglage automatique; **— -arresting** : à arrêt automatique; **— -centering** : centrage automatique; **— — vice holder** : porte-pièce à étau pour centrage automatique; **— -cleaning** : à nettoyage automatique; **— -cleansing** : à nettoyage automatique; **— -closing** : à fermeture automatique; **— — lathe** : tour à serrage automatique; **— -contained** : formant un tout complet; **— -control** : commande automatique; **— -discharging** : à déchargement automatique; **— -excitation** : auto-excitation; **— -excited dynamo** : dynamo auto-excitatrice; **— -fluxing ore** : minerai auto-fondant; **— -induction** : self-induction; **— -inductive** : de self-induction; **— -loading** : à chargement automatique; **— -locked bolt** : boulon à autoserrage; **— -locking** : à fermeture automatique; **— — door** : porte à fermeture automatique; **— — latch** : verrouillage automatique; **— — trough** : couloir à assemblage automatique (*mines*); **— -lowering** : à descente automatique; **— -lubricating bearing** : palier graisseur; **— -oiling** : à graissage automatique; **— -powered** : à commande automatique; **— -priming pump** : pompe à amorçage automatique; **— -propelling** : automoteur, automotrice (*adj.*); **— -protecting** : à auto-protection; **— -regulating** : à réglage automatique; **— -regulation** : auto-régulation; **— -releasing** : à débrayage automatique; **— -rescuer** : appareil de protection individuelle; **— -starter** : démarreur automatique; **— -starting system** : appareil de mise en marche automatique; **— -winding up** : à remontage automatique.

sell (to) : vendre; **—er** : vendeur; **—ing expenses** : frais de vente; **joint —ing organisation** : comptoir de vente (*organisme*); **—ing price** : prix de vente; **—ing procedures** : méthodes de vente.

semi... : semi, demi...; **— -circle** : demi-cercle; **— -coke** : semi-coke; **— -conductor** : semi-conducteur; **— -finished products** : produits semi-finis; **— -finished steel** : produits semi-finis (*métallurgie*); **— -manufactured goods** : produits semi-manufacturés; **— -steel** : fonte

semi... *(continued)* aciérée; — **-wave** : demi-onde; **—s** : demi-produits.

seminar : séminaire (*de perfectionnement, pour ingénieurs*).

seniority : ancienneté (*de services*); **— incentive** : majoration d'ancienneté; **— rights** : droits d'ancienneté; **departmental —** : ancienneté dans la branche, le service; **general —** : ancienneté de services (*au sens général*).

sensitive drill presse : perceuse sensitive.

sensitivity : sensibilité.

sensitize (to) : sensibiliser.

separate (to) : séparer, trier, cribler.

separation : séparation, triage; **— by density difference** : séparation par différence de densité; **dry —** : séparation à sec (*de charbon*); **gravity —** : séparation par gravité; **heavy fluid —** : séparation par liquides denses; **magnetic —** : séparation magnétique; **mechanical —** : séparation mécanique; **pneumatic —** : préparation à sec (*des charbons*); **wet —** : préparation par voie humide (*des charbons*).

separator : séparateur; **air —** : séparateur d'air; **oil —** : séparateur d'huile; **pneumatic —** : séparation à sec (*préparation des charbons*); **shale —** : deschisteur; **spiral —** : séparateur à spirale; **water —** : séparateur d'eau; sécheur; **wet —** : séparateur par voie humide (*préparation des charbons*).

series : série; formation (*géologie*); série (*mathématiques, électricité*); **— development** : développement en série; **— parallel connection** : connexion série-parallèle; **— winding** : enroulement série (*électricité*); **— wound** : bobiné en série; **— - — motor** : moteur série; **coal —** : formation houillère; **convergent —** : série convergente; **coupled in —** : couplé en série (*électricité*); **to develop into a — or to expand into a —** : développer en série (*mathématiques*); **harmonical —** : série harmonique; **infinite —** : série convergente; **logarithmic —** : série logarithmique; **recurrent —** : série récurrente.

serpentine : serpentine.

serrated vice-jaws : mâchoires d'étau dentelées.

service : service; **indoor- — apparatus** : appareil pour service intérieur (*électricité*); **outdoor- — —** : appareil pour service extérieur. **— -station** : station-service; **general —s** : services généraux; **in —** : en service; **length of —** : durée de service; **—able** : qui donne un bon service, de bon usage.

servo-brake : servo-frein.

servo-motor : servomoteur.

session : session, séance; **end —** : séance de clôture; **opening —** : séance d'ouverture; **working —** : séance de travail.

set : jeu, assortiment; batterie; groupe (*machines*); cadre de boisage (*mines*); siège d'extraction (*mines*); **— -back counter** : compteur avec remise à zéro; **— -down bucket** : benne à fond ouvrant; **— of equations** : système d'équations; **— -pin** : goujon prisonnier; **— screw** : vis de serrage; **— of timber** : cadre de boisage (*mines*); **— of wrenches** : jeu de clés; **booster —** : groupe survolteur (*électricité*); **charging —** : groupe de recharge d'accumulateurs; **exciter —** : excitatrice (*électricité*); **generating —** : groupe électrogène; **motor-generator —** : groupe moteur-générateur; **shaft —** : cadre de puits (*mines*); **speed regulating —** : groupe régulateur de vitesse; **steel —** : cadre métallique de boisage; **— (to)** : placer, poser, mettre; monter; *v. n.* : prendre, se figer (*liquides*); **— a prop** :

set *(continued)* placer un étai, poser une chandelle (*mines*); — **in motion** : mettre en marche; — **up a machine** : monter une machine; **—ting** : installation; montage (*d'une machine*); **—ting of the work** : montage de la pièce (*machines-outils*); **—ting point** : point de solidification; **—ting time** : durée de prise (*ciments*); **fine —ting** : réglage précis de la position.

settle (to) : se déposer; **—d** : déposé, précipité; **—ment** : règlement (*de compte*); liquidation (*bourse*); dépôt, précipitation (*chimie*); **—ment rate** : vitesse de précipitation; **yearly —ment** : liquidation annuelle.

settling tank : bac de décantation (*préparation des charbons*).

severely heated : fortement chauffé.

sewer : égoût; — **pipe** : tuyau d'égoût; — **trench** : égoût; **—age** : 1° : eaux d'égoût, eaux sales, eaux résiduaires; 2° : évacuation de ces eaux.

shack : baraque.

shackle : anneau (*d'accouplement*).

shaded : hachuré (*dessin*).

shadow (cast —) : ombre portée.

shaft : arbre (*mécanique*); puits (*mines*); cuve (*hauts fourneaux*); — **alignment** : alignement des arbres; — **boring** : fonçage de puits de mine; — — **cementation process** : procédé de fonçage par cimentation; — — **process** : méthode de fonçage; — **-compartment** : compartiment de puits; goyau; — **examiner** : ouvrier aux abouts; ouvrier d'abouts (*mines*); — **gate** : barrière de puits; — **guide** : guide de puits (*mines*); — **hoist** : machine d'extration de mine; — **hoisting** : extraction par puits; — **lining** : revêtement de puits de mine; — **-mounted** : calé sur l'arbre (*moteur*); — **pillar** : stot de sécurité du puits (*mines*); — **set** : cadre de puits; — **sinker** : fonceur de puits; — **sinking** : fonçage de puits; — — **cementation process** : fonçage par cimentation (*mines*); — — **freezing process** *or* — — **by freezing** : procédé de fonçage par congélation; **air** — : puits d'aérage; **armature** — : arbre d'induit; **auxiliary** — : puits auxiliaire; **to deepen a** — : approfondir un puits, faire le raval d'un puits; **double-compartment** — : puits à double compartiment; **down cast** — : — : puits d'entrée d'air; **driven** — : arbre conduit, arbre entraîné, **driving** — : arbre moteur; **escape** — : puits de secours; **fallen-in** — : puits éboulé; **flexible** — : arbre flexible; **hoisting** — : puits d'extraction; **inclined** — : puits incliné; **intake** — : puits d'entrée d'air; **intermediate** — : arbre intermédiaire; **jack** — : arbre intermédiaire; arbre de renvoi; **line** — : transmission, arbre de transmission; **—mine** — : puits de mine; **prospect** — : puits de recherche; **reverse** — : arbre de relevage (*locomotives*); **sink (to) a** — : foncer un puits de mine; **sinking** — : puits en fonçage; **square** — : arbre carré; **steel-timbered** — : puits à revêtement métallique; **sump** — : puits d'exhaure; **uptake** — : puits de sortie d'air; **ventilating** — : puits d'aérage; **to widen a** — : élargir un puits; **—ing** : transmission; **—man** : moulineur du fond (*mines*); **head —man** : moulineur du jour.

shaker : agitateur (*mécanique*); — **conveyor** : convoyeur à secousses, couloir oscillant (*mines*); — — **connections** : attaches de couloirs, assemblages de couloirs; **ball** — — : couloir oscillant à billes; **hanging** — — : couloir oscillant suspendu; **roller** — — : couloir oscillant à galets; — **screen** *or* **shaking screen** : tamis plan oscillant (*criblage*).

shaking chute : trémie oscillante.

shale : schiste; — **crusher** : broyeur à schistes; — **dusting** : schistification (*mines*); — **separator** : déschisteur (*lavoirs à charbon*); **self-acting** — — : autodéschisteur; **flat** — : schiste plat; **oil** — : schiste bitumineux.

shallow : peu profond, superficiel.

shank : queue, partie droite d'un outil; — **and bit punch** : matrice pour taillants et queues; **straight** — **drill** : foret à queue droite; **taper** — — : foret à queue conique; **drill** — : queue de foret; **Morse taper** — **N°...** : queue au cône Morse n°...

shanty : baraque, construction provisoire de chantier.

shape : forme; profil; pièce de forme; — **rolling mill** : laminoir à profilés; — **(to)** : former, façonner, profiler; **...-** —**d** : en forme de...; **(lozenge-** —**d** : en forme de losange); —**d brick** : brique de forme; —**d charge** : charge creuse; —**d trolley-wire** : fil de trolley profilé; —**r** : machine à tailler (*les engrenages*); étau-limeur; —**s** : profilés (*métallurgie*).

shaping-machine : étau-limeur.

share : action; — **-holder** : actionnaire; **differed** — : action de jouissance; **paid-up** — : action libérée; **preference** — : action de préférence.

sharp : aigu, affûté; — **corner** : angle vif; — **curve** : courbe prononcée; — **tool** : outil affûté; —**en (to)** : aiguiser, affûter, affiler; —**ener** : affûteur (*ouvrier*); affûteuse (*machine*); machine à affûter; **drill** —**ener** : machine à affûter (*les taillants de fleurets*); **radius of** —**est curve** : rayon de courbure minimum; —**ness of the picture** : netteté de l'image.

shatter (to) : briser en pièces; — **index** : indice de cohésion (*du coke*); — **test** : essai de cohésion; —**ing effect of an explosive** : brisance, effet brisant d'un explosif.

shave : plane (*outil*); — **(to)** : ébarber; planer; — **bolt ends** : adoucir les extrémités de boulons.

shear : cisaillement; — **blade** : lame de cisaille; — **gate** : vanne à guillotine; — **jib** : bras de rouilleuse (*mines*); — **knife** : lame de cisaille; — **stress** : effort de cisaillement, effort tranchant; — **(to)** : cisailler; — **off** : couper à la cisaille; —**ed plate** : tôle cisaillée; —**er** : cisailleur; —**ing** : cisaillement; —**ing machine** : machine à cisailler; —**ing and punching** — : machine à couper et perforer; —**ing pin** : goupille de cisaillement; —**ing strain** : effort de cisaillement; —**ing strength** : résistance au cisaillement; —**ing stress** : effort de cisaillement, effort tranchant; **cold** —**ing** : cisaillage à froid.

shears (*pl.*) : cisaille; **alligator** — : cisaille à levier; **gate** — *or* **guillotine** — : cisaille à guillotine; **rotary** — : cisaille rotative; **splitting** — : cisaille à débiter.

sheath : gaine; —**ed electrode** : électrode enrobée; —**ed explosive** : explosif gainé; **rubber** —**ed** : sous gaine caoutchouc (*câbles électriques*); —**ing lead** : gaine de plomb (*câbles électriques*).

sheave : poulie; réa, rouet (*de poulie*); **guide** — : poulie guide; **head** — : molette (*mines*).

shed : hangar; **circular** — : rotonde (*chemins de fer*).

sheep foot : pied de biche.

sheet : tôle mince; feuille de métal; — **bar** : larget (*métallurgie*); — **lead** : plomb en feuilles; — **metal slitter** : machine à découper les tôles; — **of mica** : feuille de mica; — **mill** : laminoir à tôles fines; — **pile** : palplanche; — **-scrubbing machine** : machine à brosser les tôles; — **steel piling** : palplanche métallique; — **zinc** : tôle de zinc; **black** — : tôle noire; **corrugated** — : tôle ondulée; **electrical** — : tôle dynamo; **galva-**

sheet *(continued)* **nized —** : tôle galvanisée; **magnetic —** : tôle magnétique; **plated —** : tôle plaquée; **sheared —** : tôle cisaillée; **steel —** : tôle mince d'acier; **thin —** : tôle mince; **—ing** : tubage (*de forage*); blindage.

shell : paroi, corps; coquille (*d'un godet de pelle*); **single — apparatus** : appareil à simple paroi; **— halves** : demi-coquilles; **— moulds** : moulages en coquille; **— plate** : coquille; **pump —** : corps de pompe; **—y** : coquillier (*terrains*).

shellac : gomme-laque.

shield : bouclier; **canadian —** : bouclier canadien (*géologie*); **driving —** : bouclier d'avancement; **protective —** : écran protecteur.

shift : changement; changement de poste (*mines*); poste, journée (*d'ouvrier*); ensemble des ouvriers d'un poste; **— boss** : chef de poste; **— premium** : prime de changement de poste, prime de déménagement; **— starting** : début du poste; **back- —** : contre-poste, poste d'après-midi; **change of —** : changement de poste; **day- —** : poste de jour; **fixed —** : poste fixe; **gear — fork** : fourchette de débrayage; **lost —** : poste perdu; **morning- —** : poste du matin; **night- —** : poste de nuit; **nine-hour —**: poste de neuf heures; **on each —** : à chaque poste; **rotation —** : poste par roulement; **start of the —** : début du poste; **—er** : ouvrier payé à la journée; ouvrier de régie; **belt- —er** : fourche de débrayage (*de courroie*); **to —** : déplacer; transporter; **— a lever** : manœuvrer un levier; **— the track** : riper la voie (*mines*); **—ing of a belt** : débrayage d'une courroie; **brush —ing** : calage des balais (*électricité*).

shingle : galet (*caillou roulé*); bardeau (*toitures*); **wood- — roof** : toiture couverte en bois.

ship : navire; **—breaking enterprise** : entreprise de démolition de bateaux; **—building** : constructions navales; **— — workings** : chantier de constructions navales; **—ment** : expédition; chargement; **—owner** : armateur; **—yard** : chantier de constructions navales.

shock : choc, secousse; **— -absorber** : amortisseur; **— resistance** : résistance au choc; **— wave** : onde de choc; **resistance to repeated —s** : résistance aux chocs répétés; **without —** : sans à-coups.

shoe : semelle; sabot (*de frein*); **brake —** : sabot de frein; **pole —** : corne polaire (*d'aimant*); **rail —** : sabot frotteur; **— (to) piles** : saboter des pieux.

shoot (to) : tirer; abattre (*le charbon ou le minerai*) à l'explosif; **— (*in a mine*)** : cheminée de circulation des hommes ou des produits (*mines*); **—ing** : tir (*des mines*); **multiple —ing** : tir en volée; **volley —ing** : tir à la volée (*mines*); **— (—) a film** : prendre des vues; **— a hole** : tirer un coup de mine.

shop : atelier; **— -made** : fabriqué à l'atelier même; à l'usine même; **— -tested** : essayé en atelier; **dressing —** : atelier d'ajustage; **forge —** : forge; **joiner's —** : atelier de menuiserie; **machining —** : atelier d'usinage; **moulding —** : atelier de moulage; **repair —** : atelier d'entretien.

shore : étai; **— (to)** : étayer.

short : court; cassant, fragile, friable; **— -circuit** : court-circuit (*électricité*); **— delay blasting** : tir à micro-retards; **— face** : courte taille (*mines*); **— run job** : travail de petite série, de courte durée; **—age** : réduction; rationnement, contingentement; insuffisance, déficit; **—age of manpower** : manque de main-d'œuvre; **—age of work** : manque

short *(continued)*
de travail; **— -brittle** : rouverain; **—hand** : sténographie; **to take down in —hand** : prendre en sténo; **—hand-typist** : sténodactylo; **—ness** : fragilité, friabilité; **—wall** : petite taille (*mines*).

shot : coup de feu; grenaille; **— hole** : coup de mine; **—firer** : boutefeu (*mines*); **—firing** : allumage des coups (*mines*); mise à feu.

shoulder : épaulement.

shovel : pelle; **— dipper** : pelle à godet; **— engineer** : machiniste de pelle mécanique; **power —** : pelle mécanique; **—er** : pelleteur; **— (to)** : pelleter; **—ing** : pelletage; **hand —ing** : pelletage à main (*mines*); **power —ing** : pelletage mécanique.

show (to) : montrer; **— -card** : carte d'échantillons; **—room** : salle d'exposition; **— -stand** : stand d'exposition.

shower *or* **— -bath** : douche.

shrink : crique de retrait; **— -ring** : bague de serrage; **—age** : retrait (*métallurgie*); contraction; **—age of coal** : contraction du charbon; **—age crack** : fente de retrait; **—age stoping** : exploitation par chambres-magasins (*mines*); **semi- —age** : méthode d'exploitation dans laquelle le premier soutènement est constitué par du minerai abattu, qu'on remplace par la suite par un boisage; **—ing** : retrait; **— (to)** : se contracter, se resserrer, se retrécir; **— (—) on** : emmancher à chaud.

shrunk : qui a subi un retrait.

shunt : shunt (*électricité*); voie d'évitement; **— resistance** : résistance en dérivation; **— -wound motor** : moteur shunt; **— (to)** : garer, mettre sur une voie d'évitement (*chemins de fer*); shunter (*électricité*).

shut (down) : interruption du travail, arrêt du travail; fermeture d'usine, pause, arrêt de machine; **to — —** : fermer; arrêter (*un moteur, le travail dans une usine...*); **to — off air** : fermer l'air; **to — — a motor** : arrêter un moteur; **to — — a valve** : fermer une vanne, une soupape.

shutes : aubes directrices (*d'une turbine*).

shutter : volet.

shuttle-car : camion-navette (*mines*).

sick : malade; **— benefits** : secours de maladie; **— fund** : caisse de maladie; **—ness-benefit** : indemnité de maladie; **—ness insurance** : assurance contre la maladie.

side : côté; **— dump bucket** : godet basculant sur le côté; **— dump car** : wagon basculant de côté; **— frame** : longeron (*de wagon, de locomotive*); **— -line** (*in a factory*) : voie de raccordement (*d'une usine*); **— milling cutter** : fraise de côté, fraise à denture latérale; **— pressure** : pression latérale; **— pull** : poussée latérale; **— -thrust** : poussée latérale; **— -track** : voie d'évitement (*chemins de fer*); **— -trimming** : rognage; **— view** : vue latérale; **— of work** : panneau d'exploitation (*mines*); **— -walk** : trottoir; **— — curbstone** : bordure de trottoir.

siderite : sidérite.

sidewall : paroi latérale.

siding : voie d'évitement (*chemins de fer*).

sieve : tamis.

sift (to) : tamiser; **—er** : tamis.

sight : vue; **— draft** : traite à vue; **— -feed** : débit visible; **— — drop oiler** : graisseur compte-gouttes à débit visible; **— -feeding oil cup** : graisseur à débit visible; **— -hole** : regard; **after —** : de vue (*traites*); **at —** : à vue (*traites*); **—ing** : visée; **—ing line** : ligne de visée; **accuracy of —** : précision de visée; **— (to)** : viser.

sigma phase : phase sigma.

sign : signe (*mathématiques*); écriteau; enseigne (*commerciale*); **electric —** : enseigne lumineuse; **road —** : signal routier.

signal : signal; — **disk** (*or* : **disk**) : disque de signalisation; — **horn** : trompe à signaux; — **lamp** : lampe de signalisation; — **light** : signal lumineux; — **man** : donneur de signaux; — **-system cable** : câble de signalisation; — **whistle** : sifflet avertisseur; **stop** — : signal d'arrêt; —**ize (to)** : signaliser; —**ling** : signalisation; —**ling bell** : sonnerie avertisseuse; — **ling lamp** : lampe de signalisation; **electrical —ling** : signalisation électrique; **mine-haulage —ling** : signalisation pour la traction au fond (*mines*).

silencer : silencieux (*appareil*).

silica : silice; — **brick** : brique de silice; — **gel** : gel de silice; — **sand** : sable siliceux.

silicate : silicate; **aluminium** — : silicate d'aluminium; **hydrous** — : silicate hydraté; **magnesium** — : silicate de magnésium; **sodium** — : silicate de sodium.

silicid acid : acide silicique.

silico-manganese steel : acier silico-manganeux.

silicon : silicium; — **carbide** : carbure de silicium; — **-iron transformer sheet** : tôle de transformateur en fer-silicium.

silicosis : silicose; **anthraco-** — : anthraco-silicose.

silk : soie; — **insulated** : isolé à la soie; **artificial** — : soie artificielle.

sill : semelle (*boisage dans les mines*); base; fondation; surface portante; seuil; **roof** — : sablière (*construction*); **window** — : appui, rebord de la fenêtre.

silo : silo.

silt : limon, vase.

silurian : silurien.

silver : argent; — **-bearing** : argentifère; — **chloride** : chlorure d'argent; — **lead** : plomb argentifère; — **plating** : argenture; — **sulphide** : sulfure d'argent.

similar : semblable (*sens général*); semblable (*géométrie*).

simple-acting : à simple effet.

simple interest : intérêt simple.

simplex reciprocating machine : machine alternative simplex (*à un cylindre*).

simplified formula : formule simplifiée.

simultaneous firing : tir en volée.

sin(e) : sinus (*trigonométrie*); —**e wave** *or* —**usoidal wave** : onde sinusoïdale.

single : seul, unique; — **-cylinder** : à un seul cylindre; — **drive** : commande individuelle; — **drum hoist** : treuil à simple tambour; — **-motor drive** : commande par moteur unique; — **-pen recorder** : appareil enregistreur à une plume; — **shot** : coup isolé (*tir des mines*).

sink : fosse (*mines*); — **-and float method** : méthode de séparation par liquide de densité intermédiaire; — **material** : plongeants (*lavage*); —**ing** : affaissement; tassement (*du sol*); fonçage; —**ing fund** : fonds d'amortissement; —**ing mill** : laminoir réducteur; —**ing pump** : pompe de fonçage; **to** — : enfoncer; s'enfoncer; foncer (*un puits*); forer (*un sondage*); — **a hole** : faire un sondage (*mines*).

sinter : minerai sintérisé; —**ing** : agglomération par frittage; —**ing plant** : installation d'agglomération par frittage; **Greenawalt —ing apparatus** : four d'agglomération Greenawalt; — **(to)** : agglomérer par frittage (*le minerai*).

sipe (to) : filtrer, suinter (voir : **seep (to)**).

siphon : siphon (voir : **syphon**); — **pipe** : tube à siphon.

siren : sirène; **electric** — : sirène électrique; **pneumatic** — : sirène à air comprimé.

sisal *or* — **-grass** : sisal, aloès d'Amérique; — **rope** : cordage en sisal, câble en sisal.

site investigation : exploration du sol (*par exemple, en vue de l'aménagement d'une mine*).

site (working ...) *or* **— of work** : emplacement de travail, chantier.

size : dimension, taille, calibre; **— classification** : classement granulométrique; **— grading** : calibrage; **—d coal** : charbon calibré; **—r** : classeur, calibreur; **— (to)** : calibrer.

sizing : calibrage; classement volumétrique; criblage; **— machine** : machine à calibrer; **— screen** : crible classeur; **double-screen —** : calibrage à deux tamis.

skate : patin.

skeleton (steel...) : carcasse métallique.

sketch : croquis.

skew : oblique; **— rolling mill** : laminoir à cylindres obliques.

skid : sabot, patin, enrayeur (*de wagon*); **— -pan** : cale, sabot enrayeur; **— -rail** : glissière; **non- —** : antidérapant; **non- — properties** : propriétés antidérapantes; **— (to)** : freiner ou arrêter avec un sabot; déraper (*autom.*).

skilled mechanic : mécanicien spécialiste.

skilled workman : ouvrier de métier.

skim (to) : niveler, aplanir; **—ming dipper** : godet niveleur.

skimmer : pelle niveleuse; drague à cuiller perforée; **—mer scoop** : godet perforé.

skin : peau; **— effect** : effet pelliculaire, effet Kelvin; **— hardening** : trempe superficielle; **— pass rolling mill** : laminoir à dresser.

skip : skip; benne; **— hoist** : monte-charge à godets; **— hoisting** : extraction par skip; **— winding** : extraction par skip; **drop-bottom —** : skip à fond ouvrant; **overturning —** : skip basculant; **self-dumping —** : skip à déversement automatique; **tilting —** : skip basculant.

sky : ciel; **—light** : lucarne; **hinged —light** : tabatière (*construction*); **—scraper** : gratte-ciel.

slab : plaque, dalle; écoin (*boisage*); brame (*métallurgie*); **— mill** : laminoir à brames; **cement —** : dalle de ciment; **— (to)** : équarrir (*un tronc d'arbre*); **—bing machine** : haveuse tranchante avec convoyeur; **—bing mill** : laminoir à brames.

slack : mou (*d'un câble*); fines (*de charbon*); (*adj.*) : détendu, qui a pris du mou (*câble*); éteint (*chaux*); **— coal** : fines de houille; **— -lime** : chaux éteinte; **— (to)** : détendre; se détendre, se desserrer; s'éteindre (*chaux*); **— off a rope** : donner du mou à un câble.

slag : scories; laitier (*métallurgie*); **— breaker** : concasseur à scories; **— brick** : brique de laitier; **— car** : wagon à scories; **— cement** : ciment de laitier; **— dump** : crassier; **— granulation** : granulation du laitier; **— hole** : trou de coulée du laitier; **— ladle** : poche à laitier; **— mill** : moulin à scories; **— off device** : dispositif de décrassage; **— pot** : poche à laitier; **acid — practice** : marche en laitier acide; **basic — practice** : marche en laitier basique; **— ratio** : rapport chaux sur silice; **— sand** : sable de laitier; **— -tap furnace** : four à décrassage automatique; **— tip** : crassier; **— wool** : laine de laitier.

slake (to) : s'éteindre (*en parlant de chaux*); **— lime** : éteindre la chaux.

slant : pente; **— (to)** : aller en pente; (*adv.*) : en pente, de biais, oblique.

slash (to) costs : réduire les dépenses.

slat : latte; lame, lamelle; **— steel** : fer plat mince.

slate : ardoise; **— quarrier** : ardoisier (*en carrière*); **— quarry** : carrière d'ardoise; **roofing —** : ardoise de couverture; **—r** : couvreur (*en ardoises*).

sledge : masse, marteau de forgeron; — **hammer** : marteau de forgeron.

sleeper : traverse (*de chemin de fer*); **railway** — : traverse de chemin de fer; **steel** — : traverse métallique; **wood** — : traverse en bois.

sleeve : manchon, douille; — **bearing** : douille d'arbre; — **coupling** : accouplement à manchon; — **nut** : manchon de raccord fileté; **connecting** — : manchon de raccordement; **cylinder** — : chemise de cylindre; **split** — : manchon en deux pièces.

slew (to) : pivoter (*voir* : **slue (to)**); —**ing jib** : bras pivotant; —**ing speed of a crane** : vitesse de rotation d'une grue.

slice : tranche; **working in —s** : exploitation par tranches (*mines*).

slicing lathe (ingot —) : tour à débiter les lingots.

slide : coulisseau; chariot (*machines-outils*); — **caliper rule** : pied à coulisse; — **-rule** : règle à calcul; — **-valve** : tiroir (*de machine à vapeur*); — **-ways** : glissières; **tool** — : chariot porte-outil; — **(to)** : glisser, coulisser; —**r** : curseur.

sliding : glissant; — **bar**, *or* — **block** : coulisseau; — **door** : porte coulissante; — **friction** : frottement de glissement; — **gear** : engrenage ou train baladeur; — **head** : coulisseau porte-outil (*machines-outils*); — **motion** : glissement; — **resistance** : résistance au glissement; — **rule** : règle à calcul; — **scale** : échelle mobile (*salaires*); — **valve** : registre.

slime : limon; pulpe, boues (*métallurgie*); —**s** : boues; schlamms.

sling : élingue; — **chain** : chaîne de suspension.

slip : cale (*de construction, de radoub*); glissement (*machines électriques*); — **ring** : cercle de roulement (*de la partie pivotante d'une pelle ou d'une grue*); bague collectrice (*électricité*); — **ring motor** : moteur à bagues; **double** — **switch** : traversée-jonction double; **single** — **switch** : traversée-jonction simple; **non-** — : antidérapant; **rope** — : glissement du câble; — **(to)** : glisser, patiner; — **the rope** : filer le câble; —**ping** : glissement; patinage (*des roues*); —**way** : cale de lancement.

slit : fente; —**ter** : machine à refendre; —**ter blade** : lame de machine à refendre; **to** — : fendre; refendre (*couper en long*); —**ting -mill** : machine à refendre; —**ting saw** : scie à refendre; —**ting shears** : cisaille à refendre.

slop : eaux sales.

slope : talus; pente; descenderie; fendue (*mines*); **natural** — : talus naturel; — **(to)** : aller en pente.

slot : mortaise; rainure; encoche; — **insulation** : isolement des encoches (*de stators ou rotors*); —**ter** : mortaiseuse; machine à rainurer; —**ting attachment** : dispositif pour mortaiser, pour rainer; —**ting machine** : mortaiseuse; — **(to)** : rainer, rainurer; mortaiser.

slow-acting circuit breaker : coupe-circuit à action lente.

sludge : boue schlammeuse (*mines*); cambouis; — **recovery** : récupération des schlamms.

slue (to) : pivoter.

slug : petit lingot; barre de matériau fissile (*uranium, dans les réacteurs nucléaires*).

sluice : écluse; — **-box** : sluice pour l'extraction de l'or; — **gate** : vanne d'écluse.

slurry : schlamm, eau schlammeuse; — **pump** : pompe à schlamms; — **screen** : crible à schlamms; **washery** — : schlamm de lavage.

slushings : boues (*de lavage*).

smalls *or* **small coal** : menus de charbon; **washed** — : fines lavées.

smelt (to) : fondre (*le minerai pour en extraire le métal*); **—er** : four de fusion; fondeur; **copper- —er** : four de fusion du cuivre; **lead —er** : four de fusion du plomb; **—ing** : fusion; **—ing furnace** : four de fusion; **—ing plant** : fonderie.

smith : forgeron; **—ing** : forgeage; **—'s shop or —y** : forge.

smoke : fumée; **— box** : boîte à fumées; **— stack** : cheminée (*en tôle*); **—d glass** : verre fumé; **—less fuel** : combustible sans fumée; **—less powder** : poudre sans fumée.

smooth : (*adj.*) : uni, lisse, poli; **— grained** : à grain régulier; **— sheet** : tôle polie; **— start** : démarrage doux; **— stop** : arrêt progressif; **glassy —** : poli comme le verre, finement poli; **—ness** : poli (*subst.*); **— (to)** : aplanir; débavurer; **— a rail** : débavurer un rail; **—ing mill** : laminoir lisseur.

smuggler : contrebandier.

smuggling : contrebande.

snag : aspérité, fragment en saillie; **rough —ging wheel** : meule de dégrossissage.

snail shell type fan case : enveloppe de ventilateur en colimaçon.

snap (rivet ...) : bouterolle.

snap piston ring : segment de piston à fentes.

snarled copper : cuivre martelé.

snatch block : poulie coupée; « galoche », poulie à chape ouvrante.

sniffing valve : reniflard.

snout : bec de déversement.

soak (to) : tremper, imprégner; s'imprégner; **— a cartridge with liquid oxygen** : tremper une cartouche dans l'oxygène liquide (*mines*); **—ing pit** : four pit; **—ing pot** : pot de trempage (*d'oxygène liquide*); **—ing vessel** : récipient de trempage.

soap : savon; **potash —** : savon à la potasse; **soda —** : savon à la soude; **soft —** : savon noir; **toilet —** : savon de toilette; **white —** : savon blanc; **—suds** : eau de savon.

soar (to) : monter très haut, se développer rapidement (*production*).

social : social; **— assurance or insurance** : assurances sociales; **— charges** : charges sociales; **— enlightment** : développement culturel.

society : société (*industrielle, commerciale*); association; **cooperative —** : société coopérative; **mutual benefit —** : société de secours mutuel.

socket : alvéole, douille; **— pipe** : tuyau à emboîtement; **— wrench** : clé à tube.

soda : soude; **— hyposulphite** : hyposulfite de soude; **— lime** : chaux sodée; **caustic —** : soude caustique.

sodium : sodium; **— bicarbonate** : bicarbonate de soude; **— carbonate** : carbonate de soude; **— cyanide** : cyanure de sodium; **— line reversal method** : méthode de disparition de la raie du sodium; **— nitrate** : nitrate de soude; **— silicate** : silicate de soude.

soft : doux; **— -carbon steel** : acier à faible teneur en carbone; **— coal** : charbon tendre et brillant; **— rock** : roche tendre; **— steel** : acier doux; **—en (to)** : adoucir, amollir; **—ening point** : point de ramollissement; **water —ening** : adoucissement des eaux; **—wood** : bois tendre.

soil : sol, terrain.

solder : soudure, produit à souder; **brazing —** : brasure; **—er** : soudeur; **—ing fluids** : produits à souder; **—ing iron** : fer à souder; **—ing lamp** : lampe à souder; **— (to)** : souder.

sole : sole (*de four*); **— plate** : selle (*matériel de voie ferrée*).

solenoid : solénoïde.

solid : solide (*subst. et adj.*); **— angle** : angle solide; **— condition** : état solide; **— Geometry** : Géométrie dans l'espace; **— of revolution** : solide de révolution; **— rolled** :

solid *(continued)*
embouti d'une seule pièce; — **solution** : solution solide; — **state** : état solide; —**ification** : solidification; —**ify (to)** : solidifier; se solidifier; consolider; —**us** : phase solide.
solubility : solubilité; — **lines** : courbes de solubilité.
soluble : soluble.
solution : solution (*mathématiques, chimie*); dissolution (*chimie*); — **of a problem** : solution d'un problème; — **of triangles** : résolution des triangles; **acid** — : solution acide; **alkaline** — : solution alcaline; **aqueous** — : solution aqueuse; **salt** — : solution salée.
solve (to) (*an equation, a problem*) : résoudre (*une équation, un problème*).
solvency : solvabilité (*commerce*); pouvoir solvant.
solvent : solvant (*chimie*); solvable (*commerce*); — **extraction** : extraction par solvant.
sonigauge (automatic —) : appareil à ultra-sons pour déterminer les caractéristiques physiques des pièces métalliques.
soot : suie.
sort (to) : trier, séparer, cribler; — **(—) in three grades** : cribler en trois dimensions.
sorter : séparateur, classificateur.
sorting : triage; — **depot** : gare de triage (*chemins de fer*); — **table** : table de triage; **hand** — : triage à main; **ore** — : triage du minerai.
sound : solide (*adj.*) (*terrain, toit dans les mines*); en bon état; *subst.* : son; — **film** : film sonore; — **wave** : sonde sonore; — **(to) the walls** : sonder les épontes (*mines*); —**ness** : solidité, bon état.
source : source (*de courant, d'énergie*); —**of sound** : source sonore.
spac(e) : intervalle (*entre les dents d'un engrenage*); —**er** : pièce d'écartement; —**ing** : écartement, espacement; —**ing of ties** : écartement des traverses (*chemin de fer*).
spade : bêche; —**r** : marteau-bêche.
spalling : scheidage.
span : portée (*de voûte, de pont...*); — **-roof** : toit à double pente; **long — suspension bridge** : pont suspendu de grande portée.
spangle : paillette.
spanner : clé de serrage, clé à vis; **octogonal** — : clé à huit pans.
spar : poutre, poteau; spath (*minéralogie*).
spare parts *or* **spares** : pièces de rechange.
spark : étincelle; — **advance** *or* —**ing advance** : avance à l'allumage; — **-arrester** : pare-étincelles; — **discharge** : allumage (*autom.*); — **failure** : raté d'allumage; — **gap** : distance d'éclatement (*de l'étincelle*); éclateur (*électricité*); — **plug** : bougie (*de moteur à essence*); — — **wrench** : clé à bougies; —**ing** : production d'étincelles.
sparry : spathique.
special : spécial; — **steels** : aciers spéciaux; —**ist** : spécialiste; —**ity** : spécialité; —**ize (to)** : spécialiser; se spécialiser.
specific : spécifique; — **gravity** : poids spécifique; — **heat** : chaleur spécifique; — **resistance** : résistance spécifique (*en microhms par centimètre cube*); — **weight** : poids spécifique; —**ation** : spécification; **contract —ations** : spécifications du contrat.
specimen : spécimen.
spectr(um) : spectre; —**al analysis** : analyse spectrale; —**al line reversal system** : méthode de la disparition de la raie du sodium; —**ochemical analysis** : analyse spectrochimique; —**ograph** : spectrographe; —**ometer** : spectromètre; —**ophotometry** : spectrophotomètrie; —**oscope** : spectroscope; —**oscopic** : spectroscopique; —**oscopy** : spectroscopie; —**um ana-**

spectr(um) *(continued)* **lysis** : analyse spectrale; **displacement of —um lines** : déplacement des raies du spectre; **solar —um** : spectre solaire.

specular : spéculaire, miroitant; — **hematite** : hématite spéculaire; — **iron ore** : fer spéculaire; — **pig-iron** : fonte spéculaire, fonte Spiegel.

speculation : spéculation.

speed : vitesse; — **change** : changement de vitesse; — — **box** : boîte de changement de vitesse; — **counter** : compteur de vitesse; — **-gear** : boîte de vitesse; — **-governor** : régulateur de vitesse; — **indicator** : indicateur de vitesse; **—ometer** : enregistreur de vitesse; — **ratio** : rapport d'engrenage; — **recorder** : enregistreur de vitesse; — **reducer** : réducteur de vitesse; **double reduction** — — : réducteur de vitesse à double réduction; — **of revolution** : vitesse de rotation; — **wrench** : clé rapide; **angular** — : vitesse angulaire; **average** — : vitesse moyenne; **to change the** — : changer de vitesse; **climbing** — : vitesse ascensionnelle; **constant** — : vitesse constante; **critical** — : vitesse critique; **cruising** — : vitesse de croisière; **cutting** — : vitesse de coupe; **drilling** — : vitesse de forage; **forward** — : vitesse avant; **free** — : vitesse à vide; **full** — : pleine vitesse; **high** — : grande vitesse; **hoisting** — : vitesse de levage, vitesse d'extraction (*mines*); **lifting** — : vitesse de levage; **light's** — : vitesse de la lumière; **low** — : petite vitesse; **peripherical** — : vitesse périphérique; **return** — : vitesse de retour (*machines-outils*); **reverse** — : vitesse en marche arrière; vitesse de retour (*machines-outils*); **rope** — : vitesse d'extraction (*mines*); **second** — : deuxième vitesse, « seconde »; **slewing** — : vitesse de rotation; **variable** — : vitesse variable; **working** — : vitesse de travail; — **(to) up** : accélérer (*autom.*).

speiss : speiss (*métallurgie*)

spelter : zinc; — **bath** : bain de zinc.

spher(e) : sphère; **—ic** : sphérique; **—ical** : sphérique; **—ical triangle** : triangle sphérique.

spider : croisillon; — **-gear** : pignon satellite.

Spiegel eisen : fonte Spiegel.

spigot : broche.

spike : gros clou, crampon; **screw** — : tirefond.

spile : tampon de bois; madrier de coffrage (*boisage*).

spill (to) over a dam : déborder pardessus un barrage; **—way** : canal de trop-plein.

spindle : broche; axe, arbre; — **oil** : huile pour broches, huile spindle; **axle** — : pivot, axe; **boring** — : barre d'alésage; **cutter** — : broche porte-fraise; **dead** — : broche fixe; **dividing** — : broche de la poupée à diviser; **hob** — : arbre porte-fraise; **lathe** — : broche de tour; **live** — : broche mobile; **tool** — : broche porte-outil.

spinning casting : coulée centrifuge.

spiral : *subst.* : spirale; *adj.* : spiral; — **chute** : descenseur hélicoïdal; **— gearing** : engrenage hélicoïdal.

spire : spire; spirale.

spirit : alcool; — **of turpentine** : essence de térébenthine; **methylated** — : alcool dénaturé; **motor** — : carburant auto; **wood** — : esprit de bois.

splashing type lubrication : graissage par giclage.

splice : épissure; joint; — **bar** : éclisse; — **(to)** : épisser (*un câble*); joindre, assembler.

splicing : action d'épisser.

spline : clavette; rainure de clavette; cannelure.

splinterproof glass : verre de sécurité.

split : fente, séparation; — **casing** : corps de machine en deux pièces; — **key** : clavette fendue; — **pattern** : modèle en deux pièces; — **pin** : goupille fendue; — **ring** : anneau fendu; — **sleeve** : manchon fendu; —**ting off** : dissociation, fission; —**ting of seams** : bifurcation de couches (*mines*); —**ting shears** (*pl.*) : cisaille à débiter.

split (to) : fendre; — **the atomic nucleus** : réaliser la fission du noyau atomique, « fissionner » le noyau.

spoke : rayon (*d'une roue*); **cycle** — : rayon de bicyclette.

spoil : dépouille; produit arraché par une pelle excavatrice; stérile (*mines*); — **heap** : terril (*mines*); crassier; — **reclamation** : mise en valeur des déblais.

spokesman : porte-parole.

sponge : éponge; — **iron** : fer spongieux; — **rubber** : caoutchouc mousse.

spongy coke : coke spongieux.

sponsor (to) : patronner.

spontaneous combustion : combustion spontanée.

spontaneous heat : échauffement spontané (*du charbon en tas*); feu spontané (*mines*).

spool : bobine; —**er** : machine à bobiner.

spoon test : prélèvement à la cuiller.

spot : tache; emplacement; **for — cash** : pour comptant compté; — **facing** : dressage; — **welding** : soudure par points; **flat —s** : méplats d'usure (*sur une roue*).

spout : gouttière; trémie d'évacuation; bec d'évacuation; **discharge** — : gouttière d'évacuation.

sprag : carotte (*pour caler une roue*).

spray : pulvérisation; — **gun** : pistolet à pulvériser; — **nozzle** : gicleur, buse; — **-painting** : peinture au pistolet; — **test** : essai au brouillard; — **of water** : pulvérisation d'eau (*au sommet des tours d'égouttage*); jet d'eau pulvérisée; **to** — : pulvériser (*du liquide*), vaporiser.

spread (to) : jouer, avoir du jeu; — **of the rails** : élargissement de la voie, augmentation de l'écartement (*dans les courbes*).

spreader : pièce d'écartement; poussard (*boisage*); **bottom —er** : poussard de pied (*boisage dans les mines*); **top —er** : poussard de tête.

spring : ressort; saut; — **balance** : balance à ressort; — **band** : bride de ressort; — **bow** : étrier de ressort; — **clip** : bride de ressort; — **collet** : douille de serrage à ressort; — **counterbalance** : rappel par ressort; — **fracture** : rupture de ressort; — **key** : clavette fendue à ressort; — **leaf** : lame de ressort; — **mounted** : monté sur ressorts; — **plate** : lame de ressort; — **-suspended** : suspendu sur ressorts; **car** — : ressort de voiture; **compression** — : ressort de compression; **cushion** — : ressort amortisseur; **elliptic or elliptical** — : ressort elliptique, ressort double à lames; **flat** — : ressort plat; **leaf** — : ressort à lames; **liquid** — : ressort hydraulique; **return** — : ressort de rappel; **semi-elliptic** — : ressort semi-elliptique; **suspension** — : ressort de suspension (*d'une voiture*); **tension** — : ressort de tension; **thermal** — : source thermale; **torsional coil** — : ressort à boudin; **volute** — : ressort à spirale; —**er or —ing** : naissance (*d'une voûte*).

sprinkler : appareil de pulvérisation d'eau (*sécurité dans les houillères*).

sprocket : dent de roue à chaîne, de roue à chenille; — **-wheel** : roue à chaîne; **drive** — : roue à chaîne d'entraînement, roue à chaîne motrice.

spruce : sapin.

sprue : déchet solidifié dans l'entonnoir et les sources; appendice d'essai

sprue *(continued)*
venu de fonderie; couloir, entonnoir de coulée; **— cutter** : ébarbeur.

sprung : monté sur ressorts.

spud-clutch : accouplement à béquille.

spun glass : verre filé.

spur gear *or* **— —ing** : engrenage à pignons droits; **elliptical — —ing** : engrenage droit à pignons elliptiques; **— —ing with oblique teeth** : engrenage à dents obliques.

spur-wheel : roue d'engrenage à dents radiales.

spy-glass : lunette d'approche.

squad : équipe (*d'ouvriers*).

square : (*subst.*) : carré; barre carré; (*métallurgie*); équerre (*dessin*); (*adj.*) : carré; **— bar steel** : acier carré; **— centimeter** : centimètre carré; **— file** : lime carrée; **— foot (sq.ft.)** : pied carré; **—ly cut** : d'équerre, coupé d'équerre; **— of a number** : carré d'un nombre; **— root** : racine carrée; **— shaft** : arbre carré; **— thread** : filet carré; **— timber** : bois carrés; **— work** : exploitation par panneaux dans lesquels on découpe des panneaux secondaires (*mines*); **to —** : équarrir; couper à angle droit; élever au carré; **— a log** : équarrir un tronc; **— a number** : élever un nombre au carré; **—d wood** : bois équarri.

squatting : ramollissement; **— point** : point de ramollissement; **— test** : essai de ramollissement (*des matériaux réfractaires*).

squeeze (to) : serrer, presser; **— a mould** : tasser le sable d'un moule; **— out** : extraire par pression; **—r** : machine à mouler.

squirrel cage armature : induit en cage d'écureuil.

stability : stabilité; **dimensional —** : stabilité dimensionnelle.

stabilization : stabilisation.

stabilizer : stabilisateur.

stable : stable.

stack : cheminée; pile, tas; **— gas** : gaz des fumées; **air —** : cheminée d'aérage; **smoke —** : cheminée; **steel —** : cheminée en tôle; **— (to)** : empiler, mettre au stock.

staff : état-major (*d'une entreprise*); **head-office —** : personnel de direction.

stag : barre (*de fer*).

stage : étape, phase, degré, échafaudage; **— of manufacture** : stade de fabrication; **multi- —** : polyétagé; **two- —** : à deux étages, compound; **two- — compression** : compression bi-étagée; **two- — pump** : pompe à deux étages.

staggered : en quinconce; **— timber** : boisage instable (*mines*).

stagnant : stagnant.

stain (to) : tacher, colorer par imprégnation; **—er** : colorant, matière colorante; **—less oil** : huile épurée; **—less steel** : acier inoxydable.

stair : marche (*d'escalier*); **— -case** : cage d'escalier; **— -railing** : rampe d'escalier; **helical —s** *or* **spiral —s** : escalier en colimaçon.

stake : piquet, ridelle; **— body** : caisse à montants; **anchor —** : piquet d'ancrage; **— (to) out** : jalonner.

stalk : cheminée d'usine; tuyau de cheminée.

stall : chantier large (*mines*).

stamina : force; endurance (*résistance des matériaux*).

stamp : bocard; estampe; estampille (*commerce*), marque; **— duty** : droit de timbre; **— mill** : bocard; **—er** : bocard; estampeur; **ore- —er** : bocard à minerai; **—ing** : bocardage; estampage; **—ing die** : matrice à estamper; **—ing -machine** : machine à affranchir; **—ing press** : pièce à estamper; **—ings** : pièces embouties, pièces estampées; **sheet metal —ings** : pièces en tôle emboutie; **— (to)** : broyer par écrasement, bocarder; estamper; emboutir; **— out** : décou-

stamp *(continued)* :
per à l'emporte-pièce; — **a piece** : imprimer la marque de fabrique sur une pièce; —**ed sheet** : papier timbré.
stanchion : étançon.
stand : support; cage (*de laminoir*); — **-by...** : auxiliaire, de secours; — **(to) a strain** : supporter un effort.
standard : standard, normalisé; — **Birmingham Sheet and Hoops** : jauge Birmingham pour tôles et feuillards; — **for Sheet Iron and Steel (U. S.)** : jauge U. S. pour tôles; **Imperial — Wire Gauge** *or* — **Wire Gauge** : jauge impériale pour fils; — **gauge** : calibre normal; voie normale (*chemins de fer*); — — **railway** : chemin de fer à voie normale; — **of living** : standard de vie; — **section** : profil normal; — **specification** : spécification standard; —**ization** : standardisation; —**ize (to)** : standardiser; —**izing** : standardisation.
standing : dormant, fixe; — **water** : eau stagnante.
standpipe : tuyau de refoulement; colonne montante.
stannic dioxide : bioxyde d'étain.
stannite : stannite.
staple : crampon en U; entrepôt; — **-pit** : puits intérieur, bure.
star : étoile; — **bit** : tranchant en croix; —**board** : tribord; — **cluster** : amas d'étoiles; — **-coupling** : couplage en étoile; — **-delta connection** : couplage étoile-triangle; — **-delta switch** : commutateur étoile-triangle; — **-wheel cutter** : rabot à roues étoilées (*mines*).
starch : amidon.
start : départ, mise en route; — **lever** : levier de mise en marche; **cold** — : démarrage à froid; — **er** : démarreur.
start (to) : *v. n.* : démarrer; *v. a.* : mettre en mouvement, lancer, faire démarrer; — **against a load** : démarrer en charge (*moteurs*); — **a work** : amorcer un travail; — **in wrong direction** : mettre en marche à contre-sens.
starting : départ; démarrage; — **button** : bouton de contact (*autom.*); — **compensator** : compensateur de démarrage; — **current** : courant de démarrage; — **gear** : première vitesse; **hand — crank** : manivelle de démarrage; — **handle** : manivelle (*d'automobile*); — **hole** : trou de première mèche (*forage des coups de mine*); — **instructions** : instructions pour la mise en route (*de machines*); — **load** : résistance au démarrage; — **motor** : moteur de démarrage; — **power** : effort de démarrage; — **resistance** : résistance de démarrage; — **rheostat** : rhéostat de démarrage; — **time** : temps de démarrage; — **torque** : couple de démarrage; — **track** : voie de départ; — **under load** : démarrage en charge; **automatic** — : démarrage automatique; **push-button** — : démarrage par bouton-poussoir; **self-** — : démarrage automatique.
state : état (*physique*); — **of rest** : état de repos; **gaseous** — : état gazeux; **in solid** — : à l'état solide.
statement of account : relevé de compte.
statement of one's affairs (to submit a —) : déposer son bilan.
static(s) : statique (*subst.* et *adj.*); — **stress** : effort statique.
station : station centrale; gare; — **master** : chef de gare; **arrival** — : gare d'arrivée; **goods** — : gare de marchandises; **harbour** — : gare maritime; **hydroelectric** — : centrale hydroélectrique; **outgoing** — : gare de départ.
stationary : fixe.
stator : stator.
statute mile : mille anglais (1 609 m).
statutes : statuts.
Stauffer grease : graisse pour Stauffer.

Stauffer lubricator : graisseur Stauffer.

staves of a cask : douves d'un tonneau.

stay : tirant, entretoise; étai; **—bolt** : entretoise; **— wire** : fil de hauban; **— (to)** : étayer, soutenir.

steady rest : lunette fixe (*tours*).

steam : vapeur (*d'eau*); **— accumulator** : accumulateur de vapeur; **— -actuated** : actionné par la vapeur; **— boiler** : chaudière à vapeur; **— — inspection association** : association pour le contrôle des chaudières à vapeur; **— brake** : frein à vapeur; **— chamber** : collecteur de vapeur; **— chest** : boîte à vapeur; **— coal** : charbon de chaudière, charbon à vapeur; **— condenser** : condenseur de vapeur; **— cycle** : cycle de la vapeur; **— diagram** : diagramme de vapeur; **— dom** : dôme de vapeur; **— drive** : commande par la vapeur; **— engine** : machine à vapeur; **— — indicator** : indicateur de machine à vapeur; **— flow** : débit de vapeur; **— gauge** : manomètre (*de pression de vapeur*); **— generating plant** : centrale à vapeur, installation de chaudières, centrale thermique; **— generator** : générateur de vapeur, chaudière; **— hammer** : marteau-pilon à vapeur; **— haulage** : traction à la vapeur; **— hoisting engine** : machine d'extraction à vapeur; **— nozzle** : injecteur de vapeur; **— plant** : centrale thermique; **— pressure** : pression de vapeur; **— pump** : pompe à vapeur; **— reverse** : renversement de la vapeur; **— shovel** : pelle à vapeur; **— supply valve** : soupape de prise de vapeur; **— trap** : purgeur; **— turbine** : turbine à vapeur; **— whistle** : sifflet à vapeur; **exhaust —** : vapeur d'échappement; **live —** : vapeur vive; **saturated —** : vapeur saturée; **superheated —** : vapeur surchauffée; **supersaturated —** : vapeur sursaturée; **waste —** : vapeur d'échappement.

stearine : stéarine.

steel : acier; **— arch** : cintre métallique (*soutènement des galeries de mines*); **— cask** : tonneau métallique, fût métallique; **— casting** : pièce en acier coulé; **— drum** : tonneau métallique, fût métallique; **— encasement** : revêtement métallique; **— forging** : pièce en acier forgé; **— liner** : garniture d'acier; **— -melting plant** : fonderie d'acier; **— mill** : aciérie; **— plant** : aciérie; **Bessemer — —** : acier Bessemer; **open-hearth — —** : aciérie Martin; **basic Bessemer — —** : aciérie Thomas; **electric — —** : aciérie électrique; **— plate** : tôle d'acier; tôle forte, plaque; **— prop** : étançon métallique (*mines*); **adjustable — —** : étançon métallique réglable; **— roof support** : soutènement métallique (*mines*); étançon métallique; **— set** : cadre métallique de boisage (*mines*); **— structure** : charpente métallique; **— support** : soutènement métallique; étançon métallique; **— tape** : mètre à ruban (*en acier*); **— -timbered shaft** : puits de mine à revêtement métallique; **— -tired wheel** : roue à bandage d'acier; **— tower** : pylône; **— -using industries** : industries consommatrices d'acier; **— wire** : fil d'acier; **— works** : aciérie; **—frame** : charpente métallique; **—maker** : aciériste; **—yard** : balance romaine; **acid-Bessemer —** : acier Bessemer acide; **air-hardening —** : acier trempant; **all —** : tout acier; **austenitic —s** : aciers austénitiques; **bar —** : acier en barres; **basic-Bessemer —** : acier Thomas; **carbon —** : acier au carbone; **carburized —** : acier cémenté; **case-hardened —** : acier cémenté; **cast —** : acier fondu; **chrome molybdenum —** : acier au chrome molybdène; **chrome vanadium —** : acier au chrome-vanadium; **chromium —** : acier au

steel *(continued)*
chrome; **clean** — : acier dépourvu d'inclusions; **constructional** — : acier de construction; **copper-bearing** — : acier au cuivre; **crucible** — : acier au creuset; **cruciform** — : acier en X pour fleurets; **crude** — : acier brut; **cutlery** — : acier de coutellerie; **cutting** — : acier de coupe; **dead** — : acier calmé; **dead soft** — : acier extra-doux; **die** — : acier pour matrices; **drawn** — : acier étiré; **drill** — : acier à fleurets; **dynamo** — : acier dynamos; **electric** — : acier électrique; **fabricated** — : acier marchand; **file** — : acier à limes; **forged** — : acier forgé; **free-cutting** — : acier de décolletage; **gearing** — : acier à engrenages; **half-hard** — : acier mi-dur; **half-round** — : acier demi-rond; **hammered** — : acier forgé au pilon; **hard** — : acier dur; **hardened** — : acier trempé; **high-alloy** — : acier fortement allié; **high-carbon** — : acier à haute teneur en carbone; **high-grade** — : acier de qualité; **high-speed cutting** : acier à coupe rapide; **high-tensile** — : acier à haute résistance (*à la traction*); **killed** — : acier calmé; **low-alloy** — : acier faiblement allié; **low-carbon** — : acier à faible teneur en carbone; **machinery** — : acier doux; **magnet** — : acier magnétique; **manganese** — : acier au manganèse; **martensitic** — : acier martensitique; **merchant bar** — : acier marchand; **mild** — : acier doux; **molten** — : acier fondu; **molybdenum** — : acier au molybdène; **nickel** — : acier au nickel; **nickel-chromium** — : acier au nickel-chrome; **nitrided** — : acier nitruré; **non-corroding** — : acier inoxydable; **octagon** — : acier octogonal; **open** — : acier non calmé; **open-hearth** — : acier Martin; **permanent magnet** — : acier magnétique; **plain** — : acier non-allié; **pressing** — : acier pour travail à la presse; **quarter-hard** — : acier mi-doux; **quenched** — : acier trempé à l'eau; **rail** — : acier à rails; **rapid-machining** — : acier rapide, acier à coupe rapide; **rolled** — : acier laminé; **round bar** — : acier rond; **semi-** — : fonte aciérée; **silicium** — : acier au silicium; **silico-manganese** — : acier silico-manganeux; **soft** — : acier doux; **special** — : acier spécial; **spring** — : acier à ressorts; **square bar** — : acier carré; **stainless** — : acier inoxydable; **stamped** — : acier estampé; **strip** — : acier en feuillard; **structure** — : acier de construction, acier de charpente; **tantalum** — : acier au tantale; **tool** — : acier à outils; **tube** — : acier à tubes; **tungsten magnet** — : acier magnétique au tungstène; **unalloyed** — : acier non-allié; **unkilled** — : acier non calmé; **vanadium** — : acier au vanadium; **wrought** — : acier forgé.

steep : escarpé; en dressant (*mines*); — **grade** : pente forte; — **workings** : travaux en dressant (*mines*); **—ly inclined seam** : couche en dressant (*mines*).

steer (to) : diriger, commander (*une machine*); **hydraulically —ed** : à commande hydraulique; **—ing** *or* **—ing gear** : direction (*d'une automobile*); **—ing-arm** : levier de direction; **—ing-connecting rod** : barre de direction (*autom.*); **—ing lock** : braquage (*autom.*); **—ing wheel** : volant de direction.

stellite : stellite.

stem : tige; **valve** — : tige de soupape; **—ming** : colmatage; bourrage (*tir des mines*); **clay —ming** : bourrage à l'argile; — **(to)** : refouler; bourrer (*tir des mines*); — **a drill hole** : bourrer un coup de mine.

stenographer *or* **stenographist** : sténographe.

stenography : sténographie.
stenotypy : sténotypie.
step : plot, gradin, marche; **— -by- — process** : procédé non continu; **— chuck** : mandrin à gradins; **— grid** : grille à gradins; **— -ladder** : escabeau; **operator's — plate** : plateforme du machiniste (*sur les chargeuses de mines*); **—ped speed-pulleys** : poulies étagées, cône de poulies; **—s on a cone pulley** : gradins d'un cône; **—ping device** : dispositif d'avancement; **to — on the treadle** : appuyer sur la pédale.
sterilize (to) : stériliser.
steward : homme de confiance.
stibine *or* **stibnite** : stibine.
stick (to) : se coller, adhérer; se coincer; **—ing** : adhérence; coincement; **ring —ing** : collage des pistons; **—y** : collant, adhérent.
stiff : raide; **— leg** : jambage de renfort; **—ener angle** : cornière de renfort; **—ness** : rigidité; **—en (to)** : raidir; se raidir; renforcer; **—ened suspension bridge** : pont suspendu rigide; **—ening** : renfort; **—ening rib** : nervure de renforcement.
still : alambic; **primary —** : appareil de première distillation.
stinkdamp : gaz malodorants (*mines*).
stipend : salaire.
stir (to) : attiser (le feu).
stock : stock (*marchandises*); actions, capital (*d'une société*); **carried in —** : existant en stock; **to draw on —s** : prendre au stock, destocker (*du minerai,...*); **to put into —** : mettre au stock; **to take — of ...** : faire un inventaire de...; **— -book** : livre de magasin; **—broker** : agent de change; **— company** : société par actions; **— Exchange** : Bourse des valeurs à Londres; **— holder** : actionnaire; **— -tax** : impôt sur les opérations boursières; **—jobber** : courtier en valeurs; **—taking** : inventaire; **— in trade** : fonds de commerce; **— yard** : lieu (ou parc) de stockage, entrepôt; **— (to)** : stocker; **— with** : approvisionner en ...; **—ing plant** : installation de stockage; **—pile (to)** : stocker.
stoke (to) : attiser; piquer (*le feu*);
stoker : chauffeur (*de chaudières*); dispositif d'alimentation en charbon des chaudières; **automatic —** : dispositif d'alimentation automatique des foyers de chaudières; **chain grate —** : grille mécanique à chaîne pour l'alimentation des chaudières; **mechanical —** : dispositif d'alimentation automatique des foyers de chaudières; **overfeed —** : dispositif d'alimentation par-dessus la grille; **underfeed —** : dispositif d'alimentation par-dessous (*chaudières*).
stone : pierre, caillou; **— age** : âge de pierre; **— breaker** : concasseur de pierres; **— chippings** : pierraille; **— -coal** : anthracite; **— -cutting** : taille des pierres; **—drift** : galerie d'avancement ou rocher (*mines*); **— dust barrier** : arrêt-barrage (*mines*); **— facing** : revêtement de pierre; **— separator** : épierreur; **—ware** : poterie de grès; **artificial —** : pierre artificielle; **broken —s** : pierres concassées; **building —** : pierre à bâtir; **cap- —** : pierre de couronnement; **hewn —** : pierre de taille; **to lay the foundation- —** : poser la première pierre.
stop : arrêt; butée; **— block** : taquet d'arrêt; **— cock** : robinet d'arrêt; **— screw** : vis de butée; **— valve** : soupape d'arrêt; **— watch** : chronomètre; **automatic —** : arrêt automatique; **limit —** : limiteur de fin de course; **to —** : arrêter; s'arrêter; boucher; **— working** : arrêter, cesser le travail.
stope raise (rill —) : cheminée d'évacuation des produits (*mines*).
stoppage of work : suspension du travail, interruption du travail.

stopper : bouchon (en verre).

stopping : arrêt; barrage (*mines*); — **place** : étape (*d'un parcours*).

storage : stockage, magasinage; accumulation; — **battery** : batterie d'accumulateurs; — **bin** : silo; — **bunker** : réservoir de stockage, accumulateur; — **costs** : frais de magasinage; — **place** : magasin, garage; — **tank** : réservoir; — **yard** : dépôt.

store : stock, provision; magasin; — **room** : magasin; — **(to)** : emmagasiner.

story : étage; **four-** — : à quatre étages; **half-** — : entresol; **upper** — : étage supérieur.

stove : four, séchoir, étuve; poêle; gailletin, grélasson; **hot air** — : calorifère; **hot-blast** — : réchauffeur d'air.

stow (to) : remblayer (*mines*); **—age** : remblayage; **goaf- —age** : remblayage; **hydraulic —age** : remblayage hydraulique; **pneumatic —age** : remblayage pneumatique; **—er** : remblayeur (*ouvrier, dans les mines*); **goaf —er or gob —er** : machine à remblayer; **—ing** : remblayage; **goaf —ing or gob —ing** : remblayage.

straight : droit; — **line** : ligne droite; — **run** : brut; **—en (to)** : dresser, redresser; **—ener** : machine à dresser; **rail —ener** : machine à redresser les rails; **—ening machine** : machine à dresser; **—ening press** : presse à dresser; **plate —ening roll** : machine à dresser les tôles; **—ening tongs** : pince à dresser.

strain : effort (*de tension*); sollicitation, contrainte (*mécanique*); — **aging** : vieillissement sous tension (*de l'acier*); — **hardening** : écrouissage; — **hardness** : dureté due à l'écrouissage; — **rate** : vitesse d'application de l'effort; **compression** — : effort de compression; **lateral** — : effort latéral : **pulling** — : effort de traction; **shearing** — : effort de cisaillement; **to stand a** — : supporter un effort (*mécanique*); — **(to)** : tendre (*une corde*); forcer; passer au filtre.

strainer : filtre; crépine de pompe; contreventement; raidisseur; **suction** — : crépine de pompe.

strand : toron (*de câble*); **—ed** : toronné; **—ing** : câblage; **—ing machine** : machine à toronner.

strap : lanière, courroie; traverse métallique (*soutènement dans les mines*); **clamping** — : étrier de serrage.

strat(um) (*pl.* : strat(a)) : strate, couche de terrain; **—a control** : contrôle des couches de terrain; **—a movements** : mouvements de terrain; **—ification** : stratification; **—ified** : stratifié; **—igraphy** : stratigraphie.

stray current : courant de dispersion; courant vagabond (*électricité*).

streak : filet (*de minerai*); veinule.

stream : courant (*d'air, d'eau;...*); jet (*de liquide, de gaz,...*); — **flow** : débit (*d'un cours d'eau*); — **—lined car** : voiture aérodynamique; — **of gas** : courant gazeux.

strength : force, résistance (*mécanique*); — **of materials** : résistance des matériaux; — **at high temperatures** : résistance (*mécanique*) aux températures élevées; **bending** — : résistance à la flexion; **buckling** — : résistance au flambage; **compressive** — : résistance à la compression; **shearing** — : résistance au cisaillement; **tensile** — : résistance à la traction; **torsional** — : résistance à la torsion.

stress : effort, contrainte; force, tension; — **crack** : crique de tension (*métallurgie*); — **relief** : disparition des tensions; — **-rupture test** : essai de résistance à la traction; — **-strain-time problem** : problème effort-déformation-temps; — **transmittal** : transmission des efforts; — **wave** : onde de contrainte; **balanced —es** : forces

stress *(continued)* en équilibre (*mécanique*); **internal —es** : forces moléculaires internes, tensions internes; **shearing —** : effort tranchant.

stretch (to) : étirer; étendre; **—er** : tirant, tendeur; civière; **—ing** : étirage; **—ing machine** : machine à étirer.

strike : grève; direction (*mines*); direction horizontale; **— picket** : piquet de grève; **— threatening** : menace de grève; **to go on —** : se mettre en grève; **to settle the —** : terminer la grève; **go-slow —** : grève perlée; **sit down —** : grève sur le tas; **sympathetic —** : grève de solidarité; **— (to)** : faire la grève; **—r** : gréviste; allumeur (*objet*); percuteur.

string : ficelle; passée, petit filon (*mines*); chapelet, série; **— of ore cars** : rame de wagons de minerai.

strip : bande (*d'acier*); feuillard (*métallurgie*); **— mill** : laminoir à feuillards; **— mining** : exploitation par excavateurs; **— packing** : remblayage partiel par dames de remblai; **— rolling mill** : laminoir à feuillards; **broad —** : large feuillard; **cold rolled —** : feuillard laminé à froid; **steel —** : feuillard; **terminal —** : plaque de borne; **— (to)** : enlever, racler; dépiler; exploiter (*une mine*); démouler (*les lingots*); **— a pattern from the mould** : dépouiller un modèle du moule; **— an oil** : débarrasser une huile (*de ses impuretés*).

stripper : racleur; excavateur; rabot automatique (*mines*).

stripping : dépilage (*d'une mine*); exploitation par excavateurs; démoulage (*des lingots en métallurgie*); **— crane** : pont démouleur (*métallurgie*); **— showel** : pelle excavatrice; **— temperature** : température de décochage.

stroboscope : stroboscope.

stroke : course; longueur de course; amplitude d'une passe (*machines-outils*); **— of a jack** : levée d'un cric; **— length** : amplitude de course; **back —** : coup de retour (*du piston*); **cutting —** : passe (*machines-outils*); **down- —** : course descendante; **end of —** : fin de course; **at end of —** : en fin de course; **fore —** : coup d'avance (*du piston*); **height of —** : hauteur de frappe; **length of —** : longueur de course; **number of —s per minute** : nombre de courses par minute (*de l'outil, dans les machines-outils*); **return- —** : course de retour; **up- —** : course montante; **working —** : course motrice.

strong box : coffre-fort.

strong gas : gaz riche.

strontium : strontium.

structural : structurel, de construction; **— beam** : poutrelle métallique, profilé; **— material** : matériaux de construction, matériaux de charpente; **— reforms** : réformes de structure; **— rolling mill** : laminoir à profilés; **— shapes** : profilés; **— slate** : ardoise de construction; **— steel** : acier profilé; **— tile** : tuile de construction; **— timber** : bois de charpente; **— work** : charpente métallique.

structure : structure; **— of coal** : structure du charbon; **— of matter** : structure de la matière; **— of steel** : structure de l'acier; **crystalline —** : structure cristalline; **granular —** : structure granulaire; **microscopical —** : structure microscopique; **molecular —** : structure moléculaire; **steel —s** : charpentes métalliques.

strut : poussard (*mines*); entretoise; étrésillon; **— (to)** : étrésillonner.

stucco : stuc.

stud : goujon.

stuff : substance, matière constitutive; **—ing-box** : presse étoupe.

sturdiness : construction robuste.

sturdy : fort, renforcé.

style : type, genre, modèle; — **of couplers** : système d'accouplement (*des wagons*); — **of drive** : type de commande.
subagent : sous-agent, sous-dépositaire.
sub-atomic particle : particule subatomique.
sub-base : socle.
sub-committee : sous-comité.
sub-contractor : sous-traitant.
sub-surface exploration : reconnaissance du sous-sol.
subaqueous : immergé.
subcommission : sous-commission.
subdivision : subdivision.
sublevel stoping : exploitation par tranches de sous-étage (*mines*).
sublimate (to) : sublimer (*chimie*); **corrosive** — : sublimé corrosif.
submerged type pump : pompe immergée.
submit (to) to signature : soumettre *ou* envoyer à la signature.
suscribe (to) : souscrire; **—r** : souscripteur, abonné.
subscription : souscription; abonnement.
subsidence : affaissement (*mines*); dépôt, sédimentation; — **area** : région soumise à affaissements; — **effects** : mouvements de terrain, affaissements; **roof** — : affaissement du toit.
subsidiary : succursale, filiale; — **ledgers** : livres auxiliaires (*comptabilité*).
subsidies (price —) : subventions aux prix.
subsiding area : zone d'affaissement (*mines*).
subsidy : subvention.
substance : substance.
substation : sous-station; **portable** — : sous-station transportable.
substitute : substitut; personne ou chose de remplacement; ersatz; **a — for...** : un produit de remplacement pour...; **to — for...** : substituer à... (*mathématiques*).
substitutional alloys : alliages de substitution.
substratum : substratum.
substruction : infrastructure.
subterranean : souterrain.
subtract (to) from ... : soustraire (de ...); **—ion** : soustraction.
subway : souterrain.
subzero temperatures : températures au-dessous de zéro.
subzero treatment : traitement par le froid.
suck (to) up : aspirer.
suction : aspiration, succion; — **elbow** : coude d'aspiration; — **head** : hauteur d'aspiration; — **hose** : tuyau d'aspiration; — **lift** : hauteur d'aspiration (*d'une pompe*); — **limit** : limite d'aspiration (*d'une pompe*); — **pipe** : tuyau d'aspiration; — **-pump** : pompe aspirante; — **strainer** : crépine d'aspiration; — **valve** : clapet d'aspiration; **double** — : double aspiration; **height of** — : hauteur d'aspiration (*pompes*).
suggestion box : boîte à idées.
sulphate : sulfate; — **of copper** : sulfate de cuivre; — **of magnesia** : sulfate de magnésie; **ammonium** — : sulfate d'ammoniaque; **calcium** — : sulfate de chaux; **ferric** — : sulfate de fer.
sulphide : sulfure; — **of calcium** : sulfure de calcium; — **of lead** : sulfure de plomb; — **minerals** : minéraux sulfurés; — **ore** : minerai sulfuré; — **of zinc** : sulfure de zinc.
sulphidic : sulfureux.
sulphite : sulfite.
sulphur : soufre; **flowers of** — : fleur de soufre; **stick-** — : soufre en canon; **—eous** *or* **—ous** : qui contient du soufre, sulfureux; **—etted hydrogen** : hydrogène sulfuré; **—ic** : sulfurique; **—ic acid** : acide sulfurique.
sum : somme.

sump : puisard (*mines*); — **pump** : pompe de puisard.
sundries : accessoires.
sunscreen : pare-soleil.
sunshade : capote de protection.
supercharger : compresseur de suralimentation.
superficial : superficiel; **—ly** : superficiellement.
superheat (to) : surchauffer; **—ed steam** : vapeur surchauffée; **—er** : surchauffeur (*chaudières*); **—er surface** : surface de surchauffe; **—ing** : surchauffe.
superintendant : chef de service; inspecteur; chef d'exploitation; ingénieur en chef de l'exploitation (*mines*).
supersaturat(e) (to) : sursaturer; **—ed steam** : vapeur sursaturée; **—ion** : sursaturation.
superstructure : superstructure.
supervision : surveillance, direction d'ensemble.
supervisor : surveillant.
supplement : supplément (*sens général*); supplément (*mathématiques*); **—al** *or* **—ary** : supplémentaire.
supplier country : pays fournisseur, pays de provenance.
supplies : fournitures, accessoires; approvisionnements; recettes, fonds, ressources; **coal available —** : ressources disponibles en charbon (*d'un gisement*).
supply : alimentation, approvisionnement; **town's —** : ravitaillement des villes, alimentation (*en gaz, eau,...*); **water —** : fourniture d'eau; **— (to) power for ...** : fournir la force pour...; **with ...** : alimenter en ..., fournir ..., approvisionner en ...
support : support; soutènement (*mines*); **mine —** : soutènement dans les mines; **roof —** : soutènement du toit (*mines*); **steel —** : soutènement métallique (*mines*); **timber —** : soutènement en bois; **yielding —** : soutènement compressible (*mines*); **— (to)** : supporter, soutenir; **— an excavation** : soutenir une excavation; **—ing pack** : pilier destiné à supporter le toit.
surcharge : surcharge; **— (to)** : surcharger.
surd : irrationnel.
surface : surface; jour (*mines*); **— condenser** : condenseur à surface; **— condensing plant** : condenseur à surface; **— of contact** : surface de contact; **— crack** : crique superficielle; **— density** : densité superficielle; **— finish** : finissage des surfaces; **— grinding machine** : machine à surfacer, machine à meuler les faces; **— hardening** : trempe superficielle (*de l'acier*); **— leakage** : fuite superficielle (*électricité*); **— mining** : exploitation à ciel ouvert; **— outcroppings** : affleurements (*mines*); **— owner** : propriétaire de la surface (*mines*); **— —'s right of disposal** : droit du propriétaire du sol à disposer du fonds; **— plant** : installation de surface, installation du jour (*mines*); **— pressure** : pression par unité de surface; **— tension** : tension superficielle; **— worker** : ouvrier du jour (*mines*); **— workings** : travaux de surface; **— works** : travaux de surface (*mines*); **at the —** : au jour (*mines*); **external —** : surface extérieure; **heating —** : surface de chauffe; **inner —** : surface intérieure; **outer —** : surface extérieure; **to —** : surfacer (*au tour*); **—r** : machine à surfacer.
surficial : superficiel; **—ly** : superficiellement.
surplus coke-oven gas : gaz de cokerie en excédent.
surplus heat : excédent de chaleur; **— recovery** : récupération de l'excédent de chaleur (*fours*).
survey : étude, inspection, expertise; arpentage; levé de plan; **geological —** : relèvement géologique; **—man** :

survey *(continued)* arpenteur; **—or** : inspecteur, arpenteur; géomètre; **—or's chain** : chaîne d'arpenteur; **land —or** : arpenteur; **mine —or** : géomètre de mine; **— (to)** : arpenter; examiner, étudier, inspecter; **—ing** : étude, inspection, expertise, arpentage; **geophysical —ing** : recherche géophysique; **magnetometric —ing** : recherche magnétométrique; **plane table —ing** : levé à la planchette; **underground —ing** : levé de plans de mine.

susceptibility (to...) : susceptibilité, sensibilité à ..., aptitude à ...; **— to hardening** : aptitude à prendre la trempe; **magnetic —** : susceptibilité magnétique.

suspended : suspendu, en suspension, flottant; **— matter** : matières en suspension; **freely —** : suspendu librement.

suspension : suspension; **— bridge** : pont suspendu; **— of a car** : suspension d'une voiture automobile; **— pin** : axe de suspension; **— roof support** : soutènement du toit par chapeaux suspendus (*mines*); **in —** : en suspension (*chimie*); **point of —** : point de suspension; **polygonal —** : suspension polygonale; **soft —** : suspension douce.

sustain (to) : soutenir, supporter; **—ed wave** : onde entretenue.

swag(e) : étampe, matrice; **—e -block** : matrice; **—e (to)** : matricer, estamper; **—e sheets together** : sertir des tôles; **—ing die** : matrice de forme; **—ing hammer** : marteau d'estampage; **—ing machine** : machine à estamper.

swedish iron : fer suédois.

sweating : ressuage (*métallurgie*); action de suer; **— system** : travail à des salaires très bas.

swedging machine : machine à emboutir.

swell : gonflement (*de la fonte*); **to —** : gonfler (*sens général*), gonfler (*charbon, fonte*).

swing : balancement; course (*d'un corps en mouvement*); oscillation; diamètre de pièce admissible (*machines-outils*); **— bridge** : pont-tournant; **— of the pendulum** : oscillation du pendule; **— over bed** : hauteur de pointes (*d'un tour*); **— valve** : clapet basculant; **— -sledge mill** : broyeur à marteau; **maximum —** : diamètre de pièce admissible (*machines-outils*); **— (to)** : balancer; se balancer, osciller; **—ing block** : bloc coulissant.

swingle-tree : palonnier.

switch : changement de voie, aiguillage (*chemins de fer*); interrupteur, commutateur (*électricité*); **— blade** : lame d'aiguille; **— -box** : coffret de distribution; **— lever** : levier de contrôle; **— point** : aiguille, pointe d'aiguille; **— stand** : chevalet de manœuvre; **— tongue** : lame d'aiguille; **auto- —** : disjoncteur automatique; **break- —** : (voir à **break switch**); **double pole —** : interrupteur bipolaire; **excess current —** : disjoncteur de surcharge, interrupteur à maximum; **float —** : interrupteur à flotteur; **head-frame track limit —** : évite-molettes de chevalement; **main — or master —** : disjoncteur principal; **no- load — -off** : interrupteur à zéro; **to operate the —** : manœuvrer l'aiguillage; **over-winding —** : évite-molettes (*mines*); **pendant —** : interrupteur à poire; **pull —** : interrupteur à tirette; **reversing —** : inverseur (*électricité*); **rotary —** : interrupteur rotatif; **section —** : sectionneur (*électricité*); **starting —** : interrupteur de démarrage; **— (to)** : aiguiller; faire changer de voie; **— on** : brancher, mettre en circuit; **— off** : couper, mettre hors circuit, débrancher; **—ing locomotive** : locomotive de manœuvre; **—ing service** : service de manœuvre.

switchboard : tableau de distribution, central téléphonique, tableau électrique ; — **instrument** : appareil de tableau (*électricité*).
switchman : aiguilleur.
swivel : pivot ; — **joint** : joint à émerillon ; **hob —** : arbre porte-fraise ; — **(to)** : pivoter ; — **through an angle of ...** : pivoter à l'intérieur d'un angle de... ; **—ing arm** : bras pivotant ; **—ing head** : tête pivotante (*machines-outils*).
sylvester : arrache-étais, sylvester (*mines*).
synchron(al) *or* **—ous** : synchrone ; **—ism** : synchronisme ; **—ization** : synchronisation ; **—ize (to)** : synchroniser ; **—ous motor** : moteur synchrone.
synchrotron : synchrotron.
synclinal : synclinal (*adj.*).
syncline : synclinal (*subst.*).
syndicalism : syndicalisme.
syndicalist : syndicaliste.
syndicate : syndicat.
synthesis : synthèse.
synthetic *or* **—al** : synthétique ; — **alcohols** : alcools synthétiques ; — **ammonia** : ammoniaque synthétique ; — **resin** : résine synthétique ; — **rubber** : caoutchouc synthétique ; — **stone** : pierre synthétique.
syphon : siphon (Voir : **siphon**).
system : système ; — **of equations** : système d'équations ; **double unit —** : exploitation par deux tailles jumelles situées de part et d'autre de la voie (*mines*) ; **—atic** : systématique ; **—atically** : systématiquement.

T

T (tee) : objet en forme de T; T de tuyauterie; T (*dessin*).
T-bar : fer à T.
T-beam : fer à T.
T-piece : objet en T, pièce en T.
T-slot : rainure en T; **T- — cutter** : fraise à tailler les rainures en T.
T-square : T à dessin.
tab : oreille; languette.
table : table (*sens général*); table (*d'une machine-outil*); **concentrating —** : table de concentration; **cooling —** : table à refroidir; **pneumatic —** : table pneumatique (*préparation des charbons*); **shaking —** : table à secousses.
tacheomet(er) : tachéomètre; **—rical levelling** : levé au tachéomètre.
tachometer : tachymètre.
tack : semence (*petit clou*); pointe.
tackle : palan; **pulley —** : palan.
taconite : taconite (*minerai de fer américain*).
tagger : tôle très mince; feuille (*d'étain*).
tail : queue; **— lamp** : lampe de queue, lampe arrière; **— pulley** : poulie de queue, poulie de retour; **— race** : canal de fuite; **— skid** : béquille; **—ing** : résidu, produit de queue; refus (*d'un crible*); **flotation of washore —ings** : flottation des résidus de lavage des minerais; **—stock** : poupée mobile (*de tour*).
take (to) : prendre; **— care of end play** : rattraper le jeu latéral; **— down in shorthand** : sténographier; **— up the end thrust** : recevoir la poussée axiale; **— up the slack** : rattraper le mou (*d'un câble*); **— up a stress** : absorber un effort; **— up wear** : rattraper l'usure.
Talbot furnace : four Talbot.
talc : talc.
tallow : suif .
tamp (to) : damer; bourrer (*un coup de mine*); **— clay stemming** : bourrer l'argile; **— loam for stemming** : bourrer, à l'argile (*un trou de mine*);
tamper : fouloir, dame, machine à damer; **— proof** : garanti contre tout trucage; **tie —** : batte à bourrer (*entretien des voies ferrées*);
tamping (*of a blast hole*) : bourrage (*d'un coup de mine*); **—ing machine** : machine à damer.
tandem : tandem; **— arrangement** : disposition tandem; **— compound steam engine** : machine à vapeur tandem compound; **in — design** : du type tandem.
tangent : tangente; **— screw** : vis tangente; **—ial** : tangent; **—ially** : tangentiellement.
tank : réservoir; **— car** : wagon-citerne; **— lorry** : camion-citerne; **auxiliary —** : nourrice (*d'essence*); **elevated —** : château d'eau; **—er** : bateau-citerne; **oil —er** : navire pétrolier.
tannin : tannin.
tantalum : tantale.
tap : robinet; taraud; **— holder** : porte-taraud; **— hole** : trou de coulée; **— — gun** : machine à obturer le trou de coulée; **— wrench** : tourne-à-

tap *(continued)*
gauche; **screw —** : taraud; **— (to)** : percer; laisser couler; tarauder; **— ash** : décrasser les cendres; **— a furnace** : percer un four (*métallurgie*); **— the blast furnace** : faire la coulée du haut fourneau; « percer le fourneau »; **— off** : prélever (*par un robinet*); faire une prise de ...; **— slag** : décrasser les scories; **—ped left** : taraudé avec filet à gauche; **—ped right** : taraudé avec filet à droite; **—ping machine** : machine à tarauder; **—ping type furnace** : four du type à percer.

tape : ruban; **— -line** : mètre ruban; **insulating —** : ruban de toile isolante; **spring — measure** : mètre à ruban avec ressort.

taper : conicité; pièce de forme conique; (*adj.*) : **— (or —ed)** : effilé; **— attachment** : appareil à tourner cône; **— bearing** : palier conique; **— dowel**: prisonnier conique; **— gib** : cale à rattrapage de jeu; **— hole n° ...** : cône n° ...; **— key** : clavette conique; **— seat** : siège conique; **morse — shank** : queue au cône morse; **— — holder** : mandrin pour cônes; **morse — socket n° ...** : cône morse n° ...; **— turning** : tournage conique; **to —** : se terminer en pointe; effiler.

tar : goudron; **— fog** : goudron en suspension (*cokeries*); **— oil** : huile de goudron; **coal —** : goudron de houille; **road —** : goudron de route; **wood —** : goudron de bois; **to —** : goudronner; **—red marline** : merlin goudronné; **—red street** : route goudronnée.

tardiness (unauthorized...) : retard (*au travail*) sans excuse.

tar(e) : tare; **to —e** : tarer ; **wagon —ing** : tarage des wagons.

target : cible; but.

tariff : tarif; **to —** : tarifer.

tarpaulin : bâche (*goudronnée*).

tarry regulating lever : levier de réglage du retard.

tartaric acid : acide tartrique.

tartrate : tartrate.

taut : raidi (*câble*); **to haul —** : raidir (*un cordage*); **to keep —** : maintenir tendu (*un cordage*).

taxes : impots, taxes; **excluding —** : taxes non comprises.

teak : teck (*bois*).

teamwork : travail d'équipe.

tear : déchirure; fente, fissure, crique; **exposed to wear and —** : exposé à l'usure et à la détérioration; **to —** : déchirer.

technic *or* **technics** *or* **technique** : technique; **—ist** : technicien.

technic *or* **—al** : technique (*adj.*); **— committee** : comité technique; **— director** : directeur technique; **— office** : bureau technique; **— term** : terme technique.

technologist : technologue.

technology : technologie.

tectonic(s) : tectonique (*subst.* ou *adj.*).

teem (to) : couler de la poche.

telegram : télégramme.

telegraph : télégraphe; **— apparatus** : appareil télégraphique; **— cable** : câble télégraphique; **— pole** : poteau télégraphique; **— wire** : fil télégraphique; **—ic code word** : mot de code télégraphique; **—ic message** : message télégraphique; **—y** : télégraphie.

telemeter : télémètre; **—ing** : télémesure.

telephone : téléphone; **— apparatus** : appareil téléphonique; **— cable** : câble téléphonique; **— directory** : annuaire des téléphones; **— wire** : fil téléphonique.

telephony : téléphonie.

telescop(e) : télescope; **—e -like** : télescopique; **—e -mounting** : monture de lunette (*astronomique*); **—ic** : télescopique.

teller : caissier.

telltale : appareil de contrôle; indicateur.
telluride : tellurure.
tellurium : tellurium.
telpher : téléphérique.
temper : trempe (*de l'acier*); — **brittle steel** : acier manifestant la fragilité de revenu; — **brittleness** : fragilité de revenu; — **hardening** : durcissement par revenu; **dead soft** — : trempe extra-douce; **full hard** — : trempe dure; —**ing** : revenu; —**ing bath** : bain de revenu; **temper (to)** : adoucir, faire revenir (*l'acier*); combiner, mélanger suivant des proportions déterminées.
temperature : température; — **change** : variation de température; — **compensation** : compensation de la température; **absolute** — : température absolue; **annealing** — : température de recuit; **boiling** — : température d'ébullition; **combustion** — : température de combustion; **condensing** — : température de condensation; **critical** — : température critique; **at elevated** — : à température élevée; **flame** — : température de la flamme; **formation** — : température de formation; **freezing** — : température de congélation; **fusion** — : température de fusion; **ignition** — : température d'inflammation; **pouring** — : température de coulée; **subzero** —**s** : températures inférieures à zéro.
template : gabarit (*en bois ou métal mince, utilisé pour le perçage*).
templet : gabarit de perçage; **made to** — *or* **made to accurate** — : fait au gabarit.
temporary jobs : travaux temporaires.
tenacity : ténacité (*des métaux*).
tenacious : tenace.
tendency : tendance; — **to cracking** : tendance aux criques (*métallurgie*); **expansion** — *or* **upward** — : tendance à l'expansion; **recession** — : tendance à la récession.
tender : soumission, tender; — **(to)** : soumissionner; —**er** : soumissionnaire.
tenon : tenon.
tensile ... : ... de tension, de traction; — **forces** : contraintes de tension; — **impact strength** : résistance à la traction par choc; — **properties** : conditions d'allongement et de résistance à la traction; **high** — **steel** : acier à haute résistance à la traction; — **strength** : effort de tension, résistance à la traction; — **test** : essai de traction.
tension : tension; — **adjusting screw** : vis de réglage de tension; — **crack** : crique de tension; — **machine** : machine pour essais de traction; — **spring** : ressort de tension; — **test** : essai de traction; **surface** — : tension superficielle.
terms : conditions, tarifs; **on best possible** — : aux meilleures conditions.
terminal : borne (*électricité*); **battery** — : borne de batterie.
termination of employment : fin du contrat de travail.
terne-plate : fer-blanc mat (*contenant du plomb*).
terra cotta : terre cuite.
terrestrial : terrestre.
tertiary : tertiaire; — **period** : ère tertiaire.
test : épreuve, essai; — **bar** : éprouvette (*pour essais*); — **boring** : sondage de recherche; — **load** : charge d'épreuve; — **lug** : téton (*éprouvette*) venu de fonderie, pour essais; — **paper** : papier à réactif; — **piece** : éprouvette, échantillon à essayer ou à analyser; — **prescribed by regulations** : essai réglementaire; — **pressure** : pression d'épreuve; — **report** : procès-verbal des essais; — **specimen** : échantillon d'essai; — **tube** : tube à essai; **ball hardness** — : essai de dureté à la bille; **ball indentation**

test *(continued)*
— : essai de dureté à la bille; **beam** — : essai de résistance à la traction; **bend** — : essai de pliage; **block** — : essai au frein; **bond** — : essai de cohésion, essai d'adhérence; **check** — : essai de contrôle; **consumption** — : essai de consommation; **corrosion-fatigue** — : essai de fatigue en milieu corrosif; **creep** — : essai de viscosité; **drop** — : essai de résilience; **drop hardness** — : essai de dureté de rebondissement; **falling-weight** — : essai de résilience; **fatigue** — : essai d'endurance; **hardness** — : essai de dureté; **insulation** — : essai d'isolement; **notched bar impact** — : essai de résilience sur éprouvette entaillée; **pull-out** — : essai de rupture; **pulling** — : essai de traction; **reception** — : essai de réception; **regulable** — : essai réglementaire; **resilience** — : essai de résilience; **shearing** — : essai de cisaillement; **spray** — : essai au brouillard; **squatting** — : essai de ramollissement (*des matériaux réfractaires*); **stress-rupture** — : essai de résistance à la traction; **tensile** — : essai de traction; **thermic** — : essai thermique; **washability** —**s** : essais de lavabilité; **wearing** —**s** : essai d'usure; — **(to)** : essayer, éprouver, expérimenter; — **for faults** : éprouver.

testimonial : certificat.

testimony (to bear...) : attester.

testing : essais, vérification; — **bench** : banc d'essai; — **engineer** : ingénieur des essais; — **laboratory** : laboratoire d'essais; **gear** — **machine** : machine à vérifier les engrenages; — **pressure** : pression d'épreuve; — **stand** : plateforme d'essai; — **station** : station d'essais.

tetrachloride of carbon : tétrachlorure de carbone.

tetraethyl lead : plomb tétra-éthyl.

tetragon : tétragone (*géométrie*); —**al system** : système tétragonal (*cristallographie*).

tetrahedrite : tétraédrite.

tetrahedron : tétraèdre.

tetrapolar : tétrapolaire.

textiles : textiles.

texture : texture; **close** — : texture serrée; **fibrous** — : texture fibreuse.

thallium : thallium.

theodolite : théodolite; **mining** — : théodolite de mine.

theorem : théorème.

theoretical : théorique; — **volume** : volume théorique (*engendré par le piston*).

theory : théorie.

thermal : thermique; — **analysis** : analyse thermique; — **balance** : bilan thermique; — **capacity** : capacité calorifique; — **conversion** : transformation thermique; — **efficiency** : rendement thermique; — **energy** : énergie calorifique; — **expansion** : dilatation thermique; — **insulation** : isolation thermique; — **ionisation** : ionisation thermique; — **reduction** : réduction thermique; — **study** : étude thermique; — **treatment** : traitement thermique; — **unit** : calorie.

thermic : thermique; — **power station** : centrale thermique.

thermit or —**te** : thermite; — **welding** : soudure électro-thermique.

thermo-electrical battery : pile thermoélectrique.

thermo-hardening : durcissement à la chaleur.

thermonuclear : thermonucléaire.

thermo-pile : pile thermoélectrique.

thermo-syphon : thermo-siphon.

thermocolours : couleurs pour la détermination des températures.

thermocouple : couple thermoélectrique.

thermodynamic(s) : thermodynamique (*subst.* ou *adj.*).

thermoelectric : thermoélectrique; — **pyrometer** : pyromètre thermoélectrique.
thermometer : thermomètre; **angle stem** — : thermomètre coudé; **dial** — : thermomètre à cadran; **maximum** — : thermomètre à maxima; **recording** — : thermomètre enregistreur; **straight stem** — : thermomètre droit.
thermostat : thermostat; **—ically regulated combustion** : combustion réglée par thermostat.
thick : épais; — **grease** : graisse consistante; — **-walled** : à parois épaisses; **—ener** : épaississeur; **—ening** : épaississement (*des liquides*); **mud —ening** : épaississement des schlamms; **—ness gauge** : calibre d'épaisseur; **—ness of plate** : épaisseur de tôle; **—ness of a vein** : puissance d'une couche (*mines*); **—en (to)** : épaissir, s'épaissir.
thimble : cosse.
thin : mince; — **section** : plaque mince (*minéralogie*); — **-walled** : à parois minces.
third countries : pays tiers.
Thomas converter : convertisseur Thomas.
thorium : thorium.
thread : fil, filet (*de vis*); filet, veinule (*mines*); — **chasing** : filetage; — — **dial** : indicateur de filetage, plateau gradué pour filetage; **English** — — : pas (*de vis*) anglais; — **cutting** : filetage; — **indicator** : indicateur de filetage; — **pitch** : pas de vis; **Acme** — : pas Acmé; **Briggs** — : pas Briggs; **British Standard** — : pas anglais; **to cut metric** — : fileter au pas métrique; **female** — : filet femelle; **left-hand** — : pas à gauche; **male** — : filet mâle; **metric** — : pas métrique; **right-hand** — : pas à droite; **square** — : filet carré (*vis*); **U. S. Standard** — : pas américain; **Whitworth** — : pas Whitworth; — **(to)** : fileter; — **left hand** : fileter au pas à gauche; — **right hand** : fileter au pas à droite; **—ed connection** : assemblage à vis; **—ed fittings** : raccords filetés; **—ing die** : filière.
three-edged file : tiers-point.
three-high ... : à trois étages; — — **roughing mill** : trio dégrossisseur; — — **train** : train trio (*laminoirs*).
three-phase : triphasé; — — **current** : courant triphasé; — — **alternating** — : courant triphasé; — — — **motor** : moteur triphasé.
three-way cock : robinet à trois voies.
throat : col; gueulard (*hauts fourneaux*).
throttle : régulateur, étranglement; — **pedal** : pédale d'accélérateur; — **valve** : soupape de réglage (*par étranglement*); **to open out the** — : mettre les gaz; — **(to)** : étrangler, laminer.
throttling governor : régulateur à étranglement de l'admission; **ball-type** — — : régulateur à boules.
through-type furnace : four continu.
throw (to) : lancer; — **in feed** : mettre l'avance; — **out of gear** : débrayer; **automotic** — **out clutch** : débrayage automatique.
thrust : poussée; — **bearing** : butée à billes, palier de butée; — **collar** : collier de butée; — **load** : effort axial; — **washer** : rondelle de butée; **to absorb the** — : absorber la poussée (*butées à billes*); **end** — : poussée axiale; poussée longitudinale; **lateral** — : poussée latérale; **to take up the** — : absorber la poussée.
thumb : pouce; — **nut** : écrou à oreilles; — **screw** : molette (*de la clé à molette*); vis moletée; — **spring valve** : soupape à ressort opérée au doigt; — **-tack** : punaise.
tie : attache, lien; traverse de chemin de fer (*États-Unis*); — **bar** : tringle de liaison; — **-beam** : entrait (*charpente*); — **bolt** : boulon d'encrage, tirant; — **-plate** : selle de traverse (*chemins de fer, U. S. A.*); — **spacing** :

tie *(continued)* écartement des traverses; **— tamper** : batte à bourrer; **cross — or railroad — (USA)** : traverse de chemin de fer; **steel cross —** : traverse métallique; **track —** : traverse de chemin de fer; **— (to)** : attacher, lier.

tight : étanche; tendu (*corde*), serré, fixe; **— closing** : à fermeture hermétique; **—ness** : étanchéité; **— pulley** : poulie fixe; **— wheel** : roue fixe; **—en (to)** : serrer; tendre; étanchéifier; **—en a nut** : serrer un écrou; **—en a spring** : tendre un ressort; **—ener** : tendeur (*de courroie*); **—ening connection** : joint étanche; **—ening device** : dispositif de serrage.

tile : tuile; dalle; brique creuse (*de récupérateur*); **corner —** : tuile cornière; **floor —** : carreau; **grooved —** : tuile à onglets; **hollow —** : tuile creuse; **machine-made —** : tuile mécanique; **ridge —** : tuile faîtière; **roofing —** : tuile de couverture; **structural —** : tuile de construction; **—r** : couvreur (*en tuiles*).

tilt-hammer : martinet (*forge*).

tiltable : basculant.

tilting : basculant; **— -box wagon** : wagon à caisse basculante; **— floor** : plateforme de culbutage; **— open-hearth furnace** : four basculant; **— skip** : skip basculant; **— Talbot furnace** : four Talbot basculant; **— type furnace** : four basculant.

timber : bois de charpente; **— decking** : plancher de bois; **mine — preservation** : préservation, imprégnation des bois de mine; **— -setting machine** : machine à boiser (*mines*); **— support** : soutènement en bois (*mines*); **hard —** : bois dur; **mine —, or pit —** : bois de mine; **round —** : rondins; **soft —** : bois tendre; **square —** : bois carrés; **to —** : boiser; **—ing** : boisage (*mines*); **shaft- —ing** : revêtement du puits (*mines*); **—man** : boiseur (*mines*).

timbre : timbre (*d'un son*).

time : temps; **— card** : feuille de présence (*du personnel*); **— clock** : horloge pointeuse; **— delay** : temporisation, retardement; **— — relay** : relais différé; **— of delivery** : date de livraison; **— detonator** : amorce à retard, détonateur à retard; **— fuse** : fusible à retard; **— proof** : durable; **— sheet**: feuille de présence; **— study** : mesure des temps; chronométrage; **— table** : emploi du temps; horaire; **sidereal —** : temps sidéral; **solar —** : temps solaire; **—r** : chronomètre; chronométreur.

timing : réglage de la durée; étude des temps; **— range** : dispositif d'avance à l'allumage ; **ignition —** : réglage de l'allumage.

tin : étain; **— box or — can** : boîte en fer blanc; **— bronze** : bronze à l'étain; **— lode** : filon d'étain; **— -plate** : fer-blanc; **— solder** : soudure d'étain; **—foil** : papier d'étain; **—ned sheet** : tôle étamée; **—smith** : ferblantier; **to —** : étamer.

tinge : teinte, nuance.

tinker : étameur; bricoleur.

tip : bout, pointe, petite pièce effilée; gicleur; **— -car** : wagonnet à bascule; girafe; **— -cart** : tombereau; camion à benne basculante; **to clog the —** : obstruer le gicleur; **to size a —** : calibrer un gicleur; **carbide —ped** : à pointe carburée; **—per crab** : pont répartiteur (*sur des accumulateurs*); **car —per** : culbuteur de wagons; **end- —per** : camion basculant par l'arrière; **rotary —per** : culbuteur rotatif; **side —per** : camion à déversement latéral; **— (to)** : donner une pointe à, munir d'une pointe; renverser, culbuter.

tipple : culbuteur; installation de recette et chargement en wagons (*mines*); **to unload a coal car at the —** : culbuter une berline de charbon à la recette; **wagon —** : culbuteur de wagons; **—r** : culbuteur.

tire : Voir **tyre.**
titaniferous : titanifère.
titanium : titane.
title to work a mine : permis d'exploitation de mine.
titrate (to) : titrer.
titration : titrage.
toe board : garde-fou; plaque de bordure.
token money : monnaie fiduciaire.
tolerance : tolérance; **close** — : tolérance serrée.
toll : droit; taxe; — **duties** : droits; droits d'octroi.
toluene : toluène.
toluol : toluol.
tombac : tombac.
ton : tonne; tonneau (*mesure de capacité valant 1m³132*); **long** — : tonne **metrical** — : tonne métrique (*1 000 kg*); longue (*2240 lb = 1 016 kg*); **short** — : tonne courte (*2 000 lb = 907 kg*);
tone : son; **fundamental** — : son fondamental (*acoustique*); **harmonic** — : harmonique.
tongs (pl.) : tenailles; pince; **ingot** — : tenaille à lingots.
tongue : pointe d'aiguille; — **washer** : rondelle de sûreté.
tonnage : tonnage; — **dues** : droit de tonnage; **kilometric** — : tonnage kilométrique.
tool : outil; — **bit** : bout d'outil; taillant; — **block** : bloc porte-outil; — **box** : boîte à outils; — **-carrying head** : chariot porte-outil (*machines-outils*); — **-chest** : boîte à outils; — **equipment** : jeu d'outils; — **holder**: porte-outils; — **kit** : trousse d'outils, boîte à outils; — **-making shop** : atelier d'outillage; — **post** : porte-outils; — **room** : atelier d'outillage; — — **lathe** : tour d'outillage; — **slide** : chariot porte-outil; — **spindle** : broche (*machines-outils*); — **steel** : acier à outils; **air** — : outil pneumatique; **cutting** — *or* **edge** — : outil tranchant; **master** — : outil original; **small** —**s** : petit outillage.
tooth : dent (*plur* : **teeth**); **depth of** — : profondeur de dent; **helical** — : dent hélicoïdale; **inserted** — : dent rapportée; **straight** — : dent droite; —**ed sector** : secteur denté; —**ed wheel** : roue dentée.
top : tête, sommet; — **-casting** : coulée en chute directe (*métallurgie*); — **-gas** : gaz de gueulard; — **hole** : coup de couronne (*tir dans les mines*); — **landing** : recette du jour (*mines*); — **of a mine gallery** : couronne d'une galerie de mine; — **-pouring** : coulée en chute directe (*métallurgie*); **height above** — **of rail** : hauteur au-dessus du rail; — **of seam** : toit d'une couche (*mines*); — **of a shaft** : haut d'un puits (*de mine*); — **size** : grosseur maximum; — **of a vault** : sommet d'une voûte; — **view** : vue d'en haut; **blast-furnace** — : gueulard (*d'un haut fourneau*); **ingot** — : tête de lingot; —**ping** : enlèvement des produits de tête (*traitement des goudrons*).
topograph(er) : topographe; —**ic surveyor** : topographe; —**y** : topographie.
torch : torche; chalumeau; — **hardening** : trempe superficielle au chalumeau; — **operator** : soudeur au chalumeau; **cutting** — : chalumeau coupeur; **welding** — : chalumeau soudeur.
tore : tore (*géométrie*).
torque : couple (*de forces*); **retarding** — : couple retardateur.
torsion : torsion; — **balance** : balance de torsion; — **bar** : barre de torsion; —**al coilspring** : ressort à boudin; —**al fatigue** : fatigue de torsion; —**al** — **limit** *or* —**al** — **strength** : endurance aux torsions répétées; —**al machine** : machine pour essais de torsion; —**al oscillations** : oscillations de torsion; —**al stress** : effort de torsion.

total (grand —) : total général.
totalizer : totalisateur.
touch-stone : pierre de touche.
tough : dur, compact; **— ground** : terrain dur; **— steel** : acier dur; **—ened by heat treatment** : durci par traitement thermique.
tourmaline : tourmaline.
tow : remorque, remorquage; **— -boat** : remorqueur; **— -path** : chemin de halage; **to take in —** : prendre en remorque; **—age** : touage, remorquage; **—ing winch** : treuil de halage. **to —** : haler, remorquer; **— ahead** : haler.
tower : tour; **— dryer** : tour de séchage; **— washer** : tour de lavage; **steel —** : pylône en acier.
town : ville; **— gas** : gaz de ville; **— planing** : urbanisme.
trace : tracé (*dessin*); **— element** : élément à l'état de trace; **—r** : galerie de traçage (*mines*); calqueur (*dessin*); **— (to)** : tracer, calquer (*dessin*); **— a drawing** : calquer un dessin.
trachyte : trachyte.
tracing paper : papier transparent. papier à calquer.
tracing picket : jalon.
track : voie; voie de chemin de fer; chemin de roulement; **— accessories** : accessoires de pose de voie; **— bolt** : boulon d'éclisse; **— centers** : largeur d'entre-axes, largeur entre axes des deux rails (*voies ferrées*); **— gauge** : écartement de voie; **— grinder** : appareil à meuler les joints de rails; **— haulage** : traction sur rails; **— jumping** : déraillement; **— -limit switch** : interrupteur de fin de course; évite-molettes (*mines*); **— link (*of a caterpiller*)** : patin (*d'une chenille*); **— -operated machine** : machine circulant sur rails; **— tamping** : bourrage des traverses (*chemins de fer*); **— -tie** : traverse (*États-Unis*); **— -type machine** : machine circulant sur rails; **— tools** : outils de poseurs; **— wrench** : clé à boulons de poseur; **laying of —** : pose de la voie; **main —** : voie principale; **portable —** : voie transportable, voie Decauville; **—helper** : aide-poseur (*de voie*); **—less mine-section** : quartier trackless, sans rails (*mines*); **—less operation** : exploitation sans rails (*mines*); **—man** : poseur de voie (*mines*); **—work** : matériel de voie.
traction : traction.
tractive effort : effort de traction.
tractive power : effort au crochet.
tractor : tracteur; **caterpillar —** : traction sur chenilles.
trade : commerce; **— agreement** : accord commercial; **— balance** : balance commerciale; **— mark** : marque de fabrique; **— union** : syndicat professionnel (*de salariés*); **— unionist** : syndicaliste; **external — or foreign —** : commerce extérieur; **internal —** : commerce intérieur.
traffic : trafic, circulation; **— agent** : agent de transport.
trail (to) : traîner; **—er** : remorque; **—ing cable** : câble traînant; câble flexible d'alimentation (*de haveuse*).
train : train, train de laminoirs; **— of gears** : train d'engrenages; **express —** : train express; **fast —** : train rapide; **goods —** : train de marchandises; **passenger —** : train de voyageurs; **slow —** : train omnibus; **through —** : train direct; **non-stop —**: train direct; **by fast —** : par grande vitesse; **by goods —** : par petite vitesse; **rolling —** : train de laminoirs; **to —** : instruire, entraîner; **— apprentices** : former des apprentis.
training : instruction; **— center** : centre de formation professionnelle; **— for management** : formation du personnel de maîtrise; **— for work in the mine** : formation professionnelle des mineurs; apprentissage du métier de mineur.
trajectory : trajectoire.

tram : berline, benne (*mines*); **— -car** : voiture de tramway; **—mer** : berline, wagonnet de mine; **—ming** : roulage; **hand —ming** : roulage à bras.
tramp-steamer : cargo.
tramp iron : ferraille.
tramrail : rail creux.
tramway-car : voiture de tramway.
trans-shipment : transbordement.
transfer : transmission; mutation; transbordement; **— bridge** : pont transbordeur; **— car** : chariot transbordeur; **— crane** : grue de transbordement; **heat — efficiency** : rendement calorifique (*d'une plaque chauffante*); **— point** : poste de transbordement; **— table** : chariot-transbordeur, plateforme de transbordement; **heat —** : transmission calorifique; **— (to) a force** : transmettre une force (*mécanique*).
transformation : transformation (*chimique, électrique,...*); **— of coordinates** : changement de coordonnées; **— point** : point de transformation.
transformer : transformateur; **— core** : noyau de transformateur; **— oil** : huile pour transformateurs; **— sheet steel** : tôle pour transformateurs; **— station** : station de transformation (*électricité*); **booster —** : transformateur survolteur; **constant current —** : transformateur à intensité constante; **instrument —** : transformateur pour appareils; **potential —** : transformateur de potentiel; **reducing —** : transformateur dévolteur, réducteur; **step-up —** : transformateur survolteur.
transient : transitoire.
transit charge : taxe de transit.
translate (to) : déplacer par translation (*mathématiques*); traduire.
translation : translation (*mathématiques*); traduction.
translucence : translucidité.
translucent : translucide.
transmission : transmission; **— belting** : courroie de transmission; **— case** : boîte de transmission; **— grease** : graisse consistante; **— line** : ligne de transport (*de courant*); **— of motion** : transmission du mouvement; **— of power** : transmission de l'énergie; **— shaft** : arbre de transmission; **heat —** : transmission de chaleur.
transmit (to) : transmettre (*un effort*).
transmutation : transmutation; **— of matter** : transmutation de la matière.
transom : traverse; linteau (*de porte, de fenêtre*); meneau (*traverse*); **— window** : fenêtre à meneaux.
transport : transport; **— line** : ligne de transport; **motor —** : transport automobile; **— (to)** : transporter.
transportation : transport; **— bottle** : récipient de transport (*de l'oxygène liquide*, etc.); **— company** : société de transport.
transporter : transporteur; **aerial —** : transport aérien, téléphérique.
transversal *or* **transverse** : transversal; **— strength** : résistance à la flexion.
trap : trappe; porte rabattante; siphon (*sur une conduite d'égout*); **— -door** : porte rabattante; **chute —** : trappe de déchargement; **dust —** : collecteur de poussières de forage (*mines*); **steam —** : purgeur de vapeur; **— (to) the dust** : recueillir la poussière (*de forage*).
trapezium : trapèze.
trapezoedron : trapézoïde.
travel : voyage; déplacement; course; **cross —** : course transversale; **horizontal —** : course horizontale; **longitudinal —** : course longitudinale; **rate of —** : vitesse de déplacement; **saddle —** : course du porte-outil (*machines-outils*); **spindle —** : course de la broche; **vertical —** : course verticale.
traveller : voyageur.
travelling : se déplaçant; **— bridge** : pont roulant; **— crane** : pont rou-

travelling *(continued)* lant; — **expenses** : frais de déplacement; — **gear** : mécanisme de translation; — **grate** : grille mécanique; — **speed** : vitesse de translation; — **time** : durée de cordée (*mines*).

travers(e) : traverse, pièce transversale; (*adj.*) : transversal; **rapid —e** : avance transversale à retour rapide (*tours*); **—er** : chariot transbordeur; **—ing motion** : mouvement transversal; **—ing shaper** : étau-limeur.

tray : auge; caisse (*de brouette*).

tread : surface de roulement; bandage (*d'une roue*); boudin (*d'un rail*); **steel —** : bandage métallique; **width of —** : largeur de bandage.

treadle : pédale; **foot —** : pédale; **to step on the —** : appuyer sur la pédale.

treasurer : chef des services financiers; trésorier.

treat (to) : traiter; **— ore** : traiter le minerai.

treatment : traitement; **chemical —** : traitement chimique; **heat —** : traitement thermique; **mechanical —** : traitement mécanique; **ore —** : traitement des minerais; **water —** : traitement de l'eau.

treble : triple.

trembler : trembleur (*sonneries*).

trench : tranchée; **— digging machine** : excavateur de tranchées.

trend : tendance; **— of prices** : tendance des prix; **downward —** : tendance à la baisse; **upward —** : tendance à la hausse.

trestle : tréteau, support.

trial : essai; **— -and-error method** : méthode des approximations successives; **— plant** : station d'essai.

triangle : triangle; **equilateral —** : triangle équilatéral; **isosceles —** : triangle isocèle; **oblique —** : triangle quelconque; **right-angled —** : triangle rectangle; **scalene —** : triangle scalène.

triangular : triangulaire; **— thread** : filet (*de vis*) triangulaire.

triangulation : triangulation.

trias : trias; **—sic** : trias; triasique.

trickle (to) : couler goutte à goutte; suinter; ruisseler.

trigger : détente (*objet*).

trigonometr(y) : trigonométrie; **—ical functions** : fonctions trigonométriques; **spherical —y** : trigonométrie sphérique.

trihedron : trièdre.

trim (to) : raboter, polir; finir; ébarber, débavurer; **— flush head rivets** : affleurer des têtes de rivets; **—ming** : ébarbage, rabotage, polissage; **—ming die** : matrice à façonner; **—ming machine** : machine à ébarber, à débavurer; **—ming press** : presse à débavurer, presse de finissage; **side —ming** : rognage.

trinitrotoluol (TNT) : trinitrotoluol.

trio mill : laminoir trio.

trip : voyage; cordée (*mines*); **— device** *or* **—ping device** : déclic; dispositif de renversement; **personnel —** : cordée de personnel; **trial —** : cordée d'essai.

triple : triple; **— (to)** : tripler.

tripod : trépied.

tritium : tritium.

trivalence : trivalence.

trivalent : trivalent.

trivet : trépied.

trolley : chariot roulant le long d'un câble; roulette de trolley; **—bus** : trolleybus; **— -locomotive** : locomotive à trolley; **— -pole** : perche de trolley; **— -wire** : fil de trolley; **—phone** : trolleyphone (*mines*).

troostite : troostite (*sidérurgie*).

trouble : panne (*d'une machine*); **— -free engine** : machine de fonctionnement sûr; **to give a —free service** : fonctionner sans incident; **— -proof** : indéréglable.

trough : auget; élément de couloir oscillant (*mines*); **self-locking —** :

trough *(continued)*
couloir à assemblage automatique; **—ing belt conveyor** : convoyeur à courroie à section en auget.

trowel : truelle; **pointing —** : truelle à angles.

truck : chariot, voiture à bras; wagon plat, truc; camion; boggie; **—driver**: conducteur de camion; **four-wheel —**: boggie (*chemins de fer*); **motor —** : camion automobile; **pony- —** *or* **two-wheel —** : bissel; **—age** : camionnage; **—man** : homme d'équipe (*chemins de fer*).

true : juste, exact; d'aplomb, droit, ajusté; **— to gauge** : calibré; **— north** : nord vrai; **— in outline** : de formes exactes (*pièce moulée*); **— to pattern** : exact avec le moule; **to bore —** : aléser, aléser juste; **to grind —** : rectifier; **to thread —** : fileter juste; **—ing tool** : outil à rectifier.

trumpet : entonnoir de coulée.

trunnion : tourillon.

truss : pièce de renfort; **roof- —** : ferme (*toiture*).

trust : crédit (*commerce*); trust (*de sociétés*); **—ee** : administrateur; commissaire; curateur; **board of —ees** : conseil d'administration.

try (to) : éprouver, expérimenter; **—-square** : équerre (*de charpentier*).

tub : baquet; berline, benne (*mines*); **— controller** : ralentisseur de berlines (*mines*); **coal —** : berline à charbon; **empty —s** : berlines vides; **full —s** : berlines pleines; **loaded —s** : berlines chargées; **steel —** : berline en acier; **—bing** : cuvelage (*mines*).

tube : tube; tuyau; **— bending machine** : machine à cintrer les tubes; **— bundle** : faisceau tubulaire (*chaudières*); **— expander** : dudgeon; **— expanding machine** : machine à mandriner; **— fittings** : raccords de tuyauterie; **— of force** : tube de force; **— mill** *or* **ball — —** : broyeur à boulets, tube mill; **— nest** : faisceau tubulaire (*chaudières*); **— plate** : plaque tubulaire; **— rolling mill** : laminoir à tubes; **— rounds** : ronds pour tubes; **— sheet** : plaque tubulaire; **— steel** : acier à tubes; **— strip** : bandes à tubes; **inner —** : chambre à air (*d'un pneumatique*); **seamless —** : tube sans soudure; **drawn — —** : tube étiré sans soudure; **smoke —** : tube de fumée.

tubing : tubage.

tubular : tubulaire; **— boiler** : chaudière tubulaire; **return — —** : chaudière tubulaire à retour de fumées; **— radiator** : radiateur tubulaire; **— steam boiler** : chaudière tubulaire.

tug : remorquage, halage, touage; remorqueur; **— (to)** : remorquer, haler.

tumbler : interrupteur à bascule.

tun : tonneau (*grande mesure de capacité, valant 11,44 hl*).

tune (to) : accorder; adapter (à...); mettre au point, régler (*un moteur*).

tungsten : tungstène; **— carbide** : carbone de tungstène; **— filament lamp** : lampe à filament de tungstène; **— magnet steel** : acier magnétique au tungstène.

tungstic oxide : oxyde de tungstène.

tunnel : tunnel; **— dryer** : sécheur à tunnel; **— kiln** : four tunnel; **— type furnace** : four tunnel; **railway —** : tunnel de chemin de fer; **—ling** : percement de tunnel.

turbidity : aspect trouble.

turbine : turbine; **blading —** : aubages de turbine; **— fuel** : carburant pour réacteurs; **— oil** : huile à turbine; **— pump** : pompe commandée par turbine à vapeur; **— wheel** : roue de turbine; **action —** : turbine à action; **axial-flow —** : turbine axiale; **back-pressure —** : turbine à contre-pression; **gas —** : turbine à gaz; **helical water —** : turbine hydraulique hélicoïdale; **Pelton —** : turbine Pelton;

turbine *(continued)*
steam — : turbine à vapeur; **vertical shaft —** : turbine à axe vertical; **water —** : turbine hydraulique.
turbo-alternator : turbo-alternateur.
turbo-blower : turbo-soufflante.
turbo-compressor : turbo-compresseur.
turbo-generator : turbo-alternateur.
turbo-supercharger : turbo-compresseur de suralimentation.
turbulence : turbulence (*des gaz*).
turbulent flow : écoulement turbulent.
turn : tour; poste, tournée; **railway — table** : plaque tournante (*chemins de fer*); **day —** : poste de jour; **full —** : tour complet; **night —** : poste de nuit; **—buckle** : tendeur à vis; **—ed bolt** : boulon fini au tour; **—er** : tourneur (*ouvrier*); **metal —er** : tourneur sur métaux; **— (to)** : tourner (*sens général*); tourner (*au tour*); **— off the tap** : fermer le robinet; **— out** : produire, sortir (*des objets manufacturés*); **— over** : capoter (*véhicules*).
turning : tournage; tournant, virage; **— bridge** : pont tournant; **— -lathe** : tour (*machine-outil*) (Voir : **lathe**); **— radius** : rayon de conversion; rayon de braquage; **form —** : profilage; **—s (*pl.*)** : tournures.
turnover : capotage (*d'un véhicule*); chiffre d'affaires.
turnpike road : route à péage.
turnstile : porte à tourniquet.
turntable : plaque tournante.
turpentine : térébenthine.
turret : tourelle; **— lathe** : tour revolver; **— screw-machine** : tour-revolver à fileter; **— tool post** : tourelle porte-outil; **— workhead** : tête porte-outil; à tourelle; **automatic —** : tourelle revolver automatique.
tutwork : travail à la tâche (*mines*).
tuyere : tuyère; **— box** : chambre de tuyère; **— nozzle** : nez de la tuyère; **— stock** : porte-vent (*hauts fourneaux*); **blast —** : tuyère de soufflage; **blast-furnace —** : tuyère de haut fourneau.
twin-... : jumelés; **— -cab...** : ... à deux postes de commande.
twine : ficelle.
twist : torsion; **— drill** : foret hélicoïdal; **—er** : machine à retordre; **— (to)** : tordre, se tordre; **—ed** : torsadé; tordu, en spirale; **—ed steel** : acier torsadé; **—ing** : torsion; **—ing strength** : résistance à la torsion.
two-bearing motor : moteur à deux paliers.
two-cycle engine : moteur à deux temps.
two-high rolling train : train duo (*laminoirs*).
two-stage... : **...** à deux étages; **— — compression** : compression bi-étagée; **— — steam cylinders** : cylindres à vapeur compound.
two-stroke engine : moteur à deux temps.
two-wheel rear truck : bissel arrière.
twyer : tuyère (voir : *tuyère*).
type : type, modèle, caractère (*d'imprimerie*); **— (to)** *or* **—write (to)** : taper à la machine, dactylographier; **—writer** : machine à écrire.
tyre : bandage de roue; pneumatique; **— bursting** : éclatement de pneu; **— iron** : fer de (*ou* : à) jante; **— lever** *or* **— remover** : démonte-pneus; **— valve** : valve de pneu; **back —s** : pneus arrière; **front —s** : pneus avant; **non-skid —s** : pneus antidérapants; **pneumatic —** : pneumatique; **set of —s** : train de pneus; **win- —s** : pneus jumelés.

U

U-iron : fer en U; **U-magnet** : aimant en fer à cheval; **U. M. W.** : United Mine Workers (of America), syndicat US de mineurs; **U-tube** : tube en U.

ultimate : final, dernier; **— analysis** : analyse élémentaire (*chimie*); **— load** : charge limite; **— tensile strength** : résistance à la rupture.

ultra-clean coal : charbon extra-pur.

ultrasonic methods of testing : méthodes d'essais par les ultrasons.

ultra-violet rays : rayons ultraviolets.

umbra : ombre (*optique*).

unbalanc(e) : déséquilibre, balourd; **—ed load** : charge non équilibrée; **—ed three-phase circuit** : circuit triphasé non équilibré; **—ing factor** : facteur de déséquilibre.

unbarked : en grume.

unbolt (to) : déverrouiller.

unbreakable : incassable.

uncap (to) : déboucher.

uncoil (to) : dévider, dérouler; **—er** : treuil dévideur; dérouleur.

uncork (to) : déboucher.

undamped vibrations : vibrations non amorties.

Under-Officials : agents de maîtrise.

undercut (to) : sous-caver; **— caving** : foudroyage après sous-cavage (*mines*); **—ting** : havage; sous-cavage.

under-exposure : sous-exposition (*photographie*).

underfeed stoker : dispositif d'alimentation des foyers par dessous.

underflow : ce qui reste en dessous; ce qui n'est pas séparé par flottation (*par opposition avec* **overflow**); les lourds.

underframe : châssis (*d'une locomotive, d'un wagon*).

undergo (to) a treatment : subir un traitement.

undergrate blower : ventilateur à soufflage sous grille.

underground : au fond, dans la mine; souterrain; **— cable** : câble souterrain; **— fires** : feux souterrains (*mines*); **— fire fighting** : lutte contre les feux souterrains; **— roadway** : galerie de mine; **— workings** : travaux souterrains.

underhand stoping : abatage par gradins droits (*mines*).

under-koking : cuisson incomplète (*du coke*).

undermanager : sous-chef d'exploitation, chef porion (*mines*).

undermine (to) : sous-caver, saper; creuser par dessous.

underpass : passage en dessous.

underpin (to) : travailler en sous-œuvre; soutenir par des étais (*un banc du toit en porte-à-faux*).

undershot water wheel : roue hydraulique en dessous.

undertaking : entreprise.

underwater work : travail sous l'eau.

underweight : insuffisance de poids.

undiluted : non dilué.

undistributed profits : bénéfices non distribués.

undo (to) : défaire.

undulation : ondulation (*de la lumière, de la chaleur*).

undulatory : ondulatoire.
unemployed : chômeur.
unemployment : chômage; — **benefit** : allocation de chômage.
unequal angle : cornière à ailes inégales.
unexplored : inexploré (*mines*).
unfinished : inachevé; qui n'a pas atteint son stade final; incomplètement raffiné.
unfit for work : inapte au travail.
ungot : vierge.
unheard-of price : prix inouï (*commerce*).
unhook (to) : décrocher (*les wagons*).
uniform : uniforme; — **load** : charge uniformément répartie; — **motion** : mouvement uniforme; **—ity** : uniformité; **—ly** : uniformément; **—ly accelerated motion** : mouvement uniformément accéléré; **—ly distributed** : uniformément répartie (*charge*).
union : syndicat; — **elbow** : raccord coudé; — **initiation fees** : cotisation d'entrée au syndicat; — **-tee** : raccord en T; **local —** : syndicat local; **pipe- —** : raccord de tuyauterie; **quick assembly —** : raccord rapide pour tuyauterie; **quick-fitting pipe —** : raccord rapide pour tuyauterie; **reducing —** : raccord de réduction.
unipolar : unipolaire.
unit : unité; groupe; — **construction** : construction d'une seule pièce; **derived —** : unité dérivée; **fundamental —** : unité fondamentale; **double- — system** : exploitation par tailles jumelles de part et d'autre de la voie de desserte; **single- — system** : exploitation par taille unique (*mines*); **—ed Mine Workers of America (U.M.W.A.)** : Syndicat John Lewis des mineurs d'Amérique.
univalent : monovalent.
universal : universel; — **chuck or — holder** : mandrin universel (*machines-outils*); — **joint** : joint universel; — **lathe** : tour universel; — **screw wrench** : clé universelle; — **type motor** : moteur universel (*électricité*); **—s** : larges plats (*sidérurgie*).
unkilled steel : acier non calmé.
unknown quantity : inconnue (*mathématiques*).
unlined : sans revêtement; sans garnissage; à murs nus; non boisé (*galerie de mine*).
unload (to) : décharger (*sens général*); mettre hors charge (*une batterie...*); **—er** : appareil de déchargement.
unlock (to) : déverrouiller.
unmerchantable : invendable.
unnail (to) : déclouer, arracher (*des clous*).
unpitch (to) steam : dégoudronner la vapeur.
unrivet (to) : dériver, dériveter.
unsaturation : non-saturation.
unscrew (to) a nut : dévisser un écrou.
unskilled : inexpérimenté, non spécialiste; — **labourer** : manœuvre.
unstable : instable.
unstretchable : inextensible.
untie (to) : dénouer.
untight : non étanche, qui fuit.
untreated (ore) : (*minerai*) à l'état brut.
untwist (to) : détordre.
unwater (to) : dénoyer; — **the workings** : dénoyer les travaux (*mines*); **—ing** : dénoyage.
unwind (to) : dérouler; dévider.
unworkable : non rentable; inexploitable (*mines*).
unwrought : non travaillé, à l'état brut.
up-cast shaft : puits de retour d'air (*mines*).
up-cast ventilator : ventilateur vertical.
up-grading of coal : valorisation du charbon.
up-hill casting : coulée en source (*métallurgie*).
upright machine : machine verticale.
upset (to) : renverser; se renverser (*véhicules*); — **rivets** : fouler des rivets.
up-stroke : course montante (*du piston*).

up-to-date : récent, moderne, à jour.
up-to-the-minute : du dernier cri.
upkeep : entretien; — **costs** : frais d'entretien.
upright : montant vertical.
upstream face *or* — **side** : côté amont (*d'un barrage*).
uptake shaft : puits de sortie d'air (*mines*).
upthrow : rejet vers le haut (*des strates*); rejet d'une faille; — **fault** : faille relevante.
upthrust : rejet vers le haut.
upward current : courant ascendant.
upward travel limiting switch : limiteur de course verticale.
use : usage; **in** — : en service; **—d** : usagé.
useful : utile; — **horse power** : puissance utile; — **life (*of an instrument*)** : vie utile (*d'un instrument*) — **load** : charge utile (*d'un véhicule*); — **work** : travail utile.
user : usager; **large** — : gros consommateur.
utilities (public —) : services publics; **electric** — : services publics de fourniture de courant; **gas** — : services publics de fourniture de gaz.
utility main : conduite principale d'eau, de gaz,...
utilization : utilisation.

V

vacancy : vacance, poste vacant.

vacation : congé, vacance; — **with pay** : congé payé; **annual** — : congé annuel.

vacuum : vide; — **arrester** : parafoudre à vide; — **brake** : frein à vide; — **cleaner** : appareil à nettoyer par le vide; — **cleaning** : nettoyage par le vide; — **drum dryer** : tambour sécheur à vide; — **evaporating** : évaporation par le vide; — **feed** : alimentation par le vide (*d'une pompe à essence*); — **filter** : filtre à vide; — **filtration** : filtration par le vide; — **gauge** : vacuomètre; — **melting** : fusion sous vide; — — **furnace** : four à fusion sous vide; — **pan** : chambre à sécher dans le vide; — **pump** : pompe à vide; **rotary** — — : pompe à vide rotative; — **tube** : tube à vide; **absolute** — : vide absolu.

valenc(e) *or* **—y** : valence.

valuation : estimation.

value : valeur; — **in account** : valeur en compte; **average** — : valeur moyenne; **calorific** — : pouvoir calorifique; **instantaneous** — : valeur instantanée; **limiting** — : valeur limite.

valve : soupape, clapet, valve; tiroir (*machines à vapeur*); lampe (*T.S.F.*); — **cage** : boîte de soupape; — **chest** : chapelle de soupape; — **cone** : cône de soupape; — **guide** : guide de soupape; — **lift rod** : poussoir de soupape; — **rod** : tige du tiroir; — **seat** : siège de soupape; — **spring** : ressort de soupape; — **stem** : tige de soupape; — **yoke** : tige du tiroir; **balanced** — : soupape équilibrée; **ball** — : clapet à boulet; **check** — : soupape de retenue; clapet de retenue; **clack-** — : clapet à bascule; **control** — : vanne de réglage; **delivery** — : clapet de décharge; valve de sortie; **diaphragm** — : soupape à diaphragme; **discharge** — : clapet de refoulement (*compresseurs*); **double-seat** — : soupape à double siège; **drain** — : robinet de purge, soupape de purge; **equilibrium** — : soupape d'équilibre; **exhaust** — : soupape d'échappement; **flap** — : clapet à bascule; **flat disc** — : clapet à disque; **foot** — : clapet de pied (*pompes*); **gate** — : robinet-vanne; **globe** — : soupape d'arrêt à boule; **inlet** — : clapet d'aspiration (*compresseurs*); **mechanically actuated** — : soupape commandée mécaniquement; **outlet** — : clapet de refoulement; **reducing** — : soupape de réduction; **relief** — : soupape de décharge; **reversing** — : vanne à renversement (*de direction du gaz*); **safety** — : soupape de sûreté; **slide** — : tiroir (*machines à vapeur*); **steam supply** — : soupape de prise de vapeur; **stop** — : soupape d'arrêt; **suction** — : clapet d'aspiration; **swing** — : soupape à ressort; — **check** — : soupape de retenue à clapet basculant; **three-way** — : robinet à trois voies; **throttle** — : soupape

valve *(continued)* de réglage (*par laminage*); soupape de régulateur; **thumb spring —** : soupape à ressort actionné au doigt; **—less** : sans soupape (*moteurs*).

vanadate (ammonium ...) : vanadate d'ammoniaque.

vanadium : vanadium.

vane : pale, palette, ailette; aube (*de turbine*).

vanishing point : point de fuite (*perspective*).

vapor : vapeur (voir : **vapour**); **— lock** : « vapor lock », vaporisation excessive de carburant, contrariant le fonctionnement du moteur; **—ous state** : état de vapeur.

vapour : vapeur (*état gazeux d'un corps ordinairement solide ou liquide*); **aqueous —** : vapeur d'eau; **water —** : vapeur d'eau; **metal —s** : vapeurs métalliques.

vaporization : vaporisation.

vaporize (to) : vaporiser.

variable : variable (*subst.* et *adj.*); **— speed motor** : moteur à vitesse variable.

variation : variation.

varnish : vernis; **coal tar pitch —** : vernis à base de goudron; **to —** : vernir.

vary (to) : varier; **— -speed...** : ... à vitesse variable.

vaseline : vaseline.

vat : cuve.

vault : voûte.

vector : vecteur; **— calculus** : calcul vectoriel; **— notation** : notation vectorielle.

vegetable oils : huiles végétales.

vein : veine, filon; **— of ore** : filon de minerai.

velocity : vitesse; **— curve** : diagramme des vitesses; **— of light** : vitesse de la lumière; **— of money** : circulation de la monnaie; **falling —** : vitesse de chute.

veneer *or* **—ing wood** : bois de placage.

vent : évent; **— pipe** : tuyauterie d'aérage; canal d'aérage (*mines*).

ventilated : ventilé.

ventilating : ventilation (*action*); **— duct** : canal d'aérage; **mine —** : aération des mines.

ventilation : ventilation, aérage (*mines*); **— bore hole** : trou d'aérage (*mines*); **— funnel** : cheminée d'aérage; **— by means of a blower** : aérage soufflant; **— pipe** : canal d'aérage; **diagonal —** : aérage diagonal (*mines*); **downhill —** : aérage descendant; **exhaust —** : aérage aspirant; **suction —** : aérage aspirant; **up-hill —** : aérage montant.

ventilator : ventilateur.

Venturi meter : tube de Venturi.

verdigris : vert-de-gris.

vernier : vernier; **— caliper** : vernier.

versatile machine : machine universelle, à tous usages.

versatility of application : diversité d'emploi.

versatility of a machine : souplesse, variété d'emploi, d'applications d'une machine.

vertex : sommet; sommet d'une figure géométrique; zénith.

vertical : vertical; **— plunger sinking pump** : pompe de fonçage à plongeurs verticaux; **— shaft electric motor** : moteur électrique à axe vertical; **— winch** : cabestan.

vessel : récipient; réservoir.

viaduct : viaduc.

vibrate (to) : vibrer.

vibrating screen : tamis vibrant.

vibration : vibration; **— period** : période de vibration; **critical —** : vibration critique; **—less** : antivibratoire.

vibrator : vibrateur; **— strength** : résistance aux vibrations; **concrete —** : vibrateur pour béton.

vibrometer : vibromètre.

vice : étau; **— jaws** : mâchoires d'étau, mors d'étau; **bench —** : étau d'éta-

vice *(continued)*
bli; **leg —** : étau à pied; **machinists' —** : étau de mécanicien; **parallel —** : étau parallèle; **pipe —** : étau à tubes; **swivel base —** : étau à base pivotante; **universal —** : étau universel; **wood-workers' —** : étau pour le travail du bois.

virgin strata : terrains vierges, couches vierges.

viscosimeter : viscosimètre.

viscosity : viscosité; **— index** : indice de viscosité.

viscous : visqueux.

vise : étau (Voir : **vice**).

vitrain : vitrain (*un des éléments pétrographiques du charbon*).

vitreous : vitreux; vitré (*physique*); **— slag** : laitier vitreux.

vitrified : vitrifié.

vocational training : formation professionnelle.

volatile : volatil; **— matters** : matières volatiles; **— oils** : huiles légères; **light —s** : matières les plus volatiles.

volatility : volatilité.

volatilization : volatilisation.

volatilize (to) : volatiliser.

volcanic : volcanique; **— ash** : cendre volcanique; **— rocks** : roches volcaniques.

volley shooting : tir à la volée (*mines*).

volt : volt.

voltage : voltage, tension; **— drop** : chute de tension; **— regulator** : régulateur de tension; **— rise** : élévation de tension; **constant — or steady —** : tension constante; **to lower the —** : abaisser la tension; **to raise the —** : élever la tension.

voltaic element : élément de pile.

voltaic pile : pile galvanique.

voltameter : voltamètre.

voltampere : voltampère.

voltmeter : voltmètre.

volume : volume; **one — of ...** : un volume de ...; **— blower** : déplaceur d'air; **— change** : changement de volume; **—ter** : mesureur de débit; **—tric efficiency** : rendement volumétrique; **—tric losses** : pertes volumétriques.

volute : volute; **double section —** : pompe à aspiration double.

vortex : tourbillon, cyclone (*appareil*); **— motion** *or* **vortical motion** : mouvement tourbillonnaire.

voucher : pièce justificative, reçu.

vulcanite : ébonite.

vulcaniz(e) (to) : vulcaniser; **—ation** : vulcanisation; **—r** : vulcanisateur; **—ing** : vulcanisation.

W

wabble (to) : avoir du balourd, être mal équilibré (Voir : **wobble (to)**).

wadding : ouate; **cellulose —** : ouate de cellulose.

wage (*or better* : **—s**) : salaire; **—s and social charges** : salaires et charges sociales; **— costs** : prix de revient de la main-d'œuvre; **— determination** : fixation des salaires; **— earner** : salarié (*subst.*); **— fixing** : fixation des salaires; **base — rate** : salaire de base; **— rate schedule** : barème des taux de salaires; **— sheet** : feuille de paie; **minimum —** : salaire minimum; **to raise the scale of —s** : relever l'échelle des salaires; **upward revision of —s** : majoration des salaires.

waggon or wagon : voiture à quatre roues, chariot; wagon; wagonnet (*mines*); **— loader** : élévateur mécanique; **— -mounted** : monté sur wagon; **bogie —** : wagon à boggies; **crawler —** : voiture sur chenilles, **large capacity —** : wagon de grande capacité; **open —** : wagon découvert; **platform —** : wagon plateau; **tip —** : wagon basculant.

waiver clause : clause de désistement.

wall : mur, paroi; **— board** : cloison; **— coping** : chaperon de mur; **— crane** : grue à potence; **— facing** : revêtement mural; **— mounting** : fixation murale (*d'un moteur,...*); **— type apparatus** : appareil du type mural; **cob —** : mur de torchis; **common —** : mur mitoyen; **enclosure —** : mur de clôture; **front —** : paroi avant, façade; **partition — or party —** : mur de séparation; **rear —** : paroi arrière; **side —** : paroi latérale; **thickness of —** : épaisseur de paroi; **double —ed** : à double paroi; **thick —ed** : à paroi épaisse; **thin —ed** : à mince paroi; **—s** : épontes (*mines*); **coke-oven —s** : parois de four à coke; **cylinder —s** : parois de cylindre; **—ing** : muraillement.

ware : marchandise; **—house** : magasin; entrepôt; **—house helper** : aide-magasinier; **—houseman** : magasinier; **bonded —house** : entrepôt; **—housing** : emmagasinage; **—housing costs** : frais de magasinage (*dans un entrepôt*).

warm (to) : réchauffer.

warning : avertissement; **— gong** : gong avertisseur; **— lamp** : lampe de signalisation; **— signal** : signal d'alarme.

warp (to) : gauchir; voiler; **— under load** : travailler, gauchir à charge; **—ing** : gauchissement.

warrant : garantie; garant; warrant (*commerce*).

wash (to) : laver; **— drawing** : dessin au lavis; **flotation of — -ore tailings** : flottation des résidus de lavage des minerais; **—ed coal** : charbon lavé.

washability : lavabilité; **— curve** : courbe de lavabilité; **— tests** : essais de lavabilité.

washer : rondelle (*d'écrou*); laveur, épurateur; **dry** — : épurateur à sec; **fine coal** — : laveur à fines; **lock** — : rondelle de sûreté; **rotary** — : laveur rotatif; **spring** — : rondelle élastique; **thrust** — : rondelle de butée; **tongue** — : rondelle de sûreté.

washery : lavoir, laverie; — **foreman** : chef-laveur; — **water** : eau de lavage; **coal** — : lavoir à charbon.

washing : lavage; — **classifier** : laveur-classeur; — **drum** : tambour laveur; — **table** : table d'épuration (*lavoirs*); — **tank** : bac de lavage; **preliminary** — : lavage préalable.

wastage of ... : gaspillage de ...; — — **labour force** : perte d'effectifs, réduction d'effectifs; **natural** — — **labour force** : réduction normale des effectifs (*par départs en retraite, décès*).

waste : *subst.* : gaspillage; déchet, rebut; vieux travaux, remblais (*mines*); *adj.* : vide, inoccupé; stérile; de rebut; — **book** : brouillard (*comptabilité*); — **cock** : robinet de purge, robinet de vidange; — **gases** : gaz brûlés; — **heat** : chaleurs perdues; — — **boiler** : chaudière de récupération des chaleurs perdues; — — **recovery** : récupération des chaleurs perdues; — **motion** : mouvements inutiles (*chronométrage*); — **nut** : écrou de presse-étoupe; — **paper** : vieux papiers; — **rock** : stérile (*mines*); — **screw** : bouchon de purge; — **steam** : vapeur d'échappement; — **of time** : perte de temps; — **water** : eaux résiduelles; **cotton** — : déchets de coton; **wool** — : charpie de laine.

watchman : veilleur, homme de ronde; —**'s portable clock** : contrôleur de ronde (*horloge*).

water : eau; — **brake** : frein hydraulique; — **-cement** : ciment hydraulique; **central** — **clearing** : injection d'eau centrale (*foration*); **lateral** — — : injection d'eau latérale; — **-cooled** : à refroidissement par l'eau; — **freezing point** : température de la glace fondante; — **gas** : gaz à l'eau; — **gauge** : tube de niveau d'eau; — **hammer** : coup de bélier (*hydraulique*); — **heater** : chauffe-eau; — **inflow** : venue d'eau; — **-jacket** : chemise d'eau (*pour réfrigération*); — **-jet condenser** : condenseur à jet d'eau; — **level** : niveau d'eau (*appareil*); niveau de la mer; — — **indicator** : indicateur de niveau d'eau; — **lubricated** : graissage par eau; — **meter** : compteur d'eau; — **packeting** : chemise d'eau; — **power plant** : station hydroélectrique; — — **station** : station hydroélectrique; — **purification** : purification de l'eau; — **-ram** : bélier hydraulique; — **seal** : joint hydraulique, fermeture hydraulique; — **softening** : adoucissement des eaux; — **spray** : jet d'eau pulvérisée; — **supply** : fourniture d'eau; — **-tight** : étanche à l'eau; — **tower** : château d'eau; — **-tube boiler** : chaudière à tubes d'eau; — **vapor** : vapeur d'eau; — **-way** : voie navigable; gouttière; — **-wheel** : roue hydraulique; **breast** — — : roue (*hydraulique*) de côté; **overshot** — — : roue en dessus; **undershot** — — : roue en dessous; **acid** — : eau acide; **clear** — : eau pure; **distilled** — : eau distillée; **drinking** — : eau potable; **feed** — : eau d'alimentation; **fresh** — : eau douce; **gritty** — : eau terreuse; **ground** — : eaux souterraines; **hard** — : eau dure; **lime** — : eau de chaux; **mine** — : eaux de mine; **polluted** — : eau polluée; **pure** — : eau pure; **salt** — : eau salée; **sea** — : eau de mer; **spring** — : eau de source; **thick** — : eau boueuse, eau chargée; **washery** — : eau de lavage; —**fed bit drill** : fleuret à injection d'eau (*perforation*); —**ing** : arrosage (*sécurité dans les mines*); —**proof** : imperméable à l'eau,

water *(continued)*
étanche à l'eau; hydrofuge; **to —proof** : imperméabiliser à l'eau; **— resisting** : qui supporte l'humidité (*par exemple un explosif*); **—spout** : gargouille; **—supply line** : canalisation d'eau; **—tight closure** : fermeture étanche à l'eau; **—works** : services hydrauliques; service des eaux; **municipal —works** : service des eaux municipal.

watt : watt; **— -hour** : watt-heure; **—less current** : courant déwatté; **—less power** : puissance déwattée; **—meter** : wattmètre.

wave : onde (*physique*); **— -length** : longueur d'onde; **— -like** : ondulatoire; **— — motion** : mouvement ondulatoire; **carrier —** : onde porteuse; **damped —** : onde amortie; **explosion —** : onde explosive; **Hertzian —s** : ondes hertziennes; **long —s** : grandes ondes; **modulated —** : onde modulée; **pressure —** : onde de pression; **shock —** : onde de choc; **short —s** : ondes courtes; **sound —** : onde sonore; **sustained —** : onde entretenue.

wax : cire.

way : chemin; direction; **two — ...** : ... à deux directions; **bed- —** : glissières de banc de tour.

wear : usure; **— -adjustment** : rattrapage de jeu; **— -hardness** *or* **— -resistance** : résistance à l'usure; **exposed to — and tear** : exposé à l'usure et à la détérioration; **even —** : usure régulière; **to take up —** : rattraper l'usure; **— (to)** : user, ronger; s'user; **— away** : user, s'user par frottement; **— a cylinder into an oval shape** : ovaliser un cylindre; **— off** : faire disparaître par usure; s'user; **— off the corners** : abîmer les arêtes; **—ing parts** : parties soumises à l'usure; **—ing plate** : plaque d'usure, tôle d'usure; **—ing ring** : bague d'usure; **—ing surface** : surface d'usure (*d'un câble*); **long-—ing** : résistant à l'usure.

weather : temps; **— proof** : à l'épreuve de la pluie; **—ing characteristics** : caractéristiques de résistance aux intempéries; **—ing test** : essai de résistance aux intempéries.

web : tissu; toile, épaisseur de paroi; âme (*d'une poutre métallique*); nervure; **— belt** : courroie tissée, tressée; **— conveyor belting** : toile transporteuse; **reinforcing —** : nervure de renforcement.

weber : weber (*unité de flux magnétique*).

wedge : coin, cale; **— -screw adjustment** : rattrapage de jeu par clavette à vis; **— -shaped** : en forme de coin; **— -wire** : fil profilé; **wooden —** : cale en bois; **— (to) a wheel** : caler une roue.

week-day : jour de semaine.

weigh (to) : peser (*v. a. et v. n.*); **— -bridge** : pont-bascule; **— house** : bâtiment de pesage; **—er** : peseur; **—ing machine** : bascule; **double —ing** : double-pesée.

weight : poids; **limit of — per axle** : limite de poids par essieu, charge par essieu; **—s and measures** : poids et mesures; **atomic —** : poids atomique; **counterpoise —** : contrepoids; **dead —** : poids mort; **gross —** : poids brut; **molecular —** : poids moléculaire; **net —** : poids net; **unloaden —** : poids à vide.

weir : barrage, déversoir (*quelquefois :* **wear**).

weld (to) : souder; **— together** : assembler par soudure; **— seam** : cordon de soudure; **—ability** : soudabilité, aptitude à la soudure; **—able** : soudable; **—ed butt joint** : soudure bout à bout; **—ed tube** : tube soudé; **autogenous —ed** : soudé à l'autogène; **butt —ed** : soudé par rapprochement; **lap —ed** : soudé par recouvrement; **—ements** : pièces soudées; **—er** : soudeur; poste de soudure.

welding : soudure; — **blow-pipe** : chalumeau soudeur; — **burner** : brûleur à souder; — **electrode** : électrode de soudure; — **outfit** : appareillage de soudure, poste de soudure; — **pipe** : chalumeau soudeur; — **point** : tige pour soudure; — **rod** : baguette à souder; — **torch** : chalumeau soudeur; — **wire** : fil pour soudure; **arc —** : soudure à l'arc; **autogenous —** : soudure autogène; **butt —** : soudure bout à bout; **lap —** : soudure par recouvrement; **resistance —** : soudure par résistance; **seam —** : soudure en filet; **spot —** : soudure par points; **thermit —** : soudure électrothermique.

weldless : sans soudure; — **wire chain** : chaîne sans soudure.

welfare fund (miners' —) : « fond de bien-être » des mineurs.

weflare and retirement fund : caisse sociale et de retraites.

well : puits; forage; — **casing** : revêtement de puits, tubage de puits; — **-contractor** : entrepreneur de forage; — **cylinder** : tubage de puits; **clear —** : puits de décantation; **oil —** : puits de pétrole; **to sink a —** : forer un puits; **water —** : puits d'eau.

wet : humide; — **-bottom gas producer** : gazogène à fusion de cendres; — **cleaning** : préparation par voie humide; — **process** : procédé par voie humide; — **rotary drilling attachment** : dispositif de perforation rotative humide; — **separation** : séparation par voie humide; — **work** : travail dans un chantier humide.

wetting : humidification, arrosage (*sécurité dans les mines*); — **agent** : agent mouillant (*lutte contre les poussières dans les mines*); **automatic — device** : dispositif d'arrosage.

whale oil : huile de baleine.

wharf : quai (*d'embarquement*); — **installations** : équipement portuaire; **—age** : droits de quai (*navigation maritime*).

Wheatstone bridge : pont de Wheatstone.

wheel : roue; — **-arm** : bras de roue, croisillon de roue; — **barrow** : brouette; — **base** : empattement (*distance entre essieux*); — **gear** : roue dentée, engrenage à roues dentées; — **guard** : protecteur de meule; — **set** : train de roues; **abrasive —** : meule; **back —** : roue arrière; **brake —** : poulie de frein; **driving —** : roue motrice (*locomotives*); **front —** : roue avant; **loose —** : roue folle; **rear —** : roue arrière; **spare —** : roue de secours; **steering —** : volant de direction; **wind —** : roue éolienne; **—er (four —, six —)** : à quatre roues, à six roues.

whet (to) : affûter; **—stone** : pierre à aiguiser.

whistle (*steam* —) : sifflet (*à vapeur*).

white : blanc; — **annealing** : recuit blanc; — **coal** : houille blanche; — **heat** : chauffé à blanc; — **heart malleable iron** : fonte blanche; — **hot** : incandescent, à blanc; — **lead** : céruse; — **metal** : métal blanc; **to bring —** : porter au blanc; — **damp** : oxyde de carbone (*mines*); **—wash** : badigeon; **—wash on underground roadways** : chaulage des galeries de mine; **—wash (to)** : badigeonner.

whiting : blanc d'Espagne.

wholesale : vente en gros; — **agent** : commissionnaire (*commerce*); — **house** : maison de commission; — **middleman** : intermédiaire pour la vente en gros.

wick : mèche (*de lampe*).

wide : large; — **-flange beam** : poutrelle à larges ailes; — **flat steel** : large plat; — **strip steel** : large feuillard; **to —n** : élargir; **—n -out a mine gallery** : élargir une galerie de mine; **—ning** : élargissement.

widow's pension : pension de veuve.
width : largeur; **overall** — : largeur hors tout.
wimble : tarière (*mines, carrières*).
winch : treuil; **hand** — : treuil à main; **—man** : treuilliste (*mines*).
wind : vent; — **box** : boîte à vent; — **screen** : pare-brise; — **schield** : pare-feu (*forge*); pare-brise; — **turbine** : turbine à vent.
wind (to) : enrouler; — **off** : dérouler, débobiner; — **up** : enrouler; bobiner (*électricité*); soulever avec un cric; **—er** : dévidoir; treuil; bobineur (*ouvrier*); **electric —er** : treuil électrique; **steam —er** : treuil à vapeur.
winding : extraction (*mines*); bobinage, enroulement (*électricité*); — **engine** : treuil; — **gear** : mécanisme de rotation; — **machine** : dévidoir; treuil; dispositif d'enroulement; — **plant** : chevalement et machine d'extraction (*mines*); — **rope** : câble d'extraction (*de mine*); — — **clamp** : attelage de câble, serre-câble; — **spool** : émouloir, émouleur; **armature** — : bobinage d'induit; **cage** — : extraction par cage; **compound** — : enroulement compound; **primary** — : enroulement primaire (*électricité*); **secondary** — : enroulement secondaire; **series** — : enroulement série; **shunt** — : enroulement shunt; **skip** — : extraction par skip.
windlass : cabestan, treuil.
window : fenêtre; **dormer** — *or* **drop** — : fenêtre à guillotine; **folding** — : fenêtre rabattable; **sash** — : fenêtre à guillotine; **twocasement** — : fenêtre à deux battants.
wing : aile (*tous sens*); — **nut** : écrou à oreilles; — **pump** : pompe à ailettes.
winning : abatage (*du charbon, du minerai*); — **method** *or* — **process** : méthode d'abatage; **mechanized** — : abatage mécanique.
winze : bure, beurtiat (*mines*).
wiper : racleur; toc d'entraînement; — **(*or* wiping) ring** : lécheur; bague lécheuse (*d'huile*); segment racleur.
wire : fil (*métallique*); fil étiré; fil électrique; — **brush** : brosse métallique; — **cable** : câble métallique; — **center cord** : corde avec âme en fil métallique; — **cloth** : toile métallique; — **coiling machine** : enrouleuse à fil; — **cutter** : coupe-fils, cisaille à fils; — **-draw (to)** : tréfiler; — **drawing machine** : machine à étirer les fils; — **gauge** : palmer; — **glass** : verre armé; — **guyed** : haubanné; — **mesh** : treillis métallique; — **nail** : pointe; — **rod** : fil machine; — — **mill** : laminoir pour fil machine; — **rope** : câble métallique; — **-saw (in slate quarries)** : fil à scier les ardoises; — **screen** : claie en fil de fer; — **stranding** : toronnage de fils; **barb** — : fil de fer barbelé; **bare** — : fil nu; **coarse** — : gros fil; **covered** — : fil guipé; **drawn steel** — : fil d'acier étiré; **fine** — : fil fin; **flat** — : fil méplat; **flexible** — : fil souple; **leaded** — : fil sous plomb; **telegraph** — : fil télégraphique; **telephone** — : fil téléphonique; **trolley** — : fil de trolley; **woven** — : treillis métallique; **—less** : sans fil; **—less telegraphy** : télégraphie sans fil; **—less telephony** : téléphonie sans fil; **to** — : télégraphier.
wiring : enroulement; filerie; filerie électrique; **light** — : ligne d'éclairage; **overhead** — : câble aérien; **power** — : ligne de transport de force.
withdraw (to) : rappeler, ramener en arrière; — **a pile** : arracher un pilot.
withstand (to) : résister à; — **impact** : résister au choc, être insensible au choc (*explosifs*); — **a strain** : supporter un effort.
wobble (to) : avoir du balourd, être mal équilibré (Voir : **to wabble**).

wood : bois; — **bit for brace** : mèche à bois pour vilebrequin; — **bohrer** : perceuse à bois; — **-carving tool** : outil pour le travail du bois; — **gas** : gaz de bois; — **generator** : gazogène au bois; — **handle** : manche en bois; — **pile** : pile de bois; pilier de boisage (*mines*); — **preservation** : protection des bois (*mines en particulier*); — **pulp** : pulpe du bois; — **screw** : vis à bois; — **spirit** : esprit de bois; — **wool** : laine de bois; — **-working machine** : machine à travailler le bois.

work : travail; ouvrage, pièce à travailler; usine, atelier, fabrique; — **-arbor** : arbre porte-pièce (*machines-outils*); — **blank** : forme à usiner; — **cycle** : cycle de travail; — **injuries** : accidents professionnels; — **mandrel** : mandrin porte-pièce; — **piece** : pièce d'usinage; — **program** : programme de travail; — **rest** : lunette (*de tour*); —**time** : durée du travail; —**week** : semaine de travail; **to be at** — : être au travail; **to be out of** — : être sans travail; **lack of** — : manque de travail; **night** — : travail de nuit; **off** — : en chômage; **production** — : usinage en série; **wet** — : travail dans un chantier humide (*mines*); — **(to)** : travailler, usiner; travailler (*v. n.*); — **loose** : avoir du jeu; — **out a mine** : arrêter une mine; —**ed out** : déhouillé (*mines*); **cold-** —**ed** : écroui.

workability : usinabilité.

workable : qui peut être travaillé, usinable; — **day** : jour ouvrable.

workbench : établi.

workday : jour de travail.

worker : travailleur, ouvrier.

working : travail, exploitation (*mines*); fonctionnement (*machines*); — **angle** : angle de travail; — **capacity** : capacité de travail; — **capital** : fonds de roulement; — **clothes** : vêtements de travail; — **conditions** : conditions de travail; — **data** : caractéristiques du travail; — **day** : jour de travail; — **face** : front de taille (*mines*); — **floor** : plancher de travail; — **forces** : effectif; — **hour** : heure de travail; — **life of a machine** : vie utile d'une machine; — **load** : charge normale, charge de travail; — **method** : méthode d'exploitation (*mines*); **in** — **order** : en ordre de marche; — **output** : rendement (*d'une machine*); — **plan** : plan d'exécution; — **point of forces** : point d'application des forces; — **pressure** : pression de travail, pression de marche; — **process** : procédé (*ou* : méthode) de travail; — **range** : champ d'action, rayon d'action, domaine d'emploi; — **roll** : cylindre de travail (*laminoirs*); — **safety** : sécurité de marche; — **scope** : champ d'action, rayon d'action, domaine d'emploi; — **in slices** : exploitation par tranches; — **speed** : vitesse de travail (*d'une machine*); — **steam pressure** : pression de vapeur effective; — **suit** : vêtement de travail; — **time** : temps de travail; **net** — — : temps de travail effectif; **arcwall** — : exploitation par deux fronts chassants inclinés; **board and pillar** — : exploitation par traçages et dépilages, deux séries de galeries délimitant des piliers; **double unit** — : exploitation par deux tailles jumelles, disposées de part et d'autre de la voie de desserte; **longwall** — : exploitation par grand front aligné; **open cast** — : exploitation à ciel ouvert; **open cut** — : exploitation à ciel ouvert; **pillar** — : exploitation par piliers abandonnés; — **and stall** — : exploitation par chambres et piliers (*États-Unis*); **semi-shrinkage** — : exploitation dans laquelle le premier soutènement est constitué par du minerai abattu, qu'on remplace ultérieurement par du boisage; **single unit** — : exploitation par une seule taille; **square** — : exploitation

working *(continued)*
par panneaux dans lesquels on découpe des piliers secondaires; **steep** — : exploitation en dressant; **underground** — : exploitation souterraine; **—s** : travaux (*mines*); **old —s** : vieux travaux (*mines*); **underground —s** : travaux souterrains, travaux du fond (*mines*).

workman : ouvrier, travailleur; **experienced** — : ouvrier expérimenté, ouvrier de métier; **expert** — : ouvrier spécialiste; **head-** — : premier ouvrier; **mechanic** — : ouvrier mécanicien; **skilled** — : ouvrier de métier; **—ship** : façon, exécution (*d'un travail*); **quality of —ship** : qualité de la construction; **—ship of a machine** : construction d'une machine.

workmen's colony : cité ouvrière.

Works (Public —) : Travaux publics.

worksaver : économiseur d'efforts.

workshop : atelier.

worm : vis sans fin; — **-drive** : commande par vis sans fin; — **feeder** : alimentateur à vis; — **-gear** *or* — **-gearing** : engrenage à vis sans fin; — **-wheel** : pignon de la vis sans fin.

worn : usé; — **out** : complètement usé; — — **of truth (cylinder)** : ovalisé (*cylindre*); **badly** — : très usagé.

wound : enroulé; **compound** — : à enroulement compound; **series** — : à enroulement série; **shunt** — : à enroulement shunt.

wrap (to) : emballer, empaqueter, enrouler; **—ping machine** : enrouleuse.

wreck : épave; **—ing company** : entreprise de démolitions.

wrench : clé à boulons, clé anglaise, système d'une force et d'un couple (*mécanique*); **adjustable** — *or* **monkey** — : clé à molette; **elbow** — : clé d'équerre; **nut** — : clé anglaise; **offset** — : clé coudée; **pipe** — *or* **socket** — : clé à tubes; **spark plug** — : clé à bougies; **set of** — : jeu de clés.

wright : ouvrier (*en mot composé*); **plough-** — *or* **wheel-** — : charron.

wringbolt : serre-joint.

wrist pin : bouton de manivelle.

write (to) off : passer par pertes et profits (*comptabilité*).

write (to) shorthand : sténographier.

writing cloth : toile à calquer.

wrought : forgé; — **iron** : fer forgé; — — **chain** : chaîne en fer forgé; **rolled** — — : laminés de fer.

X - Y - Z

X-ray(s) : rayons X; — — **investigation** : étude par les rayons X; — **(to)** : passer (*quelqu'un*) à la radio.

yard : parc, dépôt, chantier; **—age per day** : avancement (*en yards*) par jour;
yaw (to) : faire des embardées; vaciller (*aiguille de la boussole*, etc.).
yawl : yole.
yield : rapport, récolte, rendement; **— pillar** : pilier d'effondrement, dans les mines (*pilier de bois muni d'effondreurs*); **— point** : limite d'écoulement (*métallurgie*); **—able arch (*support of underground roadways*)** : cintre déformable (*soutènement des galeries de mine*); **— (to)** : céder; produire, rapporter.
yoke : joug; étrier; pièce de guidage ou d'accouplement; culasse.
Young's modulus : module de Young, module d'élasticité.
ytterbium : ytterbium.
yttrium : yttrium.

Z-bar : barre en Z.
zero : zéro; **— setting attachment** : dispositif de rappel à zéro; **absolute —** : zéro absolu.
zigzag coupling : couplage en zigzag.
zinc : zinc; **— -blende** : blende; **— chloride** : chlorure de zinc; **— roofing** : toiture en zinc; **— sulphide** : sulfure de zinc; **— white** : blanc de zinc; **— (to)** : galvaniser, recouvrir de zinc; **—ing** : galvanisation.
zircon : zircon.
zirconium : zirconium.
zone : zone (*sens général*); zone (*géométrie*); **— of pressure** : zone de pression (*mines*).

A

abaque : abacus, nomograph chart.

abatage (*du charbon*) : winning, coal-getting; **— et chargement continus** : continuous mining (*mines*); **machine pour — et — —** : continuous miner; **— mécanique** : mechanized winning; **— des poussières (*mines*)** : dust laying; **méthode d'—** : winning process, winning method.

abattement (*réduction, rabais*) : abatement.

abatteur (*mines*) : hewer.

abattre (*mines*) : to win, to bring down; **— à l'explosif** : to blast, to shoot; **— les poussières (*mines*)** : to lay coal dust.

abattu à la main : hand got.

aberrant : aberrant.

aberration : aberration; **— chromatique** : chromatic aberration; **— de sphéricité** : spherical aberration.

abîmé, foiré (*filet de vis*) : jammed (*thread*).

abîmer les arêtes : to wear off the corners.

abonné : subscriber.

about (gros bout, en *charpente*) : butt; **homme d'—s (*mines*)** : shaft examiner.

abrasif (*subst.* ou *adj.*) : abrasive.

abrasion : abrasion; **résistance à l'—** : abrasion resistance.

abrasive (poudre —) : abrasive powder.

abscisse : abscissa (*pl.* abscissæ).

absence : absence; **— autorisée** : authorized absence; **— injustifiée** : unjustified absence; **— non autorisée** : unauthorized absence.

absolu : absolute.

absorbant (*produit, pour liquides, explosifs*) : absorbent (*material*), dope.

absorber : to absorb; **— un effort** : to take up a stress; **— la poussée axiale** : to take up the end thrust, to absorb the end thrust; **— une société** : to absorb a company.

absorption : absorption; **chaleur d'—** : heat of absorption; **coefficient d'—** : absorption coefficient.

acajou : mahogany.

accélérateur : accelerator; **— linéaire** : linear accelerator; **— de particules** : particle accelerator.

accélération : acceleration; **— angulaire** : angular acceleration; **— de la pesanteur** : acceleration of gravity.

accélér(é) (*mouvement*) : accelerated (*motion*); **uniformément —é** : uniformly accelerated; **—er** : to accelerate; **—omètre** : accelerometer .

acceptation (*effet à payer*) : acceptance.

accepté, agréé : permissible.

accepter un effet, une traite : to accept a bill.

accessibilité : accessibility.

accessible : accessible.

accessoires : accessoires, accessories; **— de pose de voie** : track accessories.

accident : accident; **(*faille*)** : disturbance; **(*blessures fortuites*)** : casualty; **— mortel** : fatal accident, fatality; **— du travail** : labour accident; **—é du travail** : labour injured; **assurance contre les —s** : accident insurance; **prévention des —s** : accident prevention.

accolé, faisant corps : built in.

accompagnement (*éléments d'*), (*en métallurgie*) : accompanying (*elements*).
accord (*convention*) : agreement, covenant; **— collectif** : collective bargaining agreement; **— commercial** : trade agreement; **—er (*mettre en harmonie*)** : to tune.
accouplement : clutch; connection, coupling; **— à brides** : flange coupling; **— à broches multiples** : multi-pin clutch; **— par cônes** : cone clutch; **— élastique** : flexible coupling; **— par manchon** : muff coupling; **— à plateaux** : disc clutch.
accréditif : credentials.
accrochage (*hauts fourneaux*) : hanging, scaffolding; **(*mines*)** : pit bottom; **dispositif d'— automatique** : automatic fastening device, automatic fastening.
accrocher (*à*) : to hook (*on*); **— (des wagons)** : to couple, to connect together.
accrocheur (*mines*) : car-coupler.
accroissement infiniment petit : infinitely small increment.
accumulateur (*de charbon, de minerai*) : storage (*coal, ore*) bunker; **— alcalin** : alcaline accumulator; **— de chaleur** : heat accumulator; **— d'eau** : hydraulic accumulator; **— électrique** : electric accumulator; **— fer-nickel** : iron-nickel accumulator; **— sec** : dry accumulateur; **— de vapeur** : steam accumulator; **bac d'—** : accumulator container, accumulator jar; **batterie d'—** : storage battery; **élément d'—** : accumulator cell; **lampe à —** : accumulator lamp; **lampe à — au plomb** : miner's lead acid lamp; **locomotive à —** battery locomotive; **plaque d'—** : accumulator plate.
accumulation : accumulation, storage; **— de dépôts (*encrassage*)** : fouling.
acétate : acetate; **— d'éthyle** : ethyl acetate; **— de plomb** : acetate of lead.
acétique : acetic; **acide —** : acetic acid.
acétone : acetone.
acétylène : acetylene; **générateur d'—** : carbide generator; **lampe à —** : acetylene lamp.
achat : purchase; **services des —s** : purchasing department.
acheter : to buy, to purchase.
acheteur : buyer; **(*client*)** : customer.
achromatique : achromatic.
achromatisme : achromatism.
acide (*subst.* et *adj.*) : acid; **— antimonieux** : antimonious acid; **— azotique** : nitric acid; **— chlorhydrique** : hydrochloric acid; **— fumant** : fuming acid; **— humique** : humic acid; **— hypochloreux** : hypochlorous acid; **— lactique** : lactic acid; **— muriatique** : muriatic acid; **—s naphténiques** : naphtenic acids; **— sulfurique fumant** : fuming sulfuric acid, oleum; **— tartrique** : tartaric acid; **—s chimiques** : chemic acids; **—s minéraux** : mineral acids; **eaux —s** : acidulous water; **fortement —** : high acid; **revêtement — (*en métallurgie*)** : acid lining.
acidifier : to acidify.
acidimètre : acidometer.
acidité : acidity.
acier : steel; **— pour aimants** : magnet steel; **— austénitique** : austenitic steel; **— en barres** : bar steel, merchant bar; **— au béryllium** : beryllium steel; **— Bessemer** : Bessemer steel, acid-Bessemer steel; **— au bore** : boron steel; **— brut** : crude steel; **— calmé** : dead steel, killed steel; **— non calmé** : open steel, unkilled steel, rimmed steel; **— au carbone** : carbon steel; **— — non allié** : plain carbon steel; **— à faible (haute) teneur en carbone** : low (high) carbon steel; **— carré** : square bar steel, square; **— cémenté** : case-hardened steel, carburized steel; **— à haute teneur en chrome** : high chromium steel; **— au chrome**

acier *(suite)*
chromium steel; — — **-vanadium** : chrome-vanadium steel; — **de construction** : structure steel, constructional steel; — **de coupe** : cutting steel; — **à coupe rapide** : high-speed steel, high-speed cutting steel, rapid machining steel; — **de coutellerie** : cutlery steel; — **au creuset** : crucible steel; — **de décolletage** : free-cutting steel, machining steel; — **demi-rond** : half-round steel; — **dépourvu d'inclusions** : clean steel; — **doux** : mild steel, soft steel, machinery steel; — **dur** : hard steel; — **extra-doux** : dead soft steel; — **mi-doux** : quarter-hard steel; — **mi-dur** : half-hard steel; — **pour dynamos** : dynamo steel; — **à engrenages** : gearing steel; — **estampé** : stamped steel; — **étampé** : die pressed steel; — **étiré** : drawn steel; — **faiblement (fortement) allié** : low (high) alloy steel; — **en feuillards** : strip steel; — **à fleurets** : drill steel; — **en X pour fleurets** : cruciform steel; — **fondu** : ingot cast steel; — **forgé** : forged steel, wrought steel; — **hexagonal** : hexagon steel; — **inoxydable** : non corroding steel, rustless steel, stainless steel; — **laminé** : rolled steel; — **à limes** : file steel; — **magnétique** : permanent magnet steel; — **au manganèse** : manganese steel; — **mangano-siliceux** : silico-manganese steel; — **manifestant la fragilité de revenu** : temper brittle steel; — **marchand** : merchant bar steel, fabricated steel; — **Martin** : open-hearth steel; — **pour matrices** : die steel; — **au molybdène** : molybdenum steel; — **au nickel** : nickel-chromium steel; — **nitruré** : nitrided steel; — **non allié** : plain steel, unalloyed steel; — **à outils** : tool steel; — — **faiblement allié** : low alloy tool steel; — **à rails** : rail steel; — **à ressorts** : spring steel; — **pour palplanches** : steel sheet piling; — **plat** : flat rolled steel; — **profilé** : structural steel; — **de qualité** : high-grade steel; — **rond** : round bar steel; — **au silicium** : silicium steel; — **silico-manganeux** : silico-manganese steel; — **strié** : checkered steel; — **au tantale** : tantalum steel; — **Thomas** : basic Bessemer steel; — **torsadé** : twisted steel; — **pour travail à la presse** : pressing steel; — **trempant** : hardenable steel, air-hardening steel; — **trempé** : hardened steel; — — **à l'eau** : quenched steel; — **à tubes** : tube steel; — **au vanadium** : vanadium steel; **industries consommatrices d'—** : steel-using industries.

aciérie : steel plant, steel mill, steel works; — **électrique** : electric steel mill, electric steel plant; — **Bessemer** : acid Bessemer plant; — **Martin** : open-hearth steel plant; — **Thomas** : basic Bessemer steel plant.

aciériste : steel-maker.

acompte : account; **(*versement partiel*)** : instalment.

acoustique (*subst.*) : acoustics; **(*adj.*)** : acoustic, acoustical.

acquisition (*de terrains*) : acquisition (*of land*).

actif (*subst. : biens*) : assets; **(*adj.*) charbon —** : activated carbon.

actinique : actinic.

action directe (à —) : direct-acting.

action rapide (à —) : quick-acting.

action (*titre*) : share; — **de jouissance** : differed share; — **libérée** : paid-up share; — **ordinaire** : common stock share; — **préférentielle** : preference share; **—s, capital (*d'une société*)** : stock; **société par —s** : stock company; **—naire** : share-holder, stock-holder.

actionné : actuated; — **par gravité** : gravity actuated; — **par la vapeur** : steam actuated.

actionnement : actuation.
actionner (*une machine*) : to actuate, to power, to propel, to drive, to function.
activation (*chimie*) : activation, activature.
activ(é) (*chimie*) : activated; **charbon —é, charbon actif** : activated carbon; **particule —ante** : activating particle.
adaptation (faculté d'—) : adaptability.
adapter (à...) : to adapt (to...); **s'— (*deux pièces, l'une à l'autre*)** : to fit together; **s'— à...** : to fit to...
addition (*mathématiques*) : addition; (*chimie, métallurgie*) : addition, admixture; **— acide** : acid addition; **— basique** : basic addition; **faire une — de...** : to add...; **—ner** : to add; **—ner (*un produit à un autre*)** : to admix; **machine à —ner** : adding machine.
adhérence : adherence, adhesion; (*serrage*) : grip; (*coincement*) : sticking; **— d'une courroie** : belt contact; **— à la voie (*chemins de fer*)** : adhesion to the track; **essai d'—** : bond test; **force d'—** : force of adhesion, bond stress.
adhérent, collant : sticky; **pouvoir —** : adhesion, adhesive strength.
adhérer : to adhere; **— à, prendre avec...** : to bond to...
adhésif : adhesive.
adiabatique : adiabatic; **courbe —** : adiabatic curve; **détente —** : adiabatic expansion; **—ment** : adiabatically.
adjacent (*angle*) : adjacent (*angle*).
adjudication : auction; **vente par —, vente aux enchères** : auction sale.
admettre (*un fluide, la vapeur*) : to admit, to let in.
administrateur (*de société*) : administrator.
administration : management, administration.
administrer, gérer (*une affaire*) : to manage, to administer (*a business*).
admission (*d'un fluide*) : admission, inlet, intake; **— d'air** : air admission, air intake; **came d'—** : inlet cam; **orifice d'—** : inlet, intake; **soupape d'—** : inlet valve.
adoucir (*l'acier*), **faire revenir** : to temper, to draw; (*l'eau*) : to soften.
adoucissement de l'acier : drawing of steel.
adoucissement de l'eau de chaudières : water softening.
adresse : address.
adsorbant (*chimie*) : adsorptive; **charbon —** : adsorptive carbon.
adsorption (*des gaz*) : adsorption.
aérage (*des mines*) : ventilation; air conditioning; **— aspirant** : suction ventilation, exhaust ventilation; **— descendant** : down-hill ventilation; **— diagonal** : diagonal ventilation; **— montant** : up-hill ventilation; **— naturel** : natural ventilation; **— soufflant** : blowing ventilation, ventilation by means of a blower; **canar d'—** : ventilation pipe; **cheminée d'—** : ventilation funnel; **puits d'—** : air shaft; **sas d'—** : air lock; **toile d'— (*mines*)** : brattice, brattice cloth; **trou d'—** : ventilation bore hole; **voie d'—** : air way, airway.
aération (*des mines*) : (*mine*) ventilating; **tuyau d'—** : ventilation pipe.
aérer : to ventilate.
aérodrome : aerodrome; airfield.
aérodynamique (*subst.*) : aerodynamics; (*adj.*) : aerodynamic.
aéronautique (*subst.*) : aeronautics.
aéroport : airport.
aéronef : aircraft.
aérostat : aerostat; **—ion** : aerostation.
affaiblir (*amortir*) : to damp, to deaden.
affaiblissement (*amortissement*) : damping, deadening; **— du champ (*électricité*)** : field damping.
affaire, marché : bargain; **— commerciale, maison de commerce** : concern; **—s, commerce** : business.

affaissement : sinking, subsiding, sagging; **— du sol** : sinking, subsidence; **— du toit (*mines*)** : roof subsidence; **appareil enregistrant l'— — —** : convergence recorder; **—s (*mouvements de terrain*)** : subsidence effects; **région soumise aux —s** : subsidence area; **zone d'—** : subsiding area.
affectation temporaire (*à un emploi*) : temporary assignment.
affiche : bill; **— en couleurs** : picture poster; **—r** : to stick up a bill.
affilé : keen.
affiler : to sharpen.
affinage : refining, purification; **— par le vent (*métallurgie*)** : air refining.
affiner : to refine, to purify.
affinité chimique (*avec*) : chemical affinity (*to*).
affleurement(s) : surface outcroppings; **— d'un gisement houiller** : outcrop of a coal field.
affleurer (*mines, géologie*) : to crop out; **— (*des têtes de rivets*)** : to trim flush (*head rivets*).
affranchir (*une lettre*) : to prepay (*a letter*).
affranchissement postal : postage.
affrètement (*d'un bateau*) : chartering.
affréter un navire : to charter a ship.
affréteur : freighter.
affûtage : sharpening.
affûter : to whet; **— un outil** : to sharpen; **— par meulage** : to grind; **— un outil tranchant** : to hone a cutting tool; **machine à —** : grinding machine; pointing machine; sharpener; **— — les fraises** : cutter grinding machine; **— — les fleurets** : drill-steel sharpener; **— — les outils** : tool grinding machine; **outil affûté** : sharp tool.
affûteur (*ouvrier*) : sharpener.
affûteuse (*machine*) : sharpener.
agence : agency; **— de publicité** : advertising agency; **— de renseignements** : information agency.
agenda : memorandum book.
agent : agent; **— à l'essai** : probationary employee; **— de change** : broker, stock-broker; **— chimique** : chemical agent; **— en douane** : custom house agent; **— de maîtrise** : under official; **— — du fond (*mines*)** : underground official; **— mouillant (*lutte contre les poussières dans les mines*)** : wetting agent; **— moteur** : driving agent; **— réducteur** : reducing agent; **— de transport** : traffic agent.
agglomérant (*subst.*) : binder; **charbon —, charbon gras** : caking coal; **pouvoir —** : caking power.
agglomération (*sens général*) : agglomeration; **— du charbon en briquettes** : coal briquetting; **— des minerais** : ore agglomeration; **— — par frittage** : ore sintering; **installation d'—** : agglomerating plant, granular plant; **— — par frittage** : ore-sintering plant.
aggloméré (briquette) : briquet, briquette; **— de charbon** : fuel briquet.
agglomérer : to agglomerate, to briquet; **— par frittage** : to sinter.
agglutinant (*adj.*) : caking; **faiblement —** : weakly caking; **pouvoir — du charbon** : agglutinating power, caking power.
agglutination du charbon : agglutination of coal; caking of coal.
agir sur... : to act on...
agitateur : agitator; **— mécanique** : mechanical agitator.
agrafe : fastener; **— pour courroie** : belt fastener; belt hook; **— pour réparer les déchirures de courroie** : rip plate; **—ur de courroie** : belt-lacer.
agrandie (échelle —) : magnified scale.
agrandissement : enlargement; **appareil d'—** : enlarger.
agréé : approved, certified; permissible, permitted; **— pour les mines grisouteuses** : permissible for use in gaseous mines; **explosif —** : permissible explosive, permitted explosive;

agréé *(suite)*
lampe de sûreté —e : approved safety lamp.

aide (manœuvre) : helper ; **— -foreur** : driller-helper ; **— -machiniste** : machinist attendant ; **— — de chargeuse** : loading machine helper ; **— -magasinier** : warehouse helper ; **— -mémoire** : refresher ; **— d'ouvrier qualifié** : journeyman's helper ; **— -poseur (*de voie*)** : track-helper.

aiguille, aiguillage (*voies ferrées*) : switch ; **— aimantée** : magnetic needle, dipping needle ; **— de la boussole** : needle of the compass ; **— indicatrice** : pointer, indicating pointer index, index-hand ; **dans le sens des —s d'une montre** : klockwise ; **en sens inverse — —** : anti-klockwise ; **pointe d'—** : switch point ; **—r, faire changer de voie** : to switch, to point ; **—ur** : pointsman, switchman.

aiguiser, affûter un outil tranchant : to sharpen, to hone a cutting tool.

aile (*d'automobile*) : wing, mudguard ; **(*d'une poutrelle métallique*)** : flange ; **(*d'une cornière*)** : leg ; **cornière à —s égales** : equal leg angle ; **— — —s inégales** : unequal leg angle ; **poutrelle à larges —s** : wide-flange beam.

ailette (*de turbine*) : vane, blade ; **(*lame de radiateur*, etc.)** : gill ; **—s, aubages (*d'une turbine*)** : blading.

aimant : magnet ; **— en fer à cheval** : horse-shoe magnet, U-magnet ; **— naturel, pierre d'aimant** : lodestone, natural magnet ; **— permanent** : permanent magnet ; **pôles d'un —** : poles of a magnet ; **—ation** : magnetization ; **—ation résiduelle** : residual magnetization ; **—er** : to magnetize.

air : air ; **— aspiré (*compresseurs*)** : inlet air, intake air ; **— comprimé** : compressed air ; **commandé à l'— —** : air controlled, air operated ; **cylindre à — —** : air cylinder ; **éjecteur à — —** : air ejector ; **frein à — —** : air brake ; **locomotive à — —** : pneumatic locomotive ; **moteur à — —** : air motor ; **transporteur à — —** : pneumatic conveyor ; **treuil à — —** : air hoist ; **— liquide** : liquid air ; **procédé — -sable d'épuration du charbon** : air-sand process, air-sand coal-cleaning process ; **— séché** : dehumified air ; **— à la sortie (*d'un compresseur*)** : discharge air ; **— vicié** : foul air, stale air ; **admission d'—** : air intake, air admission ; **conduite d'—** : air pipe ; **courant d'— (*dans les mines*)** : air current, air flow ; **pompe à —** : air pump ; **réchauffeur d'—** : air heater ; **trempe à l'—** : air hardening.

ajouter : to add.

ajustage : dressing, fitting ; **atelier d'—** : dressing shop, fitting shop.

ajusté (*boulon*) : fitted-through (*bolt*).

ajustement : fit ; **précision d'—** : precision of fit, accuracy.

ajuster : to adjust ; **(*dresser*)** : to dress ; **s'— (à...)** : to fit (to...) ; **s'ajustant bien** : perfectly matched.

ajusteur : fitter ; **— de phase** : phase adjuster.

ajutage : adjutage ; pipe socket.

alambic : still.

alarme : alarm ; **— sonore** : audible alarm ; **dispositif d'—** : alarm signal ; **donner l'—** : to provide alarm ; **signal d'—** : alarm signal.

albâtre : alabaster.

albraque (*mines*) : mine drain-way ; water gallery.

alcali : alkali ; **— volatil** : liquid ammonia.

alcalin : alkaline ; **eau —e** : alkaline water ; **solution —e** : alkaline solution ; **—isation** : alkalinization ; **—ity** : alkalinity ; **métaux —o-terreux** : alkaline earth metals ; **— —s** : alkaline metals ; **produits détersifs —s** : alkaline detergents.

alcool : alcohol; **— dénaturé** : denatured alcohol, methylated spirit; **— éthylique** : ethyl alcohol; **— méthylique** : methyl alcohol; **— rectifié** : rectified alcohol; **—ate** : alcoholate; **—ique** : alcoholic; **—iser** : to alcoholize; **—omètre** : alcoholometer, alcoometer; **—ométrie** : alcoholometry, alcoometry; **—s synthétiques** : synthetic alcohols.

aldéhyde : aldehyde; **— formique** : formaldehyde, formic aldehyde.

alène : awl.

alésage : boring; bore, diameter of hole; **— d'ébauche** : rough boring; **— de finissage** : finish boring.

alésé : reamed, finish bored.

aléser (*un trou*) : to bore (*a hole*); **— borgne** : to counterbore; **— au juste diamètre** : to bore true, to ream; **machine à —** : reaming machine, boring mill; **tour à —** : boring lathe.

alésoir : reamer; **— extensible** : expansion reamer; **— à main** : hand reamer.

algèbr(e) : algebra; **—ique** : algebraic, algebraical; **signes —iques** : algebraical signs.

alidade : alidade.

alignement : alignment; **— des arbres** : shaft alignment; **mauvais — — (*dans un groupe de machines*)** : misalignment of shafts.

alimentateur à vis : worm feeder.

alimentation : feed; supply; **— automatique** : automatic feed; **— — des chaudières** : stoker firing; **appareil d'— — —** : stoker; **dispositif d'— par dessous** : underfeed stoker; **— — par dessus** : overfeed stoker; **— en eau** : water supply; **— — potable** : fresh water supply; **— en force** : power supply; **— en gaz** : gas supply; **— par gravité** : gravity feed; **— à la main (*des chaudières*)** : hand firing; **— par le vide** : vacuum feed; **câble électrique d'—** : feeder cable; **conduite d'—** : feeder; **eau d'—** : feed water; **goulotte d'—** : feed chute; **trémie d'—** ; feed hopper; **vanne d'—** : feed valve.

alimenter : to feed; **— en...** : to supply with...; **— — charbon un four** : to stoke a furnace.

aliquote (partie —) : aliquot part.

alliage : alloy, alloyage; **—s fer-carbone** : iron-carbon alloys; **— invar** : invar alloy; **— léger** : light alloy; **—s utilisés dans la construction aéronautique** : aircraft alloys; **—s en solutions solides interstitielles** : interstitial alloys.

allié (*métal*) : alloyed; **acier faiblement —** : low alloy steel; **acier fortement —** : high alloy steel; **éléments —s** : alloying elements.

allocations au décès : death allowances.

allongement, élongation : elongation, extension; **— élastique** : elastic elongation; **— moyen** : average elongation; **— permanent** : permanent elongation; **charge d'— —** : permanent elongation load; **— de rupture** : breaking elongation, elongation of fracture; **— visqueux** : creep; **limite d'— —** : creep limit.

allonger (s') : to elongate, to extend.

allotropi(e) : allotropy; **forme —que** : allotropic form; **transformation —que** : allotropic transition.

allumage (*tir des mines*) : firing, shotfiring; **(*automobiles*)** : spark discharge; ignition; **— par batterie Delco** : Delco battery type ignition; **— par bougies** : plug ignition; **— par étincelle de rupture** : jump-spark ignition; **— par magnéto** : magneto ignition; **étincelle d'—** : ignition spark; **magnéto d'—** : ignition magneto; **ordre d'— (*dans le tir des mines*)** : firing order, firing sequence; **réglage de l'—** : ignition timing; **régler l'—** : to adjust ignition; **retard à l'—** : late ignition.

allumer, enflammer : to fire, to ignite; **— le grisou** : to ignite firedamp; **— un haut fourneau** : to blow in a blast furnace; **— la mèche (*tir des mines*)** : to ignite the fuse, to light the fuse.

allumeur (*objet*) : relighter; striker; **— à gaz automatique** : automatic gas-lighter.

allure : appearance; **— (*d'un haut fourneau*)** : run; **— (*d'une machine*)** : rating (*of a machine*); running; **— microscopique** : microscopical appearance.

alluvionnaire (or —) : alluvial gold.

alluvions (terre d'—) : alluvium.

aloès : aloe; **câble d'—** : aloe cable, aloe rope; **cordage d'—** : aloe rope.

altération : adulterant, alteration.

altérer : to adulterate, to alter.

alternance (*courant alternatif*) : alternation.

alternateur : alternator, alternating current generator.

alternatif : alternating; **courant —** : alternating current; **être animé d'un mouvement —** : to reciprocate.

alternés (effets —) : alternating stresses.

altimètre : altimeter.

altitude, cote : elevation; **— au-dessus du niveau de la mer** : height above sea; **— de vol** : flight altitude.

aluminate de magnésium : magnesium aluminate.

alumine : alumina; **terre d'—** : alum earth; **—ux** : aluminous; **ciment —ux** : aluminous cement.

aluminium : aluminium; **acétate d'—** : aluminium acetate; **bronze d'—** : aluminium bronze; **feuille d'—** : aluminium leaf; **fonte d'—** : aluminium casting.

aluminothermie : aluminothermics.

alun : alun.

alvéole de segment de piston : piston-ring groove.

amalgam(e) : amalgam; **—ateur** : amalgamator; **—ation de l'or** : amalgamation of gold; **—er** : to amalgamate.

amarrage : lashing; **chaîne d'—** : lashing chain; **poteau d'—** : tension post.

amarre : headfast; **—r** : to lash.

amas, tas : pile; **— d'étoiles** : star cluster; **— de minerai** : pocket of ore; **gisement en —** : massive deposit.

ambre : amber.

ambulance : ambulance.

âme (*d'un câble*) : core, center; **(*d'une poutrelle, d'un rail*)** : web.

amélioration, perfectionnement : improvement; **projet d'—** : betterment project.

améliorer : to improve; **— le facteur de puissance (*électricité*)** : to improve the power factor; **— (*la qualité*)** : to better (*the quality*).

amende : penalty, pecuniary penalty, fine.

amiante : asbestos; **— de platine** : platinum asbestos; **ciment —** : asbestos cement; **feuille d'—** : asbestos sheet; **fibre d'—** : asbestos fiber; **fil d'—** : asbestos yarn; **papier d'—** : asbestos paper; **toile d'—** : asbestos cloth.

amide : amide.

amidon : starch.

amine (*chimie*) : amine.

ammoniacal : ammoniac, ammoniacal; **solution —e** : ammonia liquor, ammoniacal liquor; **eaux —es** : ammonia water.

ammoniaque : ammonia; **— synthétique** : synthetic ammonia; **acétate d'—** : ammonium acetate; **bicarbonate d'—** : ammonium bicarbonate; **machine à glace à —** : ammonia refrigerating plant; **nitrate d'—** : ammonium nitrate; **phosphate d'—** : ammonium phosphate; **sulfate d'—** : ammonium sulphate, sulphate of ammonia.

ammoniaqué : ammoniated.

ammonite : ammonite.
amoncelé, en tas : heaped.
amont d'un barrage : upstream face, upstream side.
amorçage (*d'une pompe*) : priming (*of a pump*); **dispositif d'—** : priming device.
amorce : priming; **— de crique, défaut** (*métallurgie*) : flaw, incipient crack; **— électrique pour le tir des mines** : electric blasting cap; **— à retard** (*tir*) : time detonator; **—r une pompe** : to prime a pump; **—r un travail** : to start a work; **—ur** (*de pompe*) : primer.
amorphe : amorphous.
amortir : to amortize; to cushion, to damp.
amortissement : amortization, amortizement; cushioning, damping; **— des ondes** : decay of waves, damping of waves; **— pneumatique** : air damping; **capacité d'—** : damping capacity; **fonds d'—** : sinking fund; **frais d'—** : depreciation charges.
amortisseur (*subst.*) : shock-absorber; cushion; damper; (*adj.*) : shock absorbing; **— en caoutchouc** : rubber cushion; **— à huile** : oil cushion; **— de vibrations** : oscillation absorber; **dispositif —** : cushioning device, damping apparatus; **effet —** : cushioning effect; **ressort —** : cushion spring.
amovible : demountable, detachable, removable; **maillon —** : detachable link; **noyau —** : removable core; **taillant —** : detachable bit.
ampérage : amperage.
ampère : ampere; **— -heure** : ampere-hour; **—mètre** : amperemeter, ammeter; **— — à cadre mobile** : moving-coil ammeter; **— — à fer tournant** : moving-iron ammeter; **— — thermique** : hot band ammeter; **shunt —métrique** : ammeter shunt.
amphibole : amphibole.
amplitude, étendue : extent, amplitude; **— des oscillations du pendule** : amplitude of pendulum oscillation, amplitude of pendulum swing; **— d'une passe** (*machines-outils*) : stroke.
ampoule (*électrique*) : bulb, electric lamp bulb; **— de verre** : glas bulb.
amylacé : amylaceous.
amyle : amyl; **acétate d'—** : amylacetate.
analyse : analysis; (**essai**) : essay; (**science**) : analytics; **— arbitrale** : arbitration analysis; **— au chalumeau** : blow-pipe analysis; **— chimique** : chemical analysis; **— colorimétrique** : colorimetric analysis; **— élémentaire** : elementary analysis, ultimate analysis; **— immédiate** : proximate analysis; **— microscopique** : microscopical analysis; **— spectrochimique** : spectrochemical analysis; **— thermique** : thermal analysis; **— volumétrique** : volumetric analysis; **résultats d'—** : analytical data; **—r** : to analyze; **—ur** (*appareil*) : analyzer.
analytique : analytical.
ancienneté (*dans le service, dans la branche*) : departmental seniority; **droits d'—** : seniority rights.
ancrage : anchoring; **boulon d'—** : anchor bolt; **poteau d'—** : anchor pole; **tige d'—** : anchor rod.
ancrer : to anchor.
anémographe : anemograph.
anémomètre : air-flow meter, anemometer; **— enregistreur** : recording anemometer.
anéroïde (*adj.*) : aneroid; **manomètre —** : aneroid gauge.
anglais commercial : business English.
angle : angle; **— adjacent** : adjacent angle; **— aigu** (*moins de 90°*) : acute angle; **petit angle** : sharp angle; **—s alternes** : alternate angles; **—s — -externes** : alternate exterior angles; **—s — -internes** : alternate interior angles; **— d'attaque** (*d'un*

angle *(suite)*
outil tranchant) : cutting angle; — **de braquage** (*autom.*) : angle of lock; — **droit** : right angle; **à — —** : at right angle; — **de coupe** (*machines-outils*) : cutting angle; — **de frottement** : angle of friction; — **d'incidence** : angle of incidence; — **d'inclinaison** : angle of inclination; — **inscrit** : inscribed angle; — **mort** : dead corner; — **obtus** : obtuse angle; — **d'ouverture** (*d'une lentille*) : aperture; — **de réflection** : angle of reflection; — **de réfraction** : angle of refraction; — **solide** : solid angle; — **de torsion** : angle of torsion; — **de travail** : working angle; **—s complémentaires** : complementary angles; **fraise d'—** : angular cutter; **—dozer** : angledozer.

angulaire : angular; **déplacement —** : angular movement; **distance —** : angular distance; **vitesse —** : angular velocity.

anhydre : anhydrous.

anhydride : anhydride; — **phosphorique** : phosphoric anhydride.

aniline : aniline; **couleurs d'—** : aniline colours.

anion : anion.

anisotherme : anisothermal.

anneau : link; — **d'accouplement** : shackle; — **de chaîne** : chain link; — **de concassage** : grinding ring; — **fendu** : split ring; — **de Raschig** : Raschig ring; **chaîne à —x amovibles** : detachable link chain.

annonce dans les journaux : advertisement; **mettre une —** : to advertise.

annuaire : yearbook; — **du commerce** : commercial directory; — **des P. et T.** : post-office directory; — **des téléphones** : telephone directory.

annuité : annuity.

annulaire : annular, ring-shaped; **four —** : annular kiln.

anod(e) : anode; **—e d'excitation** : excitation anode; **—ique** : anodic film.

anomalie : anomaly.

anormal : abnormal.

anse de panier (*courbe*) : basket handle.

antenne (*aérienne*) : (*aerial*) antenna; — **d'émission** : transmitting aerials; — **réceptrice (TSF)** : receiving aerials.

anthracène : anthracine.

anthracite : anthracite, anthracite coal, culm, stone-coal; — **artificiel** : artificial anthracite; — **sans flamme** : blind coal; **—ux** : anthracitous.

anthraco-silicose (*mines*) : anthraco-silicosis.

anti-bris (dispositif —) : anti-breakage device.

anticathode : anticathode.

anticlinal (*subst.*) : anticlinal, anticline; (*adj.*) : anticlinal; **plissement —** : anticlinal fold.

antidéflagrant (*mines*) : explosion proof, flame proof.

antidérapant : non-skid, non-slip.

antidétonant (*corps*) : antidetonator; antiknocking agent; **pouvoir —** : antiknocking power.

antifriction : antifriction; babbit lining; **métal —** : antifriction metal, babbit metal; **palier —** : antifriction bearing; **regarnir d'—** : to rebabbit; **—né** : babbit-faced, babbit-lined.

antigel (mélange) : anti-freeze, antifroze mixture.

antigiratoire (*câble*) : non-rotating (*rope*).

antigrisouteux : firedamp-proof; **appareil —** : safeguarding equipment; **explosif —** : coal-mining explosive.

antimoine : antimony.

antimousse : antifroth.

antinodal (point —) : antinodal point, antinode.

antirouille : rust-preventive; **peinture —** : rust-preventive paint.

antiseptique : antiseptic; **pansement —** : antiseptic dressing.

antivibratoire : vibrationless.

apatite : apatite.

apériodique : aperiodic.
aphélie : aphelion.
aplanir : to skim.
aplati(r) : to flatten; **— à ses pôles** (*solide de révolution*) : ablate; **—r au marteau** : to hammer even; **machine à —r** : flattener.
aplomb (d') : plumb; (*droit, ajusté*) : true; **pas d'—** : out of plumb; **mettre d'—** : to plumb; **prendre l'— de** : to plumb.
apogée : apogee.
appareil : apparatus, appliance, gear; **— d'agrandissement** : enlargement apparatus; **— amortisseur** : damping apparatus, cushioning device; **— automatique** : automatic instrument; **— d'avertissement (ou de détection)** : alarm monitor; **— à cadre mobile** (*électricité*) : moving coil instrument; **— de chargement** : loading apparatus; **— de commande** : control apparatus; **— de contrôle** : control instrument; **— —** (*indicateur*) : telltale; **— de déchargement** : unloader; **— à décharger les wagons** : car dumper; **— à diviser** : dividing apparatus; **— — universel** : universal index cutter; **— enregistreur** : recorder, recording instrument; **— — à plusieurs plumes** : multi-pen recorder; **— — à une plume** : single pen recorder; **— d'entraînement** : prime mover; **— d'essai** : testing apparatus, testing instrument; **— à fer tournant** (*électricité*) : moving iron apparatus; **— à fileter** : screw-chasing attachment; **— gradué** : graduated instrument; **— indicateur** : indicating instrument; **— de lecture** : reading apparatus; **— de levage** : hoist, hoisting engine; **— de mesure** : measure instrument; meter; **— moteur** : prime mover; **— à rayons ultraviolets** : ultra-violet rays apparatus; **— récepteur** : receiver; **— reclasseur** (*lavoirs*) : reclassifier; **— respiratoire** : breathing apparatus, respiratory apparatus; **— à respiration artificielle** : resuscitation apparatus; **— à schistifier** (*mines*) : dust machine; **— à plusieurs sensibilités** : multi-range instrument; **— pour service intérieur (extérieur)** : indoor (outdoor) service apparatus; **— de signalisation** : signalling instrument; **— à souder à l'arc** : arc welder; **— pour soudure** : welding outfit; **— de transmission** : transmission gear; **— de versage** : distributing chute.
appareillage : appliance, device, equipment; **— électrique** : electrical appliances; **— de laboratoire** : laboratory equipment.
appentis : lean-to.
application(s) : applications; **point d'—** : point of application.
appliquées (mathématiques —) : applied mathematics.
s'appliquer en un point (*forces*) : to act on a point.
appoint : old money.
appointements : salary.
appontement de chargement (*des bateaux*) : loading platform.
apport (métal d'—) en soudure : deposited metal.
apprenti : apprentice; **— -aide d'ouvrier qualifié** : helper-apprentice; **former des —s** : to train apprentices.
apprentissage : apprenticeship; **chantier d'—** : apprentice training workplace; **faire l'— d'un métier** : to be apprenticed to a trade; **mettre en —** : to indenture, to indent.
approchée (valeur —) : approximate.
approfondissement (*raval d'un puits de mine*) : deepening of a shaft; **— des travaux** : deepening of workings.
approvisionnement en matériel : material supply.
approvisionner en... : to supply with...
approximatif : approximate.

approximation : approximation; **méthodes d'—** : approximational methods; **méthode des —s successives** : trial and error method.
approximativement : approximately.
appui (*support*) : bearing; rest; (*rebord de fenêtre*) : window sill; **surface d'—** : bearing area, bearing surface.
appuyer sur la pédale : to step on the treadle.
apte (à...) : fit (for...), apt (to...); **— au travail** : able to work; **— à la trempe** : hardenable.
aptitude : ability; **— à l'abrasion** : abradibility; **— à la corrosion** : corrodibility; **— au forgeage** : forgeability; **— à l'oxydation** : oxidizability; **— physique** (*à l'emploi*) : physical fitness; **— à la trempe** : hardenability, susceptibility to hardening.
aqueduc : aqueduct.
aqueu(x) : aqueous; **solution —se** : aqueous solution.
aquifère : aquiferous.
araignée (patte d' —) : oil groove.
arbalétrier (*charpentes*) : chief-rafter.
arbitrage : arbitration.
arbitrale (commission) : board of referees; **sentence —** : arbitrator's award, arbitrator's decision.
arbitre : arbitrator; referee.
arbre (*mécanique*) : shaft; (*d'une pièce tournante*) : arbor; **— à cames** : camshaft; **— à cardan** : cardan shaft; **— carré** : square shaft; **— de commande** : driving shaft; **— conduit** : driven shaft; **— coudé** : crankshaft; **— creux** : hollow shaft; **— entraîné** : driven shaft; **— flexible** : flexible shaft; **— d'induit** : armature shaft; **— intermédiaire** : jack-shaft, intermediate shaft, countershaft; **— de jonction** : connecting shaft; **— moteur** : driving shaft, propelling shaft; **— porte-fraise** : hob spindle, cutter spindle; **— porte-pièce** : work arbor; **— de relevage** (*locomotives*) : reverse shaft; **— de renvoi** : jack shaft; **— de transmission** : line shaft; transmission shaft; **calé sur l'—** : shaft-mounted; **ligne d'—** : shaft-line.
arc (*géométrie*) : arc; **— -boutant** : abutment; **— -boutement** : abutment; **— de circonférence** : arc of circumference; **— compensateur** : expansion bend; **— électrique** : electric arc; **— de rupture** : breakdown arc; **corde d'—** : chord; **four à —** : arc furnace; **lampe à —** : arc lamp; **lumière à l'—** : electric arc light; **soudure à l'—** : arc welding.
arche : arch; **— en ogive** : pointed arch.
archet frotteur, pantographe : pantograph.
architecte : architect.
architecture : architecture.
ardoise : slate; **— de construction** : structural slate; **— de couverture** : roofing slate.
ardoisier (*en carrière*) : slate quarrier.
are : are.
aréomètre : araeometer.
arête : edge, ridge, fin; (*géométrie*) : edge; **— de remblai** (*mines*) : pack wall, packing case; **remblayage partiel par —s — —** : strip packing; **à —s vives** : with sharp edges; **abîmer les —s** : to wear off the corners.
argent : silver; **nitrate d'—** : nitrate of silver; **sulfure d'—** : sulphide of silver, silver sulphide; **—age** : silver plating; **—an** : argentan; **—ifère** : silver-bearing; **galène —ifère** : argentiferous galena; **plomb —ifère** : silver lead.
argile : clay; **— ferrugineuse** : clay iron; **— réfractaire** : fireclay; **—ux** : clayey, clayish, argillaceous.
argon : argon.
arithmétique (*subst.*) : arithmetic; (*adj.*) : arithmetical; **progression —** : arithmetical progression.

armateur : shipowner.
armature : armature; **— en acier** : steel armouring; **— protectrice** : armour, armouring.
armé : armoured; **— de feuillard** : strip steel armoured; **béton —** : reinforced concrete, ferro-concrete, armoured concrete; **câble —** : armoured cable; **flexible —** : armoured hose.
armoire à dossiers : file cupboard.
armure en feuillard (***câbles électriques***) : strip steel armouring.
arpentage : land surveying.
arpenter : to survey.
arpenteur : land surveyor.
arrache-étais : sylvester.
arracher un pilot : to withdraw a pile.
arrérages : arrears.
arrêt : stop; (***mécanique***) : catch; (***du travail***) : shut down; **à l'—, au repos** : at rest; **à — automatique** : self-arresting; automatic stop...; **— — du chariot** (***tours***) : automatic carriage stop; **— -barrage** (***mines***) : stone-dust barrier; rock-dust barrier; **signal — « danger »** : emergency danger signal; **— progressif** : smooth stop; **— de sûreté** : safety stop; **dispositif d'— d'urgence** : emergency stop; **—er, s' —er** : to stop; **—er** (***une machine***) : to shut down, to shut off, to stop; (***une installation***) : to shut down; (***le travail***) : to shut down; to stop (*working*); **— une mine** : to work out a mine.
arrêtier (***construction***) : hip.
arrière (***d'une machine***) : far side; **— -plan** : background.
arriéré, créance : arriers (*pl.*).
arrivages (***en usine***) : receipts, consignment.
arrondi : rounded off.
arrosage : wetting, watering; **— des poussières** (***mines***) : dust wetting, dust watering; **conduite d'—** : wetting pipe line.
arroser : to water.
arsenal maritime : dockyard.
arséniate : arseniate; **— de plomb** : lead arseniate.
arsenic : arsenic; **—al** : arsenical; **cuivre —al** : arsenical copper.
arsénieux : arsenious; **anhydride —** : arsenic trioxide.
artésien (puits) : artesian well.
article : good; **—s de bureau** : office supplies; **— de réclame** : advertisement article; **—s de commerce** : merchandise.
articulation : articulation; (***charnière***) : knuckle.
articulé : articulated, pivoted.
articuler : to articulate.
artificiel : artificial; **coton —** : artificial cotton; **respiration —** : artificial respiration.
artisan : handicraftsman, mechanic, artisan, craftsman.
ascenseur : elevator, lift; **— hydraulique** : hydraulic lift.
ascension (***sens général* : *ballon*, etc.**) : rising; (***astronomie***) : ascension; **— droite** (***astronomie***) : right ascension.
ascensionnel : ascensional.
asphalte : asphalt, asphaltum; **enduit d'—** : asphaltum coated; **pavage en —** : asphalt paving; **peinture à l'—** : asphalt paint; **—r** : to asphalt.
asphaltée (route —) : asphalt macadam road.
asphyxiants (gaz —) : asphyxiating gases.
asphyxie : asphyxy.
aspirant (ventilateur —) : exhaust fan, exhauster.
aspirateur : exhauster; **— de fumées**: fume exhauster; **— de poussières** : dust collector, dust catcher.
aspiration : suction; **— des poussières** : dust exhausting; **coude d'—** : suction elbow; **clapet d'—** : suction valve; **hauteur d'—** : suction head, suction lift, height of suction; **tuyau d'—** : suction pipe; **— —** (***flexible***) : suction hose.

aspirer : to suck up.
assèchement : draining.
assemblage (*machines*) : assembly, connection; erection; jointing; **couloir à — automatique** : self-locking trough; **— des cintres métalliques** : jointing of steel arches; **— de couloirs** (*mines*) : trough coupling, shaker-conveyor connection; **— étanche** : leakproof connection; **— à onglets** : miter-joint (*ou* : mitre-joint); **— par raccords boulonnés** : bolted joint connection; **— à vis** : threaded connection; **dessin d' —** : assembly drawing; **table d'—** : assembly table.
assemblée : meeting; **— annuelle** : annual meeting.
assembler : to assemble; **(*relier, connecter*)** : to connect, to link, to scarf.
asseoir (*des fondations*) : to bed.
assise : bedding; **— de briques** : brick row, brick course; **— de pierres** : stone course.
assistant de laboratoire : laboratory assistant.
association (*commerce*) : partnership; **— en nom collectif** : co-partnership; **— à partage de bénéfices** : profit-sharing association; **— pour le contrôle des appareils à vapeur** : steam boiler inspection association; **— professionnelle** : trade union.
associé : partner.
assortiment, jeu : set; **(*en dimensions*)** : range of sizes.
assurance : insurance; assurance; **— bagages** : luggage insurance company; **— contre les accidents** : casualty or accident insurance; **— — du travail** : labour accident insurance; **— sur le fret** : freight insurance; **— groupe** : group insurance; **— contre l'incendie** : fire insurance; **— contre la maladie** : sickness insurance; **— responsabilité civile** : civil liability insurance; **— tous risques** : allrisk insurance; **— contre la vieillesse** : old age insurance; **— sur la vie** : life insurance; **— volontaire** : voluntary insurance; **—s sociales** : social insurance, social assurance; **compagnie d'—** : insurance company; **— — mutuelles** : mutual insurance company; **courtier d'—** : insurance broker; **police d'—** : insurance policy; **prime d'—** : insurance premium.
assuré : insured.
assurer : to insure.
astatique (système — d'aiguilles aimantées) : astatic system.
astéroïde : asteroid.
astigmatisme : astigmatism.
astronautique (*subst.*) : astronautics.
astronome : astronomer.
astronomie : astronomy.
astrophysique (*subst.*) : astrophysics.
asymétrie : asymmetry.
asymétrique : asymmetrical.
asymptote : asymptote (*subst.*); asymptotic; asymptotical.
asynchrone : asynchronous.
asynchronisme : asynchronism.
atelier : shop; **— d'agglomération des minerais par frittage** : sintering plant; **— d'ajustage** : dressing shop; **— de construction (*de machines*)** : engineering shop; **— d'entretien** : repair shop; **— d'estampage** : drop forge plant; **— de mécanique** : machine shop; **— de montage** : erecting shop; **— de moulage** : moulding shop; **— d'outillage** : tool room; toll-making room; **— dc réparations** : repair shop; **— de tournage** : turning shop; **— d'usinage** : machining shop.
atmosphère (*sens général*) : atmosphere; **(*pression*)** : atmosphere; **— ambiante** : surrounding atmosphere; **— après le tir (*mines*)** : afterdamp; **— contrôlée** : controlled atmosphere; **lampe à — gazeuse** : gasfilled lamp; **— gazeuse protectrice** : sheltering gaseous atmosphere.

atmosphériques (conditions —) : atmospheric conditions.
atmosphérique (pression —) : atmospheric pressure.
atome : atom; **— -gramme** : gramme atome.
atomique : atomic, atomical; **chaleur —** : atomic heat; **combustible —** : atomic fuel; **désintégration —** : atomic disintegration; **énergie —** : atomic energy; **poids —** : atomic weight; **volume —** : atomic volume.
atomisation : atomization; **— (*pulvérisation fine*) d'eau** : water atomization.
atomiser : to atomize.
atomiseur : atomizer.
attache : bond; brace; tie; **(*agrafe*)** : fastener **— de courroie** : belt fastener; **— de hauban** : guy clamp; **—s de couloirs (*mines*)** : shaker conveyor connections; **—r, amarrer** : to hitch; **(lier)** : to tie.
attaque (*sens général*) : attack; **(*mécanique*)** : drive, propulsion; **(*chimique*)** : attack; **— par les acides** : attack by acids; **— par un corrosif** : pickling; **dispositif d'—, dispositif d'entraînement** : drive mechanism, drawgear; **mode d'—** : kind of drive; **moteur à — directe** : direct connected motor; **—r (*une machine*)** : to propel, to drive, to attack; **(*corroder, décaper*)** : to pickle; **—r à l'acide** : to etch.
attelage (*dispositif*) : coupler; **— automatique** : automatic coupler; **— de berline (*mines*)** : mine car coupler; **— de câble (*mines*)** : winding rope clamp; **— de wagon** : car coupler; **barre d'—** : draw bar, draw head.
atteler des wagonnets : to couple, to connect together.
atténuation, amortissement : cushioning, damping.
atténuer : to cushion, to damp.
atterrir : to alight.
attestation : attestation.
attester : to bear testimony.
attirer : to attract.
attiser : to poke; to stir.
attraction : attraction, pull; **— capillaire** : capillary attraction; **— magnétique** : magnetic attraction, magnet pull; **— de la pesanteur** : attraction of gravity.
aubage de roue mobile (*pompes*) : impeller blade; **—s (*de turbine*)** : blading.
aube : vane, blade; **— (*de pompe centrifuge*)** : impeller, vane; **— directrice** : guide blade; **—s —s d'une turbine** : shutes; **—s d'une roue hydraulique** : paddles of a water wheel; **— de rotor, — mobile (*turbines*)** : runner vane; **—s de la roue mobile** : buckets.
Auer (bec —) : Auer burner.
Auer (manchon —) : gas mantle.
auge : pan; tray; **— à copeaux** : chip pan.
auget : scoop, trough; **— de convoyeur (*mines*)** : conveyor trough.
augmentation : increase; **— de rendement** : efficiency improvement; **— de salaires** : increase of wages.
augmenter (*développer, faire croître*) : to boost; **— les salaires** : to raise the wages.
aurifère : auriferous; **quartz —** : gold quartz, gold bearing quartz; **région —** : gold-bearing region; **gisements —s** : gold fields.
aussière : hawser.
austénit(e) : austenite; **acier —ique** : austenitic steel.
autel (*d'un four*) : fire-bridge.
autoallumage : auto-ignition.
autobus : motor bus.
autocar : motor coach.
autoclave : autoclave.
autodémarreur : self-starter.
autodéschisteur (*lavoirs à charbon*) : self-acting shale separator.
auto-excitation : self-excitation.
autofondant (*minerai—*) : self-fluxing ore.

autogène (*soudure* **—**) : autogenous welding.
autoinflammation : auto-ignition.
automaticité : automaticity.
automation : automation.
automatique : automatic, automatical, self-acting; **alimentation —** : automatic feed; **arrêt —** : automatic stop; **à — —** : self-arresting; **balance —** : automatic scale; **centrage —** : self-centering; **commande —** : self-control; **compteur —** : automatic counter; **à débrayage —** : self-releasing; **déchargement —** : automatic discharge; **wagon à — —** : automatic dump car; **démarrage —** : automatic starting; **à — —** : automatically starting, automatically running; **à descente —** : self lowering; **commande — à distance** : automatic remote control; **à fermeture —** : self-locking; **à graissage —** : self-oiling; **nettoyage —** : self-cleaning, self-cleansing; **à réglage —** : self-regulating, self-adjustable; **relevage —** : automatic lifting; **tour revolver —** : automatic turret lathe; **verrouillage —** : self-locking latch; **—ment** : automatically.
automatisation : automatization.
automatisme : automatism.
automobile : motor car; (*adj.*) : automotive.
automoteur, automotrice (*adj.*) : self-propelling.
automotrice, autorail : rail motorcar.
autorégulation : self-regulation.
autorisation (cesser le travail sans —) : to leave work without authority.
autorisé, agréé : approved, permissible, certified.
autorités : authorities.
autoroute : motor-way, motor-highway.
auto-serrage : self-locking; **boulon à — —** : self-locked bolt.
autotransformateur : autotransformer.
auvent : draft hood.
auxiliaire (*manoeuvre*) : auxiliary, helper; (*adj.*) : auxiliary, stand-by; **puits —** : auxiliary shaft; **quantité —** (*mathématiques*) : auxiliary; **services —s** : auxiliaries.
avance (*de l'outil dans les machines-outils*) : feed; **—** (*sur salaire, sur paiement*) : advance; **— à l'allumage** : sparking advance, spark advance; **dispositif d'— —** : timing range; **manette d'— —** : advance lever; **— angulaire** : angular feed; **— automatique** : autofeed; automatic feed, power feed; **— circonférentielle** : circumferential feed; **— circulaire** : circular feed; **— par le fraisage** : milling feed; **— longitudinale** : longitudinal feed; **— de la pièce** : feeding of the work; **— transversale** : cross feed; **crémaillère d'—** : feed rack; **durée de l'—** : feeding time; **levier de changement d'—** : feed change gear lever; **mettre l'—** : to throw in feed.
avancement : advance; **— (*en yards*) par jour** : yardage per day; **— par cycle de travail** (*mines*) : footage per round, depth of round; **— d'une galerie** (*mines*) : heading; **— journalier** : daily advance; **— au rocher** (*galerie d'—*), **dans les mines** : stonedrift; **— du travail, en pieds** (*mines*) : footage; **— en travers-bancs** (*mines*) : cross-measure heading; **donner de l'— à quelqu'un** : to promote somebody; **vitesse d'—** : rate of advance.
avancer (faire —), donner de l'avance à... (*machines-outils*) : to feed.
avant (essieu —) : front axle.
avant (roue —) : front wheel.
avant-creuset : forehearth.
avarié, en mauvais état : crippled.
aventurine : aventurine.
avertisseur : alarm; **— d'incendie** : fire-alarm apparatus; **— de niveau maximum** : high level alarm; **— de niveau minimum** : low level alarm;

avertisseur *(suite)*
— **de ronde** : watchman control clock.
aveugler une voie d'eau : to fother a leak.
avion : airplane; aircraft; — **-fusée** : rocket-propelled plane; — **à réaction** : jet plane, jet-propelled plane.
aviver (*la flamme par soufflage*) : to fan.
axe : axis; (*mécanique*) : axle, shaft; pin; — **des abscisses** : axis of abscisses; — **de crosse** : crosshead pin; — **flexible** (*arbre flexible*) : flexible axle; — **focal** : focal axis; — **neutre, fibre neutre** : neutral axis; — **des ordonnées** : axis of ordinates; — **d'oscillation** : axis of oscillation; — **de rotation** : axis of rotation; — **de suspension** : suspension pin; — **de symétrie** : axis of symmetry; — **vertical** : vertical axis; **moteur électrique à — —** : vertical shaft electric motor.
azimut : azimuth; **cercle —al** : azimuth circle.
azote : nitrogen, azote; **cémentation à l'—** : nitrogen hardening; **protoxyde d'—** : nitrous protoxide; **—ux** : nitrous, azotous; **oxyde d'—** : nitrous oxide.
azotique : nitric, azotic.
azurite (*minerai de cuivre*) : azurite.

B

bâbord : port.
bac (*récipient*) : box; tank; cell; — **d'expansion** : expansion tank; — **à flotteur** : float tank; — **de lavage** : washing tank; — — **à pulsation** : pulsatory jig; — **de refroidissement** : cooling box.
bâche (*goudronnée*) : tarpaulin; — **de turbine** : flume.
bactérie : bacterium; (*pl.*) : bacteria; **—n** : bacterial; **décomposition —nne** : bacterial decomposition.
bactériologie : bacteriology.
badigeon : whitewash; **—ner** : to whitewash.
bague : ring; — **d'ajustage, raccord** : adapter; — **d'arrêt** : safety set collar; — **de calage** : gib ring; — **collectrice** (*électricité*) : collecting ring; — **conique** : conical ring; — **de démarrage** : starting slip ring; — **d'étanchéité** : seal ring; — **de garniture étanche** : anti-leak packing ring; — **de graissage** : oil ring; — **de palier** : bearing ring; — **de piston** : piston ring; — **de prise de courant** : slip ring; — **de serrage** : clamping ring; — **d'usure** : wearing ring; **moteur à —s** : slip ring motor.
baguette : rod.
baigner dans l'huile : to be flooded with oil.
bail : lease; **—leur** (*commerce*) : lessor.
bain : bath; — **de chlorure en fusion** : fusion chloride bath; — **décapant** : pickling bath; — **de fusion** : heat; melt; melting bath; — **de galvanisation,** — **galvanisant** : galvanizing bath; — **d'huile** : oil bath; — **de plomb** (*pour la trempe*) : lead bath; — **de revenu** : tempering bath; — **de sel** (*pour la trempe*) : salt bath; **trempe au** — — : salt bath case hardening; — **de trempe** : quenching bath; — **de zinc** : spelter bath; **—s, —s-douches** (*mines*) : bath rooms.
baisse de prix : price sinking.
baisse de teneur : drop in grade.
bakélite : bakelite.
balai (*électricité*) : brush; — **de charbon** : carbon brush, carbon block; — **graisseur** : oil brush; **calage des —s** : brush shifting.
balance : scales; balance; — **automatique** : automatic scales; — **commerciale** : trade balance; — **des comptes** (*comptabilité*) : balance-sheet; — **hydrostatique** : hydrostatical balance; — **des paiements** : balance of payments; — **de précision** : precision balance; — **à ressort** : spring balance; — **de Roberval** : Roberval scales; — **romaine** : steelyard; — **de torsion** : torsional balance; **plateau de** — : scale; **—ment** : swing.
balancer (*tenir en équilibre*) : to librate; to poise; (*faire osciller*) : to swing; — **un compte** (*comptabilité*) : to balance an account; **se** — : to swing.
balancier, fléau de balance : beam; — **compensateur** : equalizing beam, equalizing lever.
balata : balata; **courroie en** — : balata belting.
balise : beacon.

balistique (*subst.*) : ballistics.
balladeuse (*lampe* **—**) : trouble lamp.
ballast : ballast; **—er une route** : to ballast a road; **—er une voie ferrée** : to ballast a railway.
ballon (*aérostat*) : balloon; (*récipient*) : balloon flask; **— -sonde** : sounding balloon.
ballots (mettre en —): to bale.
balourd : unbalance; **avoir du —** : to wabble, to wobble.
balustrade : balustrade.
balustre : baluster.
banc (*sens général*) : bench; (*entredeux, dans les mines*) : band; (*établi*) : bench; (*machines-outils*) : bed; (*partie de couche dans les mines*) : bed; **— à aligner** : straightener; **— de chargement** (*lampisteries électriques de mines*) : charging rack, charging frame; **— d'essai** : testing bench; **— d'étirage** : draw bench; **— inférieur, banquette** (*mines*) : bench; **— poussant** : pushing frame; **— rompu** (*machines-outils*) : gap type bed; **— supérieur** (*terrains*) : cap; **— de terrain** : bank, bed, ledge; **— — en porte-à-faux** : overhanging bank; **— de tour** : lathe-bed.
bandage : band; (*d'une roue*) : tread, tyre; (*pansement*) : bandage, dressing; **muni de — caoutchouc** : rubber tired; **— en caoutchouc plein** : solid rubber tire; **— — caoutchouc rembourré** : cushion rubber tire; **— jumelé** (*d'automobile*) : dual tire, dual tyre.
bande : band; (*courroies*) : belt; **— d'acier, feuillard** : strip; **— de chargement** (*en wagons*) : loading conveyor; **— de frein** : brake band; **— sans fin** : endless band, endless conveyor; **— transporteuse** : conveyor belting; **— — en acier** : steel conveyor belting; **— — en caoutchouc** : rubber conveyor belting; **— — à ruban métallique** : steel ribbon conveyor belting; **— de triage** : picking belt; **— à tubes** : tube strip; **convoyeur à —** : band conveyor, belt conveyor; **— — à section en auge** : troughing belt conveyor.
banque : bank; **— de dépôts** : deposit bank; **— d'escompte** : discount bank; **— privée** : private bank; **—route, faillite** : bankruptcy.
banquette, banc inférieur (*mines*) : bench.
banquier : banker.
baraque, bureau : booth; **— de chantier** : shanty, cabin, shack; **—ment en bois** : wooden barrack.
barbelé (*fil de fer*) : barb wire, barbed wire.
barbotage (*graissage par* **—**) : bath lubrication.
bardeau (*toitures*) : shingle.
barème (*pour calculs*) : ready reckoner; **— des taux de salaires** : wage rate schedule.
barillet : barrel.
baromètr(e) : barometer; **pression —ique** : barometric pressure; **variations —iques** : barometric changes.
barrage : dam; (*mines*) : stopping; **— contre le feu** (*mines*) : fire dam; **— étanche** : seal.
barre, tige : bar; **— d'alésage** : boring bar, boring spindle; **— d'attelage** : draw-bar, draw-head; **mâchoire de — —** : draw-bar knuckle; **— carrée** : square bar; **— de choc** : bumper bar; **— de contrôle** (*énergie atomique*): control rod; **— de matériau fissile** (*uranium*)**, dans les réacteurs nucléaires** : slug; **— à mine de carrière** : jumper; **— nervurée pour béton armé** : grip bar; **—s omnibus** : bus bars; **— de protection** : guard bar; **— de renforcement pour béton** : concrete reinforcing bar; **— ronde** : round bar; **— de torsion** : torsion bar; **cisailles à —s** : bar shears; **laminoir à —s** : bar mill; **machine à cintrer les —s** : bar bender; **machine à couper les —s** : bar cutter.

barré (charbon —) : banded coal.
barreau : bar; **(*d'échelle*)** : rung; **— entaillé (*essai de résilience*)** : notched bar; **essai de résilience sur — entaillé** : notched bar impact test; **— de grille (*foyers*)** : grate bar.
barrer un quartier (*mines*) : to seal off a district.
barrière : gate; **— de puits (*mines*)** : shaft gate.
baryte : baryta.
barytine : barytine.
baryum : barium; **carbonate de —** : barium carbonate; **chlorure de —** : barium chloride; **sulfure de —** : barium sulphide.
bas (*châssis*) : low-built (chassis).
bas fourneau à vase clos : low-shaft closed smelting furnace.
bas du puits (*mines*) : bottom of the shaft.
basalt(e) : basalt; **—e colomnaire** : columnar basalt; **—ique** : basaltic.
basculant : tiltable.
bascule : weighing machine; **— étalon** : standard weighing-machine; **pont —** : weigh-bridge; **—r** : to cant, to overturn; **—ur** : weigher.
base (*chimie*) : alkali; base; **(*géométrie*)** : base; **petite — (*d'un solide*)** : small base; **grande — (*d'un solide*)** : broad base; **(*fondation, socle d'une machine*)** : sill, foundation; **(*fondement, principe fondamental*)** : basis.
basicité : basicity.
basique (four —) : basic furnace.
basse : low; **— carbonisation** : low temperature carbonization; **four de — —** : low carbonization oven; **gaz de — —** : low carbonization gas; **— fréquence** : low frequency; **— pression** : low pressure; **— tension (*électricité*)** : low tension.
bassin (*sens général*) : basin, pond; **— artificiel** : dock; **—de décantation** : clear pond, dewatering sump; **— de dépôt** : settling tank; **— géologique** : basin; **— houiller** : coal basin; **— portuaire** : harbour basin; **(*réservoir*)** : reservoir, tank; **— de retenue** : retention basin.
bateau : **(*petit*)** boat; **(*navire*)** ship; **— citerne** : tanker; **— à fond plat** : flat-bottom boat; **— de sauvetage** : life boat.
batardeau : coffer-dam.
bathymétrie : bathymetry.
bâti, socle (*d'une machine*) : bed; frame, main-frame; **(*charpente*)** : framework.
bâtiment : building.
batiste (*tissu*) : cambric.
battant, trappe tombante : flap; **— de porte** : leaf.
batt(e) (*à bourrer*) : tie tamper; **(*de l'or*)** : panning; **—ée (*récipient pour le lavage de l'or*)** : pan; **lavage de l'or à la —ée** : panning; **laver de l'or à la —ée** : to pan.
battement : beat; **— de clapet (*défaut*)** : valve impact.
batterie (*sens général*) : battery; **— d'accumulateurs** : storage battery; **— de condensateurs** : condenser battery; **— de fours à coke** : coke oven battery; **— -tampon** : buffer-battery.
battitures : scale; **(*de laminage*)** : rolling mill scale, rolling scale.
battre, frapper : to pound; **(*bocarder*)** : to stamp.
battu (*comprimé sur place*) : rammed down.
baume du Canada : Canada balsam.
Baumé (échelle —) : Baumé scale.
bauxite : bauxite.
bavure : bur, burr; **— de projection, dans une pièce de fonderie** : sprue.
bec (*d'une broche de tour, d'une tuyère...*): nose (***of a spindle, of a tuyere...***); **— Auer** : Auer burner; **— Bunsen** : Bunsen burner; **— de brûleur** : burner; **— de canard (*mines*)** : duck-bill; **— de chalumeau** : blow-pipe nozzle; **— de chargement, goulotte de chargement** : feed snout, feed chute; **— de coulée** : lip; **— de déver-**

bec *(suite)*
sement : snout; — **d'enclume** : anvil horn; — **de gaz** : gas burner; gas jet; — **papillon** : bat's wing burner, fish-tail burner; — **de tuyère** (*hauts fourneaux*) : tuyere nozzle.

bêche : spade.

bélemnite : belemnite.

bélier (*à piloter*) : pile driver; —, **mouton** (*mécanique*) : ram; — **hydraulique** : hydraulic ram, water ram.

bénéfice : profit; — **brut** : gross profit; — **net** : net profit; **—s non distribués** : undistributed profits; **taxes sur les —s** : excess profits taxes.

benne (*mines*) : mine car; tub; hutch; tram, trammer; — **de dragline** : dragline bucket; — **de pelle à vapeur** : bucket; — **basculante** : dump bucket — **à fond ouvrant** : drop-bottom bucket, setdown bucket; — **piocheuse** : excavating bucket; — **preneuse** : grab bucket; — — **sur ponton** : grab on pontoon; **grue à —** : bucket handling crane; **grue à — preneuse** : grab crane; voir *berline*.

benzène : benzene.

benzine : benzine.

benzol : benzol.

béquille (*arrière*) : tail skid; — **de sécurité** (*roulage dans les mines*) : safety dog.

berline : mine car, tub, hutch, tram, trammer; (*autom.*) : berline; — **en acier** : steel tub; — **à charbon** : coal tub; — **de grande capacité** : large car; — **pleine** : loaded car, full car; — **vide** : empty car; voir *benne*.

béryllium : beryllium.

besoins en main-d'œuvre : personnel need.

béton : concrete; — **armé** : reinforced concrete; ferro-concrete; — **de construction** : structural concrete; — **damé** : rammed concrete; — **imperméable** : water-tight concrete; — **à incorporation d'air** : air-entrainment concrete; — **de laitier** : slag concrete; — **maigre** : meagre concrete; — **poreux** : porous concrete; — **précontraint** : pre-stressed concrete; — **de route** : highway concrete; **barre à —** : concrete reinforcing bar; **construction en —** : concrete construction; **revêtement en —** : concrete lining; **sable à —** : concrete sand; **—neuse** : concrete-mixer.

beurtiat (*mines*) : winze.

biaxial, à deux axes : biaxial.

bicarbonate de soude : bicarbonate of soda, sodium bicarbonate.

bichromate de potasse : dichromate of potassium.

biconcave : concavo-concave.

biconvexe : convexo-convex.

bicyclette : cycle, "bike"; — **à moteur** : motor-cycle.

bidon : can; — **d'essence** : gasoline tank (*U. S. A.*); petrol tank (*Grande Bretagne*); — **de transport** (*pour oxygène liquide*) : carrying can, transportation bottle; — **de trempage** (*pour oxygène liquide*) : dipping vessel, soaking pot.

bief inférieur (*supérieur*) **d'une écluse** : lower (upper) level of a sluice.

bielle : connecting rod; — **de relevage** : link lifter; **tête de —** : crankpin head, rod end.

biens (*propriétés*) : assets; — **immobiliers** : real assets; — **mobiliers** : personal assets.

bifilaire : bifilar.

bifurcation : bifurcation; — **de couches** (*mines*) : splitting of seams.

bifurquer : to bifurcate.

bilame : thermo-couple; **lame dilatable du —** : expanding stem; **lame fixe du —** : non-expanding stem.

bilan : balance-sheet; annual balance; — **thermique** : calorific balance, thermal balance; **dresser le —** : to draw up the balance.

bille : ball; **butée à —s** : ball thrust bearing; **roulement à —s** : ball bearing.
billet : note; **— de banque** : bank-note; **— de complaisance** : accomodation bill; **— à ordre** : promissory note; **— à vue** : cash order.
billette (*métallurgie*) : billet; **— pour forge** : forging billet.
binaire : binary; **alliage —** : binary alloy; **composé —** : binary compound; **système —** : binary system.
binoculaire (*adj.*) : binocular.
bioxyde : dioxide; **— d'étain** : stannic dioxide; **— de manganèse** : dioxide of manganese; **— de plomb** : dioxide of lead.
bipolaire : dipolar, bi-polar, double-pole...
biréfringence : birefrangibility.
biréfringent : birefringent.
biseau : bevel; **—té** : beveled; **—ter** : to bevel; **machine à —ter** : beveler, angle beveler.
bismuth : bismuth.
bissectrice : bisector.
bissel : two-wheel truck; **— arrière** : two-wheel rear truck.
bisulfate : disulphate.
bitum(e) : bitumen; **carton —é pour toitures** : roofing paper; **charbon —ineux** : bituminous coal.
blanc : white; **— de chaux** : lime wash; **— d'Espagne** : whiting; **à —, incandescent** : white hot; **endos en —** : black endorsement; **—hir** (*décolorer*) : to bleach.
blende : blende.
blessé : injured; **transport des —s** : transport of injured.
bleu (*dessin*) : blue print; **— de cobalt** : cobalt blue; **— de méthylène** : methyl blue; **— de Prusse** : prussian blue.
blindage : armour-plating, sheeting; **plaque de —** : armour plate.
blindé : armoured; **moteur électrique —** : enclosed motor.
blinder : to plate, to armour.
bloc, morceau : lump; **gros —** : boulder; **— de calage** : filler block; **— coulissant** : swinging block; **— -cylindre** : cylinder casting; **— erratique** : erratic block; **— -moteur** (*autom.*) : motor unit; **— -notes** : memorandum-block; **— porte-outil** : tool-block; **— de roche** : block of stone; **—s à charger** (*mines*) : coarse muck; **explosif produisant des —s** : lump producer explosive; **—age** (*maçonnerie*) : rubble.
block-system : block-system, block-and-lock system.
bloom : bloom; **cisailles à —s** : bloom shears; **—ing** : blooming, blooming-mill, cogging mill; **—ing réversible** : reversing blooming.
bloquer, coincer : to jam; **— (*par un écrou*)** : to clamp tight (*with a nut*).
blouse de travail : smock-frock.
bobinage : reeling, winding, coil winding; **— d'inducteur** : field coil; **— d'induit** : armature winding.
bobine (*sens général*) : spool; **enroulement** (*électricité*) : coil; (*à enrouler les fils*) : bobbin; **— d'amortissement** : damping coil; **— de choc** : choke coil; **— électrique** : electric coil; **— d'électro-aimant** : magnet coil; **— d'induction** : induction coil; **— d'induit** : armature coil; **— à manque de tension** : no voltage coil; **— de résistance** : resistance coil; **— de Ruhmkorff** : Ruhmkorff coil; **— de self** : inductance coil; **— — contre les surtensions** : kicking coil; **— de transformateur** : transformer coil; **— à trembleur** : buzzer coil.
bobin(er) : to reel, to wind on a reel; (*électricité*) : to coil; **—é en parallèle** : parallel wound; **—é en série** : series wound; **—eur** (*ouvrier*) : winder; **—euse** (*appareil*) : coiler, coiling machine.
bocal de verre : glass jar.
bocard : stamp, stamp-mill, metal stamper; (*à minerai*) : ore-stamper;

bocard *(suite)*
—age : stamping; **—er** : to pound, to stamp.
bogie *ou* **boggie** : bogie; four-wheel truck; **— avant** : four-wheel front truck; **wagon à —s** : bogie-car.
bois : wood; **— blanc** : deal wood; **— carrés** : square timber; **— de charpente, bois de construction** : framing timber; lumber (*Amérique*); structural timber; **— de chauffage** : fire wood; **— dur** : hardwood; **— équarri** : squared wood; **— ignifugé** : fireproof timber; **— de mine** : mine timber; pit timber, pit wood; **préservation des — —** : mine timber preservation; **— de placage** : veneering wood; **— tendre** : soft wood; **esprit de —** : wood spirit; **laine de —** : wood wool; **protection des —** : wood preservation; **pulpe de —** : wood pulp.
boisage (*mines*) : timbering; **— instable** (*mines*) : staggered timbering; **— jointif** (*mines*) : joining sets.
boiser (*mines*) : to timber.
boiseur (*mines*) : timberman; **— de puits** : shaft timberman.
boîte : box; **— de compas** : compasses box; **— de différentiel** : differential housing; **— à engrenages** : gear box; **— d'essieu** : axle box; **— — moteur** : driving box; **— en fer blanc** : tin can, tin box; **— à fumées** : smoke box; **— à graisse** : grease box, journal box; **— à huile** (*d'un palier*) : oil well; **— à idées** : suggestion box; **— de jonction** : junction box; **— à outils** : kit, tool-kit, tool-box; (*nécessaire de réparations*) : repair outfit; **— à pharmacie** : medicine chest; **— de résistances** : resistance coil, resistance unit; **— de soupape** : valve cage; **— à vapeur** : steam-chest; **— à vent** : air-box; wind-box; blast box; **— de vitesses** : speed-gear.
boîtier : case.
bolomètre : bolometer.
bombardement : bombardment; **— cathodique** : cathodic bombardment; **— électronique** : electron bombarment; **— nucléaire** : nuclear bombardment.
bombe calorimétrique : calorimetric bomb.
bomber, faire saillie : to buldge.
bon, obligation : bond.
bon (*terrain*) (*adj.*) : solid, unyielding.
bonbonne : carboy.
bonde (*d'un taureau*) : bung (*of a cask*).
bonification, remise : allowance.
boom (*coup de bourse*) : boom.
borax : borax.
bord : edge; **— extérieur** : outer edge; **— supérieur** : upper edge; **—er, rabattre, emboutir** : to border, to flange; **—er d'un bourrelet** : to bead.
bordereau (*commerce*) : memorandum.
bordure : border; brim; **— de trottoir** : side-walk curbstone.
bore : boron.
borgne : blind; **mortaise —** : blind mortise.
borne (*électricité*) : terminal, post, binding post; **— de batterie** : battery terminal; **— de délimitation** : boundary stone; landmark; **— de dérivation** : branch terminal; **— de terre** (*électricité*) : earthing terminal.
borure : boride.
bosseler, marteler en bosses (*empreindre*) : to emboss.
bosselure (*défaut*) : indentation.
botanique (*subst.*) : botany; (*adj.*) : botanic, botanical.
botte en caoutchouc : rubber wader, gum wader.
bouche (*d'eau*) : hydrant; **— d'égout** : gully hole; **— d'incendie** : fire hydrant, fire plug; **—r, obstruer** : to stop; **—r une fente, colmater une fissure** : to seal a leakage.
bouchon : cork; (*en verre*) : stopper; **— canadien** (*tir des mines*) : burn cut; **— de purge** : waste screw;

bouchon *(suite)*
— **fusible** : safety plug; — **de radiateur** (*autom.*) : radiator cap; — **de remplissage** : filling cap; — **de vidange** : drain plug, drawing-off screw, drawing off plug; — **à vis** : screw-cap.

boucle (*d'un câble*) : loop (*of a rope*); — **d'accouplement** : shackle.

bouclier (*d'avancement*) : driving shield; — **canadien** (*géologie*) : canadian shield.

boudin (**de** *roue*) : flange; — **de** *rail* : rail head.

boue : mud; — **schlammeuse** : sludge; —**s de lavage** : slushings; —**s métallifères** : slimes.

bougie (*éclairage, photométrie*) : candle; — **décimale** : decimal candle; — **de moteur à explosion** : spark plug; **clé à —s** : spark plug wrench.

bougnou, puisard (*mines*) : sump.

bouillir : to boil.

bouillonner : to seethe.

bouleau : birch, birch-tree.

boulettes, petits grains, grenaille : pellets.

boulon : bolt; — **ajusté** : fitted-through bolt; — **d'ancrage** : anchor bolt; — **à auto-serrage** : self-locked bolt; — **à clavette** : key-bolt; — **creux** : hollow bolt; — **d'éclisse** : track bolt; — **fini au tour** : turned bolt; — **mécanique** : machine bolt; — **noyé** : countersunk bolt; — **à œillère** : eye bolt; — **à patte** : hook bolt; — **de retenue** : holding-down bolt; — **de rupture** : breaker bolt; — **de serrage** : draw bolt; — **à tête plate** : flat head bolt; — — **ronde** : round head bolt; — **traversant** : through-bolt; **casse- —s** : bolt breaker; **coupe- —s** : bolt cutter; **charge des —s de soutènement du toit** : roof bolt load; —**nage du toit** (*mines*) : roof bolting; —**ner** : to bolt.

bourdonnement (*électricité*, **en particulier**) : humming.

bourrage (*tir des mines*) : tamping, stemming; — **anti-poussières** (*des boîtes à graisse*) : dust guard; — **d'argile** : clay-stemming; — **de chanvre** : hemp packing; — **des traverses** (*chemins de fer*) : track tamping.

bourre : tamping.

bourrelet, cordon (*de soudure*) : bead.

bourrelier : harness maker.

bourrer (*un coup de mine*) : to tamp a blast hole; to stem a drill hole.

bourroir (*tir des mines*) : ram; — **en bois** : wooden ram.

Bourse : Exchange; — **d'études** : scholarship; — **du travail** : Labour Exchange; — **des valeurs** : Stock Exchange.

boussole : compass; — **d'arpenteur** : surveyor's compass; — **d'inclinaison** : inclination compass.

bout : tip; — **d'arbre** : shaft end; — **d'outil, taillant** : tool bit.

boutefeu (*mines*) : blaster, primerman, shotfirer.

bouteille de Leyde : electric jar, Leyden jar, electric phial.

bouterolle : rivet set, rivet snap.

bouton : knob, button; — **d'appel** : call button; — **de commande** : control knob; — **de contact** (*autom.*) : starting button; — **de manivelle** : crank-pin, wrist-pin; **trou du — —** : crank-pin hole; — **de porte** : knob; — **-poussoir** : press button, push button; **commande par — —** : push-button control; **démarrage par — —** : push-button starting, push-button drive; — **de verrou** : thumb knob.

bouvet (*à rainurer*) : grooving plane.

bowette (*mines*) : cross-cut, cut; — **principale** : main cut.

brai : tar pitch; — **de pétrole** : petroleum pitch.

braise : embers.

braisette (*classement des charbons*) : buck.

brame (*métallurgie*) : slab; **laminoir à —s** : slab mill, slabbing mill.
branche (*d'un objet coudé, compas, ...*) : branch; (*section, service*) : department.
branchement (*de tuyauterie*) : lateral.
brancher, mettre en circuit : to switch on.
braquage (*véhicules*) : steering lock.
bras (*mécanique*) : arm; (*flèche*) : jib, boom; **— basculant** : rocker arm; **— coudé** : angle jib; **— pivotant** : slewing jib, swiveling arm; **— de ramassage** (*d'une chargeuse type Joy*) : gathering arm (*of a Joy loader*); **—, rayon** (*d'une roue, d'une poulie*) : spoke; **— de rouilleuse** : shear jib (*mines*); **roulage à —** : hand tramming.
braser : to braze.
brasé : copper-brazed.
brassage par ringards : rake stirring.
brasse anglaise : fathom (*1,8288* m).
brasure : brazing, brazing solder; hard soldering.
brevet d'invention : patent; **détenteur d'un —** : patentee; **droits garantis par —** : patent right; **prendre un —** : to take a patent; **—é** : patented, licensed; **—er, faire —er** : to patent.
bride (*de tuyau*) : flange; **— fixe** : tight flange; **— mobile, contre- —** : loose flange; **— à rainure** : grooved flange; **— à ressort** : spring band, spring clip; **— de serrage** : clamp bracket; **tuyau à —s** : flange pipe.
brin (*d'une courroie*) : leaf (*of a belt*); **— inférieur** : lower leaf; **— supérieur** : upper leaf.
brique : brick; **— creuse** : hollow brick; **— de dolomie** : dolomite brick; **— de forme** : shaped brick; **— isolante** : insulating brick; **— de laitier** : slag brick; **— de magnésie** : magnesite brick; **— réfractaire** : refractory brick; firebrick; **— rouge** : redbrick; **— de ruchage, — d'empilage** : checker brick; **— de silice** : silica brick; **muraillement de —s** : brickwork; **à revêtement de —s** : brick-lined.
briquet (**le temps du —**) (*temps du casse-croûte dans les mines*) : lunch period.
briqueter (*agglomérer*) : to brick; **—ie** : brick-kiln, brick-yard.
briquette (*de charbon*) : briquet, briquette; fuel-briquet; **— de lignite** : brown coal briquette.
brisance (*d'un explosif*) : shattering effect (*of an explosive*).
brise-béton : paving breaker.
brise-copeaux : chip breaker.
brise-lames : breakwater.
briser, se — : to break.
broche : spindle; arbor; pin; spigot; **— fixe** : dead spindle; **— mobile** : live spindle; **— de perceuse** : drill spindle; **— de la poupée à diviser** : dividing spindle; **— porte-fraise** : cutter spindle; **— porte-outil** : tool spindle; **— de tour** : lathe spindle; **accouplement à —s multiples** : multi-pin clutch; **nez de la —** : spindle nose.
brochure, plaquette : booklet.
brom(e) : bromine; **—oforme** : bromoform; **—ure** : bromide; **—ure d'arsenic** : bromide of arsenic; **—ure d'éthyle** : ethyl bromide; **—ure de magnésium** : bromide of magnesium; **—ure de potassium** : bromide of potassium.
bronze : bronze; **— blanc** . white bronze; **— à coussinets** : bush metal; **— à l'étain** : tin bronze; **— marchand** : commercial bronze; **— phosphoreux** : phosphor bronze; **— siliceux** : silicium bronze.
brosse métallique : wire bush; **machine à —r les tôles** : sheet brushing machine.
brouette : wheelbarrow.
brouter (*machines*) : to chatter.
brownien (mouvement —) : brownian movement.

broyage : crushing; milling; — **excessif** (*d'une partie des matières passant au concasseur*) : overgrinding; — **fin** : fine crushing; — **par gravité** : gravity milling; — **humide** : wet reduction; — **des minerais** (*en vue de leur concentration*) : ore milling; — **préalable** : coarse crushing, preliminary crushing; — **à sec** : dry reduction; — **secondaire** : recrushing; **aptitude au —, à la pulvérisation** : grindability; **installation de —** : breaking plant.

broyer : to crush, to mill, to pound.

broyeur : crusher, mill, grinder; — **à argile** (*pour briques*) : pug mill; — **à boulets** : ball mill, ball tube mill; — **centrifuge** : centrifugal breaker; — **à charbon** : coal cracker; — **par chocs** : impact breaker; — **à ciment** : cement mill; — **à coke** (*à cylindres dentés*) : coke cutter; — **à cônes** : conical breaker, cone crusher; — **à cylindres** : roll-crusher, roll-type crusher; — **à galets** : pebble mill; — **à mâchoires** : jaw crusher; — **à marteau** : hammer crusher, swing-sledge mill; — **à meules** : edge mill; — **de minerai** : ore crusher; — **primaire** : pre-crusher; — **rotatif à boulets** : revolving ball mill; — **secondaire** : recrusher.

brûler un feu rouge : to run past a red light.

brûleur : burner; — **à charbon pulvérisé** : pulverized fuel burner, coal dust burner; — **à couronne** : ring burner; — **à découper** : fusion burner; — **à gaz** : gas burner; — **à huile, à mazout** : oil burner; — **à souder** : welding burner.

brûlure (*de l'acier*) : burning (*of steel*); — **de moulage** (*dans l'acier*) : grinding burn (*in steel*).

brunissoir : buff.

brut : rough, gross; —, **non fini** : blank; — **de coulée** : as cast; raw-cast, rough-cast; — **de forge** : rough forged; **à l'état —, non travaillé** : unwrought; **matière —e** : raw; **poids —** : gross weight; gross; **recette —e** : gross receipts; **salaire —** : gross wages.

bulbe : bulb; — **du thermomètre** : thermometer bulb.

bull-dozer : bull-dozer.

bulle : bubble; (**métallurgie**) : blowhole.

bulletin de livraison : delivery order.

bulletin de paie : due bill.

bure (*mines*) : winze, staple, staple pit.

bureau : office; — **central** : head office; — **comptable** : accountant office; — **d'embauche** : employment office; — **d'études** : engineering service; — **de placement** : employment agency; — **technique** : technical office; — **de vente** : sale office; **Grands Bureaux** : Main Office.

burette d'huile : oil-can.

burin : burin; chisel; — **à chaud** : hot chisel; — **à main** : hand chisel; — **pneumatique** : pneumatic chisel.

burineur (**marteau —**) : chipper, chipping hammer.

buse (*canar d'aérage*) : ventilating pipe;

busette : nozzle, jet.

butane : butane; **gaz —** : butane gas.

butée : dog; stop; — **à billes** : ball thrust bearing; **palier de —** : thrust bearing; **rondelle de —** : thrust washer.

butoir : buffer; bumping post; — **à ressort** : spring buffer.

butte (*boisage, dans les mines*) : prop, pit-prop, wooden prop.

by-pass : by-pass, deviation.

C

cabestan : capstan, vertical winch.

cabine (*de portique, de pelle à vapeur...* : cab, cabin, cage; **— du conducteur** : driver's cage.

câblage : cabling.

câble (*cordage*) : cable, rope; (*électrique*) : cable, electric cable;**— aérien** : overhead cable; **— d'aloès** : manila rope, aloe rope; **— antigiratoire** : non-rotating rope; **— armé** : armoured cable; **— de chanvre** : hemp rope; **— clos** : closed cable; **— de connexion** : linking cable; **— électrique à plusieurs conducteurs** : multiconductor cable; **— d'équilibre** (*mines*) : balance rope; **— d'extraction** (*mines*) : hoisting rope, winding rope; **— de frein** : brake cable; **— à gaine métallique** : metal-clad cable; **— guide** : guide rope; **— métallique** : wire cable, wire rope; **— nu** : bare cable; **— plat** : flat cable; **— — métallique** : flat steel cable; **— préformé** : preformed rope; **— porteur** : bearing rope; **— principal** : main cable; main; **— queue** : tail rope; **— de retour** : return cable; **— d'un téléphérique** : fall rope; **— rond** : round cable; **— sans fin** : endless rope; **— de sisal** : sisal rope; **— de sondage** : drilling cable; **— souple** : flexible cable; **— sous caoutchouc** : rubber covered cable; **— sous plomb** : lead covered cable; **— souterrain** : underground cable; **— téléphonique** : telephone cable; **— tête** : main rope; **traînage par — et câble queue** : main and tail haulage; **— à torsion Lang** : Lang design rope; **— tracteur** : pulling rope; **— de traînage, — de halage** : haulage rope; **— traînant** : trailing rope; **— de transport de force** : power cable; **commande par —** : rope drive; **surveillance des —s** : cable care.

câbler : to cable.

câblogramme : cablegram.

cadastre : cadaster.

cadenas : padlock; **—ser** : to padlock.

cadmium : cadmium; **sulfure de —** : cadmium sulphide.

cadran : dial; **indicateur à —** : dial indicator; **thermomètre à —** : dial thermometer.

cadre : frame; (*charpente*) : framework; **— de bicyclette** : cycle frame; **— de boisage** (*mines*) : set of a timber; **— — de galerie** (*mines*) : gallery frame; **— métallique de galerie de mines** : steel set; **appareil à — mobile** (*en électricité*) : moving coil instrument; **—s jointifs** (*mines*) : joining sets; **chapeau de —** : cap; **montant de —** : post.

caesium : caesium.

cage : cage, box; housing, casing; **— duo** : two high rolling stand; **— d'escalier** : stair-case; **— d'extraction** (*mines*) : cage, pit cage; **— de laminoir** : stand, rolling stand; **moteur à — d'écureuil** : squirrel cage motor.

cahier des charges : contract specifications.

caisse (***bureau de paiement***) : cashier's office; **— à claire-voie** : crate; **— d'emballage** : packing case; **— enregistreuse** : cash register; **— d'épargne** : savings-bank; **— de maladie** : sick benefit society ; **—à recuire** : annealing box; **— de secours mutuel, société de secours** : benefit society; **compte de —** : cash account; **livre de —** : cash book.

caissier : cashier; teller.

caisson : chest; **— en acier** (***pour fondations sous l'eau***) : steel caisson; **poutre en —** : box girder, box-section type girder.

calage des balais (***électricité***) : brush shifting.

calamine (***minerai de zinc***) : calamine; (***dépôt d'oxydation***) : scale, oxide scale.

calandre : calender; **—r** : to calender.

calavérite : calaverite.

calcaire (***subst.***) : limestone; (***adj.***) : calcareous; **— coquillier** : shelly limestone; **— jurassique** : Jura limestone.

calcareux : calcareous.

calcination : calcination, roasting; **apte à la —** : roastable.

calciner, griller (***les minerais***) : to calcine; to roast; **four à —** : burning kiln, calcining kiln.

calcite : calcite.

calcium : calcium; **carbure de —** : calcium carbide; **chlorure de —** : calcium chloride; **sulfate de —** : calcium sulfate.

calcul : reckoning, calculation; **— différentiel** : differential calculus; **— intégral** : integral calculus; **— des salaires** : wages reckoning; **— vectoriel** : vector calculus; **—ateur électronique** : electronic calculator; **—atrice électronique** : electronic computer; **—er** : to calculate; to reckon; to compute; **machine à —er** : calculating machine.

cale (***boisage***) : block; (***pour roue***) : wedge; **— en bois** : wooden wedge; **— à rattrapage de jeu** : taper gib; **— d'un navire** : hold; **— de construction, de radoub** : slip; **— de lancement** : slipway; **— sèche** : dry dock.

calé sur l'arbre : keyed to the shaft; **— en porte-à-faux** : overhung.

caléfaction : calefaction.

calepin : note-book.

caler (***une roue***) : to wedge, to scotch (*a wheel*).

calfater une fissure : to calk a seam.

calibrage : sizing; **— à deux tamis** : double-screen sizing; **dispositif de —** : sizing device.

calibre (***diamètre intérieur***) : caliber, calibre; (***instrument***) : calipers, callipers, gauge; **— d'épaisseur** : thickness gauge; **— femelle** : snap gauge; **— de filetage** : screw pitch gauge; **— de mécanicien** : machinist's gauge; **— micrométrique** : micrometer callipers (*pl.*); **— de tolérance mâle** : tolerance plug gauge.

calibré : true to gauge.

calibrer : to calibrate, to size, to gauge; **— un gicleur** : to size a tip; **machine à —** : sizing machine.

calibreur : sizer.

calorie : calorie, calory, heat unit, thermal unit; **équivalent mécanique de la —** : mechanical equivalent of heat.

calorifère : heater, heating apparatus; **— à air chaud** : hot-air stove.

calorifique : calorific.

calorifugé : heat-insulated.

calorifuge (***subst.***) : heat-insulating material; (***adj.***) : heat-insulating; **—age** : thermal insulation.

calorimètr(e) : calorimeter; **—ie** : calorimetry; **—ique** : calorimetric; **bombe —ique** : calorimetric bomb.

calotte (***sens général***) : cap, calotte; (***architecture, mathématiques***) : calotte; **—sphérique** : spherical calotte.

calque (***dessin***) : tracing; **—r** : to trace (*a drawing*); **papier à —r** : design paper; **—ur** (***dessin***) : tracer.

cambouis : sludge.

cambrien (***géologie***) : cambrian.

cambrure : camber.

came : cam; **—d'admission** : inlet cam; **— en cœur** : heart cam; **— d'échappement** : outlet cam; **— -maîtresse** : master-cam; **— retardatrice** : retarding cam; **— de rupteur** : interrupter cam; **arbre à —s** : camshaft.

camion automobile : motor-lorry, motor-truck; **— basculant par l'arrière** : end tipper; **— à benne basculante** : tip-cart; **— citerne** : tank lorry; **— à déversement latéral** : side tipper; **— -navette** (***mines***) : shuttle-car; **— —muni (suivi) d'un élévateur** : shuttle-car with elevating discharge (*ou* : with elevator); **livraison par camion** : truck delivery; **—nage** : cartage, truckage; **—nette** : light lorry.

camphre : camphor.

camphrée (huile —) : camphor oil.

canal (***conduit***) : duct; (***voie navigable***) : canal; waterway; **— d'aérage** : ventilating duct; **— d'amenée** (***de l'eau à une machine hydraulique***) : penstock; **— de coulée** : sprue; **— de dérivation** : diversion canal; **— d'écoulement** : drain; **— d'entrée, passage d'admission** : inlet; **— de fuite** : tail race; **— de jonction** : junction canal; **— latéral** : side canal; **— de trop-plein** : spillway.

canalisation (***conduite***) : line; (***tuyauterie***) : pipe line; **— d'adduction de pétrole** : oil pipe line; **— d'air** : air line; **— de distribution** : distributing main; **— d'eau** : water line; **— électrique** : electric line; **— d'égout** : sewers, drains; **— de gaz** : gas line; **— principale** : main, water main, gas main.

canar d'aérage (***mines***) : ventilation pipe.

candidature (***à un emploi***) : bidding (*for a job classification*).

canevas (***étoffe***) : canvas.

caniveau : conduit, culvert.

cannel-coal : cannel-coal, candle-coal.

cannelé : grooved.

cannelure : groove; grooving; **— semi-circulaire** : flute; **—s d'un tambour de treuil** : grooving on a hoist drum.

canon à brouillard (***contre les poussières, dans les mines***) : fog gun.

cantine pour ouvriers célibataires : quarters for unmarried personnel, for bachelors.

caoutchouc : rubber; india rubber; **— mousse** : sponge rubber; **— naturel** ; natural rubber; **— synthétique** : synthetic rubber; **câble sous —** : rubber-covered cable; **courroie en —** : rubber belting; **garniture en —** : rubber packing; **joint en —** : rubber facing; **pneumatique en —** : rubber tire; **roulette de —** : rubber ring; **tuyau en —** : rubber hose.

caoutchoutée (***toile***) : india rubber (*canvas*).

capacité : capacity, content, cubical content, holding capacity; **— calorifique** : heat capacity; **— de chargement** : loading capacity; **— —** (***d'un wagon***) : load capacity; **— du condensateur** : condenser capacity; **— de débit** (***d'un tuyau***) : delivery capacity (*of a pipe*); **— de fraisage** : countersinking capacity; **— de godet** : bucket capacity; **— horaire** : hourly capacity; **— installée** (***d'une centrale***) : installed capacity; **— de levage** : hoist capacity, lifting capacity; **— — d'un palan** : capacity of hoist; **— nominale** : rated capacity; **— d'ouverture d'un mandrin** : capacity of a chuck; **— de perçage** : capacity of drilling; **— de pompage** :

capacité *(suite)*
pumping capacity; — **de surcharge** : overload capacity; — **thermique** : thermal capacity; — **de travail** : working capacity; — **utile** : utilisable capacity.
capillaire : capillary; **attraction** — : capillary attraction; **fissure** — : hair crack, hair lining; **structure** — : capillary structure; **tension** — : capillary pressure.
capillarité : capillarity.
capital : capital; (*actions*) : stock; — **actions** : joint stock; — **-circulant** : circulating-capital; — **engagé** : initial investment, original investment; — **fixe** : fixed capital; — **flottant** : floating capital; — **immobilier** : fixed capital; — **roulant** : circulating capital; —**isation** : capitalization; —**iser** : to capitalize; —**isme** : capitalism; —**iste** : capitalist.
capot : cover; — **d'automobile** : bonnet; — **du moteur** : engine bonnet; —**age** (*autom.*) : turnover; —**e de voiture** : car hood; **relever la** —**e** : to raise the hood; —**er** (*véhicules*) : to turn over.
capsule : capsule; percussion cap; (*tir*) : blasting cap.
captage du grisou : methane drainage.
captation (tube de —) : drive pipe.
capteur de poussières : dust-catcher.
capuchon : bonnet, cap; — **anti-poussières** : dust cap; — **protecteur** : hood; — **de moyeu** : protecting hub cap; — **de roue** (*autom.*) : axle cap.
caractères fondamentaux : fundamental features.
caractéristique (*subst.*) : characteristic, feature; (*adj.*) : characteristic, characteristical; —**s d'éclatement** (*de pièces tournantes*) : burst characteristics; —**s de rupture** : fracture characteristics; —**s de traction sur éprouvette entaillée** : notchtensile characteristics; —**s de travail** : working data; —**s à vide** : no load characteristics; **traits** —**s** : fundamental features, marked features.
caravane (*roulotte*) : caravan.
carbonate : carbonate; — **de chaux** : carbonate of lime; — **hydraté** : hydrous carbonate; — **de magnésie** : magnesium carbonate; — **de potasse** : potassium carbonate; — **de soude** : sodium carbonate.
carboné : carbonaceous.
carbone : carbon; — **fixe** : fixed carbon; **acier pauvre en** — : low carbon steel; **acier riche en** —; **acier à haute teneur en** — : high carbon steel; **copie au** — : carbon copy; **oxyde de** — : carbon monoxide; **papier** — : carbon paper.
carbonifère : carboniferous; **époque** — : carboniferous age; **terrains** —**s** : carboniferous formation.
carbonique : carbonic; **acide** — : carbonic acid; **gaz** — : carbon dioxide, carbonic acid gas.
carbonisation : carbonization, carbonizing; — **à basse (haute) (moyenne) temperature** : low (high) (medium) temperature carbonization; **durée de** — : carbonizing time; **four de basse** — : low carbonization oven; **gaz de basse** — : low carbonization gas.
carboniser : to carbonize, to char.
carborundum : carborundum; **sable de** — : carborundum fire sand.
carburant : motor fuel; — **auto** : motor spirit; — **pour réacteurs** : jet fuel.
carburateur : carburettor; — **à plusieurs gicleurs** : multi-jet carburettor; **double** — : duplex carburettor; **régler le** — : to adjust the carburettor.
carburation : carburation; — **du fer** : carburization of iron.
carbure : carbide; — **de bore** : boron carbide; — **de calcium** : calcium carbide; — **de chrome** : chromium carbide; — **de fer** : iron carbide; — **de silicium** : silicon carbide; — **de titane** : titanium carbide;

carbure (*suite*)
— de tungstène : tungsten carbide; **—s métalliques** : metal carbides.

carburée (outil à pointe —) : carbide-tipped tool.

carcasse : housing; **— de magnéto** : magneto housing; **— métallique** : steel skeleton.

cardioïde : cardioid.

cardox : cardox.

cargo (—boat) : tramp (steamer); **— aérien** : freight plane.

carneau : draft, draught; flue; **— à gaz** : gas flue; **cendres de —x** : flue dust.

carnet (*de poche*) : note-book; memorandum book; **— de chèques** : cheque book.

carottage (*de recherche*) : core drilling; **— au diamant** : diamond core drilling; **— à la grenaille** : shot core drilling.

carotte (*pour caler une roue*) : sprag; (*à enrayer les roues*) : scotch; **— échantillon** (*sondages*) : cored sample; **— de sondage** : drill core; **récupération des —s** : core recovery; **—r** (*sondages*) : to core.

carottier (tube —) : core drill.

carré (*adj.*) : square; **— d'un nombre** : square of a number; (*figure géométrique*) : square; **acier —** : square bar steel; **élever un nombre au —** : to square a number; **au —** (*élevé à la puissance deux*) : quadrate.

carreau (*de parquet*) : floor tile; (*revêtement du sol*) : paving tile; (*de vitre*) : pane (*of glass*); **— en mosaïque** : mosaic floor tile; **sur le —, dans les mines** : on the bank.

carrier (maître —) : quarry owner.

carrière : quarry; **— d'ardoise** : slate quarry; **— de castine** : limestone quarry; **— de granit** : granite quarry; **— de lignite** : lignite pit; **— de marbre** : marble quarry; **— de pierre** : stone quarry.

carrosserie d'automobile : car body; **— fermée** : enclosed car body; **— tout acier** : all-steel body; **ateliers de — automobile** : body-building works.

carrossier : body-builder.

carte, diagramme : card; **— géologique** : geological map; **confection de la — —** : geological mapping.

cartel : cartel.

carter : housing, casing; case, cover, enclosure; **— de moteur** : crank case; **— d'engrenages** : gear case, gear guard; **— étanche** : tight case; **— à huile** : oil-case; **mettre sous —** : to incase.

carton : cardbord, pasteboard, paper board; **— bitumé** : asphalted cardboard; **— — pour toitures** : roofing paper; **— ondulé** : corrugated cardboard; **— perforé** : perforated pasteboard.

cartouche (*d'explosif*) : cartridge; **— amorce** : priming cartridge; **— au charbon** : coal-mining cartridge; **— fusible** (*électricité*) : fusible plug; **— au rocher** : rock cartridge; **— de sûreté** : safety cartridge; **faire partir une —** : to detonate a cartridge; **—rie** : cartridge works.

cassage : breakage.

cassant, fragile (*métallurgie*) : brittle, short; **devenir —** (*en métallurgie*) : to become brittle; **état —, fragilité** (*des aciers*) : brittleness; **tendance à devenir —** : embrittlement.

casse-boulons : bolt-breaker.

casse-gueuses : pig breaker.

casser (*en parlant du toit dans les mines*) : to break.

casseur de blocs sur grille : grizzlyman.

cassure, rupture : break; (*fente, crique*) : fissure; **— de fatigue** (*métallurgie*) : repeated stress failure; **— fibreuse** : cleavage fracture; **— à front** (*mines*) : coal-face ripping; **— du toit** (*mines*) : roof-break.

castine : limestone.
catalogue : catalogue.
catalyse : catalysis; **—ur** : catalyst; **—ur en poudre** : powdered catalyst.
catalytique : catalytic.
catégorie : category; class; **— d'emploi** : job classification.
catastrophe : disaster; **— minière** : mine disaster, mining catastrophe.
cathode : cathode; **— à incandescence** : incandescent cathode.
cathodique (rayonnement —) : cathode-ray.
cation : cation.
caustique : caustic; **courbe —** : caustic-curve; **potasse —** : caustic potash; **soude —** : caustic soda.
cavitation : cavitation.
cavité : cavity.
céder (*v. n.* et *v. a.*) : to yield.
ceinture de sûreté : safety belt.
cellophane : cellophan.
cellulaire : cellular.
cellule : cell; **— photoélectrique** : photoelectric cell.
celluloïd : celluloid.
cellulose : cellulose.
cément (*métallurgie*) : case-hardening-compound.
cémentation : cementation; **(*trempe superficielle par cémentation*)** : case hardening; **— à l'azote** : nitrogen hardening, nitrogen case-hardening; **— gazeuse** : gas carburizing; **— et nitruration simultanées des aciers** : carbonitriding of case hardening steel; **acier de —** : case-hardened steel; **produit de —, poudre de —** : cementation agent, case hardening agent, case hardening compound.
cémentée à l'azote (fonte) : nitrogenhardened cast (iron).
cémenter : to case-harden, to carburize; **four à —** : case hardening furnace.
cémentite : cementite.
cendres : ashes; cinders; **— constitutives (*du charbon*)** : inherent ash (*in coal*); **— folles, — de carneaux** : flue dust; **— volcaniques** : volcanic ash; **teneur en —** : ash content.
cendrier d'appareil de chauffage : ash box, ash tray; **— de chaudières, etc.** : ashpit.
centésimal : centesimal; **minute —** : centesimal minute.
centigrade : centigrade.
centigramme : centigram, centigramme.
centilitre : centilitre.
centimètre : centimetre, centimeter; **— carré** : square centimeter; **— cube** : cubic centimetre.
centipoise (*viscosité*) : centipoise.
centrage : centering; **— automatique** : self centering; **dispositif de —** : centering attachment, centering device; **mécanisme de —** : centering mechanism.
centrale, station — : central station; power plant, power station, power house; **— à charbon pulvérisé** : pulverized coal plant; **— électrique** : electric power house; **— hydroélectrique** : hydroelectric power plant, water power plant; **— thermique** : steam plant, thermic power station; **commande —** : center driving, centralised control.
centre : center, centre; **— de courbure** : center of curbature; **— de gravité** : center of gravity; **— industriel** : industrial center; **— d'inertie** : centre of inertia; **— d'oscillation** : centre of oscillation; **— de rotation** : centre of rotation.
centrer : to center.
centrifuge : centrifugal; **compresseur —** : centrifugal compressor; **coulée —** : centrifugal casting; **force —** : centrifugal force; **pompe —** : centrifugal pump; **régulateur —** : centrifugal governor; **séparateur —** : centrifugal separator; **soufflante —** : centrifugal blowing engine; **— use** : centrifuge, centrifugal machine.
centripète : centripetal; **force —** : centripetal force.

céramique (*subst.*) : ceramics (*pl.*); **produits —s** : ceramic products.
cerclage (*haut fourneau*) : jacket, casing.
cercle : circle; **— circonscrit** : circumscribed circle; **— gradué, cadran** : graduated dial; **— inscrit** : inscribed circle; **— primitif** : pitch-circle; **— de tonneau** : hoop.
certificat : certificate, testimony; **— médical** : medical certificate; **— d'origine** : certificate of origin; **— de valeur professionnelle** : certificate of proficiency.
céruse : ceruse, white lead.
cerveau électronique : electronic brain.
cesser le travail; faire grève : to leave off work.
cession : assignment; **—naire** : assignee.
cétone : ketone.
chabotte (d'enclume) : anvil block, anvil stock.
chaîne : chain; **— d'amarrage** : lashing chain; **— à anneaux détachables** : detachable link belt; **— d'arpenteur** : measuring chain, surveyor's chain, land chain; **— articulée sans fin** : block chain; **— d'assemblage** : assembly chain; **— d'attelage** : coupling chain; **— benzénique** : benzene ring; **— à boulons** : pin chain; **— de commande** : drive chain; **— à enrayer les roues** : drag; **— à godets** : bucket chain; multi-bucket chain; **— non saturée (*chimie*)** : unsaturated ring; **— de production** : assembly line; **— à raclettes** : scraper chain; **— à rouleaux** : roller chain; **— sans soudure** : weldless wire chain; **— de sûreté** : safety chain; **— de suspension** : sling chain; **anneau de —** : chain link; **commande par —** : chain drive; **grille à —** : chain grate; **haveuse à —** : chain coal cutter, chain coal-cutting machine; **transmission par —** : chain belt.
chaînette (*géométrie*) : catenary.
chaîneur (*arpentage*) : chainman.
chaînon : link.
chaise : drop hanger, drop shaft hanger; **— de suspension** : hanger.
chaland : barge.
chalcédoine : chalcedony.
chalcocyte : chalcocyte.
chaleur : heat; **— d'absorption** : heat of absorption; **— de combustion** : combustion heat; **— de dissociation** : dissociation heat; **— d'échappement** : exhaust heat; **— de formation** : formation heat; **— de fusion** : fusion heat; **— d'hydratation (*des ciments*)** : heat of hydratation; **— latente** : latent heat; **— sensible** : sensible heat; **— spécifique** : specific heat; **— de transformation** : conversion heat; **— de vaporisation** : vaporization heat; **—s perdues** : waste heat; **récupérer les — —** : to recover the waste heat; **perte de —** : heat loss; **résistant à la —** : heat resisting; **transmission de —** : heat transmission;.
chaloupe : launch.
chalumeau : blow-pipe, blow-torch; **— coupeur** : cutting blow-pipe; **— oxy-acétylénique** ; oxy-acetylene pipe; **— oxydrique** : oxy-hydrogen pipe; **— soudeur** : welding torch, welding blow-pipe; **découpage au —**: flame cutting.
chambre : chamber; room; **— à air (*d'un four*)** : air chamber; **— — — (*d'un pneumatique*)** : inner tube; **— de chauffe** : heating chamber; **— de combustion** : combustion chamber, ignition chamber; **— de Commerce** : Chamber of Commerce; **— de Compensation** : Clearing House; **— d'explosion** : explosion chamber; **— à gaz (*d'un four*)** : gas chamber; **— de mélange** : mixing chamber; **— de régénération** : regenerator chamber; **exploitation par —s- magasins, dans les mines** : shrinkage stoping; **méthode d'exploi-**

chambre *(suite)*
tation par —s et piliers (dans les mines) : room-and-pillar-working.
chamotte : chamotte.
champ (*sens général*) : field; **(*optique*)** : field of view; **— d'action, domaine d'emploi** : field working scope, working range, field of service; **— d'un appareil (*échelle, portée*)** : range; **— électrique** : electric field; **— d'emploi** : scope of usefulness; **— d'exploitation (*mines*)** : panel; **— extérieur** : external field; **— de force** : field of force; **— d'induit** : armature field; **— magnétique** : magnetic field; **— — terrestre** : geomagnetic field; **— de pétrole** : oil field; **— tournant (*électricité*)** : rotating field; **— visuel** : field of vision; **enroulement de —** : field coil; **rhéostat de —** : field rheostat.
champignon (*mécanique, électricité*) : mushroom; **— (de rail)** : rail head.
chandelle, étai (*mines*) : prop, wooden prop.
chanfrein : chamfer; **—er** : to chamfer.
change (*banque*) : exchange; **agent de —** : stock-broker; **cours du —** : rate of exchange; **lettre de —** : bill of exchange, draft.
changement : change; **— de coordonnées** : transformation of coordinates; **— double (*voies ferrées*)** : double switch; **— d'état** : change of state; **— de forme** : change in form; **— de marche** : reversal; **— de poste** : change of shift, relay (of workmen); **dispositif de — rapide** : quick-change gear; **— de vitesse** : speed change, change of speed; **boîte de — —** : speed change box; **tour à — — rapide** : quick-change lathe; **— de voie, croisement** : switch, crossing; **— de volume** : volume change.
changer le sens de marche, renverser le mouvement : to reverse the motion.
changeur de fréquence : frequency changer.
chantier, emplacement de travail : work place; site of work, working site; **— de constructions navales** : shipbuilding yard, dockyard; **— large (*mines*)** : stall; **chef de —** : foreman.
chanvre : hemp; **— de Manille** : Manila hemp; **câble en — —** : Manila rope; **cordage de —** : hemp rope.
chape (*d'une poulie*) : shell.
chapeau (*capuchon protecteur*) : hood; **— (*mécanique*)** : bonnet, cap; **— de cadre (*mines*)** : cap; **— d'enclume** : anvil cap; **— d'extrémité (*de palier*)** : end cap; **— de galerie** : drift cap; **— de palier** : bearing cap; **— de presse-étoupe** : follower.
chapelle de soupape : valve chest.
chaperon (*de mur*) : coping.
chapiteau de cheminée : chimney top.
charbon : coal; **— actif, — activé** : activated carbon; **— adsorbant** : adsorptive carbon; **— animal** : animal charcoal; **anthraciteux** : stone-coal; **— barré** : banded coal; **— bitumineux** : bituminous coal; **— de bois** : charcoal; **— brillant (*élément pétrographique du charbon*)** : bright coal, brillant coal; **— brut, non lavé** : raw coal; **— de chaudières** : boiler coal; **— à coke** : coking coal; **— criblé** : screened coal; **— domestique** : household coal; **— épuré** : clean coal; **— flambant** : flame coal, flaming coal; **—de forge** : forge coal; **— extra-pur** : ultra-clean coal; **— à gaz** ; gas coal; **— gonflant** : expanding coal; **— en grains** : pea coal; **— graphitique** : graphitic coal; **— gras** : fat coal; **— lavé** : washed coal; **— maigre** : lean coal; **— — à longue flamme** : open-burning coal; **— menu, fines** : fine coal, small coal; **— non cokéfiant** : non coking coal; **— préparé pour la vente** : dressed coal; **— pulvérisé** : pulverized coal, pulverized fuel, powdered coal, powdered fuel; **brûleur à — —** : pulverized fuel

charbon *(suite)*
burner; **chauffage au — —** : powdered fuel firing; **— pur** : pure coal; **— de soute** : bunker coal; **— de terre** : pit-coal; **— vapeur** : steam coal; **—nier (*exploitant d'une charbonnière*)** : charcoal burner.

charge (*sens général*) : load; **— *d'un wagon*** : load; **(*marchandises circulant contre paiement*)** : freight; **— additionnelle (*métallurgie*)** : additional charge; **— admise, charge de sécurité** : safe-load; **— d'allongement permanent** : permanent elongation load; **— brute** : gross load; **— concentrée (*résistance des matériaux*)** : concentrated load; **— creuse** : hollow charge, shaped charge; **— dynamique** : live load; **— électrique** : electric charge; **— d'épreuve** : test load; **— équilibrée** : balanced load; **— non équilibrée** : unbalanced load; **— de l'essieu** : axle load; **— d'explosif** : charge of explosive; **— d'extraction** : hoisting duty; **— fixée** : stipulated load; **— d'un four, d'un convertisseur (*métallurgie*)** : batch; **— limite** : ultimate load; **— maximum** : maximum load; **— normale** : normal load; **— nucléaire** : nuclear load; **à — nulle** : under no load; **limite de — par essieu** : limit of weight per axle; **à — partielle** : at partial load; **— permanente** : permanent load; **— de pointe** : crest load; **— de rupture** : breaking load, breaking strain; **—s sociales** : social charges; **— statique** : dead load; **— de travail** : working load; **— uniformément répartie** : uniform load, uniformly distributed load; **— utile** : useful load; **à — variable** : at varying loads.

chargement : loading, lading; filling; **(*mines*)** : mucking; **— (*marchandises*)** : freight; **— à main** : hand mucking, hand filling; **— automatique des hauts fourneaux** : automatic charging of blast furnaces; **— mécanique** : mechanical loading; **— par raclage** : scraper loading; **appareil de —** : charging device; **banc de —, dans les lampisteries de mines** : charging rack; **capacité de —** : load capacity, loading capacity; **chariot de —** : charging car; **ouverture de —** : filling hole; **plateforme de —** : charging floor; **point de —** : loading point; **skip de — dans les hauts fourneaux** : charging bucket; **vitesse de —** : loading rate.

charger (*mettre une charge*) : to load; to lade; **— un bateau** : to load a ship; **— une batterie d'accumulateurs** : to charge a storage battery; **— un trou de mine** : to charge a hole, to load a hole.

chargé à ras bord : even full.

charges financières : financial charges.

charges intermittentes : intermittent loads.

chargeur : filler, loader; **— de batterie** : battery charger.

chargeuse : loading machine, loader; **— à godet** : bucket loader; **— mécanique (*mines*)** : mechanical loader, power loader, minecar-loader, mine loader, mucking machine, loading machine; **— à racloir** : scraper loader; **— semi-automatique** : semi-automatic loader.

chariot (*de tour*) : carriage; slide; **— (*voiture à quatre roues*)** : waggon; **(*industrie*)** : car; **— de chargement** : charging car; **— élévateur** : lift truck; **— d'extinction du coke** : coke quenching car; **— de manutention (*des lingots*)** : manipulator; **— de pont-roulant** : travelling crab; **— porte-fraise** : milling carriage; **— porte-outil** : tool-carrying head, tool slide; **— porte-poche** : ladle car; **— transbordeur** : transfer car; **— de translation** : end truck.

chariotage : plain turning.

charme (*bois*) : hornbeam.
charnière : hinge joint; (*articulation*) : knuckle.
charpente : frame-work; **— métallique** : steel structure, structural work, lattice; **pièces de —** : members of structure, structural work members.
charpentier : carpenter; **— qualifié** : journeyman carpenter.
charpie de laine : wool waste.
charron : cartwright.
charte-partie : charter.
chasse-boulons : drift-bolt.
chasse-goupille : pin-driver.
chasser un coin : to drive a wedge.
châssis : frame; (*d'automobile*) : chassis.
château d'eau : elevated tank water tower, elevated water, storage tank.
chatterton : chatterton; **compound à base de —** : chatterton compound.
chaude (*métallurgie*) : heat; **— rouge cerise** : cherry-red heat; **— rouge sombre** : dark red heat, blood red heat; **— rouge vif** : bright red heat.
chaudière : boiler; generator, steam generator; **— à bouilleurs** : french boiler; **— — transversaux** : cross-tube boiler; **— de chauffage** : heating-boiler; **— à circulation forcée** : forced circulation boiler; **— cylindrique simple** : elephant boiler; **— à foyer intérieur** : flue boiler; **— marine** : marine boiler; **— multitubulaire** : multitubular boiler; **— à récupération des chaleurs perdues** : waste heat boiler; **— retubée** : retubed boiler; **— à tubes d'eau** : water tube boiler; **— à tubes de fumées** : fire tube boiler; **— à tubes inclinés** : inclined tube boiler; **— tubulaire** : tubular boiler; **— à vapeur** : steam boiler; **alimentation à la main des —s** : hand firing; **alimentation mécanique des —s** : stoker firing; **bâtiment des —s** : boiler house; boiler room; **chauffeur de —s** : stoker, fireman; **foyer de —** : boiler furnace; **pompe alimentaire de —** : boiler feed pump; **tôle de —s** : boiler plate; **tube de —** : boiler tube.
chaudronnier : coppersmith.
chaudronnerie : boiler-making; **atelier de —** : flue-shop.
chauffage : heating; **— à l'air chaud** : fan heating; **— à l'eau chaude** : hot-water heating; **— central** : central heating; **— au charbon pulvérisé** : coal dust firing; **— continu** : permanent heating; **— domestique** : domestic heating; **— par les gaz perdus** : waste gas heating; **— par induction** : induction heating; **— au poussier de coke** : coke dust firing; **— par résistance** : resistance heating.
chauffe : firing, heating; **— à blanc** : white heating; **— au charbon pulvérisé** : pulverized coal firing, pulverized fuel firing, powdered fuel firing; **— -eau** : water-heater; **— au gaz** : gas-firing; **— au rouge cerise** : cherry red heating; **— au rouge sombre** : dark red heating.
chauffé à blanc : white hot; **— au gaz** : gas fired, gas heated; **— au gaz de cokerie** : coke oven gas heated.
chauffer (*sens général*) : to heat; (*v. n.*) **en parlant d'une machine** : to run hot; **— une chaudière, mettre une chaudière sous pression** : to heat up a boiler.
chaufferie : boiler house, boiler room.
chauffeur (*de locomotive, de chaudière*) : fireman, stoker.
chaufournier : lime-burner.
chaulage (*mines*) : whitewash on underground roadways.
chauleur (*mines*) : whitewasher.
chaussée (*d'une route*) : roadway.
chaussure en caoutchouc : rubber boot, gum boot.
chaux : lime; **— éteinte** : slaked-lime; **— sodée** : soda lime; **— vive** : quicklime; **— hydraulique** : hydraulic lime; **carbonate de —** : carbonate

chaux *(suite)*
of lime; **four à —** : lime kiln; **pierre à — calcaire** : limestone.

chef : leader; **— d'atelier** : machine shop overseer, machine-shop head; **— de bureau** : head clerk; **— comptable** : accountant-general, chief accountant; **— électricien** : chief electricien; **— d'équipe** : foreman, boss, overman, crew leader; **— d'exploitation** (*mines*) : mine manager; **— fondeur** : foundry foreman; **— de gare** : station master; **— lamineur** : rolling-mill foreman; **— lampiste** : head lampman; **— laveur** : washery foreman; **— mécanicien** : master-mechanics; **— du personnel** : personal manager; **— de poste** (*mines*) : shift boss; **— de service** : department head; department chief; **— des —s financiers** : treasurer; **— du service des ventes** : sales manager.

chemin de fer : railway; railroad (U. S. A.); **— à crémaillère** : rock railway; cogwheel railway; **— minier** : mine railway; **— à voie étroite** : narrow gauge railway; **— à voie normale** : standard gauge railway; **embranchement de —** : branch railway; **ligne de —** : railway line; **pont de —** : railway bridge; **signaux de —** : railway signals; **voiture de —** : railway car, railway carriage, passenger car; **wagon de —** : railway-car, freight car.

chemin : way, path; **— de halage** : tow-path; **— de roulement** : runway, sliding path, roller path.

cheminée : chimney; **— en tôle** : smoke stack; (*géologie*) : chimney; **bure d'évacuation des produits** (*mines*) : draw hole; **— d'aération** : ventilation funnel; **— de circulation** (*des hommes ou des produits*) **dans les mines** : shoot; **— de machine à vapeur** : funnel.

chemise : bushing; **— de cylindre** : cylinder liner, cylinder sleeve; **— — amovible** : movable cylinder liner; **— d'eau** (*pour réfrigération*) : water-jacket, water packeting.

chemisé (gainé) : jacketted.

chenal du port : harbour channel.

chêne : oak.

chenille : caterpillar; crawler, crawler chain; **montage sur —s** : caterpillar mounting; **—s sur ressorts** : spring crawlers; **sur —s** : caterpillar mounted; **tracteur sur —s** : caterpillar tractor; **traction par —s** : caterpillar traction, crawling traction.

chèque : cheque; **— barré** : crossed cheque; **— au porteur** : bearer cheque; **carnet de —s** : cheque book.

chercheur : seeker; **— de grisou** : fireman; **— de lunette** : finder; **— d'or** : gold seeker.

cheval : horse; **— -heure** : horse-power hour (H.P./hr); **— -vapeur** : horse-power; **petit —** (*moteur auxiliaire*) : donkey engine.

chevalement (*de mine*) : pit-head frame; **— d'extraction** (*mines*) : hoist frame.

chevalet : rack; **(tréteau)** : trestle.

cheville : peg; plug; **— de bois** : spike; **— ouvrière** : king bolt.

chèvre (*de levage*) : breast derrick.

chevron (*toitures*) : rafter; **engrenage à —s** : herringbone gear.

chicanes : baffles; **dispositif de —** : baffling; **plaques en —** : baffle plates.

chiffon : rag.

chiffre : figure; **— d'affaires** : turn over; **en —s ronds** : in round figures.

chignole : breast drill.

chimie : chemistry; **— minérale** : inorganic chemistry; **— organique** : organic chemistry.

chimique : chemic, chemical; **engrais —** : chemical manure; **produits —s** : chemical compounds, chemicals; **réactif —** : chemical reagent; **réaction —** : chemical reaction; **usine —** : chemical plant.

chimiste : chemist; — **chargé des analyses** : analyst; **ingénieur** — : chemical engineer.
chlorate : chlorate; — **de potasse** : chlorate of potash; — **de soude** : chlorate of soda.
chlore : chlorine, chlorine gas; — **actif** : active chlorine.
chloroforme : chloroform.
chloruration (usine de ...) : chloridizing mill, chlorination mill.
chlorure : chloride; — **d'aluminium** : aluminium chloride; — **d'ammonium** : ammonium chloride; — **d'antimoine** : antimony chloride; — **d'argent** : silver chloride; — **de cadmium** : cadmium chloride; — **de calcium** : chloride of calcium; — **de chaux** : chloride of lime; bleaching powder; — **cuivreux** : cuprous chloride; — **cuivrique** : cupric chloride; — **d'étain** : tin chloride; — **d'éthyle** : ethyl chloride; — **de magnésium** : magnesium chloride; — **mercureux** : mercurious chloride; — **mercurique** : mercuric chloride; — **de platine** : platinum chloride; — **de polyvinyle** : polyvinyl chloride; — **de potassium** : potassium chloride; — **de sodium** : sodium chloride, chloride of sodium; — **de vanadium** : vanadium chloride.
chlorurer : to chloridize, to chlorinate.
choc : shock; impact; **onde de** — : shock valve; **empêcher les —s dans les clapets, etc.** : to prevent impacts; **résister aux —s, être insensible aux —s** : (***explosifs***) : to withstand impact; **sollicitation par les —s répétés** : repeated impact stresses.
choix, tri : selection, choice.
chômage : unemployment, work cessation, work stoppage; **allocation de** —: unemployment benefit; **en** — : off work, unemployed; **lutter contre le** — : to combat unemployment.
chômer : to be unemployed.
chromate : chromate.
chromatique : chromatic.
chrome : chromium; **placage de** — : chromium plating.
chromé : chrome-plated.
chromique (*acide* ...) : chromic acid.
chromisation (*de l'acier*) : chromizing (*of steel*).
chromite (*minerai*) : chromite.
chronographe : chronograph.
chronomètr(e) : chronometer; **—age** : time study; **—eur** : timer; **—ique** : chronometric.
chrysocolle : chrysocolla.
chute : fall; **—s (*métallurgie*)** : own arisings; — **de blocs du toit** : fall of roof rocks; — **d'eau** : waterfall; — **libre** : free fall : — **de lingot** : lingot top; — **de potentiel** : drop of potential; — **de pression, perte de charge** : pressure drop, loss of pressure; **—du toit (*mines*)** : fall of roof; **—s (déchets)** : refuse; **—s de fonderie, d'aciérie pour propre consommation** : circulating scrap; **vitesse de** — : falling velocity.
cible (*but*) : target.
ciel (*de boite à feu*) : roof.
ci-joint ... : ... enclosed.
cimaise (*architecture*) : cyma.
ciment : cement; — **alumineux** : aluminous cement; — **amiante** : asbestos cement; — **artificiel** : artificial cement; — **fondu** : cast cement; — **de haut fourneau** : blast-furnace slag cement; — **hydraulique** : hydraulic cement, water cement; — **de laitier** : slag cement; — **naturel** : natural cement; — **à prise lente** : slow-hardening cement; — **à prise rapide** : quick-setting cement; — **à prise très rapide** : high-early-strength cement; — **prompt** : rapid-hardening cement.
cimentation : cementation; **foncage de puits par** — : shaft sinking cementation process.
cimenter : to cement; — **une fissure** : to seal a rift; **—ie** : cement plant.
cinabre : cinnabar.

cintre : arch; **— déformable** : yieldable arch; **— en I** (*mines*) : arch girder; **— métallique** : steel arch; **— de mine** (*soutènement*) : mine arch; **—r** : to bend; **—use, machine à —r** : bender; bending machine; **plein —** : round arch.

circonférence : circumference.

circonférentiel : circumferential.

circonscrire (*mathématiques*) : to circumscribe.

circuit : circuit; **— anodique** : anode circuit; **— dérivé** : branch circuit, derived circuit; **— électrique** : electric circuit; **— oscillant** : oscillating circuit; **— de plaque** : plate circuit; **— de retour par le sol** : earth return circuit; **— triphasé non équilibré** : unbalanced three-phase circuit; **fermer un —** : to make a circuit; **en — fermé** : in closed circuit; **marche en — —** : closed circuit operation; **mettre hors —, débrancher** : to switch off.

circulaire (*adj. ou subst.*) : circular.

circulation (*sens général*) : circulation; **— d'air** : air circulation; **— forcée** : forced circulation; **— d'huile** : oil circulation; **— de la monnaie** : velocity of money; **— du personnel** (*dans les puits de mine*) : men handle; **galerie, passage pour la — du personnel** (*dans les mines*) : man-way; **graissage par —** : circulation oiling.

circuler : to circulate.

cire : wax.

cisaille : shears; **— à barres** : bar shears; **— à blooms** : bloom shears; **— à guillotine** : gate shears, guillotine shears; **— à levier** : alligator shears; **— poinçonneuse** : punch and shears; **— à tôles** : plate shears; **lame de —** : shear blade, shear knife.

cisaillement : shear; shearing; **effort de —** : shearing strain; shearing stress; **goupille de —** : shearing pin; **résistance au —** : shearing strength.

cisailler : to shear, to shear off; **machine à —** : shearing machine.

cisailleur : shearer.

ciseau : chisel; **— creux** : hollow chisel.

ciseleur : chaser.

citerne : cistern.

cité ouvrière : workmen's colony.

citrate : citrate; **— d'ammoniaque** : ammonium citrate; **— de magnésie** : citrate of magnesia.

citrique (acide...) : citric acid; **solution —** : citric solution.

civière : handbarrow.

claie : hurdle; **— -lavoirs** : hurdle; **— en fil de fer** : wire screen; **tour d'égouttage à —s** : hurdle tower.

claine : slag sand.

clapet : valve; **— d'arrêt** : stop-valve; **— d'aspiration** (*compresseurs*) : inlet valve, suction valve; **— à bascule** : flap-valve, clack-valve; **— à bille, à boulet** : ball valve; **— de décharge** : delivery valve; **— à disque plat** (*compresseurs*) : flat-disc valve; **— de pied** : foot valve; **— de pompe** : pump valve; **— de refoulement** : outlet valve, discharge valve; **— de retenue** : check-valve; **— sphérique** : globe valve; **— de sûreté** : safety valve; **— de tirage, registre** : flue damper; **battement de —** : valve impact; **commande par —** : valve drive.

clarain (*un des éléments pétrographiques du charbon*) : clarain.

clarifiant (*produit*) : clarifier.

clarification : clarification; **— des eaux de lavage** : clarification of washery water; **— des eaux résiduelles** : clarification of waste water.

clarifier : to clarify, to clear.

classe, valeur : rate; **appareil de —, appareil de valeur** : first rate apparatus.

classement (*des charbons au criblage*) : grading, classification; **— des dossiers** : filing; **— granulométrique** :

classement (*suite*)
size classification, sizing; **— préalable (*lavoirs*)** : preliminary classifying.

classer (*par valeur*) : to grade, to class.

classeur (appareil) : classifier, grader; **calibreur** : sizer; **crible —** : grading screen.

classificateur : sorter.

classification : classification; **— du personnel dans les services** : departmental classification.

claveter : to key.

claveté sur l'arbre : keyed to the shaft.

clavette : spline; key, cotter; **— conique**: taper key; **— fendue** : split key; **mandrin à —** : key-chuck, key-operated chuck.

clé : key; **— anglaise** : nut wrench, screw wrench; **— à bougies** : spark plug wrench; **— coudée** : elbow wrench; **— à huit pans** : octagonal spanner; **— à molette** : adjustable wrench, monkey wrench; **— de poseur** : track wrench; **— à rochet** : ratchet wrench; **— à tubes** : pipe wrench, socket wrench; **— universelle** : universal screw wrench; **jeu de —** : set of wrenches.

clearing : clearing.

clichage, recette au niveau du sol (*mines*) : bank.

client : customer.

clignoter : to flicker.

clinique : clinical hospital.

clinker : clinker.

clinomètre : clinometer.

cliquet : pawl.

clivable : cleavable.

clivage : cleavage; **plan de —** : cleavage plane.

cliver, se — : to cleave.

cloche : bell; **— à air (*pompes*)** : air chamber; **— de fermeture du gueulard (*hauts fourneaux*)** : furnace-topbell; **— de plongeur** : diving bell; **— au toit (*mines*)** : over-head cavity.

cloison : partition; **(*écran*)** : screen; **— étanche (*marine*)** : water-tight bulkhead; **— en planches** : board partition; **— protectrice** : bulkhead.

clôture : fence; hurdle; enclosure.

clou : nail; **gros —** : spike; **— à tête plate** : flat head nail; **—er** : to nail; **—tier** : nailer.

coagulation : coagulation.

coaguler, se — : to coagulate.

coalescence : coalescence.

cobalt : cobalt; **bleu de —** : cobalt blue.

code : code; **— minier** : miner's code of law; **mot de —** : code word.

coefficient : coefficient; **— de conductibilité calorifique** : heat conduction coefficient; **— de dilatation linéraire** : coefficient of linear expansion; **— de dilatation thermique** : coefficient of thermal expansion; **— d'élasticité** : coefficient of elasticity; **— de frottement** : coefficient of friction; **— d'induction mutuelle** : coefficient of mutual induction; **— de résistance (*des matériaux*)** : coefficient of resistance, strength coefficient; **— de roulement** : running resistance; **— de sécurité** : factor of safety, safety factor; **— de self-induction** : coefficient of self induction; **— de transmission thermique (*d'une paroi*)** : heat transmission coefficient.

cœur (*d'un objet*) : core; **— d'aiguillage** : frog; **trempe à —** : full hardening.

coffrage : lining, casing; **— pour béton** : framing (for concrete).

coffre (*silo*) : bin; **(*caisse*)** : chest; **—-fort** : strong-box; **—r (*mines*)** : to plank, to line; **—t de distribution** : switch-box.

cogner (*moteurs*) : to knock.

cohésion : coherence, cohesion; **— (*adhérence*)** : bond stress.

coiffe : cap.

coin : wedge; **— hydraulique (*mines*)** : hydraulic coalburster; **en forme de —** : wedge-shaped.

coincement : jamming, sticking.

coincer, se coincer : to jam.
coke : coke; **(*combustible industriel*)** : heating coke; **— de basse carbonisation** : low temperature coke; **coke domestique** : household coke, domestic coke; **— de fonderie** : foundry coke; **— de four** : coke-oven coke; **— pour haut fourneau** : furnace coke; **— de pétrole** : petroleum coke; **— réactif** : reactive coke; **— de sous-produit** : by-product coke; **— spongieux** : spongy coke; **four à —** : coke oven; **petit —** : small coke, small-wash coke; **poussier de —** : coke breeze, coke dust; **semi-coke** : semi-coke.
cokéfaction : coking; carbonization; **— à basse température** : low-temperature carbonization.
cokéfiant : coking; **charbon —** : coking coal; **pouvoir —** : coking performance.
cokerie : coke-oven plant, coking plant, cokery; **gaz de —** : coke-oven gas.
col (*de ballon*) : neck; **— de cygne** : goose neck..., **rallonge à — —** : gooseneck extension.
colis : package.
collaborateur : co-worker.
collage (*des pistons*) : sticking.
collant : adhesive, sticky.
collecteur (*électricité*) : collector; **— de poussières** : dust catcher; dust trap; **— de meule** : grit catcher; **— -commutateur (*électricité*)** : commutator; **— de vapeur** : steam collector.
collectrice (bague —) : collector ring.
collège arbitral : arbitration board.
coller, adhérer : to stick.
collet (*d'un tuyau*) : flange; **— de vis** : screw-neck.
collier : collar; **— de butée** : thrust collar; **— d'excentrique** : eccentric strap; **— de serrage** : clamp collar.
collimateur : collimator.
collodion : collodion.
colloïdal : colloidal; **combustible —** : colloidal fuel; **graphite —** : colloidal graphite; **solution —** : colloidal solution.
colloïde : colloid; colloid body.
colmater (*avec du ciment*) : to grout (*with cement*); **— une fissure** : to seal a leakage.
cologarithme : antilogarithm.
colonies de vacances : holiday colonies.
colonne : column; **— d'eau** : water column; **— de mercure** : mercury column; **— montante (*tuyau de refoulement*)** : stand-pipe; **— support** : bearing column; **— — de perforatrice** : drill post; **— de tuyauterie** : pipe line; **montage sur —** column mounting.
colorant, matière colorante : colouring substance, stainer.
colorimètr(e) : colorimeter; **—ie** : colorimetry; **— ique:** : colorimetric; **analyse —ique** : colorimetric analysis; **détermination —ique** : colorimetric determination.
combinaison (*mathématique*) : combination; **— chimique** : chemical combination.
combiné (*chimiquement*) : combined.
combiner, mélanger en proportions voulues : to temper; **se — à ... (*chimie*)** : to combine with.
comble brisé : curb roof.
combustibilité : combustibility.
combustible (*subst.*) : combustible, fuel; **(*adj.*)** : combustible; **— économique** : low cost fuel; **— de faible valeur** : low-grade fuel; **— liquide** : liquid fuel; **— pulvérisé** : pulverized fuel; **—solide** : solid fuel; **— sans fumée** : smokeless fuel.
combustion : burning, combustion; **— imparfaite** : imperfect combustion; **moteur à — interne** : internal combustion engine; **— lente** : slow burning; **— — du charbon au stockage** : moderate oxidation of coal during storage; **— parfaite** : perfect combustion; **— réglée par**

combustion *(suite)* **thermostat** : thermostatically regulated combustion; **— spontanée** : spontaneous combustion; **— vive** : rapid burning; **chaleur de —** : combustion heat; **chambre de —** : combustion chamber; **vitesse de —** : rate of burning.

comité : committee; **— National des Houillères (U.S.A.)** : National Coal Association; **— technique** : technical committee; **sous- —** : sub-committee.

commande (*d'une machine*) : control, drive; **— (*de matériel*)** : order; **— à l'air comprimé** : air control, air drive; **— à angle droit** : right angle drive; **— à deux leviers** : two-lever control; **— à distance** : remote control, distant control; **— — automatique** : automatic remote control; **— à double train d'engrenages** : double train gear drive; **— à friction** : friction drive; **— latérale** : side drive; **— à levier unique** : one-lever control; **— à la vapeur** : steam drive; **— automatique** : self control; **à — —** : self-powered; **— centrale** : center driving, centralized control; **— digitale** : finger-tip control; **— élastique** : flexible drive; **— électrique** : electric drive; **— en bout** : end driving; **— individuelle (*des machines-outils*)** : individual drive; **— par bouton-poussoir** : push-button drive; **— par câble** : rope drive; **— par chaîne** : chain drive; **machine à — par cône** : cone head machine; **— — et courroie** : cone belt drive; **— par courroie** : belt drive; **— par engrenages** : gear drive; **— par manivelle** : crank drive; **— mécanique** : mechanical drive; **— par moteur Diesel** : Diesel drive; **— par moteur électrique** : electric drive; **— par moteur unique** : single motor drive; **— par pédale** : foot-power drive; **— par un seul homme** : one-man operation; **— par vis sans fin**: worm drive; **à — rapide** : quick-operating; **chaîne de —** : drive chain; **passer — de ...** : to order...; **renouvellement de —** : repeat order; **renverser la —** : to reverse the motion; **—s en carnet** : ordered on.

commandé (*actionné*) : operated, driven; **— à l'air comprimé** : air-operated, air-controlled, air-powered; **— à distance** : remotely controlled, operated by remote control; **— à la main** : manually operated; **— directement** : direct connected; **— électriquement** : electrically operated; **— hydrauliquement** : hydraulically steered; **— mécaniquement** : power operated, mechanically actuated; **— par régulateur** : governor-controlled; **essieu —** : driven axle.

commander (*une machine*) : to control, to drive, to operate.

commanditaire : sleeping partner.

commandite : commandite.

commandité : active partner.

commerçant : dealer, tradesman; **(*au détail*)** : retailer; **(*en gros*)** : merchant; distributor.

commerce : trade, business; **— de détail** : retail; **— extérieur** : foreign trade, external trade; **— de gros** : wholesale; **— intérieur** : internal trade; **— de transport** : carrying trade; **voyageur de —** : commercial traveller.

commercial : mercantile.

commissaire aux comptes : auditor.

commission (*commerce*) : commission; **— d'enquête** : court of inquiry; **maison de —** : wholesale house.

commissionnaire (*commerce*) : commission agent; wholesale agent.

Communauté Économique Européenne : European Economic Community.

Communauté Européenne du Charbon et de l'Acier : European Coal and Steel Community.

Communauté Européenne de l'Énergie Atomique : European Atomic Energy Community.
communs (*métaux*) : common metals.
commutateur : commutator; **— étoile-triangle** : star-delta switch; **— -inverseur** : reverser.
commutation : commutation; **pôle de —**: commutation pole.
commutatrice : single-armature converter, rotary converter.
compacité : compactness.
compact : compact.
compagnie (société) : company; **— d'assurances** : insurance company; **— minière** : mining company.
comparateur : comparator.
comparatif : comparative.
compartiment : compartment; **— de puits de mine, goyau** : shaft compartment; **puits à deux —s** : double compartment shaft.
compas : compasses (*pl.*), pair of compasses; **— de calibre, compas d'épaisseur** : calipers, callipers; **— gyroscopique** : gyroscopic compass; gyrocompass; **— d'intérieur** : inside callipers; **— à pointes sèches** : dividers; **— de réduction** : reduction compass, reduction square; **— à verge** : beam compasses.
compensateur : compensator; **— de perte en ligne** : line drop compensator; **— de phase** : phase compensator; **joint —** : expansion joint.
compensation : compensation; **(*clearing*)** : clearing; **— de la température** : temperature compensation.
compensé (*instrument*) : compensated (*instrument*).
compenser : to balance, to compensate.
compétence : competency, competence, know-how.
compétent : competent.
complément d'un angle : complement of an angle.
comportement : behaviour; **— à la corrosion** : corrosion behaviour; **— des métaux à la déformation** : behaviour of metals under deformation.
composante : component; **couleurs —s de la lumière** : component colours; **— horizontale** : horizontal component; **— radiale** : radial component; **— selon la tangente** : tangential component; **— verticale** : vertical component.
composé : compound; **—s ferreux** : iron compounds; **—s organiques** : organic compounds.
composition : composition; **(*mélange*)** : compound; **— des cendres (*analyse du charbon*)** : ashes composition; **— des forces (*mécanique*)** : composition of forces; **— isolante** : protecting compound; **— plastique** : plastic composition; **— des vitesses** : composition of velocities.
compound (*adj.*) : compound; **cylindre à vapeur —** : two-stage steam cylinders; **enroulement —** : compound winding; **machine —** : compound engine.
compresseur : compressor; **— d'air** : air compressor; **— à ammoniaque** : ammonia compressor; **— centrifuge** : centrifugal compressor; **— à gaz** : gas compressor; **— à piston** : piston compressor; **— rotatif** : rotary compressor; **salle des —s** : compressor house; **turbo- —** : turbo compressor.
compressibilité : compressibility.
compressible : compressible; **étançon —** : compressible steel prop.
compression : compression; **— élevée** : high compression; **— bi-étagée** : two-stage compression; **— polyétagée** : multistage-compression; **effort de —** : compression strain; **pression de —** : compression pressure; **résistance à la —** : strength in compression, compressive strength.
comprimé : compressed; **— à haute pression** : high pressure compressed;

comprimé *(suite)*
air — : compressed air; **gaz —** : compressed gas; **station de distribution de gaz —** : compressed gas filling station.
comprimer : to compress; **— un ressort** : to compress a spring.
compromis : compromise.
comptabilité : accounts; book-keeping; **— en partie double** : double-entry book keeping; **— en partie simple** : single-entry book-keeping.
comptable : accountant; **(teneur de livres)** : book-keeper; **chef- —** : accountant-general.
comptant : for cash, in cash, for net cash; **— à la commande** : cash in order; **argent —** : cash.
compte : account; **— en banque** : banking account; **— arrêté au 31 décembre** : account made up to december 31st; **être en — avec...** : to have an account open with...; **arrêter les —s** : to close the books; **arrêter un —** : to strike a balance; **ouvrir un —** : to open an account; **compte-courant** : accountcurrent; **— -gouttes** : dropping tube; **flacon — -gouttes** : dropping bottle; **— profits et pertes** : profit and loss account ; **— rendu, rapport** : report, record; **— rendu de réunion** : proceedings; **— -tours** : revolution counter.
compteur : counter, meter; **— automatique** : automatic counter; **— d'eau** : water meter; **— électrique** : electrical meter; **— d'énergie** : power-counter; **— kilométrique** : mileage recorder; **— avec remise à zéro** : set back counter; **— à scintillations** ***(mesure de rayonnements nucléaires)*** : scintillation counter; **— de vitesse** : speed counter.
comptoir de vente ***(organisme)*** : joint-selling organization.
concassage : crushing; **— de minerai** : ore-crushing; **— de pierres** : stone-crushing; **— préalable** : pre-crushing; **installation de—** : breaking plant, crushing plant.
concasser : to crush.
concasseur : crusher; **— à cylindres** : roll-crusher; **— giratoire** : giratory crusher, rotary crusher; **— à mâchoires** : jaw-crusher; **— à marteaux** : hammer-crusher; **— de minerai** : ore-crusher; **— de pierres** : stone-crusher, stone-breaker, rock-crusher.
concave ***(adj.)*** : concave; **— convexe** : concavo-convex.
concavité : concavity.
concentrateur ***(de minerai)*** : concentrator.
concentration : concentration; **— des minerais** : ore concentration; **— différentielle** : differential concentration; **installation de —** : concentration plant; **table de —** : concentrating table.
concentré ***(subst.)*** : concentrate; **— de minerai** : ore concentrate.
concentrer : to concentrate.
concentrique : concentric.
concentricité : concentricity.
conception ***(projet, plan, genre de construction)*** : design.
concession ***(de mine)*** : concession; **— accordée** : concession grant; **accorder une —** : to grant a mine concession; **—naire** : concessionnary; **limite de —** : concession's boundary.
conchoïde : conchoid.
conciliation : conciliation.
concrétion : concretion.
concurrence ***(commerciale)*** : competition; **—r** : to compete.
concurrent : competitor.
condensateur ***(électrique)*** : electric condenser; *(U.S.A.)* : capacitor; **— de puissance** : power condenser.
condensation : condensation; **pompe de —** : condensate pump; **produit de la —** : condensate.
condensée (eau) : condensed water.
condenser : to condensate, to condense.

condenseur : condenser; — **barométrique** : barometer condenser; — **à circulation méthodique** : counter-current condenser; — **à contre-courant** : counter-current condenser; — **à jet** : ejector-jet condenser; water-jet condenser; — **à ruissellement** : spray condenser; — **à surface** : surface condenser, surface condensing plant; — **de vapeur** : steam-condenser.

condition : condition; — **imposée** : requirement; **répondre aux —s —s** : to be in conformance with requirements; **—s de livraison** : conditions of delivery; **—s de travail** : working conditions; — — **pénibles** : trying conditions of labour; **aux meilleures —s** : on best possible terms; **répondre à une —** : to meet a requirement.

conditionnement, traitement : conditioning.

conductance : conductance.

conducteur (*subst.*) : conductor; (*autom.*) : driver; — **d'une machine** : attendant, operator; — **de la chaleur** : conductor of heat; — **de chargeuse** : loading machine operator; — **de l'électricité** : electrically conductive; — **électrique** : electrical conductor; — **de grue (ou de pont roulant)** : crane operator; — **solide (non toronné)** : solid conductor; — **toronné** : stranded conductor; — **de travail** : brakesman; — (*adj.*) : conducting, conductible.

conductibilité : conductibility; — **calorifique** : heat conduction.

conduction : conduction.

conduire une machine : to conduct, to govern, to manage; — **un véhicule** : to drive; — **le courant** : to conduct the current.

conduit : duct; — **de fumées** : flue; — **souterrain, caniveau** : culvert.

conduite (*gestion*) : management; (*d'une machine*) : operation, management, manipulation; — (*tuyauterie*) : pipe line; — **d'air comprimé** : air line; — **d'alimentation** (*des chaudières*) : feeder; — **d'arrivée, d'amenée** : adduction pipe; — **d'aspiration** : suction pipe; — **collectrice** : collector; — **d'eau** : water line; — **d'évacuation** : exit pipe, outlet pipe; — **d'exhaure** (*mines*) : mine drainage pipe line; — **forcée, de refoulement** : discharge pipe line, forced conduit; — **de gaz** : gas line; — **intérieure** (*automobile*) : sedan; — **principale** (*d'eau, de gaz*) : utility main; — **de vapeur** : steam pipe line; **facilité de —** : convenience of operation.

cône : cone; — **de chargement** (*de haut fourneau*) : blast furnace cone; — **à gradins** : stepped speed pulleys; — **Morse** : Morse taper; — — **n° ...** : Morse taper socket No ...; **queue au — —** : Morse taper shank; — **n° ...** : taper hole No ...; — **pyrométrique** : melting cone; — **de soupape** : valve cone; **broyeur à —** : conical breaker; **embrayage par —** : cone clutch; **machine à commande par —** : cone head machine.

confection de route : road building.

conférence : lecture; — **de sécurité** (*mines*) : safety conference.

conférencier : lecturer.

confirmer (*un ordre*) : to confirm.

conflits du travail : labour disputes.

conforme aux spécifications : complied with specifications.

congé : leave, leave of absence, permission; (*architecture*) : fillet; — **annuel** : annual vacation; — **pour incapacité physique** : disability leave; **donner —** : to give notice (*of dismissal*); **—s payés** : paid holidays; paid holiday privileges, vacation with pay; — (*archit.*) : corner-rounding; **fraise pour —s** : corner rounding cutter.

congédiement : dismissal, discharge; — **définitif** : lay-off permanent;

congédiement *(suite)*
— **disciplinaire** : disciplinary lay-off; — **sans préavis** : dismissal without notice.
congédier : to dismiss, to discharge.
congélation : congelation; freezing; **point de —** : freezing point; **procédé de fonçage par —** : shaft sinking freezing process.
congeler; se congeler : to congeal, to freeze.
conglomérat : conglomerate.
congressiste : congress participant.
congruence de nombres : congruence of numbers.
conicité : conicalness.
conique : cone-shaped, conic, conical; **sections —s** : conic sections, conics.
conjoncteur : circuit-closer.
connaissement : bill of lading.
connecter : to connect; to link.
connexion : connection; **—s électriques** : electrical connections.
conseil d'administration : board of trustees; **réunion du —** : board meeting; **salle du —** : board room.
conseil de direction : board of directors.
conseiller (*subst.*) : adviser.
conservation de l'énergie : conservation of energy.
consignataire : consignee.
consignation : consignment.
consigne : regulation, prescription.
consistance : consistence, consistency.
console : bracket; outrigger, console.
consolidation (*finances*) : consolidation; **— du toit** (*mines*) : roof treatment.
consolidé (*dette, emprunt*) : consolidated.
consommateur : consumer; **gros —** : large user; **pays —** : consumer country.
consommation : consumption; output; **— de courant** : current consumption; **— domestique** : household consumption; **— d'énergie** : power output; power cost, power consumption; **— d'essence** : gasoline consumption; **— d'huile** : oil consumption; **— de vapeur** : steam consumption.
consommer : to consume.
constance : constancy; **— du volume** : volume constancy.
constant : constant; **—e** (*subst.*) : constant; **—e diélectrique** : dielectric constant; **— élastique** : elastic constant.
constituant : component; **—s** : constituents.
constitution (*d'un corps*) : constitution; **— de l'acier** : constitution of steel.
constitutives du charbon (*cendres*) : inherent ash in coal.
construction : building, construction; **— en béton** : concrete construction; **— en béton armé** : reinforced concrete structure; **— en maçonnerie** : masonry structure; **— mécanique** (*industrie*) : engineering industries, mechanical engineering; **— métallique** : steel construction; **—s navales**: shipbuilding; **chantier de — —** : ship building workings; **— d'une seule pièce** : unit construction; **de —** : constructional, structural; **en —** : under construction; **fer de —** : constructional iron.
construire : to construct.
construit d'une pièce : builtogether.
contact (*sens général*) : contact; **— d'alarme** : warning contact; **venir en — avec** : to come into contact with; **— de fermeture, de verrouillage** : locking contact; **— mobile** : moving contact; **— platiné** : platinum contact; **— de sécurité** : safety contact; **perche de —** : contact pole; **point de —** : point of contact; **surface de —** : surface of contact, **—eur** (*électricité*) : contactor.
contaminant : contaminent.
contenance : content, cubical content, holding capacity.
contenir : to yield.
contenu (*subst.*) : contents (*pl.*).

contingent : contingent; **—ement** : fixing of quota; (***rationnement***) : shortage.
continu : continuous; (***sans à-coup***) : without shocks; **laminoir —** : continuous rolling mill; **procédé non —** : step-by-step process; **—ité** : continuity.
contour, ligne de contour : outline; (***voie d'évitement***) (***mines***) : by-way, side-way; round-about way.
contracter, se — : to contract, to shrink; **— des engagements** (***commerce***) : to incur liabilities.
contraction : contraction, shrinkage; **— du charbon** : shrinkage of coal.
contrainte (***fatigue d'une pièce qui travaille***) : strain; **—s de tension** : tensible forces; **soumis à des —s** : subject to constraints.
contrat : contract; **— d'apprentissage** : indenture; **— avantageux** : profitable contract; **— de construction** : construction contract; **— désavantageux** : losing contract; **— de travail** : agreement for service, contract of employment; **fin de —** : termination of employment; **— de travaux** (***par entrepreneurs***) : building contract; **— de vente** : bill of sale; **dénonciation d'un —** : denouncement of a contract; **spécifications du —** : contract specifications; **travailler à —** : to work on a contract.
contre-balancer : to counterpoise.
contreband(e) : smuggling; **—ier** : smuggler.
contre-bouterolle : holder-on.
contre-bride : loose flange.
contre-courant : counter-current, counterflow; **condenseur à — —** : counter-current condenser.
contre-écrou : check-nut.
contre-épreuve : check-test.
contrefort : buttress.
contremaître : foreman, boss, overseer.
contre-manivelle : eccentric crank.
contreplaqué : veneering.
contrepoids : counterpoise weight, counterpoise, counterweight, balance weight; **être muni d'un —** : to be counterweight; **frein à —** : mechanical load brake.
contrepointe (***tours***) : back center.
contrepression : back-pressure.
contre-proposition : counter-offer.
contre-rail : check rail, guard rail.
contre-vapeur : back-steam, countersteam.
contreventement : strainer.
contrôle : control; **— automatique** : automatic control; **— complet, vérification générale** : general check; **service de — des câbles** : rope testing service; **— des couches de terrain** (***mines***) : strata control; **— instantané** : instant control; **— médical** : medical control; **— du toit** (***mines***) : roof control; **instruments de —** : control instruments; **lampe de — de gaz** : gas-testing lamp.
contrôler l'état d'une machine : to look over a machine.
contrôler le grisou dans une mine : to explore a mine for gas.
contrôleur : inspector; **—** (***appareil***) : controller; **— de berlines** (***mines***) : car-checker; **— de câble** : rope tester; **— de ronde** : watchman's portable clock; **— de trempe** : quench controller.
convection : convection.
convention (***accord***) : covenant, agreement; **— collective** : collective agreement.
convergence : convergence.
convergent : convergent; **—e (lentille ...)** : convergent lens.
converger : to converge.
conversion : conversion, transformation.
convertir : to convert.
convertisseur : converter; **— pour cuivre** : copper converter; **— rotatif** : rotary converter; **— Thomas** :

convertisseur *(suite)*
Thomas converter; **fond de —** : converter bottom; **groupe —** : motor-generator set, motor converter; **revêtement de —** : converter lining.

convexe : convex.

convexité : convexity.

convoyeur : conveyor; **— articulé** : articulated conveyor; **— à augets** : trough conveyor; **— à bande** : band conveyor, belt conveyor; **— — caoutchouc** : rubber belt conveyor; **— à chaîne à godets** : bucket chain conveyor; **— à chaîne et à palettes** : chain and flight conveyor; **— en chlorure de polyvinyle** : polyvinyl-chloride belting; **— -élévateur** : elevating conveyor; **— à godets pivotants** : pivoted bucket conveyor; **— à palettes** : scraper conveyor; **— plat** : flat conveyor; **— à râclettes** : scraper chain conveyor; **— -retardateur** : retarder conveyor; **— à secousses** : jigger conveyor, shaker conveyor; **moteur de —** : conveyor engine.

coopérative (*magasin*) : cooperative stores, coop; **société —** : cooperative society.

coordonnées : co-ordinates; **— cartésiennes** : cartesian coordinates; **— rectangulaires** : right-angled coordinates; **système de —** : co-ordinates system.

copeau : chip; **—x de rabot, rabotures** : planings; **auge à —x** : chip pan.

copie : copy; **— de lettres** (*comptabilité*) : letter-book; **appareil à —r** : copying apparatus.

co-propriétaire : joint-owner.

coque (*de navire*) : hull.

coquille (*d'un godet, d'une benne preneuse*) : shell; **— multi-cloisonnée** (*fossiles*) : manichambered shell; **moulage en —** : chill casting.

coquillier (*terrain*) : shelly.

corail : coral.

cordage : rope; **— en chanvre** : hemp rope; **— — de Manille** : Manila rope; **— en sisal** : sisal rope.

corde (*grosse*) : rope; (*moyenne*) : cord; (*fine*) : string; **— d'un arc** : chord; **— d'emballage** : baling rope; **— tressée** : braided cord.

cordeau détonant : detonating fuse.

cordée (*mines*) : trip; **— d'essai** : trial trip; **— de personnel** : personnel trip.

corderie : rope yard.

cordon (*de soudure*) : bead, weld-seam.

corindon : corundum; **meule en —** : corundum wheel.

cornes polaires : pole shoes.

corniche (*construction*) : cornice.

cornière : angle; angle-iron; **— à ailes égales** : equal leg angle, equal angle; **— à ailes inégales** : unequal leg angle; **— à 45°** : 45° mitre angle; **— à boudin** : bulb angle; **— de renfort** : stiffener angle.

cornue : retort; **— Thomas** : Thomas converter.

corollaire : corollary.

corporatif : corporative.

corporation : corporation, guild.

corps : body; casing; **— antidétonant** : antidetonator; **— composé** : compound body; (*chimie*) : chemical compound; **— déformable** : deformable body; **— étranger** : foreign body; foreign matter; **— gazeux** : gaseous body; **— liquide** : liquid body; **— de machine en deux pièces** : split casing; **— de métier** : corporation; **— de palier** : bearing shell; **— de pompe** : pump casing; body of a pump, pump shell; **— simple** : simple body; **— solide** : solid body; **faire — avec** : to be integral with, to be cast together with.

corpuscule : corpuscle.

correction (*calcul*) : correction; **— de lecture** : correction to reading; **table de —** : chart of correction.

corrélation : correlation.

correspondance : correspondance.

corroder, se — : to corrode, to eat away, to erode; **susceptible de se —** : corrodible.

corrosif : corrosive; (*réactif d'attaque*) : etching medium; **sublimé —** : corrosive sublimate.

corrosion : corrosion, erosion; **— par frottement** : fretting corrosion; **— sous tension** : stress corrosion; **aptitude à la —** : corrodibility; **comportement à la —** : corrosion behaviour; **protection contre la —** : corrosion protection; **résistant à la —** : corrosion resisting.

cosécante : cosecant.

cosinus : cosine.

cosmographie : cosmography.

cosse : thimble.

cotangente : cotangent.

cote, altitude : elevation; (*géométrie, topographie*) : level, altitude; (*commerciale*) : quotation; **— personnelle** : personal taxes.

côté (*d'une figure géométrique*) : side; **— amont** : (*d'un barrage*) : upstream face, upstream side; **— aval** (*d'un barrage*) : downstream face (*of a dam*), downstream side.

coter un dessin : to dimension a sketch; **dessin coté** : dimension drawing, dimensioned drawing.

cotisation d'entrée au syndicat : union initiation fees.

coton : cotton; **— -poudre** : gun-cotton; **fil de —** : cotton cord.

couche : seam; **— de terrain** : bed, layer, stratum; **— de minerai** : seam; (*dépôt, revêtement*) : coating; **— de charbon** : coal seam; **— inclinée** : inclined seam, pitching seam; **— métallifère** : ledge; **— mince** : thin seam; **— d'oxyde** : coating of oxide; **— de peinture** : layer of paint; **— en plateure** : level seam, flat seam; **— protectrice** : protective coating; **— puissante** : thick seam; **— très inclinée, couche en dressant** : heavily pitching seam, steeply inclined seam; **—s sédimentaires** : sedimentary beds; **—s voisines** : seams in proximity; **mur d'une —** : bottom of a seam, floor; **toit d'une —** : roof.

coude, courbure : bend; **— du bras** : elbow; **— d'aspiration** : suction elbow; **— de refoulement** : discharge elbow; **— à 90°** : quarter curve; **— de tuyauterie** : elbow knee.

couder : to bend; **machine à —** : bending machine.

coulage (*commerce*) : leakage.

coulé : poured, cast; **— en chute directe** : downhill cast, top cast; **— en découvert** : cast in open sand; **— dans des moules en fonte** : cast in cast-iron moulds; **— au sable** : cast in sand moulds; **— d'une seule pièce** : cast in one piece; **— en source** uphill cast, bottom cast.

coulée (*métallurgie*) : melt; heat; casting; **— centrifuge** : centrifugal casting, spinning casting; **— continue** (*de l'acier*) : continuous casting; **faire la — du haut fourneau** : to tap the blast furnace; **— par le haut, en chute directe** : downhill casting, top casting; **— de lave** : lava-flow; **— en source** : uphill casting, bottom casting; **brut de —** : as cast; **capacité par —** : capacity per heat; **halle de —** : pouring hall; **plaque de —** : casting plate; **poche de —** : casting ladle, pouring ladle; **température de —** : pouring temperature; **trou de —** : tap hole, tapping hole.

couler (*v.n.*) : to flow, to pour; **—** (*métallurgie*) : to cast, to pour; **—** (*à partir de la poche*) : to teem; **— goutte à goutte, suinter** : to trickle; **— une bielle** : to run a big head.

couleurs d'aniline : aniline colours.

coulis (*mortier par jointement*) : grout.

coulisse (*machinerie*) : linkage, link-motion; (*banque*) : bucket shop; **— de Stephenson** : Stephenson's

coulisse *(suite)* link; **—au** : sliding bar, sliding block; **—au porte-outil** : sliding head.

couloir *(élément)* : trough; **— à assemblage automatique** : self-locking trough; **— d'attaque** : driving trough; **— à billes** : ball shaker-conveyor; **— à galets** : roller shaker-conveyor; **— hélicoïdal** : spiral conveyor; **— oscillant** *(mines)* : shaker conveyor, jigger conveyor, shaker; **— — suspendu** : hanging shaker conveyor; **— semi-cylindrique** : half cylindrical trough; **assemblage de —s** : trough coupling; **attaches de —s** : trough connections; **ligne de —s** : trough line.

coulomb : coulomb.

coup : stroke; *(tir des mines)* : shot; **— d'avance** *(du piston)* : working stroke; **— de bélier** : water hammer; **— de charge** *(mines)* : bump, pressure burst; **— de couronne** *(tir des mines)* : top hole; **— d'eau** : inrush of water; **— de fond** *(tir des mines)* : bottom hole; **— de grisou** : firedamp explosion; **— isolé** *(tir des mines)* : single shot; **— de mine** *(trou foré)* : drill hole, blast hole; **— de poussières** *(mines)* : coal-dust explosion; **— raté** *(tir des mines)* : miss-fire, misfire; **— de retour** *(du piston)* : back-stroke; **— de toit** *(mines)* : burst, rock burst; **bourrer un — de mine** : to stem a drill hole, to tamp a blast hole; **charger un — de mine** : to load a hole, to charge a hole; **tirer un — de mine** : to shoot a hole.

coupe : cut; cutting; *(dessin)* : section, cut; *(poste, dans les mines)* : shift; **— -boulons** : bolt-breaker; **— -circuit** : circuit-breaker; **— — à action lente** : slow-action circuit-breaker; **— — blindé** : enclosed circuit-breaker; **— — à bouchon fusible** : fusible plug circuit-breaker; **— et cône** *(dispositif de fermeture des gueulards)* : bell and hopper arrangement, cup and cone arrangement; **— -fils** : wire-cutter; **— longitudinale**: longitudinal section; **acier à — rapide** : high speed cutting steel, high-speed steel; **— -rivets** : rivet buster; **— transversale** : cross section, cross cut; **— -tubes** : pipe-cutter; **— verticale** : elevation, columnar section; **huile de —** : cutting fluid, cutting lubricant; **profondeur de —** : cutting depth; **température de —** : cutting temperature; **vitesse de —** : cutting speed.

coupellation : cupellation.

coupelle : cupel; **— de platine** : platinum cupel.

couper : to cut; **— à longueur** : to cut to length; **machine à — les barres** : bar cutter.

couplage : coupling; **— étoile** : star-coupling; **— — -triangle** : star-delta connection; **— en parallèle** : parallel coupling; **— en série** : series coupling; **— triangle** : triangle-coupling, delta coupling; **— en zigzag** : zigzag-coupling.

couple *(mécanique)* : couple; **— de démarrage** : starting couple; starting torque; **— normal** : normal couple; **— retardateur** : retarding torque; **— de torsion** : torque.

courant *(sens général : air, eau, électricité)* : current; *(air, eau)* : steam; **— admissible** : current ratings; **— d'aimantation** : magnetizing current; **— d'air** *(mines)* : air current, air flow; **mesure du — —** : measurement of air-flow; **— alternatif** : alternating-current (A.C.); **— ascendant** : upward current; **— continu** : direct current (D.C.); **— de court-circuit** : short circuit current; **— de décharge** : discharge current; **— de démarrage** : starting current; **— d'air descendant** : downward current; **— déwatté** : wattless current, idle current; **— diphasé** : double phase current; **— de dispersion** : stray

courant *(suite)*
current; — **d'excitation** : current of excitation; — **à faible intensité** : weak current; — **de force** : power current; — **de fuite** : leakage current; — **gazeux** : stream of gas; — **à haute intensité** : strong current; — **induit** : induced current; — **lumière** : light current; — **modulé** : modulated current; — **monophasé** : single phase current; — **pulsatoire** : pulsatory current; — **réactif** : reactive current; — **redressé** : rectified current; — **de rupture** : break-off current; — **tellurique** : earth current; — **thermionique** : thermionic current; — **triphasé** : triple phase current, three-phase current; —**s de Foucault** : eddy currents; —**s vagabonds** : stray currents; **couper le** — : to break the current; **fourniture de** — : current supply; **mettre le** — : to make the contact; **amener le — à** : to lead the current to ...; **laisser passer le** — : to pass the current; **prendre le — à** : to pick up current from...

courbe : curve; — **accentuée** : sharp curve; — **adiabatique** : adiabatic curve; — **caractéristique** : characteristic curve; — **de friabilité** : friability curve; — **granulométrique** : size curve; — **de lavabilité** : washability curve; — **moyenne** : average curve; — **prononcée** : sharp curve; — **de référence** : curve of reference.

courber : to bend; **courbé à 90°** : *90°* bent.

courbure : curvature, flexion, flexure; **centre de** — : centre of curvature.

couronne (*d'une galerie de mine*) : top (*of a mine gallery*); — **dentée** : geared rim; — **de fleuret** : bore crown; — **de sondage à diamants** : diamond bore crown; **effet** — : corona discharge.

courroie : belt; — **articulée** : link belt; — **en balata** : balata belting; — **en caoutchouc** : rubber belting; — **croisée** : crossed belt; — **en cuir** : leather belting; — **à deux plis** : two-ply belt; — **ouverte** : open belt; — **plate** : flat belt; — — **croisée** : quarter-turn flat belt; — **en poil de chameau** : camel's hair belting; — **sans fin** : endless belt; — **en toile** : duck belting; — **de transmission** : transmission belt; — **trapézoïdale** : V.-type belt; — **tressée** : canvas belt, web belt; — **de tirage** (*mines*) : picking belt; — **de ventilateur** : fan belt; **adhérence d'une** — : belt contact; **agrafe de** — : belt hook; **attache de** — : belt fastener; **commande par** — : belt drive; **enduit pour** — : belt dressing; **fourche de débrayage de** — : belt shifter; **glissement d'une** —, **manque d'adhérence** : belt slippage; **protecteur de** — : belt guard; **transporteur à** — : belt conveyor.

cours (*taux*) : rate; (*cote commerciale*) : quotation; — **du change** : rate of exchange; — **des marchandises** : commodity prices; — **d'instruction par correspondance** : course of instruction by mail; — **préparatoire** : preparatory course; — **d'une rivière** course.

course : travel, run; — **du piston** : stroke; — **de la broche** (*machines-outils*) : spindel travel; — **descendante du piston** : down-stroke; — **faible** : short travel; **(piston)** : short stroke; — **montante** : up-stroke; — **du piston, cylindrée** : piston stroke; — **de retour** : return stroke; — **à vide** : idle stroke; **nombre de —s de l'outil par minute** : number of strokes of the tool per minute; **amplitude de** — : stroke length; **fin de** — : end of stroke; **longueur de** — : length of stroke.

court-circuit : short circuit; — **-circuiter** : to short-circuit.

courtier : broker; — **d'assurances** : insurance broker; — **en bourse** :

courtier *(suite)* financial broker; **— en valeurs** : stock-jobber.

coussinet : journal bearing, bushing; **— (*support de rail*)** : rail chair; **— échauffé** : heated bearing; **— de tête de bielle** : connecting rod bushing.

coût de la vie : living expenses.

couteau (*sens général*) : knife, cutter; **(*lame*)** : knife, blade; **— de balance** : knife edge.

coutil : duck.

couvercle : cover.

couverture (*toitures*) : roofing; roof-covering; **(*banque*)** : cover; **— en ardoises** : slate covering; **— en tuiles** : tile roof; **toiture à — en bois** : wood-shingled roof.

couvre-joint : cover plate, butt strap.

couvreur en ardoises : slater; **— en tuiles** : tiler.

couvrir, recouvrir : to cover.

Cowpers (*appareils*) : Cooper apparatus.

cracking : cracking; **— catalytique** : catalytic cracking.

craie : chalk.

crampon : clam, cramp, cramp-iron; **— en U** : staple.

cran : notch.

crapaudine : collar step bearing, step bearing.

crasse, laitier : slag.

crassier : slag dump, slag tip, refuse dump, dirt hill.

cratère : crater.

crayon : pencil; **— à dessin** : drawing pencil.

créancier : creditor; **— privilégié** : preferential creditor.

crédit : credit, trust; **— et débit** : credit and indebt; **— foncier** : credit on funds; **lettre de —** : letter of credit; **—er** : to credit.

crémaillère : rack; **— d'avance** : feed rack; **pignon de —** : rack and pinion.

créosotage : creosote impregnation.

créosote : creosote; **huile de —** : creosote oil.

crépi : pargeting; **—r** : to parget.

crépine (*d'une pompe*) : strainer, suction strainer.

crétacé : cretaceous, cretaceous formation.

crête (*d'un barrage*) : crest (*of a dam*);

creuser (*fouiller*) : to dig, to excavate, to pit; **(*déterrer, extraire*)** : to grub; **— un trou** : to bore a hole; **— un tunnel, une galerie** : to drive a tunnel, a gallery.

creuset : crucible; **— (*hauts fourneaux*)** : hearth; **— en graphite** : graphite crucible; **— de platine** : platinum crucible; **four à —** : crucible furnace.

crevaison (*de pneu*) : puncture.

criblage : screening; **(*classement volumétrique*)** : sizing; **(*bâtiment*)** : screening plant.

crible : screen; **— d'arrosage** : spray screen; **— à barreaux** : bar screen; **— à grille** : grizzly; **— pour classement préliminaire** : pre-classifying screen; **— classeur** : classifying screen; grading screen, sizing screen, grader, classifier; **— égoutteur** : dewatering screen, drainage screen; **— à fil fin** : fine-wire screen; **— laveur à secousses** : jigging screen; **— oscillant** : shaker screen; **— à plateau** : single-deck screen; **— à deux —x** : double-deck screen; **— à trois —x** : three-deck screen; **— à ressorts** : spring-mounted screen; **— rotatif** : revolving screen; **— à schlamms** : slurry screen; **— vibrant** : vibrating screen.

criblé (*charbon*) : sized (*coal*).

cribler : to screen, to sift; **(*trier*)** : to separate; to sort; **— en trois dimensions** : to sort in three grades.

cric : lifting-jack; **— à engrenage** : geared jack; **— à main** : hand jack; **— relève-rail** : railroad jack; **— à**

cric *(suite)*
rochet : ratchet-jack; **— à vis** : screw-jack.
criquage : cracking, fissuration; **— sous soudure** : under-head cracking.
crique (*de l'acier*) : crack; (*fêlure, amorce de crique*) : flaw, **— de retrait** : shrinkage crack; **— superficielle** : surface crack; **— de tension** : tension crack; **tendance aux —s** : tendency to cracking.
crise économique : economic crisis; **— du logement** : housing shortage.
cristal : crystal; **— isométrique** : isometric crystal; **— de roche** : rock crystal; **— taillé** : cut glass.
cristallin : crystalline; **structure —e** : crystalline structure.
cristallisation : crystallization.
cristalliser : to crystallize.
cristalliseur : crystallizer.
cristalloïde : crystalloid.
croc : crow-bar.
crochet : hook; **— d'attelage** : draw hook; **— de sûreté** : safety detaching hook; **effort au —** : draw bar pull; **puissance au —** : draw bar h.p.
crocodile (*chemins de fer*) : alarm contact.
croisement : crossing; **— de routes** : road crossing; **— de voies** (*chemins de fer*) : line crossing; **— double** (*chemins de fer*) : double frog.
croisillon : cross-bar.
croissance (*de la fonte*) : growth, expansion.
croître, gonfler (*fonte*) : to expand.
Croix de Saint-André : St Andrew's cross.
crosse (*de piston*) : cross-head; **axe de —** : cross-head pin; **glissière de —** : cross head guide; **semelle de —** : cross-head shoe.
crossing d'aérage (*mines*) : crossing.
croûte terrestre : earth's crust.
cryolite : cryolite.
crypton : krypton.
cubage : cubature.
cube (*corps géométrique*) : cube; (*troisième puissance d'un nombre*) : cube; **élever un nombre au —** : to cube a number; **mètre —** : cubic metre; **pied —** : cubic foot.
cubilot : cupola, cupola furnace; **— de fonderie** : foundry cupola.
cubique : cubic, cubical; **racine —** : cube-root.
cuffat (*mines*) : kibble.
cuiller : spoon; **— de pelle** : scoop, bucket; **— à dents d'excavateur** : dipper; **prélèvement à la —** : spoon test.
cuir : leather; **— embouti** : cup leather; **— de vache** : neat's leather; **— imitation** : artificial leather; **— vert** : rawhide.
cuire, sécher au four : to bake.
cuisson (*du coke*) : coking; **durée de —** : coking time; **— incomplète du coke** : under-coking; **— trop prolongée** : over-coking.
cuivre : copper; **— arsénical** : arsenical copper; **— électrolytique** : electrolytic copper; **— jaune, laiton** : brass; **— martelé** : snarled copper; **— nickelé** : nickel plated brass; **minerai de —** : copper ore; **robinet en —** : brass cock; **sulfate de —** : copper sulphate; **tôle de —** : copper sheet.
culasse (*de moteur*) : cylinder head; **— amovible** : cylinder detachable head; **— de l'inducteur d'une dynamo** : yoke; **— d'aimant** : magnet yoke.
culbuter, basculer : to capsize, to overturn; **—, décharger** : to dump; **— un wagonnet à la recette** (*mines*) : to unload a coal car at the tipple.
culbuteur (*appareil*) : tipper, tilter, tipple; **— de wagonnets** : car-tipple; **—** (*soupapes*) : valve rocker; **— rotatif** : rotary tipper.
culée : abutment.

culot (*d'ampoule électrique*) : base (*of a bulb*), screw-cap; **— Edison** : Edison screw-cap.
curage du trou de mine (*tir des mines*) : hole cleaning.
curer, décrasser : to cleanse.
curie (*unité*) : curie.
curl : curl.
curseur : slider.
curviligne (*mouvement*) : curvilineal (*motion*), curvilinear motion.
cuve : pan, vat; **— de haut fourneau** : blast furnace shaft.
cuvelage (*mines*) : tubbing.
cyanogène : cyanogen.
cyanuration : cyanidation; **installation de —** : cyanide mill, cyanide plant.
cyanure : cyanide; **— de mercure** : mercury cyanide; **— de potassium** : potassium cyanide; **— de sodium** : sodium cyanide.
cycle : cycle; **— de forage** (*mines*) : drill round; **— d'opérations** : round; **— de travail** : work cycle; **— de la vapeur** : steam cycle.
cyclique : cyclic.
cycloïdal : cycloidal.
cycloïde : cycloid.
cyclomoteur : motorcycle.
cyclone (*dépoussiérage du charbon*) : cyclone.
cyclotron : cyclotron.
cylindre : cylinder; **—** (*rouleau-compresseur*) : planing roller; **— à air comprimé** : air cylinder; **— cannelé** (*laminoirs*) : grooved roll; **— de frein** : brake cylinder; **— inférieur** : bottom roll; **— de laminoir** : mill roll; **— médian** : middle roll; **— supérieur** : top roll; **— de travail** : working roll; **— à vide** : idle roll; **fond de —** : cylinder head; **huile —** : cylinder oil; **parois de —** : cylinder walls.
cylindrée : piston displacement; **volume de la —** : cylinder capacity.
cylindrique : cylindric, cylindrical.
cylindroconique : cylindroconical; **tambour —** : cylindroconical drum.

D

dactylograph(e) : typist; **—ier** : to type, to typewrite.
dallage : pavement.
dalle : slab, tile; **— de ciment** : cement slab; **— pour carrelage** : paving tile.
dame (*bourroir*) : tamper; **— de remblai** (*mines*) : pack wall, packing case; **remblayage partiel par — —** : strip packing.
damer : to tamp; **— le ballast** : to tamp the ballast; **machine à —** : tamping machine.
dameuse mécanique : power tamper.
damier : check; **strié en —** : chequered *ou* checkered.
danger : danger; **— d'explosion** (*mines*) : explosion risk, fire risk; **— de mort** : danger of (one's) life.
date (*de facturation*) : date (*of invoice*).
débâcle financière : crash.
débardeur : lumper.
débarcadère : landing stage.
débarrasser (*un local*) : to clear out.
débavurer : to burr, to trim; **— un rail** : to smooth a rail.
débit (*d'un fluide*) : flow; (*vente*) : marketing; **—** (*comptabilité*) : debit indebtness; **—** (*décharge*) : delivery; **— d'air** : air flow; **— ascendant** : upward flow; **— descendant** : downward flow; **— d'un compresseur** : capacity; **— par coup de piston** : capacity per stroke; **— d'un cours d'eau** : stream flow; **— d'une pompe** : displacement; **— de vapeur** : steam flow; **— visible** : sight-feed; **graisseur à huile à — —** : sight-feeding oil cup, sight-feed oiler; **mesureur de —** : flow-meter; **réglage du —** : flow regulation.
débiter (*en morceaux*) : to cut out, to slice; **—** (*un compte*) : to debit; **tour à — les lingots** : ingot slicing lathe.
débiteur : debitor.
déblayer : to clear away, to remove, to take away.
déblocage continu à front (*mines*) : non stop face haulage.
débobiner, dérouler : to wind off.
déboisage (*mines*) : prop drawing.
débordement, trop-plein : overflow.
déborder : to overflow; **— par-dessus un barrage** : to spill over a dam.
débouché (*subst.*) : market.
déboucher (*un récipient*) : to uncap, to uncork; (*un tuyau*) : to clear out.
déboulonner : to unbolt.
débrancher, mettre hors circuit : to switch off.
débrayage : disengaging, knock-out, throw-out; **— automatique** : automatic throw-out clutch, automatic knock-off; **— — de l'avance** (*machines-outils*) : automatic disengaging of the feed; **à — —** : self-releasing; **— d'une courroie** : shifting of a belt; **dispositif de — —** : belt tripper; belt shifter.
débrayer : to declutch, to disengage the clutch, to release the clutch; to disconnect; **— l'avance** : to cut out the feed.
débris (*épave*) : wreck.
décagone : decagon.

décagramme : decagramme.
décalage : shifting; — **des balais** (*électricité*) : lag of brushes; — **de phases** : phase displacement.
décalaminage : descaling; — *(de l'acier)* **par chauffage par induction** : induction descaling.
décalaminer : to descale, to scale.
décaler : to shift.
décalescence : decalescence.
décalitre : decalitre.
décamètre : decametre.
décantation : decantation; **bassin de —** : clear pond; **puits de —** : clear well.
décanter : to decant.
décapage : pickling; — **au sable** : sand-blasting; — **à l'acide** : acid etching.
décapant (*adj.*) : pickling; — **de peinture** : paint remover; **bain —** : pickling bath; **produit —** : pickle, pickling bath, pickling solution.
décaper : to pickle.
décapeuse : pickling machine.
décarburation (*des aciers*) : decarburization; — **superficielle** : surface decarburization.
décarburer : to decarburize.
déceler (*chimie*) : to detect.
décélération : negative acceleration.
décentré : offset from center, off center.
décharge : discharge, delivery; (*sortie, orifice*) : outlet; — **électrique en aigrette** : bunch discharge; **soupape de —** : bleeder valve.
déchargée (*batterie d'accumulateurs*) : run down.
déchargement : discharge; — **automatique** : automatic discharge, automatic dumping; — — **par le fond** : bottom self-discharging; **wagon à — —** : automatic dump car; — **en bout** : end discharge; — **latéral** : side discharge; **appareil de —** : unloader; **hauteur de —** : discharge height.
décharger : to discharge, to unload, to dump; **se —** : to discharge.

déchets : refuse, scrap, waste; — **de coton** : cotton waste; — **de métaux** : scrap metal; — **récupérés** : recuperation scraps.
déchirer, se — : to rend, to tear.
déchirure : tear, rent, rip; **agrafe pour réparer les —s de courroies** : rip plate.
décigramme : decigramme.
décilitre : decilitre.
décimal(e) (*subst.*) : decimal; — : decimal; **fraction —e** : decimal fraction; **système —** : decimal system.
décimètre : decimetre, decimeter; — **carré** : square decimetre; — **cube** : cubic decimetre.
déclaration en douane : bill of entry.
déclencher (*électricité*) : to break out.
déclic : trip device, tripping device.
déclinaison (*de l'aiguille aimantée*) : declination, magnetic declination; **cercle de —** : declination circle.
déclinomètre : declinometer.
déclivité : declivity.
déclouer : to unnail.
décochage (*température de —*) : stripping temperature.
décocher (*démouler*) : to strip.
décollé, détaché (bloc de mine) : loose.
décolletage (*tours*) : free-cutting; recessing.
décoloration : decolorization.
décolorer : to decolorize.
décombres, gravats, gravois : debris.
décomposable : decomposable; — **à l'acide** : acid decomposable.
décomposer : to decompose; (*analyser*) : to resolve.
décomposition (*physique, chimique, mécanique*) : decomposition; — **bactérienne** : bacterial decomposition; — **des forces** : resolution of forces; — **d'une force en deux forces constituant un système équivalent** : analysis of a force into two forces jointly equivalent.
décompte : abatement; balance.
déconnecter : to disconnect.

découpage : cutting; **— à l'autogène** : autogenous cutting; **— au chalumeau**: flame cutting; **— au gaz** : gaz cutting; **— et soudure oxhydriques** : oxy-hydrogen cutting and welding.
découper : to cut out.
découvert (*banque*) : overdraft.
découverte (*mines*) : stripping; **droit de —** : discoverer right; **travailler dans de la —** (*pelles à vapeur*) : to do overburden.
découvrir (*un gisement de minerai*) : to disclose (*an orebody*); **— une veine** (*mines*) : to lay bare a vein.
décrassage : deslagging.
décrasser : to deslag; (*curer*) : to cleanse.
décrément : decrement.
décriqueur (*marteau*) : chipper, chipping-hammer.
décrocher, détacher (*les wagons*) : to unhook, to disconnect.
décroissance radioactive : radioactive decay.
décuple : decuple.
dédommagement : amends (*pl.*).
défaire : to undo.
défaut (*au matériel*) : defect; (*détérioration*) : injurious defect, injury, damage; **— de matériel, manque de matériel** : default; **—s internes** : internal defects; **dispositif indicateur de —** : damage indicating-device; **localisation des —s d'un câble** : cable fault location.
défectueu(x) : defective; **pièce —se** : defective piece, defective good.
déficient : faulty; **graissage —** : faulty lubrication; **ouvrier —** : physically handicapped workman.
déficit : deficiency, deficit.
définition (*netteté de l'image*) : definition.
déflagration : deflagration.
déflagrer : to deflagrate.
déflecteur : deflector; **— de surchauffe** (*locomotives*) : deflecting plate.
déformation : deformation; **— à chaud** : deformation at high temperatures; **— à froid, écrouissage** : cold straining; **— permanente** : permanent deformation; **— plastique** : plastic deformation; **— par torsion** : distorsion; **— visqueuse** (*métallurgie*) : creep; **subir une — —** : to creep.
déformer : to deform; **— par torsion** : to distort; **se —** : to be deformed.
défourner (*métallurgie*) : to push out of oven.
défourneuse : pushing machine, drawing device; **— de fours à coke** : coke pusher.
défrayer (*couvrir les dépenses*) : to defray.
dégagement (*de gaz*) : discharge, evolution; **—** (*distance libre*) : clearance; **— de l'outil** (*dans les machines-outils*) : release, relief; **— automatique** (*de l'outil*) : automatic relief; **— de grisou** (*mines*) : discharge of firedam; **— instantané** (*mines*) : outburst, sudden outburst; **— — de gaz avec projection de charbon** : outburst of gas and coal.
dégager (se) : to get free, to get out (of...); (*chimie*) : to be disengaged.
dégâts : damages; **— matériels** : material damages; **— de surface** (*mines*) : mine damage.
dégazage, dégazéification : degasification.
dégazer : to degasify, to degas.
dégivreur : defroster.
dégonflé (*pneu*) : deflated.
dégoudronnage du gaz de cokerie : detarring of coke-oven gas.
dégoudronner la vapeur : to unpitch steam.
dégraissage : cleaning, degreasing.
dégraissant : cleaner, cleansing agent.
degré (*d'angle, de température*) : degree; **— Fahrenheit** : degree Fahrenheit; **— d'approximation** : degree of approximation; **— de fatigue** (*du matériel*) : degree of fatigue; **— d'in-**

degré *(suite)*
clinaison : gradient; — **de pureté** : grade of purity, degree of purity; — **de saturation** : degree of saturation; — **d'utilisation** : degree of usefulness, availability; **équation du deuxième** — : quadratic equation.

dégrossi : rough-machined, rough-wrought; —**r** : to rough-machine, to roughwork; **(au laminoir)** : to rough out, to rough down, to break down, to cog down; —**ssage** (*au laminoir*) : roughing down.

déhouillé (*mines*) : worked out.

déhouiller (*mines*) : to strip (*coal*) away.

délabré, en mauvais état : battered.

délai, retard : delay; — **de livraison** : time of delivery.

déliquescent : deliquescent.

démagnétisation : demagnetization.

démagnétiser : to demagnetize.

demande : demand, request; — **de concession** (*mines*), **dans les pays neufs** : claim.

démarrage : start, starting; — **automatique** : automatic starting, self-starting; **à** — — : automatically starting, automatically running; — **par bouton-poussoir** : push-button starting; — **en charge** : starting under load; — **doux** : smooth start; — **à froid** : cold start; **compensateur de** — : starting compensator; **manivelle de** — : hand-starting crank; **moteur de** — : starting motor.

démarrer : to start; — **en charge** : to start against a load; **faire** — : to start.

démarreur : starter; — **automatique** : self-starter; — **à bain d'huile** : oil starter.

demi-cercle : semi-circle.

demi-charge : half-load.

demi-onde : semi-wave.

demi-produits : semis.

demi-rond : half-round.

démodé (*machines*) : obsolescent, obsolete.

demoiselle (*pour sable, béton*) : sand rammer; (*hie à pavés*) : beetle.

démolir : to demolish.

démolition : demolition; **entreprise de** — **de bateaux, entreprise de ferraillage** : shipbreaking enterprise; **entreprise de** — : wrecking company.

démonstrateur : demonstrator.

démontable : detachable, demountable.

démontage : dismantling, dismounting, disconnection.

démonte-pneus : tyre-remover, tyre lever.

démonter (*une machine*) : to disassemble (*a machine*); to dismantle, to knock-down.

démoulage : draw; — **du béton** : form removal; — **des lingots** : stripping; **dispositif de** — : drawing device.

démouler : to draw; — **des lingots** : to strip; — **la fonte** : to lift the casting; **machine à** — : draw machine.

démultiplication (*du levier*), **effet de levier** : leverage; **rapport de** — **des engrenages** : gear ratio.

dénominateur : denominator.

dénoncer (*un contrat*) : to denounce (*a contract, a covenant*).

dénonciation d'un contrat : denouncement of a contract.

dénouer : to untie.

dénoyage (*d'une mine*) : dewatering, unwatering.

dénoyer (*une mine*) : to unwater (*a mine*); — **les travaux** : to unwater the workings.

dense : dense; **milieu** — : dense medium (*pl.* : media).

densimètre : densimeter.

densité : density; — **apparente** : apparent density, bulk density; — **de champ** : field density; — **superficielle** : surface density.

dent : tooth (*pl.* : teeth); **— d'une scie** : tooth; **— de roue dentée** : cog; **—s rapportées** : inserted teeth; **—s taillées (*engrenages*)** : cut teeth; **profondeur de —** : depth of tooth; **—é** : toothed; **secteur —é** : toothed sector.

départ usine (*prix*) : at works.

dépassement de fin de course, mise aux molettes (*mines*) : overhoisting.

dépasser la recette (*mines*) : to overtravel.

dépense : cost, expenditure, expense; **— d'énergie** : energy output; **—s de fonctionnement** : operating cost; **recettes et —s** : expenditure and receipts.

déperdition de chaleur : deperdition of heat.

déphasage (*coefficient de —*) : displacement factor.

déphasé : out of phase.

déphosphorant : dephosphorizing agent.

déphosphoration : dephosphorization.

dépilage (*mines*) : broken working; **— en rabattant** : retreating.

déplaçable : displaceable.

déplacement (*sens général*) : displacement; **(*voyage, course*)** : travel; **(*course de l'outil dans les machines-outils*)** : travel; **— de la voie (*pose de voie dans les mines*)** : track shifting; **— angulaire** : angular movement.

déplacer : to shift.

déplaceur d'air : volume blower.

déployé (*métal*) : expanded metal.

dépolaris(er) : to depolarize; **—ant** : depolarizer; **—ation** : depolarization.

dépoli : depolished; **verre — à l'acide** : etched glass; **— — à l'émeri** : ground glass.

déport (*commerce*) : backwardation.

déposer son bilan : to submit a statement of one's affairs.

déposer (se) : to settle.

dépôt (*magasin*) : depot, storage depot, storage place, storage yard; **(*chimie*)** : deposition; **(*sédiment*)** : sediment, settling; **(*dépôt en banque*)** : deposit; **(*revêtement*)** : coating; **— boueux** : sludge; **— de charbon** : coaling station; **— électrolytique** : electrolytic deposition, electrodeposit, electro-deposited coating; **— de tartre** : scale, incrustation; **—s détritiques** : detrital deposits; **—s salins** : saline deposits; **marchandises en —** : bonded goods.

dépouiller un modèle du moule : to strip a pattern from the mould.

dépoussiérage : dedusting; **— électrique (*du gaz*)** : electrical precipitation; **— préalable** : preliminary dedusting; **système de —** : dedusting system.

dépoussiérer : to dedust.

dépoussiéreur : deduster; **— centrifuge** : centrifugal deduster; **— électrique (*du gaz*)** : electrical precipitator.

déraillement : derailment, track jumping.

dérailler : to derail, to break down.

dérangement, panne : failure; breakdown.

déraper : to skid.

dérivée (*mathématiques*) : derivative; **— seconde** : second derivative; **unité —** : derived unit.

dérivés du goudron : coal tar chemicals.

dériver (*ou* dériveter) : to unrivet.

dérouillage : rust removing.

dérouiller : to rub the rust off.

dérouler : to unwind, to uncoil.

dérouleur : uncoiler.

désaccoupler : to disconnect.

désagrégation : disaggregation.

désagréger : to disaggregate.

désaimanter : to demagnetize.

désarticuler : to disarticulate.

descendant (en...) : down-hill.

descenderie (*mines*) : incline, slope.

descendre (*dans la mine*) : to go below, to go down (*into the mine*); **faire — au**

descendre *(suite)*
fond hommes et matériel : to get men and supplies down the shaft.
descenseur (*mines*) : gravity conveyor; **— hélicoïdal** : gravity spiral conveyor, spiral chute.
descente automatique (à) : self-lowering.
déschisteur : shale separator.
désémulsionner : to demulsify.
déséquilibre, balourd : unbalance; **facteur de —** : unbalancing factor.
déshuilage : oil separation.
déshuileur : oil separator.
déshydrat(er) : to dehydrate, to devaporize; **—ation** : dehydratation; **air comprimé —é** : devaporized compressed air.
déshydrogéner : to dehydrogenize.
désincrustant pour chaudières : scale remover, boiler cleaning.
désinfect(er) : to disinfect; **—ant** : disinfectant; **—ion** : disinfection.
désintégrateur : desintegrator.
désintégration : disintegration; **— atomique** : atomic disintegration; **— nucléaire** : nuclear disintegration.
désintégrer : to disintegrate; **se — (*noyaux radioactifs*)** : to decay.
désoxyd(er) : to deoxidize; **agent —ant** : deoxidizing agent; **—ation** : deoxidation.
dessécher, se — complètement : to dry up.
desserrer, se — : to loosen; to slacken, to slack; **— les freins** : to release the brakes.
desserré, relâché, non compact : lax.
desserte (*voie de — dans les mines*) : hauling way, haulway, haulage road.
desservir (*une machine*) : to operate (*a machine*).
dessication : dessication.
dessin : drawing; **(*plan, conception, genre de construction*)** : design, plan; **— d'assemblage** : assembly drawing; **— coté** : dimension drawing, dimensioned drawing; **— d'exécution** : working drawing; **— géométrique** : geometrical drawing; **— de machines** : mechanical drafting; **— à main libre** : freehand drawing; **crayon à —** : drawing pencil; **papier à —** : drawing paper; **planche à —** : drawing-board, drawing-plate.
dessinateur : draftsman.
dessiner : to draw; **— un plan** : to draw a plan.
déstockage : destocking.
déstocker : to draw on stocks.
désuet, démodé (*machines*) : obsolescent, obsolete; **—ude** : obsolescence.
désulfuration : desulphurization.
désulfurer : to desulphurize.
détacher au pic (*mines*) : to loosen up with a pick.
détail : detail; **(*commerce*)** : retail; **—s sur demande (*publicité*)** : details on request; **commerce au —** : retail business; **vendre au —** : to retail; **—lant** : retailer, retail dealer.
détartrer une chaudière : to fur a boiler; to scale a boiler.
détartreur (*pour chaudières*) : boiler cleaner; **marteau —** : scaling hammer.
détecteur : detector; **— de fuites** : leak detector; **— à galène** : galena detector; **— de grisou** : firedamp detector; **— de radiations** : radiation detector; **dispositif —** : detecting device.
détection : detection; **— des gaz** : gas detection; **instrument de — des radiations** : radiation detection instrument.
détendeur : releaser; **(*mécanisme de détente*)** : release.
détendre : to release; **— un ressort** : to release a spring; **se — (*ressorts*)** : to spring; **— (*se desserrer*)** : to slack; to loosen; **(*gaz, vapeur*)** : to expand.

détente (*d'un ressort*) : expansion (*of a spring*); **(de vapeur)** : expansion; **— adiabatique** : adiabatic expansion; **— isothermique** : isothermal expansion; **courbe de —** : expansion curve.

détérior(er), se —er : to deteriorate; **—ation, dégradation** (*du matériel*) : degrading, deterioration; injury, injurious defect; **endroit —é** : point of failure.

détermin(er) : to determinate; **—ant** (*mathématiques*) : determinant; **—ation colorimétrique** : colorimetric determination; **—ation expérimentale** : experimental determination.

déterrer, extraire : to grub.

détersif : detergent, detersive; **—s alcalins** : alkaline detergents.

détonateur : percussion cap, detonator; **— électrique** : electric detonator; **— à retard** : time detonator.

détonation : detonation.

détoner : to detonate; **faire —** : to detonate.

détordre : to untwist.

deutérium (*hydrogène lourd*) : deuterium, heavy hydrogen.

deuton (*noyau de l'atome de deutérium*) : deuteron.

développante (*mathématiques*) : involute.

développée : evolute.

développer (*tous sens*) : to develop, to expand; **— X chevaux** : to develop X horse power; **— en série** (*mathématiques*) : to develop into a series, to expand into a series.

déverrouiller : to unbolt, to unlock.

déversement : discharge, dumping; **hauteur de —** : discharge height.

déverser : to discharge, to pour.

déversoir : overflow dam; weir.

déviation : deviation.

dévider : to unwind, to uncoil.

dévidoir, treuil dévideur : cable reel, uncoiler; **— de pompe à incendie** : hose wagon.

dévier (*de* ...) : to deviate (*from..*); **— l'aiguille aimantée** : to deflect the magnetic needle.

devis : estimate; **— d'architecte** : architect's estimate, architect's statement; **faire un —** : to make an estimate on the cost.

devises fortes : hard currencies.

dévisser : to loosen a screw; **— un écrou** : to unscrew a nut; **— — (l'enlever)** : to remove a nut, to run off a nut.

dévonien (*géologie*) : Devonian.

dextrogyre : dextrogyrous, dextrogyratory.

diabase : diabase.

diagonal (*subst. ou adj.*) : diagonal; **—ement** : diagonally.

diagramme : card, chart, diagram; **— d'équilibre** : equilibrium diagram; **— de l'indicateur** : indicator diagram, indicator card.

diamagnétique : diamagnetic.

diamant : diamond; **— noir** : black diamond, bort; **— taillé en rose** : rose-diamond; **— de vitrier** : glass cutter; **porte- —** (*dans les machines à rectifier*) : diamond tool holder.

diamétral : diametral, diametrical; **pas —, dans les engrenages** : diametral pitch.

diamètre : diameter; **— extérieur** : outside diameter, external diameter; **— intérieur** : inside diameter; (*alésage*) : diameter of hole, bore, boring; **— primitif** : pitch diameter; **— de trous, perçage** (*d'une bride de tuyauterie*) : drilling of a flange.

diapason : diapason.

diaphragme : diaphragm; **ouverture du —** : diaphragm aperture; **pompe à —** : diaphragm pump.

diatomée : diatom; **terre à —** : diatomaceous earth.

dictaphone : dictaphone.

dièdre : dihedron, diedron.

diélectrique (*subst. ou adj.*) : dielectric; **rigidité —** : dielectric rigidity.

différence : difference; — **de niveau** : difference of level; — **de potentiel** : difference of potential.

différencier (*mathématiques*) : to differentiate.

différent : different.

différentiel (d'automobile) : differential; **boîte de —** : differential housing; **calcul —** : differential calculus; **engrenage —** : differential gear; **palan —** : differential hoist; **—le** (*mathématiques*) : differential; **flottation —le** : differential flotation.

diffracter : to diffract.

diffraction : diffraction.

diffuser : to diffuse.

diffuseur (*éclairage*) : diffuser.

diffusion : diffusion; — **des gaz** : diffusion of gases; **vitesse de —** : speed of diffusion.

digue : dike, levee; — **de rivière** : embankment.

dilatable : dilatable.

dilatation : dilatation, expansion; — **thermique** : thermal expansion; **joint de —** : expansion joint.

dilater : to dilate, to expand; **se —** : to expand.

dilatomètre : dilatometer; — **différentiel** : differential dilatometer; — **de précision** : precision dilatometer.

diluer : to dilute; **non dilué** : undiluted.

dilution : dilution.

dimension (*d'un corps*) : dimension, extent; size; (*calibre*) : caliber, calibre; — **de grain** : grain size; **—s hors-tout** : overall dimensions; **variations de —s** : dimensional changes; **stabilité —nelle** : dimensional stability; **—ner** : to dimension.

diminution de rendement : decrease of efficiency.

dioptre : diopter, dioptric.

dioptrique (*adj.*) : dioptric.

diphasé : two-phase.

diplômé des écoles d'ingénieurs : graduate from engineering colleges.

directeur : director; manager; — **adjoint** : assistant director; — **général** : general manager; — **technique** : technical director; — **de travaux** : works manager.

direction (*mines*) : strike; (*autom.*) : steering gear; — **d'un véhicule** : steering; — **du nord magnétique** : magnetic bearing; **barre de —** : steering-gear connecting rod; **changer la —** : to alter the direction; **levier de —** : steering-gear arm; **personnel de —** : directing personnel; **à deux —s** : two-way; **volant de —** : steering wheel.

directrice (*ligne*) : directrix.

diriger une machine : to drive, to control, to manage; — **une société** : to manage, to direct; (*piloter un véhicule*) : to steer.

discontinu : discontinuous; **—ité** : discontinuity.

discriminant (*mathématiques*) : discriminant.

disjoncteur : break switch; — **dans l'air** : air break switch; — **automatique** : auto-switch; — **à commande à distance** : remote control; — **à gaz comprimé** : compressed gas break switch; — **dans l'huile** : oil break switch; — **à maxima** : limit break switch; — **à minima de tension** : no-voltage break switch; — **principal** : master switch; — **rapide** : quick-break switch; — **de surcharge** : excess current switch; — **de sûreté** (*pour moteurs*) : safety break switch.

dislocation : dislocation.

dispersion : dispersion; — **d'induit** : armature leakage; — **de la lumière** : dispersion of light; — **magnétique** : magnetic leakage; **courant de —** : stray current.

disponible (*marchandise*) : disposable; **fonds —s** : available funds.

dispositif : device; — **d'alimentation automatique des chaudières** : stoker, mechanical stoker; — — — **par-des-**

dispositif *(suite)*
sous : underfeed stoker; — — — **par-dessus** : overfeed stoker; — **anti-bris** : anti-breakage device; — **d'arrêt** : stopping device; — **d'arrosage automatique des berlines, dans une galerie de mine** : wetting device; — **d'aspiration des poussières** : dust catcher, dust collector; — **de centrage** : centering device, centering attachment; — **coupe et cône** (*fermeture des gueulards*) : cup and cone; — **de décrassage** : slag off device; — **d'entraînement** : drawgear; drive mechanismus; impeller; — **d'essai** : experimental device; — **d'impression automatique** (*des poids et des dates*) : printomatic device; — **indicateur de défaut** : defect indicator; — **mécanique** : mechanical device; — **de mise en marche** : starting device; — **de ralentissement à l'arrivée aux recettes** : slow-banking device; — **de rappel à zéro** : zero setting attachment; — **de réglage** : adjusting device; — **de relevage automatique** : automatic lifting; — **de sécurité,** — **de protection** : safety device, safety appliance; — **de serrage** : tightening device, draw-in attachment; — **de signalisation** : signalling device; — **tendeur** : stretcher, tightener.
disposition : arrangement; disposal, disposition; — **tandem** : tandem arrangement; — **en zig-zag** : zig-zag arrangement.
disque : disk, disc; — **de signalisation** : signal disk.
dissociation : dissociation; (**fission**) : splitting-off.
dissocier : to dissociate.
dissolution : dissolution, solution; — **de caoutchouc** : rubber dissolution.
dissolvant : dissolver.
dissoudre, se — : to dissolve, to melt.
dissymétrie : dissymmetry.
dissymétrique : dissymmetrical, non-symmetrical.
distance : distance; — **angulaire** : angular distance; — **explosive** (*éclateur*) : spark gap; — **focale** : focal distance; **commande à** — : distant control, remote control; **indication à** — : distant indication.
distillat : distillate.
distillation : distillation; — **fractionnée** : fractional distillation; **tour de** — — : fractionating tower; — **primaire** : primary distillation; — **dans le vide** : vacuum distillation; **appareil de première** — : primary still.
distill(er) : to distillate; **eau** —**ée** : distilled water.
distorsion : distorsion.
distribuer, répartir : to distribute.
distributeur (*appareil*) : delivery apparatus, distributor; — **d'allumage** : ignition distributor; — **à tablier** : apron conveyor; **aubages de** — : chutes.
distribution (*sens général*) : distribution; (*livraison, fourniture*) : supply; — **à distance** : long distance distribution; — **de dividende** : dividend distribution; — **d'eau** : water supply; — **de gaz** : gas supply, gas distribution; — **des produits** (*économie politique*) : distribution of products; — **des températures** : distribution of temperatures.
divalent (*chimie*) : divalent.
divergence : divergence.
divergent : divergent; **lentille** —**e** : divergent lens.
diverger : to diverge.
diversité d'emploi, d'application (*d'une machine*) : versatility of application.
dividende (*mathématiques*) : dividend; (*banque*) : dividend.
divis(er) : to divide; **matière finement** —**ée** : finely divided matter; **appareil à** —**er** : dividing apparatus.
diviseur (*mathématiques*) : divisor.
divisibilité : divisibility.

divisible : divisible.
division (***mathématiques***) : division; **— du travail** : division of labour.
dixième : tenth.
dock flottant : floating dock.
dodécaèdre : dodecahedron.
dodécagone : dodecagon.
doigt, ergot : dog; **— d'entraînement** : driving dog.
dolérite : dolerite.
dolomie : dolomite.
domaine d'emploi : field of service.
dôme de vapeur (***locomotives***) : steam dome.
dommage : damage, injury; **—s et intérêts** : damages.
donnée : datum (*pl.* : data); **—s numériques** : numerical data.
donner l'alarme : to provide alarm.
dorer : to gild.
dormant (***adj.***) : standing, fixed.
dortoirs pour célibataires : quarters for unmarried personnel, for bachelors.
dorure galvanoplastique : electro-gilding.
dosage : dosage.
dose (***proportion***) : dose; **—r** : to dose.
dosimètre : dosimeter.
douane : customs (*pl.*); custom house; **agent en —** : custom house agent; **bureau de —** : custom house; **déclaration en —** : bill of entry; **droits de —** : custom duties; **tarif de —** : customs tariff.
douanier : custom-house officer.
douanière (***nomenclature***) : custom nomenclature.
double (***duplicata***) : duplicate; (***adj.***) : double; **réservoir isolant à — paroi** : double-walled tank.
douche : shower-bath; **bâtiment des —s, dans les mines** : bath rooms.
douille : socket; **— à bayonnette** : bayonet socket; **— à vis** : screw-socket; **— de lampe électrique** : lamp socket; **— de palier** : bush.
douves d'un tonneau : staves of a cask.
doux à manœuvrer : quiet in operation.
dragage : dredging; **— de l'or** : dredging for gold; **pompe de —** : dredging pump.
dragline, pelle à benne traînante : dragline.
drague : drag, dredging machine; **— à benne preneuse** : grab dredge; **— à cuillers** : shovel dredger; **— à godet** : bucket dredge; **— à grappin** : grab dredger; **— hydraulique** : hydraulic dredge; **— traînante** : dragline bucket; **— à vapeur** : steam dredger; **—r** : to dredge.
drainage : draining.
drainer : to drain.
dressage : facing, dressing, planing.
dressant (couche en —) : steeply inclined seam, highly-inclined seam.
dresser : to face; to dress; to plane; (***surfacer***) : to surface; to resurface; (***redresser***) : to straighten; **machine à —** : dresser, planer; **tour à —** : face plate lathe.
droit (***subst.***) : law; (***adj.***) : straight; **— commercial** : business law; **— des tiers** : rights of third parties.
droite (***subst.***) : straight line; **filetage à —, pas à —** : right-hand thread; **fleuret au pas à —** : right-hand drill.
droits (à payer), impôts : duties; **— de douane** : custom duties; **— à l'exportation** : export duties; **— d'octroi** : toll duties; **— de port** : harbour duties; **— de quai** : wharfage; **— de timbre** : stamp duty; **— de tonnage** : tonnage dues; **— de tréfonds, de brevet, d'auteur** : royalties.
ductile : ductile.
ductilité : ductility.
duo (***train***) **dans les laminoirs** : two-high rolling mill train.
duplicata : duplicate.
duplicateur : duplicator, duplicating apparatus.

dur : hard; (*travail*) : heavy; — **à manier** : hard-to-work.

durabilité, solidité : durability.

durable, inaltérable : fixed, time-proof.

durain : durain.

duralumin : duralumin.

durci(r) (*v. n.*) : to harden; **prendre** (*ciment*) : to bind, to harden; — **par traitement thermique** : toughened by heat treatment.

durcissement : hardening; — **à la chaleur** : thermo-hardening; — **superficiel à la flamme** : flame hardening; — **avec le temps** : age hardening.

durée : time; — **de charge** (*métallurgie*) : charging time; — **de cuisson du coke,** — **de carbonisation** : coking time; — **de démarrage** : starting time; — **d'oscillation** (*du pendule*) : swing time; — **du raffinage** : time of refining; — **du revenu** : time of tempering; — **de service, vie utile d'une machine** : life of a machine; — **du traitement** : time of treating; — **du travail** : working time; **réglage de la** — : timing.

dureté : hardness; — **Brinell** : Brinell hardness, ball indentation hardness; **appareil pour essai de** — — : Brinell hardness tester; — **de cémentation** : case hardness; — **par la chute** : drop hardness, scleroscope hardness; — **de l'eau** : hardness of water; — **due à l'écrouissage** : strain hardness; — **à la rayure** : scratch hardness; **appareil pour essai de** — **Rockwell** : Rockwell hardness tester.

dyke (*géologie*) : dike; dyke.

dynamique (*subst.*) : dynamics; (*adj.*) : dynamical, dynamic.

dynamite : dynamite, nitroglycerine dynamite; — **gélatine** : gelatine dynamite; — **gomme** : gum dynamite.

dynamo : dynamo; — **auto-excitatrice** : self-excited dynamo; — **compound** : compound dynamo; — **à double enroulement** : double-current dynamo; — **-frein** : brake-dynamo; — **hypercompound** : hypercompound dynamo; — **série** : series-dynamo; — **shunt** : shunt-dynamo.

dynamomètre : dynamometer.

dyne : dyne.

E

eau : water; — **acide** : acid water; — **alcaline** : alkaline water; — **d'alimentation** : feed water; — **boueuse** : thick water; — **de chaudières** : boiler water; — **de chaux** : lime water; — **de condensation** : condensing water; — **condensée** : condensed water; — **distillée** : distilled water; — **douce** : fresh water; — **d'égout** : sewage water, sewerage; — **-forte** : aqua fortis; — **de Javel** : bleaching liquid; — **de lavage** : washery water; — **lourde** : heavy water; — **de mer** : sea water; — **oxygénée** : hydrogen peroxide; — **de pluie** : rain water; — **polluée** : polluted water; — **potable** : drinking water; — **pure** : clear water; pure water; — **de réfrigération** : cooling water; — **salée** : salt water; — **de savon** : soapsuds; — **de source** : spring water; — **stagnante** : standing water; —**x ammoniacales** : ammonia water; —**x courantes** : running waters, circulating waters; —**x résiduaires** : waste water; —**x sales** : slop; —**x schlammeuses** (*lavoirs*) : slurries; —**x souterraines** : ground water; **teneur en —** : moisture content, water content; **travail sous l'—** : underwater work.

ébarbage : chipping, trimming.

ébarber : to trim, to burr.

ébarbeuse : trimming machine.

ébarbure : burr.

ébauchage : roughing; (*laminoirs*) : breaking down.

ébauche, forme : blank; — **d'engrenage** : gear blank; **machine à —r les engrenages** : gear roughing machine.

ébène : ebony.

ébonite : ebonite, hard rubber, vulcanite; — **moulée** : moulded hard rubber.

éboulé (*puits de mine*) : fallen-in (*shaft*).

éboulement (*mines*) : fall of ground; fall; — **du parement** : fall of side; **mineur pris sous un —** : entombed miner; **protection contre les —s** : safety from falls; **talus d'—** : angle of repose.

ébouler (s'—) : to fall in.

ébullition : ebullition; **en —** : ebullient; **température d'—** : boiling point.

écaillage : chipping-off, scaling-off.

écaille : scab; scale; —**s d'oxydation sur les tuyauteries** : pipe scale; —**r** : to scale off; (*fendre en lames minces*) : to laminate.

écart (faire un —) : to swerve.

écartement (*d'une voie ferrée*) : gauge of track; gauge of road; (*espacement*): spacing; — **des électrodes** : electrode gap; — **des traverses** (*voies ferrées*) : spacing of sleepers; spacing of ties (*U. S. A*).

échafaud (*construction*) : scaffold.

échancrer, entailler : to indent, to notch.

échange : exchange; — **de températures** : heat exchange; —**r, négocier** (*commerce*) : to exchange; —**r avec, troquer contre** : to barter with.

échangeur de température : heat exchanger.

échantignole (*charpente*) : purlin cleat.

échantillon : sample, scantling, specimen; (*échantillon à essayer, à analyser*) : test piece, test specimen; **— d'essai** : assay sample; **— moyen** : average sample; **— pris à front** (*mines*) : face sample; **pris au hasard** : sample at random; **— pris aux accumulateurs** : bunker sample; **— témoin** : check test, check sample; **carte d'—s** : showcard; **paquet —** : sample package; **—nage** : sampling; **—nage gravimétrique** : gravimetric sampling; **—nage au hasard** : randomly sampling; **—neur** : sampler.

échappement : exhaust; outlet; **— libre** : free exhaust; **came d'—** : outlet cam; **fumées d'—** : exhaust fumes; **gaz d'—** : exhaust gases; **soupape d'—** : exhaust valve; **tuyau d'—** : exhaust pipe; **vapeur d'—** : exhaust steam.

échapper (*à l'air libre*) : to escape (*into the atmosphere*); **s'—, fuir** (*air comprimé, eau*) : to leak.

échauffement : heating; **— spontané** (*du charbon en tas*) : spontaneous heating; **— dans les vieux travaux** (*mines*) : gob heating.

échauffer (s'—), en parlant d'une machine : to run hot.

échéance (*commerce*) : falling due; maturity; **— moyenne** : average due date; **à brève —** : short dated; **à longue —** : long dated.

échelle (*objet*) : ladder; (*de mesure*) : scale; (*champ d'un appareil*) : range; **— agrandie** : magnified scale, enlarged scale; **— centigrade** : centigrade scale; **— graduée** : graduated scale; **— à incendie** : fire ladder; **— Kelvin** : Kelvin scale; **— logarithmique** : logarithmic scale; **— mobile** (*salaires*) : sliding scale; **— de notation** : scale of notation; **— Réaumur** : Reaumur scale; **— réduite** : reduced scale; **— de salaires** : scale of wages.

échelon : ladder rung; rung.

échoir : to mature, to fall due.

éclair : flash; lightning-flash.

éclairage : lighting; illumination; **— code** : code lighting; **— diffus** : diffused illumination; **— direct** : direct illumination; **— domestique** : domestic lighting; **— électrique** : electric lighting; **— par fluorescence** : fluorescent lighting; **— au fond** (*mines*) : mine lighting; **— du front de taille** (*mines*) : illumination of the coal-face; **— au gaz** : gas lighting; **— indirect** : indirect illumination; **— intensif par projecteurs** : floodlight, flood lighting; **— de secours** : auxiliary lighting, help-lighting; **— au sodium** : natrium lighting; **— en taille** (*mines*) : face lighting; **gaz d'—** : illuminating gas.

éclairant (pouvoir —) : illuminating power, candle-power.

éclairer : to lighten, to illuminate, to light.

éclat (lumineux) : brightness.

éclatement de pneu : tyre bursting.

éclateur (*électricité*) : spark gap.

éclipse : eclipse.

éclisse : rail bond, railway fastening; fish-plate; splice-bar; **— plate** : flat joint; **— cornière** : angle bar joint; **— électrique** : electric bond; **fixer les —s** : to attach the fish-plates; **—r les rails** : to fish the rails.

écluse : sluice; (*dispositif d'éclusage*) : lock; **porte d'—** : sluice gate.

écoin (*boisage dans les mines*) : slab.

école : school; **— de commerce** : business school; **— d'ingénieurs** : engineering college; **— des mines** : Mining School; **— préparatoire** : preparatory school; **— technique** : technical school.

économie : cost-saving; saving; (*activités économiques*) : economy; **— contrôlée** : controlled economy;

économie *(suite)*
— **d'énergie** : saving in power; — **de lubrifiant** : lubricant saving; — **politique** : political economy; — **dans le prix de revient** : saving in cost; — **de temps** : saving in time.

économique : economic, economical; (*bon marché*) : inexpensive; **bien-être —** : economic well-being.

économisant du travail (*outil*) : labour-saving (*tool*).

économiser de la main-d'œuvre : to save man hours.

économiseur : economizer.

écope : scoop.

écorce terrestre : earth's crust.

écoulement : discharge; flow, flowing; — **des fluides** : fluid flow; — **laminaire** : laminar flow; — **plastique** : plastic flow; — **troublé** : disturbed flow; — **turbulent** : turbulent flow; — **uniforme** : uniform flow; **tuyau d'—** : exit pipe, discharge pipe.

écouler (s'—) : to flow out.

écouteur (*téléphonique*) : receiver; — **individuel** : earphone.

écran : screen; — **fluorescent** : fluorescent screen; — **protecteur** : protective shield.

écrou : nut; screw-nut; — **d'accouplement** : coupling nut; — **crénelé** : castellated nut; — **à oreilles** : thumb nut, wing nut; — **de raccord** : connection nut; — **de réglage** : adjusting nut; **dévisser un —** : to remove a nut, to unscrew a nut, to run off a nut; **serrer un —** : to tighten a nut.

écroui : cold-worked; **—r** : to cold-hammer, to cold-work; **—ssage, déformation à froid** : cold straining, strain hardening.

écume, mousse : foam; (*crasse*) : scum.

effectif, personnel (*subst.*) : personnel, working forces; **augmentation de l'—** : increase of forces; **diminution de l'—** : decrease of forces; **perte d'—, réduction d'—** : wastage of labour forces; **rajustement de l'—** : adjustment in working forces.

effervescence (être en —) : to effervescence.

effervescent : effervescent.

effervescer : to seethe, to effervesce.

effet : effect; — **d'amortissement** : cushion effect; — **couronne** : corona discharge; — **Joule** : Joule effect; — **Kelvin** : Kelvin effect; — **de levier** : leverage; — **à payer** : bill payable; — **pelliculaire** : skin effect; — **à recevoir** : bill receivable; — **utile** : efficiency; **—s négociables** : negociable instruments; **à double —** : double-acting; **à simple —** : single-acting.

efficace : efficient.

efficacité : effectiveness, efficiency; — **d'un explosif** : effectiveness of an explosive.

efficience : efficiency.

efficient, d'un rendement élevé : efficient.

effilé : taper, tapered.

effluent (qui émane) : effluent; (*subst.*) (*produit de sortie*) : effluent.

effondreur (*mines*) : chock-releaser.

effort (mécanique) : force; (*fatigue du matériel, sollicitation*) : strain, stress, effort; — **axial, poussée axiale** : thrust load; end thrust; — **de cisaillement** : shearing strain, shearing stress; — **de compression** : compression strain; — **au crochet** : hauling capacity; draw bar pull, pulling power; — **de démarrage** : starting power; — **dynamique** : dynamic stress; — **de flexion** : bending stress; — **latéral, poussée latérale** : lateral force, lateral strain; side pull, side thrust; — **de levage, puissance de levage** : hoisting power; — **de rupture, charge de rupture** : breaking stress, rupture strength; — **statique** : static stress; — **tangentiel** : tangential strain; — **de tension** : tensible strength; — **de torsion** :

effort *(suite)* torsional stress, torsional fatigue; **— de traction** : tractive effort; tractive power, pulling strain; **supporter un —** : to stand a strain; **qui a à supporter de gros —s** : heavy duty; **résistance aux —s répétés** : endurance strength.

égalisateur de niveau : level equalizer.

égalité (mathématiques) : equality.

égout : sewer; sewer trench; **tuyau d'—** : sewer pipe; **—tage** : dewatering.

éjecteur : ejector; **— à air comprimé** : air ejector; **— pour l'amorçage des pompes** : ejector for priming; **— de vapeur** : steam-jet ejector; **ventilation par —** : ejector ventilation.

élargir : to widen; **(une galerie de mine)** : to widen out (a mine gallery).

élargissage de galerie (mines) : gallery widening-out.

élargissement : widening; enlargement.

élasticité : elasticity; **coefficient d' —, module d'—** : coefficient of elasticity, modulus of elasticity, Young's modulus, E. N. value.

élastique : elastic; **constante —** : elastic constant; **force —** : elastic drift (*of a spring*); **limite —** : elastic limit, elastic stress; **—ment** : elastically.

électricien : electrician.

électricité : electricity; **— statique** : statical electricity; **fournitures pour l'—** : electric supplies.

électrification : electrification.

électrifier : to electrify.

électrique : electrical, electric; **accumulateur —** : electric accumulator (voir : **accumulateur**); **—ment** : electrically.

électrisation : electrification, electrization.

électriser : to electrify, to electrize.

électro-aimant : electro-magnet; **— — de levage** : lifting magnet; **— de champ** : field magnet; **— de frein** : brake magnet; **bobine d'— —** : magnet coil; **pont roulant à — —** : magnet crane.

électrochimie : electro-chemistry.

électrochimique : electro-chemical.

électro-chimiste : electro-chemist.

électrocution : electrocution.

électrode : electrode; **— en charbon** : carbon electrode; **— enrobée** : coated electrode, sheathed electrode; **— en graphite** : graphite electrode; **four de fusion à — —** : graphite electrode melting furnace; **— nue** : naked electrode; **— de soudure** : welding electrode; **— pour soudure à l'arc** : arc-welding electrode.

électrodynamique : electro-dynamics.

électrofiltre : electrofilter; **— à sec** : dry electrofilter; **— par voie humide** : wet electrofilter.

électrogène (*groupe*) : generating set.

électrogyre : electrogyro.

électro-hydraulique : electro-hydraulic.

électrolyse : electrolysis; **—r** : to electrolyze; **— ur** : electrolyzer.

électrolyte : electrolyte.

électrolytique : electrolytic; **dépôt —** : electrolytic deposition, electrodeposit, electro-deposited coating.

électromagnétique : electromagnetic; **induction —** : electromagnetic induction.

électromagnétisme : electromagnetism.

électromoteur : electro-mounter.

électromotrice (force —) : electromotive force (E. M. F.).

électron : electron; **— -volt** : electron volt; **émission d'—s** : electron emission.

électrophor(e) : electrophorus; **—èse** : electrophoresis.

électropneumatique : electropneumatic.

électroscope : electroscope; **— à feuille d'or** : foil electroscope, gold leaf electroscope.

électrostatique (*subst.*) : electrostatics; **(*adj*)** : electrostatic.

électrotechnique : electrotechnical.

électrothermi(e) : electrothermancy; **—que** : electrothermic.

élément : element; *(constituant)* : component; **— d'accompagnement** *(métallurgie)* : accompanying element; **— allié** : alloying element; **— de chauffe** : heating element; **— de couloir oscillant** *(mines)* : shaker conveyor trough; **— de pile** : voltaic element; **— de pile au bichromate de potasse** : dichromate cell; **— thermique, bilame** : thermocouple; **— à l'état de trace** : trace element.

élévateur, monte-charge : hoist; lift; **— derrière chargeuses** : elevator; **— -chargeur** : charging elevator, delivery elevator; **— à godets** : bucket elevator.

élévation *(coupe verticale)* : elevation; **— frontale** : front elevation; **— latérale** : side elevation; **— à une puissance** *(mathématiques)* : involution; **hauteur d'—** : lift; *(pompes)* : pumping head.

élever : to lift, to raise, to erect; **— au carré** *(mathématiques)* : to square.

élimination : elimination, removal; **— des fumées** : removal of smoke; **— du phosphore** : dephosphorization; **— du soufre** : desulphurization.

éliminer : to eliminate.

élingue : sling.

ellips(e) : ellipse; **—oïde** : ellipsoid; **—oïde de révolution** : revolution ellipsoid.

elliptique : elliptic, elliptical.

élongation : elongation.

émail : enamel; **—lage** : enamelling; **—lage au pistolet** : spray enamelling; **—ler** : to enamel; **four à —ler** : enamelling oven.

émanation : emanation.

emballage : packing; **— compris** : packing included; **papier d'—** : packing paper.

emballer : to pack up, to wrap, to box; **s'—** *(en parlant des moteurs)* : to race.

embardées (faire des —) : to yaw.

embarcadère : shipping mole.

embauchage : engagement, hiring.

embaucher : to engage, to hire.

s'emboîter dans... (s'adapter à ...) : to fit in.

embout : mouth-piece.

emboutir : to swage; to press, to stamp; **—** *(border, faire les brides)* : to border, to flange; **presse à —** : flanging press.

emboutissage : flanging.

embranchement : branch-line; **— de chemin de fer** : branch-railway.

embrayage : clutch; **— à cônes** : cone clutch; **— à friction** : friction clutch; **— hydraulique** : fluid coupling; **— à plateaux** : disc clutch.

embrayer : to clutch, to engage the clutch; **— l'avance** *(machines-outils)* : to cut in the feed.

embrèvement *(charpentes)* : joggle.

émeraude : emerald.

émeri : emery; **meule à —** : emery wheel,. emery grinding machine; **papier —** : emery paper; **toile —** : emery cloth.

émettre : to emit.

émission *(de gaz, de vapeurs)* : emission; *(de titres)* : emission; **— d'électrons** : electron emission; **— d'actions** : issue of shares; **— d'obligations** : issue of debentures.

emmagasinage, stockage : warehousing, storage.

emmagasiner : to store.

emmanchement à douille : socket strap.

emmancher *(un outil)* : to helve *(a tool)*; **— à chaud** : to shrink on.

émoluments : fee.

émouss(é) : blunt-edged, dull; **—er** : to dull; **outil —é** : dull tool; **s'—er** : to become dull.

empaqueter : to pack up, to wrap.

empattement *(écartement des essieux)* : wheel-base; *(construction)* : footing.

empierrer une route : to ballast a road.
empilage (***métallurgie***) : checker-work.
empiler : to pile, to stack.
empirique : empiric, empirical; **règle —** : empirical rule.
empirisme : empirism.
emplacement (***situation***) : location; **— de travail, chantier** : working site, site of work; **—s dangereux** (***mines***) : hazardous situations.
emploi : employment; (***occupation***) : occupation, employment; **— du temps** : time table; **demandes d'—** : positions wanted; **offres d'—** : positions vacant.
employé (***salarié***) : employee; **— de bureau** : administrative employee; **— au classement** : filing clerk; **— au courrier** : mail clerk.
employer (***du personnel***) : to employ.
employeur, patron : employer.
emporte-pièce : punch; **découper à l'—** : to stamp out.
empoussiérage de l'air (***mines***) : air dustiness.
empreindre (presse à —) : embossing press.
empreinte : indentation, impression; (***signe***) : mark.
emprunt : loan; **— bancaire** : bank loan; **—er** : to borrow.
émulsion : emulsion; **en —** : emulsive; **—nant** : emulsifier; **—ner** : to emulsify, to emulsionize.
encadrement (***d'une porte***) : framing (*of a door*).
encageur (***ouvrier de mine***) : cager, cage tender; (***machine de mine***) : car-pusher.
encaissement : collection; **frais d'—** : collection charges.
encaustique : encaustic.
enchères (***vente aux —***) : auction sale.
enclume : anvil; **table de l'—** : anvil face.
encoche : groove, notch, slot, jag, nick; **—r** : to notch, to nick.
encombrant : cumbersome.
encombrement : dimensions; extent; **— superficiel** (***d'une machine***) : floor-space.
encouragement au rendement : incentive system.
encrassage (***accumulation de dépôts***) : fouling.
encre : ink; **— de couleur** : coloured ink.
endommager : to damage, to injure.
endos, endossement : endorsement; **— en blanc** : black endorsement; **—ser** : to endorse, to indorse; **—seur** : endorser.
endosmose : endosmose.
endothermique : endothermic.
enduire : to coat.
enduit (***subst.***) : coating; **— pour courroies** : belt dressing; **—** (***adj.***) **d'asphalte** : asphaltum coated.
endurance (***du matériel***) : endurance; **— aux chocs répétés** : repeated impact strength; **— à la fatigue, — aux efforts répétés** : fatigue strength; **— à la flexion** : bending fatigue strength; **— aux torsions répétées** : torsional fatigue strength; **essai d'—** : endurance test, fatigue test, fatigue testing.
énergie : energy; (***puissance***) : power; **— atomique** : atomic energy; **— — de cohésion** (***des éléments du noyau***) : binding energy; **— calorifique** : thermal energy; **— cinétique** : kinetic energy; **— dépensée** : expended energy; **— électrique** : electric power, electrical power; **— latente** : latent energy; **— motrice** : motive energy; **— de mouvement** : energy of motion; **— nucléaire** : nuclear energy; **— potentielle** : potential energy; **conservation de l'—** : conservation of energy; **dépense d'—** : energy output, power output; **production de l'—** : generation of power; **transmission de l'—** : transmission of power.

enflammer : to fire, to ignite; — **le grisou** (*mines*) : to ignite firedamp.
enfoncer (*un clou*) : to drive in (*a nail*).
enfouir : to embed, to imbed.
enfourner : to charge.
enfourneuse (*fours industriels*) : charging machine; — **automatique** : automatic charging machine.
engagement (*par contrat d'apprentissage*) : indenture; —**s financiers** : liabilities; **contracter des —s** : to incur liabilities.
engager par contrat d'apprentissage : to indent, to indenture.
engendrer un solide (*géométrie*) : to generate a solid.
engin de levage : hoisting device.
engrais chimique : chemical manure; fertilizer; — **phosphaté** : phosphated fertilizer.
engrenage : gear, gearing; — **d'angle** : bevel gear; — — **d'équerre** : mitre gear, cut mitre gear; — **baladeur** : sliding gear; — **à chevrons** : double helical gear, V-gearing; — **de commande** : master-gear; — **à crémaillère** : rock gear; — **en deux pièces** : split gear; — **différentiel** : differential gear; —**s à double réduction** : double reduction gearing; — **droit** : spur gear; — **hélicoïdal** : helical gear, spiral gearing; — **hypoïde** : hypoid gear; — **planétaire** : planetary gearing, planet gearing; — **à profil en développante de cercle** : involute gear; — **par vis sans fin** : worm gearing; **protecteur d'—s** : gear-guard; **taille des —s** : cutting of gears; **train d'—s** : gearing.
engrener avec : to mesh with.
enlèvement des ordures : garbage removal, scavengery.
enlever (*par frottement*) : to rub away; — **à la lime** : to cut away with a file.
ennoblir, enrichir (*un minerai*) : to ennoble.
ennoblissement : ennoblement.
enrailleur : rerailing plate.
enrayer des wagonnets : to scotch; — **une roue** : to lock a wheel.
enregistrement (*tous sens*) : registration, record.
enregistrer : to record, to register; — **des bagages** : to book luggage.
enregistreur (*appareil*) : recorder, recording instrument; — **d'affaissement** (*du toit dans les mines*) : convergence recorder; — **d'effort** : strain recorder; — **de fréquence** : frequency recorder; — **graphique** : graphic recording instrument; — **de grisou** : firedamp recorder; — **à une plume** : single pen recorder; — **à plusieurs plumes** : multipen recorder; — **de vitesse** : speed recorder, speedometer; **manomètre —** : recording pressure-gauge; **pyromètre —** : recording pyrometer; **thermomètre —** : recording thermometer.
enrichissement des minerais : ore enrichment, benefication of ores, concentration of ores; **procédé d'— —** : concentration process; — **à l'oxygène du vent soufflé** : oxygen enrichment of the blast.
enrobée (**électrode —**) : coated electrode.
enrober : to coat; — **dans ...** : to imbed in...
enroulement : coil; winding; — **en anneau** (*électricité*) : ring winding; — **de champ** : field coil; — **compound** : compound winding; — **d'induit** : armature winding; — **primaire** : primary winding; — **secondaire** : secondary winding; — **série** : series winding; — **shunt** : shunt winding; — **en tambour** : drum winding.
enrouler : to coil up, to wind up.
enrouleur (**locomotive à —**) : cable-coiling locomotive.
enrouleuse à fil : wire-coiling machine.
enrouloir : winding spool.
ensacher : to put in bags, to bag in sacks.

enseigne commerciale : trade sign; **— lumineuse** : electric sign.
enseignement : teaching; **— préparatoire** : preparatory teaching, preparatory instruction.
entaill(e) : notch, nick, jag; **(marque)** : score; **—er** : to nick, to notch; to score; **essai de pliage sur éprouvette —ée** : nick bend test.
entartré : encrusted.
entasser : to pile.
entier (*nombre*) : integer.
entonnoir : funnel; **— de coulée, canal de coulée** : sprue; trumpet.
entraînement : drive; **— direct** : direct drive; **dispositif d'—** : drive mechanismus; drawgear; impeller.
entraîner : to draw, to drive, to propel, to cause to move; **(*instruire*)** : to train.
entraît (*charpente*) : tie-beam.
entre-axes (largeur d'—), dans les voies ferrées : track centers.
entredeux (*mines*) : seam interval.
entrée d'air, admission d'air : air intake, air admission; **puits d'— —** : intake shaft.
entrée d'une fendue (*mines*) : adit.
entrefer : air gap.
entreposées (*marchandises*) : bonded (*goods*).
entreposer en douane (*des marchandises*) : to bond; **(*en magasin*)** : to warehouse, to store.
entrepôt : bonded warehouse; **(*dépôt*)** : depot, storing depot, emporium.
entrepreneur : contractor; **(*chef d'équipe, dans les mines, rémunérant lui-même ses hommes*)** : contractor; **— de forage** : drilling contractor; **— en maçonnerie, — de construction** : building contractor; **— de travaux publics** : commissioner of public works; labour contractor.
entreprise (*affaire industrielle ou commerciale*) : enterprise, undertaking; **— de bâtiment** : building enterprise; **— industrielle** : industrial enterprise; **— privée** : private enterprise; **— de travaux publics** : contracting firm; **petites et moyennes —s** : small and mediumsized enterprises.
entresol : mezzanine (-floor), half-story.
entretien : maintenance, upkeep; **— des voies (*mines*)** : roadway maintenance; **atelier d'—** : repair shop; **frais d'—** : upkeep costs, maintenance costs, maintenance expense; repair costs; **— — élevés** : high maintenance; **ingénieur d'—** : maintenance engineer; **ouvrier d'—** :repair man.
entretoise : staybolt; brace; **—ment en croix de Saint André** : St Andrew's cross brace.
entropie : entropy.
enveloppe (*carter*) : casing, housing; **(*revêtement*)** : casing; **(*chemise, enveloppe calorifuge*)** : jacket.
éocène : eocene.
épaisseur : thickness; **— de paroi** : thickness of wall.
épaissir, s'— : to thicken.
épaississement (*des liquides*) : thickening.
épaississeur : thickener; **— de schlamms** : mud thickener.
épaulement : shoulder.
épave, débris : wreck.
épicycloïd(al) : epicycloidal; **—e** : epicycloid, curtate cycloid.
épierreur : stone separator.
épingle : pin.
épinglette (*tir des mines*) : primer.
épiss(age) : splicing; **—er (*un câble*)** : to splice; **—ure** : splice.
éponge de fer : iron sponge.
épontes (*mines*) : walls.
épreuve : test, trial; **— réglementaire** : test prescribed by regulation, regulable test; **pression d'—** : test pressure, testing pressure.
éprouver, essayer : to test, to assay, to try out.
éprouvette (*d'essai*) (*métallurgie*) : test piece, test bar; **— entaillée (*pour essai de résilience*)** : notched bar;

éprouvette *(suite)*
essai de résilience sur — — : notched bar impact test.

épuisé par le travail : over-worked.

épuisement (*exhaure*) dans les mines : mine drainage, draining, dewatering; **— d'un gisement de minerai** : exhaustion of an ore body; **installation d'—** : draining plant; **machine d'—** : draining machine.

épuiser une mine : to drain a mine.

épurateur : cleaner, purifier; **(*laveur*)** : washer; **— d'air** : air cleaner; **— d'eau** : water cleaner; **— à sec** : dry washer.

épuration : cleaning; **— du charbon** : coal cleaning; **— des eaux (*adoucissement*)** : water softening; **— des fines** : fine cleaning; **— du gaz** : gas cleaning; **— — de cokerie à sec** : dry purification of coke-oven gas; **— — par voie humide** : gas scrubbing; wet cleaning of gas; **installation d'— pneumatique** : pneumatic separation plant, pneumatic separating plant; **— — des charbons** : pneumatic cleaning of coal, pneumatic separation of coal; **— à sec** : dry cleaning; **— par voie humide** : wet cleaning.

épure (*dessin*) : clean drawing.

épurer (*le charbon, le gaz*) : to clean, to purify.

équarrir (*un arbre*) : to square (*a tree*); to slab.

équation : equation; **— algébrique** : algebraical equation; **— bicarrée** : biquadratic equation; **— du deuxième degré** : quadratic equation; **— du premier degré** : linear equation; **système d'—s — —** : system of linear simultaneous equations; **— différentielle** : differential equation.

équatorial (*instrument*) : equatorial.

équerre : square; **— en fer** : iron angle; **— d'arpenteur** : cross-staff; **d'—** : squarely cut.

équidistance : equidistance.

équidistant : equidistant.

équilatéral : equilateral.

équilibrage : balance.

équilibre (*mécanique, chimique*) : equilibrium, equipoise; **— indifférent** : indifferent equilibrium; **— instable** : unstable equilibrium; labile equilibrium; **— stable** : stable equilibrium; **amener à l'état d'—** : to bring to an equipoise, to balance; **câble d'—, dans les mines** : balance rope; **diagramme d'—** : equilibrium diagram; **état d'—** : state of equilibrium, state of equipoise; **être en —** : to be in equipoise, to librate; **forces en —** : balanced stresses; **position d'—** : position of equilibrium; **soupape d'—** : equilibrium valve; **tenir en —** : to librate, to balance, to poise, to hold in equilibrium.

équilibré : balanced; **— quant à la masse** : balanced-weight; **charge —e** : balanced load; **charge non —e** : unbalanced load.

équilibrer : to balance, to equilibrate, to counterpoise, to equipoise; **— un circuit (*électricité*)** : to balance a circuit.

équipe : crew, squad, gang; **— descendante, équipe qui commence le travail** : fresh crew; **— d'incendie** : fire-brigade; **— de jour** : day shift; **— de laminage** : rolling-mill crew; **— de montage (*d'une machine, d'une installation*)** : shift, spell; **— de nuit** : night shift; **— de pose (*de voie*)** : rail gang; **— de sauvetage** : rescue brigade, rescue corps; **homme de l'— —** : rescueman.

équipement : equipment; **(*outillage*)** : outfit, equipment; **— électrique** : electrical equipment; **— d'incendie** : fire fighting equipment; **— ménager** : household equipment; **— de puits (*mines*)** : shaft fittings.

équiper : to equip; **— avec ...** : to provide with...

équivalent : equivalent; — **mécanique de la calorie** : mechanical equivalent of heat; **circuit** — : equivalent circuit; **orifice —, dans les mines** : equivalent orifice; **expression —e, *en mathématiques*** : equivalent expression.

érable : maple.

éraflure : scratch.

erbium : erbium.

ère (*géologique*) : era.

erg : erg.

ergot : lug; — **basculeur** : rocker.

erreur de mesure : error; — **de lecture** : reading error; — **d'observation** : observational error; — **probable** : probable error; **—s expérimentales** : experimental errors.

escabeau : step-ladder.

escalier en colimaçon : helical stairs, spiral stairs.

escalier roulant : escalator.

escamotable (repliable) : retractable, repliable.

escarbille : cinder.

escarpé : steep.

escompte : discount; **(*déduction*)** : deduction; **accorder un** — : to allow a discount; **faire un — de ...** : to discount...; **taux d'—** : rate of discount; **—r** : to discount.

espace : space; — **nuisible** : noxious space; — **restreint** : restricted space.

esprit de bois : wood spirit.

esquisse : sketch, rough-draft; **(*contour*)**: outline.

essai : test, trial; **(*expérience*)** : experiment; **(*analyse*)** : assay; — **d'adhérence** : bond test; — **au brouillard** : spray test, spraying of metals; — **de charge** : load test; — **de cisaillement** : shearing test; — **de cohésion** : bond test; — — **du coke** : coke shatter test; — **de dureté Brinell** : Brinell hardness test, ball indentation test; — — **par la chute** : drop hardness test; — — **par rebondissement** : rebound hardness test; — **d'emboutissage (*pour tubes*)** : cupping test; — **d'endurance** : endurance test, fatigue test, fatigue testing; — — **aux chocs** : repeated impact test, fatigue impact test; — — **à la flexion** : repeated bending test; — — **à la torsion** : torsional endurance test; — **de fatigue en milieu corrosif** : corrosion fatigue test; — **de flexion au choc** : blow bending test; — **au frein** : block test, brake test; — **de laboratoire** : laboratory test; — **de pliage** : bend test; — — **sur éprouvette entaillée** : nick bend test, notched bar impact test; — **de ramollissement des matériaux réfractaires** : squatting test; — **de réception** : acceptance test, reception test; — **de résilience** : drop-test, falling-weight test; pounding test; — **sur éprouvette entaillée** : notched bar impact test; — **de résistance à la traction** : pulling test, tensile test, stress-rupture test, pull-out test; — **de rupture** : rupture test; — **thermique** : thermic test; — **de traction** (*voir ci-dessus* : ***essai de résistance***); — **en usine** : factory test; — **d'usure** : wearing test; — **de viscosité** : creep test; **dispositif d'—** : experimental device; **effectuer un** — : to carry out a test; **être à l'—** : to be under test, to be on probation; **période d'—, de pré-embauchage** : escape period; **station d'—** : research station, trial plant; **tube à** — : test tube.

essayé en atelier : shop-tested.

essayer, éprouver : to assay, to test.

essayeur (*appareil*) : tester; — **d'isolement** : insulation testing set; — **de terre** : earth tester.

essence : gasoline (*Etats-Unis*); petrol (*Grande-Bretagne*); — **d'avion** : aviation gasoline; — **pour moteurs** : motor spirit; — **de térébenthine** : spirit of turpentine; **pompe à** — :

essence *(suite)*
gasoline pump; **réservoir d'—** : gasoline tank.

essieu : axle, axle-tree; **— arrière** : rear axle; **— avant** : front axle; **— commandé** : driven axle; **— coudé** : cranked axle; **— directeur** : steering axle; **— porteur** : carrying axle, bearing axle; **boîte d'—** : axle-box; **à deux —x** : two-axle...; **à plusieurs —x** : several-axle... **locomotive à deux —x couplés** : four-coupled locomotive; **rupture d'—** : axle fracture; **tourillon d'—** : axle spindle.

estacade de raclage : scraper slide; scraper loader.

estampage, forgeage en matrice : dropforging; stamping; punching.

estampe : stamp; die; **—r** : to stamp, to punch.

estampille (*commerce*), marque : stamp.

ester : ester.

estimation : estimate, appraisal, valuation; **— de prix, devis** : cost estimating.

estimer : to estimate.

établi : bench; **rabot d'—** : bench plane; **tour d'—** : bench lathe.

établir : to establish.

établissement (*commercial, industriel*) : concern, firm; establishment; **— des frais** : cost accounting, costing; **frais d'—** : establishment charges.

étage (*bâtiment*) : story; (*mines*) : level; **— (*degré, phase, dans les machines*)** : stage; **— basse-pression** : low-pressure stage; **— haute pression** : high-pressure stage; **— inférieur, dernier étage (*mines*)** : bottom level; **— de roulage (*mines*)** : haulage level; **— supérieur** : upper story; **bâtiment de quatre —s** : four-storied building; **cage d'extraction à deux —s** : two-storied cage; **compression à deux —s, compression bi-étagée** : two-stage compression; **pompe à deux —s** : two-stage pump; **pompe à plusieurs —s, pompe multicellulaire** : multistage pump.

étai : stay, prop, support; **— en bois** : wooden prop, timber prop; **— de construction** : shore; **— de mine** : pit prop; **— posé à front (*mines*)** : face prop; **placer un —** : to set a prop.

étain : tin; **— phosphoreux** : phosphor tin; **feuille d'—, papier d'—** : tinfoil; **filon d'—** : tin lode.

étalages (*hauts fourneaux*) : bosh.

étalon (*de mesure*) : duplicate standard; **— -or** : gold standard.

étamage : tin coating; tinning; **— à chaud** : hot tinning.

étamer : to tin.

étameur : tinker.

étampage : stamping.

étampe : forging die, stamping die; **—r** : to stamp.

étanche : tight; **(*clapet, soupape, vanne*)** : leak-proof; **— à ...** : ...-proof; ...-tight; **— à l'air** : air-tight; **— à la boue, aux poussières** : sealed from muck; **— à l'eau** : water-tight; **— aux gaz** : gas-tight; **— à l'humidité** : damp-proof; **— aux poussières** : dust proof; **segment —** : anti-leak packing ring.

étanchéification : stopping; tightening.

étanchéifier : to tighten, to make impervious, to make impermeable.

étanchéité : tightness; **— à l'eau** : water-tightness; **procurer une parfaite —** : to provide an effective seal.

étançon (*tous sens*) : stanchion, prop; **—, étai de mine** : prop, pit prop; **— compressible** : compressible steel prop; **— léger** : light-section prop; **— lourd** : heavy-section prop; **— métallique (*mines*)** : steel prop, steel support, metal prop; **— — à effondrement rapide** : quick release prop; **— — réglable** : adjustable steel prop.

étape, phase : stage; **— d'un parcours** : stepping place.
état (*physique*) : state, condition; **— gazeux** : gaseous state; **à l'— libre** : in the free state; **— liquide** : liquid state; **— -major** (*d'une entreprise*) : staff; **en bon — de marche** : in good operating condition; **remettre en — —** : to recondition, to doctor; **— de repos** : state of rest; **— solide** : solid state, solid condition; **à l'— —** : in solid state.
étau : vice; vise; **— d'établi** : bench vice; **— -limeur** : shaping-machine, shaper; **— de mécanicien** : machinist's vice; **— parallèle** : parallel vice; **— à pied** : leg vice; **— à tubes** : pipe vice.
étayer : to pole, to shore; **soutenir** (*mines*) : to prop; to stay; **— un banc du toit en porte-à-faux** (*mines*) : to underpin; **— le toit** (*mines*) : to prop the roof.
éteindre le coke : to quench; **— la chaux** : to slake, to slack; **— un feu de mine** : to put out a mine fire.
éteinte (chaux —) : slaked lime, slack lime.
étendre, s'— : to extend.
étendue (*amplitude*) : extent; compass.
éthane : ethane.
éther : ether; **— méthylique** : methylic ether; **— -sel** : ester; **— sulfurique** : sulfuric acid.
éthylène : ethylene.
étincelle : spark; **— d'allumage** : ignition spark; **— électrique** : electric spark; **— de frottement** : frictional spark; **— de rupture** : disruptive spark; **allumage par — —** : jump-spark ignition.
étiquet(er) : to label; **—age des wagons**: labelling; **—te** : label.
étirage : stretching, drawing; **— d'un fil en métallurgie** : drawing; **— à blanc** : bright drawing; **— à froid** : cold drawing; **banc d'—** : draw bench.
étirer (*une barre, un fil*) : to draw; (*tendre*) : to stretch; **machine à —** : stretching machine; **— — les fils** : wire drawing machine.
étouffer (*atténuer, amortir*) : to dampen, to deaden; **— le bruit** : to muffle noise; **— le son** : to deaden sound.
étoupe : oakum; **— de chanvre** : hemp packing; **changer l'—** : to repack.
étranglement : choke.
étrangler (*laminer*) : to throttle.
étrésillonner : to strut.
étrier : strap; **— de ressort** : spring bow; **— de serrage** : clamping strap.
étude scientifique, recherche : study; **—** (*expertise*) : survey, surveying; **— de laboratoire** : laboratory study; **— du toit** (*mines*) : roof studies.
étuve, four à sécher : baking oven, drying oven, drying stove.
eutectique (*subst. et adj.*) : eutectic.
évacuation, issue, sortie : exit; **— auxiliaire** : auxiliary discharge.
évacué (gaz —) : exit gas.
évacuer (*des matériaux*) : to carry away.
évaluation (*expertise*) : appraisement; **— approximative** : approximate evaluation.
évaporateur : evaporator.
évaporation : evaporation; **— par le vide** : vacuum evaporating; **pertes par —** : evaporation losses.
évaporer, s'— : to evaporate.
évent : vent.
évider : to pierce; **machine à —** : piercing machine.
évite-molettes (*mines*) : track-limit switch; overwind gear, overwind prevention gear, overwind preventer, overwinding switch; **— — de chevalement** (*mines*) : head-frame track-limit switch.
examen, étude : examination; **— fluoroscopique des métaux** : fluoroscopic inspection of metals; **— magnétique** : magnetic inspection; **— médical et d'aptitude physique** : physical medi-

examen *(suite)*
cal examination; — **microscopique** : microscopic examination.
excavateur : digger, excavator, ditcher; — **de caniveaux** : ditch digging machine; — **de tranchées** : trench digging machine; **exploitation par —s** : stripping.
excavation : excavation.
excavatrice : excavating machine; **pelle —** : stripping shovel.
excédent : surplus, over-...; — **de poids** : overweight; **gaz de cokerie en —** : surplus coke-oven gas; **récupération de l'— de chaleur** : surplus-heat recovery.
excentricité : eccentricity.
excentrique (*subst. et adj.*) : eccentric; **arbre à —** : eccentric shaft; **collier d'—** : eccentric strap; **tige d'—** : eccentric rod.
excès : excess; — **de soufre** : excess of sulphur.
excitation (*électricité*) : excitation; — **compound** : compound excitation; — **indépendante** : independant excitation; — **rémanente** : residual excitation; — **shunt** : shunt excitation; **à — indépendante** : separately excited; **champ d'—** : exciting field; **courant d'—** : exciting current.
excitatrice (*électricité*) : exciter, exciter set.
exciter (*électricité*) : to excite.
exécuter (*un programme*) : to carry out (*a program*); — **un projet** : to implement a project.
exemplaire (*adj.*) : exemplar; — (*subst.*) : exemplar : copy.
exercer un effort : to exert a stress; — **une force (*mécanique*)** : to exert a force.
exercice : exercise.
exhaure : mine drainage.
exhausser : to raise higher.
existant en stock : carried in stock.
exosmose : exosmose.
exothermique : exothermic.

expansion : expansion; — **économique** : economic expansion; **double —** : double expansion; **force d'—** : expansion force; **réservoir d'—** : expansion tank; **simple —** : single expansion; **triple —** : triple expansion.
expédier (*des marchandises*) : to forward, to send forward (***goods***); to dispatch, to send off; — **le minerai** : to dispatch the ore.
expéditeur : forwarder; sender; **agent —** : forwarding agent.
expédition : forwarding; — **par mer** : shipment, freight shipment; **programme d'—** : forwarding programme.
expéditrice (gare —) : sender station.
expérience : experience, experiment; **(*essai*)** : test; — **pratique** : practical experiment, practice.
expérimental : experimental; **détermination —e** : experimental determination; **recherche —e sur ...** : experimental inquiry into ...
expérimentation : experimentation; **travaux d'—** : experimental work.
expériment(er) : to test, to try out; **ouvrier —é** : experienced workman.
expert : expert; — **-comptable agréé** : chartered-accountant; **—ise (évaluation)** : appraisement; survey.
exploitabilité : improvability.
exploitable : improvable; **minerai — économiquement** : profitable ore.
exploitation : working; — **d'une mine** : mining, mine-working; — **avec arêtes de remblai** : strip packing; — **des carrières** : quarrying; — **par chambres et piliers** : pillar-and-stall work; room-and-pillar working (*U. S. A.*); — **à ciel ouvert** : surface mining; open work mining; open cast mining, open cut mining; — **en découverte** : open-pit mining; — **en profondeur (*mines*)** : deep mining; — **par deux fronts chassants inclinés** :

exploitation *(suite)* arc-wall working; — **en dressant** : steep working; — **par entonnoirs souterrains** (*mines*) : glory holes method; — **par excavateurs** : strip mining; stripping; — **du fer** : iron-mining; — **forestière** : logging; — **par gazéification** : underground gasification; — **par grand front aligné** : longwall working; — **de la houille** : coal-mining; — **irrationnelle, gaspillant le gisement** : robbing; — **par panneaux dans lesquels on découpe des piliers secondaires** : square work, square working; — **par piliers abandonnés** : pillar mining; — **souterraine** : underground mining; deep mine working; — **par taille unique** : single-unit system; — **par tailles jumelées disposées de part et d'autre de la voie de desserte** : double-unit system; — **par traçages et dépilages, deux séries de galeries délimitant des piliers** : board-and-pillar working; — **par tranches** : working in slices; — — — **de sous-étage** (*mines*) : sublevel stoping; — **utilisant comme premier soutènement le minerai abattu, qu'on remplace ultérieurement par du boisage** : semi-shrinkage working; **chef d'—, dans les mines** : mine manager; **frais d'—** : operating prime cost; **méthode d'—, dans les mines** : working method; **remettre en —** : to revive; **remise en — d'une mine** : revival of a mine; **résultats d'—** : operating results; **sous-chef d'—, chef-porion** : under-manager.

exploiter (*mines*) : to work (*abattre*) : to win; — **un gisement** : to exploit an ore body; — **intensivement une veine** : to exploit a vein intensively.

exploration : exploration; — **du sol** (*par ex., en vue de l'aménagement d'une mine*) : site investigation; — **géochimique** : geochemical exploration.

explorer : to explore.

exploser : to explode; **faire —, tirer un coup de mine** : to fire.

exploseur : blasting machine; exploder; — **électrique** : electric exploder; — **à retardement** : delay-action exploder.

explosibilité : explosibility.

explosible : explosible.

explosif : explosive; — **agréé** : permissible explosive; — **antigrisouteux** : coal mining explosive; — **brisant** : fast-action explosive; — **au charbon** : coal-mining explosive; — **chloraté** : chlorate explosive; — **faible** : low-strength explosive; — **gainé** : sheathed explosive; — **lent** : slow-action explosive; — **à l'oxygène liquide** : liquid oxygen explosive; — **perchloraté, perchloratite** : perchlorate explosive; — **produisant des blocs** : lump-producer explosive; — **puissant** : high-strength explosive: — **roche** : rock explosive; — **de sûreté** : safety explosive; — — **au nitrate d'ammoniaque** : ammonium nitrate safety explosive; — **pour tir à l'humidité** : wet-work explosive; — **pour le tir des mines** : blasting explosive.

explosion : explosion; outbreak, outbreaking; — **d'une mine, de grisou** : blast; — **de mine** : colliery explosion, gob fire explosion; — **de poussières** (*mines*) : coal dust explosion; (*dégagement instantané*) : outburst, sudden outburst, gas outburst.

explosive (onde —) : explosion wave.

exponentielle (équation —) : exponential equation.

exportateur : exporter; **négociant —** : export merchant.

exportation : export; **prime à l'—** : bounty.

exporter : to export; **autorisation d'—** : permit of exportation.

exposant (*mathématiques*) : exponent; — **d'une puissance** : index.

exposition (*photographie*) : exposure; — **industrielle** : industrial exhibition, fair; — **de voitures automobiles** : car exhibition.
expression équivalente (*mathématiques*): equivalent expression.
expropriation : expropriation.
expulser les briques (machine à ...) : extruding machine.
extensible : extensible.
extension : extension; — **de concession minière** : extension of concession; **glissière d'—** : extension slide.
extensomètre : extensometer; — **enregistreur** : recording extensometer.
extérieur, externe : external, outside-..., outboard-...; **diamètre —** : outside diameter, external diameter; **palier —** : outboard bearing.
extincteur : extinguisher, fire extinguisher; — **d'arc à soufflage magnétique** : magnetic blowout arrester; — **chimique** : chemical extinguisher; — **à main** : hand chemical extinguisher.
extinction du coke : coke quenching.
extracteur : exhauster.
extraction (*mines*) : extraction; hoisting; winding; (*métallurgie*) : extraction; — **par cage** : cage winding; — **par fendue** : slope hoisting; — **imposée** (*mines*) : duty; — **journalière —** : daily duty; — **multicâble** (*mines*) : multirope winding; — **par poulie Koepe** : Koepe-pulley hoisting; driving-pulley hoisting; — **par puits** : shaft hoisting; — **du sel (ou des sels)** : desalting; — **par skip** : skip winding, skip hoisting; **câble d'—** : hoisting rope, winding rope; **charge d'—** : hoisting duty; **machine d'—** : hoisting engine, mine hoisting engine, shaft hoist; **machiniste d'—** : hoisting engineer; **puits d'—** : hoisting shaft; **vitesse d'—** : hoisting speed.
extrados : extrados.
extraire (*mines*) : to extract; to dig; (*déterrer*) : to grub; **extraire** (*chimie, métallurgie*) : to extract; — **la tourbe** : to dig peat; — **par pression** : to squeeze out.
extrait (*subst.*) : extract.
extrapolation : extrapolation.
extrapoler : to extrapolate.
extrême (position —) : extreme position.
extrémité : end.
extruder : to extrude.

F

fabricant : manufacturer, fabricant, fabricator.
fabrication : fabrication; manufacture; **— du coke** : manufacture of coke; **— en série** : duplicate fabrication, series production.
fabrique : fabric; factory; work; manufactory; **— d'automobiles** : automobile factory.
fabriqu(er) : to fabricate, to manufacture; **—é à l'atelier même, à l'usine même** : shop made; **produits fabriqués** : manufactured.
façade (d'une maison) : front, frontage.
face (à double —) : double-sided.
faces parallèles (poutrelle à —) : parallel-flanged beam.
facilité de conduite : convenience of operation.
façon, exécution (*d'un travail*) : workmanship.
façonnage : forming; **— à chaud** : hot forming; **aptitude au —** : forming property.
façonner (*un objet*) : to form, to shape.
facteur (*mathématiques*) : factor; **— de charge** : load factor; **— de puissance** (*électricité*) : power factor; **améliorer le — —** : to improve the power factor; **corriger le — —** : to correct the power factor; **— de réduction** : reduction factor.
factorielle (*mathématiques*) : factorial.
facturation : invoice; **date de —** : date of invoice.
factur(e) : invoice; bill; **—é (poids —)** : invoice weight; **—er** : to invoice, to charge.
faille (*géologie, mines*) : fault, faulting, disturbance; **en —** : faulted; **partie de couche rejetée par une —** : faulted segment of vein; **terrain en —** : faulted ground; **région de —s** : faulted area.
failli, qui a fait faillite : bankrupt.
faillite : bankruptcy; commercial failure, failure.
faisceau : bundle; **— explorateur** : scanning beam; **— tubulaire** (*chaudières*) : tube nest, tube bundle.
fait à la machine : machine-made.
fait à la main : hand-made.
faîtage (*construction*) : ridge-beam.
faîte (*d'un toit*) : ridge (*of a roof*).
fantôme (*magnétisme, électricité*) : phantom.
farad : farad.
fascine : fascine.
fatigue (*du matériel*) : fatigue; **essai de — aux chocs répétés** : repeated impact test; **résistance à la —, résistance aux efforts répétés** : fatigue resistance, fatigue strength; **rupture par —** : endurance fracture, fatigue failure; **essai de — aux flexions répétées** : repeated bending test; **essai de — aux torsions répétées** : torsional fatigue test.
faucille : sickle.
faux (*outil*) : scythe.
favoriser l'industrie : to promote industry.
feeder (*électricité*) : feeder.
feldspath : feldspar, felspar.
félure, amorce de crique (*métallurgie*) : flaw.

fendre : to slit; **se —** : to cleave, to rend.
fendue (*mines*) : adit; slope.
fenêtre : window; **— à deux battants** : two-casement window; **— à guillotine** : drop-window; **— rabattable** : folding window.
fente : crack, fissure, slit; (*mortaise*) : slot; (*rainure*) : groove; (*déchirure*) : tear.
fer : iron; **— alpha** : alpha iron; **— blanc** : tin-plate; **—blantier** : tin-smith; **— carré** : square iron; **— de construction** : structural iron; **— cornière** : angle-iron; angle; **— fondu** : soft steel; **— forgé** : wrought iron; **— galvanisé** : galvanized iron; **— gamma** : gamma iron; **— hexagonal** : hexagon bar; **— octogonal** : octagon bar; **— en paquet** : bushelling bars; **— plat** : flat iron; **— puddlé** : puddled iron; **— rond** : round bar, round; **— spathique** : spathic iron ore, iron spar; **— spéculaire** : specular iron ore; **appareil à — tournant** : moving iron instrument; **— très pur** : high-purity iron; **— à T** : T-bar, Tee-bar; **— à double T** : double-T iron; **— U** : U-iron, channel; **— à jante** : tyre iron; **—s marchands** : merchant bars; **exploitation du —** : iron mining; **fonderie de —** : iron foundry; **mine de —** : iron mine; **minerai de —** : iron ore; **oxyde de —** : iron oxide; **sulfate de —** : iron sulphate.
ferme (*toitures*) : roof truss.
ferment : ferment; **—ation** : fermentation; **—er** : to ferment.
fermer : to close; **— l'air** : to shut off air; **— un circuit** : to make a circuit, to close a circuit; **— une mine** : to close down a mine; **— une vanne** : to shut off a valve; **— la voiture à clé** : to lock the car.
fermeture (*appareil*) : fastening; **à — automatique** : self-closing; self-locking; **— à baïonnette** : bayonet clutch; **— étanche** : seal; **— — à l'eau** : watertight closure; **à — hermétique** : tight-closing, tight; **— de sûreté** : safety fastening; **— d'usine** : lock-out; **dispositif de —** : closing device; **heure de —** : closing time.
ferraille : scrap iron; scrap; old iron; **—r un bateau** : to scrap a ship.
ferreux : ferrous; **métaux —** : ferrous metals; **métaux non—** : non ferrous metals.
ferrifère : ferriferous.
ferrique : ferric; **oxyde —** : ferric oxide; **sulfate —** : ferric sulphate.
ferrite : ferrite.
ferroalliage : ferroalloy.
ferrochrome : ferro-chromium.
ferrocyanure de potassium : potassium ferro-cyanide.
ferromagnétisme : ferromagnetism.
ferromagnétiques (substances —) : ferromagnetics; ferromagnetic substances.
ferromanganèse : ferromanganese.
ferromolybdène : ferromolybdenum.
ferronickel : ferronickel.
ferroprussiate (papier au —) : blue print paper.
ferrosilicium : ferrosilicon.
ferrotitane : ferrotitanium.
ferrotungstène : ferrotungsten.
ferrovanadium : ferrovanadium.
ferrugineux : ferruginous.
feu : fire; (*signal*, *lumière*) : light; (*échauffement*) : heating; **— arrière** : tail lamp; **— clignotant** : blinking light; **— de côté** : side light; **— jaune** : yellow light; **— de mine** : mine fire; **— de position** : standing light; **— rouge** : red light; **— souterrain** : underground fire; **— spontané, échauffement spontané** : spontaneous heating; **— vert** : green light; **barrage contre les —x** : fire dam; **mettre hors — un haut fourneau** : to blow down a blastfurnace; **mine à —** : fiery mine.

feuillard (*en acier*) : strip, steel strip; — **laminé à froid** : cold rolled strip; **acier en** — : strip steel; **laminoir à —s** : strip rolling mill; **large** — : broad strip.

feuille (*de métal*) : leaf; foil; (*document*) : sheet, card; — **d'argent** : silver foil; — **d'étain** : tin-foil; tagger; — **de mica** : mica foil; — **de paie** : wage-sheet; — **de présence** (*pour personnel d'usines*) : time card, time sheet; — **de route** (*expéditions*) : way-bill.

feuilletage : lamination.

feutre : felt; **filtre en** — : felt filter; **rondelle de** — : felt collar.

fibrane : fibran.

fibre : fibre; — **d'amiante** : asbestos fibre; — **de coco** : coir fibre; — **dure** : hard fibre; — **neutre** : neutral axis; — **de verre** : glass fibre.

fibreux : fibrous.

fibriforme : fibriform.

fibro-ciment : fibro-cement.

ficelle : twine; string.

fiche (*en bois*) : plug; (*imprimé*) : form; — **de paie** : pay roll; — **de prise de courant** : attachment plug; plug.

fichier (*de bureau*) : filing box.

fictif (*postiche, simulé*) : dummy...

figer (se —); prendre (*liquides*) : to set.

figure : figure.

fil (*de fer, électrique, ...*) : wire; — **d'acier** : steel wire; — — **étiré** : drawn steel wire; — — **profilé** : shaped steel wire; — — **rond** : round steel wire; — **aérien,** — **de trolley** : overhead wire, trolley wire; — **d'amiante** : asbestos yarn; **conducteur** : lead wire, leading wire; — **de coton** : cotton cord; — **de cuivre** : copper wire; — **électrique** : electric wire; — — **souple** : flexible cord, portable cord; — **de fer barbelé** : barb wire, barbed wire; — **du fil à plomb** : plumb-line, plumb-wire; — **émaillé** : enamel-insulated wire; — **guipé** : covered wire; — **de hauban** : stay wire; — **fin** : fine wire; — **machine** : wire rods; — — **redressé** : straightened rod; — **de masse** : earthing wire, earth wire; — **méplat** : flat wire; — **de mine** : direction of cleat; — **neutre** (*électricité*) : neutral wire; — **nu** : bare wire; — **plaqué** : plated wire; — **de platine** : platinum wire; — **de plomb** : lead wire; **à plomb**; plumb; plumb bob; — **sous plomb** (*électricité*) : leaded wire; — **profilé** : wedge wire, shaped wire; — **à scier** (*les ardoises*) : wiresaw (*in slate quarries*); — **par soudure** : welding wire; — **souple** : flexible wire; — — **avec prise de courant** : cord with plug; — **téléphonique** : telephone wire; — **télégraphique** : telegraph wire; — **de terre** : earth wire; — **de trolley** : trolley wire; — — **profilé** : shaped trolley-wire; — **de verre** : glass thread; **gros** — : coarse wire.

filament (*d'une lampe à incandescence*) : filament; — **de carbone** : carbon filament; — **de quartz** : quartz thread; — **de platine** : platinum filament; — **de tungstène** : tungsten filament.

file de rouleaux d'amenée (*laminoirs*) : feeding roller table, approach roller table.

file de rouleaux de sortie (*laminoirs*) : runout roller table.

filer un câble (laisser —) : to pay out a cable, to slip a cable (*ou* : a rope).

filerie : wiring.

filet (*de minerai*) : streak; (*d'une vis*) : screw-thread, thread; — **de vis carré** : square thread; — **de vis triangulaire** : triangular thread; — **abîmé,** — **foiré** : jammed thread; — **coupé à la filière** : die cut thread; **...à double** — : double-thread...

filetage (*action*) : thread-cutting; screw-cutting; screw-chasing; (*objet*) : thread; — **à droite** : right-hand thread; — **à gauche** : left-hand

filetage *(suite)*
thread; **calibre de —** : screw-pitch gauge; **être muni d'un —** : to be screwed; **indicateur de —** : thread indicator; **plateau gradué pour —** : chasing dial.
fileter : to thread; to chase; **peigne à —** : thread-chasing attachment; **tour à —** : screw-cutting lathe.
filiale : subsidiary.
filière : threading-die, screw-die; screw-plate; **— à écartement automatique** : automatic opening die; **— fendue** : open die.
film, pellicule : film, **— sonore** : sound film.
filon : lead; lode; **— nourricier** : feeder; **petit —** : string.
filtrage : filtration; percolation; **— par le vide** : vacuum filtration; **installation de —** : filtration plant.
filtrant (tissu —) : filtering cloth, filter cloth.
filtre : filter; cleaner; **— à air** : air filter, air cleaner; **— d'épuration à sec** : dry cleaning filter; **— — par voie humide** : wet cleaning filter; **— à essence** : gasoline filter; **— en feutre** : felt filter; **— à gaz** : gas filter; **— d'huile** : oil filter; **— jaune** : yellow filter; **— à nettoyage automatique** : self-cleaning filter; **— à poussières** : dust filter; **— -presse** : filter-press; **— rotatif** : drum filter; **— à vide** : vacuum filter; **papier- —** : filter-paper.
filtrat (***produit filtré***) : filtrate.
filtrer : to filter, to strain, to percolate; (***suinter***) : to seep, to sipe.
fin de course : end of stroke.
fin de qualité : fine grade.
financement : financing.
financer : to finance.
fines (***de charbon, de minerai***) : smalls, fines; **— brutes** : raw fines; **— de charbon** : smalls, fines, small coal, fine coal; **— de chaudières** : boiler slacks; **— à coke** : coking small; **— lavées** : washed smalls; **— moyennes** : medium fines; **épuration des —** : fine cleaning.
fini glacé : high-lustre finish.
finissage : finishing, trueing; **— des surfaces** : surface finish; **atelier de —** : finishing mill; **travail de —** : second-operation work.
firme : firm; concern.
fissile : fissionable.
fission du noyau atomique : atom's nucleus fission (*ou* : splitting off); **réaliser la —** : to split the atomic nucleus; **se —ner** : to fission.
fissure (***mines***) : fissure, cleft, crack, chink; (***crique en métallurgie***) : crack; **— microscopique** (***dans le béton, l'acier, ...***) : microscopic crack; **calfater une —** : to calk a seam; **se —r** : to fissure, to rend, to cleave.
fixation (***système de —***) : fastening, holding fixture.
fixation murale (***d'un moteur***) : wall mounting.
fixe, à poste — : fixed, stationary.
fixer (***maintenir***) : to clamp; (***assujettir, arranger***) : to fix; **— les éclisses** : to attach the fish-plates; **— à la voie** : to clamp to the track.
flambage : buckling; **résistance au —** : buckling strength.
flamber (***gauchir***) : to buckle.
flamme : flame; **— bleue** : blue flame; **— éclairante** : luminous flame; **— réductrice** : reducing flame; **retour de —** : back-flash.
flan : blank.
fléau de balance : scale-beam.
flèche (***d'une grue, d'une pelle à vapeur***) : boom, crane boom; jib; **— en charpente** (***appareils de levage***) : lattice jib; **poulie de la tête de —** : jib-head sheave.
fléchir : to bend, to sag.
fléchissement (***non susceptible de —***) : bend-proof.
fleuret (***perforation***) : drill; **— creux** : hollow bit drill; **— hélicoïdal** : twist

fleuret *(suite)*
drill; **— à injection d'eau** : waterfed-bit drill; **— monobloc à quatre plaquettes en croix (*perforation*)** : four-wing tipped shank; **— à taillant en croix** : cross-bit drill; **tige de —** : drill rod.

flexibilité : flexibility.

flexible (*adj.*) : flexible, pliable; **(*boisage*)** : yieldable; **— (*tuyau souple*)** : flexible; **— de caoutchouc** : rubber hose; **— tressé** : braided hose.

flexion : flexion; flexure; sag; **résistance à la —** : bending strength.

flint-glass (*optique*) : flint-glass.

flocon (*dans les pièces d'acier*) : flake.

floculation : flocculation.

flottabilité, aptitude à la flottation : floatability, buoyancy.

flottant : floating; **—s (*lavage*)** : float material; **capital —** : floating capital.

flottation : flotation; **— collective** : bulk flotation, collective flotation; **— par la mousse** : froth flotation; **— des résidus de lavage des minerais** : flotation of wash-ore tailings; **— au sable** : sand-flotation; **— sélective (ou différentielle)** : selective flotation, differential flotation; **méthode de préparation des minerais par —** : buoyancy ore dressing method.

flotter sur l'eau (capable de —) : buoyant.

flotteur : float-gear; **— de carburateur** : carburettor float; **démarreur automatique à —** : float switch starter; **soupape à —** : float-valve.

fluage (*métallique*) : creep; **essai de —** : creep test; **limite de —** : creep limit.

fluide (*subst.*) : fluid; **(*adj.*)** : fluid, fluent.

fluidifier : to fluidify.

fluidisation : fluidization; **procédé de réduction par —** : fluidized-reduction process.

fluidiser : to fluidize.

fluidité : fluidity.

fluor : fluorine; **—escéine** : fluorescein; **—escence** : fluorescence; **—escent** : fluorescent; **—ine** : fluorite; **—oscope** : fluoroscop; **—uration** : fluoridation; **—ure** : fluoride.

flux (*écoulement*) : flow; **(*fondant, en métallurgie*)** : flux; **— magnétique** : magnetic flux; **— lumineux** : luminous flux; **— et reflux** : ebb-and-flow; **à — continu** : continuous flow...

focale (*distance*) : focal (*distance*).

foire internationale : international fair.

foiré (filet —) : jammed thread.

foisonnement : expanding.

folle (*poulie, roue*) : loose.

fonçage de puits (*mines*) : shaft sinking, shaft boring; **— par cémentation** : shaft sinking cementation process; **— par congélation** : shaft sinking freezing process.

foncer un puits : to sink a shaft.

fonceur de puits : shaft sinker.

fonction (*sens général*) : function; **(*mathématiques*)** : function; **— dérivée** : derived function; **— exponentielle** : exponential function; **— homogène** : homogeneous function; **— hyperbolique** : hyperbolic function; **—s circulaires (*mathématiques*)** : circular lines; **—s logarithmiques** : logarithmic functions; **—s trigonométriques** : trigonometrical functions; **remplir une —** : to perform a function.

fonctionnement : operation; **en —, en marche, en service** : in operation; **— sûr** : dependability; **de — —** : dependable, reliable; **dépenses de —**: operating cost.

fonctionner : to function; **faire —, actionner** : to function; **ne pas —** : to fail.

fond : bottom; **(*résidu*)** : bottom; **(*arrière-plan*)** : background; **— de convertisseur (*sidérurgie*)** : converter bottom; **— de cylindre** : cylinder head; **— de tonneau** : cask-head;

fond *(suite)*
au — (*mines*) : under-ground; **double —** : double bottom; **sans —** : bottomless.

fondamentale (unité —) : fundamental unit.

fondamentaux (principes —) : fundamental principles.

fondant (*métallurgie*) : flux, fluxing agent; **additionner de —** : to flux; **castine employée comme —** : fluxing stone.

fondateur : founder; **part de —** : founder's share.

fondation (*mécanique*) : bed, foundation; **— sur pilotis** : pile foundation; **plaque de —** : bed-plate.

fondé de pouvoirs : proxy.

fondement, principe fondamental : basis.

fonderie : foundry; melting-shop; smelting plant; **— d'acier** : steel melting plant; **— de fonte** : iron foundry; **cubilot de —** : foundry cupola; **petite —** : jobbing foundry; **pièce de —** : casting.

fondeur : founder, foundryman; melter.

fondre : to melt; to fuse; **— les minerais** : to smelt; (*couler, mouler*) : to cast, to mould, to found; **se —** : to melt; to fuse.

fonds : fund; **— d'amortissement** : sinking fund; **— de réserve** : guarantee funds; resreve funds; **— de roulement** : working capital; **— de secours** : benefit fund.

fondus (métaux) — : cast metal.

fonte : cast iron; **— aciérée** : semisteel; **— d'affinage** : steel-making pig iron; **— — pour four Martin** : open hearth pig iron; **— d'aluminium** : cast aluminium; **— en boîte à noyau** : hollow casting; **— boursouflée** : blistered casting; **— brute, — en gueuses, — de première fusion** : pig iron; **— au charbon de bois** : charcoal pig iron; **— au coke** : coke pig iron; **— coulée en coquille** : in chilled iron; **— — au sable** : in sand iron; **— dure** : hard cast iron; **— de deuxième fusion** : remelted cast iron; **— électrique** : electric pig iron; **— à grain serré** : close-grain iron; **— grise** : grey iron, grey cast iron; **— hématite** : hematite pig iron; **— — d'affinage** : steel making pig iron; **— — de moulage** : foundry hematite pig iron; **— malléable** : malleable cast iron, malleable iron; **— — à cœur blanc** : white heart malleable iron; **— de moulage** : cast iron; foundry pig iron; **— nodulaire** : nodular cast iron; **— phosphoreuse** : basic pig iron; **— spiegel, — spéculaire** : specular pig iron; **— trempée en coquille** : chilled cast iron; **— truitée** : mottled iron; **—s affinées** : refined iron; **—s alliées** : special quality iron; **moule en —** : cast iron mould; **pièce de —, pièce coulée** : casting; **tuyau de —** : cast iron pipe.

forage (*mines*) : boring; drilling; **— à grande profondeur** : deep boring; **— par percussion** : percussive drilling; **— par rotation** : rotary drilling; **entrepreneur de —** : well contractor; **outil de —** : boring bit, boring tool; **pompe de —** : borehole pump; **temps de —, dans le tir des mines** : drilling time; **trou de —** : borehole.

foration : drilling; **aptitude à la —** : drillability.

force : strength; (*énergie, puissance*) : power; (*effort, en mécanique*) : stress, force; (*résistance des matériaux*) : strength, stamina; **— d'attraction** : attractive power; **— centrifuge** : centrifugal force; **— centripète** : centripetal force; **— chassante** : drift; **— de cohésion** : bond stress; **— contre-électromotrice** : back-electromotive force; **— élastique d'un ressort** : elastic drift of a spring; **— électromotrice** : electromotive

force *(suite)*
force; **— de frottement** : frictional force; **— magnétisante** : magnetizing force; **— magnétomotrice** : magnetomotive force; **— motrice** : motive power; **perte de — —** : leak of power; **— portante** : carrying capacity; lifting power; **— — d'un électro-aimant** : holding power; **— retardatrice** : retarding force; **— de serrage** : griping force, gripping force; **— de traction** (*d'un câble*) : rope pull; **—s en équilibre** (*mécanique*) : balanced stresses; **—s moléculaires internes** : internal stresses; **câble de transport de —** : power cable; **ligne de —** : line of force.

forer : to bore, to drill; **— à une profondeur de ...** : to drill to a depth of...; **— un puits pour l'eau** : to dig a well for water; **— un sondage** : to sink an earth boring, to sink a borehole; **— un trou de mine** : to bore a hole, to drill a hole.

foret : drill; **— à droite** : right-hand drill; **— hélicoïdal** : twist drill; **— à queue conique** : taper shank drill; **— — droite** : straight shank drill.

foreur (*mines*) : drill operator, drill runner, driller; **— de recherches** (*mines*) : exploration's driller.

foreuse : drilling machine; **— rotative** : spiral-drilling machine.

forge (*atelier*) : forge-shop; smith's shop, smithy; **— à réchauffer** : heating-forge; **billette pour —** : forging billet; **charbon de —** : forge coal; **lingot pour —** : forging ingot; **maître de —** : iron master, iron founder; **pièce de —** : forging; **ventilateur de —** : forge blower.

forgé : forged; **— à froid** : cold-forged; **— au jaune** : forged at a lemon heat; **— — clair** : forged at a light lemon; **— au marteau** : hammer-forged; **— dans la masse, venu de forge** : forged out of the solid;**— en matrice** : drop-forged; **— au rouge cerise** : forged at a cherry red; **acier —** : forged steel.

forgeable : forgeable.

forgeage : forging; **— au marteau** : hammer forging; **— en matrice** : drop forging; **aptitude au —** : forgeability.

forger : to forge; **presse à —** : forging press; **—on** : blacksmith; smith; forger.

formation : formation; **— géologique troublée** : ravelly formation; **— complémentaire** (*instruction professionnelle*) : additional education; **— houillère** : coal series; **— du mineur** : mining education; **— du personnel de maîtrise** : training for management; **— professionnelle** : vocational training; **centre de — —** : educational center, training center; **température de —** : formation temperature.

forme : shape; **(ébauche)** : blank; **— allotropique** : allotropic form; **— compliquée** : intricate shape; **en — de ...** : ... -shaped; **— — losange** : lozenge-shaped; **— à usiner** : work blank; **fraise de —** : form cutter.

former, modeler : to model; **— des apprentis** : to train apprentices.

formique (*acide*) : formic acid.

formule : formula (*pl.* formulæ); **— approchée** : approximate formula; **— imprimée** : printed form; **— simplifiée** : simplified formula.

forstérite : forsterit.

fort, renforcé : sturdy.

fortune (de —) : makeshift.

fosse : pit; **(*mines*)** : pit; shaft; sink; **— de coulée** : casting pit.

fossé : ditch.

fossil(e) : fossil; **—ifère** : fossiliferous; **—isation** : fossilization.

fou, libre : loose.

foudre : lightning.

foudroyage intégral (*mines*) : total caving.

foudroyage après sous-cavage (*mines*) : undercut caving.

fouille : digging; **faire des —s** : to burrow, to dig; **profondeur de —** : digging depth; **—r (creuser)** : to dig.

fouler des rivets : to upset rivets.

fouloir, dame : tamper.

four : furnace; **(*pour calciner, dessécher*)** : kiln; **(*pour cuire ou traiter*)** : oven; **(*pour sécher ou chauffer*)** : stove; **(*de laboratoire*)** : laboratory furnace chamber; **— à bain de sel** : salt bath furnace; **— acide** : acid furnace; **— à affiner** : refining furnace; **— d'agglomération (*du minerai*)** : sintering apparatus; **— à arc** : arc furnace; **— basculant** : tilting furnace, tilting type furnace; **— basique** : basic furnace; **— à calciner** : burning kiln, calcining kiln; **— de carbonisation à basse température** : low carbonization oven; **— à cémenter** : case-hardening furnace; **— à chambre cylindrique** : tube chamber furnace; **— à charbon de bois** : charcoal kiln; **— à chariot** : car-bottom furnace, car-type furnace; **— à chaux** : lime kiln; **— à ciment** : cement kiln; **— circulaire** : annular hearth, annular kiln; **— à coke** : coke oven; **batterie de —s —** : coke oven battery; **— à compartiments** : chamber furnace; **— continu** : continuous type furnace, straight flow furnace, through-type furnace; **— — du type à pousseur** : pusher type continuous furnace; **— à cornues** : retort oven; **— à creusets** : crucible furnace; **— à cubilot** : cupola furnace; **— à cuve** : shaft furnace; **— à décrassage automatique** : slagtap furnace; **— dormant** : batch furnace; **— électrique** : electric furnace; electric arc furnace; **— — à bain de sel** : electric salt bath furnace; **— à émailler** : enamelling oven; **— à flamme** : open-flame furnace; **— de fusion** : melting furnace; smelting furnace, smelter; **— — du cuivre** : copper smelter; **— — à électrode en graphite** : graphite electrode melting furnace; **— — à induction** : induction melting furnace; **— — du plomb** : lead smelter; **— à fusion sous vide** : vacuum melting furnace; **— à huile** : oil-burning furnace; **— à induction** : induction furnace; **— — sans noyau** : coreless induction furnace; **— industriel** : industrial furnace; **— à gaz** : gas burning furnace, gas furnace; **— de grillage** : calcining kiln; roasting furnace; **— à grille mécanique** : conveyorized furnace; **— à haute fréquence** : high-frequency furnace; **— à hotte** : hood type furnace; **— de laminoir** : rolling mill furnace; **— à lingots** : ingot furnace; **— Martin** : open hearth furnace; **— — acide** : acid open hearth furnace; **— — basique** : basic open hearth furnace; **— métallurgique** : metallurgical furnace; **— à moufle** : muffle type furnace, muffle furnace; **— à pellets** : pellet furnace; **— du type « à percer »** : tapping type furnace; **— pit** : soaking pit, pit type furnace; **— — à lingots** : ingot soaking pit; **— poussant** : pusher type furnace; **— à puddler** : puddling furnace; **— à réchauffer** : heating furnace; **— — les largets** : pair furnace; **— — les paquets** : piling furnace; **— à recuire** : annealing furnace; **— — en caisse** : close-annealing furnace; **— à réduction** : reduction furnace; **— à régénération** : regenerative furnace; **— à renversement** : tilting-type furnace; **— à résistance** : resistance furnace; **— à réverbère** : air furnace, reverberatory furnace; **— rotatif du type tambour** : drum type furnace; **— roulant à réchauffer les lingots** : roll-over type heating

four *(suite)* furnace; — **à sécher, étuve** : drying oven; — — **rotatif** : rotary kiln; — **à sole** : hearth type furnace; — — **à longerons mobiles** : rocking-bar furnace; — — **mobile** : moving hearth furnace; — **à souder** : welding furnace; — **à soufflerie sous pression** : air drawing furnace; — **Talbot basculant** : tilting Talbot furnace; — **tournant** : rotary furnace; — **à traitement thermique** : heat-treating furnace, heat-treatment furnace; — **à tremper** : hardening furnace; furnace for hardening; — **trommel** : drum type furnace, revolving cylindrical furnace; — **à tube rotatif** : rotary-tube furnace; — **tunnel** : tunnel type furnace, tunnel kiln; — **de verrerie** : glass-furnace.

fourche : fork.

fourchette de débrayage : gear shift fork; — — **de courroie** : belt shifter, belt fork.

fourgon (*chemin de fer*) : luggage van.

fourneau, grille de fourneau : range.

fournée (*charge d'un four*) : batch.

fournir l'énergie pour... : to supply power for...

fournisseur lié par contrat : contractor.

fourniture : supply; — **de courant** : current supply; — **d'eau** : water supply; — **de gaz** : gas supply; — — **à distance** : long distance gas supply.

fourrage : forage.

fourrure : filling piece.

foyer : hearth; (*âtre*) : hearth-stone; (*optique, géométrie*) : focus; — **alimenté à la main** (*chaudières*) : hand-fired furnace; — **de chaudière** : fire-box; — **mécanique** : stoker; — **réel** : real focus; — **à tirage par aspiration** : induced draught furnace; — **virtuel** : virtual focus; —**s conjugués** : conjugate foci; **à double** — : bifocal; **grille de** — : fire-grate; **porte de** — : fire-door.

fraction (*arithmétique*) : fraction; — **décimale** : decimal fraction; — — **périodique** : recurring decimal; — **irrationnelle** : irrational fraction; — **rationnelle** : rational fraction.

fractionnement (*distillation*) : fractionation; — **de l'essence** : fractionating of gasoline.

fractionner l'huile lourde : to break crude oil.

fragile : brittle, short; (*cassant, en parlant de l'acier*) : brittle, short.

fragilité (*de l'acier*) : brittleness, embrittlement, embrittling; — **de revenu** : temper brittleness; **rupture par** — : brittle fracture.

frais : cost, expense; — **d'achat, prix d'achat** : cost price; **d'administration** : administrative expenses; — **de déménagement** : removal expenses; — **de déplacement** : travelling expenses; — **d'entretien** : maintenance costs, maintenance expenses, repair costs, upkeep costs; — **d'établissement** : establishment charges; — **d'expédition** : forwarding costs; — **d'exploitation** : operating prime cost, running costs; — **de fabrication,** — **de fonctionnement** : operating costs, cost of operation; — **fixes** : fixed costs; — **généraux** : overhead costs, general expenses; — **imprévus** : casual expenses; — **d'installation** : capital costs, initial costs; — **de magasinage** : storage costs; — — **dans un entrepôt** : warehousing costs; — **de main-d'œuvre** : labour charges; — **de publicité** : advertising expenses; — **de vente** : selling expenses; **établissement des** — : cost accounting.

fraisage : milling; — **d'un trou pour tête de vis noyée** : countersinking.

fraise : milling-cutter; — **d'angle** : angular cutter; — **en bout** : end mill; — **à canneler** : fluting cutter; — **pour congés** : corner rounding cutter; — **de côté** : side-milling cutter,

fraise *(suite)* side mill; — **à coupe rapide** : high-speed cutter; — **cylindrique** : face mill; — **à dents rapportées** : inserted tooth cutter; — **avec dispositif à reproduire** : milling machine with copying device; — **à droite** : right-hand cutter; — **ébaucheuse** : stocking milling machine; — **pour engrenages coniques** : bevelgear cutter; — **de forme** : form cutter, formed cutter; — **à gauche** : left-hand cutter; — **génératrice** : hob; — — **pour taille des engrenages** : gear hob; — — **pour pignons de vis sans fin** : worm wheel hob; — **à rainer les têtes de vis** : screw-slotting cutter; — **à rainurer** : slot milling machine; — **à tailler les rainures de clavettes** : key-seat cutter.

frais(er) : to mill; **—er un trou** (*pour tête de vis noyée*) : to countersink a hole; **—é dans la masse** : milled from solid stock.

fraiseuse, machine à fraiser : milling machine; — **à copier** : copying device milling machine.

franc de fret : freight-free.

franchise (en —) : duty free.

franco : free; — **à bord** : free on board; — **hors navire** : free overside; — **à quai** : ex-ship.

frange (*optique*) : fringe.

frappe (*hauteur de*) : (*height of*) stroke.

frappeur (*ouvrier*) : hammerman.

frein : brake; — **à air comprimé** : air brake; — **à bande,** — **à ruban** : band brake; flexible band brake; — **continu** : continuous load brake; — **à contrepoids** : mechanical load brake; — **à disque** : disc (*ou* : disk) brake; — **électrique** : electric brake; — **hydraulique** : water brake, hydraulic brake; — **à main** : hand brake; — **mécanique** : mechanical brake; — **à pédale** : foot brake; — **de Prony** : Prony brake; — **de sécurité** : emergency brake; — **à solénoïde** : solenoid brake; — **à tambour** : drum brake; — **de translation** : travelling brake; — **à vapeur** : steam brake; — **à vide** : vacuum brake; **cylindre de —** : brake cylinder; **essai au —** : block test; **puissance au —** : brake horse power; **ruban de —** : brake band; **sabot de —** : brake shoe, brake block; **tambour de —** : brake drum, brake wheel; **tige de —** : brake rod.

freinage : braking; — **électrique** : electric braking; — **mécanique** : mechanical braking; — **avec récupération** : regenerative braking; — **rhéostatique** : rheostatic braking; — **de sécurité** : emergency braking; **dispositif de —** : braking device; **puissance de —** : braking power.

freiner : to brake; to check; **—, ralentir un mouvement** : to check a motion.

freineur : brakesman.

frêne : ash, ash-tree.

fréquence (*électricité*) : electrical frequency; — **de 50 périodes** : frequency of 50 cycles; **basse —** : low frequency; **changeur de —** : frequency changer; **haute —** : high frequency; **indicateur de —** : frequency indicator; **transformateur de —** : frequency converter; **—mètre** : frequency indicator; **—mètre à tige vibrante** : reed vibrometer.

fret (*prix du transport*) : freight; — **de retour** : return freight; — **de transit** : through freight; **coût du —** : freight charges; **tarif des —s maritimes** : maritime freight rates; **—er un navire** : to charter a ship, to freight a ship.

frette : hoop; — **d'induit** : armature band; **—r un induit** : to band an armature; **machine à —r les induits** : armature banding machine.

friabilité : friability; shortness; — **du charbon** : friability of coal.

friable : friable, short.

friction : friction; **embrayage à —** : friction clutch; **plateau à —** : friction disc; **roue de —** : friction wheel.
frise (*architecture*) : frieze.
frittage (*du minerai*) : sintering.
fritte (*fabrication du verre*) : frit.
fritter : to sinter.
front d'abatage, — de taille (*houillères*) : coal face; **— d'abatage, — d'attaque** (*mines*) : working face; **à —** : at the face; **vitesse d'avancement du —** : rate of face advance.
frottement : friction; rubbing; **— de glissement** : sliding friction; **— de roulement** : rolling friction; **coefficient de —** : coefficient of friction; **enlever par —** : to rub away; **pertes par —** : frictional losses; **résistance au —** : frictional resistance; **sans —** : frictionless; **surface de —** : friction surface.
frotter, effacer : to rub.
fuel, — -oil : fuel-oil; **— domestique** : domestic oil; **— pour navires** : bunker fuel.
fuir (*liquide, gaz*) : to leak.
f uite (*de gaz, de liquide*) : leak; leakage; **— (*ou perte*) à la terre** : ground leak; **— superficielle** (*électricité*) : surface leakage; **—s dans les tuyauteries** : pipeline leaks; **courant de —** : leakage current.
fulminant : fulminant, fulminating.
fulminate : fulminate; **— de mercure** : fulminate of mercury.
fumée : smoke; fume; **—s d'échappement** : exhaust fumes; **—s de tir** : fumes after shot-firing; **combustible sans —** : smokeless fuel; **poudre sans —** : smokeless powder; **aspirateur de —s** : fume exhauster; **boîte à —s** : smoke box.
funiculaire : funicular railway.
fusain (*dessin*) : charcoal for drawing; (*élément pétrographique du charbon*) : fusain.
fusée (*de signalisation*, **etc...**) : rocket; **— d'essieu** : journal, axle-journal.
fuselage (*d'avion*) : fuselage.
fusibilité : fusibility.
fusible (*électricité*) : fuse; fuse-block; (*adj.*) : fusible; **— instantané** : quick-break fuse; **— en lame** : strip-fuse; **— à retard** : time fuse; **bouchon —** : safety plug; fusible plug.
fusion : smelting; fusion; melting; **— de deux noyaux atomiques** : fusion of two nuclei; **— sous vide** : vacuum melting; **bain de —** : melting bath; **chaleur de —** : fusion heat; **four de —** : melting furnace; smelting furnace, smelter; **point de —** : fusion point; melting point; **soudure par —** : fusion welding; **température de —** : fusion temperature.
fût métallique : iron cask; steel drum.

G

gabarit : gauge; **— de perçage** : templet, template; **—s du chemin de fer** : railroad clearances; **fait au —** : made to accurate gauge; made to accurate templet.
gailletin : stove.
gaillettes (*charbons*) : cobbles; **— lavées** : washed cobbles.
gaine : sheath; **— d'aérage** (*mines*) : ventilation compartment; **— de plomb** : lead sheath, lead sheathing; **câble électrique sous — caoutchouc** : rubber-sheathed cable.
galalithe : galalith.
galène : galena; **— argentifère** : argentiferous galena.
galerie : gallery; **— d'aérage** : ventilation drift; **— d'avancement** (*mines*) : drift; **— — au rocher** : rock heading; **— de base d'étage** : level; **— de circulation du personnel** : manway; **— des eaux** : water gallery; **— inclinée, descenderie** : incline; slope; **— au jour, fendue** : adit; **— de mine** : drift; driftway; gallery; mine-road; **— de niveau** (*mines*) : level gallery; **— principale** : main road, headway; **— de recherche** : exploratory drift; **— au rocher** : rock gangway; **— de roulage** : haulage road; **— — principale** : main haulage road; **— — secondaire** : branch haulage road; **— souterraine , — du fond** : underground roadway; **— de traçage** : tracer.
galet : roller; (*caillou roulé*) : shingle; **— de guidage** : guide roller; **— pivotant** : caster, castor; **— de roulement** : runner.
gallium : gallium.
galoche (*poulie à côté ouvrant*) : snatch block.
galvanique : galvanic.
galvanisant (bain —) : galvanizing bath.
galvanisation : galvanization; zincing; **— à chaud** : hot galvanizing; **atelier de —** : galvanizing plant.
galvanisé : galvanized; **tuyau —** : galvanized pipe.
galvaniser : to galvanize; to zinc.
galvanomètre : galvanometer; **— balistique** : ballistic galvanometer; **— à cadre mobile** : moving coil galvanometer; **— différentiel** : differential galvanometer; **— à fer tournant** : moving iron galvanometer; **— à miroir** : mirror galvanometer; **— à torsion** : torsion galvanometer.
galvanoplastic : galvanoplasty.
galvanoscope : galvanoscope.
gangue (*mines*) : gang.
gants de protection : protective gloves.
garant : warrant; **—i** : certified; **—ie** (*subst.*) : guarantee; warrant; **—ie avec obligation de remboursement** : money-back guarantee; **—ir** : to guarantee.
garde, veilleur : watchman; **— -boue** : mud-guard; **— -fou** : hand-rail; toe-board; **— -magasin** : storekeeper.
gare : railway-station; **— d'arrivée** : arrival station; **— de bifurcation** :

gare *(suite)*
junction station; **— de départ** : outgoing station, starting station; **— expéditrice** : sender-station; **— de marchandises** : goods station; **— maritime** : harbour station; **— de transit** : transit station; **— de triage** : sorting depot.
garer, mettre sur une voie d'évitement : to shunt; **— une voiture** (*au garage*) : to garage a car; **— —** (*au parking*) : to park a car.
gargouille : downspout, waterspout.
garnir (*intérieurement*) : to line; **— de lattes** : to lag.
garnissage (*fours, convertisseurs*) : lining; (*boisage dans les mines*) : logging; **— acide** : acid lining.
garniture : packing; lining; fitting; **— d'acier** : steel liner; **— de caoutchouc** : rubber packing; **— de cuir** : leather packing; **— d'embrayage** : clutch lining; **— d'étanchéité, rondelle de joint** : gasket, coupling gasket; **— de frein** : brake lining; **— de joint de tuyauterie en jute tressé goudronné** : tarred twisted jute pipe joint packing; **— de piston** : piston packing.
gas-oil : gas oil.
gaspillage : wastage; **— d'un gisement minier par une exploitation irrationnelle** : robbing.
gaspiller, saboter (*un gisement minier*) : to rob.
gâteau (*de coke*) : cake.
gauche : left; **à —** : left-hand; **filetage à —** : left-hand thread; **fraise à —** : left-hand cutter.
gauchir : to warp; (*flamber*) : to buckle; **— à charge** : to warp under load.
gauchissement : warping.
gaufrer, onduler : to crimp.
gauss : gauss.
gaz : gas; **— asphyxiant** : asphyxiating gas; **— de basse carbonisation** : low carbonization gas; **— de bois** : wood gas; **— butane** : butane gas; **— carbonique** : carbon dioxide, carbonic acid gas; **— de charbon de bois** : charcoal gas; **— de cokerie** : coke-oven gas; **— de la combustion, — de cheminée, — brûlés** : exhaust gases, flue gases, waste gases; **appareil de contrôle des — —** : waste gases control instrument; **fourniture de — à distance** : long distance gas supply; **— à l'eau** : water gas; **— d'échappement** : exhaust gases; **— d'éclairage** : illuminating gas; **— épuré** : cleaned gas; **— non épuré** : uncleaned gas; **— évacué** : exit gas; **— de feu de mine** : fire gases; **— des fumées** : stack gas; **— de gazogène** : producer gas, generator gas; **— brut —** : rough producer gas; **— de gueulard** : gicht gas, top-gas; **— de haut fourneau** : blast furnace gas; **— hilarant** : laughing gas; **— irrespirable, dans les mines** : choke-damp; **— de houille** : coal gas; **— liquéfié** : liquefied gas; **— malodorants** (*mines*) : stinkdamp; **— des marais** : marsh-gas; **— de mine, grisou** : firedamp; **— mixte** : mixed gas; **— naturel** : natural gas; **— nocifs** : noxious gases, poisonous gases; **— parfaits** : perfect gases; **— pauvre** : lean gas; **— rares** : rare gases; **— raréfiés** : rarefied gases; **— réducteurs** : reducing gases; **— riche** : rich gas, strong gas; **— synthétique** : synthetic gas; **— produits par le tir des mines** : blasting gases; **— de ville** : town gas; **brûleur à —** : gas burner; **charbon à —** : gas coal; **chauffé au —** : gas-fired; **conduite de —** : gas line, gas main; **éclairage au —** : gas lighting; **formation de —** : gassing; **mettre les —** : to open out the throttle; **moteur à —** : gas engine; **rempli de —** : gas-filled; **turbine à —** : gas turbine; **usine à —** : gas work.
gazéification : gasification; **— de la houille** : coal gasification; **— souter-**

gazéification *(suite)*
raine (*mines de houille*) : underground gasification.
gazéifier : to gasify.
gazeux : gassy; gaseous; **corps —** : gaseous body; **état —** : gaseous state, gaseous condition.
gazogène : gas generator, gas producer; **— au bois** : wood generator; **— à grille tournante** : revolving grate gas producer; **gaz de —** : producer gas; **conduite des —s** : management of gas producers.
gazomètre : gas holder, gasometer.
gel, gelée (*chimie*) : gel; **— de silice** : silica gel.
gélatine : gelatine.
geler : to freeze.
gemme : gem, gem-stone.
générateur : generator, producer; **— d'acétylène** : carbide generator; **— à bois** : wood generator; **— de vapeur** : steam generator.
génératrice (*électricité*) : generator; electric generator; **— à magneto** : magneto generator.
génie civil : civil engineering.
genouillère : knee-joint.
géodésie : geodesy; **instrument de —** : geodesic instrument.
géodynamique : geodynamic.
géoïde : geoid.
géologie : geology.
géologique : geological.
géologue : geologist.
géomètre : geometrician; **—** (*profession*) : surveyor; **— de mine** : mine surveyor.
géométrie : geometry; **— analytique** : analytic geometry; **— descriptive** : descriptive geometry; **— dans l'espace** : solid geometry; **— plane** : plane geometry.
géométrique : geometrical.
géophysique (*subst.*) : geophysics; (*adj*) : geophysical.
géothermique : geothermical.
gérant : manager.
gérer, administrer : to manage.
germanium : germanium.
geyser : geyser.
gicleur : tip; jet; **— auxiliaire** : auxiliary jet; **— d'un carburateur** : nozzle of a carburettor; **— compensateur** : compensating jet, equalizing jet; **— principal** : main jet; **— de ralenti** : slow-running jet; **calibrer un —** : to size a tip; **le — est bouché** : the nozzle is choked (up); **le — est débouché** : the nozzle is cleared out.
girafe (*wagonnet basculant*) : tip-car.
giration (rayon de —) : radius of gyration.
giratoire : gyrating, gyratory.
gisement : deposit; field; body; **— aurifère** : gold field; **— houiller** : coal field; **— de minerai** : ore body; **— minier** : mining field; **— sans valeur** (*mines*) : duffer; **épuisement d'un —** : exhaustion of an ore body.
glaise : loam.
glissement : slipping; sliding motion; (*machines électriques*) : slip; **— du câble** : rope slip; **— d'une courroie** : belt slippage; **— de terrain** : earth fall; **frottement de —** : sliding friction.
glisser : to slide; to slip.
glissière : runway; slide, slide-block; **— de crosse** : cross head; **— d'extension** (*machines-outils*) : extension slide; **— en V** : V-runway; **—s d'un banc de tour** : bed-ways.
global (*prix*) : overhead (*price*).
globe : globe.
globulaire : globular.
glucose : glucose.
glycérine : glycerine.
gneiss : gneiss; **— porphyroïde** : porphyroid gneiss; **soubassement —ique** : gneissic basement.
godet : cup; **— de pelle à vapeur, de noria, de chargeuse** : bucket; **— basculant sur le côté** : side dump bucket; **— excavateur** : digging bucket; **— fouilleur** : dipper; **— graisseur** :

godet *(suite)*
oil-cup; — **de noria** : elevator bucket; — **perforé** : skimmer scoop; — **preneur** : grappling bucket; — **de reprise** : rehandling bucket.
goethite : goethite.
gomme : gum; — **arabique** : gum arabic; — **-gutte** : gambodge; — **laque** : gum-lac; — **-résine** : gum resin; **dépôt de** — (*sur les cylindres*) : lacquer deposit.
gond, charnière : hinge.
gonflant (*charbon*) : expanding (*coal*).
gonflement, croissance (*de la fonte*) : expansion, growth; — (*du charbon à la cokéfaction*) : swelling.
gonfler (*fonte*) : to expand, to grow; (*charbon*) : to expand, to swell; (*un pneu*) : to inflate (*a tyre*).
gong avertisseur : warning gong; — — **automatique** : mechanical warning gong.
goniomètre : goniometer.
gorge (*d'une poulie*) : groove.
goudron : tar; — **de basse température** : low temperature coaltar; — **de bois** : wood tar; — **de houille** : coal tar; — **de route** : road tar; — **en suspension** : tar fog; **dérivés du** — : coal tar chemicals; —**nage** : tarring; —**ner** : to tar; **empierrer** (*une route*) : to pitch (*a road*).
gouge : gouge.
goujon : stud; pin; — **d'assemblage** : connection pin; — **d'emboîtement** : dowel pin; — **prisonnier** : setpin.
goulot (*de récipient*) : neck.
goulotte : chute; — **d'alimentation** : feed chute; — **d'évacuation** : discharge spout; — **de trop-plein** : overflow launder.
goupille : pin; — **d'arrêt** : check-pin; — **de cisaillement** : shearing pin; — **fendue** : cotter-pin, splitpin.
gousset (*charpente métallique*) : gusset, gusset-plate.
goutte : drip; **tomber** — **à** — : to drip; —**lette** : droplet.
gouttière, rigole : gutter; — **d'évacuation** : discharge spout.
gouvernail : rudder.
goyau (*mines*) : shaft compartment.
gradation : gradation.
grade (*unité de mesure d'arc*) : grade.
gradient (*mathématiques*) : gradient.
gradin, plot : step; —**s d'un cône de poulies** : steps on a cone pulley; **abatage par** —**s droits** (*mines*) : underhand stoping; **abatage par** —**s renversés** : overhand stoping; **mandrin à** —**s** : step chuck.
graduation : graduation.
gradué : graduated; **cercle** — : graduated dial; **échelle** —**e** : graduated scale; **vis** —**e** : graduated screw.
graduer : to graduate.
grain (*de l'acier, de la pierre, du bois*) : grain; — **de sable** : grain of sand; **à gros** — : coarse-grained; **à** — **fin** : fine-grained; **à** — **régulier** : smooth-grained; **fonte à** — **serré** : close-grain iron, close-grained iron.
graissage : lubrication; **à** — **automatique** : self-oiling...; — **par bague** : oil ring lubrication; — **par barbotage** : bath lubrication, splash lubrication; splashing-type lubrication; — **central** : central lubrication; — **par circulation** : circulation oiling; — **par compte-gouttes** : drop lubrication; — **continu** : flooded lubrication, constant flow system of lubrication; **à** — **par eau** : water lubricated; — **par gravité** : gravity oiling; — **insuffisant** : faulty lubrication; — **sous pression** : forced lubrication, forced-feed lubrication; **huile de** — : lubricating oil; **produit de** — : lubrifiant, lubricator.
graisse (*lubrifiant*) : grease, lubricating grease; — **animale** : animal grease; — **à berlines** : minecar grease; — **consistante** : transmission grease; lubricating compound; — **pour essieux** : axle grease; — **graphitée** : graphite grease;

graisse *(suite)*
— pour paliers à billes : ball bearing grease; **— pour Stauffer** : cup grease, Stauffer grease.
graisser : to lubricate.
graisseur (*objet*) : oiler; **— (*ouvrier*)** : greaser, oiler; **— de berlines** : mine-car greaser; **— central** : force-feed lubricator; **— compte-gouttes** : drop oiler; **— — à débit visible** : sight feed drop oiler; **— à godet** : grease cup, oil cup; **— à huile à débit visible** : sight feeding oil cup; **— mécanique** : lubricator, mechanical lubricator; **— — pour graissage sous pression** : mechanical force-feed lubricator; **— à ressort** : spring oiler; **— Stauffer** : Stauffer lubricator; screw-feed grease cup.
gramme : gram, gramme.
grand-livre (*comptabilité*) : ledger.
grande puissance (machine de —), pour gros travaux : heavy-duty machine.
grandeur : size, extent; **— (*mathématiques*)** : magnitude; **— naturelle** : full scale.
granit : granite; **carrière de —** : granite quarry.
granulaire (structure —) : granular structure.
granulateur : granulator.
granulation : granulation; **— du laitier de haut fourneau** : furnace-slag granulation; **— fine** : fine granulation; **— grossière** : coarse granulation.
granulé (*laitier*) : granulated *(slag)*.
granuler : to granulate.
granuleux : granulous, granular.
granulométrique (*classement*) : size *(classification)*.
graphique (*subst.*) : chart, graph; **(*adj.*)** : graphic, graphical, diagrammatic; **enregistreur —** : graphic recorder, graphic recording instrument; **méthode —** : graphical method.
graphite : graphite; **— colloïdal** : colloidal graphite; **— nodulaire** : nodular graphite; **creuset en —** : graphite crucible; **électrode en —** : graphite electrode.
graphit(er) : to graphitize; **graisse —ée** : graphite grease; **lubrifiant —é** : graphited lubricant; **palier —é** : **palier sans huile** : oilless bearing; **—isation** : graphitization.
grappin : grappler, grapnel; **prendre au —** : to grapple.
gratification annuelle : annual premium.
grattage : scraping.
gratte-ciel : skyscraper.
gratuit : free; **offre d'essai —e** : free trial offer.
grauwacke (*grès silurien*) : greywacke.
gravats, gravois : debris, rubbish.
graver : to grave; **pointe à —** : graver point.
graveur : engraver.
gravier : gravel; grit; **gros —** : coarse gravel.
gravimétrique : gravimetric; **méthodes —s** : gravity methods.
gravitation : gravitation.
gravité : gravity; **actionné par —** : gravity actuated; **alimentation par —** : gravity feed; **broyage par —** : gravity milling; **centre de —** : centre of gravity; **graissage par —** : gravity oiling; **traînage par —** : gravity haulage; **triage par —** : gravity separation.
gravois : rubbish.
gravure : engraving.
Greenawalt (*appareil pour frittage du minerai*) : Greenawalt sintering apparatus.
grenaille : shot; **— d'acier** : steel pellets.
grenat : garnet.
grès : sandstone; **— bigarré (*géologie*)** : variegated sandstone; **— carbonifère** : carboniferous sandstone; **— dur** : grit-stone; **— houiller** :

grès *(suite)* coal sandstone; — **quartzeux** : quartzitic sandstone; — **rouge** : red sandstone.

grève : strike; — **perlée** : go-slow strike; — **de solidarité** : sympathetic strike; — **sur le tas** : sit-down strike; **faire** — : to strike, to leave off work; **menace de** — : strike threatening; **mettre fin à la** — : to settle the strike; **se mettre en** — : to go on strike; **piquet de** — : strike picket.

gréviste : striker; **non-** —, **jaune** : scab.

griffe : claw, fang, gripper; — (*bennes à grappin*) : grappler.

grillage (*objet*) : grating; — **magnétisant** : magnetizing roasting; — **du minerai** : ore roasting; — **à mort** : dead burning; — **réducteur** : reducing roasting; — **superficiel** (*de la pyrite*) : flash roasting; **four de** — : roasting furnace; **tambour de** — : roasting drum.

grille : grate, grid; — (*résistances électriques*) : grid; — **balladeuse** : travelling grate; — **à barreaux** : bar grating; — **à bascule** : rocking grate; — **à chaîne** : chain grate; — **de chaudière** : boiler grate; — **de fourneau, plaque chauffante** : range; — **à gradins** : step grid; — **inclinée** : inclined grate; — **mécanique à chaîne** : chain grate stoker; — **plane** : plane grate; — **à secousses**: shaking grate; — **tournante** (*de gazogène*) : revolving grate, rotary grate; **barreau de** — : grate bar; **ouverte sur** — : in the open grate; **surface de** — : grate area, grate surface.

griller : to roast.

grippage de piston : piston seizing.

gripper (v. n.) (se —) : to jam, to seize.

grippé (être —) : to be seized up.

grisou : firedamp; **chercheur de** — : fireman; **coup de** — : firedamp explosion; **dégagement de** — : discharge of firedamp; **détecteur de** — : firedamp detector, methane detector; **enflammer le** — : to ignite firedamp; **enregistreur de** — : firedamp recorder; **inflammation du** — : ignition of firedamp; **mesureur de** — : indicating methane detector.

grisoumètre : firedamp detector; — **enregistreur** : firedamp recorder.

grisouteu(x) : gaseous; **anti-** —**x** : firedamp-proof; **mine** —**se** : gaseous mine, gassy mine; **agréé pour les mines** —**ses** : permissible for use in gaseous mines.

gros : heavy, large; **en** — **morceaux** : bulky; — **morceaux de minerai** : boulders; **machine de grande puissance, pour** — **travaux** : heavy duty machine; —**se tuyauterie** : main pipeline.

grossissement (*optique*) : magnification.

groupe (*de machines*) : set; — **auxiliaire** (*machines*) : auxiliary set; — **convertisseur** (*électricité*) : converter; — **générateur,** — **électrogène** : generating set; — **Ilgner** : Ilgner type set; — **-moteur-générateur** : motor generator set; — **moto-compresseur** : motor-compressor; — **de recharge d'accumulateurs** : charging set; — **régulateur de vitesse** : speed regulating set; — **survolteur** : booster set.

grue : crane; — **à benne** : bucket handling crane; — — **preneuse** : grab crane; — **pour chargement du charbon** : coaling crane; — **sur chenilles** : crawler-crane; — **de chevalement** : derrick; — **à colonne** : column jib crane; — **à console** : bracket jib crane; — **à flèche relevable** : derrick crane; — **flottante** : floating crane; — **pivotante** : jib crane, revolving crane; — **à ponton** : pontoon crane; — **à portée réglable** : luffing crane; — **-portique** : gantry

grue *(suite)*
crane; **— à potence** : pillar crane, wall crane; **— de transbordement** : transfer crane; **— à vapeur** : steam crane; **flèche de —** : crane boom.
grume (en —) : unbarked.
grutier : crane man.
gueulard **(*hauts fourneaux*)** : blast-furnace top, blast-furnace throat; **fermeture du —** : throat closing device. •
gueuse **(*métallurgie*)** : pig; **casse- —s** : pig breaker; **fonte en —s, fonte brute** : pig-iron.
guidage : guideway, guidage, guiding; **— d'angle** : corner guidage; **— en bout** **(*puits de mines*)** : front guidage; **— par câbles** **(*puits de mines*)** : wire guides; **— latéral** : side guidage.
guide **(*puits de mines*)** : guide; **— -courroie** : belt guide; **— de soupape** : valve guide.
guider **(*mécanique*)** : to control; **—r un skip** : to guide a skip.
guiderope : guide-rope.
guidon : cycle handle bar.
guillaume **(*rabot*)** : rabbet plane, fillister.
gunite **(*revêtement*)** : gunite coating; **— armée** : reinforced gunite; **—r** : to gunite; **—use** : cement-gun.
gutta-percha : gutta-percha.
gypse : gypsum.
gyroscope : gyroscope.

H

hache : axe; **—tte** : hatchet.
hachure (***dessin***) : hatching; **—r** (***un dessin***) : to shade, to hatch (*a drawing*).
halage : haul, hauling, haulage, tug; **câble de —** : haulage rope.
haler (***tirer***) : to haul, to tug, to tow, to tow ahead; **— l'ancre** : to heave anchor.
halle de coulée : pouring hall.
halogène (***chimie***) : halogen.
hangar : shed, hangar; **— d'aviation** : air shed.
harmonique(s) (***subst.***) : harmonic tones, harmonics; **—** (***adj.***) : harmonic, harmonical; **— supérieur** : overtone; **progression —** : harmonic progression.
harnais d'engrenage : back gear.
hauban : guy, guy-rope; **—** (***marine***) : shroud; **attache de —** : guy clamp; **—né** : wire-guyed; **—ner** : to guy.
hausse, rehausse : sink-head; **— des prix** : boosted prices.
haussière : hawser.
haut du puits, recette supérieure (***mines***) : top of the shaft.
haut fourneau : blast-furnace; **charpente de —** : blast-furnace framework; **cuve de —** : blast-furnace shaft; **gaz de —** : blast-furnace gas; **gueulard de —** : blast-furnace top; **installation de —** : blast-furnace plant; **laitier de —** : blast-furnace slag; **profil du —** : blast-furnace line.
haut-parleur : loud-speaker.
haute fréquence : high frequency; **four à induction — —** : high frequency induction furnace.
Haute Autorité de la C. E. C. A. : High Authority of E. C. S. C.
haute précision (instrument de —) : precision instrument.
haute pression : high pressure.
haute tension (***électricité***) : high-tension.
haute valeur (instrument de —) : high-grade instrument.
hauteur : height; **— hors tout** : overall height; **— au-dessus du sol** : height from ground; **— au-dessus du rail** : height above top of rail; **— d'aspiration** (***d'une pompe***) : suction head, height of suction; **— barométrique** : barometric height; **— de chute** (***turbines hydrauliques***) : head, height of fall, dropping depth; **usine hydro-électrique à grande — —** : high-head water-power plant; **— — disponible** : available head; **— de déversement, — de déchargement** : discharge height; **— d'élévation** : lift; **— —** (***pompes***) : pumping head; **— d'extraction** (***mines***) : lift; **— manométrique** : manometric head; **— nécessaire** : handroom requirement; **— de pointes** (***tours***) : height of centers (*over bed*); swing over bed; **— de refoulement** : delivery head; **— de voûte, — de plafond dans les galeries de mine** : headroom.
havage du charbon : coal-cutting; (***sous-cavage***) : undercutting.

havée, havrit : cut; **profondeur de —** : depth of cut.

haver le charbon : to cut coal; **(*sous-caver*)** : to undercut, to hole.

haveuse (*à charbon*) : coal-cutter; coal-saw, coal cutting machine; **— à air comprimé** : compressed air coal-cutter, pneumatic coal-cutter; **— à barre** : arm coal-cutter; **— à chaîne** : chain coal-cutter; **— -chargeuse** : cutter-loader; **— à tête pivotante** : universal arcwall coal-cutter; **— -trancheuse avec convoyeur** : slabbing machine; **bras de —** : coal cutter jib; **chaîne de —** : coal cutter chain; **pic de —** : coal-cutter pick.

havrit (*évacuation de —*), nettoyeur de saignée à vis sans fin : bug duster.

hectare : hectare.

hectogramme : hectogramme.

hectolitre : hectolitre.

hectomètre : hectometre.

hectowatt : hectowatt; **— -heure** : hectowatt-hour.

hélice (*géométrie*) : helix; **(*objet*)** : screw-propeller; **— d'avion** : air screw; **angle d' —** : helix angle; **arbre d'—** : propeller shaft.

hélicoïdal : helicoidal, helical, helicoid; **commande —e** : helical drive; **engrenage —** : helical gear; **ressort —** : helical spring.

hélicoïde (turbine —) : helical turbine.

hélicoptère : helicopter.

héliostat : heliostat.

helium : helium.

hématite (*minerai de fer*) : hematite, **— brune** : brown hematite; **— rouge** : red hematite; **— spéculaire** : specular hematite.

hémicylindrique : half-cylindrical.

hémisphère : hemisphere.

hémisphérique : hemispheric, hemispherical.

henry : henry.

heptagone : heptagon.

herminette : adze.

hétérogène : heterogene, heterogeneous.

hétérogénéité : heterogeneity.

hêtre : beech, beech-tree.

heure : hour; **—s d'affluence** : hurry hours; **—s de bureau** : office hours; **— d'ouvrier** : man-hour of labour; **par — —** : per man-hour; **— de travail** : working hour, hour of labour; **—s supplémentaires** : overtime; **—s de travail** : business hours.

hexagonal : hexagonal.

hexagone : hexagon.

hie à pavés (*demoiselle*) : beetle.

hodographe : hodograph.

hodomètre : hodometer.

holomètre : holometer.

homme de confiance : steward.

homme d'équipe (*chemins de fer*) : truckman.

homogèn(e) : homogeneous; **—éité** : homogeneity.

homologue (*subst.*) : homologue; **(*adj.*)** : homologous.

horaire (*emploi du temps*) : time table; **(*adj.*)** : hourly; **— hebdomadaire** : weekly schedule; **— de travail** : working time schedule, working hours; **capacité —** : hourly capacity.

horizon : horizon.

horizontal(e) (*subst.*) : horizontal level; **—** : horizontal; **—ement** : horizontaly; **—ité** : horizontality.

horloge pointeuse : time clock.

hornblende : hornblende.

hors tout (*dimensions —*) : overall dimensions.

hotte d'aspiration : exhaust hood.

houille : coal (*voir* : **charbon**); **— blanche** : white coal; **— grasse** : **(*voir* charbon gras)**; **exploitation de la —** : coal-mining.

houillère : coal mine, colliery.

hourdis : pugging.

huile : oil; **— (*carburant*)** : fuel; **— de baleine** : whale oil; **— brute** : crude fuel, crude oil; **— camphrée** :

huile *(suite)* camphor oil; — **de colza** : rape seed oil; — **compound** : compounded oil; — **pour compresseurs** : compressor oil; — **consistante** : slushing oil; — **de coupe** : cutting oil, cutting fluid; — **de créosote** : creosote oil; — **cylindres** : cylinder oil; — **dynamos** : dynamo oil; — **pour engrenages** : gear oil; — **épurée** : stainless oil; — **de goudron** : tar oil; — **pour graissage général** : miscellaneous oil; — **isolante** : insulating oil; — **de lin** : linseed oil; — **machines** : machine oil; — **pour machines frigorifiques** : ice machine oil; — **moteurs** : engine oil; — **pour moteurs d'automobiles** : motor oil; — — **Diesel** : Diesel engine oil; — — **électriques** : motor oil; — **à mouvements** : gearing oil; — **de noix** : nut oil; — **de palme** : palm oil; — **de paraffine** : paraffin oil; — **de peinture** : paint oil; — **de pétrole** : petroleum oil; — **de pied de bœuf** : neat's foot oil; — **de poisson** : fish oil; — **raffinée** : distillate fuel; — **de résine** : resin oil; — **de ricin** : castor oil; — **de schistes** : shale oil; — **siccative** : drying oil; — **à soupapes** : valve oil; — **spindle** : spindle oil; — **de térébenthine** : turpentine oil; — **pour transformateurs** : transformer oil; — **de trempe** : hardening oil; — **pour turbines** : turbine oil; — **usée** : quenched oil, used oil; — **de vaseline** : vaseline oil; — **pour très grandes vitesses** : extreme high-speed oil; **—s animales** : animal oils; **—s de graissage** : lubricating oils; **—s légères** : volatile oils, light oils; **—s — pour machines** : light machine oils; **—s lourdes** : crude oils; **—s minérales** : mineral oils; **—s végétales** : vegetable oils; **amortisseur à —** : oil cushion; **baignant dans l'—** : flooded with oil; **bain d'—** : oil bath; **tourner dans un — —** : to run in oil, to run in oil bath; **brûleur à —** : oil burner; **burette d'—** : oil can; **carter à —** : oil box; **interrupteur à —, disjoncteur à —** : oil break switch; **palier sans —, palier graphité** : oilless bearing; **réservoir d'—** : oil capacity; **sécheur d'—** : oil dryer; **débarasser une — de ses impuretés** : to strip an oil.

huil(er) : to oil; **papier —é** : oiled paper; **—eux** : oily.

humid(e) : damp, humid; **—ifier** : to damp, to humidify; **—ité** : damp, humidity, moisture; **explosif qui ne craint pas l'—ité** : water-resisting explosive; **—ification** : humidification; moistening.

humus : humus.

hyalin : hyaline.

hydratation : hydratation; **chaleur d'— : pour les ciments** : heat of hydratation.

hydrate : hydrate.

hydraté : hydrated, hydrous; **carbonate —** : hydrous carbonate; **silicate —** : hydrous silicate.

hydraulique (*subst.*) : hydraulics; (*adj.*) : hydraulic; **abatage —, abatage à la lance** : hydraulic mining; **accumulateur —** : hydraulic accumulator; **ascenseur —** : hydraulic lift; **bélier —** : hydraulic ram; **chaux —** : hydraulic lime; **ciment —** : hydraulic cement; **coin —** : hydraulic coalburster; **à commande —** : hydraulically steered; **frein —** : hydraulic check; **joint —** : hydraulic packing; **presse —** : hydraulic press; **remblayage —** : hydraulic stowage; **vérin —** : hydraulic jack.

hydrocarbonate : hydrocarbonate.

hydrocarbure : hydrocarbide; **—s aromatiques** : aromatic hydrocarbons; **—s gazeux** : hydrocarbon gases; **— à indice d'octane élevé** : high octane hydrocarbon; **—s naphténiques** : naphtenic hydrocarbons; **—s oléfiniques** : olefinic hydrocar-

hydrocarbure *(suite)*
bons; **—s paraffiniques** : paraffinic hydrocarbons; **— (*non saturé*) à double liaison** : double-bond hydrocarbon.

hydrodynamique (*subst.*) : hydrodynamics; (*adj.*) : hydrodynamic.

hydroélectrique : hydroelectric; **centrale —** : hydroelectric station; hydroelectric power plant.

hydrofuge : waterproof.

hydrogénation (*de la houille*) : coal hydrogenation; **installation d'—** : hydrogenation plant.

hydrogène : hydrogen; **— lourd** : heavy hydrogen, deuterium; **— sulfuré** : hydrogen sulphide, sulphuretted hydrogen; **générateur d'—** : hydrogen generator; **—r** : to hydrogenize.

hydrologie : hydrology; **— des eaux souterraines** : ground-water hydrology.

hydromètr(e) : hydrometer, density hydrometer; **—ie** : hydrometry.

hydrostatique (*subst.*) : hydrostatics; (*adj.*) : hydrostatic; **balance —** : hydrostatic balance.

hydrotateur : hydrotator.

hydroxyde : hydroxide.

hygromètr(e) : hygrometer; **—ie** : hygrometry; **—ique** : hygrometric.

hygroscop(e) : hygroscope; **—icité** : hygroscopicity; **—ique** : hygroscopic, hygroscopical.

hyperbol(e) : hyperbola; **—e équilatère** : equilateral hyperbola; **—ique** : hyperbolic; **—oïde** : hyperboloid; **—oïde de révolution** : revolution hyperboloid.

hypercompounder : to overcompound.

hypereutectoïde (acier) : hypereutectoid steel.

hypersynchrone : hypersynchronous.

hypocycloïde : protate cycloid, hypocycloid.

hypoïde (engrenage —) : hypoid gear.

hyposulfite : hyposulphite; **— de soude** : soda hyposulphite.

hypoténuse : hypotenuse.

hypothécaire : hypothecary, on mortgage.

hypothèque : back-bond; mortgage.

hypothèse : hypothesis.

hystérésis : hysteresis; retentiveness.

I

identité (*mathématiques*) : identity.
igné : igneous.
ignescent, qui s'enflamme : ignescent.
ignifuge : fire-proof; **vêtement —** : flame-protective clothing.
image : image; **— droite** : erect image; **— réelle** : real image; **— renversée** : inverted image; **— virtuelle** : virtual image.
immergé : immersed; subaqueous.
immerger : to immerse, to dip.
immersion : immersion, dip, dipping; **— à chaud** : hot dipping; **chauffage par —** : immersion heating; **élément de chauffe par —** : immersion heater.
immobilisations : fixed assets.
impair (*nombre*) : odd.
imparfait : faulty.
impédance : impedance.
imperméabilisation : waterproofing.
imperméabiliser à l'eau : to waterproof.
imperméabilité : impermeability.
imperméable : impermeable, impervious; **— à l'eau** : impervious to water, waterproof; **— aux gaz** : impermeable to gases; **— à l'humidité** : impervious to moisture.
impinger (*appareil de prélèvement et de comptage des poussières dans les mines*) : impinger.
implanter : to implant.
importateur : importer.
importation : importation.
importer : to import.
imposte (*architecture*) : impost.
impôt : tax; **— direct** : direct tax; **— foncier** : land tax; **— sur les opérations boursières** : stock-exchange tax; **— sur le revenu** : income tax; **—s indirects** : indirect taxes, excise.
imprégnation (*des bois, des enroulements électriques, etc.*) : impregnation, impregnating; **— des induits** : impregnation of armature coils.
imprégner : to impregnate.
imprimé (*formule*) : form.
impulsion : impulse, impulsion; drive.
impureté, matière étrangère : impurity, foreign matter.
inachevé (*qui n'a pas atteint son stade final*) : unfinished.
inapte au travail : unfit for work.
inattaquable par les acides : acid proof; **— par l'eau de mer** : sea water proof.
incandescence : incandescence; **bec de gaz à —** : incandescence gas burner; **lampe à —** : incandescent lamp.
incandescent : incandescent, white hot.
incapacité (*due à un accident*) : disability; **— permanente** : permanent disability; **atteint d'— partielle** : partially incapacitated; **atteint d'— totale** : totally incapacitated.
incassable : unbreakable.
incendie : fire; **assurance contre l'—** : fire insurance; **avertisseur d'—** : fire-alarm apparatus; **équipe d'—** : fire-brigade; **moto-pompe d'—** : motor fire apparatus; **pompe à —** : fire engine; **porte de sécurité contre l'—** : fire door; **prise d'—** : fire

incendie *(suite)*
hydrant; **risque d'—** : fire risk; **tuyau de pompe à —** : fire hose.

incidence (*optique*) : incidence, incidency; **angle d'—** : angle of incidence.

incident (*rayon*) : incident (*ray*).

inclinaison : inclination; dip, dipping; **— de l'aiguille aimantée** : dip of the magnetic needle; **— d'une couche sur la verticale** (*complément du pendage, dans les mines*) : hade; **angle d'—** : angle of inclination; **degré d'—** : gradient.

incliné : inclined; **plan —** (*mines*) : inclined plane; **puits —** : incline, incline shaft; **très —, abrupt** : heavily pitching; **couche très —e** (*mines*) : heavily pitching seam; **couche —e** : inclined seam; **galerie —e** : incline.

inclusion : enclosure, inclusion.

incombustibilité : incombustibility.

incombustible : fire-proof, fire-resisting, incombustible.

incommensurable : incommensurable.

incompatible : incompatible.

incompressible : incompressible.

incongelable : frost-proof.

inconnue (*mathématiques*) : unknown quantity.

incorporer (un produit à un autre) : to admix.

ncrustation, tartre des chaudières : incrustation.

incruster : to embed, to imbed.

incurver : to incurve.

indéfini : indefinite; **—ment** : indefinitely.

indemnité : indemnity, indemnification; **— de chômage** : unemployment benefit; **verser une — compensatrice** : to pay a compensation; **— pour frais de nourriture** : board money; **— de maladie** : sickness benefit; **avoir droit à —** : to be eligible for benefits.

indéréglable : trouble-proof.

indétermination : indetermination.

indéterminé : indeterminate.

indicateur (*appareil*) : indicator, indexing mechanismus; **— à cadran** : dial indicator; **— de centre** : center indicator; **— à distance** : distant indicator; **— d'effort** : strain indicator; **— de filetage** : chasing dial, thread indicator; **— pour filetage au peigne** : thread chasing dial; **— de fréquence** : frequency indicator; **— de grisou** (*mines*) : methane detector; **— de machine à vapeur** : indicator, steam-engine indicator; **— de niveau** : level indicator; **— — d'eau** : water-level indicator; **— — d'essence** : gasoline gauge; **— — d'huile** : oil-level indicator; **— à niveau de liquide** : liquid level indicator; **— de position** : position indicator; **— de réactif** : reactive indicator; **— de terre** (*électricité*) : ground detector, ground indicator; **— de vitesse** : speed indicator; **signe —** : index.

indication à distance : distant indication.

indicatrice (aiguille —) : indicating pointer, index-hand.

indice : index; **— d'une racine** : index; **— absolu** (*optique*) : absolute index; **— de cohésion du coke** : shatter index; **— d'octane** : octane number, knock rating; **— de réfraction** : index of refraction; **— relatif** (*optique*) relative index; **chiffre- —** : index number.

indiquée (puissance —) : indicated horse power.

indissolubilité : indissolubility.

indissoluble : indissoluble.

indium : indium.

induction (*électricité, magnétisme*) : induction; **— électromagnétique** : electromagnetic induction; **— électrostatique** : electrostatic induction; **— magnétique** : magnetic induction; **— mutuelle** : mutual induction;

induction (*suite*)
— **résiduelle** : residual induction; **bobine d'—** : induction coil; **four à —** : induction furnace; **four à fusion à —** induction melting furnace; **self- —** : self-induction.

induire : to induce.

induit (*subst.*) : armature; **— en barres** : bar-wound armature; **— de dynamo** : dynamo-armature; **— en cage d'écureuil** : squirrel cage armature; **— à circuit fermé** : closed coil armature; **— à circuit ouvert** : open coil armature; **courant —** : induced current; **enroulement d'—** : armature winding; **machine à fretter les —s** : armature banding machine.

industrie : industry; **— automobile** : motor-car industry; **— du bâtiment** : building industry; **— extractive** (*mines*) : mining industry; **— houillère** : coal industry; **— lourde** : heavy industries; **— métallurgique** : metallurgical industry; **— sidérurgique** : iron and steel industry; **—s extractives** : extractive industries, mining and quarrying.

industriel (*subst.*) : industrialist; (*adj.*) : industrial; **établissement —** : industrial establishment; **région —le** : industrialized region.

inégalité (*mathématiques*) : inequality.

inerte (*chimiquement, mécaniquement*) : inert.

inertie : inertia; **centre d'—** : centre of inertia; **de faible —** : low-inertia; **forces d'—** : inertia forces.

inétanche : untight.

inexpérimenté : unskilled.

inexploitable (*mines*) : unworkable.

inexploré (*mines*) : unexplored.

inextensible : unstretchable.

infiltration : infiltration.

infiltrer (**s'— dans**) : to infiltrate (into...).

infini : infinite; **—ment grand** : infinitely great; **—ment petit** : infinitely small; **accroissement —ment petit** : indefinitely small increment; **—té** : infinity, infiniteness; **—tesimal** : infinitesimal.

infirmerie d'usine : works infirmary.

infirmier (*d'usine*) : nurse, male nurse, infirmary attendant.

inflammabilité : inflammability.

inflammable : inflammable; **gaz —s** : inflammable gases.

inflammation : ignition; **— du grisou** : ignition of firedamp; **— spontanée** : auto-ignition; **risque d'—** : incendivity; **température d'—** : ignition temperature.

inflexion (point d'—) : inflexion point.

influence (*électricité*) : influence.

infra-rouge : infra-red.

infraction : infraction, infringement.

infrastructure : substructure.

infusibilité : infusibility.

infusible : infusible.

infusoires (*terre d'—*) : infusioral (*earth*).

ingénieur : engineer; **— adjoint** : assistant engineer; **— certifié** : certificated engineer; **— en charpente** : structural engineer; **— en chef** : chief engineer; **— des chemins de fer** : railway engineer; **(U. S. A.)** : railroad engineer; **— chimiste** : chemical engineer; **— civil** : civil engineer; **— -conseil** : consulting engineer; **— -constructeur** : engineering contractor; **— des constructions navales** : naval engineer; **— diplômé** : graduate engineer; **— -directeur** : engineer-director; **— -électricien** : electrical engineer; **— d'entretien** : maintenance engineer; **— des essais** : testing engineer; **— de haut fourneau** : blast furnace engineer; **— hydraulicien** : hydraulic engineer; **— -mécanicien** : mechanical engineer; **— de mines** : mining engineer; **— principal** : principal engineer; **— de la sécurité** : safety engineer; **— du service des Mines** : mine officer; **— spécialiste** : expert engineer; **art de l'—, art de la cons-**

ingénieur *(suite)* **truction et de la conduite des machines** : engineering.

inhalation : inhalation.

ininflammable : nonflammable, uninflammable.

injecter : to inject.

injecteur : injector, nozzle; **— d'eau** : water injector; **— de vapeur** : steam injector, steam nozzle.

injection : injection; **— de carburant (*moteurs Diesel*)** : fuel injection; **— de ciment** : cement injection; **fleuret à — d'eau** : waterfed bit drill; **— — centrale (*foration*)** : central water clearing; **— — latérale** : lateral water clearing.

innombrable : innumerable.

inond(er) : to inundate; **—ation d'une mine** : mine inundation; **mine —ée** : inundated mine.

inoxydable : non-corroding, rust-resisting, rust-proof; **acier —** : non-corroding steel, rustless steel, stainless steel.

inscrit à l'effectif (*régulièrement*) : (*regularly*) scheduled.

insensibilité : insensibility.

insensible : insensible; **— à la corrosion** : immune to corrosion.

insérer : to insert.

insertion : insertion.

insolubilité : insolubility.

insoluble : insoluble, insolvable.

insolvable : insolvent.

insonorisant : noise-reducing.

inspect(er) (*une machine*) : to overhaul; **—eur** : inspector; **—ion** : inspection; examination; survey; **—ion d'une machine** : overhauling.

instable (*équilibre*) : labile, unstable.

installation : installation, lay-out; **— (*bâtiments, machines*)** : plant; **— (*montage d'une machine*)** : setting; **— (*dispositif*)** : arrangement, layout; **— (*équipement*)** : equipment; **— d'agglomération (*sens général*)** : agglomeration plant; **(*du minerai par frittage*)** : sintering plant; **— de broyage, de concassage** : breaking plant; **— de chargement en wagons** : car-loading equipment; **— de chauffage par l'air chaud** : fan heating equipment; **— de culbutage** : tilting equipment; **(*mines*)** : tipple; **— d'enfournement, de chargement dans les fours** : charging device; **— d'essais** : testing equipment; **— de hauts fourneaux** : blast-furnace plant; **— de mesure** : measuring equipment; **frais d'—** : initial cost.

installée (*capacité*) : installed (*capacity*).

installer : to install; **—, monter une machine** : to set up a machine.

instructions (*pour la mise en route*) : (*starting*) instructions; **livre d'—** : instruction book.

instrument : instrument, implement; **— de contrôle** : control instrument; **— à deux sensibilités** : two-range instrument; **— enregistreur** : recording instrument; **— grossissant (*optique*), loupe** : magnifier; **— de haute précision** : precision instrument, high-grade instrument; **— de mesure** : measuring instrument.

insuffisant : deficient, faulty.

intégral (*mathématiques*) : integral; **calcul —** : integral calculus.

intégrale (*mathématiques*) : integral; **— multiple** : multiple integral.

intégration entre des limites : integration between limits.

intégrer : to integrate.

intempéries (*essai de résistance aux*) : weathering test.

intensité (*de courant*) : intensity; **— de champ** : intensity of field; **— de démarrage** : starting intensity; **— lumineuse** : luminous intensity.

intercalation (*banc intermédiaire, dans les mines*) : intercalation.

interchangeabilité : interchangeability.

interchangeable : interchangeable.

intérêt : interest; — **composé** : compound interest; — **simple** : simple interest.

interfér(er) : to interfere; **—ence** : interference; **—omètre** : interferometer; **—omètre photoélectrique** : photoelectric interferometer.

intérieur (*subst.*) : inside, interior; (*adj.*) : inside, interior; internal, inner; **diamètre —** : inside diameter; **machine à rectifier les —s** : internal grinding machine.

intermédiaire (*subst.*) (*commerce*) : middleman; (*adj.*) : intermediate; **arbre —** : intermediate shaft; **réfrigérant —** : intercooler; **réfrigération —** : intercooling; **produits —s** : intermediates.

intermittent : intermittent.

interne : internal; **tension —** : internal stress.

interpolation : interpolation.

interpoler : to interpolate.

interprétation : interpretation.

interprète : interpreter.

interrompre (*un circuit électrique*) : to break off, to interrupt (*an electric circuit*).

interrupteur (*électrique*) : break switch, breaker; — **automatique** : automatic break switch; — **à bain d'huile** : oil break switch; — **basculant** : tumbler; — **bipolaire principal** : double pole main switch; — **blindé** : enclosed break-switch; — **à bouton-poussoir** : press-button switch; — **de commande** : control switch; — **à couteau** : knife switch; — **de démarrage** : starting switch; — **évite-molettes** (*machines d'extraction*) : overwinding switch; — **de fin de course** : track limit switch; — **à flotteur** : float switch; — **a force centrifuge** : centrifugal force switch; — **à levier** : lever switch; — **à manque de tension** : no-voltage switch; — **a maximum d'intensité** : limit switch, excess current switch; — **à mercure** : mercury switch; — **rapide, à rupture brusque** : quick break switch; — **rotatif** : rotary switch; — **à zéro** : no-load switch-off.

intersecter (*géométrie*) : to intersect.

intersection (*géométrie*) : intersection.

intervalle : interval; — (*brèche, écartement*) : gap.

intrados : intrados.

intrusion (*géologie*) : intrusion, intrusive body; — **ignée** : igneous intrusion.

invalide : invalid; **ouvrier —** : disabled worker.

invalidité : invalidity.

invar (alliage) : invar alloy.

invendable : unmerchantable.

inventaire : inventory; stock-taking; schedule; — **permanent** : permanent inventory; **faire l'— de ...** : to make an inventory of ..., to take stock of ...

inventer : to invent, to contrive.

inventeur : inventor, contriver.

inverse, nombre — : reciprocal; **en raison — de** : in the inverse ratio of ...; **—ur** (*électricité*) : reversing switch; **—ur de marche** : reversing gear, reversing switch.

inversion : inversion.

investigation : investigation.

investir une somme : to invest a sum.

investison (*mines*) : safety pillar.

investissement : investment; **dépense d'—** : investment expenditure; **plan d'—** : investment plan; **programme d'—s** : investment program.

iodate : iodate.

iode : iodine.

iodique : iodic.

iodoforme : iodoform.

iodure : iodide; — **d'argent** : iodide of silver; — **de potassium** : potassium iodide; **—r** : to iodize.

ion : ion; **—isation** : ionization; **—isation thermique** : thermal ionization; **—ser** : to ionize; **—omètre** : ionometer; **—osphère** : ionosphere.

iridium : iridium.

irisation : irisation.
irradier : to irradiate.
irrationnel : irrational; **nombre —** : irrational number.
irréductible (***mathématiques***) : irreductible.
irréversible : irreversible.
isobar(e) : isobar; **—ique** : isobaric.
isochron(e) : isochronous, isochronal; **—isme** : isochronism.
isocline : isoclinal.
isogone : isogonal, isogonic.
isolant (***subst.***) : insulating stuff, insulating product; (***adj.***) : insulating; **— synthétique** : synthetic insulation; **huile —e** : insulating oil; **matière —e** : insulating material; **matériaux —s réfractaires** : insulating refractories; **ruban —** : insulating tape; **tube —** : insulating tube.
isolateur (***électricité***) : insulator; **— à cloche** : bell-shaped insulator; **— à œuf** : egg insulator; **— de suspension** : suspension isolator; **tige d'—, support d'—** : insulator pin.
isolation (***thermique, électrique***) : insulation, insulating; **— amiante** : asbestos insulation; **— à l'apyrol** : apyrol insulation; **— coton** : cotton insulation; **— des encoches** : slot insulation; **— thermique** : thermal insulation, heat insulation.
isolement : insulation; **— défectueux** : defective insulation; **— thermique** : heat insulation.
isolé (***fil***) : insulated (***wire***); **— au caoutchouc** : rubber insulated; **— au papier** : paper insulated; **— à la soie** : silk insulated.
isoler : to insulate.
isomère : isomeric, isomerous.
isomorph(e) : isomorphic, isomorphous; **—isme** : isomorphism.
isophote : isophotic.
isotherme : isothermal; **courbe —** : isotherm.
isotope (***subst.***) : isotope.
issue, sortie (***d'un fluide***) : exit; **sans —** : blind.
itinéraire : routing.

J

jaillissant (*puits de pétrole...*) : gushing well; gusher.

jalon : tracing point; ranging rod; **—ner** : to stake out.

jalousie (*volet*) : venetian blind; roller blind.

jambe : leg; **— de force** : stiff leg.

jante (*de roue*) : rim.

jaspe : jasper; **— zébré** : ribbon jasper.

jauge : gauge; **— d'huile** : oil gauge; **— américaine pour les fils** : American Wire Gauge (A. W. G.) **ou** : Brown and Sharpe's Gauge; **— Birmingham:** Birmingham Gauge (B. G.); **— Birmingham pour les fils** : Birmingham Wire Gauge (B. W. G.); **— Carcasse pour les fils** : Carcasse Gauge; **— de Paris pour les fils** : Paris Gauge; **— Birmingham pour tôles et feuillards** : Standard Birmingham Sheet and Hoops; **— impériale pour fils** : Imperial Standard Wire Gauge; **—age** : gauging; **—er** : to gauge.

jet (*de liquide; de gaz; de flamme*) : jet; **— (*fonderie*)** : jet; **— d'air comprimé** : jet of compressed air; **— d'eau pulvérisée** : water-spray; **— de sable** : sandblast; **— de vapeur** : jet of steam; **— violent et subit de liquide** : gush; **condenseur à —** : jet condenser; **nettoyage au —** : jet cleaning.

jeton de présence (*pour les ouvriers*) : check.

jeu (*machines*) : play; **(*espace libre*)** : clearance; **(*tolérance*)** : tolerance; **—, batterie, assortiment** : set; **— axial** : end play; **— de clés** : set of wrenches; **— d'un joint** : joint gap; **avoir du —** : to work loose; to spread; **à rattrapage de —** : adjustable for play; **— — concentrique** : adjustable for radial play; **— — latéral** : adjustable for end play.

joindre; assembler : to join; to connect; to couple.

joint : joint; seam; **— à baïonnette** : bayonet joint; **— à brides** : flange joint; **— en caoutchouc** : rubber facing; rubber gasket; **— de cardan** : universal joint; **— compensateur, — de dilatation** : expansion joint; **— en cuir** : leather joint; **— de culasse** : head gasket; cylinder head gasket; **— à emboîtement** : bump joint; lap joint; **— à émérillon** : swivel joint; **— étanche** : tightening connection; **— d'étanchéité, rondelle d'étanchéité** : gasket; washer; **— de feutre** : felt packing; **— flexible** : flexible coupling; **— garni d'une rondelle d'étanchéité** : gasketed joint; **— à huile** : oil joint; **— hydraulique** : hydraulic packing; water-seal; **— longitudinal** (*tuyauteries*) : longitudinal seam; **— muni de goussets** (*charpente métallique*) : gusset-plated joint; **— plein** : blind flange; **— de recouvrement** : covering joint; **— rigide** : rigid coupling; **— à rivets** : riveted seam; **— à rotule** : ball joint; ball and socket joint; **— transversal** : cross seam; **— universel** : universal joint; **refaire le —** : to rejoint; **sans**

joint *(suite)*
—; **sans soudure** : seamless; **tuyaux à — de plomb** : lead joint pipes; **—oyer (maçonnerie)** : to joint.
jonction : junction.
jouer (*avoir du jeu*) : to spread.
joues (*d'un tambour d'enroulement de câble*) : guarding flanges (*on a cable drum*).
joug; étrier : yoke.
jour; surface (*mines*) : surface; **au —** (*mines*) : above ground; **installation du —** : surface plant; **ouvrier du —, dans les mines** : surface worker; **— calendaire** : calendar day; **— férié**: holiday, public holiday; **— ouvrable** : workable day; **— de planche** (*pour charger ou décharger*) : layday; **— de semaine** : week day; **— sidéral** : sidereal day; **— solaire** : solar day; **— de travail** : working day; workday.
journal (comptabilité) : Journal; **—iser; porter au —** : journalize.
journée; poste de travail : shift; **ouvrier payé à la —,** ***dans les mines*** : shifter.
jumbo : jumbo (*châssis mobile supportant des marteaux perforateurs, dans les mines*).
...jumelés : twin...
jumelle (*optique*) : binocular; **— de campagne** : field glass; **— à prismes** : prism binocular.
jurassique (*géologie*) : jurassic; **— inférieur** : lower jurassic.
juriste, homme de loi : lawyer.
jute : jute.
juxtaposer : to lap.

K

kaléidoscope : kaleidoscope.
kaolin : kaolin; china-clay.
kiesel : kieselguhr.
kilocalorie : kilocalorie.
kiloélectron-volt : kilo electron volt.
kilogramme : kilogramme; **— -mètre** : kilogram-metre; kilogramme-metre.
kilomètre : kilometre.
kilovoltampère : kilo-volt-ampere.
kilowatt : kilowatt; **kilowatt-heure** : kilowatt-hour (K. W. H.).
klaxon : hooter; carhorn.
krypton : krypton.

L

labile (***équilibre***) : labile equilibrium.

laboratoire : laboratory; — **de chimie** : chemical laboratory; — **d'essais** : testing laboratory; — **de four** : laboratory; furnace chamber; — **de recherche** : research laboratory; **appareillage de** — : laboratory equipment; **étude de** — : laboratory study; **expérience de** — : laboratory test.

lâche; desserré : lax; loose.

lactose : lactose.

laine : wool; — **de bois** : wood wool; — **de laitier** : slag wool; — **minérale** : mineral wool; — **de verre** : glass wool.

lait de chaux : cream of lime.

laitier : dross; — (***métallurgie***) : slag; — **acide** : acid slag; — **basique** : basic slag; — **mousseux** : foamed slag; — **ponce** : pumice slag; pumicestone slag; — **siliceux vitreux** : glasslike silica slag; — **vitreux** : vitreous slag; **brique de** — : slag brick; **ciment de** — : slag cement; **laine de** — : slag wool; **poche à** — : slag laddle; slag pot; **trou de coulée du** — : slag hole.

laiton : brass, red brass; **fil de** — : brass wire.

lambeau : rag.

lame : blade; knife; — **d'aiguille** : switch blade, switch tongue; — **circulaire** (***de scie***) : circular knife; — **de cisaille** : shear blade, shear knife; — **de collecteur** : collector bar; — **courbe** : scalloped blade; — **dilatable** (***du bilame***) : expanding stem; — **fixe** (***du bilame***) : non-expanding stem; — **maîtresse** (***de ressort***) : main leaf; — **rapportée** : inserted blade; — **de ressort** : spring leaf, spring plate; — **de scie** : saw blade; — — **à métaux** : metal cutting saw blade; — — **à ruban** : band saw blade; — **de tournevis** : screwdriver bit; — **de tronçonneuse** : slitter blade; **ressort à** — : leaf spring.

lamellaire : lamellar.

lamellé : lamellated.

lamelle : lamella, slat; — **fusible** : fuse clip.

laminage : rolling; — **d'un fluide** : throtting; — **d'une couche, dans les mines** : constriction, stretching; — **à chaud** : hot rolling; — **continu** : continuous rolling; — **à froid** : cold rolling; **battitures de** — : mill scale; **pression de** — : roll pressure; **programme de** — : rolling programme.

laminer : to roll; — **un fluide** : to throttle; — (***fendre en plaques minces***) : to laminate; — **à chaud** : to hot-roll; — **à froid** : to cold-roll.

laminés (***produits***) : rolled products; — **de fer** : rolled wrought iron; — **à froid** (***feuillards***) : cold-rolled strips.

lamineur : roller.

laminoir : rolling mill; — **à bande continue** (***à chaud***) : continuous hot strip mill; — — — (***à froid***) : continuous cold strip mill; — **à billettes** :

laminoir *(suite)*
billet mill; — **à blooms** : blooming mill; — **à brames** : slab mill; — **-calibreur** : sizing mill; — **à chaud** : hot mill; — **continu** : continuous rolling mill; — **à cylindres obliques** : cross rolling mill; — **dégrossisseur** : roughing mill, rougher, cogging mill, blooming mill; — **duo** : duo mill; — **à fers marchands** : merchant bar rolling mill, merchant mill; — **à feuillards** : strip rolling mill; — **à larges** — : wide strip rolling mill; — **à fil** : rod rolling mill; — **finisseur** : finishing mill; — **à froid** : cold rolling mill; — **à lingots** : cogging mill; — **oblique** : slant rolling mill; — **à pas de pèlerin** : pilger mill; — **à petits fers** : small section mill; — **de planage** : flatting mill; planishing mill; — **à plusieurs cages** : multiple-stand rolling mill; — **à profilés** : section mill; — **à quatre cylindres** : four-roll mill; — **à rails** : rail mill; — **réversible** : reversing rolling mill; — **non** — : non-reversing rolling mill; — **à poutrelles** : girder rolling mill; — **trio** : trio mill; — **universel** : universal rolling mill; **cage de** — : roll stand; **cylindre de** — : mill roll; **scories de** — : millscale; **train de** — : roll train, rolling train.

lampe : lamp; — **à acétylène** : acetylene lamp; — **à alcool** : alcohol lamp; — **à ampoule dépolie** : frosted bulb lamp; — **à arc** : arc lamp; — **arrière** : rear light; — **à atmosphère gazeuse** : gasfilled lamp; — **de chapeau** : miners' cap lamp; — **de contrôle de gaz** : gas testing lamp; — **Davy (mines)** : Davy's safety lamp; — **électrique** : electric lamp; — — **de mine** : miners' electric lamp; — — **de poche** : flash light; — **à essence** : gasoline lamp; — **à filament de carbone** : carbon filament lamp; — **à filament métallique** : metal filament lamp; — **à filament de tungstène** : tungsten filament lamp; — **de frein** : brake light; — **à incandescence** : incandescent lamp, glow lamp; — **de mine électro-pneumatique** : pneumatic electric lamp; — **de mineur** : miners' lamp; — — **à accumulateur au plomb** : miners' lead acid lamp; — **à pétrole** : oil-burning lamp; — **pilote** : pilot lamp; — **portative** : hand lamp; — — **de mine** : miners' hand lamp; — **de queue de train** : tail lamp; — **de signalisation** : signalling lamp, warning lamp; — **à souder** : soldering lamp; — **de sûreté (mines)** : safety lamp, safety torch; — — **agréée** : approved safety lamp; — — **alcaline** : alkaline safety lamp; — — **à flamme** : flame safety lamp; — — **à l'huile** : safety oil lamp; — — **à rallumeur** : relighter safety lamp; — **témoin** : test lamp; — **tempête** : hurricane lamp; — **de T. S. F.** : valve; — **à vapeur de mercure** : mercury vapour lamp; — **à vapeur de sodium** : natrium vapour lamp; — **à vapeurs métalliques** : metal vapour lamp; **douille de** — : lamp socket.

lampiste (de mine) : lampist, lampman; —**rie** : lamp-room.

lancer, mettre en marche : to start; — *(un programme, un plan)* : to launch *(a program...)*.

lanière : strap.

lanterne : lantern; — **magique** : magic lantern.

lanthanium : lanthanium.

laque : lacker, lacquer.

laqué : lacquered; japanned.

large *(largement dimensionné)* : ample, generous size...; — **feuillard** *(métallurgie)* : wide strip steel; —**s plats** *(sidérurgie)* : universals, universal mill plate.

larget *(métallurgie)* : sheet bar.

largeur : width; breadth; **— de boudin** (*d'un rail*) : headbreadth; **— d'entre-axes** (*voies ferrées*) : track centers; **— extérieure** : overall width; **— de patin** (*d'un rail*) : footbreadth; **— de voie** (*écartement*) : gauge of read.

larmier (*construction*) : eaves (*pl.*), eaves lead.

latent : latent; **chaleur —e** : latent heat; **énergie —e** : latent energy.

latéral : lateral.

latérite : laterite.

latitude : latitude.

latte : lag; lath; slat; **— de bois** (*construction*) : wood lath; **garnir de —** : to lag.

lattis : lattice, lattice-work; **— métallique** : metal lath.

lavabilité (*des charbons*) : washability (*of coals*); **essais de —** : washability test.

lavage : washing; **— des gaz, épuration par voie humide** : scrubbing; **— des minerais** : ore washing; **installation de — —** : ore-washing equipment; **— des mixtes** (*lavoirs à charbons*) : middlings washing; **— préalable** : preliminary washing; **eau de —** : washery water.

laverie, lavoir : washing plant, washery; launder.

laveur (*appareil*) : washer; **— de benzol** : benzol scrubber; **— -classeur** : washing classifier; **— à fines** : fine-coal washer; **— à minerai** : ore washing plant; **— rotatif** : rotary washer; **crible- —** : cradle.

lavis (dessin au...) : wash drawing.

lavoir : washery; **— Baum** : Baum jig; **— à charbon** : coal washery; coal washing plant; **— à rhéolaveurs** : rheolaveur coal-washing plant; **— à secousses** : jig-type washer; **surveillant de —** : washery overseer; **terres de —** : washery slag.

lecture : reading; **— à l'aiguille** : needle reading; **appareil à — automatique** : continuous reading apparatus; **appareil de —** : reading apparatus; **échelle de —** : graduated scale; **faire une — sur un appareil** : to make a reading.

législation minière : mining legislation.

lenticulaire : lenticular.

lentille (*optique*) : lens; **— aplanétique** : aplanetic lens; **— biconcave** : concavoconcave lens; **— biconvexe** : convexoconvex lens; **— convergente** : convergent lens; **— divergente** : divergent lens; **— plan-concave** : planoconcave lens; **— plan-convexe** : planoconvex lens.

lessive (*alcaline*) : leach; **— caustique** : caustic lye; **— de potasse** : potash leach; **— de soude** : soda leach; **— r** : to leach.

lettre : letter; **— de change** : bill of exchange, draft; **— de crédit** : bill of credit, letter of credit; **— d'introduction** : letter of introduction; **— de recommandation** : letter of recommendation; **— recommandée** : registered letter; **— de voiture** : cart note.

levage : hoisting, lifting; **appareils de —** : hoisting machinery; **capacité de —** : capacity of hoist; **électro de —** : lifting magnet; **installation de —** : lifting device; **treuil de —** : hoisting winch; **vitesse de —** : hoisting speed, lifting speed.

lève-auto : car-lifter.

levé de plan de mine : mine survey, underground survey; **— à la planchette** : plane-table surveying; **faire un — à la boussole** : to dial.

levée d'un vérin : stroke of a jack.

lever : to lift; to raise; (*d'un astre*) : rising; **— une charge** : to hoist a load; **— un plan** : to take a plan; to draw a plan.

levier : lever; **— de changement d'avance** : feed change gear lever; **— — de marche** : reverse lever; **— de commande** : control lever; controlling lever; operating lever;

levier *(suite)*
— — **à main** : hand lever; — **coudé** : joint lever; — **d'embrayage** : switch lever; — **d'équilibrage** : equalizing lever; — **de frein** : brake lever; — **du premier genre** : first kind lever; first order lever; — **du deuxième genre** : second kind lever; second order lever; — **du troisième genre** : third kind lever; third order lever; — **à main** : hand lever; — **de mise en marche** : start lever; — **du régulateur** : governor lever; — **de relevage** : elevator lever; — **de rotation** : swing lever; — **de secours** : relief lever; **commande à — unique** : one-lever control; — **à deux —** : two-lever control; **effet de —** : leverage.
lévigation : levigation.
lévogyre : levogyrous; levo-rotatory.
liant, agglomérant : binder; bond, bonding material.
lias : lias; **—ique** : liassic.
libération d'énergie : release of energy.
libre (*desserré, lâche*) : loose; **—-échange** : free trade; **chute —** : free fall; **à l'état —** : in the free state; **or —, or natif** : free gold.
licence : licence.
lien, attache : bind, bond.
lier : to tie; — (*agglomérer*) : to bond.
ligne (*sens général*) : line; — (*conduite, canalisation*) : line; — **aérienne** (*électricité*) : overhead line; — **d'arbres** : shaft line; — **de canars** (*mines*) : ventilation pipeline; — **de chemin de fer** : railway line, line of railway; — **courbe** : curved line; — **de diffraction** : diffraction line; — **droite** : straight line; — **d'éclairage** : light wiring; — **de flottaison** : water line; — **de force** : power wiring; — **de jonction** (*chemins de fer*) : junction line; — **de moindre résistance** : line of least resistance; — **neutre** : neutral line; — **de plus grande pente, pendage** (*mines*) : full dip; — **pointillée** : dotted line; — **souterraine** (*électricité*) : underground line; — **télégraphique** : telegraph line; — **téléphonique** : telephone line; — **de transport aérienne** : overhead transmission line; — — **de force** : power line, power wiring; — **de trolley** : trolley-line; **direction des —s de niveau** : level course; **compensateur de perte en —** : line drop compensator; **ouvrier à l'entretien des —s** : lineman; **perte en —** : line drop.
lignite : lignite, brown coal; **briquette de —** : brown coal briquette; **carrière de —** : lignite pit.
limaille : filings (*pl.*).
limbe (*d'un cercle gradué*) : limb.
lime : file; — **carrée** : square file; — **douce** : smooth file; — **à grosse taille** : coarse file; — **plate** : flat file; — **pointue ou conique** : taper file; — **ronde** : round file; **enlever à la —** : to file off.
limer : to file; **machine à —** : filing machine.
limitation : restriction; — **du courant de force** : power line restrictions; — **de la vitesse** : overspeed prevention.
limite : boundary; — **d'allongement** (*des corps soumis à la traction*) : yield point; — — **proportionnel** : proportional elongation limit; — **d'aspiration** : suction limit; — **de charge, charge limite par essieu** : limit of weight per axle; — **de concession** (*mines*) : concession boundary; — **d'écrasement** (*des corps comprimés*) : compressive yield point; **—s explosives** (*d'un mélange de gaz et d'air*) : explosive limits; — **de fin de course** : limit stop, limiting switch; — **de fluage, de viscosité** (*de l'acier*) : limiting creep stress; — **inférieure d'inflammabilité** (*d'un mélange de gaz et d'air*) : lower limit of inflammability; — **supérieure —** : upper

limite *(suite)*
limit of inflammability; **— de sécurité** : safe point.

limiteur : limiteur; **— de course verticale** : upward travel limiting switch; **— de vitesse** : overspeed gear, overspeed prevention gear, overspeed preventer.

limon (*vase*) : silt, slime; **—ite** (*oxyde de fer*) : limonite; **—ite des marais** : bog ore.

lin : flax.

linéaire : linear; **coefficient de dilatation —** : coefficient of linear expension.

linéal : lineal.

lingot (**métallurgie**) : ingot; **— d'acier** : steel ingot; **— d'aluminium** : aluminium pig; **— pour forge** : forging ingot; **— d'or ou d'argent** : bullion; **tenaille à —** : ingot tongs; **tête de —** : ingot top; **—ière** : ingot mould.

linguet : pawl.

linteau : lintel; (*traverse de fenêtre, de porte*) : transom.

liquater : to liquate.

liquation (*métallurgie*) : liquation, eliquation, segregation.

liquéfaction : liquefaction; **installation de — de l'oxygène** : oxygen liquefying machinery.

liquéfié (*gaz carbonique*) : liquefied carbon dioxide.

liquéfier : to liquefy.

liqueur : liquor; **— ammoniacale** : ammonia liquor, ammoniacal liquor; **— faible** : weak liquor; **— forte** : strong liquor.

liquidateur : liquidator.

liquidation (*commerce*) : liquidation; (*Bourse*) : settlement; (*vente en soldes*) : clearance sale; **— annuelle** : yearly settlement; **entrer en —** : to go in liquidation.

liquide : liquid; **air —** : liquid air; **combustible —** : liquid fuel; **état —** : liquid condition, liquid state; **oxygène —** : liquid oxygen; **pot de trempage d'— —** : liquid oxygen soaking pot; **récipient d'— —** : liquid oxygen container; **— dense** : heavy liquid, dense medium; **— de frein** : hydraulic fluid; **séparation par —s denses** : cleaning by heavy liquids; **séparation par — intermédiaire** : float and sink process.

lit (*couche, strate*) : bed; **— de combustible, couche de combustible** : fuel bed; **— de coulée** : casting bed; **— filtrant** : filter-bed; **— de fusion** (*métallurgie*) : burden; **— de rivière** : river bed.

litharge : litharge.

lithium : lithium.

lithographie : lithography.

litre : litre.

livraison (*distribution*) : delivery; **— par camion** : truck delivery; **— immédiate** : immediate delivery; **conditions de —** : conditions of delivery; **date de —** : date of delivery; **délai de —** : time of delivery.

livre (*publication et comptabilité*) : book; **— broché** : sewn book, stitched book; paper back book; **— relié** : bound book; **— de caisse** : cash-book; **— de compte** : account-book; **— de magasin** : stock-book; **grand-livre** : Ledger; **— d'instructions** : instruction book, comprehensive book; **—s auxiliaires** : subsidiary ledgers; **—** (*unité de masse*) : pound; **— -masse** : pound mass; **— -pied anglaise** : foot-pound (0,128 kilogrammetre); **— poids** : pound weight.

localisation des défauts : fault localisation.

localiser un dérangement (*pannes*) : to locate a fault.

locataire : renter.

location de matériel : letting out, leasing.

lock-out : lock-out.

locomobile : locomobile.

locomotive : locomotive; **— à accumulateurs** : battery locomotive; **— à air comprimé** : pneumatic-locomotive, compressed air locomotive; **— à benzol** : benzol locomotive; **— compound** : compound locomotive; **— Diesel** : Diesel locomotive; **— — électrique** : oil-electric locomotive; **— électrique** : electric locomotive; **— à enrouleur** : cable-coiling locomotive; **— à essence** : gasoline locomotive; **— grue** : crane locomotive; **— de manœuvre** : switching locomotive; **— de mine** : pit locomotive; **— de quartier** (*rassemblant les wagons du quartier de mine*) : gathering locomotive; **— sans foyer** : fireless locomotive; **— -tender** : tender-locomotive, tank-locomotive; **— à trolley** : trolley locomotive; **— à vapeur surchauffée** : superheated-steam locomotive; **conducteur de —** : conductor driver.

loess : loess.

logarithm(e) : logarithme; **—ique** : logarithmic.

logement : catch; recess.

loi (*physique, chimique...*) : law; **— des grands nombres** : law of large numbers; **— de Joule** : Joule's law; **— d'Ohm** : Ohm's law; **—s de la physique** : physical laws.

longeron (*sens général*) : longitudinal girder; **— (*wagons*)** : side-frame.

longitude : longitude.

longitudinal : longitudinal; **coupe —e** : longitudinal section; **course —e** : longitudinal travel; **mouvement —** : longitudinal movement.

longueur : length; **— de banc (*tours*)** : length of bed; **— de course** : length of stroke; **— extérieure, longueur hors tout** : overall length; **— d'onde** : wave length; **une — de tuyau** : a length of pipe.

longwall (exploitation par —), dans les mines : longwall working.

loque : rag.

loquet : latch.

lorry : lorry, larry.

losange : lozenge; rhomb, rhombus.

lot (bénéficiaire d'un —) : allottee.

lotissement : allotment.

loup de poche (*métallurgie*) : laddle scull.

loupe (*optique*) : magnifying glass; **(*de puddlage*)** : loop; **(*de poche*)** : pocket magnifier.

lourd : heavy.

loyer : rent; **terme du —** : rent day.

lubrifiant : lubricant; **— pour travail dur** : hard-working lubricant; **—s graphités** : graphited lubricants; **économie de —** : lubricant saving.

lubrification : lubrication, lubrefaction.

lubrifier : to lubricate.

lucarne : skylight; dormer window.

lumière : light; **(*orifice*)** : port; **— à l'arc** : electric arc light; **— artificielle** : artificial light; **— électrique** : electric light; **— naturelle, — solaire** : daylight; **— noire** : black light; **— réfléchie** : reflected light; **vitesse de la —** : velocity of light.

luminescence : luminescence.

luminescent : luminescent.

lumineux : luminous.

luminosité : luminosity.

lune (*géométrie*) : lune.

lunette (*optique*) : telescope; **— de tour** : rest, work-rest, ***quelquefois*** : lunette; **— d'approche** : spy-glass; **— fixe** : center-rest; steady rest; **— à suivre** : follower-rest; back-rest; **— de protection** : protection goggles; **— de sécurité** : safety goggles.

lut (*chimie*) : lute; **—er** : to lute.

lutte contre les poussières (mines) : dust prevention.

lutter contre le chômage : to combat unemployment.

luxmètre : luxmetre.

M

macadam : macadam paving; **—iser** : to macadamize.

machine : machine; engine; **— à abattre le charbon** : coal-breaking machine; **— à additionner** : adding machine; **— à adresser** : addressing machine; **— à affranchir** : stamping machine; **— à affûter (*les fleurets*)** : (*drill-steel*) sharpener; **— — (*les fraises*)** : (*cutter*) grinding machine; **— — (*les outils*)** : (*tool*) grinding machine; **— à aléser** : boring mill; **— alternative** : reciprocating machine, reciprocating engine; **— alternative simplex (*à un cylindre*)** : simplex reciprocating machine; **— — duplex (*à deux cylindres*)** : duplex reciprocating machine; **— — multiple (*à plus de deux cylindres*)** : multiple reciprocating machine; **— à aplatir** : flattener; **— à balancier** : beam engine; **— à biseauter** : beveler, angle beveler; **— à boiser (*mines*)** : timber-setting machine; **— à boucher le trou de coulée (*métallurgie*)** : clay gun; **— à brosser** : brushing machine; **— — tôles** : sheet scrubbing machine; **— à calculer** : calculating machine; calculator, computing machine; **— à calibrer** : sizing machine; **— à chanfreiner, à écarver** : scarf milling machine; **— à cintrer** : bender, bending machine, bending brake; **— — à main** : hand bender; **— — les barres** : bar bender; **— — les tôles** : plate bending machine; **— — les tubes** : tube bending machine; **— circulant sur rails** : track-operated machine; **— compound** : compound engine, two-stage engine; **— comptable** : accounting machine; **— à couper les barres** : bar cutter; **— — — et perforer** : shearing and punching machine; **— à dater** : dating machine; **— à débavurer** : trimming machine; **— à débiter** : cutting-off machine; **— à découper** : slitter, slitting mill; **— à démouler** : draw machine; **— à dresser** : straightening machine; **— — les rails** : rail straightener; **— — les tôles** : plate straightening machine; **— à ébarber** : trimming machine; **— à écrire** : typewriter; **— à emboutir** : swedging machine; **— pour essais** : testing machine; **— — de torsion** : torsion test machine; **— à étirer les fils** : wire drawing machine; **— à évider** : piercing machine; **— en excellent état** : machine in first-class condition; **— d'extraction (*mines*)** : mine hoist, hoisting engine; **— — à vapeur (*mines*)** : steam hoisting engine; **— — électrique** : electric hoisting engine; **bâtiment de la — —** : hoist room; **— à façonner** : trimming die; **— à faire briller** : buffing machine; **— à fileter** : screw-cutting machine; **— finisseuse** : finishing machine; **— à forer les trous de goujons** : dowelling machine; **— à forger** : forging machine; **— à fraiser** : milling machine; **— à fretter les induits** : armature

machine *(suite)* bending machine; — **frigorifique** : refrigerating machine, refrigerating plant; — **à glace à ammoniaque** : ammonia refrigerating plant; — **horizontale** : horizontal machine; — **hydraulique** : hydraulic machine; — **à limer** : filing machine; — **à mandriner** : tube expanding machine; — **à mesurer** : measuring machine; — **à meuler** : grinding machine, grinder; — **à mortaiser** : mortising machine; — **motrice** : driving engine; — **à mouler** : moulding machine; squeezer; squeezer machine; — **à nettoyer les berlines de mine** : mine-car cleaning machine; — **-outil** : machine-tool; — **à partager en long** : slitting machine; — **à percer** : drilling machine, drill press; — — **radiale** : radial drilling machine; — **à planer** : levelling machine; — **à plier** : folding machine; — **pour petits travaux** : light duty machine; — — **gros** — : heavy duty machine; — **à rectifier** : grinding machine; — — **à banc rompu** : gap grinding machine; — — **les intérieurs** : internal grinding machine; — — **les surfaces planes** : planer type grinding machine; — **à redresser** : straightener; — **à refendre** : slitting machine; — **à refouler** : extruding machine, extrusion machine; — **à remblayer** *(mines)* gob stower, goaf stower; backfilling machine; — **à retordre** : twister; — **à riveter** : riveting machine; — **à roder (à polir)** : lapping machine; — **rotative** : rotary machine; — **à scier à froid** : cold sawing machine; — **à souder (en bout)** : *(butt)* welding machine; — — **(par points)** : *(spot)* welding machine; — — **(par recouvrement)** : *(lap)* welding machine; — **stationnaire** : stationary machine; — **à surfacer** : surface grinding machine, surfacer; — **à tailler (le bois)** : *(wood)* cutting machine; — — **(les engrenages)** : *(gear)* cutting machine; — — **(— coniques)** : *(bevel-gear)* cutting machine; — **tandem à cylindres jumelés** : duplex-tandem engine; — **à tarauder les écrous** : nut tapping machine, nut tapper; — **à deux temps** : two-stroke engine; — **à quatre temps** : four-stroke engine; — **thermique** : heat engine; — **à tirer les bleus** : blue printing machine; — **à toronner** : stranding machine; — **à travailler le bois** : woodworking machine; — **à tronçonner** : cut-off machine; — **d'usage général** : general purpose machine; — **à vapeur** : steam engine; — **à vérifier les engrenages** : gear testing machine; — **verticale** : vertical machine, upright machine; **fait à la** — : machine-made; **huile de** — : machine oil; **pièce de** — : machine part; **salle des** — : machine room.

machiniste : engine driver; engineer; machine-man; — **de camion-navette** *(mines)* : shuttle-car operator; — **de chargeuse** : loading machine operator; — **d'extraction** : hoist man, hoisting engineer; — **de haveuse** : coal-cutter operator; — **de locomotive** : engine-driver; — **de pelle mécanique** : shovel engineer; — **qualifié** : journey-man machinist.

mâchoires *(sens général)* : jaws; — **d'un broyeur** : jaws; — **d'un étau** : jaw faces; — **de barre d'attelage** : draw-bar knuckle.

maçon : mason; bricklayer; **maître** — : master-mason.

maçonnerie : masonry; *(revêtement)* : lining; — **en pierres sèches** : dry packed masonry.

macrostructure : macrostructure.

madrier : plank.

magasin (de vente) : store; warehouse; store room; — *(dépôt)* : storage place; — **de commerce** : mercantile

magasin *(suite)*
warehouse; **—age** : storage; **—ier** : store-keeper, warehouseman.

magique (*lanterne*) : magic (*lantern*).

magma : magma.

magnésie : magnesia; **brique de —** : magnesia brick; **brique ou plaque de —** : magnesia slab; **sulfate de —** : magnesic sulphate, sulphate of magnesia.

magnesite : magnesite.

magnésium : magnesium; **aluminate de —** : magnesium aluminate; **ruban de —** : magnesium ribbon; **silicate de —** : magnesium silicate.

magnétique : magnetic; **attraction —** : magnetic attraction; **champ —** : magnetic field; **flux —** : magnetic flux; **induction —** : magnetic induction; **méridien —** : magnetic meridian; **nord —** : magnetic north; **pôle —** : magnetic pole; **poudre —** : magnetic powder; **réluctance —** : magnetic reluctance; **séparateur —** : magnetic separator; **séparation —** : magnetic separation; **soufflage —** : magnetic blowout; **susceptibilité —** : magnetic susceptibility.

magnétisant (*grillage*) : magnetizing roasting.

magnétisation : magnetization.

magnétiser : to magnetize.

magnétisme : magnetism; **— rémanent** : remanent magnetism, residual magnetism; **— terrestre** : terrestrial magnetism.

magnétite : magnetite.

magnéto : magneto; **— d'allumage** : ignition magneto; **— à main** : hand generator; **— à manivelle** : crank magneto; **—graphe** : magnetograph; **—mètre** : magnetometer; **carcasse de —** : magneto housing; **téléphone à —** : magneto telephone; **prospection —métrique** : magnetometric surveying; **force —motrice** : magnetomotive force.

maigre (*charbon*) : lean (*coal*).

maille de chaîne : link; **— d'un tamis** : mesh; **— de dimensions standard** : standard mesh; **à —s serrées** : close-meshed; **... de 100 —s au pouce carré** : 100 -mesh ...

maillechort : german silver.

maillet : mallet; **— lourd** : maul, beetle.

maillon amovible : detachable link.

main : hand; **à la —** : by hand; **actionné à la —** : hand powered; **avance à la —** (*dans les machines-outils*) : hand feed; **chargement à —** : hand loading, hand mucking; **fait à la —** : hand made; **magnéto à —** : hand generator; **pelletage à la —** : hand shoveling; **presse à —** : hand press; **remise en position à la —** : manual resetting; **rivé à la —** : riveted by hand; **treuil à —** : hand winch; **triage à la —** : hand sorting; **— courante** : hand rail.

main-d'œuvre : manpower; **—** (*effectifs*) : labour force; **économiser de la —** : to save manhours; **manque de —** : lack of manpower.

maintenir solidement : to grip tightly.

maison d'affaires : business house; **— de commerce** : mercantile firm; concern; **— de commission** : wholesale house; **—-mère** : mother house.

maître : master; **—-carrier** : quarry-owner; **—-charpentier** : master-carpenter; **— de forge** : iron master, iron founder; **—-maçon** : master-mason; **—-mineur, porion** : mine-foreman; **—-ouvrier** : master, master mechanic; **came —esse à reproduire** : master-cam.

majoration des salaires : upward revision of wages; **— d'ancienneté** : seniority incentive.

malachite : malachite.

maladie professionnelle : occupational disease.

malaxer : to mix.

malaxeur : mixing mill, mixer; **— à béton, bétonneuse** : concrete mixer; **— de sable** (*fonderie*) : sand mixer; **— à sec** : dry mixer; **palettes de —** : plows.

mâle : plug...; **calibre —** : plug gauge.

malléabilité : malleability.

malléable : malleable; **fonte —** : malleable iron, malleable cast iron.

manche (*d'outil*) : handle; **— en bois** : wood handle.

manchon : sleeve; **— d'accouplement** : coupling box; **— d'extrémité** : cable end sleeve; **— fendu** : split sleeve; **— à incandescence** : gas mantle; **— de raccord fileté** : sleeve nut; **— de raccordement** : connecting sleeve.

mandat-poste : money-order.

mandataire, fondé de pouvoirs : proxy.

mandrin : chuck; mandrel, work-arbor; **— à clavette** : key-chuck, key-operated chuck; **— pour forets** : drill-chuck; **— à gradins** : step chuck; **— magnétique** : magnetic chuck; **— porte-fraise** : cutter-arbor; **— porte-pièce** : work-mandrel; **— à quatre mors** : four-jaw chuck; **— à rappel** : drawback chuck; **— à ressort** : spring-collet chuck; **— de serrage** : clamping chuck; **— de tour** : lathe-chuck; **— à trois mors** : three-jaw chuck; **— universel** : universal chuck; **— — pour cônes** : universal taper shank holder; **— à vis** : screw-chuck; **capacité d'ouverture d'un —, alésage de la broche du tour** : capacity of a chuck; **fixer une pièce au moyen d'un —** : to chuck a work; **monté sur —** : held in a chuck; **pièce montée sur —** : work mounted on an arbour; **plateau de —** : chuck plate; **travail sur —** : chuck-work, chucking work; **—er un tube** : to expand a tube.

maneton : crank-wrist.

manette (*poignée*) : handle, holding handle; **— de commande** : controlling handle.

manganate : manganate.

manganèse : manganese; **acier au —** : manganese steel; **sesquioxyde de —** : manganese sesquioxide.

manganésifère : manganiferous.

mangano-siliceux (*acier*) : silico-manganese (*steel*).

mani(er), manutentionner : to handle, to operate; **—abilité** : manageability; handiness; **—able** : manageable; handy; **—ement** : operation; **—pulateur** (*télégraphe*) : manipulator; **—pulation** : manipulation, handling; **—puler** : to manipulate.

manivelle : crank; **— d'automobile** : starting handle; **— à main** : hand crank, crank handle; **— de mise en marche** : hand starting crank; **bouton de —** : crank-pin; **contre- —** : eccentric crank; **cric à —** : hand-screw.

manodétendeur : pressure reducing valve.

manœuvre (*subst. masc.*) : common labourer, unskilled labourer; **— ordinaire** (*emploi*) : general labourer; **— du fond** : general underground labourer, general U. G. labourer; (*subst. fém.*) : operation; **— silencieuse** (*d'une machine*) : quiet operation; **plancher de —** : control platform; **service de —** : switching service; **—r** : to operate; to maneuver; **— l'aiguille** : to operate the switch; **—r un levier** : to shift a lever.

manomètre : pressure gauge; manometer; **— anéroïde** : aneroid gauge, aneroid manometer; **— enregistreur** : recording pressure-gauge; **— -étalon** : pressure gauge tester; **— à mercure** : mercury manometer; **— métallique** : metallic pressure gauge; **— de pression de vapeur** : steam gauge.

manométrique : manometric; **hauteur — d'élévation** : manometric head.

manquant en poids : weight shortage.
manque de travail : shortage of work, lack of work.
mansarde (*pièce sous les combles*) : garret; **comble en —** : mansard roof.
manuel (*adj.*) : manual; (*subst.*) : handbook; **travail —** : manual labour; **—lement** : by hand.
manufactur(e) : manufactory, manufacturing plant; **produit —é** : manufactured good; **—s —és** : manufactures.
manutentionner : to handle.
maquette : model.
marais salant : salt marsh.
marbre : marble; **— artificiel** : artificial marble; **— veiné** : veined marble.
marchand (*subst.*). : merchant; (*adj.*) : marketable; **— de charbon** : coal-seller, coal-merchant; **bronze —** : commercial bronze; **fers —s** : merchant bars.
marchandise : good; ware; merchandise; **—s** : commodities; **— transportée** : transported good; **wagon de —s** : freight car.
marche d'une machine : running; **— (*fonctionnement*)** : operation; **— (*procédé*)** : process; **en —, en service** : in operation; **mettre en —** : to start, to set in motion; (*en parlant d'une installation*) : to put into operation; **— arrière** : reverse running; **— — du piston** : return stroke; **en — —** : backing; **— avant** : forward running; **— — continue** : in continuous service; **— silencieuse** : quiet running; **— à vide** : idle running; **changement de —** : reversal; **en ordre de —** : in working order.
marché : market; **— (*affaire*)** : bargain; **— à l'exportation** : export market; **— intérieur** : home market; **— libre** : free market; **écoulement sur le —** : marketing; **organisation du —** : merchandising; **vendre un produit sur le —** : to market a product.
marchepied : foot board.
marécage : bog.
marée : tide; **— descendante** : ebb-tide; **— montante** : flow-tide; **hauteur de la —** : height of the tide.
marge (*jeu*) : margin; **— de puissance** (*d'une machine*) : margin of strength.
margelle d'un puits : curb of a well.
marine marchande : mercantile navy.
marne : marl; **—ux** : marly.
marquage (*d'une pièce*) : marking.
marque : mark; **— (*estampille*)** : stamp; **— (*objet servant à marquer*)** : marker; **— de fabrique** : trade mark; brand; **imprimer la — — sur une pièce** : to stamp a piece; **— d'identification** : identification marker; **— de référence (*du fabricant*)** : identification mark (*manufacturer's*); **—r (*désigner*)** : to mark; **—r (*tracer*)** : to score; **—ur** : note-keeper.
marteau : hammer; **— -bêche** : spader; **— — pour l'argile** : clay digger; **— à buriner** : chipping hammer; **— détartreur** : scaling hammer; **— à ébarber (*la fonte*)** : cleansing hammer; **— à mater** : calking hammer; **— -perforateur** : hammer drill; **— — au rocher** : rock-drill; **— — à air comprimé** : pneumatic drill, pneumatic rock-drill; **— — à captage de poussières** : dustless dry drill; **— — à poussoir pneumatique** : pneumatic drill with air leg feed; **— -pilon** : drop hammer; **— — à chute libre** : board drop hammer; **— — à coulisseau** : guided ram hammer; **— — à vapeur** : steam hammer; **acier forgé au — —** : hammered steel; **— -piqueur** : pick-hammer; **— — à air comprimé** : pneumatic pick; **— pneumatique** : compressed-air hammer, pneumatic pick; **— de prospecteur** : prospecting hammer; **— rivoir** : riveter, riveter-hammer, riveting hammer; **— — pneumatique** : pneumatic riveter hammer; **— — à butée** :

marteau *(suite)*
jam riveter; **aplatir au —** : to hammer even; **broyeur à —** : hammer crusher; **forgeage au —, forgeage au — -pilon** : hammer forging.

martelage : hammering.

marteler : to hammer; **— (bosseler par martelage, empreindre)** : to emboss.

martensite : martensite; **— tétragonale** : tetragonal martensite.

martinet (*forge*) : tilt-hammer.

masque : mask; **— à gaz** : gas mask; **— contre les poussières** : dust mask; **— respiratoire** : respiratory apparatus; **— du soudeur** : welder's mask.

masse (*sens général*) : mass; **— (*outil de forgeron*)** : sledge, sledge-hammer; **— critique (*de combustible atomique*)** : critical mass (*of a nuclear fuel*); **— épurante** : purifying mass; **— filtrante** : filter-mass; **— isolante (*électricité*)** : insulating compound; **production en —** : mass production.

masselote (*métallurgie*) : feeder head; riser; **— de pièces coulées** : risers from castings.

massicot : yellow lead.

mastic (*à vitres*) : putty; **— (*suc de lentisque*)** : mastic.

mât : pole; **— d'échafaudage** : scaffolding pole.

mater : to calk; **— un joint** : to flush a joint; **— un réservoir riveté** : to calk a riveted tank; **marteau à —** : calking hammer.

matériaux : materials; **— de construction** : building materials, structural materials; **— réfractaires** : refractory materials; **— de remblayage (*mines*)** : stowage material; **— de viabilité** : road material.

matériel (*subst.*) : material; **— (*outillage*)** : machinery; **— durable** : long-lived material; **— de mine** : mining machinery; **— d'occasion** : second-hand material; **— roulant** : rolling stock; **— de terrassement** : earth-moving equipment; **— de voie** : trackwork, railway material; **approvisionnements en —** : material supply; **dégâts —s** : material damages.

mathématicien : mathematician.

mathématique (*adj.*) : mathematical; **—s (*subst.*)** : mathematics; **—ment** : mathematically; **—s appliquées** : applied mathematics.

matière : matter; material; **— absorbante (*de liquides, d'explosifs*)** : dope; **— brute** : raw material; **— calorifuge** : heat-insulating material; **— constitutive, substance** : stuff; **— épurante** : purifying material; **— isolante** : insulating material; **— de remplacement, substitut** : substitute; **— de remplissage** : filler; **—s colorantes** : dyestuffs; **—s étrangères** : foreign matter; **—s organiques** : organic matter; **—s plastiques** : plastics; **—s premières** : raw materials; **—s volatiles** : volatile matter.

matoir : calking tool.

matras (*chimie*) : matrass.

matriçage : die work.

matrice : die; matrix; **— annulaire** : ring die; **— à découper** : cutting die; **— à estamper** : drop-forge die, stamping die; **— à étamper** : stamping die; **— à façonner** : trimming die; **— à fileter** : threading die; **— de forme** : forming die, swaging die; **— (étampe)** : stamping die, forging die; **— à poinçonner** : punching die; **bloc de —** : die block; **grosse —** : heavy forging die; **—r** : to die out, to stamp.

matte de cuivre : copper matte.

mauvais état (*en* —) : defective; **— (*délabré*)** : battered.

maximum (*adj. et subst.*) : maximum; **thermomètre à —** : maximum thermometer.

mazout : masout.

mécanicien : machinist; mechanic; mechanician; **— (*conducteur de machine*)** :

mécanicien *(suite)* driver; **— d'entretien** : maintenance mechanic; **— de locomotive** : locomotive driver; engine driver; **— de précision** : precision mechanic; **— qualifié** : journeyman mechanic; **— spécialiste** : expert mechanic; skilled mechanic; **calibre de —** : machinists' gauge; **chef- —** : master mechanic; **étau de —** : machinists' vice.

mécanique (*adj.*) : mechanic, mechanical; (*subst.*) : mechanics; **grille —** : travelling grate; **pièce —** : piece of machinery; **atelier de —** : machine stop; **—ment** : mechanically; **soupape commandée —ment** : mechanically actuated valve.

mécanisation : mechanization; **— dans les mines** : mechanization in mines.

mécanis(er) : to mechanize; **abatage —é** : mechanized winning.

mécanisme : gear arrangement; gearing; **— (*outillage*)** : machinery; **— d'avance (*machines-outils*)** : feed; **— de centrage** : centering mechanism; **— d'entraînement** : drawgear; **— moteur** : motor; **— de renversement de marche** : reversing mechanism; **— de translation** : travelling gear.

mèche (*de lampe*) : wick; **— (*pour le tir des mines*)** : fuse; **— (*à forcer, à percer*)** : drill; **— à bois pour vilebrequin** : wood bit for brace; **— caoutchoutée pour le tir dans l'eau** : rubber-sheathed fuse; **— de sûreté (*tir des mines*)** : safety fuse; **— de tarière** : auger bit; **allumer la —** : to ignite the fuse; **taillant de —** : bit.

médecin (*de caisse de secours*) : (*benefit society*) physician.

médian : median; **plan —** : median plane.

médical (contrôle —) : medical control.

médicaux (soins —) : medical care.

mégaphone : megaphone.

mégohm : megohm.

mélange : mixture; intermingling; **— de charbons (*pour la cokéfaction*)** : blending of coals; **— charbon-huile** : coal-oil mixture; **— détonant** : explosive mixture; **— gâché** : mash; **— gazeux** : gas mixture; **— intime** : intimate mixing; **— réfrigérant** : freezing mixture; **—r** : to mix; to blend.

mélangeur : mixer, blender; **— de béton, bétonneuse** : concrete mixer; **— de fonte** : metal mixer, hot metal mixer; **— gaz-air** : gas-air mixer.

mélèze : larch.

mélinite : melinite.

membrane : membrane.

membrure, nervure : rib.

mémoire d'entrepreneur : bill of costs.

meneau (*montant*) : mullion; **— (*traverse*)** : transom; **fenêtre à —x** : transom window.

ménisque : meniscus.

menu charbon : fine coal; coal slack; fines; **— coke** : coke breeze; **(*poussier*)** : coke dust; **—s de charbon** : smalls, small coal.

menuiserie (*atelier*) : joiner's shop; **— (*travail*)** : joinery.

menuisier : joiner.

méplat (*sur une roue*) : flat; **—s d'usure** : flats spots; **câble —** : flat cable.

mercaptan : mercaptan.

mercure : mercury; quicksilver; **colonne de —** : mercury column; **minerai de —** : quicksilver ore.

méridien : meridian; **— origine** : prime meridian.

merlin (*cordage*) : marline; **— goudronné** : tarred marline.

méson : meson.

messager : messenger.

mesure : measure; **— (*précaution*)** : measure; **(*action de mesurer*)** : measurement, measuring; **— de capacité, de surface,...** : standard of measurement; **— du courant d'air (*mines*)** : measurement of air-flow;

mesure *(suite)*
— de précision : precision measurement; **— des temps, chronométrage** : time study; **—s de sécurité** : safety measures; **appareil de —** : measuring instrument: **installation de —** measuring equipment; **précision de —** : precision of measurement.

mesurer : to measure; **— (*étalonner*)** : to gauge; **— la vitesse de la lumière** : to gauge the speed of light; **machine à —** : measuring machine; **outil à —** : measuring tool.

mesureur (*appareil*) : meter; **— de débit** : flowmeter; **— — de vapeur** : steam flow meter; **— de grisou** : indicating methane detector; **— d'isolement (*électricité*)** : insulation testing set.

métal : metal; **— anglais** : britannia metal; **— antifriction, métal blanc** : white metal; **— d'apport (*soudure*)** : deposited metal; **— déployé** : expanded metal; **— en feuilles** : sheet metal; **— Monel** : Monel metal.

métallisation : metallizing.

métallisé : metallized.

métallographie en couleur : colour metallogrophy.

métaux : metals; **— alcalins** : alkaline metals; **— alliés** : alloying additions; **— communs** : common metals, light metals; **— coulés, — fondus** : cast metals, casting metals; **— ferreux** : ferrous metals; **— non ferreux** : non-ferrous metals; **— légers** : light metals; **— nobles** : noble metals; **— précieux** : precious metals; **— rares** : rare metals; **petits —** : minor metals; **scie à —** : metal cutting saw.

métallifère : metalliferous.

métallique : metallic; **mine —** : metal mine, metalliferous mine; **toile —** : metallic cloth.

métallographie : metallography.

métalloïde : metalloid.

métallurgie : metallurgy.

métallurgique : metallurgical; **four —** : metallurgical furnace; **industrie —** : metallurgical industry; **traitement —** : metallurgical treatment; **usine —** : metallurgical plant.

métallurgiste : metallurgist.

métamorphiques (roches —) : metamorphic rocks.

métamorphisme : metamorphism.

météorologie : meteorology.

méthane : methane; **indicateur de —, indicateur de grisou** : methane detector.

méthanol : methanol.

méthode : method; **— d'abatage (*mines*)** : winning process, winning method; **— de chauffe** : method of firing; **— d'exploitation (*mines*)** : mine working, method of mining; **— — par...** (*voir à* : **exploitation)**; **—s gravimétriques** : gravity methods; **— de travail** : method of working, working process; **—s de vente** : selling procedures.

méthylène : methylene.

métier manuel : handicraft; **— (*profession*)** : profession, trade, calling; **ouvrier de —** : mechanic, skilled workman.

mètre : metre, meter; **— carré** : square metre; **— cube** : cubic metre; **— pliant** : pliant rule; **— à ruban** : tape line; **— — à ressort** : spring tape-measure; **— — en acier** : steel tape.

métrique : metric; **tonne —** : metric ton.

mettre (*placer, poser*) : to set; **— sous carter** : to incase; **— en circuit** : to connect; **— hors circuit** : to disconnect; **— à feu un haut fourneau**: to blow in a blast-furnace; **— hors feu — —** : to blow down a blast furnace; **— aux molettes** : to overtravel, to overhoist, to overwind; **— au point, régler (*un moteur*)** : to tune; **— — un appareil d'optique** : to focus; **— en prise (*un engrenage*)** : to engage; **— au rebut une machine** :

mettre *(suite)*
to discard a machine; — **en service :** to put into service; — **à la terre** (*électricité*) : to ground; — **en veilleuse un haut fourneau** : to bank a furnace, to damp down a furnace.
meulage : grinding.
meule : grind-stone; abrasive wheel; — **de moulin** : millstone; — **courante** : mill runner; — **en corindon** : corundum wheel; — **de dégrossissage** : rough-snagging wheel; — **émeri** : emery wheel; — **pour outils** : tool grinder; — **à rectifier** : grinder; grinding wheel; **protecteur pour —** : wheel guard.
meuler : to grind; **machine à —** : grinder.
meuleur (*métier*) : grinder.
meuleuse à air comprimé : air grinder.
mézière (*mines*) : side wall.
mi-ouvré : rough wrought.
mica : mica; **feuille de —** : micafoil; **—cé** : micaceous; **minerais —cés** : micaceous ores; **—nite** : micanite; **—schiste** : mica-schist.
mi-course : midcourse.
microampèremètre : microammeter.
microbalance : microbalance.
microchimie : micro-chemistry.
microcrique (*aciers*) : micro-crack, microscopic crack.
microfarad : microfarad.
micrographi(e) : micrography; **—que** : micrographic; **détermination —** : micrographic determination.
microhm : microhm.
micromètre : micrometer.
micrométrique : micrometric, micrometrical; **calibre —** : micrometer calipers; **réglage —** : micrometer adjustment; **vis —** : micrometer screw, micrometer dial.
micron : micron; **—isation** (*pulvérisation extrêmement fine*) : micronization.
micro-onde : microwave.
microorganisme : microorganism.
microphone : microphone.
microphotographie : micro-photography.
micro-précision : micro-precision.
microradiographie : microradiography.
microscope : microscope; — **électronique** : electron microscope; — **polarisant** : polariscope, polarizing microscope.
microscopique : microscopic, microscopical; **allure —** : microscopical appearance; **analyse —** : microscopical analysis; **examen —** : microscopic examination; **structure —** : microscopical structure.
microspore : microspore.
microstructure : microstructure.
mi-dur (*acier*) : half-hard (*steel*).
milieu (*agent intermédiaire*) : medium (*pl.* : media); — **actif,** — **agissant** : actuating medium; — **dense** : dense medium; **en — liquide** : in liquid media.
mille anglais : statute mile (1609 m); — **nautique anglais** : nautical mile (1 853 m); **nombre de —s parcourus** : mileage.
milliampère : milliampere; **—mètre** : milliammeter, milliamperemeter.
milligramme : milligramme, milligram.
millimètre : millimetre.
million : million.
mine : mine, pit; — **de fer** : iron mine; — **à feux** : fiery mine; — **grisouteuse** : gassy mine, gaseous mine; — **de houille** : coal mine, colliery; — **métallique** : metal mine, metalliferous mine; — **noyée** : inundated mine; — **de plomb, plombagine** : black lead; — **profonde** : deep mine; — **à rendement élevé,** — **riche** : bonanza; **bois de —** : mine timber, pit timber, pit wood; **chargeuse de —** : mine loader, mine loading machine; **cintre de —** mine arch; **coup de —** : blow hole; **eaux de —** : mine water; **explosion de —** : colliery explosion; **fermer**

mine *(suite)*
une — : to close down a mine; **feu de —** : mine fire; **galerie de —** : mine road, mine gallery, drift; **locomotive de —** : pit locomotive; **ouvrir une —** : to open up a mine; **puits de —** : mine shaft; **résistance d'une — au courant d'air** : mine resistance; **treuil de —** : mine hoist; **École des —** : Mining School; **épuisement des —, exhaure** : mine drainage; **ingénieur des —** : mining engineer; **tir des —** : shot-firing.

minerai : ore; **— abattu, à charger** : muck; **— — (par un tir)** : blasted ore; **— fin** : fine muck; **gros —** : coarse muck; **— en blocs** : lump ore; **— brut** : crude ore; **— de cuivre** : copper ore, copper-bearing ore; **— de fer** : iron ore; iron-stone; **— latéritique** : laterite ore; **— marchand** : merchant ore; **— de nickel, de chrome, de manganèse, de mercure...** : nickel ore, chromium ore, manganese ore, quicksilver ore...; **— oxydé** : oxidized ore; **— pauvre** : low-grade ore; **— phosphoreux** : phosphorous ore; **— non —** : non phosphorous ore; **— riche** : high-grade ore; **— en roche** : rock ore; **— en rognons** : kidney ore; **— de fer — —** : nodular iron ore; **— sulfuré** : sulphide ore; **— tout-venant** : run-of-the-mine ore.

minéral : mineral; **— sulfuré** : sulphide mineral; **chimie —e** : inorganic chemistry; **huile —e** : mineral oil; **laine —e** : mineral wool; **—isation** : mineralization; **—isé** : mineralized; **—ogie** : mineralogy.

minette (*Lorraine*) : minette.

mineur : mine worker, pitman, miner; **— en avancement** : drifter; **— — au rocher** : stone drifter; **— de charbon** : collier; **— d'or** : digger; **— pris sous un éboulement** : entombed miner; **nystagmus des —** : miners' nystagmus; **formation du —** : mining education; **lampe de —** : miners lamp.

minier, minière : mining; **gisement —** : mining field; **catastrophe —** : mine catastrophe, mining catastrophe, mine disaster; **industrie —** : mining industry; **société —** : mining company.

minimiser : to minimize.

minimum (*adj. ou subst.*) : minimum; **salaire —** : minimum wage.

Ministère : Department, Board; **— du commerce** : Board of Trade; **— de l'Éducation nationale** : Board of Education; **— du Travail** : Department of Labour.

minium : minium; red lead.

minute (*de temps, d'arc*) : minute; **— centésimale** : centesimal minute; **— sexagésimale** : sexagesimal minute; **—rie** : clockwork.

mire (*optique*) : sight.

miroir : mirror; **— concave** : concave mirror; **— convexe** : convex mirror; **— plan** : plane mirror; **— sphérique concave** : spherical concave mirror.

miscible : miscible.

mise en état : reconditioning.

mise à feu (*d'un haut fourneau*) : firing; **—** (*tir des mines*) : shot-firing.

mise en marche : start, starting; **manivelle de — —** : hand starting crank.

mise aux molettes (*mines*) : overhoisting, overwinding.

mise en parallèle des alternateurs : parallel operation of alternators.

mise au point (*durée de*) : adjustment time.

mise en prise (*embrayages*) : engaging.

mise en valeur des déblais : spoil reclamation.

mise en veilleuse (*d'un haut fourneau*) : damping-down.

mispickel : mispickel.

mitoyen (*mur*) : common (*wall*).

mitraille : scrap; **— d'acier** : steel scrap; **presse à paqueter la —** : scrap baling press.

mitre de cheminée : miter, chimney cowl.

mixtes (*de lavage*) : middlings; **— lourds** : heavier middlings.

mobile : displaceable, movable, portable, mobile; **sole —, en métallurgie** : movable hearth.

mobilier de bureau : office furniture.

mode d'attaque : kind of drive.

mode de fabrication : fabric.

modelage : modelling.

modèle : pattern, model; (*type*) : style; **— en deux pièces** : split pattern; **— de fonderie** : foundry pattern; **— en matière plastique** : plastic pattern.

modeler : to model, to mould.

modeleur : modeller.

modérateur (*ralentisseur de neutrons*) : moderator.

moderne, récent : up-to-date.

modernisation : modernization; **programme de —** : modernization programme.

moderniser une usine : to remodel a mill, to modernize a mill, to rejuvenate a mill.

module (mathématiques) : modulus; **— d'élasticité** : modulus of elasticity, Young's modulus; **—r** : to modulate.

moellon : ashlar.

mofette (*mines*) : damp, fire-damp.

moins (*signe arithmétique*) : minus.

molasse (*géologie*) : molasse.

moléculaire : molecular; **attraction —** : molecular attraction; **poids —** : molecular weight; **structure —** : molecular structure.

molécule : molecule; **— -gramme** : gramme molecule; mole.

moletée (vis) : knurled screw; thumb screw.

molette : knurl; (*outil*) : knurling-tool; (*mines*) : head sheave; **évite- —s** : overwinding prevention gear, overwinding preventer, overwind gear; **mise aux —s** : overwinding, overhoisting, overtravel.

molybdate : molybdate.

molybdène : molybdenum; **acier au —** : molybdenum steel.

molybdénite : molybdenite.

moment (*tous sens*) : moment; **— fléchissant** : bending moment; **— d'une force** : moment of a force; **— d'inertie** : moment of inertia; **— résistant** : moment of resistance; **— statique** : dead load moment; **— de torsion** : moment of torsion.

Monel coulé : cast Monel.

monnaie fiduciaire : token money.

monolithe : monolith.

monôme : monomial.

monophasé (courant —) : one phase current.

monopol(e) : monopoly; **— sous contrôle de l'État** : Government controlled monopoly; **—iser** : to monopolize.

monorail (*de levage*) : monorail, monorailway.

monovalent (*chimie*) : univalent.

montage (*mines*) : raise; **— d'un bâtiment** : erection; **— d'une machine** : mounting; **—** (*installation*) : setting; **— de la pièce sur une machine-outil** : setting of the work; **— en étoile** (*électricité*) : star connection; **— en triangle** : delta connection; **plan de —** : erecting plan.

montant : column; upright; (*pilier*) : stud; **— de cadre** (*boisage dans les mines*) : post, drift post; **— de laminoir** : roll housing.

monte-charge : freight elevator, lift, hoist; **— - — électrique** : electric lift; **— - — de haut fourneau** : blast furnace elevator; **— - — incliné** : inclined lift; **— - — de terril** : dump hoist.

monté : mounted; **— à l'avant** : front-mounted; **— à l'arrière** : back-mounted; **— sur chenilles** : crawler-mounted; **— sur mandrin** (*machines-outils*) : held in a chuck; **— sur pla-**

monté *suite)*
teau : held on a face plate; — **sur ressorts** : sprung..., spring-mounted.
montée des prix : rise in prices.
monter, assembler une machine : to erect, to assemble, to set up, to rig a machine; — **(*installer*)** : to mount; — **(*construire*)** : to raise; — **(*installer*) sur...** : to put on...
monteur : mounter.
monture : frame, mounting; — **métallique** : metal mounting; — **de lunette (*astron.*)** : telescope mounting.
moraine : moraine; — **frontale** : front moraine; — **latérale** : lateral moraine.
morceau : lump, cob; **petit —** : knob; **gros —** : boulder; — **(*bloc*)** : block; **en —x** : lumpy.
mordant, décapant : pickle.
mort (*subst.*) : death; **(*adj.*)** : dead; **—s-terrains, terrains sus-jacents** : overburden.
mortaise : mortise, mortice, slot; — **borgne** : blind mortise; — **traversante** : through-mortise.
mortaisée (extrémité —) : mortise end.
mortaiser : to mortise, to slot.
mortaiseuse : mortising machine, slotting machine, slotter.
mortier (*maçonnerie*) : mortar; — **pour broyer** : mortar; — **de chaux** : lime mortar; — — **et sable** : lime and sand mortar; — **de ciment** : cement mortar; — **hydraulique** : hydraulic mortar; — **réfractaire** : refractory mortar.
mosaïque : mosaic; **carreau de —** : mosaic floor tile.
moteur (*adj.*) : motive, driving, moving, propelling; **(*subst.*)** : motor, engine, mover; **à —, mû par un —** : motor-driven; — **à air comprimé** : air motor; — **asynchrone** : induction motor; — **à attaque directe** : direct connected motor; — **à axe vertical** : vertical shaft motor; — **à bagues** : slip-ring motor; — **blindé** : enclosed motor; — **à cage d'écureuil** : squirrel-cage motor; — **au charbon pulvérisé** : pulverized fuel engine; — **à combustion interne** : internal combustion engine; — **de commande** : driving motor; — **compound** : compound-wound motor; — **de convoyeur** : conveyor engine; — **à courant alternatif** : alternating current motor, A.C. motor; — — **continu** : direct current motor; D. C. motor; — **de démarrage** : starting motor; — **à deux paliers** : two-bearing motor; — **à deux temps** : two-stroke engine, two-cycle motor; — — **à double effet** : two-stroke double-acting motor; — **à quatre, à six cylindres** : four-cylinder, six-cylinder motor; — **en ligne** : in line motor; — **plat à deux cylindres jumelés** : twin-flat motor; — **en V** : V-motor; — **sans soupapes** : valveless motor; — **Diesel** : Diesel engine; — — **à injection d'air comprimé** : air-injection Diesel engine; — **électrique** : electric motor; — **à l'épreuve de la pluie** : weather-proof motor; — **à essence** : gasoline motor, gasoline engine; — **à gaz** : gas engine; — **à huile lourde** : crude oil engine, heavy oil engine; — **de moins d'un cheval** : fractional horse-power motor, fractional h. p. motor; — **monophasé** : single-phase motor; — **ouvert** : open motor; — **protégé** : protected-type motor; — — **contre l'humidité** : moisture-proof motor; — **à quatre temps** : four-stroke engine, four-cycle motor; — **à répulsion** : repulsion motor; — **réversible** : reversing motor; — **série** : series-wound motor; — **shunt** : shunt-wound motor; — **synchrone** : synchronous motor; — **triphasé** : three-phase motor, triple-phase motor; — **universel** : universal type motor; — **à**

moteur *(suite)*
vent : wind motor; **— à vitesse constante** : constant speed motor; **— — variable** : variable speed motor, adjustable speed motor; **— bruyant** : noisily-running motor; **— à marche silencieuse** : noiseless-running motor; **agent —** : driving agent; **appareil —** : prime mover; **arbre —** : driving shaft.

motocyclette : motorcycle.

motopompe d'incendie : motor fire apparatus.

motorisation : motorization.

motrice (*adj.*) : motive, driving; **force —** : motive power; **machine —** : driving engine; **poulie —** : driving pulley; **roue —** : driving wheel.

mou d'un câble : slack; **qui a pris du —** : slack; **donner du — à un câble** : to slack off a rope.

moudre : to grind.

moufle (*four*) : melting pot; **—** (*poulies*) : pulley block; **— d'accrochage** (*d'une grue*) : fall block; **— de descente** : lower block; **— inférieure, — à crochet** : bottom block.

mouiller : to damp.

moulage (*action*) **ou** (*objet*) : moulding; casting; **— en coquille** : shell mould, chill casting; **— en sable vert** : casting in green sand; **— en terre** : loam casting; **—s de fonte parachevés** : finished iron foundry products; **—s non usinés** : unmachined castings; **apte au —** : castable; **atelier de —** : moulding shop.

moule : mould, mold; **— à briques** : brick mould; **— de fonderie** : mould for castings; **— en fonte** : cast-iron mould.

moul(er) : to mould; **machine à —er** : moulding machine; **—é sur place** : cast-in-place; **—é au sable** : sand-cast; **pièce de fonte : —ée en coquille** chilled iron casting; **pièce —ée creuse** : hollow casting; **pièces —ées à noyau** : cored castings; **—eur** : moulder, molder.

moulin (*broyeur*) : mill, grinder; **— à cylindres** : roller mill; **— à mortier** : jar-mill; **— à sable** (*ateliers de moulage*) : sand mill; **— à scories** : cinder grinder, pulverized slag mill.

moulinage, recette du jour (*mines*) : top of shaft.

moulineur (*mines*) : cage-tender, lander; **— du fond** (*mines*) : shaftman; **— du jour** : head shaftman.

moulure : dado; **machine à —r** : dado machine; **rabot à —r** : fancy plane.

mousse, écume : foam, froth; **—** (*jeune ouvrier*) : nipper; **— de savon** : lather; **flottaison par la —** : froth flotation; **protection par — contre les poussières de forage** : foam protection; **laitier —ux** : foamed slag.

mouton (*marteau-pilon*) : drop hammer; ram, rammer; **— à sonnette** : pile-driver.

mouvement : motion, movement; **— accéléré** : accelerated motion; **— — varié** : variably accelerated motion; **— alternatif** : reciprocating motion; **être animé d'un — —** : to reciprocate; **— — angulaire** : angular reciprocating motion; **— angulaire** : angular motion; **— d'avance** (*machines-outils*) : feed; **— brownien** : brownian movement; **— circulaire** : circular motion; **— curviligne** : curvilineal motion, curvilinear motion; **— d'horlogerie** : clock movement; **— — commandant un déclic** : driving clockwork; **— longitudinal** : longitudinal motion; **— ondulatoire** : undulatory motion; **— d'oscillation** : weaving, oscillatory motion, swinging motion; **— pendulaire** : pendulous motion; **— rectiligne** : rectilineal motion; **— de retour** : return movement; **— — rapide** (*de l'outil*) : quick-return motion; **— de rotation** : rotary motion; **— de terrain** : ground

mouvement *(suite)*
movement; — **du toit** (*mines*) : roof movement; — **transversal** : traversing motion; — **uniforme** : uniform motion; — **uniformément accéléré** : uniformly accelerated motion; — — **retardé** : uniformly retarded motion; — — **varié** : uniformly variable motion; **—s** (*engrenages*) : running gear; **—s sur rubis** : jewelled movements; **étude des — s**: motion study; **en —** : in motion; **quantité de —** : momentum.

mouvoir (se —) : to move.

moyen (*adj.*) : medium; average; mean.

moyenne (*subst.*), **valeur moyenne** : average value; (*mathématiques*) : mean, average; — **arithmétique** : arithmetical mean; — **géométrique** : geometrical mean; — **harmonique** : harmonical mean; — **journalière** : daily average; — **proportionnelle** (*mathématiques*) : medium; **échéance** — : average due date; **faire la — de** : to average; **roche de dureté —** : medium rock; **fines —s dans les mines** : medium fines; **tôles :—s** : medium plates.

moyeu : nave, hub.

mû par un moteur : motor-driven.

multiple (*adj.*) : manifold, multiple; (*subst.*) : multiple; — **commun** : common multiple.

multiplicande : multiplicande.

multiplicateur : multiplier, multiplicator.

multiplication : multiplication; **table de —** : multiplication table.

multiplier : to multiply.

munir de... : to provide with...

mur (*paroi*) : wall; — **d'une couche** (*mines*) : floor, bottom of a seam; — **de clôture** : enclosure wall; — **en pierre naturelle** : rubble wall; — **de pierres sèches** : dry wall; — **de remblai** (*mines*) : pack wall, packing case; — **de revêtement** : curtain wall; — **de séparation** : partition wall, party wall; — **de soutènement** : retaining wall.

muraillement : walling; — **de puits** : inwall; — **en briques** : brickwork.

mural (*appareil du type*) : wall type (*apparatus*); **fixation —e** : wall mounting.

muscovite : muscovite.

mutation, déplacement (*d'un ouvrier*) : removal, transfer.

muter, déplacer un ouvrier : to remove.

mutuelle (*subst.*) : mutual insurance company.

N

naissance (d'une voûte) : springer; springing.
naissant (à l'état —) : in the nascent state.
naphte : naphta.
naphtènes : naphtenes.
naphtol : naphtol.
natif (*libre*) : free, native; **or —** : free gold.
nationalisation : nationalization.
nationaliser : to nationalize.
nature : nature.
navigation : navigation; **— intérieure** : inland navigation; **— maritime** : sea navigation.
navire : ship; **— pétrolier** : oil tanker.
nécessaire, boîte à outils : kit, tool-kit; **— de réparations** : repair outfit.
négatif : negative.
négatron : negatron.
négociant : dealer, trader, tradesman; **— exportateur** : export merchant; **— en gros** : merchant.
négocier, échanger (*commerce*) : to negociate.
néocomien (*géologie*) : neocomian.
néon : neon; **tube de —** : neon tube.
nervure : rib; **— (*arête*)** : fin; **— de renforcement** : reinforcing web, ribbing; **renforcer par des —s** : to brace with ribs.
netteté de l'image : sharpness of the picture.
nettoyage : cleaning; **— automatique** : self-cleaning, self-cleansing; **— au jet** : jet cleaning; **— par le vide** : vacuum cleaning.
neuf sans réception (*vente de matériel*) : new untested.
neutralisation : neutralization.
neutraliser : to neutralize.
neutre (*adj.*) (*chimie, électricité*) : neutral; **—** (*subst.*) (*élec.*) : neutral.
neutron : neutron.
nez de broche : spindle nose; **— de tuyère** : nozzle, snout.
niche : recess.
nickel : nickel; **acier au — -chrome** : nickel-chromium steel; **—age** : nickel plating; **—é** : nickel plated; **cuivre —é** : nickel plated brass; **—eur** : nickel-plater.
nipple : nipple.
nitrate : nitrate; **— d'ammoniaque** : ammonium nitrate; **explosifs de sûreté au — —** : ammonium nitrate safety explosives; **— d'argent** : nitrate of silver; **— de potasse** : nitrate of potassium, potassium nitrate; **(*salpètre*)** : nitre, salpeter; **— de soude** : nitrate of sodium.
nitrification : nitrification.
nitrique : nitric; **acide —** : nitric acid.
nitrite : nitrite; **— de sodium** : sodium nitrite.
nitrobenzine : nitro-benzene.
nitrocellulose : nitro-cellulose.
nitrogène (*azote*) : nitrogen.
nitroglycérine : nitroglycerine.
nitronaphtaline : nitro-naphtalene.
nitrur(e) : nitride; **acier —é** : nitrided steel.
niveau : level; **—** (*voie d'étage, dans les mines*) : level; **voie de —** : level;

niveau *(suite)*
— (***appareil de mesure d'angles***) : level-transit; — **à bulle** : bubble-level; — **d'eau** : level glass, water level glass; — **des eaux** : water level; — **de la mer** : sea level; **au — de la mer** : at sea level; **au-dessus du — —** above sea level; — **de la production** : level of output; — **de retour d'air** : return level; — **de roulage** : haulage : level; — **du sol** : ground level; — **supérieur** : upper level; **baisse de —** : level sinking; **de —** : level; — **(en *palier*)** : on a level; **différence de —** : level difference; **indicateur de —** : water level; **passage à —** : level crossing.

niveler : to level; to grade; to skim; **mater (*un joint*)** : to flush (*a joint*).

niveleur (*godet*) : skimming (*dipper*).

niveleuse : grader; **pelle —, pelle à cuiller perforée** : skimmer.

nivellement : levelling; — **tachéométrique** : tacheometrical levelling.

nobles (métaux) : noble metals.

nodule : nodule; — **de minerai** : ore nodule.

nœud : knot; **(*physique, mathématiques*)** : node; **(*cordes vibrantes*)** : nodal point; **(*dans les bois*)** : knurl; **(*d'une onde*)** : loop (*of a wave*); — **coulant** : noose, runner, running knot; **défaire un —** : to loosen a knot.

noir animal : bone black.

noir de fumée : lamp black.

noix (*mécanique*) : nut; — **(*charbons*)** : nut coal; — **de broyeur, de concasseur** : grinder, grinding cone; — **lavées** : washed nuts; **grosses —** : cobbles; **petites —** : peas.

nombre : number; — **atomique** : atomic number; — **complexe** : complex number; — **entier** : integer; — **fractionnaire** : broken number; — **imaginaire** : imaginary number; — **impair** : uneven number, old number; — **irrationnel** : irrational number; — **pair** : equal number, even number; — **premier** : prime number; — **de tours** : number of revolutions; — — **maximum** : maximum number of revolutions; — — **par minute** : revolutions per minute (r.p.m.).

nomenclature : nomenclature; — **tarifaire** : tariff nomenclature.

nomination (*à un emploi*) : appointment (*to an office*); nomination.

nommer (*à l'emploi de*) : to appoint (*to the office of*), to assign as...

nord : north; — **magnétique** : magnetic north; **direction du — —** : magnetic bearing; — **vrai** : true north.

noria : bucket elevator; — **d'égouttage (*lavoirs*)** : dewatering bucket elevator.

normal (*adj.*) : normal; **(*subst.*)** : normale; **—isation** : normalization, normalizing; **—iser** : to normalize; to standardize.

norme : norm; standard specification; **—s de l'industrie anglaise** : british standard specifications.

notaire : notary.

notation : notation; — **standard**, — **normalisée** : standard notation; — **vectorielle** : vector notation.

nouer : to knot.

nourrice d'essence : auxiliary (gasoline) tank; — **(métallurgie)** : feeder head.

noyage d'une mine : inundation, flooding of a mine.

noyau (*coeur d'un objet*) : core; — **de l'atome** : nucleus; — **d'aimant** : magnet core; — **amovible** : removable core; — **d'induit** : armature core; — **de transformateur** : transformer core; **pièce moulée à —** : cored casting; **—tage (*atelier de moulage*)** : core work.

noy(er) (*une mine*) : to inundate, to flood (*a mine*); — **(*la tête d'une vis*)** : to countersink (*the head of a screw*); **—é dans la graisse** : packed in

noy(er) *(suite)*
lubricant; **mine —ée** : inundated mine.
nu (***fil électrique, électrode***) : naked; **— (sans garnissage)** : unlined.
nul (mathématiques) : null.
numérateur : numerator.
numérique : numerical.
numéroter : to number.
nylon : nylon.
nystagmus des mineurs : miners' nystagmus.

O

objectif (*optique*) : objective, object-glass; object-lens; **— à immersion** : immersion objective.
obligataire : debenture holder.
obligation : debenture; **(*Finances*)** : bond; **porteur d'—** : bond creditor.
oblique : oblique, skew; **ligne —** : oblique line; **—ment** : obliquely.
obliquité : obliquity.
observation (faire une —), en topographie : to make an observation.
observatoire : observatory.
obsidienne : obsidian.
obstruction : obstruction.
obstruer : to obstruct, to block up; (*colmater*) : to clog.
obturateur de vanne : plug.
obtus : obtuse; **angle —** : obtuse angle.
occasion (marchandises d') : second-hand goods; **matériel d'—** : second-hand material.
occlus (*gaz*) : occluded (*gas*); **—ion de gaz** : occlusion of gases.
occupation (*emploi*) : employment, occupation.
ocre : ochre; **— jaune** : yellow iron ochre; **— rouge** : red ochre.
ocreux : ochreous.
octaèdre : octahedron.
octogonal : octagonal; **acier —** : octagon steel.
octogone : octagon.
octroi : city toll; **droits d'—** : toll duties.
oculaire : ocular, eyepiece.
odomètre : odometer, hodometer.
œil : eye; **— de bœuf** : bull's eye window; **— électrique** : electric eye; **— magique** : magic eye.
œrsted : œrsted.
œuf de charbon : coal-egg.
Office du Travail : Labour Bureau.
offre (*des fournisseurs, pour du matériel*) : offer ; **— d'essai gratuit** : free trial offer; **—s d'emploi** : positions vacant.
ogive : ogive.
ohm : ohm; **loi d'—** : Ohm's law; **résistance —ique** : ohmic resistance; **—mètre** : ohmmeter.
oléomètre : oleometer.
oléum : oleum.
oligiste : oligist iron ore.
ombre : umbra (*optique*); **— portée** : cast shadow.
once : ounce.
onctuosité (*d'un lubrifiant*) : oiliness.
onde (*physique*) : wave; **— amortie** : damped wave; **— de choc** : shock-wave; **— de contrainte** : stress wave; **— électrique** : electric wave; **— entretenue** : sustained wave; **— explosive** : explosion-wave; **—s hertziennes** : hertzian waves; **— modulée** : modulated wave; **— porteuse** : carrier wave; **— de pression** : pressure-wave; **— sinusoïdale** : sine wave, sinusoidal wave; **— sonore** : sound-wave; **—s courtes** : short waves; **longueur d'—** : wave-length; **grandes —s** : long waves.

ondulation (*de la lumière, de la chaleur*) : undulation.
ondulatoire : undulatory, wave-like; **mouvement —** : undulatory motion.
ondulé : undulating; **carton —** : corrugated card-board; **tôle —e** : corrugated sheet.
onglet (*assemblage à —*) : mitering.
oolith(e) : oolite; **calcaire —ique** : oolitic limestone.
opacifier : to opacify.
opacité : opacity.
opaque : opacous, opaque; **corps —** : opaque body.
opérateur (*conducteur*) : operator.
opération : operation.
opérer : to operate.
optique (*adj.*) : optic, optical; (*subst.*) : optics.
or : gold; **— alluvionnaire** : alluvial gold.
ordonné, conforme à un plan : ordinate.
ordonnée (*mathématiques*) : ordinate.
ordovicien : ordovician.
ordre (*commande*) : order; **— de grandeur** : order of magnitude; **en — de marche** : in working order; **mettre en — —** : to put into working order.
organes de transmission : drivers, driving parts.
organique : organic; **chimie —** : organic chemistry; **composés —s** : organic compounds; **matières —s** : organic matter.
organisation : organization.
organiser : to organize.
organisme : organism.
orgues d'Espaly : columnar basalt.
orientation : orientation; **— professionnelle** : professional orientation; **— des trous de forage** (*mines*) : orientation of bore holes.
orienter : to orient.
orifice : orifice; (*ouverture de passage*) : port; **— d'admission** : inlet, inlet port; **— d'entrée d'air** : air port; **— équivalent** (*mines*) : equivalent orifice; **— d'un puits de mine** : pit mouth, collar of a mine shaft; **— de refoulement, — d'évacuation** : outlet, outlet port.
original (*outil*) : master tool.
origine (*mathématiques*) : origin; **— des coordonnées** : origin of coordinates; **méridien —** : prime meridian.
orme : elm, elm-tree.
ornière (*mécanique*) : groove; **à —, à gorge, rainuré** : grooved; **rail à —** : grooved rail.
orpiment : orpiment.
orthogonal : orthogonal.
orthorhombique (*cristallographie*) : orthorhombic.
oscillant librement : free-swinging.
oscillateur (*locomotives*) : rocker; **— à quartz** : quartz oscillator.
oscillation : oscillation; swing; **— du pendule** : oscillation of the pendulum, swing of the pendulum; **— — de torsion** : torsional oscillation; **amplitude d'—** : amplitude of oscillation; **période d'—** : swinging cycle.
oscillatoire : oscillatory.
osciller : to oscillate, to swing, to balance.
oscillographe : oscillograph; **— cathodique** : cathode-ray oscillograph; **— magnétique** : magnetic oscillograph.
osmium : osmium.
osmose : osmose.
ouate : cotton wool; **— de cellulose** : cellulose wadding.
outil : tool; **— émoussé, non affûté** : dull tool; **— de forage** : boring-tool; **— original** : master-tool; **— pneumatique** : air-tool, pneumatic tool; **— à pointe de carbure rapportée** : carbide-tipped tool; **— de précision** : precision tool; **— tranchant** : cutting-tool, edge-tool; **boîte à —s** : tool-box, tool-kit, **étagère pour —s** : tool-shelf; **porte- —, dans les machines-outils** : tool-post.

outillage : outfit, equipment; (*matériel*) : machinery; **— de fortune** : makeshift; **— de mine** : mining machinery; **atelier d'—** : tool-making shop; **petit —** : small tools.

outilleur (*qui fait les outils*) : toolmaker.

ouverture : opening; (*d'un instrument d'optique*) : aperture, angle of aperture; **— d'un four** : charging hole; **— d'admission** : intake, inlet; (*puissance d'une couche, dans les mines*) : thickness (*of a seam*); **— du diaphragme** : diaphragm aperture.

ouvrage (*travail*) : work; **—** (*pièce à travailler*) : work; **—** (*hauts fourneaux*) : hearth.

ouvrier : worker, workman; (*travailleur*) : operative; **— d'entretien** : repair man; **— mécanicien** : mechanic workman; **— de métier, ouvrier spécialisé** : mechanic, skilled workman, experienced workman; **— non spécialisé, manœuvre** : common labourer, unskilled labourer; **— payé à la journée ,— de régie** : shifter, day-labourer; **— pensionné** : pensioner; **— spécialiste** : expert workman; **— d'usine** : factory hand; **premier —** : head-workman; **— chef d'équipe** : overman.

ouvrir (*un circuit*) : to open (*a circuit*); **— une mine** : to open up a mine.

oval(e) (*adj.*) : oval; **—isation du cylindre** (*autom.*) : ovalization of the cylinder; **—iser un cylindre** : to wear a cylinder into an oval shape; **cylindre —isé** : ovalized cylinder, worn out of truth cylinder; **trou —isé** : elongated hole.

oxalate : oxalate.

oxalique (acide —) : oxalic acid.

oxydant : (*adj.*) : oxidant.

oxydation : oxidation, oxidizing, oxidization; **— lente au stockage** : moderate oxidation during storage; **— pyritique** : pyritic oxidation; **aptitude à l'—** : oxidizability.

oxydé (minerai —) : oxidized ore.

oxyde : oxide; **— d'antimoine** : antimony oxide; **— de carbone** : carbon monoxide; **— de cuivre** : cupric oxide; **— ferreux** : ferrous oxide; **— ferrique** : ferric oxide; **— manganeux** : manganous oxide; **— rouge de cuivre** : cuprite; **plaques d'—** : oxide scales; **—r** : to oxidize.

oxygénation : oxygenation.

oxygène : oxygen; **— liquide** : liquid oxygen; **explosif à l'— —** : liquid oxygen explosive; **récipient de transport de l'— —** : liquid oxygen transportation bottle, liquid oxygen carrying can; **récipient de trempage pour l'— —** : liquid oxygen soaking pot; **usine de production d'— —** : air liquefying plant, oxygen producing plant; **—r** : to oxygenate.

ozon(e) : ozone; **—iser** : to ozonize.

P

paiement : payment; — **anticipé** - prepayment; — **comptant** : cash payment; — **par traite, par chèque, au comptant** : payment by draft, by check, in cash; **conditions de —** : terms of payment.

paille (*dans l'acier*) : scab, scale; **avoir des —s (en parlant de l'acier)** : to blister.

pailette : spangle; — **de mica** : mica spangle.

pair (*commerce*) : par; **au —** : at par; **au — avec** : on a par with; **au-dessous du —** : below par; **au-dessus du —** : above par; **nombre —** : equal number, even number.

palan : pulley tackel, chain-hoist; — **à air comprimé** : air-motor hoist, pneumatic hoist; — **différentiel** : differential hoist; — **électrique** : electric hoist; — **à moteur** : motor hoist; — **à vis sans fin** : screw hoist; **garnir un — de ses cordes** : to reeve a tackel.

pale, palette : vane.

paléobotanique : palaeobotany.

paléolithique : palaeolithic.

paléontologie : palaeontology.

palettes d'une roue hydraulique : paddles of a water-wheel; — **de malaxeur** : plows (U.S.A.).

palier (*partie horizontale*) : level run; **(machines)** : bearing; — **à bague de graissage** : ring-oiled bearing; — **à billes** : ball bearing; — **de butée** : end thrust bearing; — — **(à billes)** : ball-thrust bearing; — **conique** : conical bearing, taper bearing; — **en deux pièces** : split sleeve bearing; — **échauffé** : hot bearing; — (*d'escalier, de puits de mine*) : landing; — **à double rangée de billes** : double row ball bearing; — **extérieur** : outboard bearing; — **d'extrémité** : end bearing; — **graisseur** : self-lubricating bearing; — **graphité sans huile** : oilless bearing; — **lisse** : plain bearing, pillow-block bearing; — **de manœuvre** : control platform; — **principal** : main bearing; — **à rouleaux** : roller bearing; **carter d'huile de —** : oil well; **chapeau de —** : bearing cap.

palissade : hurdle; (*clôture*) : fence.

palladium : palladium.

palonnier : swingle-tree.

palmer : wire gauge.

palplanche : sheet pile; — **métallique** : sheet steel piling.

panne (*de machine*) : failure, shut down; — (*rupture de pièce*) : break down; — (*d'un marteau*) : pane; — (*toitures*) : purlin; **en —** : defective.

panneau : panel, panel board; — **d'affichage** : poster board; — — **au personnel** : bulletin board; — **de contrôle** : control panel. — **d'écoutille** : hatch; — **d'exploitation** (*mines*) : panel, side of work; — **rabattant** : retreating panel; — **réclame** : advertising sign.

pansement antiseptique : antiseptic dressing.

pantographe : pantograph.

papeterie : paper-mill.
papier : paper; **— d'amiante** : asbestos paper; **— à calquer** : design paper, tracing paper; **— carbone** : carbon paper, manifolding carton paper; **— à dessin** : drawing paper; **— d'emballage** : packing paper; **— émeri** : emery paper; **— au ferroprussiate** : blue print paper; **— filtre** : filter paper; **— héliographique** : heliographic paper; **— monnaie** : paper money; **— à réactif** : test paper; **— timbré** : stamped sheet; **— tournesol** : litmus paper; **— transparent** : transparent paper; **— de verre** : glass paper; **isolé au —** : paper insulated; **vieux —s** : waste paper.
paquebot : liner.
paquet (*faisceau*) : bundle; **—age, emballage** : packing; **—er** : **to pack** off; to bale.
parabol(e) : parabola; **—ique** : parabolic; **réflecteur —** : parobolic reflector; **—oïde** : paraboloid; **—oïde de révolution** : revolution paraboloid.
parachutes (*mines*) : safety catches.
paraffin(e) : paraffin, **huile de —e** : paraffin oil; **papier —é** : paraffin paper.
parafoudre : lightning arrester, lightning protector; safety spark gap; **— à vide** : vacuum arrester.
parallaxe : parallax.
parallèle (à...) : parallel (to...); **circuits en —, enroulements en —** : parallel circuits; **couplé en —** : parallel coupled; **étau —** : parallel vise; **couplage en —** : parallel coupling; **—ment** : parallel.
parallélépipède : parallelepiped, parallelepipedon.
parallélisme : parallelism.
parallélogramme : parallelogram; **— des forces** : parallelogram of forces; **loi du — —** : parallelogram law.
paramagnétique : paramagnetic.
paramagnétisme : paramagnetism.
paramètre : parameter.
parapet : railing, parapet.
paratonnerre : lightning-conductor; **tige de —** : lightning-rod.
parc : yard; **—, dépôt** : storage yard; **— à ferrailles** : scrap yard; **— de wagons** : rolling stock.
pare — ... : ... screen; **— -brise** : windscreen; **— -chocs** : buffer, bumper (Amérique); **— de voiture** : bumper-bar; **— -étincelles** : spark-arrester; **— -flammes** : firescreen; **— -soleil** : sunscreen .
parement : side; **éboulement du — (*mines*)** : fall of side.
parité : parity.
parkérisation : parkerisation.
paroi : wall, shell; **— arrière** : rear wall; **— avant** : front wall; **—s de cylindre** : cylinder walls; **à — épaisse** : thick-walled; **à — mince** : thin-walled; **— de four à coke** : coke oven wall; **— latérale** : side wall; **appareil à double —** : double shell apparatus; **— à simple —** : single shell apparatus; **à double —** : double-walled; **épaisseur de —** : thickness of wall.
part de fondateur : founder's share.
participation(s) (financières) : participations; **— aux bénéfices** : profit sharing.
particule : particle; **—s gamma** : gamma particles.
partie aliquote : aliquot part.
pas (*d'une denture, d'une hélice*) : pitch; **— Acmé** : Acme thread pitch; **— anglais** : english pitch, english thread chasing; **— circonférentiel** : circular pitch; **— diamétral** : diametral pitch; **— à droite** : right-hand thread; **— à gauche** : left-hand thread; **— de gaz** : gas screw; **— métrique** : metric pitch; **procédé du — de pèlerin** : pilgrim's step process; **— de vis** : screw pitch, thread pitch.

passage (*orifice de passage, d'admission*): passage, passageway, inlet; — **pour la circulation du personnel** (*mines*) : manway; — **en dessous** : underpass; —**en-dessus** (*chemins de fer*) : railway cross-over; — **à niveau** : level-crossing.

passe (*machines-outils*) : cut, cutting-stroke; **faire de fortes —s** : to take heavy cuts; — **de dégrossissage** : roughing cut; **amplitude d'une —** : stroke; **forte —** : heavy cut, coarse feed.

passe-partout : master-key, pass-key.

passée (*veinule, dans les mines*) : streak.

passer par pertes et profits (*comptabilité*) : to write off.

passerelle (*petit pont*) : foot-bridge; (*plateforme*) : platform; — **de manœuvre** : control platform.

passif (*engagements*) : liabilities.

passivité : passivity.

pâte cimentante : carburizing paste.

patente : licence, license.

patenté : licensed.

pâteux, plastique : plastic.

patin : skid; — **de rail** : rail foot; — **d'une chenille** : track link of a caterpillar; —**age** (*glissement*) : slipping; —**er** : to slip; to slide.

patroner : to sponsor.

pattes d'araignée (*graissage*) : oil grooves, oil recesses.

patte de serrage : holdfast.

pavage : paving, pavement; — **en asphalte** : asphalt paving; — **en béton** : concrete road-paving; — **en bois** : wood-block pavement; — **en granit** : granite-block pavement; — **en pierres juxtaposées** : riprap stone paving.

pavé : paving stone.

paver : to pave.

payable au porteur : payable to bearer; — **à ordre** : payable to ordre.

payer à tempérament : to pay by instalments.

pays : country; — **fournisseur** : supplier country; — **tiers** : third countries.

peau : skin; — **de chamois** : chamois leather.

pechblende : pitch-blende, pechblende.

pédale : pedal, treadle, foot-treadle; — **d'accélérateur** : accelerator pedal; throttle pedal; — **de débrayage** : clutch pedal; — **de frein** : brake pedal; — **de mise en marche** : foot starter; **appuyer sur la —** : to step on the treadle; **commande par —** : foot power drive; **frein à —** : foot brake; **presse à —** : foot press.

pédalier de bicyclette : cycle crank-gear.

pegmatite : pegmatite.

peigne (*filetage*) : chaser.

peinture : paint; — **antirouille** : rost-preventive paint; — **à l'asphalte** : asphalt paint; — **fraîche** : fresh paint; — **au pistolet** : spray-painting.

pelle : shovel; — **à benne traînante, dragline** : dragline; — **excavatrice** : digger; digging machine; — **fouilleuse** : ditcher, ditching machine; — **à godet** : shovel digger; — **mécanique** : mechanical shovel; — **niveleuse,** — **à cuiller perforée** : skimmer; — **rétrocaveuse** : back-digger; — **à vapeur** : steam shovel.

pellet : pellet; **four à —s** : pellet furnace; **tambour à confectionner les —s** : balling drum; —**isation** : pelletization; —**iser** : to pelletize.

pelletage : shovelling; — **à la main** : hand shovelling.

pelleteur : shoveller.

pellicule : film; — **d'eau** : film of water; — **d'huile** : oil film; — **d'oxyde** : oxide film; — **photographique** : photographic film; — **en bobine** : roll-film; — **protectrice** : protective film, protective surface film.

pénalité : penalty; — **de retard** : delay penalty.

pendage (*mines*) : dip; full dip.

pendule : pendulum; **oscillation du —** : swing of the pendulum, oscillation of the pendulum.

pêne (*de serrure*) : lock-bolt.

pénombre : penumbra.

pension (*logement*, etc...) : board; **— pour ouvriers célibataires** : quarters for unmarried personnel; **— de retraite** : old age pension; **— de veuve** : widow's pension; **prendre — chez...** : to board with...; **entrée en —, pour un ouvrier** : retirement; **—é** : pensioner; **—naire (*locataire*)** : boarder.

pentatron : pentatron.

pente : slope; slant; fall; grade; pitch; **—, pendage (*mines*)** : dip; **— descendante** : down-grade; **— douce** : easy grade; **— forte** : steep grade; **— maximum** : maximum grade; **— minimum** : minimum grade; **— montante** : up-grade; **—moyenne** : average grade; **en —** : slant, sloping; **aller en —** : to slope, to slant; **ligne de plus grande —** : full dip.

pénurie : shortage.

pépite : nugget.

perçage : drilling; **— d'une bride de tuyauterie** : drilling of a pipe flange.

percement des galeries (*mines*) : drifting; **— d'une galerie de mine dans une autre** : cutting-across.

percer, perforer : to bore; to drill; to perforate; **— le four (*métallurgie*)** : to tap; **— le haut fourneau par la coulée** : to tap the blast furnace; **— un trou, forer un trou** : to bore a hole; **machine à —** : drilling machine, driller; drill-press.

perceuse : driller; borer; **— à air comprimé** : pneumatic drill; **— à bois** : wood borer; **— à broches multiples** : multiple spindle driller; **— électrique** : electric drill; **— à main** : hand drill; **— radiale** : radial drilling machine; **— — universelle** : universal radial drilling machine; **— sensitive** : sensitive drill press.

perche : pole; **— de trolley** : trolley pole; **— de contact** : contact pole.

perchlorat(e) : perchlorate; **—ite** : perchloratite.

percuteur : striker.

perfectionnement : improvement.

perfectionner : to improve.

perforation (*mines*) : drilling; perforation; holing; **— mécanique** : machine holing; **— au tourniquet (*mines*)** : hand auger work; **dispositif de — rotative humide** : wet rotary drilling attachment.

perforatrice : boring tool; rock drill; **— à air comprimé** : pneumatic drill; **— pour avancements (*mines*)** : drifter; **— à colonne** : column drill; **— électrique** : electric drill; **— à percussion** : percussion drill; **— rotative** : rotary drill; **— sur affût** : post drill; **support de —** : drill post.

perforé : perforated; **tôle —ée** : perforated plate.

perforer : to perforate.

péridot : peridot.

périhélie : perihelion.

périmètre : perimeter.

période : period; **— glaciaire** : glacial period; **— d'oscillation** : oscillation period; swinging cycle; **— de vibration** : vibration period; **fréquence de 50 — (électricité)** : frequency of 50 cycles; **— (*phénomènes ondulatoires*)** : cycles per second.

périodicité : periodicity.

périodique : periodic, periodical.

périphérie : periphery.

périphérique : peripheric, peripherical; **vitesse —** : peripherical speed; **— — de coupe** : periphery cutting speed.

périscope : periscope.

perlite : perlite.

permanganate : permanganate; **— de potasse** : potassium permanganate.

permanganique (acide —) : permanganic acid.

perméabilité (***magnétique***) : (*magnetic*) permeability.
perméable à ... : permeable to...
permien (***géologie***) : permian.
permis : license; **— de construire** : building permission; **— d'exploitation de mine** : title to work a mine; **— de recherche** (***mines***) : prospecting license.
permission (***de s'absenter***) : leave of absence; **accorder une —** : to grant a leave.
permutation (***mathématiques***) : permutation.
permutatrice : commutator-rectifier.
peroxyde de fer : peroxide of iron; **— de magnésie** : magnesium peroxide; **— de plomb** : lead peroxide;
perpendiculaire (***adj. ou subst.***) : perpendicular.
persienne : persian blind.
personnel (***subst.***) : personnel; « — » (***sur une lettre***) : « private »; **— de bureau** : clerical workers; **— de direction** : directing personnel, executive personnel; **— de remplacement** (***pendant les vacances, en cas de maladie***) : extraboard; **transport de —** : men handle; **— — dans les mines** : haulage of men underground, conveyance of men, manriding haulage.
perspective : perspective; **— aérienne** : aerial perspective; **— linéaire** : linear perspective.
persulfate : persulphate.
perte : loss; **— de chaleur, —s thermiques** : heat loss; **— de charge** : pressure loss, load shedding, loss of head; **— de courant** : leakage current; **— d'énergie** : loss of energy; **— au feu** : loss by burning; **— de force motrice** : leak of power; **— Joule** : Joule losses; **— en ligne** : line drop; **compensateur de — —** : line drop compensator; **—s dans le noyau** : core losses; **— de puissance** : power loss; **— de temps** : waste of time; **— à la terre** (***électricité***) : earth leakage, ground leak; **—s par frottement** : frictional losses; **—s par les poussières** : dust losses; **—s de pression** : pressure losses; **—s et profits** : profit and loss; **compte — —** : profit and loss account; **passer par — —** : to write off; **—s par transmission** : driver losses; **—s à vide** : idle-running losses, idling losses; **—s volumétriques** : volumetric losses; **supporter une —** : to sustain a loss.
perturbation : disturbance.
pesage : weighing; **bâtiment de —** : weigh-house.
pesanteur (***gravité***) : gravity; **attraction de la —** : attraction of gravity.
pèse-acide : acidity meter.
pesée : weighing; **double —** : double weighing.
peser : to weigh; to balance; *v.n.* (***toit dans les mines***) : to hang heavy.
peseur, basculeur : weigher.
peson : spiral scales; spiral balance.
pétard, petit coup de mine (***tir des mines***) : shallow hole.
pétrir : to knead.
pétrochimi(e) : petrochemistry; **—que** : petrochemical.
pétrographi(e) : petrography; **—que** : petrographic, petrographical.
pétrole : petroleum; **— brut** : crude petroleum; **— lampant** : kerosene; **canalisation d'adduction de —** : oil pipe-line; **coke de —** : petroleum coke; **huile de —** : petroleum oil.
pétrolier (***navire***) : oil tanker.
pétrolifère (sable —) : oil-bearing sand.
pétrologie : petrology.
pétrologique : petrologic, petrological.
peuplier : poplar.
phare (***bâtiment***) : light-house; — (***signal***) : beacon; **— de locomotive, de chargeuse, d'automobile** : headlight; **— à éclipses** : occulting light; **— anti-brouillard** : fog light; fog headlight; **—s électriques d'une**

phare *(suite)*
machine : electric lights, electric headlights; **— code** : regulation headlight; **baisser les —s** : to dim the lights.

pharmaceutiques (*produits* —) : pharmaceuticals.

phase (*étape*) : stage; **— (*électricité*)** : phase; **— solide** : solidus; **ajusteur de —** : phase-adjuster; **changement de —** : phase change.

phénol : phenol.

phénomène : phenomenon (*pl.* phenomena); **—s aux joints des grains (*sidérurgie*)** : grains-boundary phenomena.

phonolithe : phonolite.

phosgène : phosgene.

phosphate : phosphate; **— de chaux** : phosphate of calcium; **— de magnésie** : magnesium phosphate.

phosphite : phosphite.

phosphore : phosphorus; **teneur en —** : phosphor content; **—scence** : phosphorescence.

phosphoreux : phosphorous; **bronze —**: phosphor bronze; **étain —** : phosphor tin.

phosphorique : phosphoric.

phosphorite : phosphorite.

phosphure : phosphide.

photocopie : photocopy.

photoélectrique (*cellule*) : photo-electric (*cell*).

photographie : photography.

photomètre : photometer.

photométri(e) : photometry; **—que** : photometric; **mesure —que** : photometric test.

photo-micrographique (essai —) : photomicrographical test.

phototype : phototype.

phyllite : phyllite.

physicien : physicist.

physique (*adj.*) : physical; **(*science*)** : physics; **— moléculaire** : molecular physics; **propriétés —s** : physical properties; **structure —** : physical structure.

pic (*du mineur*) : pick; **— à deux pointes** : double pick.

picrate : picrate.

picrique (acide —) : picric acid.

pièce (*partie*) : piece, part; **(*réparation*)** : patch; **— coulée** : cast-in unit; **— — pour matrice** : die casting; **— d'écartement** : spacer; **— estampée, — emboutie** : stamping; **— de fonderie** : casting; **— de forme** : shape; **— de machine** : machine part, engine part; **— manquée, rebut** : broken piece; **— mécanique** : piece of machinery; **— montée sur mandrin** : work mounted on an arbour, work held in a chuck; **— — sur plateau** : work held on a face plate; **— moulée creuse** : hollow casting; **— — à noyau** : cored casting; **— — pleine** : solid casting; **—s de charpente** : structural members, members of structure; **—s détachées** : component parts; **—s en mouvement (*machines*)** : running parts; **—s de rechange** : spare parts, replacement parts, repair parts; **— soudées** : weldements; **d'une seule —** : one-piece...; **en deux —s** : split; **engrenage en deux —s** : split gear; **salaire aux —s** : piece rate wages; **travail aux —s** : piece work.

pied (*mesure*) : foot; **— de biche** : sheep foot; **— carré** : square foot; **— à coulisse** : slide caliper rule; **— cube** : cubic foot; **— droit (*de porte de four*)** : door jamb.

piédestal : pedestal.

pierraille : stone chippings.

pierre (*caillou*) : stone; **— à aiguiser** : whetstone; **— d'aimant, aimant naturel** : lodestone; **— angulaire** : corner stone, head stone; **— artificielle** : artificial stone; **— précieuse artificielle** : manufactured gem; **— à**

pierre *(suite)* **bâtir** : building stone; — **à chaux** : limestone; — **concassée** : crushed stone; — **de couronnement** : capstone; — **meulière** : grindstone; — **à paver** : roadstone; — **à plâtre** : plaster stone; — **ponce** : pumicestone; pumice; — **réfractaire** : refractory stone; — **synthétique** : synthetic stone; — **de taille** : hewn stone; — **de touche** : touch-stone, touch; **âge de —** : stone age; **concasseur de —** : stone-breaker; **poser la première —** : to lay the foundation-stone; **taille des —s** : stone-cutting.

pieu : pile.

piézoelectricité : piezoelectricity.

piézomètre : piezometer.

pignon (*construction*) : gabble; (*mécanique*) : pinion; — **à chevrons** : pinion with double helical gearing, pinion with herringbone gearing; — **conique** : bevel wheel; — **et crémaillère** : rack and pinion; — **planétaire** : planet wheel; — **de vis sans fin** : worm wheel.

pilastre : pilaster.

pile (*tas*) : stack; (*pile électrique*) : pile; (*de pont*) : pier; — **atomique** : atomic pile; — **au bichromate** : bichromate plate; — **de bois** (*mines*) : wood pile; — **galvanique** : voltaic pile; — **sèche** : dry pile; dry battery; — **thermoélectrique** : thermo-electric battery, thermo-pile; **appareil pour faire effondrer les — de bois dans les mines à foudroyage, effondreur** : chock-releaser.

pilier (*sens général*) : pillar; — **affaissable** : yield pillar; — **de béton** : concrete pile; — **de bois** (*mines*) : crib; — **de charbon** : coal pillar; — **d'effondrement** (*mines*) : yield pillar; — **de fondation** : foundation pillar; — **long**, — **de galerie** (*mines*) : rib; — **de minerai abandonné, pour supporter le toit** (*mines*) : post, ore post; — **de sécurité** : (*mines*) safety pillar.

pilon (*d'un mortier*) : pestle.

pilotage (*enfoncement de pilotis*) : pile driving, piling.

pilote du port : harbour pilot.

pilotis : pile.

pin : pine, pine-tree.

pince : pincers; (*levier*) : crowbar; — **coupante** : cutting pliers, nippers; — **à dresser** : straightening tongs; — **plate** : flat pliers; — **à plier les fils** : pliers; — **de serrage** : clip; — **universelle** : combination pliers.

pinceau (*de peintre*) : paint brush.

pioche : mattock, pickaxe.

pipette (*chimie*) : pipette; — **graduée** : graduated pipette.

piquet (*de palissade*) : picket; — **d'ancrage** : anchor stake.

piqueur (*mines*) : pikeman; hewer.

pisé : pisé.

pistolet (*dessin*) : curves; — **de peintre** : paint sprayer; — **à pulvériser** : spray gun; **émaillage au —** : spay enamelling.

piston : piston; — **plongeur** : plunger; **pompe à — —** : plunger pump; — **valve** : piston valve; **course du —** : piston stroke; **crosse de —** : piston head; **dessus de —** : piston cover; **segment de —** : piston ring; **tête de —** : piston head; **tige de —** : piston rod.

pitchpin : pitch-pine wood.

piton : ring bolt; — **à vis** : screw-eye.

pivot (*axe de rotation*) : pivot, pintle; swivel; — **de boggie** : bogie-pin; **—ant, rotatif** : swiveling, pivoting, revolving, rotary; **—er** : to pivot, to swivel, to slew, to slue; — **jusqu'à un angle de *n* degrés** : to swivel through an angle of *n* degrees.

placage : plating, plating work; (*bois*) : veneering; — **de chrome** : chromium plating; — **électrique** : electroplating; **bois de —** : veneer.

place (sur —) : in the field.

placement (*d'argent*) : investment (*of money*); — **bancaire** : bank investment.

placer (*subst.*) : gold placer; (*mettre*) : to set; (*procurer un emploi*) : to place; — **de l'argent** : to invest money; — **un étai** (*mines*) : to set a prop.

plafond (*mines*) : roof; top; hanging; (*sens commun*) : ceiling; — **d'une voûte** : ceiling of a vault.

plan (*adj.*) : plane; (*subst.*) (*conception, projet, genre de construction*) : lesign, plan; (*géométrie*) : plane; (*arrangement, disposition*) : lay-out; — **d'assemblage** : packing plan; — **de clivage** : plane of cleavage; — **convexe** : convexo-plane; — **d'équipement** : equipment plan; — **d'exécution** : working plan; — **focal** : focal plane; — **incliné de mine** : inclined plane; plane; — **incliné de roulage** (*mines*) : haulage plane; — **à longue échéance** : far sighted plan; long-range planning; — **de mine** : mine plan; — **de moindre résistance** : plane of weakness; — **de montage** : erecting plan; — **de tir** (*à l'explosif*) : firing pattern; — **vertical** : vertical plane; **faire le — de ..., projeter** : to plan; **forces situées dans un même —** : coplanar forces; **lever un —** : to draw a plan.

planage : flatting; **laminoir de —** : flatting mill.

planche : board; — **épaisse** : plank; — **de bois blanc** : deal; — **d'appareils de bord** : instrument board; — **à dessin** : drawing-board; **jours de —, pour charger ou décharger** : laydays.

planchéier : to plank.

plancher, couverture de planches : boarded floor, timber decking; — **en mosaïque** : mosaic floor; — **de chargement** : charging platform; — **de manœuvre** : control platform; — **rabattant** : folding plate; — **de travail** : working floor.

planchette (*arpentage*) : plane table.

plane (*outil*) : shave; — **à gratter** : scraper plane.

planées (**tôles —**) : planished sheet iron.

planer : to flatten; — **les tôles** : to planish, to level; **machine à —** : levelling machine.

planétaire (*subst.*) : planet-wheel; (*adj.*) : planetary; **engrenage —** : planetary gearing, planet gearing.

planification : planning.

planimètr(e) : planimeter; —**ie** : planimetry; —**ique** : planimetric, planimetrical.

planisphère : planisphere.

plaque : slab; — **d'une machine** : name plate; — **d'acier, grosse tôle** : plate; — **d'ancrage** : anchor plate; — **de base** : foundation plate; floor plate; — **de blindage** : armour plate; — **de bordure** : toe board; — **de borne** : terminal strip; — **chauffante** : range; — **coulée** : cast plate; — **de fondation** : bedplate; — **de garde** : buffer-plate; — **de garniture** : lining plate; — **de jonction** : joint plate; — **de marbre** : marble slab; — **mince** (*minéralogie*) : thin section; — **négative** (*des accumulateurs*) : negative plate; — **de plancher** : floor plate; — **positive** : positive plate; — **de recouvrement** : cover plate; — **de serrage** : clamping plate; — **de terre** (*électricité*) : earth plate; — **tournante** (*chemins de fer*) : railway turn-table; — **tubulaire** : tube plate; — **d'usure** : wearing plate.

plaqu(er), recouvrir de métal : to plate; —**é or** : gold-plated.

plaquette (*brochure*) : booklet.

plasticité : plasticity.

plastification : plastification.

plastique (*adj.*) : plastic; **composition —**: plastic composition; **déformation —** : plastic deformation; **matières —s** : plastics.

plat (*métallurgie*) : flat; (*adj.*) : flat; — **de renforcement** : reinforcing strap; **wagon —** : flat car.

plateau (*de bois*) : board; — **distributeur** : disc feeder; — **diviseur** : index chart; — **de friction** : friction disc; — **gradué pour filetage** : chasing dial; — **manivelle** : crank plate; — **de tour** : face plate; **embrayage à —x** : disc clutch; **monté sur —** : held on a face plate; **tour à —** : face plate lathe; **travail sur —** : face work.

plateforme : platform; — **de chargement** : charging floor; — **de culbutage** : tilting floor; — **d'essai** : testing stand; — **du machiniste** (*sur les chargeuses*) : operator's step plate; — **à personnel** (*dans les skips de mine*) : man deck; **wagon —** : platform car.

plateure (*mines*) : flat bedded deposit; **couche en — dans les mines** : level seam.

platine : platinum; **fil de —** : platinum wire; **filament de —** : platinum filament.

platiné (contact) : platinum contact.

plâtrage : plastering.

plâtre : plaster; **pierre à —** : plaster-stone; **—r** : to plaster.

plâtrier : plasterer.

plein : full; **—e charge** : full load; **—e puissance** : full power; **—e vitesse** : full speed; **wagon —, wagon chargé** (*mines*) : full car, loaded car; **faire le —** (*autom.*) : to fill (the tank); to fill up; **amener à la —e vitesse** : to bring up to full speed.

pleistocène : pleistocene.

pliage : bending; **essai de —** (*en métallurgie*) : bend test; — **—s alternés** : alternating bending test.

plier à chaud : to hot-bend; — **à froid** : to cold-bend.

plieuse (*machine*) : folding machine.

plinthe : plinth.

pliocène : pliocene.

plissement (*géologie*) : fold, folding; — **anticlinal** : anticline, anticlinal fold; — **de couches sédimentaires** : folding of sedimentary beds.

plomb : lead; — **du fil à plomb** : plumb; plummet; — **argentifère** : silver lead; — **en feuilles** : sheet lead; — **tétraéthyle** : tetraethyl lead; **en —** : leaden; **bain de —** : lead bath; **fil à —** : plumb; **gaine de —** (*électricité*) : lead sheath, lead sheathing; **mine de —, plombagine** : black lead; plumbago; **sulfure de —** : sulphide of lead; **tuyau à joints de —** : lead joint pipe; **—age** : leading; — **agine de fonderie** : foundry plumbago; **—erie** : plumbing; **—ier** : plumber; **raccords de —erie** : plumbing fixtures.

plongeants (*lavage*) : sink material.

plonger (*descendre*) : to dip; **(s'enfoncer dans l'eau)** : to dive.

plongeur : diver.

plot (*machines*) : step.

plume à dessin : drawing-pen.

plus (*signe arithmétique*) : plus.

plutonium : plutonium.

pneumatique (*pour véhicules*) : pneumatic tyre; **—s antidérapants** : non-skid tyres; **—s arrière** : back tyres; **—s avant** : front tyres; **—s jumelés** : twin-tyres; **monté sur —s** : pneumatic-tyre mounted, rubber-tyre mounted; **train de —s** : set of tyres; **dépoussiérage —** : pneumatic dedusting; **épuration —** : pneumatic cleaning, pneumatic separation; **marteau-perforateur —** : pneumatic rock drill, pneumatic drill; **marteau-piqueur —** : pneumatic pick, pneumatic hammer; **marteau-rivoir —** : pneumatic riveter hammer; **outil —** : pneumatic tool.

pneumoconiose : pneumoconiosis.

poche : pocket; — **de chargement** : loading pocket; — **de coulée** (*métallurgie*) : casting ladle, pouring ladle; — **doseuse** : measuring pocket;

poche *(suite)*
— **d'eau (*mines*)** : water bag ; — **de fonderie** : melting kettle ; — **de laitier** : slag pot, slag ladle ; — **de minerai (*amas*)** : pocket.

poêle : stove.

poids : weight ; — **atomique** : atomic weight ; — **à vide** : unloader weight ; — **brut** : gross weight, rough weight ; **limite de — par essieu** : limit of weight per axle ; — **et mesures** : weights and measures ; — **moléculaire** : molecular weight ; — **mort** : dead weight ; — **net** : net weight, nett weight ; — **spécifique** : specific weight, specific gravity ; **excédent de —** : overweight ; **insuffisance de —** : underweight.

poignée : handle ; holding handle ; holder ; — **de commande, manette de commande** : controlling handle.

poinçon : punch ; — **(*fermes de toiture*)** : king-post ; —**nage** : punching ; —**ner** : to punch ; **matrice à —ner** : punching die ; —**neur** : puncher ; —**neuse** : punching-machine, punch ; —**neuse-cisaille** : punch and shears ; —**neuse multiple** : multiple punch.

point : point, dot ; — **d'application d'une force** : point of application of a force ; working point of a force ; — **de congélation** : freezing point ; — **de contact** : point of contact ; — **critique** : critical point ; — **d'ébullition** : boiling point ; — **d'écoulement** : pour point ; **détermination du — de fer** : determination of iron content ; — **fixe** : fixed point ; — —, —**d'appui (*du levier*)** : fulcrum point ; — **de fuite (*perspective*)** : vanishing point ; — **de fusion** : fusion point ; melting point ; **à bas — —** : low melting ; — **d'inflammation** : burning point ; flash point, flashing point ; — **d'inflexion** : flex point ; — **d'intersection** : point of intersection ; — **mort** : dead point, dead center ; — — **bas** : lower dead center ; — — **haut** : upper dead center ; — **neutre (*électricité*)** : neutral point ; — **de ramollissement** : squatting pont, softening point ; — **de rebroussement** : cusp, retrogression point ; — **de rosée** : dew-point ; **potentiomètre à — —** : dew-point potentiometer ; — **de solidification** : setting point ; — **de suspension** : point of suspension ; — **de transformation** : transformation point.

pointe (*objet*) : wire nail ; **petite —** : sprig ; — **(petit clou à tête large, semence)** : tack ; — **d'un objet** : tip ; — **d'outil** : nib ; — **de courant** : peak ; — **(*sommet*)** : apex ; — **de tour** : center ; — **d'aiguille** : switch point ; **outil à — carburée** : carbide-tipped tool ; — **de cœur (*croisements de voies ferrées*)** : frog point ; — **de puissance** : power peak ; — **à tracer** : marking tool ; — **sèche** : dry point ; **charge de —, effort de —** : peak load ; **distance entre —** : distance between centers ; **puissance de —** : peak power ; **pièce montée entre —s** : work held between the centers, work held on centers ; **hauteur de — au-dessus du banc** : height of centers ; **faire les —s de vis** : to point screws.

pointeau : center puch.

pointillé : dotted line.

points cardinaux : cardinal points.

poise (*viscosité*) : poise.

poison (*pour les catalyseurs, par exemple*) : poison.

poix : pitch.

polaire (*adj. et subst.*) : polar ; **courbe —** : polar curve ; **pièces —s** : pole pieces.

polarimètre : polarimeter.

polarisation : polarization ; — **induite** : induced polarization ; **angle de —** : polarizing angle.

polarisée (lumière —) : polarized light.

polarité : polarity.

pôle : pole ; — **auxiliaire** : auxiliary pole ; — **de commutation** : commutating pole ; — **magnétique** : magnetic

pôle *(suite)*
pole; — **négatif** : negative pole, minus pole; — **positif** : positive pole, plus pole; —**s d'un aimant** : poles of a magnet.

poli (*uni, lisse*) : smooth; — (*glacé*) : glazed, highly polished; — (*subst.*) : smoothness; polish; — (*éclat*) : burnish; — **comme le verre** : glassy smooth; —**r** : to polish; to trim, to buff; — **par frottement** : to burnish; —**sseur** : polisher; —**sseuse** : polishing machine; —**ssoir** : polisher; polishing iron.

police d'assurance : insurance policy; — **contre l'incendie** : fire policy.

poluée (eau —) : polluted water.

polonium : polonium.

polyèdre : polyhedron.

polyétagée (compression —) : multistage compression.

polygonal : polygonal.

polygone : polygon.

polymèr(e) (*adj.*) : polymeric; — (*subst.*) : polymer; —**isation** : polymerization; —**iser** : to polymerize.

polymorphique : polymorphic.

polymorphisme : polymorphism.

polynôme : polynomial.

polyphasé : multiphase.

pompage : pumping; **capacité de** — : pumping capacity.

pompe : pump; — **à ailettes** : wing pump; — **à air** : air pump; — **alimentaire** : feeding pump; — — **pour chaudière** : boiler feed pump; — **alternative** : reciprocating pump; — **à amorçage automatique** : self-priming pump; — **aspirante** : suction pump, lift pump; — — **et foulante** : lift and force pump; — **à boues** : mud pump; — **à carburant** : fuel pump; — **centrifuge** : centrifugal pump; — — **multicellulaire** : multicellular centrifugal pump, multistage centrifugal pump; — **de circulation** : circulating pump, water-circulation pump; — **de condensation** : condensate pump; — **de diffusion** : diffusion pump; — **de dragage** : dredging pump; — **à eau** (*automob.*) : water pump; — **électrique** : electric pump; — **à engrenages** : gear pump, gear-type pump; — **à essence** : gasoline pump; — **de fonçage à plongeurs verticaux** : vertical plunger sinking pump; — **de forage** : borehole pump; **exhaure par** — — **immergée** : deepwell turbine pumping; — **foulante** : force pump; — **à gonfler les pneus** : tyre pump; — **à graisse** : grease pump; — **à huile** : oil pump; — **immergée** : submerged type pump; — **à incendie** : fire engine; — **d'injection** : injection pump; — **à levier** : lever pump; — **à main** : hand pump; — **à membrane** : membrane pump; — **à piston** : piston pump; — — **plongeur** : plunger pump; — **pour pression hydraulique** : pressure pump; — **de puisard** : sump pump; — **rotative** : rotary pump; — **à vapeur** : steam pump; — **à vide** : vacuum pump; — — **fin** : high-vacuum pump; — — **préliminaire** : preliminary vacuum pump; **clapet de** — : pump valve; **corps de** — : pump casing, pump barrel, pump shell; **salle des** —**s** : pump house.

pomper : to pump.

pompier : fireman; — **de mine** : pumper, pump man.

poncer : to sand.

ponctué : punctuated.

pont : bridge; —**-arrière** (*d'un véhicule*) : rear-axle; —**-bascule** : weigh-bridge; — **de bateaux** : boat bridge; — **de bois** : timber bridge; — **de chargement** : loading bridge, charging crane; — **de chemin de fer** : railway bridge; railroad bridge (*Amérique*); — **de chevalets** : trestle bridge; — **démouleur** : stripping crane; — **à grappin** : grab crane; — **de mesure** (*électricité*) : measuring

pont *(suite)*
bridge; — **métallique** : iron bridge; — **à péage** : toll bridge; — **rabattant** : draw-bridge; — **de radeaux** : raft bridge; — **répartiteur** (*sur des accumulateurs*) : tipper crab; — **roulant** : travelling crane; — — **à électro-aimant** : magnet crane; — — **à lingots** : ingot crane; — — **manœuvré à la main** : hand-pushed crane; — **suspendu** : suspension bridge; — — **à grande portée** : long span suspension bridge; — **tournant** : turning bridge, swing bridge; — **transbordeur** : transfer bridge; — **transporteur** : conveying bridge; — **volant** : hanging stage; — **de Wheatstone** (*électricité*) : Wheatstone bridge; **poutre de —** : bridge girder; **tablier de —** : bridge floor.

ponton : pontoon; **grue sur —** : pontoon crane.

Pool charbon-acier : Coal and Steel Pool.

porcelaine - porcelain.

pore : pore; **—ux** : porose, porous; **vase —ux** : porous pot.

porion : mine-foreman; — **d'aérage** : ventilation foreman; — **des machines** : machine foreman, machine overseer; — **de roulage** : haulage foreman.

porosité : porosity, porousness.

porphyre : porphyry.

port (*affranchissement*) : carriage; — (*maritime*) : harbour; — **postal** : postage; **entrer au —** : to enter harbour; **quitter le —** : to clear harbour; **frais de —** : carriage, postage; **en — dû** : carriage forward; **franco de —** : free port; **en — payé** : carriage paid, carriage free.

portatif : portable.

porte : door; — **d'aérage** (*mines*) : ventilation door; — **-balai** (*électricité*) : brush holder; — **du cendrier d'une chaudière** : ash pit door; — **-charbon** : carbon holder; — **de charge d'un four** : charging door; — **à claire-voie** : lattice-gate; — **cochère** : gateway; — **coulissante** : sliding door; — **d'écluse** : sluice-gate, lock-gate; — **-à-faux** : overhang; **banc de terrain en — - — - —** : overhanging bank; **en — - — - —** : overhung; **être en — - — - —** : to overhang; — **-électrode** : electrode-holder; — **du foyer** (*chaudières*) : fire door; — **-fraise** : milling spindle; **mandrin — - —** : cutter arbor; — **à guichet** (*aérage des mines*) : trap door; — **-lame (s)** : cutter-head; — **-outil** (*machines-outils*) : tool-post, tool-holder; — **- — à colonne** : bearing column; — **de puits, barrière de puits** (*mines*) : shaft gate; — **de sécurité contre l'incendie** (*mines*) : fire door; — **à tourniquet** : turnstile; **—s formant sas d'aérage** : air lock doors; **arbre — -pièce** : work arbor; **mandrin — - —** : work mandrel; **chariot — - outil** : tool-carrying head; **machine à ouvrir les —s** : door extractor.

portée (de voûte, de pont) : span; reach, scope, range; — **(siège)** : seat; — **d'arbre** : journal; **à — du machiniste** : within reach of operator.

porter : to carry; to bear; — **au blanc** (*chauffe*) : to bring to white; — **au journal** (*comptabilité*) : to journalize, to enter in the journal; — **en stock, tenir en stock** : to carry in stock.

porteur : bearer; — **d'obligations** : bond creditor; **payable au —** : payable to bearer; **titre au —** : active bond.

portier : door-keeper, gate-keeper, porter.

portique : gantry; — **pour manutention du charbon** : coal handling bridge.

portuaire (*équipement*) : wharf (*installations*).

pose : laying; — **de rails** : laying of rails; — **d'une tuyauterie** : laying

pose *(suite)*
of a pipeline; — **de la voie** : laying of track; **accessoires de — —** : track accessories; **—mètre** : exposure meter; **—r** *(**sens général**)* : to lay; **—r la voie** : to lay the track; **—ur de tuyauterie** (*mines*) : pipe man; **—ur de voie** (*mines*) : track man; **outils de —urs** : track tools.

positif (*mathématiques*) : positive.

position : position; — **d'équilibre** : position of equilibrium; — **extrême** : extreme position; — **finale** : final position, ultimate position; — **horizontale** : horizontal position; — **initiale** : initial position; — **de transport** : portable position; — **verticale** : vertical position; **—neur** (*régleur de position*) : positioner.

positron : positron.

possibilités du marché : market potentials.

poste de travail : shift; gang; turn; — **de commande** : control pulpit; — **de travail fixe** : fixed shift; — **de jour** : day shift, day turn; — **de mesure** : measuring point; — **de neuf heures** : nine-hour shift; — **de nuit** : night shift, night turn; — **perdu** : lost shift; — **prolongé** (*heures supplémentaires*) : surplus hours; — **de recharge** (*d'accumulateurs*) : charging outfit; — **de travail par roulement** : rotation shift; — **supplémentaire** : supplemental shift, surplus shift; — **de transbordement** : transfer point; **—s accomplis** : fulfilled shifts; **changement de —** : change of shift; **à chaque —** : on each shift; **chef de —** : shift boss; **début du —** : shift starting.

pot : pot; — **d'échappement** : exhaust box; — **à recuire** (*mathématiques*) : annealing pot; — **de trempage des cartouches dans l'oxygène liquide** : soaking pot; soaking vessel.

potasse : potash; — **caustique** : caustic potash.

potassique : potassic.

potassium : potassium; **bromure de —** : bromide of potassium; **carbonate de —** : potassium carbonate; **cyanure de —** : potassium cyanide; **nitrate de —** : potassium nitrate.

poteau : post; — **d'amarrage** : tension post; — **télégraphique** : telegraph pole.

potence : extension arm.

potentiel (*adj. ou subst.*) : potential; — **de production** : production potential; **chute de —** : drop of potential; **différence de —** : difference of potential; **transformateur de —** : potential transformer; **énergie —le** : potential energy.

potentiomètr(e) : potentiometer; **—e à point de rosée** : dew-point potentiometer; **mesures —iques** : potentiometric measures.

poterie de grès : stoneware.

pouce (*mesure*) : inch; — **carré** : square inch.

poudre (*pour tir des mines*) : blasting powder; — **abrasive** : grinding powder; — **d'aluminium** : aluminium powder; — **de cémentation** (*métallurgie*) : case-hardening powder; — **décapante** : pickling powder; — **magnétique** : magnetic powder; — **métallique comprimée** : pressed metal powder; — **noire** : black powder; — **d'or** : gold dust; — **pyroxilée** : pyroxile powder; — **sans fumée** : smokeless powder; **étude par les —s magnétiques** : magnetic powder testing method; **grain de —** : powder grain.

poudrier (*mines*) : powderman.

poudrière : powder-store.

poulie : pulley; sheave; — **d'angle** : corner pulley; — **de commande** : driving pulley; — **cône** : cone-pulley; — **coupée,** — **à chape ouvrante** : snatch block; — **fixe** : fast pulley, tight pulley; — **folle** : loose pulley; — **à gradins** : stepped speed-pulley; — **-guide,** — **de direc-**

poulie *(suite)*
tion : guide pulley, guide sheave; **— Koepe** : Koepe pulley, driving pulley; **extraction par — —** : Koepe pulley winding, Koepe pulley hoisting; **— non motrice (poulie-guide ou intermédiaire)** : idler; **— en porcelaine (*électricité*)** : porcelaine pulley; **— de queue** : tail pulley; **— de renvoi amarrée au sol** : ground-hitch; **— de tête** : head pulley; **— — de flèche (*appareils de levage*)** : jib-head sheave; **— de traînage** : haulage pulley; **cône de —s** : stepped speed-pulley; **cône à trois —s** : three-step pulley.

poupée : operating head, driving head; **— (*tours*)** : headstock; **— à aléser** : boring head; **— à diviser** : dividing spindle; **— limeuse** : filing head; **— mobile (*tours*)** : movable headstock; tailstock.

pourcentage : percentage, percent.

pourvoir de... : to provide with...

poussard (*mines*) : spreader; **— (*pièce d'écartement*)** : strut.

pousse-lingots : ingot-pusher.

pousse-wagons : car-pusher.

poussée : push; thrust; **— axiale** : end thrust; **— latérale** : side pull, side thrust, lateral thrust; **— des terres** : earth thrust; **absorber la —** : to absorb the thrust; **recevoir la —** : to take up the end thrust.

pousser (*sens général*) : to push; **— les wagonnets de mine** : to push on the mine cars; **— une galerie de mine** : to drift, to drive.

pousseur (*appareil*) : pusher.

poussier : dust; **— d'anthracite** : anthracite duff; culm breeze; **— de coke** : coke breeze; coke dust; **— fin** : fine dust; **— grossier** : coarse dust.

poussière : dust; **— de charbon** : coal dust; **— d'émeri, venant de la meule** : grit; **— fine** : fine dust; **— de forage** : bore hole dust; **collecteur de — —** : dust trap; **recueillir la — —** : to trap the dust. **— de haut fourneau** : blast-furnace dust; **— résultant du tir (*mines*)** : dust from blasting; **abatage de la — en suspension** : dust settling; **—s folles**: air born dusts; **—s industrielles** : industrial dusts; **—s inertes, non combustibles** : inert dusts; **—s de mine** : mine dusts; **abattage des —s** : dust laying; **coup de —s** : coal dust explosion; **en —** : dusty; **étanche aux —s** : dust proof; **galerie d'essai des —s** : dust gallery; **lutte contre les —s** : dust prevention; **masque contre les —s** : dust mask; **protecteur de —s** : dust guard; **protégé contre les —s** : dust proof; **récupération des —s** : dust recovery; **—ux** : dusty.

poussoir : pusher; **— de soupape** : valve lift rod; **bouton —** : push-button.

poutre : beam; **— métallique** : beam, girder; **— en caisson** : box-section type girder, box girder, box beam; **— à croisillons** : truss girder; **—-maîtresse** : chief beam; main girder; **— de pont** : bridge girder; **— en porte-à-faux** : cantilever; **— en treillis** : latticed girder, lattice girder, lattice beam.

poutrelle : beam; **— en I** : I-beam; **— en U** : channel; **— à ailes normales** : normal flange beam; **— à larges ailes** : wide flange beam; **— métallique** : structural beam, beam girder; **— pour soutènement du toit (*mines*)** : roof bar.

pouvoir : power; **— d'achat** : buying power, purchasing power; **— adhérent** : adhesive strength; **— agglomérant du charbon** : caking power of coal; **— agglutinant** : binding power; **— calorifique** : calorific value; **— — inférieur** : lower calorific value; **— — supérieur** : upper calorific value; **— de cohésion** :

pouvoir *(suite)*
adhesive strength, bond strength; — **cokéfiant** : coking performance; — **décolorant** : bleeching power; — **éclairant** : candle power; — **isolant** : insulating power; — **réfringent** : refracting power; — **solvant** : solvency; — **trempant** : hardenability, quenching power; **donner un —** : to give a power; **donner pleins —s** : to give full powers.

pouzzolan(e) : pozzuolana, puzzolana; **ciment —ique** : pozzolanic cement.

pratique (*expérience*) : practice, praxis; — **de la cokéfaction** : coking practice; **—r** : to practise; — **une méthode** : to practise a method.

préassemblage : pre-assembling.

préavis (*de licenciement*) : previous notice (*of dismissal*).

préchauff(er) : to preheat; **—age** : preheating; preheat; **—age de l'air** : air preheating; **—eur d'air** : air preheater; **air —é** : preheated air.

précipitation (*chimie*) : precipitation; — **(dépôt)** : settlement; — **électrostatique** : electrostatic precipitation; **vitesse de —** : settlement rate.

précipité (*subst.*), *en chimie* : precipitate.

précipiter (*chimie*) : to precipitate.

précis : accurate; **réglage —** : accurate adjustment, fine adjustment.

précision : accuracy, accurateness; precision; — **d'ajustement** : precision of fit; — **d'une balance** : accuracy of a scale; — **de mesure** : precision of measurement; **outil de —** : precision tool; **taillé avec —** : accurately cut; **tour de —** : precision lathe.

précombustion : pre-combustion; **chambre de — dans les moteurs Diesel** : pre-combustion chamber.

préconcassage : coarse crushing, coarse reduction.

précontrainte : pre-stressing.

pré-enrichissement des minerais : pre-concentration of ores.

préfabriqué : prefabricated.

préfinissage : prefinishing.

préformé (câble —) : preformed rope.

pré-fractionnement : pre-fractionation; **appareil de — dans la distillation fractionnée** : pre-fractionator.

prélèvement : pick-up; — **à la cuiller** : spoon test.

premier ouvrier : head-workman.

premiers secours : first aid.

prendre, se figer (*liquides*) : to set; — **(*ciment, béton*)** : to bind; to harden; — **(engrener avec...)** : to mesh with..., to bond to...; **se —, s'agglutiner (*en pain, en gâteau*)** : to cake; — **un brevet** : to take a patent.

préparation : preparation; — **d'un produit pour la vente** : dressing, preparation; — **des charbons pour la vente** : preparation of coal for the market; — **de la charge** : preparation of burden; — **par flottation** : cleaning by flotation; — **mécanique** : mechanical cleaning; — **microscopique** : microscopic preparation; — **du minerai** : ore-dressing; **installation de — —** : ore-dressing plant; **installation de — magnétique du minerai** : ore magnetic separation plant; — **pneumatique** : pneumatic cleaning; — **des charbons par voie humide** : wet preparation, wet cleaning, wet separation; — **par voie sèche** : dry preparation, dry cleaning, dry separation.

préparer : to prepare; — **un produit pour la vente** : to dress, to prepare; — **(instruire, former)** : to dress.

prescription, consigne : prescription, regulation.

préservation des bois de mine : mine timber preservation.

président (d'une société) : chairman; president (of a concern).

presspahn : presspahn.

presse : press; — **à chaud** : warm press; — **à cintrer** : bender; — — **les rails** :

presse (*suite*) rail bender; **— à couder** : upsetting press; **— à débavurer** : trimming press; **— à dresser, à redresser** : straightening press; **— à emboutir** : dishing press; **— à faire les brides** : flanging press; **— à empreindre** : embossing press; **— à étamper** : stamping press; **— -étoupe** : stuffing-box; **— à forger** : forging press; **— à froid** : cold press; **— hydraulique** : hydraulic press; **— à main** : hand press; **— à pédale** : foot press; **— à refouler** : extrusion press; **filtre- —** : filter-press.

presser : to press.

pression : pressure; **— absolue** : absolute pressure; **— d'alimentation** : feed pressure; **— atmosphérique** : atmospheric pressure; **— barométrique** : barometric pressure; **— de charge d'une bouteille de gaz comprimé** : charging pressure; **— d'essai** : testing pressure; **— de service** : operating pressure; **— des terres** : earthpressure; **— par unité de surface** : surface pressure.

prestations : allowances; **— accidents du travail** (*incapacité*) : disability benefits; **— familiales** : family allowances; **— hospitalisation et retraite** : hospitalisation and retirement benefits; **— maladie** : medical benefits, sickness benefits.

prêt-bail : lend-lease.

prévenir : to prevent.

prévention des accidents : accident prevention.

prévisions (*de production*) : forecast (*of production*); **— de répartition des postes et du matériel** : planning.

primaire : primary; **— d'un transformateur** : primary; **enroulement —** : primary winding.

prime (*salaires*) : premium; bonus; gratuity; **— d'assurance** : insurance premium; **— à l'exportation** : bounty; **— à la productivité** : incentive bonus, production incentive; **système de — —** : production bonus plan.

principal : main; **câble —** : main cable; **tuyauterie —e** : **grosse tuyauterie** : main pipe line; **voie —e de roulage, dans les mines** : main haulage road.

principe (*sciences*) : principle; **— de base** : basic principle; **— fondamental, fondement, base** : fundamental principle, basis.

pris dans les barres : made from bar stock; **« pris à l'usine » (prix)** : « at works ».

prise (*solidification*) : setting, hardening, solidification; **— du ciment** : setting, hardening; **— de courant** : receptacle; **— d'eau** : hydrant; **— d'incendie** : fire hydrant; **— de vapeur** : steam supply; **soupape de — —** : steam-supply valve; **en —** (*en parlant des engrenages*) : in mesh; **temps de —** : hardening time, setting time; **ciment à — lente** : slow-hardening cement; **ciment à — rapide** : rapid-hardening cement.

prismatique : prismatic, prismatical.

prisme : prism.

prisonnier (*goujon*) : dowel; **— conique** : taper dowel.

prix : price; **— d'achat** : cost price; **— de base** : base price; **— de barème, de catalogue** : list price; **— comptant** : cash price; **— courant** : current quotations; **— de l'énergie, — du Kwh** : power rate; **— à l'exportation** : export price; **— de fabrique** : factory price; **— fixes** : fixed charges; **— forfaitaire** : in-the-lump price; **— fort** : full price, gross price; **— global** : overhead price; **— inouï** (*commerce*) : unheard-of price; **— intérieur** : home price; **— moyen, cours, taux** : rate; **— rendu** : delivered price; **— de revient** : prime cost; first cost; **— de tâche** : contact rate; **conclusion du — —** : wage determination; **— de vente** : selling price; **fixation des —** : pricing.

problème : problem; — **effort, déformation, temps** : stress-strain-time problem.

procédé : process; — **air-sable** (*épuration du charbon*) : air-sand coal-cleaning process; — **Bergius** : Bergius process; — **Bessemer** : Bessemer process; — **direct de réduction du minerai de fer** : direct process for production of iron; — **Martin acide** : acid open-hearth process; — **Thomas** : basic Bessemer process; — **de travail** : working process; — **par voie humide** : wet process; — **par voie sèche** : dry process.

processus : processing.

procès-verbal d'essais : test report.

procuration : proxy; **par —** : by proxy.

producteur : producer.

productif (pouvoir —) d'un ouvrier, capacité de production d'une machine : production capacity.

production : production, generation; — **continue** : continuous production; — **de l'énergie** : generation of power, power production; — **en masse** : mass production, quantity production; — **mensuelle** : monthly output; — **minérale** : mineral production; — **par ouvrier** : output per worker; — **en série** : multiple production, duplicate production.

produire : to produce, to raise.

produit (*arithmétique*) : product; — (*matière produite*) : product; — (*profit, rapport*) : proceeds; — **absorbant** (*de liquide, d'explosif*) : dope; — **antirouille** : rust preventive product; — **de cémentation** : cementation agent; — **céramiques** : ceramic products; — **concentré** : concentrate; — **de coupe** : cutting compound; — **demi-fin** : semi-finished product; — **filtré** : filtrate; — **final** : end product; — **fini** : finish product, finished product; — **de graissage** : lubricant; — **dans le pays national** : home produced; — **de queue** : tailing; — **raffiné** : raffinate; — **recarburant** : recarburizing agent; — **réfrigérant** : freezing mixture; — **de remplacement** : substitute; — **de remplissage** : filler; — **de tête** (*chimie*) : heading; **distribution des —s, en économie politique** : distribution of products; **—s de base** : basic commodities; — **chimiques** : chemicals; — **semi-manufacturés** : semi-manufactured goods; **enlèvement des —s de tête** : topping.

profession : profession; — **commerciale** : trade; — **manuelle** : handicraft; **—nel** : professional.

profil : profile; shape; — **du haut fourneau** : blast furnace construction lines; **—s de laminage** : rolling shapes; — **normal de voie ferrée** : standard section; — **de la pente** : profile of slope; — **de la voie** : profile of road; **—age** : form turning; **—age (façonnage)** : forming.

profilé (*subst.*) : shape; — (*pour construction*) : structural steel; structural shape, structural beam; — **à froid** : cold shaped; **—s légers** : light sections; **—s lourds** : heavy sections; **fil de trolley —** : shaped trolley-wire; **laminoir à —s** : shape rolling mill, section rolling mill.

profiler, façonner, former : to shape.

profit : profit; — **net** : nett profit; **—s et pertes** : profit and loss; **compte —s — —** : profit and loss account; **passer par — —** : to write off.

profondeur : depth; — **abyssale** : abyssal depth; — **de cémentation** : depth of case; — **de coupe** : depth of cut; — **de dent** (*engrenages*) : depth of tooth; — **de fouille** : digging depth; — **de sondage** : boring depth; — **de trempe** : hardness penetration, chill depth; **calibre de —** : depth gauge; **à faible —** : at shallow depth; **à moyenne —** : at moderate depth.

programme : program, programme; — **d'expansion nationale** : nationwide program of expansion; — **d'expéditions** : forwarding program; — **de fabrication** : fabrication program, production program; — **de laminage** : rolling program; — **de transports** : transport program; — **de travail** : work program; — — **à longue échéance** : long-range program; — **de travaux publics** : public works program; **établissement du — de marche, de fabrication** : scheduling.

progrès : progress; **qui suit le —** : progressive; **société à l'affût du —** : progressive company.

progression (*mathématiques*) : progression; — **arithmétique** : arithmetical progression; — **géométrique** : geometrical progression.

projecteur : projector, searchlight.

projection (*géométrie*) : projection; — **latérale** : side projection; — **orthographique** : orthographic projection; — **verticale** : upright projection.

projet : project, design; — **à l'étude** : potential project; **—er** : to project, to plan; **(*mathématiques*)** : to project.

promotion, avancement : promotion.

promouvoir (*au rang de...*) : to promote (*to the rank of...*).

promu (*à un emploi*) : promoted (*to...*).

propagation : propagation; — **d'une onde** : propagation of a wave; — **d'une explosion** : propagation of an explosion.

propager : to propagate.

propane : propane.

proportion : proportion; **—s du mélange** : proportions of the ingredients in a mixture, component ratio; **—nalité** : proportionality; **inversement —nel** : inversely proportional.

proposition (*de fournisseurs*) : offer, proposal.

propriétaire : owner; — **de charbonnage** : coal owner; — **de la surface (*mines*)** : surface owner; **droit du — du sol à disposer des fonds** : surface owner's right of disposal.

propriétés d'un corps : properties; — **chimiques** : chemical properties; — **mécaniques de résistance** : mechanical properties; — **physiques** : physical properties; — **thermiques** : thermal properties.

propuls(er) : to propel; **—eur** : propeller; **—ion** : propulsion; **—ion par réaction** : jet propulsion.

prospecter : to prospect.

prospecteur : prospector; **marteau de —** : prospecting hammer.

prospection : prospection, prospecting; — **électrique** : electrical prospecting; — **géochimique** : geochemical exploration; — **magnétique aéroportée** : airborne magnetic survey; — **magnétométrique** : magnetometric surveying; — **par mesure de la résistivité** : resistivity surveying; — **du pétrole** : search for oil.

prospectus : prospectus.

protecteur : guard; — **de courroie** : belt guard; — **d'engrenages** : gear guard; — **de meule** : wheel guard; — **de poussières** : dust guard.

protection : protection; — **antigrisouteuse** : firedamp protection; — **des bois de mines** : wood preservation; — **contre les éboulements (*mines*)** : safety from falls; — **contre le feu** : fire protection; — **contre les gaz** : antigas protection; — **contre les surcharges** : overload protection; **appareil de — individuelle** : self-rescuer; **barre de —** : guard bar; **équipement de —** : safeguarding equipment; **vêtements de —** : protective clothing; **—nisme** : protectionism.

protégé contre ... : ... proof; **moteur électrique — — l'humidité** : moisture-proof electric motor.

protéine : protein.
protester (une traite) : to protest a bill.
protêt : protest.
protocole d'accord : protocoll of agreement.
protoxyde : protoxide; **— d'azote** : nitrous protoxide; **— de manganèse** : manganese protoxide, manganous oxide; **— de plomb** : lead protoxide.
provision : stock; supply; **— (comptabilité)** : retainer.
prussiate : prussiate.
psilomélane : psilomelan.
publicité : advertisement; **frais de —** : advertising expenses.
puddlage : puddling.
puddlé : puddled; **laminoir à fer —** : puddle mill.
puddler : to puddle; **four à —** : puddling furnace.
puddleur : puddler.
puisard (*mines*) : sump; **pompe de —** : sump pump.
puiser : to draw, to pull out (from...).
puissance : power; **— d'une machine en chevaux** : horse power; **— d'un appareil d'optique** : power; **— (*mathématiques*)** : power; **— d'une couche, dans les mines** : thickness (*of a seam, of a vein*); **— absorbée** : power output; **— sur l'arbre** : shaft horse power; **— à vide** : no-load power; **— au crochet** : draw bar horse power; **— aux essais** : h.p. developed on test; **— fiscale** : rating horse power; **— au frein** : brake horse power; **— de freinage** : braking power; **— indiquée** : indicated horse power; **— de levage, capacité de levage (*d'un palan*)** : hoisting power, capacity of hoist; **— nominale** : nominal horse power; **— de pointe** : peak power; **— de projection, effet brisant (*des explosifs*)** : heaving action; **— utile** : useful horse power; **élévation à une —** : involution; **élever à une —** : to involve; **élévation à la troisième —** : to raise to the third power; **facteur de — en électricité** : power factor; **de faible —, dans les mines** : thin; **pleine —** : full power.
puissant (*mines*) : thick.
puits : well; **— de mine** : shaft, pit; **— absorbant, — perdu** : drain well, draining well; **— d'aérage** : air shaft, ventilating shaft; **— artésien** : artesian well; **— auxiliaire** : auxiliary shaft; **— de décantation** : clear well; **— à double compartiment** : double compartment shaft; **— d'eau** : water well; **— d'entrée d'air** : intake shaft, down-cast shaft; **— d'exhaure** : sump shaft; **— d'extraction (*mines*)** : hoisting shaft; **— en fonçage** : sinking shaft; **— foncé par cimentation** : shaft sunk by cementation process; **— foncé par congélation** : shaft sunk by freezing process; **— incliné** : incline, inclined shaft; **— intérieur (*mines*)** : staple pit; **— de pétrole** : oil well; **— — jaillissant** : gusher, gushing well; **— de recherche** : prospect shaft; **— de retour d'air** : up-cast shaft, uptake shaft; **— de secours** : escape shaft; **compartiment de —** : shaft compartment; **élargir un —** : to widen a shaft; **foncer un —** : to sink a well; **fond d'un —, accrochage** : pit bottom; **orifice d'un —** : pit mouth; **faire le raval d'un —** : to deepen a shaft; **revêtement de —** : shaft lining.
pulpe : pulp; slime; **— de bois** : wood pulp.
pulsation : pulsation; **—s dans les tuyauteries** : pipe line pulsations.
pulvérisateur : pulverizer, sprinkler; **— de brûleur** : spray nozzle; **— d'eau (*sécurité dans les mines*)** : mist projector.
pulverisation : pulverizing; fine grinding.
pulvérisé : pulverized; powdered; **charbon —**. pulverized coal; pow-

pulvérisé : *(suite)* dered coal; **combustible —** : pulverized fuel; **sous forme —e** : in pulverized form.

pulvériser : to pulverize; to pound; to comminute; to grind; **— du liquide** : to spray.

pulvérulent : pulverulent, powdered.

punaise : thumb tack.

punition, amende : fine, penalty.

pupitre de commande : control pulpit.

pur : pure.

pureté (degré de —) : grade of purity.

purge ou purgeage : draining; **bouchon de —** : waste screw; **robinet de —** : drain cock; **—r un réservoir** : to drain.

purification : purification; refining.

purifier : to purify; to refine.

puteux, gaz irrespirables (*mines*) : choke-damp.

pylone : steel tower, pylon; **— en charpente métallique** : lattice mast.

pyramidal : pyramidal, pyramidical.

pyramide : pyramid.

pyrite : pyrites; **— de fer** : iron pyrites; **— — dans la houille** : coal brass; **— de cuivre** : copper pyrites; **cendres de —** : pyrites residue.

pyrolusite : pyrolusite.

pyrolyse : pyrolysis.

pyromètre : pyrometer; **— enregistreur** : recording pyrometer; **— indicateur** : indicating pyrometer; **— optique** : radiation pyrometer; **— thermoélectrique** : thermoelectric pyrometer.

pyrométrie : pyrometry.

pyrométrique : pyrometric.

Q

quadrangulaire : quadrangular.
quadrant de cercle : quadrant.
quadrature : quadrature.
quadrilatère (*adj.*) : quadrilateral; (*subst.*) : quadrangle.
quadruple : quadruple; **—r** : to quadruple.
quai : quay; **— d'accostage** : anchoring place; **— d'embarquement** : wharf; **— de gare** : platform.
qualitatif : qualitative.
qualitativement : qualitatively.
qualité : quality; **— (propriété)** : quality; **— du minerai** : grade of ore; **— spéciale** : special quality; **acier de —** : high-grade steel; **produits de — supérieure** : high quality goods, top quality products.
quantitatif : quantitative.
quantitativement : quantitatively.
quantité : quantity; **— auxiliaire** (*mathématiques*) : auxiliary; **— d'électricité** : quantity of electricity; **— imaginaire** : imaginary quantity; **— minime** : minute quantity, very small quantity; **— de mouvement** : momentum.
quartier de mine : mine section; **— trackless** (*mines*) : trackless mine section.
quartz : quartz; **— aurifère** : gold-bearing quartz, gold quartz; **— micacé** : micaceous quartz; **—ite** : quartzite.
quaternaire (*géologie*) : quaternary.
queue (d'outil) : shank; **— de distillation** : last-running, after-running; bottom; **— d'aronde** (*assemblage*) : dove tail; **— au cône Morse** : Morse taper shank; **— — Brown & Sharpe** : Brown & Sharpe taper shank; **— de foret** : drill shank; **produit de —** : tailing; last-running.
quincaillerie (*articles*) : hard-ware.
quincaillier : hardware dealer.
quinconce (en —) : staggered.
quinquavalence : quinquivalence.
quinquavalent : quinquivalent.
quintal : hundredweight (c.w.t.); **— métrique** : about two hundredweights (2 cwts).
quittance, reçu : acquittance.
quitter (l'usine, la mine, ...) : to leave, to depart from...; **— son ouvrage** : to leave the job; **— le travail, faire grève** : to leave off work.
quote-part : quota.
quotient : quotient.

R

rabais : rebate, deduction.
rabattre, border (*métallurgie*) : to border.
rabot : plane; **— à charbon** (*mines*) : coal plough; stripper; **— d'établi** : bench plane; **— à moulurer** : fancy plane, router plane, router; **— à rainurer** : rabbet plane, fillister; **— à roues étoilées** (*mines*) : star-wheel cutter; **—age** : planing; **aptitude au —age** (*mines*) : ploughability; **atelier de —age** : planing mill; **—er** : to plane; **—** (*polir*) : to trim; **—er une planche** : to plane a board; **—euse** (*machine-outil*) : planing machine; planer; **—euse inversée** : cross cut planing machine; **—euse ouverte** : open side planing machine; **—eux, non lisse** : rough; **—ures, copeaux de rabot** : planings.
raccord : coupling, joint, connection; **— flexible** : flexible coupling; **— rapide pour tuyauterie** : quick-fitting pipe union, quick-assembly union; **— de réduction** : reducing union; **manchon de raccord fileté** : sleeve nut; **—ement** : reconnecting; **voie de —ement, dans une usine** : side line, junction line; **—er** : to connect; **—s boulonnés** : bolted joints; **—s à brides** : flanged couplings, flanged joints, flange fittings; **—s filetés** : screw fittings, threaded fittings; **—s de tuyauterie** : pipe fittings, pipe joints, pipe connections, pipe fixtures.
raccrocher le téléphone : to hang up the phone.
rachat d'actions : redemption of shares.
racine (*mathématiques*) : root; **— carrée**: square root; **— cubique** : cube root; **— imaginaire** : imaginary root; **— quatrième** : fourth root; **— réelle** : real root.
raclage : scraping.
racler : to scrape; **— (*enlever par raclage*)** : to scrape, to strip.
racleur ou racloir : scraper; **— (*excavateur*)** : stripper.
radar : radar.
radial : radial; **perceuse —e** : radial drill, radial drilling machine; **—ement** : radially.
radian : radian.
radiance : radiance.
radiateur : heater, radiator; **— électrique** : electric radiator; **— à ailettes** : ribbed radiator; **— à nid d'abeilles** : honeycomb radiator; **— à vapeur** : steam heater.
radiation : radiation; **— cosmique** : cosmic radiation; **— infrarouge** : infra-red radiation; **—s invisibles** : invisible radiations; **—s ultraviolettes** : ultraviolet radiations.
radical (*mathématiques, chimie*) : radical.
radio : radio, wireless; **émetteur de —** : radio transmitter, broadcast transmitter; **poste de —** : radio set; **récepteur de —** : radio receiver; **—actif** : radioactive; **transformation —active** : radioactive transformation; **—activité induite** : induced radioactivity **—activité naturelle** : natural radioactivity; **—chimie** : radiochemis-

radio *(suite)*
try; **—diagnostic** : radio-diagnostic; **—goniomètre** : radiogoniometer; **—gramme** : radiogram; **—graphie** : radiography; **— (cliché)** : radiograph; **passer quelqu'un à la —** : to X ray someone; **—isotopes** : radioisotopes; **—scopie** : radioscopy; **—graphique** : radiographic; **—télégraphie** : radiotelegraphy; **—téléphonie** : radiotelephony.

radium : radium.

raffinage : refining; **— du pétrole** : oil refining.

raffinat (*produit du raffinage*) : raffinate.

raffiner : to refine; **—ie** : refining plant, refinery; **—ie d'huile** : oil refinery.

rafraîchissement d'une mine : mine cooling.

rai (*de roue*) : spoke.

raidi (*cordage*) : taut; **—r** (*un cordage*) : to tighten, to haul taut; **—sseur** : straightener.

raies du spectre : spectrum lines; **déplacement des — —** : displacement of spectrum lines.

rail : rail; **— creux** : tramrail; **— à double champignon** : double-headed rail; **— de guidage** : guide rail; **— d'occasion** : relayer, relaying rail; **— à ornière** : grooved rail; **— de petit profil** : light rail; **— plat** : plate rail; **— Vignole** : girder rail; **âme d'un —** : rail web; **boudin de —** : rail head; **contre- —** : guard rail; **patin de —** : rail foot; **remettre sur —** : to re-rail; **exploitation sans —s dans les mines** : trackless operation.

rainer : to slot.

rainure : slot, groove; **— de clavette** : key-seat, key-slot, key-way; **faire la — — d'un arbre** : to key-seat a shaft; **— le long d'une planche** : rabbet; **— en T** : T-slot; **bride à —** : grooved flange; **faire une —** : to rabbet.

rainuré, à gorge : grooved.

rainurer : to slot, to groove, to rabbet; **machine à —** : slotter; **rabot à —** : rabbet-plane.

rajeunir (*moderniser*) : to rejuvenate, to modernize; **— une industrie** : to revitalize an industry.

raison (*mathématiques*) : ratio; **en — inverse de —** : in the inverse ratio of...

ralentir (*amortir*) : to damp; **— un mouvement** : to check a motion, to restrain a motion.

ralentissement : slackening; **— du mouvement** : deceleration; **dispositif de — à l'arrivée à la recette dans les mines** : slow-banking device.

ralentisseur de berlines : tub controller.

rallonge (*pièce ajoutée*) : additional extension, extension; extension bar; **— à col de cygne** : goose-neck extension; **— de mèche** : bit extension; **tige de —** : extension rod.

rallumer un haut fourneau : to restart a blast-furnace.

rallumeur de lampes de mine : relighter; **lampe de sûreté à —** : relighter safety lamp.

rame de berlines (*mines*) : string of mine cars.

ramification, succursale : branch.

rampe, pente : grade, incline; **— d'escalier** : stair railing.

ranger (se —) en voiture : to line up.

ranimation, rappel à la vie : resuscitation; revival; **appareil de — artificielle** : revival device.

ranimer, rappeler à la vie : to resuscitate, to revive.

râpe (*grosse lime*) : rasping file.

rapiécer, réparer des déchirures à ... : to patch.

rapiécetage : patchwork.

rappel à zéro (*dispositif*) : zero setting attachment.

rappeler (*ramener en arrière*) : to withdraw.

rapport (*rendement*) : yield, produce, output; **— (compte-rendu)** : report;

rapport *(suite)* record; **(*mathématiques*)** : ratio; **— annuel** : annual report; **— de démultiplication des engrenages, — de réduction des pignons** : gear ratio, speed ratio; **— financier** : financial statement; **— hebdomadaire** : weekly report; **— journalier** : daily report; **— mensuel** : monthly report.

rapportée (*lame*) : inserted (*blade*); **fraise à dents —s** : inserted tooth cutter.

rapporter (*emmancher à quelque chose*) : to shrink on...

rapporteur (*mesure des angles*) : protractor.

ras bord (plein à —) : even full.

raté (*tir des mines*), coup — : misfire; **— d'allumage** : spark failure; **pièce —e, pièce défectueuse** : defective piece.

rateau (*de filtre rotatif*) : rake.

rater (*coups de mine*) : to misfire.

rationalisation : rationalization.

rationaliser : to rationalize.

rationnel (*sens général*) : rational; **(*mathématiques*)** : rational.

rationnement, contingentement : rationing.

rattrapage de jeu : wear adjustment; **tourillon à — —** : take-up collar; **à — — concentrique** : adjustable for radial wear; **à — latéral** : adjustable for end play.

rattraper (*le jeu*) : to take up (*the play*); **— — — latéral** : to take care of end play; **— le mou d'un câble** : to take up the slack.

raucheur en retour d'air (*mines*) : airway-man.

raval (*mines*) : deepening; **— d'un puits de mine** : deepening of a mine shaft.

rayer : to scratch.

rayon : ray; **—s alpha, bêta, gamma** : alpha, beta, gamma rays; **— d'action** : scope, working scope, working range; **— de bicyclette** : cycle spoke; **— de braquage** : turning radius; **— d'une circonférence** : radius (*pl.* : radii); **— de conversion** : turning radius; **— de courbure minimum** : radius of sharpest curve; **— de giration** : radius of gyration; **— incident** : incident ray; **— de lumière** : beam; **— lumineux** : beam of light; **— réfléchi** : reflected ray; **— réfracté** : refracted ray; **— d'une roue** : spoke; **—s cathodiques** : cathode rays; **—s cosmiques** : cosmic rays; **—s ultraviolets** : ultraviolet rays; **— vecteur** : radius vector; **—s X, rayons Röntgen** : X-rays, Röntgen-rays; **examen aux — —, examen radioscopique** : X-ray investigation, radioscopic examination.

rayonne : rayon.

rayonnement (*radiation*) : radiation; **— cosmique** : cosmic radiation; **pertes par —** : radiation losses.

rayonner (*partir en rayonnant*) : to radiate.

rayure : scratch; **dureté à la —** : scratch hardness.

réa (*poulie*) : sheave.

réactance : reactance; **bobine de —** : reactance.

réacteur : reactor; **— atomique** : atomic reactor; **— nucléaire** : nuclear reactor.

réactif (*adj.*) : reactive; **— (*électricité*)** : reactive; **— chimique** : chemical reagent; **indicateur de — (*en électricité*)** : reactive indicator; **coke —** : reactive coke.

réaction (*mécanique, chimie*) : reaction; **avion à —** : jet plane; **propulsion par —** : jet propulsion; **— chimique** : chemical reaction; **— d'équilibre** : equilibrium reaction; **— au feu, à la cuisson** : reaction in firing; **— d'induit** : armature reaction; **— en chaîne** : chain reaction, breeding reaction; **— nucléaire** : nuclear reaction;

réaction *(suite)*
turbine à vapeur à — : reaction steam turbine.
réactivité (*du charbon*) : reactivity.
réagir sur... : to react upon...
réalésage : reboring.
rebobinage (*électricité*) : rewinding.
rebobiner : to rewind.
rebondir : to rebound, to recoil.
rebondissement : rebound, recoil; **dureté de —, dureté au scléroscope** : rebound hardness.
rebord : ledge; **—s de protection** : protecting ledges.
rebut, pièce manquée : broken piece, refuse, trash; **mettre une machine au —** : to discard a machine; **tas de —** : pile of refuse.
recarburant (*produit*) : recarburizing (*agent*).
recarburation : recarburization.
recarburer : to recarburize.
récepteur (*appareil*) : receiver.
réception (*de marchandises, de matériel*) : acceptance, reception; **conditions de —** : conditions of acceptance; **essai de —** : acceptance test, reception test; **—ner** : to receive, to accept.
récession (*économique*) : recession.
recette : receipt; **—** (*mines*) : bank; **—** (*formule*) : recipe; **— du fond** : pit bottom; **arriver à la — —** : to land at bottom of shaft; **— du jour** (*mines*) : top landing; **arriver à la — —** : to land at top of shaft; **— à rebroussement** (*mines*) : shunt back; **arrivée de la cage à la —** : landing of the cage; **dépasser la —** : to overtravel, to overhoist; **dispositif de ralentissement à l'arrivée à la —, dans les mines** : slow-banking device; **installation de — et chargement en wagons, dans les mines** : tipple.
receveur de puits, dans les mines : lander.

rechange (*pièces de —*) : replacement parts, spare parts.
rechaper (*un pneu*) : to retread.
recharge d'accumulateurs (poste de —) : charging outfit.
recharger une bouteille de gaz : to recharge a gas cylinder.
réchauffage : reheating; **— préalable, préchauffage** : preheating; preheat.
réchauffer : to reheat, to warm; **forge à —** : heating forge; **four à —** : heating furnace, reheating furnace.
réchauffeur (*chaudières*) : heater; **— d'air** : air heater; **— d'eau d'alimentation** : feed-water heater.
recherche : research; **— scientifique** : investigation; research; **— des débouchés** : marketing research; **— du pétrole** : search for oil; **— expérimentale sur...** : experimental inquiry into...; **sondage de —** : test boring, exploratory boring; **trou de —** : prospect hole, exploratory hole; **travaux de —s au fond** : exploratory work underground.
récipient : container, receiver, vessel; **— à air comprimé** : air receiver; **— de détente** : expansion tank; **d'oxygène liquide** : liquid oxygen container; **— de transport de l'oxygène liquide** : liquid oxygen transportation bottle; **— de trempage de l'oxygène liquide** : liquid oxygen dipping vessel, liquid oxygen soaking pot.
réciproque (*action*) : interaction.
recirculation (*retour, ou remise, dans le circuit*) : recirculation.
réclamation : claim, reclamation, grievance, complaint; **arranger , régler une —** : to adjust (*ou* : to settle) a grievance; **enregistrer une —** : to file a grievance; **membre du comité des —s** : grievanceman.
réclame, publicité : advertisement; display; **article —** : advertisement article; **panneau —** : advertising sign.

reclasseur (appareil —) dans les lavoirs : reclassifier.
recommander (*quelqu'un*) : to recommend; **— une lettre** : to register.
reconnaissance (méthodes de — d'un gisement minier) : exploration methods.
reconstruction : reconstruction.
recouper une couche (*mines*) : to encounter a seam.
recouvrement : lap; overlapping; **— (repliure de laminage)** : lap; **— (encaissement)** : collection; **enlèvement du —, en découverte** : overburden removal; **frais de —** : collection charges; **terrain de —** : cap stone, cap.
recouvrir : to cover; **— d'un enduit** : to coat; **— garnir l'intérieur** : to line; **— (être à recouvrement)** : to overlap; **— de...** : to face with...
recristallisation : recrystallisation.
rectangle : rectangle.
rectangulaire : rectangular.
rectification : trueing; **— par meulage** : grinding; **— à la meule de forme** : formed wheel grinding.
rectifier : to grind true; **—** (*chimie*) : to rectify; **machine à —** : grinding machine, grinder; **— — les intérieurs** : internal grinder, internal grinding machine; **outil à —** : trueing tool.
rectiligne : rectilinear, rectilineal; **mouvement —** : rectilineal motion.
reçu, quittance : receipt, acquittance.
recuire (*métallurgie*) : to anneal; **fosse à —** : annealing pit; **four à —** : annealing furnace; **pot à —** : annealing pot.
recuit (*adj.*) : annealed; (*subst.*) : annealing; **— à l'air** : open annealed; **— blanc** : bright annealing; **— bleu** : blue annealing; **— au bleu** : blue annealed; **— en vase clos** : box annealed; **faire subir un deuxième —** : to re-anneal; **température de —** : annealing temperature.
recul : back-stroke, return-stroke.
récupérable : recoverable.
récupérateur : regenerator.
récupération : recovering; **—** (*remise en forme*) : reclamation; **— des chaleurs perdues** : waste heat recovery; **— des piliers, reprise des piliers** (*mines*) : pillar recovery; **— des poussières** : dust recovery; **— des schlamms** : sludge recovery; **— thermique** : heat recovery; **freinage avec —** : regenerative breaking.
récupérer : to recover; **—** (*rendre de nouveau valable*) : to reclaim; **— les chaleurs perdues** : to recover the waste heat; **— les heures de travail perdues** : to make up.
recyclage : recycling.
recycler : to recycle.
redevance minière : mine dues.
redressement du courant électrique : current conversion.
redresser : to straighten, to dress; **— le courant** : to rectify; **machine à —** : straightener, straightening machine.
redresseur : rectifier; **— à ampoule de verre** : glassbulb rectifier; **— à cathode incandescente** : incandescent cathod rectifier; **— à vapeur de mercure** : mercury vapour rectifier.
réducteur (subst.) en chimie : reducing agent; **— à chevrons à simple réduction** : single reduction herringbone gearing; **— de vitesse** : reduction gear; speed reducer; **— — à double réduction** : double reduction speed reducer; **— à vis sans fin** : worm reduction gear; **gaz —** : reducing gas; **grillage —** : reducing roasting.
réductible : reducible.
réduction, diminution : reduction; **—** (*arithmétique, mécanique, chimie*) : reduction; **—** (*pièce de tuyauterie*) : reduction; **— de la durée du travail** : worktime shortening; **— d'effectif** : reduction of forces; **— normale de**

réduction, diminution *(suite)*
l'effectif (*par départs en retraite, décès, etc...*) : natural wastage of labour forces; — (*des frais, des salaires*) : cutting down; — **des heures de travail** : labour shortage; — **directe des minerais** : direct reduction of ores; — **préférentielle** : preferential reduction; — **de prix** : abatement, allowance; — **de section** : reduction of area; — **thermique** : thermal reduction; **raccord de** — : reduction union; **soupape de** — : reduction valve.
réduire : to reduce; — **par étranglement, par laminage** : to throttle; — **les dépenses** : to slash costs; — **les frais** : to cut costs; — **les salaires** : to lower the scale of wages; — **la section** : to reduce; — **le temps de manutention** : to cut handling time.
réel (foyer —) en *optique* : real focus.
réescompter : to re-discount.
refaire la pointe (*d'un outil*) : to sharpen the point of..., to form the tip of...
réfectoire : messroom.
refendre : to slit; **machine à** — : slitting machine; **scie à** — : slitting saw.
référer (se) à... : to refer to...
réfléchir : to reflect.
réflecteur de lampe : reflector; — **de phare** (*autom.*) : headlamp reflector; — **parabolique** : parabolic reflector; — **en verre argenté** : silvered-glass reflector.
réflectoscope : reflectoscope.
réflexion (*optique*) : reflection; **angle de** — : angle of reflection.
refondre : to recast, to remelt.
refonte : smelting.
reforgeuse de ferraille : reforger of scrap.
refoule(r) : to drive back; **—r** (*bourrer*) : to tamp; **—r le courant** : to stem; **presse à —r** : extrusion press, extruding press; **hauteur de —ment d'une pompe** : discharge head; **—ment à froid** : cold extrusion; **—ur de berlines** : ram feeder.
réfractaire : refractory; — **au feu, incombustible** : fire-proof; fire-resisting; **argile** — : fireclay; **brique** — : refractory brick; firebrick; **super-** — : super-refractory; **matériaux —s** : refractory materials, refractories.
réfracter : to refract.
réfraction (*optique*) : refraction; **angle de** — : angle of refraction.
refractomètre : refractometer.
réfrigérant : cooler, water cooling tower; — **intermédiaire** : inter-cooler; — **de sortie** : after-cooler; **mélange** — : freezing mixture.
réfrigération : refrigeration; — **par l'eau** : water cooling; — **par ventilation** : ventilation cooling, fan cooling; **eau de** — : cooling water; **installation de** — : cooling plant.
réfrigérer, refroidir : to refrigerate, to cool.
refroidi : cooled; — **par l'air** : air-cooled; — **par l'eau** : water-cooled; — **par ventilation** : fan-cooled.
refroidir (*un gaz après sa sortie du compresseur*) : to aftercool; **table à** — : cooling table.
refroidissement : cooling; — **par l'air** : air cooling; — **par l'eau** : water cooling; **bac de** — : cooling box; **surface de** — : cooling surface; **système de** — : coolant system; **vitesse de** — : rate of cooling.
refroidisseur d'air : air cooler.
refroidisseur intermédiaire : intermediate cooler.
refus (*sens général*) : refuse; — **d'un crible** : oversize from a screen; — **au contrôle des essais, rejet** : rejection.
regard : peep hole, sight hole, inspection door.
regarnir d'antifriction : to rebabbit.
régénérateur : regenerator; **brique de** — : regenerator brick.

régénération : regeneration; **à —** : regenerative.
régénérer : to regenerate.
régie (ouvrier de —) : shifter.
région de failles (*mines*) : faulted area.
régisseur : manager.
registre (*appareil*) : sliding valve, gate-valve; **— (*de forge, de cheminée*)** : damper; **— (*livre*)** : register, record; **— des fumées** : flue damper; **— à papillon** : butterfly valve; **— de réglage** : regulation damper; **— de vent chaud** : hot-blast sliding valve; **— de vent froid** : cold-blast sliding valve; **— de ventilation** : ventilation register.
réglable, qui peut être ajusté : adjustable; **— en hauteur** : height adjustable; **étançon métallique — (*dans les mines*)** : adjustable steel prop.
réglage : adjustment; **— automatique** : self-adjustment, self-regulation, automatic adjustment; **à — —** : self-adjustable, self-regulating; **— d'un compresseur à charges partielles** : partload regulation; **— du débit** : flow regulation; **— de la durée** : timing; **— par étranglement, par laminage** : throttling regulation; **— en hauteur** : height adjustment; **— instantané** : quick regulation; **— micrométrique** : micrometer adjustment; **— précis** : accurate adjustment, fine adjustment; **— — de la position de l'outil dans les machines-outils** : fine setting; **— de la torsion dans les transformateurs** : ratio adjustment; **résistance de —** : regulating resistance.
règle : rule; **— à calcul, — à coulisse** : slide rule, sliding rule; **— empirique** : empirical rule; **— de trois** : rule of three; **—s d'entretien** : maintenance standards.
réglement d'un compte : settlement; **— général des mines de combustibles** : coal mines general regulations; **— sur la sécurité** : safety regulations; **(dans les mines)** : mine safety code; **—ation** : regulations.
régler : to regulate; **— (ajuster)** : to adjust; **— (par étranglement)** : to throttle; **— la marche d'une machine** : to govern, to pace; **— les freins** : to adjust the brakes.
regonfler un pneu : to pump up a tyre.
régulateur : governor; regulator; **— à boules** : ball type throttling governor; **— à étranglement d'admission** : throttling governor; **— à force centrifuge** : centrifugal governor; **— de freinage** : brake-governor; **— instantané** : quick-action regulator; **— du pendule** : pendulum regulator; **— pneumatique** : air governor; **— à poids** : weight governor, mechanical load governor; **— de pression** : pressure regulator; **— de registre** : damp regulator; **— à ressort** : spring regulator; **— de température, thermostat** : temperature regulator, thermostat; **— de tension** : voltage regulator; **— de tirage** : draught regulator; **groupe — de vitesse** : speed-regulating set; **— -volant** : fly-wheel governor; **commandé par —** : governor-controlled.
régulation : regulation; **— de la vitesse** : speed regulation.
régule : white metal; **—r** : to babbit.
rehausse : sink head.
réintégrer (*un agent congédié*) : to reinstate (*a discharged employee*).
rejet, refus aux essais de contrôle : rejection; **— d'une faille (*mines*), vers le haut** : upthrow, upthrust; **vers le bas** : downthrow.
rejointoyer (*maçonnerie*) : to rejoint.
relâcher, dégager : to release.
relais (*électricité*) : relay; **— Buchholz** : Buchholz relay; **— différé** : time delay relay; **— d'impédance** : impedance relais; **— à maxima d'intensité** : overload relay; **— à minima de tension** : no-voltage relay; **— d'ou-**

relais *(suite)*
vriers : relay of workmen; **— photoélectrique** : photoelectric relay; **— de protection** : protecting relay, protection relay; **— de signalisation** : signalling relay; **— thermique** : thermal relais; **commandé par —** : relay-actuated, relay-controlled.

relaminer (*métallurgie*) : to reroll.

relamineur : reroller.

relati(f) : relative; **densité —ve** : relative density, relative weight; **—vité du mouvement** : relativity of all motion.

relation (*rapport*) : relation, ratio; **—s d'affaires** : business relations; **—s publiques** : public relations.

relavage : recleaning.

relayer : to relieve; **— à front** (*mines*) : to relieve at the face.

relevage : lifting; **— automatique** : automatic lifting; **dispositif de — des balais** : brush lifting device.

relève du poste : relief, release; **— à front** (*mines*) : relief at the face.

relevé de comptes : statement of account.

relèvement (*géologique*) : (*geological*) survey; **— radiogoniométrique** : radio bearing; **— des strates, rejet** (*d'une faille*) **vers le haut** : upthrow, upthrust.

relever (*prendre des relèvements*) : to take the bearings of...; **— l'échelle des salaires** : to raise the scale of wages.

relier, assembler, connecter : to connect.

réluctance magnétique : magnetic reluctance.

rémanence : remanence.

rémanent (*adj.*) : remanent; **magnétisme —** : remanent magnetism.

remblai (*mines*) : gob; pack; packing; **— de route** : embankment; **mur de —, arête de —** : pack wall, pack case, packing case.

remblayage : goaf stowage, goaf stowing; **— par dames de remblai, par arêtes de remblai** : strip packing; **— hydraulique** : hydraulic stowage; **— pneumatique** : pneumatic stowage; **— à la remblayeuse mécanique** : mechanical stowage; **matériaux de —** : stowage material.

remblayer (*mines*) : to stow.

remblayeur (*mines*) : stower.

remblayeuse, machine à remblayer : gob stower; goaf stower; gobbing machine, back-filling machine.

remettre : to put again; **— en état** : to recondition; **— en exploitation une mine** : to revive a mine; **— à feu un haut fourneau** : to put in blast again, to restart a blast furnace; **— à neuf** : to rebuild; **— en place** : to reset; **— sur son siège** : to reseat; **— sur rails un wagonnet** (*mines*) : to rerail a mine-car.

remise (*réduction*) : allowance; deduction; **— sur droits de douane** : draw-back; **— en état** : restoration; **— en exploitation d'une mine** : revival of a mine; **— à feu d'un haut fourneau** : restarting of a blast-furnace; **— de fonds** (*commerce*) : remittance; **— des locomotives** : locomotive house; **— en place** : resetting; **accorder une — de...** : to grant an allowance of...; **compteur avec — à zéro** : set back counter.

remontage d'une machine : reassembly; **à — automatique** : self winding up.

remonter une machine : to reassemble a machine; **— du matériel du fond** (*mines*) : to get supplies up the shaft; **— le minerai** (*mines*) : to hoist the ore; **— au jour** (*mines*) : to ascend.

remorquage, touage : towage, tug.

remorque : trailer; **prendre en —** : to take in tow; **—r** : to tow, to tug; **—ur** : tow-boat.

remous (tourbillon) : eddy.

remplaçable : renewable; **garniture —** : replaceable liner.
remplacement, renouvellement : renewal; **produit de —** : substitute.
remplir une fonction : to perform a function.
remplissage : filling; **— d'une faille** : filling; **matière de —** : filler.
rendement d'un ouvrier : performance; efficiency; **— d'une machine** : operating efficiency; working output; **— (production)** : output; **— (rapport)** : yield, produce; **augmentation de —** : efficiency improvement; **augmenter le —** : to boost efficiency; **baisse de —** : efficiency decrease; **insuffisance de —** : inadequate efficiency; **— adiabatique** : adiabatic efficiency; **de — élevé** : efficient; **— exigé** : duty; **— global** : overall efficiency, total efficiency; **— industriel** : industrial efficiency; **— mécanique** : mechanical efficiency; **— par ouvrier** : output per worker; **— possible** : possible efficiency; **— record** : maximum efficiency; **— thermique** : thermal efficiency; **— utile** : useful efficiency; **— volumétrique** : volumetric efficiency.
renflement : bulge.
renforcement : strengthening.
renforcer : to strengthen, to reinforce; **— (*raidir*)** : to stiffen; **— par des nervures** : to brace with ribs.
renforcé par des nervures : ribbed.
renfort : stiffening; brace; **cornière de —** : stiffener angle; **jambage de —, jambe de force** : still leg.
reniflard : snifting valve.
renouvellement du matériel : renewal; **— de commande** : repeat order; **— des stocks** : stock renewal.
rentable, d'un rapport suffisant : rentable.
rente : rent; **— foncière** : ground rent; **— perpétuelle** : perpetual annuity; **— viagère** : life deferred annuity.
renversement : reverse; reversal; **— d'aérage (*mines*)** : reversal of mine ventilation; **— de marche** : reversal; **mécanisme de — —** : reversing mechanism; **— de température** : reversal of temperature; **— de vapeur** : steam reverse.
renverser : to break down; **— le courant d'air (*mines*)** : to reverse the air current; **— la marche** : to reverse, to change over; **se — (*véhicules*)** : to upset.
renvoi d'un ouvrier : dismissal, discharge; **— de sonnette** : bell crank; **arbre de —** : countershaft, jackshaft.
renvoyer (*un ouvrier*) : to dismiss, to discharge.
réorganisation : reorganization.
répandre, verser : to pour.
réparation : repair; **— de fortune** : emergency repair; **— urgente** : hurry-up repair; **atelier de —** : repair shop; **avoir besoin de —** : to be in need of repair; **frais de —** : repair costs; **petites —s** : minor repairs.
réparer du matériel : to repair, to restore; **— un dommage** : to make good a damage.
répartiteur (tableau —) : distributing panel.
répartition : distribution; **— de la lumière d'une lampe** : distribution of light.
repasser, affûter (*un outil tranchant*) : to hone.
repliable : folding, retractable, repliable.
replié, affaissé, effondré : collapsed.
repliure, plissure de laminage : lamination; lap.
répondre à une condition : to meat a requirement.
répondre aux conditions imposées (*matériel*) : to be in conformance with requirements.
report (*comptabilité*) : contango.

repos : rest; **au —, à l'arrêt** : at rest; **état de —** : state of rest.
repoussé : punched.
repoussoir : drift-bolt.
représentant autorisé, agréé : authorized representative; **— de commerce** : commercial traveller; **— élu** : nominee.
représentation graphique : graphic representation, diagram; **— schématique** : schematical representation.
reprise : rehandling; **— de la production** : resumption of production; **avoir de bonnes —s** : to have a good picking-up; **godet de —** : rehandling bucket.
reproduction : copied duplicate .
reproduire (dispositif à —), dans les machines à fraiser : profiling device.
répulsion (moteur à —) : repulsion motor.
réseau : network; net; **— (*cristallographie*)** : lattice; **— atomique** : atomic lattice; **— cubique** : cubic lattice; **— de diffraction** : diffraction grating; **— de distribution** : distributing network, network of distributing mains; **— électrique** : electric network.
réserve (*comptabilité*) : reserve; **—s de minerai (*dans un gisement*)** : reserves; available ore supplies.
réservoir : tank; pan; **— pour liquides** : reservoir; **— (*accumulateur*)** : storage tank; **— d'eau** : water reservoir; **— d'essence** : gasoline tank; **— d'expansion** : expansion tank; **— d'huile** : oil capacity; **— du radiateur (*autom.*)** : radiator tank.
résidu (*sens général*) : residuum; **— du grillage** : roasting residue; **produits —els** : bottom products; **eaux —aires** : waste water; **flottation des —s de lavage des minerais** : flotation of wash-ore tailings.
résiliation d'un contrat : cancelling.
résilience : resilience; impact value; **— sur éprouvette entaillée** : notch value; **essai de —** : drop test, pounding test, falling-weight test; **— sur éprouvette entaillée** : notched bar impact test; **— — à la bille** : impact ball test.
résilier, annuler : to cancel.
résine : resin; **— synthétique** : synthetic resin; **huile de —** : resin oil.
résistance (*sens général*) : resistance; **— (*mécanique*)** : strength; **— additionnelle, en série** : series resistance; **— aux agents physiques, chimiques** : resistance; **— à la chaleur** : resistance to heat; **— au choc** : impact strength; **— aux chocs répétés** : resistance to repeated impacts; **— au cisaillement** : shearing strength; **— à la compression** : compressive strength, strength in compression; **— à la contorsion (*d'un câble métallique*)** : kink-resistance (*of a wire-rope*); **— à la corrosion** : resistance to corrosion; **— à la déformation** : deformation resistance; **— de démarrage (*électricité*)** : starting resistance; **— en dérivation** : shunt resistance; **— diélectrique** : dielectric strength; **— à la fatigue, aux efforts répétés** : fatigue resistance, fatigue strength, endurance strength; **— — avec compression latérale** : chafing fatigue strength; **— au feu** : fire resistance; **— au flambage** : buckling strength; **— à la flexion** : bending strength; **— aux flexions répétées** : bending fatigue strength; **— au fluage** : creep resistance; **— au frottement** : frictional resistance; **— au gel et au dégel** : resistance to freezing and thawing; **— au glissement** : sliding resistance; **— aux intempéries** : resistance to inclemency; **— d'isolement (*électricité*)**: insulation resistance; **— des matériaux** : strength resistance; **— mécanique aux températures élevées** : strength at high temperatures; **— d'une mine (*au courant d'air*)** : mine resistance; **— ohmique** : ohmic

résistance *(suite)*
resistance; — **à l'oxydation** : oxidation stability; — **de réglage** (*électricité*) : regulating resistance; — **à la rouille** : rust resistance; — **au roulement** : rolling resistance; — **de rupture** : rupture strength; — **à la rupture** : resistance to rupture, ultimate tensile strength; — **de terre** : earth resistance; — **à la torsion** : torsional strength; — **à la traction par choc** : tensile impact strength; — **à l'usure** : abrasion resistance, resistance to wear; **boîte de —** : resistance box; **soudure par —** : resistance welding.

résistant : resisting, resistant; — **aux acides** : acid proof, acid resisting, acid resistant; **très — —** : highly resistant to acids; — **aux alcalins** : alkali-proof; — **à la chaleur** : heat resisting; **très — —** : highly resistant to heat; — **à la corrosion** : corrosion resisting; — **aux intempéries** : resistant to inclemency; — **à l'usure** (*par frottement*) : long wearing, resistant to wear; — **au vieillissement** : ageing susceptible.

résister au choc, être insensible au choc (*explosifs*) : to withstand impact.

résistivité (*électricité*) : resistivity; **prospection par mesure de la —** : resistivity surveying.

résolution d'un problème : resolution of a problem; — **des triangles** : solution of triangles.

résonance (*acoustique*) : resonance.

résoudre : to resolve, to solve.

respiration artificielle : artificial respiration; **appareil à — —** : resuscitation apparatus.

respiratoire (appareil —) : breathing apparatus, respiratory apparatus.

responsabilité : liability; — **civile** : civil liabilities.

ressaut : jump.

resserrer un boulon : to re-tighten a bolt; **se —, se rétrécir, se contracter** : to shrink, to contact.

ressort : spring; — **amortisseur** : cushion spring; — **à boudin** : torsional coil spring; — **de compression** : compression spring; — **elliptique** : elliptic spring; — **d'essieu** : axle spring; — **hélicoïdal** : helical spring; — **hydraulique** : liquid spring; — **à lames** : leaf spring; — — **elliptique, double ressort à lames** : elliptical spring; — **plat** : flat spring; — **de rappel** : return spring; — **semi-elliptique** : semi-elliptic spring; — **de soupape** : valve spring; — **spiral** : spiral spring; volute spring; — **de suspension** : suspension spring; — **de tampon de wagon** : buffer spring; bumper spring (U. S. A.); — **de tension** : tension spring; **bride de —** : spring band; **détente d'un —** : expansion of a spring; **lame de —** : spring leaf; spring plate; **monté sur —s** : sprung, spring mounted; **suspendu par des —s** : spring suspended.

ressources : resources; — **disponibles en charbon** : available coal supplies; — **minérales** : mineral supplies; — **naturelles** : natural resources.

ressuage (*métallurgie*) : sweating.

restauration : restoration, reconstruction.

reste (*arithmétique*) : remainder; residuum.

restreint (espace —) : restricted space.

résultante des forces : resultant.

résultats : results; — **d'exploitation** : operating results; — **pratiques** : practical results.

rétablir le fonctionnement de ... : to restore.

rétablissement d'un service : restoration of a service.

retard, délai : delay; —, **décalage** : lag; — **à l'allumage** (*autom.*) : late ignition; — (*au travail*) **non autorisé** :

retard, délai (*suite*) unauthorized tardiness; — **milliseconde** : millisecond delay; — **de phase** : phase retardation.

retardation (*décélération*) : negative acceleration.

retardement (exploseur à —) : delay-action exploder.

retassure de lingot : pipe.

retenir sur les salaires : to keep back; — (*réserver*) **une place** : to book a seat.

retenue (*sur les salaires*) : check-off.

réticule (*optique*) : cross-line; reticule.

réticulé, disposé en réseau : reticulated.

retirer : to extract.

retour : return; — **d'air** (*mines*) : return, air return; — — **principal** : main return; **plan de** — — : return plane; — **de flamme** : back-flash; **chaudière tubulaire à — de fumées** : return tubular boiler; **mouvement de** — : return motion; — — **rapide de l'outil** : quick return motion of the tool; **vitesse de** — : return speed.

retourneur de lingots : ingot manipulator.

retrait (*métallurgie*) : shrinking, shrinkage; — (*construction*) : offset; **fente de** — : shrinkage crack; **qui a subi un** — : shrunk.

retraite des ouvriers : pension; **à la** — : retired; **mise à la** — : pensioning; **prendre sa** — : to retire.

retraité : pensioner.

rétrécissement, contraction : constriction, contraction.

rétrécir (se), se contracter : to contract; to shrink.

rétrogradation : retrogression.

rétrograder (*astronomie*) : to retrogade.

rétroviseur : rear-view mirror.

retubée (chaudière —) : retubed boiler.

réutilisable (matériel —) : re-usable material.

revenir (faire —) l'acier : to temper.

revenu : income; revenue; revenues; (*métallurgie*) : tempering; — **des capitaux** : income from investments; **bain de** — : tempering bath; **durée de** — : time of tempering; **impôt sur le** — : income tax.

réverbération : reverberation.

réversibilité : reversibility.

réversible : reversible, reversing; **blooming** — : reversing blooming mill; **moteur** — : reversing motor.

revêtement : coating, facing; — (*placage*) : plating; — **de maçonnerie** : revetment; — **acide** : acid lining; — **basique** : basic lining; — **de béton** : concrete lining; — **de briques** : brick-lining; — **calorifuge** (*machines à vapeur*) : lagging; — **de convertisseur** (*métallurgie*) : converter lining; — **de gunite** : gunite lining; — **de haut fourneau** : blast-furnace lining; — **intérieur** : lining; — **métallique** (*tubage*) : steel encasement, steel casing; — **mural** : wall facing; — **de puits de mine** : shaft lining; — (*boisage*) **de puits de mine** : shaft timbering; — **de tunnel** : tunnel lining; **sans —, sans garnissure, nu** : unlined.

revêtir : to coat, to face; — **de maçonnerie** : to revet; — **intérieurement** : to line.

révisé entièrement : all-overhauled, completely overhauled.

révision (en *cas de* **—)** : in case of revision.

réviser (*une machine*) : to overhaul.

révision d'une machine : overhauling; — **de prix** : revision; — **des salaires** : revision of wages; — **des wagons** : overhauling of wagons.

révolution, rotation : revolution.

révoquer (*une personne, une décision*) : to recall.

rez-de-chaussée : ground floor.

rhéolaveur (*lavoirs à charbon*) : rheolaveur; **lavoir à —s** : rheolaveur coal-washing plant.

heostat : rheostat; **— de champ** : field rheostat; **— de charge** : charging rheostat; **— de démarrage** : starting rheostat; **— à résistance liquide** : liquid rheostat.

rhéostatique : rheostatic; **freinage —** : rheostatic braking.

rhodium : rhodium.

rhomb(e) (***losange***) : rhomb, rhombus; **—oèdre** : rhombohedron; **—oédrique** : rhombohedral; **—oïdal** : rhomboid.

riblons : scrap; **— d'acier** : steel scrap.

rideau : curtain; **— d'eau** (***brouillard, protecteur, dans les mines***) : curtain of water mist; **— de fer** : rolling door; iron curtain.

ridelle : stake.

rigide : rigid; **—ment** : rigidly.

rigidité : rigidity; stiffness; **— diélectrique** : dielectric rigidity.

rigole : ditch; **— de coulée** (***métallurgie***) : lander, launder; **— d'écoulement des eaux** (***mines***) : drainage ditch; **ouvrier à l'entretien des —s** (***mines***) : ditcher.

rincer : to rinse.

ringard : rake.

riper, déplacer : to shift; **— la voie** (***mines***) : to shift the track.

risque, danger : risk; **— d'accident de personnes** : personnel risk; **— d'incendie** : fire risk.

river : to rivet; to clentch; **— un clou** : to clentch a nail.

rivet : rivet; **— à tête plate** : flat-head rivet; **— — — noyée** : countersunk flat head rivet; **— — ronde** : round-head rivet; **coupe de —** : rivet buster; **sans —s** : rivetless; **trou de —** : rivet hole; **— age** : riveting; **—age à chaud** : hot riveting; **—er** : to rivet; **machine à —er** : riveting machine; **—euse hydraulique** : hydraulic riveter.

riveur (ouvrier) : riveter.

rivure de chaudière : boiler seam.

robinet : cock; faucet, tap; **— d'arrêt** stop cock, stop valve; **— en cuivre** : brass cock; **— de fermeture** : closing cock; **— indicateur de niveau d'eau** : gauge clock; **— à pointeau** : needle valve; **— de purge, de vidange** : waste cock, drain cock; blow-off cock; **— à trois voies** : three-way cock; **— de vidange d'huile du carter** : crank case oil cock; **— - vanne** : gate valve; **fermer le —** : to turn off the tap.

robot, machine automatique : robot.

roche : rock; **— dure** : hard rock; **— éruptive** : eruptive rock; **— métamorphique** : metamorphic rock; **— sédimentaire** : sedimentary rock; **— sus-jacentes** : overlaying rock; **— tendre** : soft rock; **— volcanique** : volcanic rock; **abattre la —** : to bring down the rock.

rochet : ratchet; **— (*griffe*)** : pawl; **clé à —** : ratchet wrench; **cric à —** : ratchet jack; **presse à —** : ratchet press; **roue à —** : ratchet, wheel.

rocheux : rocky.

rodage : regrinding.

roder : to lap; to regrind; **— une soupape** : to regrind a valve.

rodoir : lap, grinding tool.

roentgen (***unité***) : roentgen.

rognage : side-trimming.

rogner : to trim; to scale, to clip.

rognon (***dans le minerai***) : spheroidal concretion, kidney; **— de limonite** : kidney of limonite.

rognures : clippings; **— d'acier** : steel punchings; steel clippings.

romaine (balance) : steelyard.

rompre, détruire : to break down; **se —** : to break.

rond, fer — : round, round bar steel; **— à béton** : concrete reinforcing round; **—s pour tubes** : tube rounds.

rondelle : disk, ring; **— Belleville** : Belleville washer; **— de butée** : thrust-washer; **— de cuir** : leather washer; **— d'écrou** : washer; **— élas-**

rondelle *(suite)*
tique : spring washer ; **— de feutre** ; felt collar ; **— de joint** : gasket ; coupling gasket ; **— de presse-étoupe** : packing-gland ; **— de sûreté** : lock-washer.

rondin : billet.

ronger, corroder : to eat away, to corrode ; **— par frottement** : to abrade, to wear away, to fret.

rosace (*électricité*) : rosette.

rosée (point de —) : dew-point.

rotati(f) : rotary, rotatory ; **four —f** : rotary furnace ; **four à sécher —f** : rotary kiln ; **perforatrice —ve** : rotary drill ; **pompe —ve** : rotary pump ; **raboteuse —ve** : rotary planer.

rotation : rotation, revolution ; **mouvement de —** : rotary motion, rotatory motion ; **être animé d'un — —** : to be rotated ; **vitesse de —** : speed of revolution ; **à — complète** : full revolving.

rotonde (*chemins de fer*) : roundhouse, circular shed.

rotor (*électricité*) : rotor ; **— à bagues** : slip-ring rotor ; **— à cage d'écureuil** : squirrel cage rotor.

rotule (joint à —) : ball joint.

roue : wheel ; **— arrière** : rear wheel ; **— à aubes** : paddle-wheel ; **— avant** : front wheel ; **— à bandage d'acier** : steel tired wheel ; **— à chaîne** : sprocket-wheel, sprocket ; **— conique**: bevel gear wheel, bevel wheel ; **— dentée** : cog-wheel, toothed wheel ; **— non commandée, non motrice** : idler wheel ; **— de côté** (*hydraulique*) : breast water-wheel ; middle shot-wheel ; **— en-dessous** : undershot wheel ; **— en-dessus** (*hydraulique*) : overshot wheel ; **— directrice d'une turbine** : impeller wheel, impeller ; **— à disque** : disc wheel ; **— d'échappement** (*horlogerie*) : scape wheel ; **— élévatrice** : hoisting wheel ; **— d'entraînement à chaîne** : drive sprocket ; **— éolienne** : wind wheel ; **— à excentrique** : eccentric wheel ; **— fixe** : tight wheel ; **— folle** : loose wheel ; **— de friction** : friction wheel ; **— à godets** : bucket wheel ; **— hydraulique** : water-wheel ; **— libre** : free wheel ; **descendre en — —** : to coast ; **— de meule** : grinding wheel ; **— motrice** : driving wheel ; driver ; **— à palettes** : paddle wheel ; **— Pelton** : Pelton wheel ; **— planétaire** : planet-wheel ; **— à rochet** : ratchet, ratchet-wheel ; **— de secours** (*véhicules*) : spare wheel ; **— de turbine** : turbine wheel ; **— voilée** : buckled wheel ; **... à quatre —s** : four-wheeler...

rouet (*fonçage*) : curb.

rouge cerise (*chauffé au, forgé au*) heated (forged) at a cherry red.

rouille : rust ; **couche de —** : rust layer ; **lutte contre la —** : rust prevention ; **—r, se —r** : to rust.

rouillé : rusty.

roulage (*mines*) : tramming ; (*traction*) : haulage, traction ; **— à bras** : hand tramming ; **— par chevaux** : horse haulage ; **— électrique** : electric traction ; **— par locomotives** : haulage by locomotives ; **— mécanique** : mechanical haulage ; **niveau de —** : haulage level ; **voie de —** : haulage road, hauling way, haulway.

rouleau : roll ; **—** (*galet*) : roller ; **— compresseur** : planing roller ; **— conique** : cone roller ; **— guide** : guide roller ; **— support** : bearing roll ; **— tandem** : tightener ; **— à vapeur** : steam roller ; **train de —x d'amenée** : approach roller table, feeding roller table.

roulement, palier à — : bearing ; **— à aiguilles** : needle roller bearing ; **— à billes** : ball bearing ; **cage de —** : ball race ; **— à rouleaux** : roller bearing ; **— — coniques** : taper roller bearing ; **frottement de —** :

roulement, palier à *(suite)* rolling friction; **surface de —** : running surface; tread.

rouler une berline (*mines*) : to push on a mine car.

roulette pivotante : caster, castor; **— en caoutchouc** : rubber ring.

rouleur (*mines*) : hauler.

route : road; **— goudronnée** : tarred road; **— pavée** : paved road; **— à péage** : turnspike road; **— principale, grande —** : highway, main road; **— secondaire** : secundary road; **— vicinale** : local road; **construction de —s** : road building.

routine, habitude : routine.

rouverain (*fer*) : short-brittle.

ruban métallique : band; **— de toile, de coton...** : tape; **— encreur** : inking ribbon; **— de frein** : brake-band; **— isolant pour câbles** : cable tape; **— de magnésium** : magnesium ribbon; **— de toile isolante** : insulating tape; **mètre à —** : tape-line.

rubidium : rubidium.

rubis : ruby; **mouvements sur —** : jewelled movements.

rugosité : roughness.

rugueux : rough.

rupteur (*électricité*) : contact-breaker; interrupter; **came de —** : interrupter cam.

rupture : break, breakage, fracture; **— brusque** (*électricité*) : quick-brake; **disjoncteur à — —, disjoncteur rapide** : quick-brake switch; **— d'un contrat** : breach of an agreement; cancellation; **— d'essieu** : axle fracture; **— de fatigue** : endurance fracture, fatigue failure; repeated stress failure; **— de fragilité de l'acier** : brittle fracture; **— de pièce mécanique** : breakdown; failure; **— d'une poutrelle** : failure of a girder; **— de ressort** : spring fracture; **— du toit** : roof fracturing; **— de vilebrequin** : crank-shaft fracture; **allongement de —** : breaking elongation; **charge de —** : breaking load; breaking point; breaking-strain; breaking stress; **essai de —** : tensile test; **résistance à la —** : tensile strength; **prévoir les —s du terrain** : to predict rock pressure.

ruthénium : ruthenium.

rythme d'expansion : rate of growth.

S

sablage (*métallurgie*) : sand blasting, sand blast cleaning.

sable : sand; — **aquifère** : watery sand; — **à béton** : concrete sand; — **collant** : sticky sand; — **de laitier** : slag sand; — **de moulage** : moulding sand; — **mouvant** : quicksand; shifting sand; — **à noyau** : core sand; — **pétrolifère** : oilbearing sand; — **à polir** : grinding sand; — **quartzeux** : quartzitic sand; — **réfractaire** : refractory sand; — **de rivière** : river sand; — **siliceux** : silica sand; — **de surface** : facing sand; — **à verre, sable de verrerie** : glass sand; — **vert** (*fonderie*) : green sand; **moulage au — —** : casting in green sand; **décapage au —** : sand blasting; **décapé au —** : sand blasted; **flottation au —** : sand flotation; **fonte coulée au —** : in sand iron; **gros —** : coarse sand; **moulé au —** : sand-cast.

sablière : sand-pit; — **de locomotive** : sand-box, sander; (*construction*) : roof sill.

sablonneux : sandy.

sabot (de frein) : brake shoe, brake block; — **enrayeur,** — **freineur** : skid; **—er des pieux** : to shoe piles; **—er les traverses** (*voies ferrées*) : to adze the ties.

sac : bag, sack; **toile de —** : sack cloth; **mettre en —s** : to put in bags, to bag in sacks.

saccharose : saccharose.

sacoche de bicyclette : cycle bag.

saignée : cut; **—, entaille de haveuse** : kerf; **faire une —, une rainure** : to groove.

saillie : bulge; bulk; **faire —, bomber** : to bulge.

salaire : wages, wage; salary, stipend; — **de base** : basis wages, basic wage rate; — **brut** : gross wages; — **fixe** : fixed wages; — **à l'heure** : hourly wage; — **à la journée** : day rates; — **mensuel** : earning per month, monthly wage; — **minimum** : minimum wage; — **net** : net wages; — **aux pièces** : piece-rate wages; — **à la tâche** : contract wages; **—s et charges sociales** : wages and social charges; **augmenter les —s** : to raise the wages; **fixation des —s** : wage determination, wage fixing; **relever l'échelle des —s** : to raise the scale of wages; **taux des —s** : wage-rate.

salarié : salaried.

salicylate : salicylate.

salicylique (acide —) : salicylic acid.

saline : salt mine.

salins (dépôts —) : saline deposits.

salle (*industrie*) : hall, house; — **des compresseurs** : compressor house; — **des machines** : engine house; — — (*atelier*) : machine shop; — **des pompes** : pump house; — **de rassemblement du personnel** (*mines*) : assembly hall.

salopette, vêtement de protection : overall.

salpêtre : saltpeter.

sanction : penalty, sanction; **être passible d'uen —** : to be subject to discipline.
sans fin : endless; **câble —** : endless rope; **chaîne —** : endless chain; **courroie —** : endless belt; **vis —** : endless screw.
sans soudure (*tube étiré*) : seamless (*drawn tube*).
saphir : sapphire.
sapin : fir, fir-tree.
saponifiable : saponifiable.
saponification : saponification.
saponifier : to saponify.
sas (*d'une écluse*) : lock (*of a sluice*); **— d'aérage (*mines*)** : air-lock; **portes formant — —** : air-lock doors.
satellite : satellite.
saturation : saturation; **degré de —** : degree of saturation.
saturée : satured; **vapeur —** : satured steam.
saturer : to saturate.
saturnisme : lead poisoning, saturnism.
saumâtre : briny.
saumure : brine.
sauter, se détendre : to spring; **faire — à l'explosif** : to blast; **faire — des boulons** : to force bolts out of holes; **faire — un obstacle à l'explosif** : to blow up an obstacle; **faire — une roche** : to shatter a rock from the ledge; **les plombs ont sauté** : the fuses have blown up.
sauvetage : rescue; salvage; **appareil de —** : rescue apparatus; **équipe de —** : rescue brigade, rescue corps.
savant : scientist.
savon : soap; **— noir** : soft soap; **— à la potasse** : potash soap; **— à la soude** : soda soap; **— de toilette** : toilet soap; **— blanc** : white soap; **eau de —** : soapsuds.
scaphandr(e) : diving suit, diving apparatus; **—ier** : diver.
scellement : sealing; seal.
sceller : to seal; to embed, to imbed.
scheelite : scheelite.
scheidage : spalling.
schéma : scheme, schema, diagram; **—tique** : schematic, diagrammatic.
schistage : lamination.
schiste : schist; shale; **— argileux** : clay-slate; **— bitumineux** : bituminous shale, oil shale; **— carbonifère** : carbonaceous shale; **— plat** : flat shale; **broyeur à —** : shale crusher.
schisteux : schistous, schistose.
schistification : shale-dusting, stone-dusting; rock-dusting.
schistifier (appareil à —), dans les mines : dusting machine.
schlamms : slurry; **— de lavage** : washery slurry; **épaississeur de —** : mud thickener; **pompe à —** : slurry pump.
scie : saw; **— à bois** : saw for wood; **— alternative à découper** : jig saw; **— circulaire** : circular saw; **— à froid** : cold saw; **— à guichet** : compass type saw, lock saw; **— de long** : pit saw; **— à main** : hand saw; **— mécanique** : power saw; **— à métaux** : saw for metal; metal cutting saw; **— passe-partout** : two-handed saw; **— à refendre** : slitting saw; **— à ruban** : band-saw; **— à tronçonner** : cross-cut saw; **lame de —** : saw blade; **—r** : to saw; **—rie** : saw mill; lumber mill (U. S. A.); **—ur** : sawyer.
science : science; **—s exactes** : exact sciences, exacting sciences.
scientifique : scientific.
sciure de bois : saw dust; scobs.
scléroscope : scleroscope; **dureté au —** : scleroscope hardness, rebound hardness.
scooter : scooter.
scorie : cinder, dross, scoria; **— (*laitier*)** : slag; **—s d'affinage** : refinery cinders, refinery slag; **—s de déphosphoration, —s Thomas** : basic slag.

scorification : scorification.
scorifier : to scorify.
scraper (*racloir*) : scraper.
séance : sitting, session; **— de clôture** : end session; **— d'ouverture** : opening session; **— de travail** : working session.
seau : pail; bucket.
sec (sur—) : on dry (analyses).
sécante (*mathématiques*) : secant.
sécher : to dry; **— au four** : to kiln-dry; **— (*calciner*)** : to bake; **four à —, étuve** : drying oven, baking oven, stove.
sécheur : dryer, drier; **— centrifuge** : centrifugal dryer; **— de fonderie** : core oven; **— d'huile** : oil dryer; **— pneumatique à charbon** : pneumatic coal dryer; **— rotatif** : rotary dryer; **— à tunnel** : tunnel dryer.
secondaire (*géologie, électricité*) : secondary; **enroulement —** : secondary winding.
seconde (*de temps, d'arc*) : second.
secouer, tasser par secousses : to jolt.
secours : relief, assistance; **— (*aide matérielle*)** : benefit; **— de chômage** : unemployment benefit; **— de maladie** : sick benefit, sickness benefit; **— de première urgence, premiers —** : first aid, first-aid appliances; **— de vieillesse** : old age benefit; **de —** : stand by, emergency; **société de —** : benefit society.
secrétaire : secretary.
secrétariat : secretariat, secretary's office.
secteur (*de cercle*) : sector; **— denté** : toothed sector; **— sphérique** : sector of a sphere; **— et vis sans fin** : worm and sector.
section : section; **— (*service, branche*)** : department; **— transversale, — droite (*d'un solide géométrique*)** : cross section; **—né** : cross-split; **—nement, division en —s** : sectionalization; **—neur (*électricité*)** : section switch.
sécurité : safety; security; **— additionnelle** : additional safeguard; **— de marche** : dependability, working safety; **— sociale** : social security; **coefficient de —** : safety factor; **dispositif de —** : safety device, safety appliance; safeguard; **freinage de —, dans les machines d'extraction** : emergency braking; **mesures de —** : safety measures; **services de —** : safety branches; **verrouillage de —** : safety interlock.
sédiment : sediment; **—aire** : sedimentary; **couche —aire** : sedimentary bed; **roche —aire** : sedimentary rock; **—ation** : sedimentation.
segment (*géométrie*) : segment; **— de piston** : piston packing ring, piston ring; **— racleur** : scraper ring, wiping ring.
ségrégation : segregation; **— métallique** : metallic segregation; **bandes de —** : ghost lines.
segréger : to segregate.
sel (*sens général* et *chimie*) : salt; **— gemme** : rock-salt; **— contre le givre** : de-icing salt; **— marin** : sea-salt; **bain de —** : salt bath; **extraction du —** : desalting; **—s minéraux** : mineral salts.
sélect(ion) : selection; **flottation —ive** : selective flotation; **courbe de —ivité** : selectivity curve.
séléniu(m) : selenium; **minerai de —m** : selenerz; **—re** : selenide.
self-induction : self-induction; **coefficient de — —** : coefficient of self-induction.
selle (*matériel de voie ferrée*) : sole plate; **— de bicyclette** : cycle saddle.
semaine : week; **— de travail** : work-week.
semblable (*géométrie*) : similar.
semelle : sole; **— de boisage (*mines*)** : foot block; sill; **— en caoutchouc** : rubber sole.
semence (*pointe*) : tack.

semi-... : semi-...; **— -automatique** : semi-automatic; **— -circulaire** : semi-circular; **— -coke** : semi-coke; **— -conducteur** : semi-conductor; **— -fluide** : semifluid.
séminaire de perfectionnement pour ingénieurs, etc. : seminar.
sens : way, direction; **dans le — des aiguilles d'une montre** : clockwise; **en — inverse de celui des aiguilles d'une montre** : anti-clockwise; counterclockwise; **dans le — de la longueur** : lengthwise; **— de rotation** : direction of rotation.
sensibiliser : to sensitize.
sensibilité : sensitivity; **instrument à deux —s** : two-range instrument; **à plusieurs —s** : multi-range...
sensible : sensitive.
sentence arbitrale : arbitrator's award, arbitrator's decision.
séparateur : separator; **—** (*triage*) : sorter; **— d'air** : air separator; **— d'eau** (*sécheur*) : water separator; **— d'huile** : oil separator; **— centrifuge** : centrifugal separator; **— magnétique** : magnetic separator; **— pneumatique** : pneumatic separator; **— à spirale** : spiral separator.
séparation (*triage*) : separation; **— par différence de densité** : separation by density difference; **— par gravité** : gravity separation; **— par liquides denses** ; cleaning by heavy liquids, heavy fluid separation; **essai de — par liquide intermédiaire** : " float and sink" testing; **— magnétique** : magnetic separation; **— mécanique** : mechanical separation; **— à sec des charbons** : dry separation; **— par voie humide** : wet separation.
séparer (*trier*) : to separate, to sort.
série : series, run; **—** (*d'outils*) : line, gang; **—** (*mathématiques*) : series; **— aromatique** : aromatic series; **— convergente** : convergent series; **— de fraises** : gang of cutters; **— harmonique** : harmonical series; **— infinie** : infinite series; **— de machines** : line of machines; **— récurrente** : recurring series; **connexion — -parallèle** : series-parallel connection; **bobiné en —** : series wound; **couplé en —** : coupled in series; **dynamo —** : series-wound dynamo; **développement en —** : series development; **enroulement —** : series winding; **fabrication en —** : duplicate fabrication, multiple production; **machine de —** : standardized machine; **travail en —** : series working, mass production.
serpentin : spiral pipe, worm; **— de chauffage** : heating coil; **— refroidisseur** : cooling coil.
serpentine : serpentine.
serrage : grip, clamping; **— automatique** : automatic clamping; self-closing clamping; **tour à — —** : self-closing lathe; **— énergique** : firm grip; **— à mort** : death grip; **bon —** : firm gripping; **boulon de —** : draw-bolt; **collier de —** : clamp collar; **dispositif de —** : draw-in attachment; **étrier de —** : clamping strap; **force de —** : griping force, gripping force.
serré : tight.
serre-câble, attache de câble d'extraction (*mines*) : winding rope clamp.
serre-joint : wringbolt.
serrement (*mines*) : tight partition dam.
serrer : to draw; to tighten; **— les freins** : to apply the brakes; **— un écrou** : to tighten a nut.
serrure : door-lock; lock; **— de sûreté** : safety lock.
serrurier : locksmith.
sertir des tôles : to swage sheets together.
service : service; **—** (*branche, dans une usine*) : department; **—** (*travail utile*) **d'une machine** : duty of an engine; **—** (*commande*) **d'une machine** : operation; **— continu** : continuous running; **— municipal des eaux** :

service *(suite)* municipal waterworks; **— de l'exploitation des mines** : mining department; **appareil pour — extérieur** : outdoor service apparatus; **— de l'extraction (*mines*)** : hoisting department; **appareil pour — intérieur** : indoor service apparatus; **— des machines** : engineering departemnt; **— de manœuvre** : switching service; **— mécanique** : mechanical department; **— de nuit** : overnight service; **— des ventes** : sales department; **—s auxiliaires** : auxiliaries; **—s généraux** : general services; **—s publics** : public utilities; **—s — de fourniture de courant** : electric utilities; **—s — de fourniture de gaz** : gas utilities; **—s sociaux** : social services; **de —** : in attendance, on duty; **être de —** : to be on duty, to be scheduled to work; **qui n'est pas de —** : off duty; **de bon —, de bon usage** : serviceable; **durée de —** : length of service; **en —, en marche, en fonctionnement** : in operation, in service, in use; **homme de —** : attendant; **machine pour dur —, pour gros travaux** : heavy-duty machine; **station - —** : service station.

servo-frein : servo-brake.

servo-moteur : servomotor.

sesquioxyde de manganèse : manganese sesquioxide.

seuil de porte : sill.

sexagésimale (*minute*) : sexagesimal (*minute*).

sextant : sextant.

shunt : shunt; **enroulement —** : shunt-winding; **moteur —** : shunt-wound motor.

sidérite : siderite.

siège : seat; **— arrière** : back seat; **— avant** : front seat; **— à strapontin** : tip-seat, folding seat; **— rembourré, capitonné** : cushion seat; **— d'extraction** : set; **— du machiniste** : driver's seat; **— de soupape** : valve seat.

sifflet : whistle; **— avertisseur** : signal whistle; **— à vapeur** : steam whistle.

signal : signal; **— d'alarme** : alarm signal; **— d'arrêt** : stop signal; **— d'arrêt « danger »** : emergency danger signal; **— avertisseur** : warning signal; **— lumineux** : signal light; **— routier** : road signal; **—er** : **to signalize.**

signalisation : signalling; **— électrique** : electric signalling; **— du roulage au fond (*mines*)** : mine haulage signalling; **câble de —** : signal-system cable; **lampe de —** : signal lamp; **sonnerie de —; sonnerie avertisseuse** : signalling bell.

signature : signature; **soumettre à la —** : to submit to signature.

signaux de chemin de fer : railway signals.

signaux (donneur de —) : signal man.

signe : sign; **— (*marque*)** : mark; **— algébrique** : algebric sign; **— moins** : sign minus; **— plus** : sign plus.

silencieu(x) (*subst.*) : silencer, muffler; **(*adj.*)** : quiet; silent; **marche —se** : quiet operation, quiet running.

silex : flint, silex.

silicate : silicate; **— d'alumine** : silicate of aluminium; **— hydraté** : hydrous silicate; **— de magnésium** : magnesium silicate; **— de soude** : sodium silicate.

silice : silice; **— libre** : free silica; **brique de —** : silica brick; **gel de —** : silica gel; **—ux** : siliceous; **sable —ux** : silica sand.

silicium : silicium, silicon; **carbure de —** : silicon carbide.

silico-manganeux (*acier*) : silico-manganese (*steel*).

silicose : silicosis; **anthraco- —** : anthraco-silicosis.

silo : silo, storage.

silurien (*géologie*) : silurian.

similitude (*mathématiques*) : similitude.
sinter, minerai sintérisé : sinter.
sinus : sine.
siphon : siphon, syphon.
sirène (*d'usine*) : siren, buzzer; **— à air comprimé** : pneumatic siren; **— électrique** : electric siren.
sisal : sisal; **câble en —, cordage en —** : sisal rope.
situation (*emplacement*) : location.
skip : skip; **— basculant** : overturning skip, tilting skip; **— de chargement d'un haut fourneau** : charging bucket; **— à déversement automatique** : self-dumping skip; **— à fond ouvrant** : drop-bottom skip; **extraction par —** : skip hoisting.
société industrielle : company, society; **— par actions** : stock company; **— anonyme** : joint stock company; **— coopérative** : cooperative society; **— minière** : mining society; **— en nom collectif** : copartnership; **— privée** : private company; **— à responsabilité limitée** : limited liability company, limited company; **— de secours** : benefit society; **— — mutuel** : mutual benefit society.
socle, bâti d'une machine : bed, sub-base, foundation.
sodium : sodium; **carbonate de —** : sodium carbonate; **chlorure de —** : chloride of sodium; **cyanure de —** : sodium cyanide.
soie : silk; **— artificielle** : artificial silk.
sol : ground; **niveau du —** : ground level.
solde (*comptabilité*) : balance; **— créditeur** : balance in hand; **— débiteur** : balance due; **— à nouveau** : carried forward balance; **—r un compte** : to balance an account.
sole de four : furnace bottom, hearth; **— mobile** : movable hearth, moving hearth; **four à — —** : moving-hearth furnace; **capacité de —** : hearth capacity; **four à —** : hearth type furnace.
solénoïde : solenoid.
solide (*sens général*) : solid; **terrain —** : sound ground; **— de révolution** : solid of revolution; **angle —** : solid angle; **état —** : solid state, solid condition.
solidification : solidification.
solidifier, se — : to solidify.
solidité : solidity; **—** (*bon état*) : soundness.
solive : joist.
sollicitation, charge : strain, load.
solubilité : solubility.
soluble : soluble, dissoluble, dissolvable; **— dans l'eau** : water-soluble.
solution (*chimie*) : solution; **— alcaline** : alkaline solution; **— ammoniacale** : ammonia liquor, ammoniacal liquor; **— aqueuse** : aqueous solution; **— colloïdale** : colloidal solution; **— décapante** : pickling solution; **— d'un problème** : solution of a problem; **— salée** : salt solution; **— solide** : solid solution.
solvabilité (*commerce*) : solvability.
solvable : solvent.
solvant (*chimie*) : solvent; **extraction par —** : solvent extraction.
somme : sum; **— globale** : lump sum.
sommet : top, apex, summit; **— d'un angle curviligne** : cusp; **— d'une figure géométrique** : vertex; **— d'une veine, partie supérieure d'une veine** : apex of a vein; **— d'une voûte** : top of a vault.
son : tone; **— fondamental** : fundamental tone.
sondage (*action*) : earth boring; **—** (*objet*) : earth boring, borehole; **— de recherche** : test boring, exploratory boring, exploratory hole; **faire un —** : to sink a hole; **faire une campagne de —s** : to do a lot of prospecting.
sonde : lead; **— à cuiller** (*sondages*) : scoop drill; **trou de —** : prospect

sonde *(suite)* hole; **—r** : to sound, to plumb; **—r (*le toit dans les mines*)** : to sound (*the roof*); **—r les épontes (*mines*)** : to sound the walls; **—use** : earth boring tool; **—use à couronne de diamant** : diamond boring machine.

sonnerie électrique : electric bell; **— de téléphone** : ringer.

sonnette (*à vapeur*) : (*steam*) ram; **mouton à —** : pile driver.

sorte, qualité : kind, sort, class.

sortie, issue (*d'un fluide*) : exit; **— d'air (*mines*)** : return airways; **— des gaz** : gas exit; **— de secours** : emergency exit.

sortir : to go out; **— en reculant** : to back out.

soubassement : basement; **— de gneiss (*géologie*)** : gneissic basement.

soudabilité : weldability.

soudable : weldable.

soudage (ou soudure) au chalumeau : flame welding.

soude : soda; **— caustique** : caustic soda; **carbonate de —** : sodium carbonate; **silicate de —** : sodium silicate.

soud(er) (*par apport de soudure*) : to solder; **— (*métallurgie*)** : to weld; **fer à —** : soldering iron; **lampe à —** : soldering lamp; **produits à —** : soldering fluids; **appareil à — à l'arc, poste de soudure électrique** : arc-welder; **—é** : welded; **—é à l'arc** : arcwelded; **—é à l'autogène** : autogenous welded; **—é par rapprochement** : butt-welded; **—é par recouvrement** : lap-welded; **joint —é** : soldered joint; **tube —é** : welded tube; **charpente entièrement —ée** : all-welded structure.

soudeur : solderer, welder; **chalumeau —** : welding blow-pipe, welding torch.

soudure (*objet*) : weld; **— (*produit à souder*)** : solder; **— (*action*)** : soldering, welding; **— à l'arc** : arc welding; **— autogène** : autogenous welding; **— en bout** : butt-welding; **— électrique** : electric welding; **— électrothermique** : thermite welding; **— d'étain** : tin solder; **— en filet** : seam-welding; **— par fusion** : fusion welding; **— à l'hydrogène atomique** : atomic hydrogen welding; **— oxyacétylénique** : oxyacetylene welding; **— par points** : spot-welding; **— par recouvrement** : lap-welding; **— par résistance** : resistance welding; **appareillage pour —** : welding outfit; **aptitude à la —** : weldability; **assembler par —** : to weld together; **chaîne sans —** : weldless wire chain; **poste de —** : welder; **sans —** : weldless.

soufflage (*métallurgie*) : blowing, air-blowing; **appareil à — d'air chaud** : hot blast stove; **— magnétique** : magnetic blowout; **— à l'oxygène (*métallurgie*)** : oxygen blowing; **— au sable** : blast cleaning; **— sans grille** : undergrate blasting; **conduite d'air de —, conduite de vent (*métallurgie*)** : blast main.

soufflante : blower, blowing engine; **— centrifuge** : centrifugal blowing engine; **— de haut fourneau** : blast-furnace blowing engine; **turbo- —** turbo-blower.

soufflard (*mines*) : blower.

souffler (*métallurgie*) : to blow.

soufflet de forge : bellows, blower.

souffleur : blower; **— de verre** : glass blower; **— pour trou de mine** : jet bore hole cleaner.

soufflure (*métallurgie*) : blister, blow, blowhole; **— gazeuse** : gas bubble; **acier comportant des —s** : blistered steel; **formation de —s** : blistering; **sans —s** : free from blow holes; **trou de —** : blow-hole; honeycomb.

soufre : sulphur; **— en canon** : stick sulphur; **fleur de —** : flowers of sulphur; **noir de —** : sulphur black.
soulager (*tous sens*) : to relieve; — (*réduire l'effort de...*) : to ease.
soulever : to lift; **— avec un cric** : to wind up.
soumission (de travaux, de fournitures) : tender; **—naire** : tenderer; **—ner** : to tender.
soupape : valve; **— d'arrêt** : stop valve; **— d'aspiration, d'admission** : inlet valve; **— à boulet** : globe valve; **— de commande** : control valve; **— commandée mécaniquement** : mechanically actuated valve; **— à culbuteur** : rocker gear valve; **— de décharge** : relief valve, bleeder valve, delivery valve; **— à diaphragme** : diaphragm valve; **— à double siège** : double-seat valve; **— d'échappement** : exhaust valve, escape valve; **— d'équilibre** : equilibrium valve; **— équilibrée** : balanced valve; **— de fermeture** : closing valve, shut-off valve; **— à flotteur** : float-valve; **— de prise de vapeur** : steam-supply valve; **— de purge** : drain valve; **— de réduction** : reducing valve; **— de refoulement** : outlet valve; **— de réglage** : regulating valve, throttle valve; **— à ressort** : spring valve; **— de retenue** : check-valve; **— de sûreté** : safety valve; **— de vidange** : back-water valve; **sans —** : valveless; **siège de —** : valve seat; **tige de —** : valve stem.
soupirail : air hole.
souple : flexible, pliant, yieldable;. **—sse d'emploi** : flexibility.
source (*de courant, d'énergie*) : source; **— d'énergie** : source of energy; **— minérale** : mineral spring; **— sonore** : source of sound; **— thermale** : thermal spring; **coulée en —** : bottom casting, up-hill casting.
sous-agent : subagent.
sous-cavage (*mines*) : undercutting.
sous-caver : to undercut; — (*saper, creuser par dessous*) : to undermine.
sous-chef d'exploitation : undermanager.
sous-comité : sub-committee.
sous-commission : subcommission.
sous-exposition (*photographie*) : underexposure.
sous-œuvre (travailler en —) : to underpin.
sous-produit : by-product; **coke de —** : by product coke.
sous-sol : sub-surface; **reconnaissance du — —** : sub-surface exploration.
sous-station : branch station, substation; **— — portative** : portable substation.
sous-traitant : sub-contractor.
souscripteur (*banque*) : allottee, subscriber.
souscription : subscription.
souscrire : to subscribe.
soustraction : subtraction.
soustraire : to subtract.
soutènement (*mines*) : roof support; **—** (*boisage*) : timbering; **— en bois** : timber support; **— compressible** (*mines*) : yielding support; **— flexible** : yieldable timbering; **— métallique** (*mines*) : steel roof support, steel support; **— du toit par chapeaux suspendus** (*mines*) : suspension roof support; **mur de —** : retaining wall.
soutenir : to sustain, to support; **— le toit** (*mines*) : to prop the roof, to hold up hanging.
souterrain (*adj.*) : subterranean; (*subst.*) : subway; **câble —** : underground cable.
soutirer : to draw off, to rack off.
spath (*minéralogie*) : spar; **—ique** : spathic, sparry; **fer —ique** : spathic iron ore.
spécialiser, se — : to specialize.
spécialiste : specialist; **mécanicien —** : expert mechanic; **ouvrier —** : expert workman.

spécialité : speciality.
spécifications du contrat : contract specifications.
spécifique : specific; **poids —** : specific weight, specific gravity; **résistance —** : specific resistance.
spécimen : specimen.
spectrale (analyse —) : spectrum analysis.
spectre : spectrum; **— d'absorption** : absorption spectrum; **— solaire** : solar spectrum.
spectrographe : spectrograph.
spectromètre : spectrometer.
spectrophotométrie : spectrophotometry.
spectroscop(e) : spectroscope; **—ie** : spectroscopy; **étude —ique** : spectroscopic study.
spéculation : speculation.
speiss (*métallurgie*) : speiss.
sphère : sphere; **— céleste** : celestial sphere.
sphérique : spheric, spherical.
spiegel (fonte —) : spiegel, specular pig-iron.
spiral (*adj.*) : spiral; **ressort —** : spiral spring.
spirale (*subst.*) : spiral; **— (volute)** : scroll.
spire : spire.
spongieux : spongy; **coke —** : spongy coke; **fer —** : sponge iron.
stabilisateur : stabilizer.
stabilisation : stabilization.
stabilité : stability; **— dimensionnelle** : dimensional stability.
stable (*chimie, mécanique*) : stable.
stagnant : stagnant.
stand d'exposition : show-stand.
standard : standard; **— de vie** : standard of living; **spécification —** : standard specification; **— isation** : standardization, standardizing; **— iser** : to standardize.
stannite : stannite.
station : station; **— centrale, centrale** : central station; **— de distribution de gaz comprimé** : compressed gas filling station; **— d'essais** : research station, trial plant, testing station; **— d'essence** : gasoline station (*U. S. A.*); petrol station (*Grande-Bretagne*); **— — sur route** : roadside gasoline pump; **— génératrice** : generating station; **— hydroélectrique** : hydroelectric station, water-power station; **— de pompage** : pumping plant; **— service** : service station; **— de transformation (*électricité*)** : transformer station; **—naire** : fixed, stationary.
statique (*adj.*) : static; **— (*science*)** : statics; **charge —** : dead load.
stator : stator.
statuts : statutes.
stéarine : stearin.
stéatite : steatite, soapstone.
stencil (papier) : stencil paper.
sténograph(e) : stenographer, stenographist; **—ie** : stenography, shorthand; **—ier** : to take down in shorthand, to write shorthand; **—ique** : stenographic.
sténotypie : stenotypy.
stéréoscope : stereoscope.
stérile (*adj.*) dans les mines, improductif : barren; **(*subst.*)** : waste rock; **— (*terreux*)** : dirt; **— de mine** : mine refuse; **banc —** : barren vein.
stériliser : to sterilize.
stibine : stibine, stibnite.
stock : stock, reserve store; **— (*provision*)** : store; **existant en —** : carried in stock; **mettre au —** : to stock; **prendre au —** : to draw on stocks; **—age** : storage; **emplacement de —age des minerais** : ore yard; **installation de —age** : stocking plant.
stocker : to stock, to keep in stock, to stockpile.
store : blind.
stot (*mines*) : reserve pillar; **— de sécurité du puits (*mines*)** : shaft pillar.

strapontin : folding-seat, tip-seat.
strat(e) : stratum (*pl.* strata), layer; **—ification** : stratification; bedding; **—ifiié** : stratified; **—igraphie** : stratigraphy; **—igraphique** : stratigraphical.
striction : constriction.
strié (acier —) : checkered steel.
stroboscope : stroboscope.
strontium : strontium.
structure : structure; **— de l'acier** : structure of steel; **— atomique** : atomic structure; **— du charbon** : structure of coal; **— cristalline** : crystalline structure; **— granulaire** : granular structure; **— de la matière** : structure of matter; **— microscopique** : microscopical structure; **— moléculaire** : molecular structure.
stuc : stucco.
subatomique (*particule*) : sub-atomic (*particle*).
subdivision : subdivision.
sublimé corrosif : corrosive sublimate, mercuric chloride.
sublimer : to sublimate.
substance : substance, stuff.
substituer à... (*mathématiques*) : to substitute for...
substitut pour..., produit de remplacement pour... : substitute for...
substitution (*géologie*) : replacement; **alliages de —** : substitutional alloys; **dépôts de —** : replacement deposit.
substratum : substratum.
substructure : substructure.
subvention : subsidy; **—s aux prix** : price subsidies.
succion : suction.
succursale : branch, branch office, subsidiary.
suie : soot.
suif : tallow.
suinter : to seep, to sipe.
sulfate : sulphate; **— d'ammoniaque** : ammonium sulphate; **— de calcium** : calcium sulphate; **— de cuivre** : sulphate of copper; **— de fer** : iron sulphate; **— de magnésie** : sulphate of magnesia, magnesic sulphate; **— de plomb** : lead sulphate.
sulfite : sulphite.
sulfure : sulphide; **— de cadmium** : cadmium sulphide; **— de carbone** : carbon disulphide; **— de plomb** : sulphide of lead; **— de zinc** : sulphide of zinc.
sulfuré : sulphuretted; **hydrogène —** : sulphuretted hydrogen, hydrogen sulphide; **minerai —** : sulphide ore; **minéraux —s** : sulphide minerals.
sulfureux (*qui contient du soufre*) : sulphureous; **(*chimie*)** : sulphurous, sulphidic.
sulfurique : sulphuric; **acide —** : sulphuric acid.
super-bénéfices : excess profit.
supercarburant : premium grade gasoline.
superdividende : surplus dividend.
superficie : area; **— couverte par des installations** : floor space; **— totale (d'une usine)** : aggregate floor area (of a factory) **—l, peu profond** : shallow, superficial, surficial; **—llement** : superficially, surficially.
superstructure : superstructure.
supplément (*sens général*) : supplement; **— (*d'un angle*)** : supplement; **—aire** : supplemental, supplementary.
support, appui : support, carrier, prop, rest, stand, bearing; **— de coulisse** : link bearing; **— de perforatrice** : drill post; **— principal, poinçon (fermes)** : king post.
supporter : to support, to carry, to bear; **— un effort** : to stand a strain, to whitstand a strain; **— une perte** : to sustain a loss.
sûr, de fonctionnement sûr : safe, dependable, reliable.
surcharge : overburden, overload; **— (*surmenage du matériel*)** : overstraining, overstressing; **protection**

surcharge *(suite)*
contre les —s : overload protection; **—r** : to overburden, to overload, to overcharge, to surcharge, to crowd; **—r des machines à leur maximum** : to crowd machines to their upmost.

surchauffe : superheating, overheating; **— de l'acier** : overheating of steel; **surface de —** : superheater surface; **—r** : to superheat; **—ur** : superheater.

surcompresseur : booster compressor.

sûreté : safety; **chaîne de —** : safety chain; **explosif de —** : safety explosive; **lampe de —** : safety lamp; **matériel de —** : safeguarding equipment; **mèche de —** : safety fuse.

surfaçage : surface grinding.

surface : area, surface; **— (*jour*, dans les mines)** : surface; **— d'appui** : bearing area, bearing surface; **— de chauffe** : heating surface; **— extérieure** : external surface, outer surface; **— de frottement** : friction surface; **— de grille** : grate area, grate surface; **— intérieure** : inner surface; **donner une — parfaitement polie** : to give a mirror finish; **— portante** : carrying area; **— de refroidissement** : cooling surface; **— de roulement** : running surface; **— d'usure d'un câble** : wearing surface; **condenseur à —** : surface condenser, surface condensing plant; **installations de — dans les mines** : surface plant.

surfacer (*au tour*) : to surface; **— (*dresser*)** : to re-surface; **machine à —, à meuler les faces** : surface grinding machine, surfacer.

surintensité : overcurrent, excess current.

surmenage du matériel : overstraining, overstressing; **— du personnel** : overwork.

surmener (se —) : to overwork.

surpasser en valeur une autre machine : to out-perform another machine.

surplomber : to overhang.

surpoids, excédent de poids : overweight.

surpression : over-pressure.

surproduction : over-production.

sur-régénérateur (***réacteur à neutrons rapides, produisant plus de combustible qu'il n'en consomme***) : breeder.

sursaturation : supersaturation.

sursaturer : to supersaturate.

sursis : respite.

surtension : overvoltage.

surveillance : supervision, oversight; **— de machines** : attendance.

surveillant : inspector, overseer, supervisor; **— de machine, conducteur de machine** : attendant; **— de travaux de construction** : building overseer; **— de lavoir** : washery overseer.

surveiller une machine, une installation : to attend to...

survitesse : overspeed.

survolteur (groupe —) : booster set.

susceptibilité (***magnétique***) : (*magnetic*) susceptibility; **— à l'attaque intergranulaire** : intergranular susceptibility.

suspendu : suspended; **— librement** : freely suspended; **pont —** : suspension bridge.

suspension (***accrochage***) : suspension, hanging; **— (*objet*)** : hanger; **— d'une voiture automobile** : suspension of a car; **— douce** : soft suspension; **— à la Cardan** : Cardan suspension; gimbals; **— polygonale** : polygonal suspension; **axe de —** : suspension pin; **en — (*chimie*)** : in suspension; **matières en —** : suspended matter; **point de —** : point of suspension; **tige dé — d'un ressort à lames** : hanger.

symbole : symbol.

symétrie : symmetry.

symétrique : symmetric, symmetrical.
synchron(e) : synchronous, synchronal; **moteur —e** : synchronous motor; **—isation** : synchronization; **—iser** : to synchronize; **—isme** : synchronism.
synchrotron : synchrotron.
synclinal (*adj.*) : synclinal; (*subst.*) : syncline.
syndic de faillite : assignee in bankruptcy.
syndical : syndicalist; **—isme** : syndicalism; **—iste** : syndicalist, trade-unionist.
syndicat : syndicate, trade union; **— local** : local union; **— patronal** : manufacturers federation.
synthèse : synthesis.
synthétique : synthetic, synthetical; **ammoniaque —** : synthetic ammonia; **caoutchouc —** : synthetic rubber; **résine —** : synthetic resin; **alcools —s**: synthetic alcohols.
synthol : synthol.
systématique : systematic; **—ment** : systematically.
système : system; **— binaire** : binary system; **— de coordonnées** : system of co-ordinates; **— décimal** : decimal system; **— d'équations** : set of equations, system of equations; **— d'une force et d'un couple** : wrench; **— métrique** : metric system.

T

T : T; **objet en T** (*dessin*) : T-piece; **fer en —** : T-bar, T-beam; **rainure en —** : T-slot; **— de tuyauterie** : tee, pipe branch.

tabatière (*construction*) : hinged skylight.

table : table; **— de concentration** (*lavoirs*) : concentrating table; **— de correction** : chart of correction; **— de l'enclume** : anvil face; **— de multiplication** : multiplication table; **— pneumatique** (*préparation des charbons*) : pneumatic table; **— releveuse** : lifting table; **— à secousses** : shaking table; **— tournante** : revolving table, rotary table, swiveling table; **— de triage** : sorting table.

tableau : board; **—** (*inscription en colonnes*) : table; **— d'accrochage** : rock; **— de bord** : dash board; **— électrique** : switch-board; **— d'instruments de contrôle** : instrument panel; **appareil de —** (*électricité*): switchboard instrument.

tablier (*d'un pont*) : bridge floor; **—** (*d'une machine-outil*) : apron; **— suspendu** (*contre les blocs, la poussière*) : hanging apron.

tabouret : foot-stool, foot-step.

tâche : task; job; **à la —** : by the job; **travail à la —** : job-work; **travailler à la —** : to work on a contract basis.

tachéomètr(e) : tacheometer; **nivellement —ique** : tacheometrical leveling.

tachymètre : tachometer.

taconite (*minerai de fer américain*) : taconit.

taillant, mèche d'outil : bit, tool bit; **—** (*d'un outil tranchant*) : cutter; **— amovible** : detachable bit; **— en couronne** : crown bit; **— de fleuret** (*mines*) : drill bit; **— en X** : cross bit; **—s amovibles garnis de carbure** : carbide percussive detachable bits.

taille (*dimension*) : size, dimension; **—** (*action de tailler*) : cutting; **— des engrenages** : gear-cutting; **— à grand front aligné** (*mines*) : longwall; **longues —s rabattantes** : longwall retreating; **grande —** : longwall face; **petite —** (*mines*) : shortwall.

taillé : cut; **—** (*façonné*) : hewn; **— : à la machine** : machine cut; **— dans la masse** : cut from the solid, cut from the solid stock, cut from solid metal, cut from steel; **— en pointe** : pointed; **— avec précision** : accurately cut; **dent —e** : cut tooth.

tailler : to cut; **— une dent** (*d'engrenage*) : to cut a tooth; **machine à — les engrenages** : gear cutting machine; **machine à — — par fraise génératrice** : gear hobbing machine.

talc : talc.

talus : slope; **— d'éboulement** : angle of repose; **— naturel** : natural slope.

tambour : drum; **— à chaîne** : chain reel; **— classeur** : revolving screen; **— claveté sur l'arbre** : drum keyed to the shaft; **— conique** : conical drum; **— cylindroconique** : cylindro-

tambour *(suite)* conical drum; **— d'enroulement** : rope drum, reel; **— d'enrouleuse (*mines*)** : cable-coiling drum; **— entraîné** : idle drum; **— d'extraction (*mines*)** : hauling drum; **— filtrant** : drum filter; **— fixe** : tight drum; **— fou** : loose drum; **— de frein** : brake drum, brake wheel; **— de grillage** : roasting drum; **— laveur** : washing drum; **— mélangeur** : drum mixer; **— micrométrique** : micrometer drum; **— à confectionner les pellets** : balling drum; **— ponceur** : sanding drum, sand roll; **— sécheur à vide** : vacuum drum dryer; **— de séparation magnétique** : magnetic drum separator; **à simple —** : single-drum..., one-drum; **à deux —s** : double-drum..., two-drum...

tamis : sifter, sieve, screen; **— d'arrosage** : rinsing screen; **— d'égouttage** : dewatering screen; **— à fil fin** : fine-wire screen; **— plan oscillant** : shaker screen, shaking screen; **— pulsatoire** : pulsating screen; **— à vibration magnétique** : hummer-screen; **— vibreur** : vibrating screen; **—er** : to sieve, to sift, to screen.

tampon : buffer, bumper *(U. S. A.)*; **— (*cheville, fiche*)** : plug; **— de bois** : spile; **— de choc** : bumper block; **— de visite** : hand hole.

tandem (disposition en —) : tandem arrangement; **du type —** : in tandem design.

tangent : tangent; **être — à...** : to be tangent to...; **—e (*subst.*)** : tangent; **—iel** : tangential; **—iellement** : tangentially.

tantale : tantalum.

tapis : carpet; **— (*paillasson, clayonnage*)** : mat; **— isolant (*électricité*)** : insulating mat.

tapure (*métallurgie*) : chink; **— de trempe** : quench cracking.

taquet d'arrêt : stop block.

tarage des wagons : wagon taring.

taraud : screw tap; **— évidé** : hollow tap; **—age** : tapping; **—é avec filet à droite** : tapped right; **—é — — à gauche** : tapped left; **—er** : to tap; **machine à —er les écrous** : nut-tapping machine, nut-tapper; **—euse** : tapper.

tare (*d'un véhicule*) : tare; **—r** : to tare.

tarière : auger; **— (*à glaise*)** : wimble; **mèche de —** : auger bit.

tarif : tariff; **— différentiel** : differential tariff; **— à forfait** : bulk tariff, in-the-lump tarif; **—er** : to tariff.

tartre : tartar; **— des chaudières, des tuyauteries** : scale.

tas (*amas, pile*) : heap, pile, stock; **en —, amoncelé** : heaped; **tas (*objet*)** : holder-on; **— à charger (*mines*)** : muck pile.

tasseau : cleat, underprop.

tassement, affaissement du sol : sinking.

tasser par secousses : to jolt.

taux (*cours*) : rate; **— du change** : rate of exchange; **— de compression** : compression ratio; **— d'escompte** : rate of discount; **— de récupération** : recovery per cent; **— de réduction** : reduction ratio; **— de report** : continuation rate; **— des salaires** : wage rate.

taxe : tax, impost; **— locative** : rent tax; **—s non comprises** : excluding taxes; **— sur les superbénéfices** : excess profits taxes; **— de transit** : transit charge.

technicien : technicist.

technique (*adj.*) : technical, technic; **(*subst.*)** : technique, technics, technic.

technologue : technologist.

teck (bois) : teck.

tectonique (*adj.*) : tectonic; **(*subst.*)** : tectonics.

teindre : to dye.

teinte (*nuance*) : tinge.

télécommande : remote control, distant control, telecommand.

télécommunications : telecommunications.
téléférique : aerial ropeway, aerial carrier, aerial transporter, cable railway, cable way, telpher.
télégramme : telegram.
télégraph(e) : telegraph; **—ie** : telegraphy; **—ie sans fil** : wireless telegraphy; **—ier** : to telegraphy, to wire; **appareil —ique** : telegraph apparatus; **câble —ique** : telegraph cable; **fil —ique** : telegraph wire; **mot de code —ique** : telegraphic code word; **poteau —ique** : telegraph pole; **—iste** : telegraphist.
télémesure : telemetering.
télémètre : telemeter.
téléphon(e) : telephone; **—r** : to telephone, to phone; **—ie** : telephony; **—ie sans fil** : wireless telephony; **appareil —ique** : telephone apparatus; **fil —ique** : telephone wire; **ligne —ique** : telephone line; **—iste:** telephonist.
télescop(e) : telescope; **—ique** : telescopic, telescope-like.
télévision : television.
telluriques (courants —) : earth currents.
tellurium : tellurium.
telluromètre : earth tester.
tellurure : telluride.
température : temperature; **— absolue** : absolute temperature; **— de combustion** : combustion temperature; **— de condensation** : condensing temperature; **de congélation** : freezing point; **— de coulée** : pouring temperature; **— de coupe** : cutting temperature; **— d'ébullition** : boiling point; **à — élevée** : at elevated temperature; **— de la flamme** : flame temperature; **— de formation** : formation temperature; **— de fusion** : fusion point; **— de la glace fondante** : point of melting ice, freezing point of water; **— inférieure à 0°** : subzero temperature; **— d'inflammation** : ignition temperature; **— de recuit** : annealing temperature; **— de solidification** : solidification temperature; **compensation de la —** : temperature compensation; **variations de —** : temperature charges.
temporisation : time-delay.
temps : time; **— de chargement** (*métallurgie*) : charging time; **— de cuisson** (*du coke...*) : coking time; **— de démarrage** : starting time; **— de fonctionnement à vide** (*de l'outil dans les machines-outils*) : idle tool time; **— de marche** : running time; **— perdu, — non employé au travail productif** : idle time; **— de pose** : time of exposure; **— de prise** (*du béton*) : hardening time; **— de repos** (*au milieu du poste, dans les mines*) : rest time; **— de séjour** : holding time; **— sidéral** : sidereal time; **— solaire** : solar time; **— de travail** : working time; **— de travail effectif** : net working time; **étude des —** : timing, time study; **machine à deux —** : two stroke engine.
tenace : tenacious.
ténacité : tenacity.
tenaille à lingots : ingot tongs, ingot dog; **—s** : tongs, pincers, griping tongs, gripping tongs.
tendance : tendency; trend; **— à la baisse** : downward trend; **— aux criques** (*métallurgie*) : tendency to cracking; **— à devenir cassant** (*métallurgie*) : embrittlement; **— à l'expansion** (*économique*) : expansion tendency; **— à la hausse** : upward trend; **— du marché** : market trend; **— des prix** : trend of prices; **— à la récession** : recession tendency.
tender (*chemins de fer*) : tender.
tendeur : stretcher; **— de courroie** (*galet*) : belt tightener; **— à vis** : turnbuckle.
tendre un ressort : to tighten a spring.

tendu (*cordage*) : tight; **maintenir —, embraquer (marine)** : to keep taut.

teneur, contenu, pourcentage : content; grade; **— en carbone** : carbon content; **acier à faible — —** : soft-carbon steel; **à haute — —** : high-carbon; **— en cendres** : ash content; **— en eau** : water content, moisture content; **— en fines** : fines content; **— de livres (*comptab.*)** : book-keeper; **baisse de —** : drop in grade; **à faible —** : low-grade; **à forte —** : high-grade.

tenon : tenon.

tension (*sens général*) : tension; **—** (*électricité*) : voltage; **— alternative** : alternating voltage; **— capillaire** : capillary attraction; **— constante** : constant voltage, steady voltage; **— d'une courroie** : pull of a belt; **— de court-circuit** : short-circuit voltage; **— de décharge (*d'un accumulateur*)** : discharge voltage; **— d'excitation** : excitation voltage; **— interne** : internal stress; **— du massif (*au toit*)** : roof rock stress; **— maximum, — de pointe** : peak voltage; **— du réseau** : network voltage; **— de retrait** : shrinkage stress; **— de rupture** : breaking stress; **— superficielle** : surface tension; **abaisser la —** : to lower the voltage; **baisse de —** : voltage sinking; **chute de —** : voltage drop; **dispositif de —** : tightening device; **élévation de —** : voltage rise; **élever la —** : to raise the voltage; **essai de —, de traction** : tensile test; **mettre sous —** : to get up voltage; **sous —** : current carrying.

tenue (*comportement*) : behaviour; **— à la corrosion** : corrosion behaviour; **— des livres** : book-keeping.

térébenthine : turpentine.

terme : term; **— du loyer** : rent-day; **— technique** : technical term; **à —** : for the account.

ternir : to dull.

terrain, terrains (*mines*) : rock; **— d'atterrissage** : landing ground; **— à bâtir** : building ground; **—s de recouvrement, —s de surface** : cap stone, cap, cappings, shallow cappings; **acquisition de —s** : acquisition of land; **mouvement de —** : ground movement.

terrassement : earthwork; **matériel de —** : earthmoving equipment.

terrassier : banker, navvy.

terre : earth; **— (*sol, terrain*)** : ground; **— d'alluvions** : alluvium; **— à diatomées** : diatomaceous earth; **— d'infusoires** : infusorial earth; **— glaise, — grasse** : loam; **—s rares** : rare earths; **— réfractaire** : fire-clay; **courant de —** : earth current; **essayeur de —** : earth tester; **fil de —** : ground wire; **indicateur de —** : ground detector, ground indicator; **mettre à la —** : to ground; **moulage en —** : loam casting; **plaque de —** : earth plate; **résistance de —** : earth resistance.

terrestre : terrestrial.

terreux : earthy.

tertiaire (*adj.*) : tertiary; **ère —** : tertiary period, tertiary.

terril : refuse dump, dirt hill, spoil heap.

tête : head; **— de bielle** : crankpin head; **— de boulon** : bolt head; **— de distillation** : first running; **— et écrou noyés dans le bois** : head and nut sunk into timber; **— de lingot** : ingot top; **— mobile (*machines-outils*)** : movable head; **— pivotante** : swiveling head, swivel top; **— de ramassage (*d'une chargeuse Joy*)** : gathering head (*of a Joy loader*); **— de vis** : screw head; **faire les —s de vis** : to head screw blanks; **produit de — (*chimie*)** : heading.

tétrachlorure de carbone : tetrachloride of carbon.

tétraèdre : tetrahedron.

tétraédrite : tetrahedrite.

tétragonal : tetragonal; **système —** (*cristallographie*) : tetragonal system.
tétrapolaire : four-pole, tetrapolar.
téton (*éprouvette*) **venu de fonderie, pour essais** : test lug.
textiles artificiels : artificial textiles; **— naturels** : natural textiles; **—** (*ou* **tissu**) **de verre** : glas textile.
texture : texture; **— fibreuse** : fibrous texture; **— primaire** : primary texture; **— serrée** : close texture.
thallium : thallium.
théodolite : theodolite; **— de mine** : mining theodolite.
théorème : theorem.
théorie : theory; **— atomique** : atomic theory.
théorique : theoretical.
thermique : thermal, thermic; **analyse —** : thermal analysis; **bilan —** : thermal balance; **capacité —** : thermal capacity; **centrale —** : steam plant; **dilatation —** : thermal expansion; **étude —** : thermal study; **réduction —** : thermal reduction; **rendement —** : thermal efficiency; **transformation —** : thermal conversion.
thermite : thermit, thermite.
thermocouple, couple thermoélectrique : thermo-couple; **— à immersion** : immersion thermocouple.
thermodynamique (*adj.*) : thermodynamic; (*subst.*) : thermodynamics.
thermomètre : thermometer; **— à cadran** : dial thermometer; **— coudé** : angle stem thermometer; **— enregistreur** : recording thermometer; **— à maxima** : maximum thermometer.
thermonucléaire : thermonuclear.
thermostat : thermostat, temperature regulator; **lame dilatable du —** : expanding stem.
thermosiphon : thermosyphon.
thorium : thorium.
tiède : lukewarm.
tiers-point : three-edged file.
tige (*barre*) : stem, bar; rod; **— d'ancrage** : anchor rod; **— de commande du tiroir** : valve rod; **— d'excentrique** : eccentric rod; **— de fleuret** : drill rod; **— du pendule** : pendulum rod; **— de piston** : piston rod; **— de sondage** : boring rod; **— de soupape**: valve stem; **— de suspension** (*d'un ressort à lames*) : hanger.
tilleul : linden.
timbre (*estampille*) : stamp.
timbre (*du son*) : timbre.
timonerie : lever arrangement, lever system; **— de frein** (*autom.*) : brake gear.
tir (*des mines*) : blasting; shooting; shot-firing, firing; **— au charbon** : coal blasting; **— électrique** (*des coups de mine*) : electric shooting; **— avec faibles retards échelonnés** : short-interval delay blasting; **explosif pour — à l'humidité** : wet-work explosive; **— à micro-retards** : short-delay blasting; **— sous l'eau** : submarine blasting; **— à la volée** : volley-shooting, multiple shooting.
tirage (*dessin*) : print; **— (d'une cheminée)** : draught, draft; **— artificiel** : artificial draught; **— aspiré** : suction draft; **— au bleu** : blue print; **— forcé** : forced draft; **— naturel** : natural draft; **indicateur de —** : draft gauge.
tirant : draw-bolt; **—** (*de locomotive*) : crown bar; **—** (*raidisseur*) : stretcher; **— d'eau d'un navire** : draught of a ship.
tiré par chevaux : horsedrawn.
tirefond : lag bolt, lag screw; screw spike.
tireligne : ruling pen.
tirer : to pull; **—** (*dessiner*) : to draw; **—** (*reproduire*) : to print; **—** (*allumer, enflammer*) : to shoot, to fire; **—** (*haler*) : to haul; **— un coup de mine** : to shoot a hole; **— une traite** : to draw a bill; **machine à — les bleus** : blue printing machine.

tiret : dash.
tireur (*de traite*) : drawer.
tiroir (*d'une machine à vapeur*) : slide valve, slide; **tige du —** : valve rod.
tisonner, attiser : to poke.
tisonnier : poker; **— à refroidissement par eau** : water-cooled poker.
tissu : web; **— filtrant** : filtering cloth, filter cloth; **—s artificiels** : artificial fabrics.
titane : titanium.
titanifère : titaniferous.
titanite : titanite.
titrage : titration.
titre (*proportion*) : rate, amount, percentage; **— (*finances*)** : bond; **—s, valeurs (*bourse*)** : stocks, securities; **—s nominatifs** : registered securities; **—s au porteur** : active bonds, bearer bonds; **service des —s (*dans une banque*)** : security department.
titrer : to titrate.
titulaire (*d'un poste*) : incumbent (*subst.*)
toc d'entraînement : driving dog; **— de tour** : lathe dog.
toile : linen; **— (*épaisseur de paroi*)** : web; **— (*grossière*)** : canvas; **— d'aérage (*mines*)** : brattice, brattice cloth; **— d'amiante** : asbestos cloth; **— à calquer** : writing cloth; **— caoutchoutée** : india-rubber canvas; **— cirée** : oil cloth; **— d'emballage** : wrapping cloth, pack cloth; **— émeri** : emery cloth; **— métallique** : wire-cloth; metallic cloth; **— — fine** : wire gauze; **— de sac** : sack cloth; **— transporteuse** : web conveyor belting; **— — en caoutchouc** : rubber conveyor belting.
toit (*sens général*) : roof; **— (*mines*)** : roof; hanigng; **— à une pente** : lean-to roof; **— à double pente** : span-roof, ridged roof; **affaissement du — (*dans les mines*)** : roof subsidence; **cassure du — (*dans les mines*)** : roof break, roof fracture; **chute du —, éboulement du —** : fall of roof; **chute de blocs du —** : fall of roof rocks; **cloche au —** : overhead cavity; **consolidation du —** : roof support; **contrôle du —** : roof control, rool fracture control; **soutènement du —** : roof support; **soutenir le —** : to hold up hanging.
toiture : roof; **— plate** : flat roof; **— en terrasse** : platform roof.
tôle épaisse : plate; **— mince** : sheet; **— d'acier** : steel sheet; steel plate; **— de chaudière** : boiler plate; **— cisaillée** : sheared plate; **— dynamo** : dynamo sheet, electrical sheet; **— emboutie** : pressed plate; **— d'étain, feuille d'étain** : tin foil; **— forte** : heavy plate; **— galvanisée** : galvanized sheet; **— magnétique** : magnetic sheet; **— mince, — fine** : sheet, thin sheet; **— moyenne** : light plate; jobbing plate; **— noire** : black sheet; black plate; **— ondulée** : corrugated sheet; **— perforée** : perforated plate; **— plaquée** : plated sheet; **— plombée** : terne-plate, lead-coated plate; **— polie** : smooth sheet; **— striée** : channeled plate, checkered plate; **— de transformateurs** : transformer sheet; **— d'usure** : wearing plate; **— de zinc** : sheet zinc; **—s en paquet** : bundled sheets.
tolérance : tolerance, allowable variation, off-size; **— serrée** : close tolerance.
tôlerie : metal work.
toluène : toluene.
toluol : toluol.
tombac : tombac.
tomber goutte à goutte : to drip, to drop; **laisser — —** : to drip, to drop.
tombereau : tip-cart.
ton (*acoustique*) : pitch.
tondeuse à gazon : lawn mower.
tonnage extrait (*mines*) : tonnage.
tonnage kilométrique : kilometric tonnage.

tonne : ton; — **courte** : short ton (2.000 lb = 907 kg); — **longue** : long ton (2.240 lb = 1.016 kg); — **-mètre** : meter ton; — **métrique** : metrical ton; —**au** : cask; — *(mesure)* : tun; —**let** : keg; —**lier** : cooper.

topographe : topographer, topographic surveyor.

topographie : topography.

torchère *(métallurgie)* : excess gas burner; flare.

torchis (mur de —) : cob wall.

tordre, déformer par torsion : to distort, to twist; **se —** : to distort, to twist.

tore *(géométrie)* : tore.

toron *(de câble)* : strand; —**nage de fils** : wire stranding; —**né** : stranded.

torpédo : open touring car.

torsadé : twisted.

torsion : torsion; twisting, twist; — **à droite** : right-hand twist; — **à gauche** : left-hand twist; **câble à — Lang** : Lang design rope; **balance de —** : torsion balance; **effet de —** : distorting strains; **résistance à la —** : torsional strength, twisting strength.

total général : grand total.

totalisateur : totalizer.

touage, remorquage : towage, tug.

touche *(d'une machine à écrire,* **etc.)** : key.

tour : turn; — *(révolution)* : revolution, rotation; — *(poste, tournée)* : turn; — *(machine-outil)* : turning lathe, lathe; — *(circonférence)* : girth; — **à aléser** : boring lathe; — **à banc rompu** : gap bed lathe; — **à base prolongée,** — **à extension** : extension bed lathe; — **à changement de vitesse rapide** : quick-change lathe; — **à charioter** : plain turning lathe; — **complet** : full turn; — **à décolleter** : free-cutting lathe; — **à dresser** : face plate lathe; — **d'établi** : bench lathe; — **à façonner** : forming lathe; — **à fileter** : screwcutting lathe; — **en l'air** : face lathe; — **d'outillage** : tool-room lathe; — **revolver** : turret lathe; — — **automatique** : automatic turret lathe; — — **rapide** : high-speed turret lathe; — **à serrage automatique** : self-closing lathe; — **à tronçonner** : slicing lathe; — **universel** : universal lathe; — **pour usinage de pièces en série** : manufacturing engine lathe; **boulon fini au —** : turned bolt.

tour *(subst. fém.)* : tower; — **de condensation** : condensing tower — **de distillation fractionnée** : fractionating tower; — **d'égouttage à claies** *(lavoirs)* :hurdle tower; — **d'extinction** *(métallurgie)* : quenching tower; — **de lavage** : tower washer; — **de séchage** *(des fines dans un lavoir)* : tower dryer.

tourbe : peat.

tourbière : peat-moss, peat-bog.

tourbillon : vortex; **mouvement —naire**: vortex motion, vortical motion.

tourelle : turret; — **porte-outil** : turret tool-post; — **revolver automatique** : automatic turret.

tourie : carboy.

tourillon : journal; — **d'essieu** : axle spindle.

tourmaline : tourmaline.

tournage : turning.

tourne-à-gauche : tap-wrench.

tournée (tour, poste) : turn; shift.

tourner *(v.n,)* : to rotate; — *(moteurs)* : to run; — **dans l'huile** : to run in oil bath; — **au tour** : to turn in the lathe; — **les wagons** *(derrière une chargeuse)* : to change the cars.

tourneur *(au tour)* : turner; — **sur métaux** : metal turner.

tournevis : screwdriver; **lame de —** : screwdriver bit.

tourniquet *(mines)* : earth auger; — **pour le forage à la main** : hand auger, hand steel; **perforation au —** : hand auger work.

tournures : turnings.

tours (nombre de) : revolutions; — — **par minute** : r. p. m. (revolutions per minute).

tourteau : oil-cake.

tout acier, tout en acier : all steel...

tout-venant : run of the mine; **minerai — —** : run of the mine ore.

trace d'impureté : trace of impurety.

tracé (*dessin*) : trace; — **d'installations** : plant layout.

tracer (*dessiner*) : to trace, to lay out, to score; — **un cercle** : to score a circle; — **un gisement (*en vue de l'exploitation*)** : to develop; — **un trou au gabarit** : to lay out a hole to templet; **trusquin à —** : marking gauge.

trachyte : trachyte.

tracteur : tractor; — **sur chenilles** : caterpillar tractor.

traction (*sens général*) : traction; — **(*résistance des matériaux*)** : tension, pull; — **(*halage*)** : haulage; — **animale** : animal haulage; — **arrière** : back-wheel drive; — **avant (*véhicules*)** : front-wheel drive; — **à bras, roulage à bras (*mines*)** : hand tramming; — **par câble** : rope haulage; — — **sans fin (*traînages*)** : endless rope haulage; — **par chaîne** : chain haulage; — **par chenilles** : caterpillar traction; — **chevaline** : horse haulage; — **électrique** : electric traction; — **par locomotives** : haulage by locomotives; — **mécanique** : mechanical haulage; — **sur rails** : track haulage; — **à la vapeur** : steam haulage; **acier à haute résistance à la —** : high tensile steel; **essai de —** : pulling test; **résistance à la —** : rupture strength, tensile strength.

trafic : traffic; — **commercial** : business traffic.

train : train; — **d'atterrissage** : landing gear; — **direct** : through train, non-stop train; — **express** : express train; — **de marchandises** : goods train; — **omnibus** : slow train; — **mixte** : mixed train; — **poste** : mail train; — **de voyageurs** : passenger train; — **baladeur** : sliding gear; — **blooming** : blooming train, cogging train; — **à brames** : slabbing train; — **dégrossisseur** : roughing train; — **duo** : two-high rolling train; — **d'engrenages** : train of gears; — **à fers marchands** : merchant rolling train; — **à feuillards** : strip mill; — **à larges feuillards** : broad strip train; — **à fil machine** : rod rolling train; — **finisseur** : finishing train; — **de laminoirs** : rolling train, roll train; — **marchand** : bar mill; — **d'ondes** : wave train; — **de roues** : wheel set; — **de rouleaux (*laminoirs*)** : roller table; — — **d'amenée** : approach roller table, feeding roller table; — — **de sortie** : run out roller table; — **à tôles** : plate train; — — **fines** : sheet train; — **trio** : three-high rolling train; — **universel** : universal train.

traînage : haulage; — **par câble** : rope haulage; — — **sans fin** : endless-rope haulage; — — **-tête et câble-queue** : main and tail haulage; — **par gravité** : gravity haulage; **câble de —** : haulage rope.

traîner : to trail; to drag.

trait, cordée (*mines*) : trip; — **(*forme*)** : feature; — **(*dessin*)** : stroke, dash; — **de graduation** : scale line; — **mixte (*dessin*)** : dot and dash; — **plein** : full line; — **de scie** : kerf, sawkerf; **—s caractéristiques** : fundamental features, distinguishing traits.

traite (*commerce*) : draft bill; — **à vue** : sight draft; — **en l'air (*banque*)** : kite; **tirer une —** : to draw a bill; **« à vue »** : at sight, against sight.

traitement : treatment, conditioning; — **(*salaire d'un employé*)** : salary; — **du charbon (*pour la vente*)** : coal dressing, coal cleaning, coal prepa-

traitement *(suite)*
ration; — **chimique** : chemical treatment; — **des eaux de chaudières** : boiler water treatment; — **égal pour tous** : non-discrimination; — **mécanique** : mechanical treatment; — **métallurgique** : metallurgical treatment; — **du minerai** : ore dressing, ore treatment; — **préparatoire** : preliminary treatment; — **thermique** : heat treatment, thermal treatment; **four à — —** : heat-treating furnace, heat-treatment furnace; **subir un —** : to undergo a treatment.

traiter : to treat; — **(*conditionner*)** : to condition; — **l'acier à fleurets au four à huile** : to condition drill steel in an oil furnace; — **le minerai** : to treat the ore; **traité sous pression** : pressure-treated.

trajectoire : trajectory.

trajet (*d'une machine, d'une locomotive*) : run.

tranchant (*d'un outil*) : cutting edge; — **en croix** : star bit; **outil —** : edge tool.

tranche : slice; — (*exploitation des couches puissantes*) : slice; **exploitation par —s** : working in slices.

tranchée (*de chemin de fer...*) : cut, trench; **excavateur de —s** : trench digging machine.

transaction financière : transaction.

transbordement : transfer; **plateforme de —** : transfer table.

transborder : to transfer.

transbordeur (*chariot*) : transfer car.

transformable : convertible.

transformateur : transformer; — **pour appareils** : instrument transformer; — **-dévolteur** : reducing transformer; — **de fréquence** : frequency transformer; — **d'intensité** : intensity transformer; — — **constante** : constant current transformer; — **monophasé** : one-phase transformer; — **à noyau** : core transformer; — **de potentiel** : potential transformer; — **à sec** : dry transformer; — **de sécurité** : safety transformer; — **survolteur** : booster transformer, step-up transformer; — **triphasé** : three-phase transformer; **bobine de —** : transformer coil; **huile pour —** : transformer oil; **tôle pour —** : transformer sheet steel.

transformation : transformation, conversion, metamorphosis; — **d'un bâtiment, d'une installation** : rebuilding; — **allotropique** : allotropic transition; — **de l'énergie** : transformation of energy; — **thermique** : thermal conversion; **poin t de —** : transformation point.

transformer : to transform; to convert; to rebuild.

transit (droits de —) : transit duty.

transitoire (état —) : transient state.

translation (*géométrie*) : translation; **déplacer par —** : to translate; **frein de —** : travelling brake; **mécanisme de —** : travelling gear.

translucid(e) : translucent; **—ité** : translucence.

transmettre (*un effort*) : to transfer, to transfer back; — **(*conduire, laisser passer*)** : to transmit; — ***des instructions*** : to transmit.

transmissible : transmissible, transmittable.

transmission : transmission; transfer; — (*objet*) : line shaft, shafting; — **par chaîne** : chainbelt; — **de chaleur** : heat transmission; — **des efforts** : stress transmittal; — **flexible** : flexible shaft; — **réversible** : reversible transmission; — **par vis sans fin** : helical transmission; **arbre de —** : transmission shaft; **organes de —** : driving parts, drivers; **pertes par —** driver losses.

transmutation de la matière : transmutation of matter.

transparence : transparence, transparentness.

transparent : transparent.
transport : transport, transportation; carriage; conveyance; — **automobile** : motor transport; — **par bande** : belt conveyance; — **par chemin de fer** : railroad freighting; **ligne de — de force** : power line; — **payé de marchandises** : freighting; **wagon pour le — du personnel** : man-riding vehicle; — — — **au fond** (*mines*) : underground conveyance of men, haulage of men, man-riding haulage; men handle; **agent de —** : traffic agent; **commerce de —** : carrying trade; **moyens de —** : transport means; **programme de —** : transport program; **société de —** : transportation company.
transportable : portable, displaceable; movable, mobile.
transporter : to transport, to convey; — (*déplacer*) : to shift.
transporteur (*objet*) : transporter; conveyor; carrier; — **aérien** : aerial transporter, aerial ropeway, aerial carrier; — **à augets** : scoop conveyor; — **à bande** : belt conveyor; — **à chaîne** : chain conveyor, chain railway; — **en spirale par gravité (descenseur hélicoïdal)** : gravity spiral conveyor; — **à vis d'Archimède** : Archimedean screw conveyor; — **à vis sans fin** : screw conveyor.
transversal, en travers : transversal, transverse, traverse; **barre —e** : traverse bar; **coupe —e** : cross cut; **mouvement —** : traversing motion; **pièce —e** : traverse.
trapèze : trapezium.
trapézoïde : trapezoedron.
trappe d'accumulateur : bunker discharge gate.
trappe de décharge : discharge gate.
travail : work; labour; — (*fatigue d'une pièce, contrainte*) : strain; — **de façonnage, de mise en œuvre** : workmanship, finish, execution; — **du bois** : wood working; — **à la chaîne** : chain work; — **à la tâche** : job; — **dans un chantier humide** (*mines*) : wet work; — **à chaud, façonnage à chaud** : hot forming; — **d'équipe** : teamwork; — **de finissage** : second operation work; — **à froid** : cold forming; — **sur mandrin** : chuck work; — **manuel** : manual labour; — **mécanisé dans les mines** : machine mining; — **sur métaux** : metal work; — **de nuit** : night work; — **de petite série, de courte durée** : shortrun job; — **aux pièces** : piece work; — **de précision** : precision work; — **à salaire très bas** : sweating system; — **en série** : series working; — **sous l'eau** : underwater work; — **supplémentaire** : supplementary work; — **sur plateau** (*tours*) : face work; — **à la tâche** : job-work; (*mines*) : tutwork; — **en tranchée ouverte** : open cut, open cut mining; — **utile** : useful work; **angle de —** : working angle; **capacité de —** : working capacity; **conditions de —** : working conditions; **cylindre de —** : working roll; **division du —** : division of labour; **durée du —** : working time; **être au —** : to be at work; **être sans —** : to be out of work; **évaluation du — à fournir** : job evaluation; **heure de —** : working hour; **jour de —** : working day; **lieu de —** : work place; **manque de —** : shortage of work; **pression de —** : working pressure; **quitter le —, faire grève** : to leave off work; **suspension du —** : stoppage of work; **temps de —** : working time; **vitesse de —** : working speed.
travailler (*v.n.*,) : to work, to labour; (*v.a. façonner, usiner*) : to work; — **dans des conditions pénibles** : to toil, to labour under trying conditions; — **à la tâche** : to work on a contract basis; **non travaillé** : unwrought.

travailleur : worker; workman; operative; — **non spécialisé** : labourer, common labourer, unskilled labourer; — **d'usine** : factory hand; — **à domicile** : home worker; — **saisonnier** : seasonal worker; — **syndiqué** : organized worker.

travaux (*mines*) : workings; — **accessoires** : subsidiary works; — **d'expérimentation** : experimental work; — **publics** : public works; **entrepreneur de — —** : commissionar of public works; — **de recherche** : research works; — **souterrains** : underground workings; — **temporaires** : temporary jobs; — **urgents** : emergency works; **vieux —, dans les mines** : old workings.

travées (atelier à deux —) : two-bay shop.

travers-bancs (*mines*) : crosscut, cut; — - — **principal** : main cut.

traverse (*de chemin de fer*) : railway sleeper; sleeper; (*Amérique*) : railroad tie, track tie, cross tie; — (*pièce transversale*) : cross-piece; — **métallique** : steel sleeper; steel cross tie; **écartement des —s** :spacing of sleepers; spacing of ties.

traversée (*installations électriques*) : leading-through; — **jonction simple** : single slip switch; — — **double** : double slip switch.

tréfil(er) : to wire-draw; —**erie** : wire drawing plant; **fil —é** : wire.

treillis (*métallique*) : lattice, lattice-work; — (*en fils*) : woven wire, wire mesh; **poutre en —** : lattice beam; lattice girder; latticed girder.

trembleur : buzzer, trembler.

trémie : hopper; — **d'alimentation** : feed hopper; — **à charbon** : coal hopper; coal bunker; — **de chargement d'accumulateurs** : charging cone; — — **des fours** : batch hopper; — **doseuse** : measuring suit; — **d'évacuation** : discharge spout; — **oscillante** : shaking chute; — **de réception** : receiving hopper.

trempabilité de l'acier : hardenability.

trempage des cartouches à oxygène liquide : soaking; **bidon de —** : soaking pot, soaking vessel, dipping vessel.

trempe (*de l'acier*) : hardness, hardening; — (**à l'eau**) : quenching; — **à l'air** : air hardening; — **au bain de sel** : salt bath case hardening; — **bainitique** : austempering; — **à cœur** : full hardening, through hardening; — **de la fonte en coquille** : chill; — **à l'eau** : quenching; water quench; — **à l'huile** : oil hardening; — **interrompue**, — **étagée** : martempering, interrupted quench; — **au plomb** : patenting; — **superficielle** : surface hardening, skin hardening; — — **par cémentation** : case-hardening; — — **au chalumeau** : torch hardening; **aptitude à la —** : hardenability; **bain de —** : quenching bath; **prendre la —** : to harden; **profondeur de —, dans la cémentation** : case depth; — — **(en général)** : hardness penetration.

tremper, plonger, immerger : to dip, to plunge, to immerse; — **l'acier** : to harden; to quench; — **en coquille** : to chill; — **au plomb** : to patent; — **des cartouches à oxygène liquide** : to impregnate cartridges with liquid oxygen, to soak cartridges in liquid oxygen; **trempé à l'huile** : oil hardened; **fil d'acier — au plomb** : patented steel wire.

trempeuse à oxygène liquide : liquid oxygen soaking pot, liquid oxygen soaking vessel.

trépan : boring bit.

trépidations : jarring.

trépied : tripod; trivet.

tress(e) (*électricité*) : braid; **flexible —é** : braided hose; **corde —ée** : braided cord.

tréteau : trestle.

treuil : hoist, hoisting engine; winch, winder; — **à air comprimé** : air hoist; — **à colonne** : column hoist; — **d'extraction** (*mines*) : mine hoist, hoisting engine, hoisting winch; — — **électrique** : electric hoisting engine, electric winder; — — **jumelé** : twin cylinder hoisting drum; — — **à vapeur** : steam hoisting engine, steam winder; — **de halage** : towing winch; — **de levage** : hoisting winch; — **à main** : hand winch; **petit** — — : crab; — **de mine** : mine hoist, mine winder, colliery winder; — **de raclage à double tambour** : two-drum scraper hoist; — — **à trois tambours** : three-drum scraper hoist; — **à deux tambours** : double-drum winding gear; —**liste** (*mines*) : winchman.

triage : sorting; selection; separation; — **du charbon** : coal sorting, coal selection; — **par gravité** : gravity separation; — **magnétique** : magnetic separation; — **à la main** : hand sorting, hand picking, hand cleaning; — **mécanique** : mechanical separation; — **du minerai** : ore-sorting; **installation de** — : sorting plant.

triangle : triangle; — **équilatéral** : equilateral triangle; — **isocèle** : isosceles triangle; — **quelconque** : oblique triangle; — **rectangle** : right-angled triangle, — — **isocèle** : right-angled isosceles triangle; — **scalène** : scalene triangle, scalene; — **sphérique** : spherical triangle.

trias : trias, triassic; —**ique** : triassic.

tribord : starboard.

trier : to separate, to sort; — (*éliminer par triage*) : to select.

trièdre : trihedron.

trigonométri(e) : trigonometry; —**e sphérique** : spherical trigonometry; —**que** : trigonometrical.

tringle, tige : rod; — **de liaison** : tie bar.

trinitrotoluol : trinitrotoluol (T. N. T.).

trio (*laminoirs*) : three-high rolling mill.

triphasé (*courant*) : three-phase, *or* three-phase alternating (*current*).

triple : treble, triple, threefold; —**r** : to triple.

tritium : tritium.

trivalence : trivalence.

trivalent : trivalent.

trolley : trolley; **fil de** — : trolley wire; — — **profilé** : shaped trolley wire; **perche de** — : trolley pole; —**bus** : trolley-bus; —**phone** (*mines*) : trolley-phone.

trommel, crible rotatif : revolving screen, rotary screen, trommel; — **classeur** : sizing trommel, rotary classifier; — **mélangeur** : rotary mixer; **four** — : drum type furnace, trommel type furnace.

trompe à signaux : signal horn.

tronc de cône : conical frustum; — **de pyramide** : pyramidal frustum, frustum of a pyramid.

tronçonn(age), dispositif de — : cut-off, cutting-off; —**er** : to cut-off; **outil à** —**er** : cutting-off blade; —**euse** : cut-off machine, cutting-off machine.

troostite (*sidérurgie*) : troostite.

trop-plein : overflow.

troquer... contre... : to barter... with...

trottoir : side-walk.

trou : hole; — **d'aérage** (*mines*) : ventilation bore hole; — **alésé** : reamed hole; — **borgne** : blind hole; — **chargé** (*tir des mines*) : loaded drill hole; — **de coulée** : tap hole; — — **du laitier** : slag hole; **machine à boucher le** — — : tap hole gun; — **de forage** : bore hole; — **fraisé** : countersunk hole; — **de graissage** : oil hole; — **d'homme** : manhole; — **de mine** : drill hole; blast hole; shot hole; **charger un** — — : to charge a hole; — **de poing** : hand hole; — **de première mèche** (*tir des mines*) : starting hole; — **de recherche** : prospect hole; — **de rivet** : rivet hole;

trou *(suite)*
— **de sonde** : prospect hole; **orientation des —s de forage** : orientation of the bore holes.

trouble (*aspect*) : turbidity.

trousse d'outils : tool kit.

truelle : trowel; — **d'angle** : pointing trowel.

trusquin : scribing-block; scriber; — **à tracer** : marking gauge; —**er** : to scribe.

trust (*de sociétés*) : trust.

tubage : tubing; casing, sheeting.

tube : tube; — **capillaire** : capillary tube; — **de captation** : drive pipe; — **de chaudière** : boiler tube; — **coudé** : pipe bend; — **de courant** : current tube; — **électronique** : electron tube; — **à essais** : test tube; — **étiré sans soudure** : seamless drawn tube; — **de force** : tube of force; — **de foyer** : fire tube; — **de fumée** : smoke tube, flue; — **de Geissler** : Geissler tube; — **mill classeur** : selector tube mill; — **de Pitot** : Pitot tube; — **de quartz** : quartz tube; — **de serrage** : drawn-in tube; — **sans soudure** : seamless tube, weldless tube; — **télescopique** : telescopic tube; — **en U** : U-tube; — **de Venturi** : Venturi tube; — **de verre** : glass tube; — **en verre de niveau d'eau** : glass water gauge; — **à vide** : vacuum tube; **chaudière à — de fumée** : fire tube boiler.

tubulaire : tubular; **chaudière —** : tubular boiler; **faisceau —** : tube nest; **radiateur —** : tubular radiator.

tubulure : pipe branch, branch; **à deux —s** : two-necked.

tuf calcaire : calc-tuff.

tuile : tile; roofing tile; — **cornière** : corner tile; — **creuse** : hollow tile; — **faîtière** : ridge tile; — **à onglets** : grooved tile.

tungstène : tungsten; **filament de —** : tungsten filament.

tunnel : tunnel; — **de chemin de fer** : railway tunnel; — **d'évacuation des eaux** : drain tunnel; — **à large section** : large bore tunnel; **creuser un —** : to drive a tunnel; **four —** : tunnel type furnace; **sécheur à —** : tunnel dryer.

turbine : turbine; — **à action** : impulse turbine; — **à axe vertical** : vertical shaft turbine; — **axiale** : axial-flow turbine; — **à contre-pression** : back pression turbine; — **à gaz** : gas turbine; — **hydraulique** : water turbine, hydraulic turbine; — — **hélicoïdale** : helical water turbine; — **Pelton** : Pelton turbine; — **à réaction** : reaction turbine; — **à vapeur** : steam turbine; — — **d'échappement** : exhaust steam turbine; — **à vent** : wind turbine; **aubages de —** : turbine vanes; turbine blades, turbine blading; **huile à —** : turbine oil; **roue de —** : turbine wheel.

turboalternateur : turbo-alternator.

turbocompresseur : turbocompressor; — **de suralimentation** : turbo-supercharger.

turbo-dynamo : turbo-dynamo.

turbogénérateur : turbo-generator.

turbopompe : turbo-pump.

turbosoufflante : turbo-blower.

turboventilateur : turbo-fan.

turbulence (*des gaz*) : turbulence.

tuyau : pipe; tube; — (*souple*) : hose; — **d'acier** : steel pipe; — **adducteur** : drive pipe; — **d'aération** : vent pipe; — **à ailettes** : ribbed pipe; — **d'alimentation** : feed pipe; — **d'aspiration** : suction pipe; suction hose; — **à brides** : flange pipe, flanged pipe; — **de caoutchouc** : rubber hose; — **de cheminée** : chimney stalk; — **en ciment** : cement pipe; — **de décharge** : discharge pipe, drain pipe; — **de descente d'eau** : rain water pipe; — **d'échappement** : exhaust pipe, exit pipe; — **d'écoulement** : exit pipe; — **d'égoût** : sewer

tuyau *(suite)*
pipe; **— à emboîtement** : socket pipe; **— à joints de plomb** : lead joint pipe; **— de purge** : blow-off pipe; **— de refoulement** : stand-pipe; **— de remplissage** : filler pipe; **— de retenue** : check pipe; **— souple armé** : armoured hose.

tuyauterie : pipe line; piping; **— d'air comprimé** : air pipe line; **— d'eau** : water pipe line; **— principale** : main pipe line; **— à raccord par brides** : flanged-joint pipe line; **raccords de —** **—** : pipe connections, pipe fittings; **transporter par —** : to pipe.

tuyauteur (*mines*) : pipe man, pipe-fitter.

tuyère : tuyere; twyer; **— de haut fourneau** : blast-furnace tuyere, blast-tuyere; **— de foyer** : fire cone; **— de mesure de débit** : flow-measurement tuyere; **bec de la —, nez de la —** : tuyere nozzle.

tympan (*architecture*) : pediment; **— (*roue hydraulique*)** : scoop wheel.

type : type; style; **— (*modèle*)** : pattern.

U

ultra-rapide : highspeed...

ultraviolet : ultraviolet; **rayonnement —** : ultraviolet rays.

uni, poli, lisse : smooth.

unification, normalisation : normalization.

uniform(e) : uniform; **mouvement —e** : uniform motion; **—ément** : uniformly; **mouvement —ément accéléré** : uniformly accelerated motion.

unipolaire : unipolar.

unité : unit; **— absolue** : absolute unit; **— dérivée** : derived unit; **— fondamentale** : fundamental unit.

universel : universal; **— (*pour tous services*)** : all-service, general purpose; **joint —** : universal joint; **mandrin —** : universal chuck, universal holder; **moteur —** : universal type motor; **tour —** : universal lathe; **machine —le à tous usages** : versatile machine.

uranium : uranium.

urbanisme : town planning.

urgent : urgent.

usage : use; **pour tous —s** : all purpose.

usagé (très —) : badly worn.

usagée (machine —) : used machine.

usager (*subst.*) : user.

user, s'— : to wear off; **— par frottement** : to wear away, to abrade; **complètement usé** : worn-out.

usinabilité : machinability, workability.

usinable : workable.

usinage : machining; **vitesse d'—** : machinability rate. **— à chaud** : hot machining; **— en série** : production work; **tour pour — de pièces en série** : manufacturing engine lathe.

usine : manufactory; manufacturing plant; plant; works; factory; mill; **— (atelier)** : worskshop; **— chimique** : chemical plant; **— consommatrice** : consuming work; **— à gaz** : gas works; **— hydroélectrique** : water-power plant; **— — à grande hauteur de chute** : highhead water power plant; **— métallurgique** : metallurgical plant; **— sidérurgique** : iron works, iron mill; **—r** : to machine; **—r une pièce** : to machine a piece; **usiné à froid** : cold-worked.

usure : wear; **— par abrasion** : abrasive wear; **— par frottement** : attrition; abrasion; wearing away by friction; **— régulière** : even wear; **bague d'—** : wearing ring; **exposé à l'—** : exposed to wear; **parties soumises à l'—** : wearing parts; **rattrapage d'—** : wear adjustment; **rattraper l'—** : to take up wear; **résistance à l'—** : wear hardness, wear resistance; **résistant à l'—** : longwearing; **surface d'— dans les câbles** : wearing surface; **tôle d'—** : wearing plate.

utile (travail —) : useful work.

utilisable, disponible : available.

utilisation : utilization.

V

va-et-vient (*transporteur*) : push-and-pull device.
vacance, poste vacant : vacancy.
vaciller (*aiguille de la boussole*) : to yaw; **(*lumière*)** : to flicker.
vacuomètre : vacuum-gauge.
valence : valence, valency.
valeur : value; **— d'achat** : original cost; **— approchée** : approximate; approximation; **— en compte** : value in account; **de —, de haute classe** : high-class; **— instantanée** : instantaneous value; **— limite** : limiting value; **— locative** : rental value; **— marchande** : market-price; **— maximum** : maximum value; **— minimum** : minimum value; **— moyenne** : average value; **— nominale** : nominal value; **— numérique** : numerical value; **— de remplacement** : replacement cost; **—s (*bourse*)** : securities, shares, bonds; **de faible —** : low-grade; **de haute —** : high-grade.
valorisation (*du charbon...*) : up-grading (*of coal...*).
valve : flap-valve, clack-valve; **— de pneu** : tyre valve.
vanadate d'ammoniaque : ammonium vanadate.
vanadium : vanadium.
vanne : gate; water-gate; gate-valve; **— d'alimentation** : feed valve; **— de décharge** : flood gate; **— d'écluse** : sluice-gate; hatch; **— d'entrée** : intake gate valve; **— à guillotine** : shear gate; **— à obturateur conique** : solid wedge gate valve; **— papillon** : butterfly valve, disc valve; **— à renversement** (*de direction du gaz*) : reversing valve; **— à vent** : blast gate.
vapeur : vapour; **— (*brouillard*)** : mist; **— (*fumées*)** : fumes; **— basse pression** : low-pressure steam; **— d'eau** : steam; aqueous vapour, water vapour; **— d'échappement** : exhaut steam, waste steam; **— de mercure** : mercury vapour; **—s métalliques** : metal vapours; **— saturée** : saturated steam; **— surchauffée** : super-heated steam; **— sursaturée** : supersaturated steam; **— vive** : live steam; **accumulateur de —** : steam accumulator; **actionné par la —** : steam actuated; **boîte à —** : steam chest; **centrale à —** : steam plant; **chaudière à —** : steam boiler; **commande par la —** : steam drive; **condenseur de —** : steam condenser; **cycle de la —** : steam cycle; **débit de —** : steam flow; **état de —** : vaporous state; **frein à —** : steam brake; **générateur de —** : steam generator; **injecteur de —** : steam injector, steam nozzle; **machine à —** : steam engine; **manomètre de —** : steam gauge; **marteau-pilon à —** : steam hammer; **pelle à —** : steam shovel; **pompe à —** : steam pump; **purgeur de —** : steam trap; **renversement de —** : steam reverse; **sifflet à —** : steam whistle; **soupape de prise de —** : steam supply valve; **turbine à —** : steam turbine.
vapeur (*navire*) : steamer; **— à hélice** : screw steamer.

vapor lock : « vapor lock » (*vaporisation excessive de carburant, contrariant le fonctionnement du moteur*).
vaporisation : vaporization.
vaporiser : to vaporize; — (*pulvériser*) : to spray.
variable (*adj. et subst.*) : variable; **moteur à vitesse —** : variable speed motor.
variation : variation; **— de débit** : change of capacity; **—s de température** : temperature changes; **—s de voltage** : voltage fluctuations.
varier : to vary.
varlope : jointer.
vaseline : vaseline.
vecteur : vector.
veilleur (*garde*) : watchman.
veilleuse (*lumière*) : dimmed light; **mettre en — un haut fourneau** : to bank a furnace, to damp down a blast furnace; **mise en —** : damping down; **haut fourneau en —** : banked blast furnace.
veine (*mines*) : vein, seam; **— aurifère** : reef; **— de charbon** : coal steam; **— de minerai** : vein of ore; **— puissante** (*voir à* : **couche**).
veinule, filet : streak.
vendeur : seller.
vendre : to sell; **— un produit sur le marché** : to market a product.
vent (*métallurgie*) : blast; **— chaud** : hot blast; **— froid** : cold blast; **boîte à —** : air box; **sécher le —** : to dry the blast,
vente : sale; **— au commerce en gros** : sales to the trade; **— au comptant** : cash sale; **— au détail** : retail; **— aux enchères** : auction sale; **— en gros** : wholesale; **frais de —** : selling expenses; **prix de —** : selling price.
ventilateur : fan, ventilator; **— à ailettes** : propeller fan; **— aspirant** : exhaust fan, suction fan, exhauster; **— de forge** : forge blower; **— hélicoïde** : screw fan; **— de mine** : mine fan; **— secondaire** (*mines*) : auxiliary fan, auxiliary ventilating unit, booster; **— de soufflage sous grille** : undergrate blower; **— soufflant** : blower, pressure blower; **— volumétrique** : volume blower.
ventilation : ventilation, ventilating; **— par éjecteur** : ejector ventilation; **— mécanique** : mechanical ventilation; **— naturelle** : natural ventilation; **— secondaire** : auxiliary ventilation.
ventilé, refroidi par ventilation : fan cooled.
ventiler : to fan, to ventilate; **— une somme** : to break down a total.
ventre (*du haut fourneau*) : belly.
venu de fonderie, — de fonte : cast in one with..., cast on; **— de forge** : forged out of the solid.
venue d'eau (*mines*) : water inflow.
vérificateur d'isolement : insulation tester.
vérification (*d'une pièce fabriquée*) : checking; **— générale** (*d'une machine*) : general check; **— des comptes** : auditing.
vérifier, contrôler : to check.
vérin : lifting-jack; **— à vis** : screw-jack; **— hydraulique** : hydraulic jack.
vernier : vernier, vernier caliper.
vernir : to varnish.
vernis : varnish; **— à l'asphalte** : asphalt varnish; **— à base de goudron** : coal tar pitch varnish.
verre : glass; **— argenté** : silvered glass; **— armé** : wire-glass; **— dépoli** : frosted glass; **— — à l'acide** : etched glass; **— — à l'émeri** : ground glass; **— filé** : spun glass; **— fumé** : smoked-glass; **— de lampe de mineur** : miner's lamp glass; **— d'optique** : optical glass; **— quartzeux** : quartz glass; **— de sécurité** : splinterproof glass; **fibre de —** : glass fibre; **papier de —** : glass paper; **sable à —** : glass sand; **—rie** : glass plant.

verrou : latch.
verrouillage : interlocking, locking; **— automatique** : self-locking latch; **— électrique** : electric locking device; **— de sécurité** : safety interlock; **dispositif de —** : interlock; locking device.
verrouiller (*bloquer*) : to bolt, to lock.
versement partiel, acompte : instalment.
verser (*déverser*) : to pour; **— (*voiture*)** : to upset; **appareil à — la fonte** : pouring device.
vert-de-gris : verdigris.
vertical : vertical; **axe —** : vertical axis; **—e (*subst.*)** : vertical; **—ment** : vertically.
vêtements : clothes; clothing; **—s ignifuges** : flame-protecting clothing; **— de protection** : protective clothing; **— de travail** : working clothes, working suit.
viabilité (matériaux de —) : road material.
viaduc : viaduct.
vibrateur : vibrator; **— pour béton** : concrete vibrator.
vibration : vibration; **— bruyante** : banging vibration; **— critique** : critical vibration; **— non amortie** : undamped vibration; **garanti contre les —s** : vibration-proof; **période de —** : vibration period.
vibrer . to vibrate.
vibreur : vibrator.
vibromètre : vibrometer.
vidange : discharge, emptying; **faire la — du moteur** : to drain the crankcase; **—r** : to discharge, to empty.
vide (*adj.*) : empty; **(*subst.*)** : vacuum; **— absolu** : absolute vacuum; **— élevé, — fin** : high vacuum; **— primaire, — préliminaire** : primary vacuum, preliminary vacuum; **alimentation par le —** : vacuum feed; **berline —, dans les mines** : empty car; **cylindre à —** : idle roll; **frein à —** : vacuum brake; **évaporation par le —** : vacuum evaporating; **filtration par le —** : vacuum filtration; **marche à —** : idle running; **nettoyage par le —** : vacuum cleaning; **parafoudre à —** : vacuum arrester; **pompe à —** : vacuum pump; **tambour-sécheur à —** : vacuum drum dryer; **temps de fonctionnement de l'outil à — dans les machines-outils** : idle tool time; **tube à —** : vacuum tube; **vitesse à —** : free speed.
vider aux accumulateurs (*mines*) : to dump into the (*storage*) bunkers.
vie : life; **— utile, durée de — d'une machine** : useful life of a machine, working life; **assurance sur la —** : life insurance.
vieillissement (*de l'acier*) : ageing (*of steel*); **— sous tension** : strain ageing.
vierge : virgin, ungot; **terrains —s, couches —s (*mines*)** : virgin strata.
vieux fer : old iron.
vieux rebuts : refuse, scrap; **tas de — —** : pile of refuse.
vieux travaux (*mines*) : old workings, goaf, gob; **échauffement dans les — —** : gob heating; **feu dans les — —** : gob fire.
vilebrequin : bit brace; **— (*arbre-manivelle*)** : crank-shaft; **— à cliquet** : ratchet brace; **— coulé** : cast crankshaft.
virage : turning, curve, corner; **— brusque** : sharp corner; **— en épingle à cheveux** : hair-pin corner.
virole : ferrule.
virtuel (foyer —) : virtual focus.
vis : screw; **— d'Archimède** : Archimedean screw; **transporteur à — —** : Archimedean screw conveyor; **— d'arrêt** : set screw; **— à bois** : wood screw; **— de butée** : stop screw; **— hydraulique** : hydraulic screw; **— mère (*d'un tour*)** : leadscrew; **— à métaux** : machine screw; **— micrométrique** : micro-

vis (*suite*)
meter screw; — **moletée** : knurled screw; thumb screw; — **platinées (*de rupteur*)** : breaker points; — **de réglage** : adjusting screw; — — **de la lunette** : work rest adjusting screw; — **sans fin** : endless screw, worm; **arbre de la — — —** : worm shaft; **commande par — — —** : worm drive; **engrenage par — — —** : worm gearing, worm gear; **pignon de la — — —** : worm wheel; — **de serrage** : set screw; **à tête plate** : flat cap screw; — — — **ronde** : round head cap screw; **filet de —** : screw thread; **pas de —** : screw pitch.

visa : visa.

viscosimètr(e) : viscosimeter; **étude —ique des huiles** : viscosimetrical inspection of oils.

viscosité : viscosity; **essai de — des aciers** : creep test; **indice de —** : viscosity index; **limite de — des aciers** : creep test.

visée (*observation à l'aide d'un viseur ou d'une mire*) : sighting; — **(*vers un but, au propre et au figuré*)** : aim; **appareil de —** : sighting device, ranging device; **précision de —** : accuracy of sighting.

viser un but : to aim at...; — **un objet** : to sight an object.

visite (*de machines*) : overhauling; **—r (*des machines, du matériel*)** : to overhaul.

visqueux : viscous, viscid.

visser : to screw; — **un écrou** : to run down a nut.

vitesse : speed, velocity; — **(*allure*)** : rate; — **angulaire** : angular velocity; — **d'application de l'effort** : strain rate; — **arrière** : backward speed; — **ascensionnelle** : climbing speed; — **d'avancement** : rate of advance; — — **du front de taille** : rate of face advance; — **avant** : forward speed; — **de chargement** : loading rate; — **de chute** : falling velocity; — **de combustion** : rate of burning; **moteur à — constante** : constant speed motor; — **de coupe (*d'une machine-outil*)** : cutting speed; — **critique** : critical speed; — **de croisière** : cruising speed; — **de déplacement** : rate of travel; — **d'extraction (*mines*)** : hoisting speed, rope speed; — **de forage** : drilling speed; — **de levage** : lifting speed; — **linéaire** : lineal speed; — **de marche normale, régime normal** : operating speed; — **moyenne** : average speed; — **de perforation** : drilling speed; — **périphérique** : peripherical speed; — **de précipitation** : settlement rate; — **de refroidissement** : rate of cooling; — **de régime** : working speed; — **de retour (*machines-outils*)** : return speed, reversing speed, reverse speed; — **de rotation** : speed of revolution, slewing speed; — **de translation** : travelling speed; — **de travail (*d'une machine*)** : working speed; **moteur à — variable** : adjustable speed motor, variable speed motor; — **à vide** : free speed; **à —s multiples** : multi-speed; **boîte de —s** : speed gear; **changement de —** : speed change; **changer de —** : to change the speed; **compteur de —** : speed counter; **diagramme des —s** : velocity curve; **enregistreur de —** : speed recorder, speedometer; **grande —** : high speed, fast speed; **à grande —** : rapid running; **par grande —** : by fast train; **limitation de la —** : overspeed prevention; **limiteur de —** : overspeed gear, overspeed prevention gear, overspeed preventer; **petite —** : low speed; **par petite —** : by goods train; **pleine —** : full speed; **première —** : starting gear; **seconde —** : second speed; **quatrième —** : top gear, top speed; **amener à la pleine —** : to bring up to full speed; **réduc-**

vitesse *(suite)*
teur de — : speed reducer; **régulateur de —** : speed governor.

vitrain (*un des éléments pétrographiques du charbon*) : vitrain.

vitre, carreau : pane of glass; **—ux** : vitreous; **laitier —ux** : vitreous slag.

vitrier : glazier.

vitrifié : vitrified.

voie : way, road; **—** (*passage*) : gate; **— d'aérage** : air-way; **— de circulation** : gangway; **— de départ** : starting track; **— d'étage** : main level; **— étroite** : narrow gauge track; **— d'évitement, — de contour** : side-way, by-way, side-track, siding; **— ferrée, — de chemin de fer, ligne de chemin de fer** : railway line, track; **— de fond** : bottom level; **— de mine, galerie de mine** : road, way, gallery, drift; (*avancement*) : heading; **— navigable** : water-way; **— de niveau** (*mines*) : level; **— normale** (*chemins de fer*) : standard gauge track; **chemin de fer à — —** : standard gauge railway; **— portative, — Decauville** : portable track; **— principale** : (*chemins de fer*) : main track; **— de retour d'air** : returnway; **— de roulage** : haulway, hauling way, haulage road; **— — principale** : main haulage road; **— — secondaire** : branch haulage road; **— de sous-étage** : sublevel; **— de taille** (*mines*) : roadway, longwall roadway; **à — unique** : single track; **—s du chemin de fer** : railway yard, railroad yard (U.S.A.); **déplacement de la —** : shifting of the track; **à double —** : double track; **pose de la —** : track laying.

voiler : (*gauchir*) : to warp.

voiture (*automobile*) : (*motor*) car; **— aérodynamique** : streamlined car; **— de course** : racing car; **— décapotable** : folding-top car; **— à quatre places** : four-seater car; **— à quatre roues, chariot** : wagon; **— à toit ouvrant** : sliding roof car; **— de tourisme** : touring car; **— de tramway** : tramway-car; tram-car; **— de voyageurs** (*chemins de fer*) : passenger car.

volant : fly-wheel; **— de direction** (*véhicules*) : steering-wheel; **— à main** : hand wheel.

volatil : volatile; **matières —s** : volatile matter; **—isation** : volatilization; **—iser** : to volatilize; **—ité** : volatility.

volée (*tir des mines*) : volley; **— de deux coups** : two hole blast; **tir à la —** : volley-shooting.

volet : shutter; **— de réglage** : regulating shutter.

volt : volt; **—age** : voltage; **—amètre** : voltameter; **—ampère** : voltampere; **—mètre** : voltmeter; **—mètre enregistreur** : recording voltmeter.

volume : volume, bulk; **—** (*capacité*) : content, cubical content; **— aspiré** : sucked up volume; **— atomique** : atomic volume; **— déplacé** (*par un piston*), **débit** : displacement; **changement de —** : volume change.

volumétrique : volumetric; **pertes —s** : volumetric losses; **rendement —** : volumetric efficiency.

volumineux : bulky.

volute : scroll.

voûte : vault; **plafond d'une —** : ceiling of a vault.

voyageur de commerce : commercial traveller.

vrac (en —) : in bulk.

vrille : gimlet.

vue : sight; **—** (*spectacle*) : view; **de —** (*traites*) : ...after sight; **— aérienne** : aerial view; **— cavalière** : bird's eye view; **— d'en haut** : top view; **— de face** : front view; **— latérale** : side view; **— en plan** : plan view; **prendre des —s** : to shoot a film.

vulcanis(ateur) : vulcanizer; **—ation** : vulcanization; **—er** : to vulcanize.

W - X - Y - Z

wagon : wagon, waggon, railway, car; — **basculant** : dump car; — — **par l'arrière** : rear dump car; — — **de côté** : side dump car; — **à boggies** : bogie wagon; — **à caisse basculante** : tilting-box car; — **citerne** : tank car; — **à couloir** (*chemins de fer*) : corridor carriage; — **couvert, fermé** : box car; — **à déchargement automatique** : self-discharging wagon, automatic dump car; — — — **par le fond** : bottom self-discharging wagon; — **découvert** : open-top car; — **se déversant par le fond** : bottom dump car; — **de grande capacité** : large capacity wagon; — **à marchandises** : freight car; — **à personnel** (*mines*) : man car; — **plat** : flat car, lorry; — **à plateforme** : platform; — **tombereau** : gondola car; — **de transport de personnel** (*mines*) : manriding vehicle; — **trémie** : hopper; — **de voyageurs** : passenger car; **monté sur** — : wagon mounted.

wagonnet (*de mine*) : mine car, mine wagon, mine tub, tram; — **à bascule** : tip-car; — **plein** : loaded car; — **vide** : empty car; —**s pleins** (**« les pleins »**) : loads; —**s vides** (**« les vides »**) : empties.

warrant : warrant.

watt : watt; — **-heure** : watt-hour; **watman, conducteur de locomotive électrique** : electric locomotive driver; — **mètre** : wattmeter.

xénon : xenon.

yard anglais (0,914 m) : British Imperial Yard; — **carré (0,8363 m²)** : square yard.

Young (module de —) : Young's modulus.

zéro : zero, cipher; — **absolu** : absolute zero; **dispositif de rappel à** — : zero setting attachment.

zinc : zinc; — (*commerce*) : spelter; **bain de** — : spelter bath; **chlorure de** — : zinc chloride; **oxyde de** — : zinc oxide; **sulfure de** — : sulphide of zinc.

zircon : zircon; —**ium** : zirconium.

zone (*sens général*) : zone; — (*géométrie*) : zone; — (*espace, superficie*) : area; — **d'affaissement** (*mines*) : subsiding area; — **dollar** : dollar area; — **à haute teneur** (*mines*) : high-grade area; — **des hautes températures** (*métallurgie*) : hot zone; — **de pression** (*mines*) : zone of pressure; — **sterling** : sterling area.

APPENDICE

I — Conversion des mesures anglaises en mesures métriques

Longueurs

1 ligne *(1 line)* = $\frac{1}{12}$ de pouce	=	2,12	mm
1 pouce *(1 inch = 1″ = 1 in.)*	=	25,4	—
1 pied *(1 foot = 1′ = 1 ft.)* = 12 *in.*	=	0,3048	m
1 yard *(1 yd) = 3 ft.*	=	0,9144	—
1 perche *(1 perch = 1 pole = 1 rod) = 5 $\frac{1}{2}$ yds*	=	5,029	m
1 furlong = 40 poles	=	201,16	—
1 mille *(statute mile) = 8 furlongs*	=	1 609,31	—
1 mille marin *(nautical mile)* = 6.080 *ft.*	=	1 853	—
1 lieue terrestre *(land league) = 3 s. miles*	=	4 828	—
1 lieue marine *(nautical league) = 3 n. miles*	=	5 559,55	—
1 chain (arpentage) = *4 poles* = $\frac{1}{80}$ *mile*	=	20,116	—
1 link = *1/100 chain*	=	0,201	—
1 fathom (1 fth) = 2 yards	=	1,8288	—

Surfaces

1 pouce carré *(1 square inch = 1 sq. inch = 1 sq. in.)*	=	6,45	cm^2
1 pied carré *(1 square foot = 1 sq. foot = 1 sq. ft.)*	=	0,0929	m^2
1 yard carré *(1 square yard = 1 sq. yard = 1 sq. yd.)*	=	0,8361	—
1 pole carré *(1 square pole = 1 sq. pole)*	=	25,2920	—
1 quart d'argent = *1 rood = 40 sq. poles*	=	10,12	ares
1 arpent anglais = *1 acre*	=	40,47	ares
1 square chain = 16 sq. poles = $\frac{1}{10}$ *acre*	=	404	m^2
1 square link = $\frac{1}{10\,000}$ *sq. chain* = $\frac{1}{100\,000}$ *acre*	=	0,0404	m^2
1 square mile = 640 acres	=	2,59	km^2

ÉTATS-UNIS

1 verge = $30\frac{1}{4}$ yards carrés.

40 verges = 1 perche.
4 perches = 1 acre = 40,47 ares.

Volumes

1 pouce cube (*1 cubic inch = 1 cub. inch = 1 cu. in. = 1 c. i.*)	= 16,386	cm^3
1 pied cube (*1 cubic foot = 1 cu. ft. = 1 c. f.*) = 1 728 c. i.	= 0,028315	m^3
1 yard cube (*1 cubic yard = 1 cu. yd = 1 c. y.*) = 27 c. f.	= 0,764	—
1 tonneau ou tonne de mer (*1 shipping ton*) = *40 c. f.*	= 1,132	—

Liquides et matières sèches :

1 gill = $\frac{1}{4}$ *pint*	=	0,142	litre
1 pinte (*1 pint*)	=	0,568	—
1 quart (*1 quart*) = *2 pints*	=	1,136	—
1 pot (*1 pottle*) = *2 quarts*	=	2,272	litres
1 gallon (*1 imperial gallon*) = *4 quarts* = *277* $\frac{1}{4}$ c. i.	=	4,5435	—
1 peck = *2 gallons*	=	9,087	—
1 boisseau (*1 bushel*) = *4 pecks*	=	36,348	—
1 quarter = *8 bushels*	=	290,78	—
1 tonne officielle (*1 register ton*) = *100 c. f.*	=	2,8315	m^3
1 gallon américain (*1 United States gallon*) = *231* c. i.	=	3,785	litres
		(valable pour les liquides)	
1 boisseau américain (*1 Winchester bushel*)	=	35,23	—

Poids

Unités anglaises Avoirdupoids (*British standard system of weights*) :

1 grain (*1 grain*) = $\frac{1}{7.000}$ de livre Avoirdupoids = $\frac{1}{7.000}$ *lb. av.*	=	0,0648	g
1 drachme (*1 dram*) = $\frac{1}{16}$ d'once	=	1,771	—
1 once (*1 ounce*) = $\frac{1}{16}$ de livre	=	28,349	—
1 livre (*1 pound = 1 lb.*)	=	0,4536	kg
1 stone = *14 lb.*	=	6,350	—
1 quart de quintal (*1 quarter = 1 qr*) = *2 stones*	=	12,700	—
1 quintal (*1 hundredweight = 1 cwt*) = *4 qrs*	=	50,802	—
1 cental (unité utilisée pour le grain) = *100 lb.*	=	45,360	—

NOTA. — Pour les matières sèches, l'Amérique emploie le gallon impérial.

1 tonne longue *(1 long ton) = 20 cwts = 2 240 lb. av.* = 1 016,047 kg
1 tonne courte *(1 short ton) = 2 000 lb. av.* = 907,185 —
1 tonne américaine *(États-Unis et Canada) = 2 000 lb. av.* = 907,185 —
1 quintal américain *(États-Unis et Canada) = 1 cental = 100 lb.* = 45,360 —

Pressions

1 livre par pouce carré *(1 pound per square inch = 1 lb. per sq. in.)* = 0,0703 kg/cm²
= 703 kg/m²

1 tonne par pouce carré *(1 ton per square inch = 1 ton per sq. in.)* = 157,486 kg/cm²

Poids spécifiques

1 livre par pied cube *(1 pound per cubic foot = 1 lb. per cu. ft.)* = 16,020 kg/cm³
1 livre par pouce cube *(1 pound per cubic inch = 1 lb. per cu. in.)* = 27,69 g/cm³

Travail

1 livre-pied *(1 foot-pound)* = 0,13826 kg

Puissance

1 horse-power (1 HP) :
550 feet-pounds per second
= 76,043 kgm/sec = 1,014 CV = 0,746 kw

Consommation d'énergie

1 horse-power-hour = 1,014 cheval-heure = 0,746 kwh

Vitesse

1 pied à la minute *(1 foot/min.)* = 0,305 m/min. = 5,08 mm/sec.
1 mille à l'heure *(1 mile per hour = 1 mph.)* = 0,447 m/sec.

Température

Températures en degrés Fahrenheit $= \frac{9}{5} \times$ (tempér. en degrés centigrades) + 32.

D'où : degrés centigrades $= \frac{5}{9}$ (degrés Fahr. — 32).

Exemple : Convertir 50° Fahr. en degrés centigrades.

Degrés centigrades $= \frac{5}{9}(50 - 32) = \frac{5}{9} \times 18 = 10°$.

Quantité de chaleur

Unité anglaise de quantité de chaleur (*British Thermal Unit = B. Th. U.*). C'est la chaleur nécessaire pour élever la température d'une livre d'eau liquide de 1° Fahr.

1 B. Th. U. $= 0{,}4536 \times \frac{5}{9}$ kilocalorie = 0,252 kcal.

Calcul de l'équivalent mécanique : *1 B. Th. U.* $= \frac{0{,}252 \times 427}{0{,}1383}$

= 778 *feet-pounds per pound-degree F.* = 107,6 kgm.

Valeur de g à Londres

g = *32,2 feet per second.*

Monnaies

1 livre sterling (£ *1*).

1 shilling (*1 s*) $= \frac{1}{20}$ de livre sterling.

1 penny (*1 d*) $= \frac{1}{12}$ de shilling (pluriel : *pence*).

1 farthing $= \frac{1}{4}$ de penny.

ÉTATS-UNIS

1 dollar ($).

1 cent $= \frac{1}{100}$ de dollar.

1 dime = 10 cents $= \frac{1}{10}$ de dollar.

1 mill $= \frac{1}{10}$ de cent $= \frac{1}{1.000}$ de dollar.

CANADA

1 dollar.

1 cent $= \frac{1}{100}$ de dollar.

1 mill $= \frac{1}{1.000}$ de dollar.

ECRITURE DES SOMMES D'ARGENT

20 livres 4 shillings 7 pence et demi = £ 20,4 s. $7\frac{1}{2}$ d. = £ 20-4-$7\frac{1}{2}$

4 livres 13 shillings 5 pence et 23 centièmes = £ 4, 13 s. 5.23 d. = £ 4-13-5.23.
60.291.615 dollars et 35 cents = $ 60,291,615.35.

4 dollars et 82 cents $\frac{2}{3}$ = $ 4.82 $\frac{2}{3}$.

CONVERSION DES MONNAIES

Avec la livre à 13,80 F, le shilling vaut : $\frac{13,80}{20} = 0,69$ F,

et le penny $\frac{0,69}{12} = 0,0575$ F.

Avec le dollar à 4,90 F, le cent vaut 0,049 F.

Soit à convertir en francs : £ 20-4-$7\frac{1}{2}$ au cours de 13,80 F.

Si l'on réduit en pence, on trouve :

$(20 \times 20 \times 12) + (4 \times 12) + 7\frac{1}{2} = 4.855,5$ pence.

Or, 1 penny vaut 0,0575 F.
La somme donnée vaut donc : 4,855,5 × 0,0575 = 279,19 F.

II — Conversion des mesures métriques en mesures anglaises

Longueurs

1 millimètre (1 mm)	= $\frac{1}{1.000}$ de mètre.
1 centimètre (1 cm)	= $\frac{1}{100}$ de mètre = 0,3937 *inch* (pouce).
1 décimètre (1 dm)	= $\frac{1}{10}$ de mètre = 3,937 *inches* (pouces).
1 mètre (1 m)	= 39,37 *inches* = 3,281 *feet* (pieds) = 1,093 *yard*.
1 décamètre (1 dm)	= 10 mètres.
1 hectomètre (1 hm)	= 100 mètres.
1 kilomètre (1 km)	= 1.000 mètres = 1.093,6 *yards*.
	= 0,6213 *statute mile* (mille terrestre).
1 myriamètre	= 10.000 mètres.

Surfaces

1 centimètre carré (1 cm^2) = 0,1550 *sq. inch* (pouce carré).
1 mètre carré (1 m^2) = 10,7643 *sq. feet* (pieds carrés).
= 1,196 *sq. yard* (yard carré).
1 kilomètre carré (1 km^2) = 247 *acres* (arpents).
= 0,386 *sq. mile* (mille carré).
1 are = 100 m^2 = 119,6 *sq. yards.*
1 hectare = 100 ares = 10.000 mètres carrés.
= 2,47 *acres.*
1 centiare = $\frac{1}{100}$ are = 1 mètre carré.

Volumes

1 centimètre cube (1 cm^3) = 0,061 *cu. inch* (pouce cube).
1 décimètre cube (1 dm^3) = 61,023 *cu. inches* = 0,035 *cu. feet* (pieds cubes).
1 litre = 1 décimètre cube = 0,220 *gallon* anglais
= 0,264 *gallon* américain = 1,76 *pint* = 0,88 *quart.*
1 décalitre = 10 litres = 2,2 *gallons* anglais.
1 centilitre = $\frac{1}{100}$ litre = 0,07 *gill.*
1 hectolitre = 100 litres = 2,75 *bushels.*
1 mètre cube (1 m^3) = 1,308 *cu. yard* = 35,314 *cu. feet* = 3,44 *quarters* = 27,5 *bushels* = 220 *gallons* anglais = 264 *gallons* américains = 0,353 *register ton.*

Poids

1 gramme (1 g) = 15,432 *grains* = 0,035 *ounce* (once).
1 kilogramme (1 kg) = 35,27 *ounces* = 2,204 *lbs. av.* (livres).
1 quintal métrique = 100 kg = 220,462 *lbs. av.*
1 tonne = 1.000 kg = 2.204 *lb. av.* = 0,9842 *long ton* (tonne longue) = 1,1023 *short ton* (tonne courte).

Pressions

1 kilo par centimètre carré (1 kg/cm^2) = 14,223 *lbs. per sq. in.* (livres par pouce carré) = 0,00635 *ton per sq. in.* (tonne par pouce carré) = 2.048 *lbs. per sq. foot* (livres par pied carré).
1 atmosphère (1 at.) = 1,033 kg/cm^2 = 14,7 *lbs. per sq. in.* (livres par pouce carré).

Poids spécifiques

1 kilo par centimètre cube (1 kg/cm^3) = 0,06243 *lb. per cu. ft.* (livre par pied cube).
1 gramme par centimètre (1 g/cm^3) = 0,03612 *lb. per cu. in.* (livre par pouce cube).

Travail

1 kilogrammètre (1 kgm) = 7,232 *feet-pounds* (livres-pied).

Puissance

1 cheval-vapeur (1 CV) = 75 kgm/sec. = 542,4 *feet-pounds per second* = 0,9863 *HP* anglais = 0,736 kw.

Consommation d'énergie

1 kilowatt-heure (1 kwh) = 1,341 *HP-hour*.

Vitesse

1 mètre par seconde (1 m/sec.) = 3,281 *feet/sec.* = 196,86 *feet/min.*

Température

Température en degrés centigrades

$= \frac{5}{9}$ (température en degrés Fahrenheit — 32).

D'où : degrés Fahr. = $\frac{9}{5}$ degrés centigrades + 32.

Exemple : Convertir 10 °C en degrés Fahr.

Degrés Fahr. = $\frac{9}{5} \times 10 + 32 = 18 + 32 = 50°$ Fahr.

Quantité de chaleur

1 kilo-calorie *ou* 1 grande calorie (1 kcal) = 2,204 × $\frac{9}{5}$ = 3,967 *B. Th. U.* = 427 kgm).

Valeur de g à Paris

g = 9,8088 mètres par seconde.

Monnaies

1 franc (1 F).

1 décime = $\frac{1}{10}$ de franc.

1 centime = $\frac{1}{100}$ de franc.

Soit à convertir en livres 279,19 F au taux de 13,80 F par 1 livre.
En divisant 279,19 par 13,80 on trouve 20,2312 livres.
Or 0,2312 livre = 0,2312 × 20 *shillings* = 4,624 *shillings*.
et 0,624 *shilling* = 0,624 × 12 *pence* = 7,5 *pence*.

La somme donnée vaut donc : £ 20—4—7 $\frac{1}{2}$.

www.ingramcontent.com/pod-product-compliance
Lightning Source LLC
LaVergne TN
LVHW052219200926
848481LV00001B/152

* 9 7 8 0 8 2 0 6 0 0 7 6 5 *